Electronic Principles
Ninth Edition

电子电路原理

（原书第9版）

艾伯特·马尔维诺（Albert Malvino）

[美]　戴维·J. 贝茨（David J. Bates）　　　著

帕特里克·E. 霍普（Patrick E. Hoppe）

李冬梅　译

上册

机械工业出版社
CHINA MACHINE PRESS

Albert Malvino, David J. Bates, Patrick E. Hoppe

Electronic Principles, Ninth Edition

ISBN: 978-1-259-85269-5

Copyright © 2021 by The McGraw-Hill Education.

北京市版权局著作权合同登记　图字：01-2022-3128 号。

图书在版编目（CIP）数据

电子电路原理 ：原书第 9 版．上册 ／（美）艾伯特·马尔维诺（Albert Malvino），（美）戴维·J. 贝茨（David J. Bates），（美）帕特里克·E. 霍普（Patrick E. Hoppe）著 ；李冬梅译． -- 北京 ：机械工业出版社，2024. 11. --（信息技术经典译丛）.

ISBN 978-7-111-76681-0

Ⅰ. TN710.01

中国国家版本馆 CIP 数据核字第 2024Y14P09 号

机械工业出版社（北京市百万庄大街 22 号　邮政编码 100037）

策划编辑：王　颖　　　　　　　　责任编辑：王　颖

责任校对：张勤思　杨　霞　景　飞　责任印制：常天培

北京科信印刷有限公司印刷

2025 年 1 月第 1 版第 1 次印刷

185mm×260mm · 25.5 印张 · 695 千字

标准书号：ISBN 978 - 7 - 111 - 76681 - 0

定价：129.00 元

电话服务　　　　　　　　　　　网络服务

客服电话：010-88361066　　　机 工 官 网：www.cmpbook.com

　　　　　010-88379833　　　机 工 官 博：weibo.com/cmp1952

　　　　　010-68326294　　　金 书 网：www.golden-book.com

封底无防伪标均为盗版　　　　　机工教育服务网：www.cmpedu.com

译者序

电子电路作为信息技术的重要基础，是相关领域的研究人员与技术人员的必修内容。随着电路技术的飞速发展，其应用日益广泛，读者对能够反映现代电路技术的图书的需求也越来越迫切。本书的英文版 *Electronic Principles*（*Ninth Edition*）是经多次修订的经典图书，既注重基础知识，又兼顾工业界的应用及仿真技术；既可供相关领域的技术人员学习参考，也可供工科院校相关专业的学生阅读。

本书的英文版从半导体器件的基础知识入手，系统地介绍了电子电路的基本概念、构成原理、分析方法、实际器件和应用电路，结构严谨、叙述清晰、内容丰富。本书具有鲜明的特色：每一章的开始部分都有概要、目标和关键术语，章后有总结和习题，便于学生自学；注重与实践相结合，配有大量 MultiSim 仿真实例，并以对实际电路的故障诊断方法和练习贯穿全书；适当给出了相关概念的拓展知识，同时针对常用器件数据手册中的实际特性进行分析，并附有工作面试题目，颇具实用性。

本书的英文版的内容全面，但篇幅较大，我们将中文翻译版分为上册和下册，本书是上册，包括第 1～13 章。

第 1 章给出了分析方法、定理等基本概念，是学习本书的基础。本章定义了电路分析中所采用的近似方法和条件；基本概念（电压源和电流源）和定理（戴维南定理和诺顿定理）是电子电路分析的初步知识，对于入门读者来说是非常重要的。本章还介绍了电路故障产生的原因和诊断方法，这是本书的特色之一。

第 2 章介绍的是半导体的基础知识。半导体的物理结构和特性决定了电子元器件以及电子电路乃至电路系统的特性。理解这部分内容是后续学习的前提。第 3～6 章介绍了电子电路的基本元器件（二极管和双极型晶体管）的原理和特性。第 3 章和第 6 章分别介绍二极管和晶体管的结构、工作原理、器件特性和近似模型；同时给出了器件数据手册，有助于读者对器件参数的理解。第 4 章给出了二极管的应用电路；第 5 章介绍了特殊用途二极管，包括齐纳二极管、发光二极管和其他光电器件等，类型比较全面。第 6 章给出了负载线、工作点、图解法、器件饱和/截止等概念。

第 7～8 章以共发射极放大器为例介绍了晶体管放大器的特性及电路分析方法的核心概念。第 7 章重点介绍晶体管的几种偏置电路的形式及分析方法。第 8 章给出了放大器的小信号分析概念、器件交流模型、交直流等效电路、电压增益、负载效应等放大电路分析的基础知识。

第 9 章介绍共集电极（CC）、共基极（CB）放大器的特性分析，以及多级放大器的概念与分析方法。第 10 章介绍了 A 类、B 类、AB 类及 C 类功率放大器的特性。

第 11～13 章分别介绍结型场效应晶体管、MOS 场效应晶体管和晶闸管。其中 MOS

场效应晶体管是集成电路的主流器件，其工作原理、特性及分析方法都比较重要。

机械工业出版社的编辑团队对本书的翻译出版给予了大力支持，在此表示感谢。

鉴于译者水平有限，译文中的错误与疏漏之处在所难免，敬请读者批评指正。

第 9 版前言

Electronic Principles 的第 9 版保留了之前版本的主要内容，对半导体器件和电子电路进行了清晰的解释和深入的介绍，预备知识为直流电路、交流电路、代数和部分三角函数的内容，既适合电子工程师学习使用，也适合作为第一次学习线性电路课程的学生的参考书。*Electronic Principles* 的第 9 版涵盖的内容比较广泛，推荐将其作为固体电子学课程的参考书。

Electronic Principles 的第 9 版旨在使读者对半导体器件特性、测试及其应用电路有基本的理解。本书对概念的解释清晰，并采用易懂的对话式的写作风格，方便读者理解电子系统的工作原理和故障诊断。电路实例、应用和故障诊断练习贯穿于各个章节。本书的部分例子可用 Multisim 进行电路仿真，从而使电路贴近实际应用，有助于读者提高故障排除技能。

Electronic Principles 的第 9 版在第 8 版（共 22 章）的基础上，新增了第 23 章。我们已经进入了第四次工业革命（工业 4.0）的时代，第 23 章介绍了工业 4.0 背景下的智能传感器、无源传感器、有源传感器、数据转换和数据交换。第 23 章使用的实例结合了书中的相关概念，给出了半导体器件和电路的实际应用。

Electronic Principles 的第 9 版的更新如下：

- 新增的"电子领域的创新者"可让读者了解电子领域的发展和重要创新者。
- 扩充的"知识拓展"条目介绍了有关半导体器件和应用的其他内容及趣事。
- 增加了电子器件的照片。
- 每章后面列出相关的实验。
- 新增的 1.7 节"交流电路故障诊断"提出了示波器信号跟踪技术和半分故障诊断方法，与相关实验手册中新的故障诊断流程相对应。
- 激光雷达系统（LiDAR）作为第 5 章光电部分的应用实例。
- 介绍了碳化硅（SiC）和氮化镓（GaN）宽禁带半导体。
- 将信号跟踪和半分故障诊断方法用于多级放大器的故障诊断。
- 扩充了 AB 类功率放大器的故障诊断。
- 新增的 12.12 节"宽禁带 MOS 场效应晶体管"包括 GaN 和 SiC 高电子迁移率晶体管（hemt）的材料特性、结构和工作原理。
- 新增的第 23 章介绍了第四次工业革命（工业 4.0）背景下的智能传感器等相关技术。该章所举实例与半导体器件和电路密切相关，它作为一个结合点，将全书内容联系在一起。

本书第 8 版保留了之前版本的主要内容，对半导体器件和电子电路进行了清晰且深入的讲解。本书适合初次学习线性电路课程的学生使用，预备知识为直流电路、交流电路、代数和部分三角函数的内容。

本书详细介绍了半导体器件的特性、测试及其应用电路，为学生理解电子系统的工作原理和故障诊断打下了良好的基础。其中，电路实例、应用和故障诊断练习将贯穿全书。

第 8 版的更新

基于当前电子电路领域的教师、专业人士和认证机构的调查意见反馈以及广泛的课程研究，本书对部分内容进行了增加和调整，具体如下：

内容方面

- 增加了对 LED 特性的介绍。
- 新增了介绍高亮度 LED 的部分，以及该器件高效发光的控制原理。
- 在较前面的章节中将三端稳压器作为供电系统模块的一部分加以介绍。
- 删除了电路参量增减分析法的有关内容。
- 重新组织关于双极型晶体管的章节，从原来的 6 章压缩为 4 章。
- 对电子系统加以介绍。
- 增加了多级放大器中的部分内容，因其与构成系统的电路模块关系密切。
- "功率 MOS 场效应晶体管"部分增加了以下内容：
  - 功率 MOS 管的结构和特性。
  - 高侧和低侧 MOS 管的驱动与接口要求。
  - 低侧和高侧负载开关。
  - 半桥与全 H 桥电路。
  - 用于电动机转速控制的脉冲宽度调制（PWM）。
- 增加了 D 类放大器中的部分内容，包括单片 D 类放大器的应用。
- 更新了开关电源的相关内容。

特色方面⊖

- 增加并突出了"应用实例"。

⊖ 以下更新中，Multisim 故障诊断、数字/模拟训练器、实验手册、Multisim 电路文件为教师资源。此外，教师资源还包括教师手册和 PPT 幻灯片。只有使用本书作为教材的教师才可以申请教师资源，需要的教师可向麦格劳·希尔教育出版公司北京代表处申请，电话 010-57997618/7600，传真 010-59575582，电子邮件 instructorchina@mheducation.com。——编辑注

- 各章节内容相对独立，便于读者挑选所需内容进行学习。
- 在所有章节中，对于原有的 Multisim 电路增加了新的 Multisim 故障诊断题。
- 在很多章节中新增加了关于数字/模拟训练器的习题。
- 根据采用系统方法进行的新实验，对实验手册进行了更新。
- 更新并充实了配套的教师资源。
- Multisim 电路文件位于教师资源的 "Connect for Electronic Principles" 中。

目 录

译者序
第9版前言
第8版前言

第1章 绪论 ………………………… 1
1.1 近似 …………………………………… 1
1.2 电压源 ………………………………… 2
1.3 电流源 ………………………………… 4
1.4 戴维南定理 …………………………… 6
1.5 诺顿定理 ……………………………… 9
1.6 直流电路故障诊断 ………………… 11
1.7 交流电路故障诊断 ………………… 12
总结 ………………………………………… 14
习题 ………………………………………… 16

第2章 半导体 ……………………… 19
2.1 导体简介 …………………………… 19
2.2 半导体简介 ………………………… 20
2.3 硅晶体 ……………………………… 21
2.4 本征半导体 ………………………… 23
2.5 两种电流 …………………………… 23
2.6 半导体的掺杂 ……………………… 24
2.7 两种非本征半导体 ………………… 25
2.8 无偏置的二极管 …………………… 25
2.9 正向偏置 …………………………… 26
2.10 反向偏置 …………………………… 27
2.11 击穿 ………………………………… 28
2.12 能级 ………………………………… 29
2.13 势垒与温度 ………………………… 30
2.14 反偏二极管 ………………………… 31
总结 ………………………………………… 33
习题 ………………………………………… 35

第3章 二极管原理 ………………… 37
3.1 基本概念 …………………………… 37
3.2 理想二极管 ………………………… 40
3.3 二阶近似 …………………………… 41

3.4 三阶近似 …………………………… 42
3.5 故障诊断 …………………………… 44
3.6 阅读数据手册 ……………………… 45
3.7 计算体电阻 ………………………… 48
3.8 二极管的直流电阻 ………………… 49
3.9 负载线 ……………………………… 49
3.10 表面贴装二极管 …………………… 50
3.11 电子系统简介 ……………………… 51
总结 ………………………………………… 52
习题 ………………………………………… 54

第4章 二极管电路 ………………… 57
4.1 半波整流器 ………………………… 58
4.2 变压器 ……………………………… 61
4.3 全波整流器 ………………………… 62
4.4 桥式整流器 ………………………… 64
4.5 扼流圈输入滤波器 ………………… 67
4.6 电容输入滤波器 …………………… 68
4.7 峰值反向电压和浪涌电流 ………… 73
4.8 关于电源的其他知识 ……………… 74
4.9 故障诊断 …………………………… 77
4.10 削波器和限幅器 …………………… 79
4.11 钳位器 ……………………………… 81
4.12 电压倍增器 ………………………… 83
总结 ………………………………………… 85
习题 ………………………………………… 88

第5章 特殊用途二极管 …………… 93
5.1 齐纳二极管 ………………………… 93
5.2 带负载的齐纳稳压器 ……………… 96
5.3 齐纳二极管的二阶近似 …………… 99
5.4 齐纳失效点 ………………………… 101
5.5 阅读数据手册 ……………………… 102
5.6 故障诊断 …………………………… 106
5.7 负载线 ……………………………… 108
5.8 发光二极管 ………………………… 108

5.9 其他光电器件 ………… 113

5.10 肖特基二极管 ………… 116

5.11 变容二极管 ………… 118

5.12 其他类型二极管 ………… 120

总结 ………… 122

习题 ………… 125

第6章 双极型晶体管基础 ………… 128

6.1 无偏置的晶体管 ………… 129

6.2 有偏置的晶体管 ………… 129

6.3 晶体管电流 ………… 131

6.4 共发射极组态 ………… 133

6.5 基极特性 ………… 134

6.6 集电极特性 ………… 135

6.7 晶体管的近似 ………… 138

6.8 阅读数据手册 ………… 140

6.9 表面贴装晶体管 ………… 145

6.10 电流增益的变化 ………… 146

6.11 负载线 ………… 147

6.12 工作点 ………… 150

6.13 饱和的识别 ………… 152

6.14 晶体管开关 ………… 154

6.15 故障诊断 ………… 155

总结 ………… 158

习题 ………… 161

第7章 双极型晶体管的偏置 ………… 164

7.1 发射极偏置 ………… 164

7.2 LED驱动 ………… 166

7.3 发射极偏置电路的故障诊断 … 168

7.4 光电器件 ………… 170

7.5 分压器偏置 ………… 172

7.6 VDB电路的精确分析 ………… 174

7.7 VDB电路的负载线与 Q 点 ………… 176

7.8 双电源发射极偏置 ………… 178

7.9 其他类型的偏置 ………… 181

7.10 分压器偏置电路的故障诊断 ………… 183

7.11 pnp 型晶体管 ………… 184

总结 ………… 185

习题 ………… 189

第8章 双极型晶体管的基本放大器 ………… 193

8.1 基极偏置放大器 ………… 194

8.2 发射极偏置放大器 ………… 197

8.3 小信号工作 ………… 199

8.4 交流电流增益 ………… 201

8.5 发射结交流电阻 ………… 201

8.6 两种晶体管模型 ………… 204

8.7 放大器的分析 ………… 205

8.8 数据手册中的交流参量 ………… 208

8.9 电压增益 ………… 210

8.10 输入电阻的负载效应 ………… 213

8.11 发射极负反馈放大器 ………… 215

8.12 故障诊断 ………… 218

总结 ………… 219

习题 ………… 222

第9章 多级、共集和共基放大器 ………… 226

9.1 多级放大器 ………… 226

9.2 两级反馈 ………… 229

9.3 CC放大器 ………… 231

9.4 输出阻抗 ………… 234

9.5 CE-CC级联放大器 ………… 237

9.6 达林顿组合 ………… 237

9.7 稳压应用 ………… 240

9.8 CB放大器 ………… 242

9.9 多级放大器的故障诊断 ………… 245

总结 ………… 246

习题 ………… 249

第10章 功率放大器 ………… 254

10.1 放大器相关术语 ………… 254

10.2 两种负载线 ………… 256

10.3 A类工作 ………… 259

10.4 B类工作 ………… 265

10.5 B类推挽射极跟随器 ………… 265

10.6 AB类放大器的偏置 ………… 269

10.7 AB类放大器的驱动 ………… 270

10.8 C类工作 ………… 272

10.9 C类放大器的公式 ………… 274

10.10　晶体管额定功率 ……………… 279

总结 ……………………………………… 281

习题 ……………………………………… 284

第11章　结型场效应晶体管 ……… 288

11.1　基本概念 ……………………… 288

11.2　漏极特性曲线 ………………… 290

11.3　跨导特性曲线 ………………… 292

11.4　电阻区的偏置 ………………… 293

11.5　有源区的偏置 ………………… 294

11.6　跨导 …………………………… 302

11.7　JFET放大器 …………………… 303

11.8　JFET模拟开关 ………………… 307

11.9　JFET的其他应用 ……………… 309

11.10　阅读数据手册 ………………… 314

11.11　JFET的测试 …………………… 316

总结 ……………………………………… 317

习题 ……………………………………… 320

第12章　MOS场效应晶体管 ……… 325

12.1　耗尽型MOS场效应晶体管 … 325

12.2　耗尽型MOS场效应晶体管
特性曲线 ………………………… 326

12.3　耗尽型MOS场效应晶体管
放大器 …………………………… 327

12.4　增强型MOS场效应晶体管 … 328

12.5　电阻区 ………………………… 330

12.6　数字开关 ……………………… 335

12.7　互补MOS管 …………………… 337

12.8　功率场效应晶体管 …………… 338

12.9　高侧MOS晶体管负载开关 … 344

12.10　MOS晶体管H桥电路 …… 346

12.11　增强型MOS场效应晶体管
放大器 …………………………… 350

12.12　宽禁带MOS场效应
晶体管 …………………………… 352

12.13　MOS场效应晶体管的
测试 ……………………………… 356

总结 ……………………………………… 356

习题 ……………………………………… 359

第13章　晶闸管 …………………………… 363

13.1　四层二极管 …………………… 363

13.2　可控硅整流器 ………………… 366

13.3　可控硅短路器 ………………… 373

13.4　可控硅整流器相位控制 ……… 375

13.5　双向晶闸管 …………………… 377

13.6　绝缘栅双极型晶体管 ………… 382

13.7　其他晶闸管 …………………… 386

13.8　故障诊断 ……………………… 388

总结 ……………………………………… 388

习题 ……………………………………… 390

答案（奇数编号的习题） ……………… 394

第 **1** 章

绪　论

　　电子电路原理是对半导体器件、电路及其应用系统的基础研究。本章作为全书内容的基础具有非常重要的作用，主要内容包括电压源、电流源、两个电路定理和故障诊断。虽然有些内容是对旧知识的复习，但是读者可以从中产生新的认识，如电路的近似计算，有助于对半导体器件的理解。

目标

在学习完本章后，你应该能够：

- 解释为什么常常采用近似的估算方法而不用精确的公式计算；
- 说出理想电压源和理想电流源的定义；
- 描述识别准理想电压源和准理想电流源的方法；
- 阐述戴维南定理并能把它应用到实际电路中；
- 阐述诺顿定理并能把它应用到实际电路中；
- 举出两个开路器件和两个短路器件的例子；
- 运用直流故障诊断技术；
- 运用交流信号跟踪技术。

关键术语

虚焊点（cold-solder joint）　　　　　　短路器件（shorted device）

对偶原理（duality principle）　　　　　信号跟踪（signal-tracing）

公式（formula）　　　　　　　　　　焊锡桥（solder bridge）

理想化（一阶）近似（ideal (first)　　　准理想电流源（stiff current source）
　approximation）　　　　　　　　　准理想电压源（stiff voltage source）

定律（law）　　　　　　　　　　　定理（theorem）

诺顿电流（Norton current）　　　　　戴维南电阻（Thevenin resistance）

诺顿电阻（Norton resistance）　　　　戴维南电压（Thevenin voltage）

开路器件（open device）　　　　　　三阶近似（third approximation）

二阶近似（second approximation）　　　故障诊断（troubleshooting）

1.1　近似

　　在我们的日常生活中，每天都在运用着近似。如果有人问你的年龄，你可能回答 21 岁了（理想化近似），也可能回答 21 岁多，快 22 岁了（二阶近似），或者还可能回答 21 岁零 9 个月（三阶近似）。当然，如果希望更精确一些，可以回答 21 岁零 9 个月 2 天 6 小时 23 分钟 42 秒（精确值）。

　　上述例子说明了不同程度的近似：理想化近似、二阶近似、三阶近似和精确值。采用哪种近似取决于当时的情况。在电子学中也是一样，进行电路分析时，需要根据情况选择合适的近似。

1.1.1　理想化近似

有一段长度为 1 英尺 [⊖] 的 AWG22 导线，与基板的距离为 1 英寸 [⊜]，你知道它具有 0.016 Ω 电阻、0.24 μH 电感和 3.3 pF 电容吗？如果在每次计算电流时都计入连线的电阻、电感和电容效应，那么将耗费太多的时间。这就是人们在大多数情况下都忽略连线的电阻、电感和电容的原因。

理想化近似，有时也称**一阶近似**，是一个器件最简单的等效电路。例如，一段导线的理想化近似就是一个阻抗为零的导体，这种理想化近似适用于日常的电路分析。

而在高频电路中，就必须要考虑导线的电感和电容的影响。假设 1 英寸的导线有 0.24 μH 电感和 3.3 pF 电容，那么在 10 MHz 频率下，感抗是 15.1 Ω，容抗是 4.82 kΩ，可见此时的设计已经不能再将导线理想化了。互连线的感抗和容抗可能会非常重要，这取决于电路其他部分的情况。

工作频率在 1 MHz 以下时可以将导线理想化，这是一个常用的经验法则。但并不意味着可以对互连线掉以轻心。通常情况下，应使互连线越短越好，因为在一定的频率下，长互连线将使电路性能下降。

在做故障诊断时，通常可以采用理想化近似，因为需要寻找的是那些与正常电压或电流有明显偏差的故障。在本书中，将把半导体器件理想化地等效成简单电路。借助于理想化近似，可以更容易地分析和理解半导体电路的工作原理。

1.1.2　二阶近似

一个手电筒电池可以理想化近似为一个 1.5 V 的电压源，而**二阶近似**将在理想化近似的基础上加入一个或多个元件。例如，手电筒电池也可表述为一个 1.5 V 电压源串联上一个 1 Ω 电阻，这个串联电阻称为电池的源电阻或内阻。如果负载电阻小于 10 Ω，则负载电压会明显小于 1.5 V，因为有一部分电压被分配到电源内阻上，在这种情况下，精确计算就必须考虑电源内阻。

1.1.3　三阶和高阶近似

出现**三阶近似**的情况时，器件的等效电路中会包含另一个元件。第 3 章讨论半导体二极管时将会给出一个三阶近似的例子。

更高阶的近似在等效电路中可能包含更多元件，此时手工计算将变得很困难而且很费时，因此经常利用计算机仿真软件进行电路计算。例如，由 EWB 公司开发的软件 Multisim，以及 PSpice 等商用软件，均采用高阶近似模型来分析半导体电路。本书中的大量实例和电路都可以采用这类软件进行分析。

1.1.4　结论

采用哪种近似取决于想要做什么事。如果进行故障诊断，那么理想化近似就足够了。更多时候，二阶近似是最佳选择，因为它便于使用，也不需要计算机辅助。对于高阶近似，则需要有计算机和类似 Multisim 软件的辅助。

1.2　电压源

在研究中离不开公式。公式是一种联系数量的规则，可以是方程、不等式或其他数学描述。公式可以分为以下三类：

定义：为描述新概念而创造的公式。

⊖　1 英尺（ft）＝30.48 cm
⊜　1 英寸（in）＝2.54 cm

定律：描述自然界中已存在的关系的公式。

推论：用数学方法推导出的公式。

理想直流电压源可提供恒定的负载电压。内阻为零的电池就是一个最简单的理想直流电压源。如图 1-1a 所示，一个理想电压源与一个从 1 Ω ～1 MΩ 的可变电阻相连，电压表的读数为 10 V，与电源电压完全一致。

图 1-1b 给出了负载电压随负载电阻变化的曲线，在负载电阻从 1 Ω 变化到 1 MΩ 过程中，负载电压保持 10 V 不变。换句话说，无论负载电阻变大或变小，理想的直流电压源总能输出恒定的负载电压。对于理想电压源，只有负载电流是随负载电阻的变化而变化的。

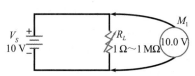

a）连接可变电阻的理想电压源[一]

1.2.1 二阶近似

理想电压源只是理论上存在的器件，实际是不存在的。原因是当负载电阻值趋近于零时，负载电流就会变为无穷大。没有任何实际的电压源可以产生无穷大的电流，实际电压源总会存在一定的内阻。电压源的二阶近似就包括这个内阻。

图 1-2a 说明了这种情况。一个 1 Ω 的电源内阻 R_S 和一个理想电池串联在一起，当负载电阻是 1 Ω 时，电压表的读数是 5 V。因为负载电流等于 10 V 除以 2 Ω，即 5 A，当 5 A 的电流流过电源内阻时，产生了 5 V 的压降。因为内阻分掉了一半电压，所以负载电压只有电源电压理想值的一半。

图 1-2b 给出了负载电压随负载电阻变化的曲线。在这种情况下，只有当负载电阻远远大于电源内阻时，负载电压才会接近电源电压的理想值。不过，怎样才能称为"远远大于"呢？换句话说，什么时候才可以忽略电源内阻呢？

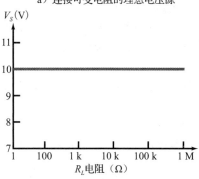

b）负载电压在所有负载电阻情况下恒定不变

图 1-1 理想电压源

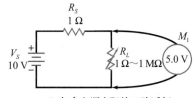

a）包含电源内阻的二阶近似

1.2.2 准理想电压源 [二]

下面将创造一个非常有用的新定义。当电源内阻为负载电阻的 1/100 或更小时，则内阻可以忽略。满足这个条件的电压源称为准理想电压源。定义如下：

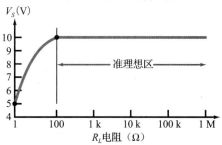

b）负载电压在大负载电阻时恒定不变

图 1-2 二阶近似电压源

$$准理想电压源 \quad R_S < 0.01R_L \tag{1-1}$$

该公式定义了什么是准理想电压源。在不等式的边界处（把"<"换成"="）得到下面的等式：

$$R_S = 0.01R_L$$

由此可以推导出满足准理想电压源条件的最小负载电阻为：

[一] 本书是翻译版图书，图中元器件符号与我国相关标准有差异。——编辑注

[二] 原文为"stiff voltage source"，因其可近似认为是理想电压源，所以这里译作"准理想电压源"。——译者注

$$R_{L(\min)} = 100R_S \tag{1-2}$$

即最小的负载电阻值等于电源内阻的 100 倍。

式（1-2）是一个推论，它从准理想电压源的定义出发，推导出满足准理想电压源条件的最小负载电阻。只要负载电阻大于 100 倍的电源内阻，电压源就是准理想的。当负载电阻恰好等于这个最小负载时，忽略电源内阻带来的计算误差为百分之一，这个误差足够小，可以在二阶近似计算中忽略。

图 1-3 总结了准理想电压源的条件：当负载电阻大于电源内阻的 100 倍时，电压源就是准理想的。

例 1-1 对于准理想电压源的定义同样也适用于交流电压。假设一个交流电压源的内阻为 50 Ω，负载电阻为何值时可认为它是准理想电压源？

解：电源内阻乘以 100，得到最小负载电阻：

$$R_L = 100R_S = 100 \times 50\ \Omega = 5\ \text{k}\Omega$$

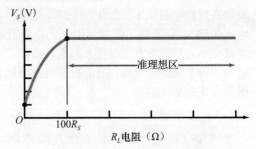

图 1-3　准理想区出现在负载电阻足够大的区域

只要负载电阻的值大于 5 kΩ，就可以认为交流电压源是准理想电压源，此时可以忽略电源内阻的影响。

最后需要说明的是，对于交流电源使用二阶近似仅在低频区有效。在高频区，导线电感和寄生电容等附加因素会产生不可忽视的影响。稍后的章节将讨论这些高频效应。 ◀

自测题 1-1　如果例 1-1 中的交流电压源内阻为 600 Ω，负载电阻为何值时可认为是准理想电压源？ ⊖

知识拓展　稳压性能良好的电源就是一个很好的准理想电压源的例子。

1.3　电流源

直流电压源在不同的负载电阻下可提供恒定的负载电压。直流电流源的不同之处在于，对于不同的负载电阻它产生恒定的负载电流。内阻很大的电池就是一个直流电流源（见图 1-4a），该电路中，电池内阻为 1 MΩ，负载电流为：

$$I_L = \frac{V_S}{R_S + R_L}$$

当图 1-4a 中 R_L 为 1 Ω 时，负载电流为：

$$I_L = \frac{10\ \text{V}}{1\ \text{M}\Omega + 1\ \Omega} = 10\ \mu\text{A}$$

在这个计算中，小的负载电阻对负载电流几乎不产生影响。

图 1-4b 中给出了负载电阻从 1 Ω 变化到 1 MΩ 过程中负载电流的变化曲线。负载电流在很大的范围内保持 10 μA，只有当负载电阻

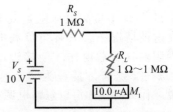

a）用直流电压源和大电阻构成的模拟电流源

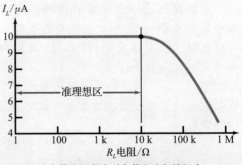

b）负载电阻很小时负载电流保持恒定

图 1-4　电流源

⊖ 自测题（全部或部分）答案在每章末给出。——编辑注

大于 10 kΩ 时，负载电流才出现明显的下降。

知识拓展 恒流源的输出电压 V_L 与负载电阻值成正比。

1.3.1 准理想电流源 [⊖]

这是另一个有用的定义，尤其是在半导体电路中。当电流源内阻比负载电阻大至少 100 倍时，可以忽略电流源内阻。满足这一条件的电流源称为准理想电流源。定义如下：

$$\text{准理想电流源} \quad R_S > 100R_L \tag{1-3}$$

其上界是最坏情况，该值为：

$$R_S = 100R_L$$

求解可获得满足准理想电流源条件的最大负载电阻为：

$$R_{L(\max)} = 0.01R_S \tag{1-4}$$

即最大负载电阻是电流源内阻的百分之一。

式（1-4）是一个推论，它从准理想电流源的定义出发推导得到满足准理想电流源定义的负载电阻的最大值。当负载电阻等于最大值时，计算误差为百分之一。这个误差足够小，可以在二阶近似中忽略。

图 1-5 给出了准理想区。只要负载电阻小于电流源内阻的百分之一，电流源就是准理想的。

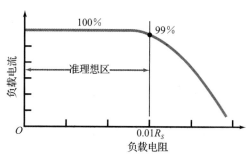

图 1-5 准理想区出现在负载电阻足够小的区域

1.3.2 电路符号

图 1-6a 所示是一个理想电流源的电路符号，它具有无穷大的内阻。这个理想近似在实际电路中是不存在的，但它可以在数学层面存在。因此，在故障诊断等过程中，我们可以用这个理想电流源进行快速的电路分析。

图 1-6a 是一个图形定义，这是一个电流源的符号。这个符号表示该器件可以产生恒定电流 I_S。电流源也可以被想象为一个每秒钟可输出固定数目库仑电荷的泵。所以有"电流源给 1 kΩ 的电阻输出 5 mA 电流"的表述方法。

图 1-6b 给出的是二阶近似情况。内阻并联于理想电流源，这与电压源中内阻的串联关系不同。本章稍后将讨论诺顿定理，由此可知为什么内阻必须和理想电流源是并联关系。表 1-1 可以帮助理解电压源和电流源之间的区别。

 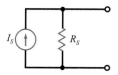

a）理想电流源的电路符号　b）理想电流源的二阶近似

图 1-6 电流源的符号和近似

表 1-1 电压源和电流源的性质

参量	电压源	电流源
R_S	一般比较小	一般比较大
R_L	大于 $100R_S$	小于 $0.01R_S$
V_L	常量	取决于 R_L
I_L	取决于 R_L	常量

例 1-2 一个 2 mA 的电流源内阻为 10 MΩ。负载电阻取值在什么范围时是准理想电流源？

解：由于是电流源，因此负载电阻应该相对内阻尽量小，由 100:1 的关系可以算出，

⊖ 原文为 "stiff current source"，因其可近似认为是理想电流源，所以这里译作"准理想电流源"。——译者注

最大的负载电阻为：

$$R_{L(\max)} = 0.01 \times 10 \text{ M}\Omega = 100 \text{ k}\Omega$$

对于这个电流源来说，使其保持准理想特性
的负载电阻的范围是 $0 \sim 100$ kΩ。

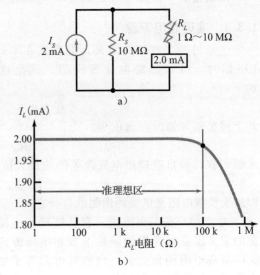

图 1-7 给出了完整解答。在图 1-7a 中，
一个 2 mA 的电流源和 10 MΩ 的电阻并联，
此时可变电阻设为 1 Ω，电流表测出负载电
流为 2 mA。当负载电阻从 1 Ω 变为 1 MΩ
时，由图 1-7b 可以看到电流源的准理想特
性一直保持到负载电阻增到 100 kΩ。在这个
点上，负载电流比理想值低了 1%，或者
说，99% 的电流都通过了负载电阻，另外
1% 的电流通过了电流源内阻。随着负载电
阻继续增大，负载电流持续减小。◀

✎ **自测题 1-2**　在图 1-7a 中当负载电阻等
于 10 kΩ 时，负载电压是多少？

图 1-7　例 1-2 题解

应用实例 1-3　当分析晶体管电路时，
可以把晶体管看作一个电流源。在一个设计
良好的电路中，晶体管就像一个准理想电流源，可以忽略内阻影响来计算其负载电压。例
如，如果晶体管向 10 kΩ 的负载电阻输出 2 mA 的电流，则负载电压为 20 V。◀

1.4　戴维南定理

一些人在工程实践中偶然做出的重大突破可以把我们的认识提升到一个新的高度。法
国工程师 M. L. 戴维南推导出的电路定理就是这些重大突破之一，该定理以他的名字命名
为**戴维南定理**。

1.4.1　戴维南电压和戴维南电阻的定义

定理是可以通过数学手段证明的一个命题。因此，它区
别于定律和定义，应归入推论的范畴。回顾前续课程对戴维
南定理的表述，如图 1-8a 所示，**戴维南电压** V_{TH} 的定义为当
负载开路时负载两端的电压，因此，戴维南电压有时也称作
开路电压。定义如下：

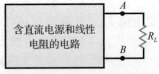

a）内含线性电路的黑盒子

$$\text{戴维南电压}\quad V_{TH} = V_{OC} \tag{1-5}$$

戴维南电阻的定义为当图 1-8a 所示电路中的负载电阻
开路且所有电源置零时，在负载两端所测得的电阻：

$$\text{戴维南电阻}\quad R_{TH} = R_{OC} \tag{1-6}$$

凭借这两个定义，戴维南得到了以他名字命名的著名
定理。

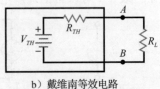

b）戴维南等效电路

图 1-8　戴维南定理

求戴维南电阻时有一个小问题，所谓电源置零，对电压源和电流源而言是不一样的。
对于电压源，相当于把它短路，因为这是确保电压源流过电流时其电压为零的唯一办法。
对于电流源，相当于把它开路，因为这是确保电流源两端加载电压时其电流为零的唯一办
法。总结如下：

将电压源置零时，使之短路。

将电流源置零时，使之开路。

电子领域的创新者

在欧姆定律和基尔霍夫定律的基础上，法国电信电气工程师利昂·查尔斯·戴维南（Leon Charle Thevenin，1857—1926）提出了一种方法，将复杂的电路简化为简单的戴维南等效电路。

图片来源：Historic Images/Alamy Stock Photo

1.4.2 推论

戴维南定理是什么？参见图 1-8a，其中的黑盒子内可以包含任何含有直流电源和线性电阻的电路（线性电阻的阻值不随电压变化）。戴维南证明了无论图 1-8a 中黑盒子里面的电路有多么复杂，它将产生与图 1-8b 中简化电路完全相同的负载电流，推导如下：

$$I_L = \frac{V_{TH}}{R_{TH} + R_L} \tag{1-7}$$

戴维南定理是一个强大的工具，工程师和技术人员一直都在使用这个定理。如果没有这个定理，电子学甚至可能无法发展到今天的程度。戴维南定理不仅简化了计算，而且可以由此解释电路的工作原理，如果仅用基尔霍夫方程来解释有时不太可能。

例 1-4 图 1-9a 所示电路的戴维南电压和戴维南电阻分别是多少？ **Ⅲ Multisim**

解： 首先计算戴维南电压。将负载电阻开路，即将负载电阻从电路中移除，如图 1-9b 所示。由于有 8 mA 的电流通过由 6 kΩ 电阻与 3 kΩ 电阻串联的电路，3 kΩ 电阻上的分压为 24 V。由于负载电阻开路，4 kΩ 电阻上没有电流经过，所以 AB 节点间的电压为 24 V。故戴维南电压为：

$$V_{TH} = 24 \text{ V}$$

然后计算戴维南电阻。将直流电压源置零等价于将其短路，如图 1-9c 所示。如果把欧姆表连在图 1-9c 中 AB 两个节点间，读数将是多少？

读数将会是 6 kΩ。因为当电源短路时，从 AB 两端向里看，欧姆表看到的电阻是 4 kΩ 电阻串联在 3 kΩ 电阻与 6 kΩ 电阻并联后的电阻上，可以表述为：

$$R_{TH} = 4 \text{ k}\Omega + \frac{3 \text{ k}\Omega \times 6 \text{ k}\Omega}{3 \text{ k}\Omega + 6 \text{ k}\Omega} = 6 \text{ k}\Omega$$

3 kΩ 和 6 kΩ 的积除以它们的和等于 2 kΩ，再加上 4 kΩ，得到 6 kΩ。

对于并联的表示方法，我们需要一个新的定义。由于并联在电路中很常见，人们习惯用一个简写符号"∥"来表示并联。当方程式中出现 ∥ 时，则代表其两侧的量是并联关系。在工业界，上述戴维南电阻有如下表达形式：

$$R_{TH} = 4 \text{ k}\Omega + (3 \text{ k}\Omega \parallel 6 \text{ k}\Omega) = 6 \text{ k}\Omega$$

绝大多数的工程师和技术人员都理解这两条竖线是并联的意思，会用积除以和的方法求出 3 kΩ 与 6 kΩ 并联后的等效电阻。

图 1-10 给出了带负载的戴维南等效电路。将这个简化

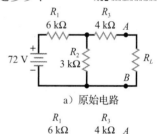

a）原始电路

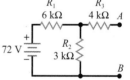

b）负载电阻开路求戴维南电压

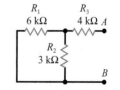

c）电压源置零求戴维南电阻

图 1-9 举例

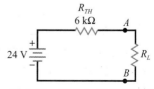

图 1-10 图 1-9a 的戴维南等效电路

电路与图 1-9a 中的原始电路对比，就会发现在求解不同负载情况下的负载电流时，问题变得容易多了。下面通过自测题 1-4 来体会一下。

自测题 1-4　使用戴维南定理，求当图 1-9a 所示电路的负载电阻分别为 2 kΩ、6 kΩ 和 18 kΩ 时，负载电流是多少？

如果要真正领略戴维南定理的好处，可以采用图 1-9a 所示的原始电路或者其他方法重新计算上述电流。

应用实例 1-5　面包板可用来验证电路设计的可行性，面包板上的电路器件不是通过焊锡连接的，其位置也不是固定不变的。假设实验台上有一块用面包板插接完成的电路，如图 1-11a 所示，如何测量戴维南电压和戴维南电阻？ **Multisim**

解： 首先用万用表充当负载电阻，如图 1-11b 所示。当把万用表调到电压挡时，它将显示读数 9 V，这就是戴维南电压。然后，用短接线取代电源（见图 1-11c），将万用表调节到欧姆挡，它将显示读数 1.5 kΩ，这就是戴维南电阻。

在上述测量中引入了误差。值得注意的是在测量电压时万用表的输入电阻。由于万用表跨接在两个节点之间，因此会有小电流通过万用表。例如，如果使用可动线圈式万用表，典型的灵敏度是每伏特 20 kΩ，那么 10 V 挡对应的输入电阻就是 200 kΩ，这个负载将使电路的输出电压降低，使负载电压从 9 V 降到 8.93 V。

作为测量的准则，电压表的输入电阻至少要大于戴维南电阻的 100 倍，这样，负载导致的误差就会下降到 1% 以内。为了避免负载误差，使用数字万用表来代替可动线圈式万用表。数字万用表的输入电阻至少为 10 MΩ，通常可以消除负载误差。当采用示波器进行测量时也会产生负载误差，因此对于高阻电路应该采用 10 倍的探头。

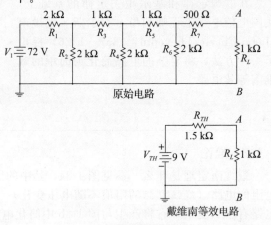

a）实验电路

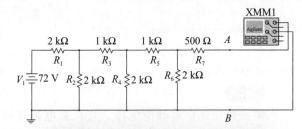

b）戴维南电压的测量

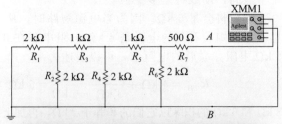

c）戴维南电阻的测量

图 1-11　举例

1.5　诺顿定理

回顾一下前续课程对**诺顿定理**的表述。在图 1-12a 中，诺顿电流 I_N 定义为当负载电阻短路时的负载电流。因此，**诺顿电流**有时也称为"短路电流"。定义如下：

$$诺顿电流　　I_N = I_{SC} \tag{1-8}$$

而**诺顿电阻**是将所有电源置零后，负载电阻开路时在负载两端测得的电阻。定义如下：

$$诺顿电阻　　R_N = R_{OC} \tag{1-9}$$

由于戴维南电阻的值也是 R_{OC}，因而有：

$$R_N = R_{TH} \tag{1-10}$$

这个推论说明诺顿电阻等于戴维南电阻。当算出戴维南电阻是 $10\ \text{k}\Omega$ 时，便立刻知道诺顿电阻也是 $10\ \text{k}\Omega$。

1.5.1　基本概念

诺顿定理的本质是什么呢？在图 1-12a 中的黑盒子内可以包含任何含有直流电源和线性电阻的电路。诺顿证明了图 1-12a 中黑盒子内的电路与图 1-12b 中的简化电路会产生完全相等的负载电压。作为推论，诺顿定理可表述为：

$$V_L = I_N(R_N \parallel R_L) \tag{1-11}$$

即负载电压等于诺顿电流乘以诺顿电阻与负载电阻的并联。

诺顿电阻虽然与戴维南电阻相等，但是它们在等效电路中的位置是不同的：戴维南电阻始终与电压源串联，而诺顿电阻始终与电流源并联。

注意：如果使用的是电子流，记住下面的符号表示方法。在工业界，电流源内部箭头方向几乎总是按照电流的方向而设定，例外的情况是当电流源内部的箭头是虚线时，电流源按照虚线箭头方向输出电子。

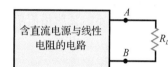

a) 含有线性电路的黑盒子

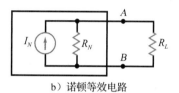

b) 诺顿等效电路

图 1-12　诺顿定理

> **知识拓展**　和戴维南定理一样，诺顿定理可以应用于包含电感、电容和电阻的交流电路。对于交流电路，诺顿电流 I_N 常常以极坐标下的复数形式表示，而诺顿阻抗 Z_N 则常常以直角坐标下的复数形式表示。

1.5.2　推论

诺顿定理可以由**对偶原理**推导出来。对偶原理表明，在电路分析中任何定理都存在一个对偶（对立）定理，在对偶定理中，原定理中的各个物理量都替换为相应的对偶物理量。以下是最常见的对偶物理量：

图 1-13 表明了对偶原理在戴维南定理和诺顿定理中的应用情形，这说明我们可以将两个电路中的任意一个用于计

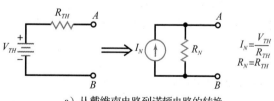

a) 从戴维南电路到诺顿电路的转换

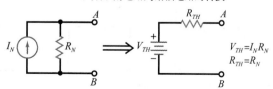

b) 从诺顿电路到戴维南电路的转换

图 1-13　对偶原理：戴维南定理与
诺顿定理的互换关系

算。在后续的讨论中将会了解到，两个电路都很有用。有时使用戴维南电路更方便，有时则使用诺顿电路，这取决于具体的问题。表 1-2 总结了得到戴维南电路和诺顿电路的步骤。

表 1-2　戴维南电路和诺顿电路

过程	戴维南电路	诺顿电路
步骤 1	将负载电阻开路	将负载电阻短路
步骤 2	计算或测量开路电压，即戴维南电压	计算或测量短路电流，即诺顿电流
步骤 3	将电压源短路，电流源开路	将电压源短路，电流源开路，同时负载电阻开路
步骤 4	计算或测量开路电阻，即戴维南电阻	计算或测量开路电阻，即诺顿电阻

1.5.3　戴维南电路和诺顿电路的关系

戴维南电阻和诺顿电阻的数值相等，但是位置不同：戴维南电阻和电压源串联，而诺顿电阻和电流源并联。

还可以推导出如下两个关系。可以把任意一个戴维南电路转化为诺顿电路，如图 1-13a 所示。证明很简单，将戴维南电路的 AB 两端短路，得到诺顿电流：

$$I_N = \frac{V_{TH}}{R_{TH}} \tag{1-12}$$

这个推论说明诺顿电流等于戴维南电压除以戴维南电阻。

类似地，可以把任意一个诺顿电路转化为戴维南电路，如图 1-13b 所示。开路电压为：

$$V_{TH} = I_N R_N \tag{1-13}$$

这个推论说明戴维南电压等于诺顿电流乘以诺顿电阻。

图 1-13 总结了两种电路的转换公式。

例 1-6　假设一个复杂的电路已经化简成如图 1-14a 所示的戴维南等效电路，如何把它转化成诺顿等效电路呢？

解：使用式（1-12）得到：

$$I_N = \frac{10\ \text{V}}{2\ \text{k}\Omega} = 5\ \text{mA}$$

图 1-14c 为诺顿等效电路。

大多数的工程师和技术人员在离开学校之后很快就会忘记式（1-12），但他们通常会用欧姆定律解决同样问题。具体方法是，对于图 1-14a 所示电路，假设 AB 两端短路，如图 1-14b 所示，则短路电流就是诺顿电流：

$$I_N = \frac{10\ \text{V}}{2\ \text{k}\Omega} = 5\ \text{mA}$$

结果和前面的相同，不过这里是把欧姆定律应用在戴维南电路中了。图 1-15 总结了这种方法，有助于在给定戴维南电路的情况下算出诺顿电流。　◀

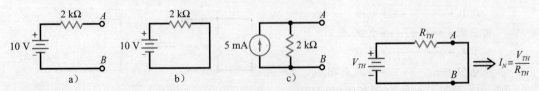

图 1-14　计算诺顿电流　　　　　　　图 1-15　诺顿电流求解的记忆方法

自测题 1-6　当图 1-14a 所示电路的戴维南电阻为 5 kΩ 时，计算诺顿电流的值。

1.6　直流电路故障诊断

故障诊断就是查明电路没有正常工作的原因。最常见的故障原因是开路和短路。例如晶体管故障，很多原因会导致其开路或者短路，原因之一就是实际功率超过了晶体管的最大功率。

当消耗在电阻上的功率超过额定值之后就会导致电阻开路。而以下原因会间接导致电阻短路：在印制电路板的制作或焊接过程中，一些焊锡可能会意外地溅到两个相邻的互联线中间使它们短路，这就是所谓的**焊锡桥**，它使得被连接的两根导线间的器件全部短路。另一方面，一个糟糕的焊点通常根本没有连接上，这种情况称为**虚焊点**，意味着器件是开路的。

除了开路和短路以外，其他任何故障也都有可能发生。例如，焊接时温度过高可能造成一个电阻阻值的永久性改变。如果这个电阻值对于电路来说是关键值，那么受到这种热冲击后电路便有可能工作异常。

令故障诊断员棘手的是那些间断出现的电路故障。这种电路故障很难被分离出来，因为它们时而出现时而消失。有可能是因为虚焊引起的导通与断开间断出现，也可能是电缆接头松动，或者是其他类似的故障造成电路的时通时断。

1.6.1　开路器件

需要记住**开路器件**的两个特征：

流过开路器件的电流为零。

加载在开路器件两端的电压值是不确定的。

因为开路器件的电阻值是无穷大的，所以电阻上不可能存在电流。根据欧姆定律：

$$V = IR = 0 \times \infty$$

在等式中，零乘以无穷大在数学上是不确定的，所以需要由电路的其他部分来确定开路器件两端的电压。

1.6.2　短路器件

短路器件恰好相反，需要记住的两个特征为：

加载在短路器件两端的电压为零。

流过短路器件的电流值是不确定的。

因为短路器件的电阻值为零，所以电阻上不可能存在电压。根据欧姆定律：

$$I = \frac{V}{R} = \frac{0}{0}$$

零除以零在数学上是没有意义的，所以需要由电路的其他部分来确定流经短路器件的电流。

1.6.3　诊断过程

通常测量的电压是对地而言的，由这些测量值和基础电学知识，一般可以推断出问题所在。当把最大的疑点集中在某个元件上时，可以断开这个元件然后用欧姆表或其他仪表来证实这个判断。

1. 正常值

图 1-16 所示的电路是一个准理想分压器，由电阻 R_1 和 R_2 构成，并驱动串联电阻 R_3 和 R_4。在诊断该电路的故障之前，需要知道这个电路的正常电压值是多少。首先算出 V_A 和 V_B，前者是 A 点到地的电压，后者是 B 点到地的电

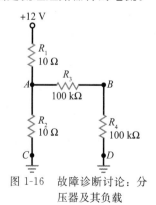

图 1-16　故障诊断讨论：分压器及其负载

压。由于 R_1 和 R_2 远远小于 R_3 与 R_4（10 Ω 对 100 kΩ 而言），准理想分压器 A 点电压近似为 +6 V。此外，由于 R_3 和 R_4 相等，因此 B 点电压近似为 +3 V。如果电路没有问题，应该测出 A 点对地的电压为 6 V，B 点对地的电压为 3 V，这两个电压值列于表 1-3 的第一行。

2. R_1 开路

如果 R_1 开路，电路的电压会怎样变化？由于没有电流通过开路的 R_1，所以也没有电流流过 R_2。由欧姆定律可知 R_2 两端电压将为 0，因此 $V_A = 0$，且 $V_B = 0$，见表 1-3 "R_1 开路" 的情况。

3. R_2 开路

如果 R_2 开路，电路的电压会怎样变化？由于没有电流通过开路的 R_2，A 点电压被拉高到电源电压。由于 R_1 远远小于 R_3 和 R_4，所以 A 点电压近似为 12 V。又因为 R_3 和 R_4 相等，B 点电压应该是 6 V，所以表 1-3 中 "R_2 开路" 时对应的 $V_A = 12$ V，$V_B = 6$ V。

4. 其他问题

如果作为地的 C 点开路，没有电流可以流过 R_2，这种情况和 R_2 开路是等效的。因此表 1-3 中 "C 开路" 时对应的 $V_A = 12$ V，$V_B = 6$ V。

对于表 1-3 中的其他问题，应该计算各种情况所对应的电压值并理解其产生原因。

表 1-3　故障及其线索

故障	V_A	V_B
电路正常	6 V	3 V
R_1 开路	0	0
R_2 开路	12 V	6 V
R_3 开路	6 V	6 V
R_4 开路	6 V	6 V
C 开路	12 V	6 V
D 开路	6 V	6 V
R_1 短路	12 V	6 V
R_2 短路	0	0
R_3 短路	6 V	6 V
R_4 短路	6 V	0

例 1-7　如果测得图 1-16 所示电路的 V_A 和 V_B 都是 0，故障可能在哪里？

解：查看表 1-3，可知有两种可能的故障："R_1 开路" 或 "R_2 短路"，这两种情况都会导致 A、B 两点的电压为 0。为了区分究竟是哪种情况，可以断开 R_1 然后测量它，如果测出它是开路的，则故障为 "R_1 开路"。如果测量没有问题，则故障为 "R_2 短路"。◀

自测题 1-7　如果测得图 1-16 所示电路的 $V_A = 12$ V，$V_B = 6$ V，故障可能在哪里？

1.7　交流电路故障诊断

当对交流电路进行故障诊断时，可以使用示波器来跟踪电路中的交流信号。这种故障诊断方法称为**信号跟踪**。输入电压源通常是现有的交流电压或由信号发生器提供的电压。

使用双踪示波器，将通道 1 连接到输入电压源。这样可以看到输入电压源是正确的并且保持恒定。将通道 1 作为示波器的触发源，通道 2 可以连接到电路中的各个测试点，以验证电路的正常运行。所有的测量都是相对于电路的接地点进行的。为了减少示波器对于电路的负载，必要时应使用 10 倍探头。在这个故障诊断示例中，示波器的通道 2 的测试点依次从 B 点移动到 C 点，再到 D 点，查找异常情况。

1. 正常值

在图 1-17 所示电路中，用幅度 $2V_p$（或 $4V_{pp}$）的交流电压源驱动一个串联电阻链 $R_1 \sim R_4$，电容 C_1 并联于 R_4 两端。C_1 将会对电路造成什么影响呢？由于交流信号输入频率为 1 kHz，可得 X_C 为

$$X_C = \frac{1}{2\pi fC} = \frac{1}{2\pi \times 1\ \text{kHz} \times 0.001\ \mu\text{F}} = 159\ \text{k}\Omega$$

从 C_1 端进行戴维南电路等效，得到

$$R_{TH} = R_4 \parallel (R_1 + R_2 + R_3)$$
$$R_{TH} = 1\ \text{k}\Omega \parallel 3\ \text{k}\Omega = 0.75\ \text{k}\Omega$$

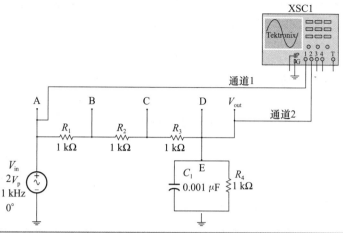

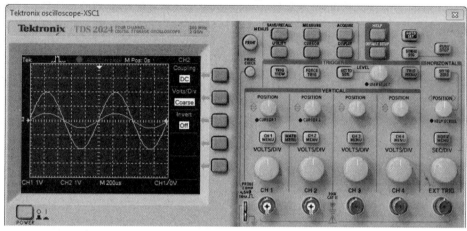

美国国家仪器公司提供

图 1-17 交流电路故障诊断

由于 $X_C(159\ \text{k}\Omega) \gg R_{TH}(0.75\ \text{k}\Omega)$，正常情况可以认为 C_1 是开路的。而且，由于 $R_1 \sim R_4$ 的阻值均为 $1\ \text{k}\Omega$，可以由简单分压器原理得到每个节点的电压值，即 $V_A = 4V_{pp}$，$V_B = 3V_{pp}$，$V_C = 2V_{pp}$，D 节点的输出电压 $V_D = 1V_{pp}$。将示波器的通道 1 连接节点 A，用通道 2 分别测量各节点的电压。表 1-4 列出了电路正常工作时的电压值和发生故障时的电压值。

表 1-4 电路正常工作时的电压值和发生故障时的电压值

故障	V_A/V	V_B/V	V_C/V	$V_D(V_{out})/\text{V}$
电路正常	4	3	2	1
R_1 开路	4	0	0	0
R_2 开路	4	4	0	0
R_3 开路	4	4	4	0
R_4 开路	4	4	4	4
C_1 短路	4	2.67	1.33	0
R_2 10 k	4	3.69	0.09	0.31
D-E 开路	4	4	4	4

2. R_2 开路

R_2 开路可能是由于不良焊点引起的，此时电路中没有交流电流通过，所以 R_1 上没有压降，则 $V_A = 4V_{pp}$，$V_B = 4V_{pp}$，$V_C = 0V_{pp}$，及 $V_{out} = 0V_{pp}$，如表 1-4 所示。用示波器的通道 1 测量输入电压，用通道 2 测量其他测试点的电压。

3. R_2 的值为 10 kΩ

如果在搭建电路时将 R_2 的 1 kΩ 错选成 10 kΩ，则电路中的分压情况将会发生较大变化，R_2 上分掉了大部分压降。结果如表 1-4 所示。

4. C_1 短路

如果电容 C_1 短路，无论是由于元件内部原因还是由于焊锡飞溅，均会使输出电压降为地电位。其结果为 $V_A = 4V_{pp}$，$V_B = 2.67V_{pp}$，$V_C = 1.33V_{pp}$，$V_D = 0V_{pp}$。

5. 其他故障

其他故障情况见表 1-4。如果有电路仿真软件，如 Multisim，可以搭建这个电路，针对每一种故障情况进行仿真。

6. 重点说明

这里展示的交流故障诊断方法涉及从 B 点到 C 点、再到输出端的信号跟踪。当信号链变长时，这是最有效的方法吗？可以使用另一种信号跟踪方法，该方法称为**半分故障诊断法**。通道 2 的测试不是从 B 点开始，而是将探头放置在整个电路的中点。如果在中点的测量是正确的，那么故障就在该点和输出端之间。然后确定下一个中点在该点与输出端之间，并测量该点的信号。如果第一个中点测量不正确，则确定下一个中点在该点与输入端之间。半分故障诊断法减少了查找电路故障所需的测试量。

在故障诊断过程中，如何用示波器对两端都不接地的元件进行测量？如果将示波器探头一端接在元件上，另一端接在示波器的地线上，则可能会损坏电路或示波器。所以这里必须同时使用示波器的两个通道。例如，当测量图 1-17 电路中 R_2 上的交流电压时，需将通道 1 连接 B 节点，将通道 2 连接 C 节点，并将两个探头的地都与电路的地点连接。然后，将垂直输入开关更改为数学模式或添加模式，并将函数模式设置为减法。结果将显示通道 1 减去通道 2 信号的准确电压差值。

图 1-17 所示的电路是一个简单的电阻串。如果将每个电阻替换成一个具有独立输出且该输出作为下一级输入的电路呢？你知道如何使用相同的信号跟踪方法吗？

总结

1.1 节　近似方法在工业上应用广泛。理想化近似适用于故障诊断，二阶近似适用于对电路的初步计算，高阶近似适用于计算机辅助分析。

1.2 节　理想电压源没有内阻。电压源的二阶近似包含了一个与电压源串联的内阻。准理想电压源的内阻小于负载电阻的 1%。

1.3 节　理想电流源具有无穷大的内阻。电流源的二阶近似包含了一个与电流源并联的大的内阻。准理想电流源的内阻大于负载电阻的 100 倍。

1.4 节　戴维南电压是跨接在开路负载两端的电压。戴维南电阻是在负载开路且所有电源都置零的情况下，从负载两端测得的电阻。戴维南证明了戴维南等效电路产生的负载电流与任何其他含电源和线性电阻的对应电路的负载电流相等。

1.5 节　诺顿电阻与戴维南电阻相等。诺顿电流等于负载短路时的负载电流。诺顿证明了诺顿等效电路产生的负载电压与任何其他含电源和线性电阻的对应电路的负载电压相等。诺顿电流等于戴维南电压除以戴维南电阻。

1.6 节　最常见的电路故障是短路、开路和间断出现的故障。短路器件上总是出现零电压，其电流取决于电路的其他部分。开路器件上总是出现零电流，其电压取决于电路的其他部分。间断出现的故障是电路时通时断的问题，需要耐心地、有逻辑地排查，把故障分离出来。

1.7 节　为了有效地排查许多交流电路的故障，通常使用一种称为信号跟踪的方法。将通道 1 连接输入信号源，用通道 2 测量其他测试点的电压波形。将这些测量值与已知的正常值进行比较。

重要公式

1. 准理想电压源

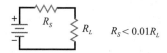

$$R_S < 0.01R_L$$

2. 准理想电压源

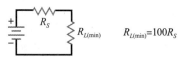

$$R_{L(min)} = 100R_S$$

3. 准理想电流源

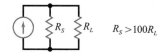

$$R_S > 100R_L$$

4. 准理想电流源

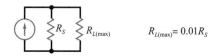

$$R_{L(max)} = 0.01R_S$$

5. 戴维南电压

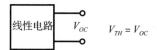

$$V_{TH} = V_{OC}$$

6. 戴维南电阻

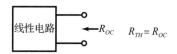

$$R_{TH} = R_{OC}$$

7. 戴维南定理

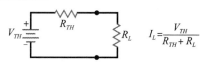

$$I_L = \frac{V_{TH}}{R_{TH} + R_L}$$

8. 诺顿电流

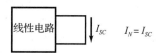

$$I_N = I_{SC}$$

9. 诺顿电阻

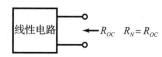

$$R_N = R_{OC}$$

10. 诺顿电阻

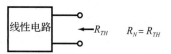

$$R_N = R_{TH}$$

11. 诺顿定理

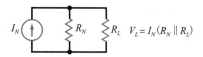

$$V_L = I_N(R_N \parallel R_L)$$

12. 诺顿电流

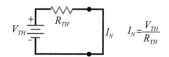

$$I_N = \frac{V_{TH}}{R_{TH}}$$

13. 戴维南电压

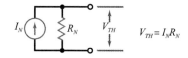

$$V_{TH} = I_N R_N$$

相关实验

实验 1
电压源与电流源
实验 2
戴维南定理与诺顿定理

实验 3
故障诊断

选择题

1. 理想电压源具有
   - a. 零内阻
   - b. 无穷大内阻
   - c. 和负载相关的电压
   - d. 和负载相关的电流
2. 实际电压源具有
   - a. 零内阻
   - b. 无穷大内阻
   - c. 小的内阻
   - d. 大的内阻

3. 如果负载电阻为 100 Ω，则准理想电压源的内阻为
   - a. 小于 1 Ω
   - b. 至少 10 Ω
   - c. 大于 10 kΩ
   - d. 小于 10 kΩ
4. 理想电流源具有
   - a. 零内阻
   - b. 无穷大内阻

c. 和负载相关的电压　　d. 和负载相关的电流

5. 实际电流源具有
 a. 零内阻　　　　　　　b. 无穷大内阻
 c. 小的内阻　　　　　　d. 大的内阻

6. 如果负载电阻为 100 Ω，则准理想电流源的内阻为
 a. 小于 1 Ω　　　　　　b. 大于 1 Ω
 c. 小于 10 kΩ　　　　　d. 大于 10 kΩ

7. 戴维南电压等于
 a. 负载短路电压　　　　b. 负载开路电压
 c. 理想电压源电压　　　d. 诺顿电压

8. 戴维南电阻的值等于
 a. 负载电阻　　　　　　b. 负载电阻的一半
 c. 诺顿等效电路的内阻　d. 负载开路电压

9. 为得到戴维南电压，需要
 a. 把负载电阻短路　　　b. 把负载电阻开路
 c. 把电压源短路　　　　d. 把电压源开路

10. 为得到诺顿电流，需要
 a. 把负载电阻短路　　　b. 把负载电阻开路
 c. 把电压源短路　　　　d. 把电流源开路

11. 诺顿电流有时也称为
 a. 负载短路电流　　　　b. 负载开路电流
 c. 戴维南电流　　　　　d. 戴维南电压

12. 焊锡桥
 a. 可能会造成短路　　　b. 可能会造成开路
 c. 在有些电路中有用处　d. 总是具有高阻

13. 虚焊点
 a. 总是呈现低电阻
 b. 显示了高超的焊接技术
 c. 通常造成开路
 d. 会造成短路

14. 开路电阻
 a. 流过的电流无穷大　　b. 两端的电压为零
 c. 两端的电压无穷大　　d. 流过的电流为零

15. 短路电阻
 a. 流过的电流无穷大　　b. 两端的电压为零
 c. 两端的电压无穷大　　d. 流过的电流为零

16. 理想电压源和内阻属于以下哪种情况
 a. 理想化近似　　　　　b. 二阶近似
 c. 高阶近似　　　　　　d. 严格模型

17. 把导线当成零电阻导体属于以下哪种情况
 a. 理想化近似　　　　　b. 二阶近似
 c. 高阶近似　　　　　　d. 严格模型

18. 理想电压源的输出电压
 a. 是零　　　　　　　　b. 是常数
 c. 和负载电阻相关　　　d. 和内阻相关

19. 理想电流源的输出电流
 a. 是零　　　　　　　　b. 是常数
 c. 和负载电阻的值相关　d. 和内阻相关

20. 戴维南定理把一个复杂电路替换成负载与以下哪种电路的连接
 a. 理想电压源和并联电阻
 b. 理想电流源和并联电阻
 c. 理想电压源和串联电阻
 d. 理想电流源和串联电阻

21. 诺顿定理把一个复杂电路替换成负载与以下哪种电路的连接
 a. 理想电压源和并联电阻
 b. 理想电流源和并联电阻
 c. 理想电压源和串联电阻
 d. 理想电流源和串联电阻

22. 使器件短路的一种方式是
 a. 通过虚焊点　　　　　b. 通过焊锡桥
 c. 该器件未连接　　　　d. 使该器件开路

23. 推论是
 a. 发现　　　　　　　　b. 发明
 c. 由数学推导产生的　　d. 总被称作定理

习题⊖

1.2 节

1-1 已知电压源的理想电压为 12 V，内阻为 0.1 Ω。负载电阻为何值时该电压源是准理想电压源？

1-2 若负载电阻可以在 270 Ω~100 kΩ 之间变化，作为一个准理想电压源，其最大内阻是多少？

1-3 若函数发生器的输出电阻为 50 Ω，负载电阻为何值时该函数发生器是准理想的？

1-4 汽车蓄电池的内阻为 0.04 Ω，负载电阻为何值时该电池具有准理想特性？

1-5 电压源的内阻为 0.05 Ω。当流过 2 A 电流时，该内阻上的压降是多少？

1-6 图 1-18 中的电压源电压为 9 V，内阻为 0.4 Ω。如果负载电阻为零，负载电流是多少？

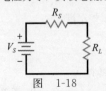

图　1-18

1.3 节

1-7 假设一个电流源的理想电流为 10 mA，内阻为

⊖ 奇数编号的习题答案在全书最后给出。——编辑注

10 MΩ。负载电阻为何值时该电流源是准理想的?

1-8 若要驱动阻值在 270 Ω~100 kΩ 之间可变的负载电阻,准理想电流源的内阻应为多少?

1-9 某电流源的内阻为 100 kΩ,如果要求该电流源具有准理想特性,则负载电阻最大是多少?

1-10 图 1-19 中电流源的理想电流为 20 mA,其内阻为 200 kΩ。如果负载电阻为零,则负载电流是多少?

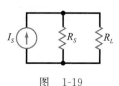

图 1-19

1-11 图 1-19 中电流源的理想电流为 5 mA,其内阻为 250 kΩ。如果负载电阻为 10 kΩ,则负载电流是多少?该电流源是准理想电流源吗?

1.4 节

1-12 图 1-20 所示电路的戴维南电压和戴维南电阻各是多少?

1-13 用戴维南定理计算图 1-20 所示电路在负载电阻分别为 0、1 kΩ、2 kΩ、3 kΩ、4 kΩ、5 kΩ、6 kΩ 时的负载电流。

思考题

1-23 将电压源的负载短路,若理想电压为 12 V,短路负载电流为 150 A,则电压源内阻是多少?

1-24 图 1-18 所示电路中,理想电压为 10 V,负载电阻为 75 Ω。如果负载电压为 9 V,则内阻是多少?该电压源是准理想的吗?

1-25 有一个黑盒子,一个 2 kΩ 的电阻跨接在黑盒子的外部负载端上。如何测量它的戴维南电压?

1-26 题 1-25 中的黑盒子上有一个旋钮可以将所有内部电源置零。如何测量它的戴维南电阻?

1-27 试试不使用戴维南定理求解题 1-13。然后想一想你学到了有关戴维南定理的什么知识。

1-28 研究如图 1-21 所示的电路,给出该电路驱动负载时的戴维南等效电路,并描述测量该电路的戴维南电压和戴维南电阻的实验过程。

1-29 用一节电池和一个电阻设计一个电流源,要求该电流源对于 0~1 kΩ 范围的负载电阻均能输出 1 mA 的恒定电流。

1-30 设计一个分压器(类似图 1-20 所示电路),满

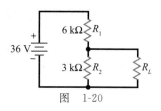

图 1-20

1-14 若图 1-20 所示电路中的电源电压减小到 18 V,戴维南电压和戴维南电阻有何变化?

1-15 若图 1-20 所示电路中的所有电阻都变为原来的两倍,戴维南电压和戴维南电阻有何变化?

1.5 节

1-16 某电路的戴维南电压为 12 V,戴维南电阻为 3 kΩ。求其对应的诺顿等效电路。

1-17 某电路的诺顿电流为 10 mA,诺顿电阻为 10 kΩ。求其对应的戴维南等效电路。

1-18 求图 1-20 所示电路的诺顿等效电路。

1.6 节

1-19 若图 1-20 所示电路的负载电压为 36 V,则 R_1 出现了什么故障?

1-20 若图 1-20 所示电路的负载电压为 0,电池和负载电阻都正常。设想两种可能的故障。

1-21 若图 1-20 所示电路的负载电压为 0,所有电阻都是正常的。故障在哪里?

1-22 在图 1-20 所示电路中,负载电阻被一个电压表取代,测量 R_2 两端电压。则电压表的输入电阻为多大时可以避免仪表的负载效应?

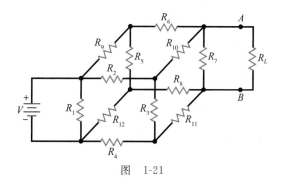

图 1-21

足以下要求:电压源理想电压为 30 V,负载开路电压为 15 V,戴维南电阻不大于 2 kΩ。

1-31 设计一个如图 1-20 所示的分压器。对于任何大于 1 MΩ 的负载电阻均输出恒定的 10 V 电压。其中,电压源理想电压为 30 V。

1-32 有一个 D 芯闪光灯电池和一个数字万用表,除此之外没有其他工具。描述确定闪光灯电池的戴维南等效电路的实验方法。

1-33 有一个 D 芯闪光灯电池,一个数字万用表和一盒不同阻值的电阻。如果只用一个电

阻，如何测出闪光灯电池的戴维南电阻？给出实验方法。

1-34 电路如图 1-22 所示。计算当负载电阻分别为 0、1 kΩ、2 kΩ、3 kΩ、4 kΩ、5 kΩ、6 kΩ 时的负载电流。

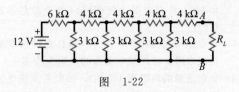

图 1-22

故障诊断

1-35 针对图 1-23 所示电路和该电路的故障表，确定故障 1~8 分别对应的电路故障。可能的故障为：某一个电阻开路、某一个电阻短路，未接地或者未接电源。

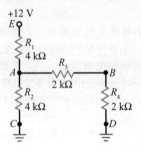

条件	V_A/V	V_B/V	V_E/V
正常	4	2	12
故障 1	12	6	12
故障 2	0	0	12
故障 3	6	0	12
故障 4	3	3	12
故障 5	6	3	12
故障 6	6	6	12
故障 7	0	0	0
故障 8	3	0	12

图 1-23 故障诊断

求职面试问题

面试官通过面试可以很快知道你对电子学知识的理解程度。他们往往不会问那些有明确答案的问题，有时会忽略数据，了解你处理这些问题的过程。当你面试求职时，面试官可能会问如下问题。

1. 电压源和电流源有什么区别？
2. 在计算负载电流时，什么情况下必须考虑内阻？
3. 如果一个器件的模型是电流源，你会对负载电阻提出什么要求？
4. 准理想电源意味着什么？
5. 在实验台上有一个用面包板插接的电路，如要得到它的戴维南电压和戴维南电阻，需要测量什么？
6. 50 Ω 内阻的电压源与 600 Ω 内阻的电压源相比优势在哪里？
7. 戴维南电阻与汽车电池的"冷启动电流"之间有何联系？
8. 当说到电压源的负载很重时，是什么意思？
9. 技术人员在进行初期故障诊断时通常使用哪种近似？为什么？
10. 当对一个电子系统进行故障诊断时，在一个测试点测得直流电压为 9.5 V，然而根据电路图，这个电压应该为 10 V。应该如何推断？为什么？
11. 为什么要使用戴维南电路或诺顿电路？
12. 戴维南定理和诺顿定理在实验测试时的价值是什么？
13. 与普通信号跟踪相比，半分故障诊断法的优势是什么？

选择题答案

1. a 2. c 3. a 4. b 5. d 6. d 7. b 8. c 9. b 10. a 11. a 12. a 13. c 14. d 15. b
16. b 17. a 18. b 19. b 20. c 21. b 22. b 23. c

自测题答案

1-1 60 kΩ

1-2 $V_L = 20$ V

1-4 R_L 为 2 kΩ、6 kΩ、18 kΩ 时，电流分别为 3 mA、2 mA、1 mA

1-6 $I_N = 2$ mA

1-7 R_2 或 C 开路；或者 R_1 短路

第 2 章

半 导 体

为了理解二极管、晶体管和集成电路的工作原理，首先必须要了解半导体。半导体是一种既不是导体也不是绝缘体的材料，其中包含自由电子和空穴，空穴的存在使半导体具有特殊的性质。在本章中，将学习半导体、空穴和其他相关内容。

目标

在学习完本章之后，你应该能够：

■ 在原子的层面识别良导体和半导体；

■ 描述出硅晶体的结构；

■ 列出两种载流子，指出导致两种载流子分别为多子的掺杂类型；

■ 分别解释二极管在无偏置、正向偏置和反向偏置时 pn 结的状况；

■ 描述由于二极管反向电压过大导致的击穿电流的类型。

关键术语

环境温度（ambient temperature）	结型二极管（junction diode）
雪崩效应（avalanche effect）	结区温度（junction temperature）
势垒（barrier potential）	多数载流子（majority carrier）
击穿电压（breakdown voltage）	少数载流子（minority carrier）
导带（conduction band）	n 型半导体（n-type semiconductor）
共价键（covalent bond）	p 型半导体（p-type semiconductor）
耗尽层（depletion layer）	pn 结（pn junction）
二极管（diode）	复合（recombinatio）
掺杂（doping）	反向偏置（reverse bias）
非本征半导体（extrinsic semiconductor）	饱和电流（saturation current）
正向偏置（forward bias）	半导体（semiconductor）
自由电子（free electron）	硅（silicon）
空穴（hole）	表面漏电流（surface-leakage current）
本征半导体（intrinsic semiconductor）	热能（thermal energy）

2.1 导体简介

从原子结构可以判断：铜是良导体（见图 2-1）。铜原子核中包含 29 个质子（带正电荷），当它表现出电中性时，29 个电子（带负电荷）像行星环绕太阳一样环绕着原子核运动。电子位于不同的轨道（又称为层）上，两个电子在第一轨道，8 个电子在第二轨道，18 个电子在第三轨道，1个电子在最外层的轨道。

2.1.1 稳定轨道

图 2-1 中带正电的原子核吸引环绕它运动的电子，而这些电子没有被拉进原子核的原因在于其圆周运动产生的

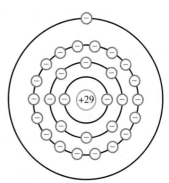

图 2-1 铜原子

（向外的）离心力，该离心力恰好等于原子核对电子的吸引力，因此轨道是稳定的。这类似于卫星在轨道上围绕地球的运行，在合适的速度和高度下，卫星就处在一个稳定的运行轨道中。

电子轨道越大，来自原子核的吸引力就越小。在较大的轨道上，电子运动的速度较慢，产生的离心力也相对较小。图 2-1 中所示的最外层的电子运动速度就非常慢，它几乎感受不到来自原子核的吸引力。

2.1.2 核心

对于电子来说，最外层轨道最重要，称为价带轨道，它决定了原子的电特性。为了强调价带轨道的重要性，将原子核与所有内层轨道定义为原子的核心。对于铜原子来说，其核心就是原子核（+29）及其内层的三个轨道（−28）。

铜原子的核心带有 +1 的净电荷，这是由于它包含了
29 个带正电的质子和 28 个带负电的内层电子。图 2-2 有助
于理解核心和价带轨道的关系。价电子在一个很大的轨道
上，其核心的净电荷仅有 +1，因此价电子受到的向内的拉
力很小。

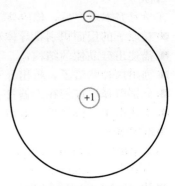

2.1.3 自由电子

由于核心和价电子之间的吸引力很弱，外力可以轻易
地使这个电子脱离铜原子。这就是价电子经常称为**自由电
子**的原因，也是铜成为良导体的原因。微小的电压就可以
使自由电子从一个原子流向另一个原子。最好的导体是银、
铜和金，它们都可以用图 2-2 所示的核心图表示。

图 2-2   铜原子的核心图

例 2-1 假设一个外力使图 2-2 中的价电子脱离铜原子，那么铜原子的净电荷是多少？
如果外来一个电子进入到图 2-2 所示的价带轨道中，铜原子的净电荷又是多少？

解：价电子离开后，铜原子的净电荷变为 +1。原子失去电子后带正电荷，带正电荷的原子称为正离子。

当外来的电子进入到图 2-2 所示的价带轨道中时，原子的净电荷变为 −1。当价带轨道上有多余的电子时，原子带负电荷，称为负离子。   ◀

2.2   半导体简介

最好的导体（银、铜和金）只有一个价电子，而最好的绝缘体有 8 个价电子。**半导体**是电学特性介于导体和绝缘体之间的元素，最好的半导体具有 4 个价电子。

2.2.1 锗

锗是半导体的一个例子，它的价带轨道中 4 个电子。在早期的半导体器件制造中，锗是唯一一种适合的材料，然而锗器件存在无法克服的致命缺陷（反向电流过大，这将在后面章节中讨论）。后来，由于另一种名为硅的半导体材料的实用化，使得大多数电子应用中已不再使用锗材料。

2.2.2 硅

硅是地球上除氧以外含量最丰富的元素。不过在半导体发展的早期，硅的提纯问题制约了它的应用。这个问题解决以后，硅的优点（稍后讨论）使它立刻成了半导体材料的首选。没有硅，就没有现代电子、通信和计算机。

一个独立的硅原子有 14 个质子和 14 个电子。如图 2-3a 所示，第一层轨道中含有 2 个电子，第二层轨道中含有 8 个电子，其余 4 个电子位于价带轨道上。在图 2-3a 中，核心部

分包含原子核内 14 个质子和最内两层轨道的 10 个电子，因此共带有 +4 的净电荷。

图 2-3b 显示的是硅原子的核心图，4 个价电子表明硅是半导体。

知识拓展 另一个常见的半导体元素是碳（C），它主要用来制作电阻。

例 2-2 如果图 2-3b 中的硅原子失去一个价电子，余下的净电荷是多少？如果它的价带轨道得到一个外来的电子，净电荷又是多少？

解： 如果失去一个价电子，它将成为带 +1 电荷的正离子。如果得到一个外来的电子，它将成为带 −1 电荷的负离子。◀

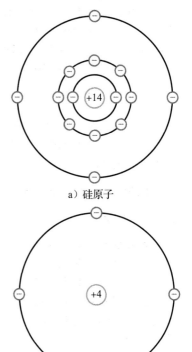

a）硅原子

2.3 硅晶体

当硅原子结合成固体时，它们的排列具有规律性，称为晶体。每个硅原子和相邻的 4 个硅原子共享价电子，这样其价带轨道内便有 8 个价电子。例如，图 2-4a 显示了一个处于中心位置的硅原子和与其相邻的 4 个硅原子，其中带阴影的圆代表硅原子核心。虽然硅原子价带轨道原来只有 4 个价电子，而现在拥有了 8 个。

2.3.1 共价键

每个中间位置的硅原子都和每个相邻的硅原子共用一个电子，这样，中间位置的硅原子得到了 4 个额外的电子，使得其价带轨道填满 8 个电子。这些电子不再属于任何一个独立的硅原子，每个硅原子都和它相邻的原子共享电子，晶体内的所有硅原子均是如此。换句话说，硅晶体内的每个原子都有 4 个相邻原子。

在图 2-4a 中，每个原子核心都带有 +4 电荷。观察中间的原子核心和它右边的原子核心，这两个原子核心以大小相等方向相反的力吸引着位于它们中间的电子对。这种力使硅原子结合在一起，就像拔河的两个队同时拉绳子，只要两边的拉力大小相等方向相反，他们就始终被连为一体。

由于图 2-4a 中的每个共用电子都被方向相反的力拉着，该电子就成为连接在两个原子之间的键，这种化学键称为**共价键**。共价键的一种更简单的表示方法如图 2-4b 所示。在一块硅晶体中有数十亿个硅原子，每个原子都拥有 8 个价电子。这些价电子构成的共价键维系着整个晶体，使得晶体非常稳固。

2.3.2 价带饱和

硅晶体内每个原子的价带轨道都拥有 8 个电子，这 8 个电子的化学稳定性使得硅材料呈现固态。没有人确切知道为什么所有元素的最外层轨道都趋向于拥有 8 个电子。如果一个元素最外层原来没有 8 个电子，那么这个元素的原子就趋向于与其他原子结合并共享电

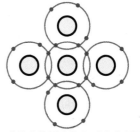

b）硅原子核心图

图 2-3 硅原子

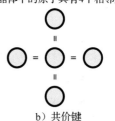

a）晶体中的原子具有4个相邻原子

b）共价键

图 2-4 相邻原子和共价键

子，以使其最外层电子达到 8 个。

有些高等物理公式可以部分解释为什么 8 个电子可以使不同材料的化学性能稳定，但是没有人知道为什么 8 这个数会如此特殊。这是一个定律，就像万有引力定律、库仑定律及其他定律一样，我们可以观察到但却无法解释清楚。

当价带轨道填满 8 个电子后，它就饱和了，因为再也没有电子能够填充进这一轨道了。该定律表述为：

$$价带饱和 \quad n=8 \tag{2-1}$$

总之，价带轨道上最多不能超过 8 个电子。此外，这 8 个价电子也称为束缚电子，因为它们被原子紧紧地束缚住了。由于电子受束缚，硅晶体在室温下（大约 25 ℃）是接近理想状态的绝缘体。

知识拓展　一个空穴和一个电子分别带有 1.6×10^{-19} 库仑的电荷量，但是极性相反。

2.3.3　空穴

环境温度是指所处环境的空气温度。当环境温度高于绝对零度（−273 ℃）时，空气中的热能使硅晶体中的原子发生振动。环境温度越高，带来的机械振动越显著。拿起一个物体时所感觉到的热度就是原子振动的结果。

在硅晶体中，由于振动，原子偶尔会释放出一个价带轨道中的电子。这时，被释放出来的电子获得了足够多的能量可以运行在一个更大的轨道上，这个电子就是自由电子，如图 2-5a 所示。

电子的离开使得原来的价带轨道上留下了一个空缺，称为**空穴**（见图 2-5a）。由于电子的缺失形成了正离子，因此空穴表现出正电荷特性，会吸引并捕获其周边出现的电子。空穴的存在是导体与半导体的本质区别，空穴使得半导体可以实现导体无法实现的功能。

在室温下，热能只激发少量的空穴和自由电子。为了增加空穴和自由电子的数量，需要对晶体进行掺杂，这一内容将在后续章节中叙述。

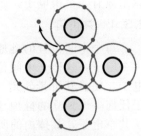

a）热激发产生自由电子和空穴

2.3.4　复合与寿命

在纯净的硅晶体中，**热能激发产生相同数目的自由电子和空穴**。自由电子在晶体中随机移动，有时会接近某个空穴，被它吸引并陷入其中。**复合**指的即是自由电子和空穴的结合（见图 2-5b）。

一个自由电子从产生到消失的这段时间被称为它的**寿命**。由于晶体纯度等因素的影响，寿命可以从几纳秒到几微秒不等。

2.3.5　要点

硅晶体中无时无刻不在发生着以下过程：

1. 热能激发产生一些自由电子和空穴。
2. 另一些自由电子和空穴复合。
3. 一些自由电子和空穴暂时存在，并等待复合。

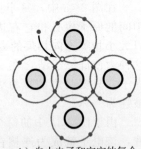

b）自由电子和空穴的复合

图 2-5　自由电子和空穴

例 2-3　如果一个纯净的硅晶体内部有 100 万个自由电子，那么有多少个空穴？如果环境温度升高，自由电子和空穴的数目将怎样变化？

解： 如图 2-5a 所示，当热能激发产生一个自由电子的同时自动产生一个空穴，因此在纯净的硅晶体中自由电子和空穴的数目总是相等的。如果有 100 万个自由电子就对应着 100 万个空穴。

温度升高会使原子的振动更剧烈，这意味着有更多的自由电子和空穴被激发。但在任何温度下，纯净的硅晶体中总是含有等量的自由电子和空穴。◀

2.4 本征半导体

本征半导体是指纯净的半导体。如果晶体中的每个原子都是硅原子，那么这个硅晶体就是本征半导体。在室温下，硅晶体具有电绝缘特性，因为热能激发产生的自由电子和空穴数量很少。

2.4.1 自由电子的流动

图 2-6 所示是处于带电金属极板间的硅晶体的一部分。假设热能只激发了一个自由电子和一个空穴，该自由电子在一个较大的轨道里运动，且位于晶体的右侧。由于负极板的作用，这个自由电子受到排斥，向左移动。该自由电子可以从一个原子的大轨道迁移到另一个原子的大轨道上，直至到达正极板为止。

图片来源：Johnrandallalves/Getty Images
a）4 in硅锭和4 in硅片

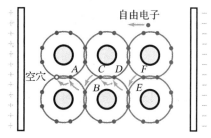

b）空穴在半导体中的流动

图 2-6　本征半导体

2.4.2 空穴的流动

观察位于图 2-6b 左侧的空穴。该空穴对位于点 A 的价电子有吸引作用，使该价电子移动到这个空穴中。

当 A 点价电子向左移动时，A 点就产生了一个新的空穴，等效于原来的空穴向右移动。位于点 A 的新空穴又可以吸引和捕获另一个价电子。通过这种方式，价电子可以沿着图中标示的箭头方向移动。这意味着空穴沿着 A-B-C-D-E-F 路径向反方向移动，如同一个正电荷的运动。

2.5 两种电流

图 2-7 显示的是本征半导体。它具有相同数目的自由电子和空穴，因为热能激发产生的自由电子和空穴总是成对出现的。外加电压驱使自由电子向左侧流动，空穴向右侧流动。当自由电子移动到晶体的最左端时，它们将进入到外部的导线中并流向电池的正极。

另一方面，电池负极的自由电子将流向晶体的右端，它们进入晶体并和流动到晶体右侧的空穴复合。这样，在半导体内部形成了自由电子和空穴的稳定流动。值得注意的是，在半导体之外没有空穴的流动。

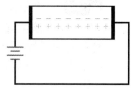

图 2-7　本征半导体含有等量的自由电子和空穴

在图 2-7 中，自由电子和空穴移动的方向相反。半导体中的电流可看成两种电流的组合效应：自由电子沿某方向形成的电流和空穴沿另一方向形成的电流。自由电子和空穴通常称为载流子，因为它们携带电荷从半导体内的一个位置移动到另一个位置。

2.6 半导体的掺杂

提高半导体导电性能的方法之一是**掺杂**。掺杂是指在本征晶体中掺入杂质原子从而改变其电导率。经过掺杂的半导体称为**非本征半导体**。

2.6.1 增加自由电子

如何对硅晶体进行掺杂的呢？第一步是将纯净的硅晶体熔化，这样可以断开共价键并且将固态硅转化为液态。为了增加自由电子的数目，将"5价原子"加入熔化的硅中。5价原子的价带轨道上有 5 个电子，如砷、锑和磷。由于这些材料会给硅晶体贡献出一个多余的电子，因此常称为施主杂质。

图 2-8a 所示是经掺杂的硅晶体在冷却后重新形成的固态晶体结构。一个 5 价原子在中心，周围是 4 个硅原子，每个中心原子与相邻的原子共享一个电子。但是由于每个 5 价原子有 5 个价电子，所以留下了一个多余的电子。因为价带轨道只能容纳 8 个电子，这个多余的电子将在更大的轨道上运动。或者说，这是一个自由电子。

硅晶体中的每个 5 价原子或施主原子都会产生一个自由电子。据此可控制掺杂半导体的电导率，掺杂越多，电导率就越大。半导体可以轻掺杂，也可以重掺杂。轻掺杂的半导体电阻率高，重掺杂的半导体电阻率低。

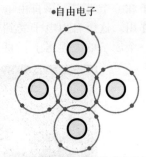

a）通过掺杂获得更多的自由电子

2.6.2 增加空穴

纯净硅晶体掺杂仅有 3 个价电子的三价杂质，如铝、硼和镓，可以获得额外的空穴。

图 2-8b 所示的晶体结构中一个 3 价原子在中心，周围是 4 个硅原子，每个硅原子与中心原子共享一个价电子。由于 3 价原子只有 3 个价电子，与每个相邻的原子共享一个电子后，价带轨道内只有 7 个电子。这意味着每个 3 价原子的价带轨道内都存在一个空穴[⊖]。3 价原子也称作受主原子，每个受主原子提供的空穴在复合期间可以接受一个自由电子。

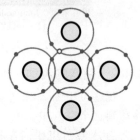

b）通过掺杂获得更多的空穴

图 2-8 掺杂

2.6.3 必要常识

掺杂之前，首先要制造出纯净的半导体晶体，然后通过控制掺杂数量来精确控制半导体的性能。生产纯净的锗晶体比硅晶体要容易，所以最早的半导体器件是锗器件。后来，随着半导体加工工艺的进步，纯净的硅晶体开始实用化，并逐渐成为最流行且最有用的半导体材料。

例 2-4 一个掺杂半导体有 1×10^{10} 个硅原子和 1.5×10^{7} 个 5 价原子。如果环境温度是 25 ℃，那么该半导体内的自由电子和空穴各有多少？

解：每个 5 价原子贡献一个自由电子，因此半导体内共有 1.5×10^{7} 个因掺杂而产生的自由电子。比较而言，空穴几乎可忽略，因为该半导体内只有由热能激发产生的空穴。

⊖ 按照定义，空穴应带有正电荷。此处的"空位"是电中性的，不带电荷，所以不是严格意义的空穴。当相邻共价键中的电子填补该"空位"时，受主原子电离，同时在共价键中产生一个真正的空穴。——译者注

自测题 2-4 在例 2-4 中，如果掺杂的是 5×10^6 个 3 价原子，那么半导体内的空穴有多少？

2.7 两种非本征半导体

掺杂可以使半导体拥有额外的自由电子或空穴，因此掺杂半导体有两种类型。

2.7.1 n 型半导体

掺入 5 价杂质的半导体称作 **n 型半导体**，其中 n 代表负（negative）的意思。图 2-9 是 n 型半导体的示意图。由于 n 型半导体中的自由电子数量比空穴多，自由电子称作**多数载流子**[⊖]，而空穴称作**少数载流子**[⊖]。

在图 2-9 中，外加电压使得自由电子向左移动而空穴向右移动。自由电子流向晶体的左端，然后进入导线到达电池的正极。而当空穴移动到晶体右端时，外部电路的自由电子就会流进半导体与之复合。

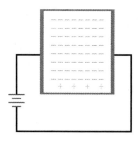

图 2-9 n 型半导体含有大量自由电子

2.7.2 p 型半导体

掺入 3 价杂质的半导体称作 **p 型半导体**，其中 p 代表正（positive）的意思。图 2-10 是 p 型半导体的示意图。由于空穴的数量比自由电子多，所以空穴成为多子，而自由电子成为少子。

在图 2-10 中，外加电压使得自由电子向左移动而空穴向右移动。由于自由电子的数量很有限，所以它们形成的电流对电路几乎没有影响。而当空穴移动到晶体右端时，就会与来自外电路的自由电子复合。

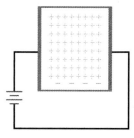

图 2-10 p 型半导体含有大量空穴

2.8 无偏置的二极管

单独的 n 型和 p 型半导体的用途类似于碳电阻。然而对半导体进行掺杂后，使得晶体的一半呈 p 型，另一半呈 n 型，便产生了新的性能。

p 型半导体和 n 型半导体的交界处叫作 **pn 结**。二极管、晶体管和集成电路的发明都源于 pn 结，只有理解了 pn 结，才能理解所有类型的半导体器件。

2.8.1 无偏置的二极管

如前所述，每个掺杂在硅晶体中的 3 价原子都会产生一个空穴。因此可以用图 2-11 中左侧的图来表示 p 型半导体，这里每个带圆圈的负号代表一个 3 价原子，正号代表位于该原子价带轨道上的空穴。

类似地，可以用图 2-11 中右侧的图表示含 5 价原子和自由电子的 n 型半导体。每个带圆圈的正号代表一个 5 价原子，负号代表它贡献出的自由电子。这里特别要注意的是，每块半导体材料都是电中性的，因为正号数量和负号数量相等。

可将一块晶体材料的一边做成 p 型，另一边做成 n 型，如图 2-12 所示。pn 结就在 p 型和 n 型区域的交界处，**结型二极管**是 pn 结晶体的别称。这里的**二极管**（diode）是两个电极的缩写，其中"di"代表"二"。

⊖ 为表述简捷，后文均简称"多子"。——译者注
⊖ 为表述简捷，后文均简称"少子"。——译者注

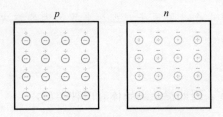

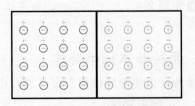

图 2-11　两种类型的半导体　　　　　　　图 2-12　pn 结

2.8.2 耗尽层

图 2-12 中 n 区的自由电子由于互相排斥的作用，有向各个方向扩散的趋势。有些自由电子会扩散到结的另一边，当自由电子进入 p 区后，就成为少子。由于周围有大量的空穴，少子的寿命很短，一个自由电子进入 p 区不久便会与某个空穴复合。这时，该空穴消失，自由电子则成为价电子。

每当一个自由电子扩散并穿越结区，就会产生一个离子对。电子离开 n 区时，留下一个缺少了一个负电荷的 5 价原子，使之电离为正离子。当扩散到 p 区的电子陷入某个空穴后，该空穴消失，使得这个捕获它的 3 价原子成为负离子。

图 2-13a 给出了结两侧的正离子和负离子的情况，带圆圈的正号代表正离子，带圆圈的负号代表负离子。由于共价键的作用，这些离子被固定在晶体结构中，它们不能像自由电子或空穴那样移动。

在结附近的正负离子对称作偶极子。一个偶极子的产生意味着一个自由电子和一个空穴从载流子中消失。随着偶极子数目的增多，结区附近的载流子匮乏，这部分没有载流子的区域称为**耗尽层**（见图 2-13b）。

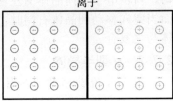

离子

a）结区离子的产生

耗尽层

b）耗尽层

图 2-13　耗尽层的形成

2.8.3 势垒

每个偶极子的正负离子之间都有一个电场。因此，如果外来的自由电子进入耗尽层，电场力将试图把它们推回 n 区。电场强度随着穿越过去的电子数的增加而增强，直至达到平衡。对于一阶近似，可认为是电场力阻止了电子穿越结区的扩散运动。

在图 2-13a 中，离子之间的电场所对应的电势差称作**势垒**。在 25 ℃时，锗二极管的势垒约为 0.3 V，硅二极管的势垒约为 0.7 V。

2.9　正向偏置

图 2-14 中所示的二极管与直流电源连接，电源的负极与 n 区相连，正极与 p 区相连，这种连接方式称为**正向偏置**。

2.9.1 自由电子的运动

在图 2-14 中，电池驱使自由电子和空穴向结区移动。如果电池电压低于势垒电压，自由电子就没有足够的能量通过耗尽层。当它们进入耗尽层时，离子会把它们推回 n 区，因此二极管中没有电流。

当直流电压源的电压大于势垒电压时，自由电子拥有足够的能量通过耗尽层并与空穴复合。可以想象

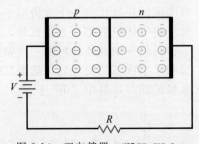

图 2-14　正向偏置　**Ⅲ Multisim**

p 区所有的空穴向右移动，n 区所有的自由电子向左移动，这些极性相反的电荷在结附近相遇并复合。由于自由电子不断地进入二极管的右端，空穴也在二极管的左端不断产生，因此二极管中有持续的电流流过。

2.9.2　单个电子的运动

下面观察一个电子通过整个电路的过程。一个自由电子离开电池的负极，进入二极管的右端，穿过 n 区并到达 pn 结。当电池电压大于 0.7 V 时，这个自由电子具有足够的能量穿越耗尽层。当它到达 p 区不久，便会与某个空穴复合。

此时，自由电子变成了一个价电子，并继续向左移动，从一个空穴迁移到另一个空穴，直至到达二极管的左端。当它离开二极管的左端时，便产生了一个新的空穴，整个过程又重新开始。由于有数以亿计的电子都在进行着同样的行程，从而形成了通过二极管的连续电流。图 2-14 中的串联电阻用来限制正向电流的大小。

2.9.3　必要常识

在正向偏置二极管中，电流很容易形成。只要外加电压大于势垒电压，电路中就会有较大的连续电流。就是说，只要电源电压大于 0.7 V，硅二极管中就会产生连续的正向电流。

2.10　反向偏置

把直流电源转换一个方向，得到如图 2-15 所示电路。此时，电池负极连接 p 区，正极连接 n 区，这种连接方式称为**反向偏置**。

2.10.1　耗尽层变宽

由于电池负极吸引空穴，正极吸引自由电子，所以自由电子和空穴会从 pn 结附近流走，使得耗尽层变宽。

图 2-16a 中的耗尽层有多宽呢？当空穴和自由电子从结中向外移动时，新产生的离子使耗尽层的电势差增加，耗尽层越宽电势差就越大。当电势差与外加反向电压相等时，耗尽层就不再变宽了，这时电子和空穴不再从结中向外移动。

有时用阴影区域来表示耗尽层，如图 2-16b 所示。这个阴影区域的宽度正比于反向电压。随着反向电压的增大，耗尽层变宽。

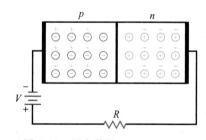

图 2-15　反向偏置　▐▐▐ Multisim

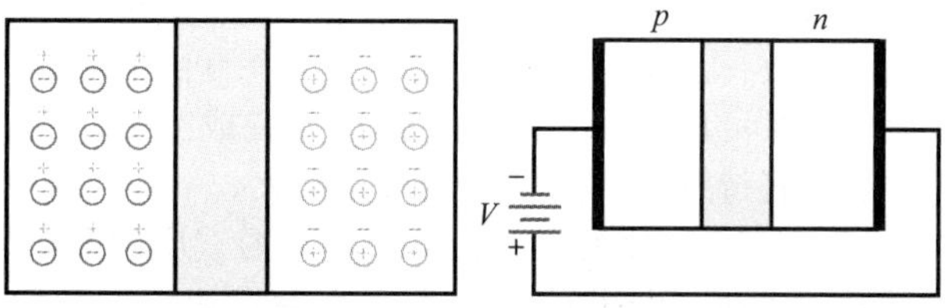

图 2-16　反向偏置时的耗尽层

a）耗尽层　　　b）反向偏置使耗尽层变宽

2.10.2　少子电流

在耗尽层稳定后还会有电流存在吗？在反向偏置下还会存在一个很小的电流。热能会持续地激发产生成对的自由电子和空穴，即结的两侧都有少量的少子存在，其中的大部分会与多子复合。但耗尽层中的少子有可能存活足够长的时间并穿过结区，这时，就会有一小股电流流过外部电路。

该过程如图 2-17 所示。假设热能使结附近

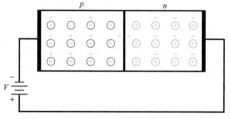

图 2-17　耗尽层中热激发产生的自由电子和空穴形成少子的反向饱和电流

产生一个自由电子和一个空穴,耗尽层把自由电子推向右侧,迫使一个电子离开晶体的右端。而空穴则被推向左侧,使得一个电子从晶体的左端进入并陷入空穴。由于耗尽层中存在持续的热激发产生的电子-空穴对,外电路中就形成了一个连续的小电流。

由热激发产生的少子所形成的反向电流称为**饱和电流**。在公式中,饱和电流的符号是I_s。饱和的意思是这个电流最大就是热激发产生的少子电流,即反向电压的增加不会增加由热激发产生的少子数量。

2.10.3 表面漏电流

在反偏二极管中,除了由热激发产生的少子电流外,在晶体的表面还存在着一个小电流,称为**表面漏电流**,它是由于晶体中的表面杂质和缺陷造成的。

2.10.4 必要常识

二极管中的反向电流由少子电流和表面漏电流组成。在大多数应用中,硅二极管中的反向电流很小,甚至可以忽略。所以,在反向偏置的硅二极管中,电流近似为零。

2.11 击穿

二极管有最大额定电压。二极管在损毁之前所能承受的最大反向电压是有限制的。如果持续地增加二极管的反向电压,最终将会达到二极管的**击穿电压**。对于很多二极管来说,击穿电压至少是 50 V。击穿电压可以在二极管的数据手册中查到,数据手册将在第 3 章讨论。

一旦达到击穿电压,耗尽层会突然出现大量的少数载流子,从而使二极管导通电流过大。

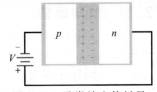

图 2-18 雪崩效应使耗尽层产生大量的自由电子和空穴

这些载流子是在较高的反向电压下发生的**雪崩效应**所产生的（见图 2-18）。正常反偏电压下少子电流很小,当电压增大时,迫使少子移动速度加快并和晶体内的原子发生碰撞。当这些少子具有足够高的能量时,就可以把价电子撞击出来成为自由电子。这些新产生的少子和原有的少子一起继续撞击其他原子,整个过程呈几何级数增长。因为一个自由电子释放一个价电子后就变成了两个自由电子,而这两个自由电子又可以释放另外两个价电子变成 4 个自由电子,这个过程一直持续使反向电流变得非常大。

图 2-19 是放大了的耗尽层示意图。反偏电压使得自由电子向右运动,电子在运动中获得一定速度。反向电压越大,电子运动得就越快。如果这些高速电子具有足够的能量,能够把第一个原子的价电子撞击到大轨道上,就会形成两个自由电子。这两个自由电子继续加速,进一步释放出另外两个电子。这样,少子的数量会急剧增加,从而使二极管导通电流过大。

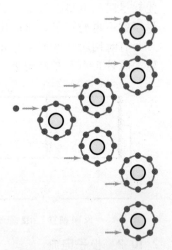

图 2-19 雪崩过程的几何级数增长：1,2,4,8,…

二极管的击穿电压取决于这个二极管的掺杂浓度。整流二极管（最普通的类型）的击穿电压通常大于 50 V。表 2-1 给出了正向偏置和反向偏置二极管的区别。

知识拓展 高于二极管的击穿电压并不意味着二极管必然被损毁,只要反向电压和反向电流的乘积没有超过二极管的额定功率,则二极管可完全恢复。

表 2-1 二极管偏置

	正向偏置	反向偏置
电路图		
V_S 极性	（＋）连接 p 区 （－）连接 n 区	（－）连接 p 区 （＋）连接 n 区
电流	当 $V_S > 0.7\,\text{V}$，正向电流大	当 $V_S <$ 击穿电压，反向电流（饱和电流和表面漏电流）小
耗尽层	窄	宽

2.12 能级

为了更好地实现近似，可以用轨道的大小来区分电子的能量。即可以把图 2-20a 中的每个轨道半径与图 2-20b 中的能级对应。处于最小轨道的电子在第一个能级上，处于第二轨道的电子在第二个能级上，以此类推。

a）轨道

b）能级

图 2-20 能级和轨道大小成正比

2.12.1 大轨道具有较高能级

由于电子被原子核所吸引，电子需要额外的能量才能跃迁到更大的轨道。当一个电子从第一轨道跃迁到第二轨道时，它获得了相对于原子核的势能。能使电子跃迁到更高能级的外力包括热、光和电压。

例如，假设一种外力把图 2-20a 中的电子从第一能级提升到第二能级，该电子就具有了更大的势能，因为它离原子核更远了（见图 2-20b）。如同地球上空的物体，位置越高，相对地球的势能就越大。一旦释放，该物体的下落距离更长，当它撞击地面时也会做更多的功。

2.12.2 回落电子的发光辐射

当一个电子移动到较大轨道上后，它有可能回落到较低的能级。此时，电子将以热、光或者其他辐射形式释放多余的能量。

对于一个发光二极管（LED），外加电压把电子提升到较高能级。当这些电子回落到较低能级时，就会发光。根据所用材料的不同，LED 可发出红光、绿光、橙光或蓝光。有些 LED 发出红外光（不可见的），可用于防盗警报系统。

2.12.3 能带

当一个硅原子被孤立时，电子的运行轨道只受孤立原子电荷的影响，形成如图 2-20b 所示的能级。然而，当硅原子处于晶体中时，每个电子的轨道也同时会受其他许多原子电荷的影响。由于每个电子在晶体中都有互不相同的位置，任何两个电子周围的电荷都不会是完全一样的。因此每个电子的轨道都是不同的，或者说每个电子都具有不同的能级。

图 2-21 是能带示意图。由于没有任何两个电子具有完全相同的周边电荷，所以处于第一轨道的电子能级略有不同。晶体中有数十亿的第一轨道电子，微小的能级差别就形成

了一簇能量或称能带。类似地，数十亿具有微小能量差别的第二轨道电子形成了第二能带，其他能带的情况类似。

另外，热能会激发出一些自由电子和空穴。空穴留在价带，而自由电子会到达相邻的较高能带，这个能带称为**导带**。如图 2-21 所示，导带中有一些自由电子，而价带中有一些空穴。当开关闭合时，纯净半导体中存在小电流，其中自由电子在导带中流动，空穴在价带中流动。

知识拓展　硅和碳可以结合形成具有特殊性能的碳化硅（SiC）化合物半导体。

知识拓展　对于 n 型半导体和 p 型半导体，温度的上升会使其少子和多子有相同数量的增加。

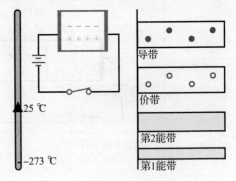

图 2-21　本征半导体及其能带

2.12.4　n 型半导体能带

图 2-22 所示是 n 型半导体的能带。多子是位于导带的自由电子，少子是位于价带的空穴。当开关闭合时，多子向左端流动，少子向右端流动。

2.12.5　p 型半导体能带

图 2-23 所示是 p 型半导体的能带。与 n 型半导体正好相反，现在的多子是位于价带的空穴，少子是位于导带的自由电子。当开关闭合时，多子向右端流动，少子向左端流动。

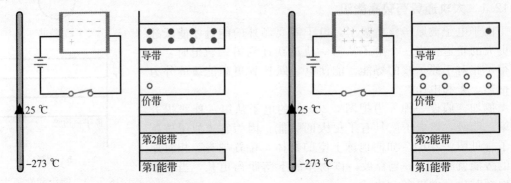

图 2-22　n 型半导体及其能带　　　　　　　　图 2-23　p 型半导体及其能带

2.13　势垒与温度

结区温度是指二极管内部 pn 结处的温度。而**环境温度**则是指二极管周围空气的温度。当二极管导通时，由于复合会产生热量，使得结区温度高于环境温度。

势垒的高低取决于结区温度。结温升高，使得掺杂区域产生更多的自由电子和空穴。当这些电荷扩散至耗尽区，则耗尽区会变窄。这就意味着结区温度升高使势垒下降。

在继续讨论前，需要定义一个符号：

$$\Delta = 变化量 \tag{2-2}$$

希腊字母 Δ（delta）代表变化量的意思。例如，ΔV 代表电压的变化量，而 ΔT 代表温度的变化量。比值 $\dfrac{\Delta V}{\Delta T}$ 就是电压的变化量除以温度的变化量。

可用如下规则来估算势垒变化：硅二极管势垒按照每提升 1℃ 下降 2mV 的速率变化。即：

$$\frac{\Delta V}{\Delta T} = -2 \text{ mV/}℃ \tag{2-3}$$

重新整理为:

$$\Delta V = (-2 \text{ mV/}℃)\Delta T \tag{2-4}$$

通过这些公式, 可以计算势垒在任何结区温度下的值。

例 2-5 假设环境温度 25 ℃时硅二极管的势垒为 0.7 V, 当结区温度为 100 ℃和 0 ℃时, 势垒电压分别是多少?

解: 当二极管的结温是 100 ℃时, 势垒的变化为:

$$\Delta V = (-2 \text{ mV/}℃)\Delta T = (-2 \text{ mV/}℃) \times (100 ℃ - 25 ℃) = -150 \text{ mV}$$

也就是说, 势垒比室温条件下低了 150 mV, 所以:

$$V_B = 0.7 \text{ V} - 0.15 \text{ V} = 0.55 \text{ V}$$

当结温是 0 ℃时, 势垒的变化量为:

$$\Delta V = (-2 \text{ mV/}℃)\Delta T = (-2 \text{ mV/}℃) \times (0 ℃ - 25 ℃) = 50 \text{ mV}$$

也就是说势垒比室温条件下高了 50 mV, 所以:

$$V_B = 0.7 \text{ V} + 0.05 \text{ V} = 0.75 \text{ V}$$

◀

自测题 2-5 例 2-5 中, 当结区温度为 50 ℃时, 势垒电压为多少?

2.14 反偏二极管

耗尽层宽度会随着反偏电压的变化而变化, 从而影响二极管的特性。下面进一步讨论反向偏置二极管的特性。

2.14.1 瞬态电流

当反向偏置电压增大时, 空穴和电子都向远离结的方向移动。当空穴和电子离开结区之后, 留下了正负离子, 因此耗尽层变宽了。反偏电压越高, 耗尽层就越宽。耗尽层变宽时, 会有电流向外部电路流动。当耗尽层停止增长后, 这个瞬态电流便减小为零。

瞬态电流的持续时间取决于外部电路的 RC 时间常数。通常是在纳秒量级, 因此当频率低于 10 MHz 时, 可以忽略瞬态电流的影响。

2.14.2 反向饱和电流

由前面的讨论可知, 正向偏置使二极管耗尽层的宽度减小, 从而使自由电子能够穿过结区。反向偏置的作用相反: 它使空穴和自由电子向远离结区的方向运动, 从而使耗尽层变宽。

假设在反偏二极管的耗尽层中, 由于热能激发产生了一个空穴和一个自由电子, 如图 2-24 所示。在 A 点的自由电子和在 B 点的空穴可以形成反向电流。由于是反向偏置, 自由电子会向右移动, 从而迫使一个电子从二极管的右端流出。类似地, 空穴会向左移动, p 区多出来的空穴会使外部电路的一个电子进入晶体的左端。

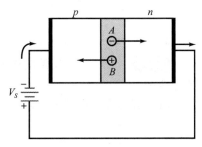

图 2-24 热能在耗尽层激发产生自由电子和空穴

结区温度越高, 饱和电流就越大。下面这个估计方法非常有用: 温度每升高 10 ℃, I_S 增加一倍。它等价于

$$(\Delta I_S / I_S) \times 100\% = (\Delta T / 10 ℃) \times 100\% \tag{2-5}$$

如果温度变化小于 10 ℃, 可以用下面这个等效的式子计算:

$$(\Delta I_S / I_S) \times 100\% = (\Delta T / 1\,℃) \times 7\% \qquad (2\text{-}6)$$

即结区温度每增加 1 ℃，电流增加 7%，这个 7% 的求解方法是 10 ℃ 法则的近似。

2.14.3　硅和锗的比较

在硅原子中，价带和导带的间距称为能隙。当热激发产生自由电子和空穴时，需要给价电子足够的能量使其跃迁到导带。能隙越大，热激发产生电子-空穴对就越困难。幸运的是，硅的能隙较大，也就是说，在常温下热激发不会产生很多电子-空穴对。

在锗原子中，价带离导带很近，即锗的能隙比硅的小很多。因此在锗器件中，热激发产生更多的电子-空穴对，这就是前文提及的锗的最大缺陷。过大的反向电流阻碍了锗在现代计算机、电子产品和通信电路中的广泛应用。

2.14.4　表面漏电流

2.10 节对表面漏电流进行了简单的讨论，表面漏电流是在晶体表面流动的反向电流，下面解释存在表面漏电流的原因。假设图 2-25a 所示的顶层和底层的原子位于晶体表面，由于这些原子缺少相邻原子，它们的价带轨道中只有 6 个价电子，这表明每个表面原子有两个空穴[⊖]。这些在晶体表面的空穴如图 2-25b 所示，可以看到晶体的表面犹如一个 p 型半导体。因此电子可以进入晶体的左端，穿越表面的空穴，从晶体的右端离开，这样就在晶体表面形成了一个小的反向电流。

表面漏电流与反偏电压成正比，若将反偏电压加倍，表面漏电流 I_{SL} 也会加倍。表面漏电阻可定义为：

$$R_{SL} = \frac{V_R}{I_{SL}} \qquad (2\text{-}7)$$

a）晶体表面的原子没有相邻原子

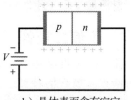

b）晶体表面含有空穴

图 2-25　晶体表面的情况

例 2-6　硅二极管在 25 ℃ 时的饱和电流为 5 nA，100 ℃ 时的饱和电流是多少？

解：温度变化量为：

$$\Delta T = 100\,℃ - 25\,℃ = 75\,℃$$

由式（2-5）可知，温度从 25 ℃ 变化到 95 ℃，电流倍增了 7 次：

$$I_S = 2^7 \times 5\,\text{nA} = 640\,\text{nA}$$

温度从 95 ℃ 到 100 ℃ 还有 5 ℃ 的变化，由式（2-6）得：

$$I_S = 1.07^5 \times 640\,\text{nA} = 898\,\text{nA}$$

自测题 2-6　例 2-6 中的二极管在 80 ℃ 时的饱和电流是多少？

例 2-7　如果 25 V 反偏电压下的表面漏电流是 2 nA，则 35 V 反偏电压下的表面漏电流是多少？

解：有两种方法求解。第一种方法，首先计算表面漏电阻：

$$R_{SL} = \frac{25\,\text{V}}{2\,\text{nA}} = 12.5 \times 10^9\,\Omega$$

然后再算出 35 V 时的表面漏电流，为

$$I_{SL} = \frac{35\,\text{V}}{12.5 \times 10^9\,\Omega} = 2.8\,\text{nA}$$

第二种方法，由于表面漏电流正比于反偏电压，所以

$$I_{SL} = \frac{35\,\text{V}}{25\,\text{V}} \times 2\,\text{nA} = 2.8\,\text{nA}$$

⊖　此结论对应 4 个顶角原子。其余顶层和底层的原子应有 7 个价电子，1 个空穴。——译者注

自测题 2-7   在例 2-7 中，反偏电压为 100 V 时的表面漏电流是多少？

总结

2.1 节   一个电中性的铜原子的最外层轨道中只有一个电子，这个电子可以比较容易地从原子中释放出来，因此称为自由电子。微小的电压即可使自由电子从一个铜原子流向下一个铜原子，所以铜是良导体。

2.2 节   硅是应用最广泛的半导体材料。一个孤立的硅原子的价带轨道上有 4 个电子。价带轨道上的电子数是决定导电性的关键。导体有 1 个价电子，半导体有 4 个价电子，绝缘体有 8 个价电子。

2.3 节   处于硅晶体内的每个硅原子有 4 个价电子，还有与相邻硅原子共享的 4 个电子。在室温下，纯净硅晶体中只有少量由热激发产生的自由电子和空穴。一个自由电子和空穴从产生到复合所经历的时间称为寿命。

2.4 节   本征半导体就是纯净半导体。当对本征半导体外加电压时，自由电子流向电池正极，空穴流向电池负极。

2.5 节   在本征半导体中存在两种载流子的流动。一种是较大轨道（导带）上的自由电子形成的电流，另一种是较小轨道（价带）上的空穴形成的电流。

2.6 节   掺杂使半导体的导电性增加，经过掺杂的半导体称作非本征半导体。当本征半导体掺杂 5 价（施主）原子时，它拥有的自由电子要比空穴多。当本征半导体掺杂 3 价（受主）原子时，它拥有的空穴要比自由电子多。

2.7 节   在 n 型半导体中，自由电子是多数载流子，空穴是少数载流子。在 p 型半导体中，空穴是多数载流子，自由电子是少数载流子。

2.8 节   无偏置的二极管在 pn 结处有一个耗尽层，耗尽层中的离子形成势垒。在室温下，硅二极管的势垒约为 0.7 V，锗二极管的势垒约为 0.3 V。

2.9 节   当外加电压与势垒的方向相反时，二极管即为正向偏置。如果外加电压比势垒高，则电流较大。即在正向偏置的二极管中，电流容易流动。

2.10 节   当外加电压使势垒增大时，二极管即为反向偏置。耗尽层的宽度随着反向偏压的增加而增加，电流近似为 0。

2.11 节   过大的反偏电压会产生雪崩效应或齐纳效应。过大的击穿电流会损毁二极管。一般来说，二极管不会工作在击穿区。唯一的例外就是齐纳二极管，一种特殊用途的二极管，将在后续章节中讨论。

2.12 节   运行轨道越大，电子的能级就越高。如果外力使得电子跃迁到较高能级，当它回落到原始轨道时将会释放出能量。

2.13 节   当结区温度上升时，耗尽层宽度变窄，势垒下降。每增加 1 ℃，势垒约降低 2 mV。

2.14 节   二极管中的反向电流由三部分组成。首先是反向电压变化时产生的瞬时电流。其次是少子电流，由于它与反偏电压无关，又称为饱和电流。第三个是表面漏电流，随反向电压的增加而增加。

重要公式

1. 价带饱和：$n = 8$

2. Δ：变化量

3. $\dfrac{\Delta V}{\Delta T} = -2 \, \text{mV/℃}$

4. $\Delta V = (-2 \, \text{mV/℃}) \Delta T$

5. $(\Delta I_S / I_S) \times 100\% = (\Delta T / 10 \, \text{℃}) \times 100\%$

6. $(\Delta I_S / I_S) \times 100\% = (\Delta T / 1 \, \text{℃}) \times 7\%$

7. $R_{SL} = \dfrac{V_R}{I_{SL}}$

相关实验

实验 4
半导体二极管

选择题

1. 铜原子的原子核有多少个质子？
   a. 1   b. 4
   c. 18   d. 29

2. 一个电中性的铜原子的净电荷是多少？
   a. 0   b. +1
   c. −1   d. +4

3. 假设铜原子的价电子被移出，铜原子的净电荷变为
   a. 0
   b. +1
   c. -1
   d. +4

4. 铜原子中的价电子受到来自原子核的哪种吸引力？
   a. 没有
   b. 弱
   c. 强
   d. 无法确定

5. 硅原子有几个价电子？
   a. 0
   b. 1
   c. 2
   d. 4

6. 应用最广泛的半导体是
   a. 铜
   b. 锗
   c. 硅
   d. 以上都不是

7. 硅原子的原子核中有多少个质子？
   a. 4
   b. 14
   c. 29
   d. 32

8. 硅原子组成有规则的排列，称为
   a. 共价键
   b. 晶体
   c. 半导体
   d. 价带轨道

9. 本征半导体内在室温下有空穴，产生这些空穴的原因是
   a. 掺杂
   b. 自由电子
   c. 热能
   d. 价带电子

10. 当电子被移到更高的轨道时，它的能级相对于原子核
    a. 增加了
    b. 减小了
    c. 保持不变
    d. 取决于原子类型

11. 自由电子和空穴的合并称为
    a. 共价键
    b. 寿命
    c. 复合
    d. 热能

12. 在室温下，本征硅晶体的特性大体上类似
    a. 电池
    b. 导体
    c. 绝缘体
    d. 铜导线

13. 空穴从产生到消失之间的时间称为
    a. 掺杂
    b. 寿命
    c. 复合
    d. 原子价

14. 导体的价电子又可以叫作
    a. 束缚电子
    b. 自由电子
    c. 原子核
    d. 质子

15. 导体内部有几种电流？
    a. 1
    b. 2
    c. 3
    d. 4

16. 半导体内部有几种电流？
    a. 1
    b. 2
    c. 3
    d. 4

17. 对半导体外加电压时，空穴会流向
    a. 离开负电势方向
    b. 朝向正电势方向
    c. 外部电路
    d. 以上都不对

18. 对半导体材料来说，当价带轨道饱和时，它含有
    a. 1个电子
    b. 等量的正负离子
    c. 4个电子
    d. 8个电子

19. 在本征半导体内，空穴的数量
    a. 等于自由电子的数量
    b. 大于自由电子的数量
    c. 小于自由电子的数量
    d. 以上都不对

20. 绝对零度等于
    a. -273 ℃
    b. 0 ℃
    c. 25 ℃
    d. 50 ℃

21. 在绝对零度下，本征半导体内有
    a. 一些自由电子
    b. 很多空穴
    c. 很多自由电子
    d. 没有空穴或自由电子

22. 在室温下本征半导体内有
    a. 少量自由电子和空穴
    b. 大量空穴
    c. 大量自由电子
    d. 没有空穴

23. 在本征半导体内，当温度怎样变化时自由电子和空穴会减少？
    a. 降低
    b. 升高
    c. 保持不变
    d. 以上都不对

24. 价电子向右流动意味着空穴的流动方向为
    a. 左
    b. 右
    c. 左右都有
    d. 以上都不对

25. 空穴的特性表现为
    a. 原子
    b. 晶体
    c. 负电荷
    d. 正电荷

26. 三价原子有多少价电子？
    a. 1
    b. 3
    c. 4
    d. 5

27. 受主原子有多少价电子？
    a. 1
    b. 3
    c. 4
    d. 5

28. 如果要生产 n 型半导体，需要使用的是
    a. 受主原子
    b. 施主原子
    c. 5价杂质
    d. 硅

29. 哪种类型的半导体中的少子是电子？
    a. 非本征
    b. 本征
    c. n 型
    d. p 型

30. p 型半导体中有多少自由电子？
    a. 很多
    b. 没有
    c. 只有被热能激发的

d. 与空穴数量相同

31. 银是最好的导体，它有几个价电子？
    a. 1   b. 4
    c. 8   d. 29

32. 假设本征半导体在室温下有 10 亿个自由电子，当温度降为 0 ℃时，空穴有多少？
    a. 少于 10 亿   b. 10 亿
    c. 多于 10 亿   d. 无法确定

33. 在 p 型半导体上外加一个电压源。如果晶体左端是正极，多子会向哪个方向流动？
    a. 左   b. 右
    c. 都不是   d. 无法确定

34. 下面哪项不属于同一类？
    a. 导体   b. 半导体
    c. 4 个价电子   d. 晶体结构

35. 下面哪个温度约等于室温？
    a. 0 ℃   b. 25 ℃
    c. 50 ℃   d. 75 ℃

36. 晶体内的硅原子的价带轨道内有几个电子？
    a. 1   b. 4
    c. 8   d. 14

37. 负离子是原子
    a. 得到了一个质子
    b. 失去了一个质子
    c. 得到了一个电子
    d. 失去了一个电子

38. 下面关于 n 型半导体的描述哪一项是正确的？
    a. 电中性   b. 带正电荷
    c. 带负电荷   d. 有很多空穴

39. p 型半导体包含空穴和
    a. 正离子   b. 负离子
    c. 五价原子   d. 施主原子

40. 下面关于 p 型半导体的描述哪一项是正确的？
    a. 电中性   b. 带正电荷
    c. 带负电荷   d. 有很多自由电子

41. 与锗二极管相比，硅二极管的反向饱和电流
    a. 在高温时相等   b. 更小
    c. 在低温时相等   d. 更大

42. 是什么导致耗尽层的形成？
    a. 掺杂   b. 复合

c. 势垒   d. 离子

43. 室温下硅二极管的势垒电压是多少？
    a. 0.3 V   b. 0.7 V
    c. 1 V   d. 每摄氏度 2 mV

44. 与锗原子的能隙相比，硅原子的能隙
    a. 基本一致   b. 更低
    c. 更高   d. 无法预测

45. 在硅二极管中，反向电流通常
    a. 很小   b. 很大
    c. 为零   d. 在击穿区

46. 在温度保持恒定的情况下，硅二极管的反偏电压增加，则其饱和电流
    a. 增加   b. 减少
    c. 保持不变   d. 等于它的表面漏电流

47. 发生雪崩效应时的电压叫作
    a. 势垒   b. 耗尽层
    c. 拐点电压   d. 击穿电压

48. 二极管 pn 结的势垒在什么情况下会降低？
    a. 正向偏置   b. 初次形成
    c. 反向偏置   d. 不导通

49. 当反偏电压从 10 V 降低到 5 V 时，耗尽层
    a. 变小   b. 变大
    c. 不受影响   d. 击穿

50. 二极管在正向偏置下，自由电子和空穴的复合将产生
    a. 热   b. 光
    c. 辐射   d. 以上都有

51. 二极管在 10 V 的反偏电压下，加在耗尽层两端的电压是多少？
    a. 0   b. 0.7 V
    c. 10 V   d. 以上都不是

52. 硅原子的能隙是指价带和什么之间的距离？
    a. 原子核   b. 导带
    c. 原子核心   d. 正离子

53. 当结温增加多少时，反向饱和电流增加一倍？
    a. 1 ℃   b. 2 ℃
    c. 4 ℃   d. 10 ℃

54. 当反向电压增加多少时表面漏电流增加一倍？
    a. 7%   b. 100%
    c. 200%   d. 2 mV

习题

2-1 如果铜原子获得了两个电子，其净电荷是多少？

2-2 如果硅原子获得了 3 个价电子，其净电荷是多少？

2-3 下列材料属于导体还是半导体？
    a. 锗   b. 银   c. 硅   d. 金

2-4 如果一个纯净硅晶体内有 500 000 个空穴，那么它含有多少自由电子？

2-5 一个正偏的二极管中，通过 n 区的电流是 5 mA。则通过以下各个部分的电流各是多少？
    a. p 型区

b. 连接外部电路的导线

c. 结

2-6 区分下列情况是 n 型半导体还是 p 型半导体

a. 被掺杂了受主原子

b. 带有 5 价杂质的晶体

c. 多子是空穴

d. 晶体中加入了施主原子

e. 少子是自由电子

2-7 设计中要使用在 0～75 ℃ 环境中的硅二极管，其势垒电压的最小值和最大值是多少？

2-8 如果一个硅二极管在 25～75 ℃ 环境中的饱和电流为 10 nA，则饱和电流的最小值和最大值各是多少？

2-9 在反向电压为 10 V 时，二极管的表面漏电流是 10 nA。如果反向电压增加到 100 V，表面漏电流是多少？

思考题

2-10 硅二极管在 25 ℃ 的反向电流是 5 μA，100 ℃ 时是 100 μA。在 25 ℃ 时的饱和电流和表面漏电流各是多少？

2-11 使用 pn 结器件来制造计算机，计算机的速度取决于二极管开关的速度。基于所学的关于反向偏置的知识，如何能加快计算机的速度？

求职面试问题

这是一个电子专家团队准备的面试题。在大多数情况下，本书已经提供了回答全部问题所需要的足够的信息。当偶然遇到陌生的术语时，就需要找一本科技词典查查看。有的问题本书也可能没有覆盖到，这时就需要自己查阅一些资料了。

1. 为什么铜是电的良导体？

2. 半导体与导体有什么区别？用示意图进行解释。

3. 介绍一下你对空穴的认识，用示意图说明它们和自由电子的区别。

4. 请描述掺杂半导体的基本原理，希望能给出示意图。

5. 为什么正向偏置的二极管中存在电流，请画图给予解释。

6. 为什么反向偏置的二极管中存在非常小的电流？

7. 反偏的二极管在特定的条件下会击穿，请尽量详细地描述雪崩效应。

8. 说明为什么发光二极管能够发光。

9. 在导体中有空穴流动吗？为什么？当空穴到达半导体的一端时会怎样？

10. 表面漏电流是什么？

11. 为什么二极管中的复合很重要？

12. 非本征硅与本征硅的区别是什么？说明其重要性。

13. 描述 pn 结初始形成时的情况，包括耗尽层的形成。

14. 在 pn 结二极管中，哪种载流子移动？是空穴还是自由电子？

选择题答案

1. d　2. a　3. b　4. b　5. d　6. c　7. b　8. b　9. c　10. a　11. c　12. c　13. b　14. b　15. a
16. b　17. d　18. d　19. a　20. a　21. d　22. a　23. a　24. a　25. d　26. b　27. b　28. b　29. d　30. c
31. a　32. a　33. b　34. a　35. b　36. c　37. c　38. a　39. b　40. a　41. b　42. b　43. b　44. c　45. a
46. c　47. d　48. a　49. a　50. d　51. c　52. b　53. d　54. b

自测题答案

2-4 约 5 000 000 个空穴

2-5 $V_B = 0.65$ V

2-6 $I_S = 224$ nA

2-7 $I_{SL} = 8$ nA

第 3 章

二极管原理

本章继续研究二极管。首先讨论二极管的特性曲线，然后讨论二极管的近似。通常，对二极管进行精确分析是十分复杂和耗时的，因此需要进行近似处理。例如，二极管的理想化近似可以用于故障诊断，二阶近似可以进行快速而简便的分析，三阶近似可以获得更高的精度，或者用计算机获得近乎精确的结果。

目标

在学习完本章后，你应该能够：

- 画出二极管的符号，标出正极和负极；
- 画出二极管特性曲线，标出所有关键点及关键区域；
- 描述理想二极管特性；
- 描述二阶近似二极管特性；
- 描述三阶近似二极管特性；
- 列出二极管数据手册上的四项基本参数；
- 使用数字万用表或欧姆表来测量二极管；
- 描述元器件、电路与系统之间的关系。

关键术语

正极（anode）	线性器件（linear device）
体电阻（bulk resistance）	负载线（load line）
负极（cathode）	最大正向电流（maximum forward current）
电子系统（electronic system）	非线性器件（nonlinear device）
理想二极管（ideal diode）	欧姆电阻（ohmic resistance）
阈值电压（knee voltage）	额定功率（power rating）

3.1 基本概念

普通电阻是**线性器件**，它的电流-电压特性曲线（伏安特性曲线）是一条直线。二极管则不同，它的电流-电压特性曲线不是直线，因此是**非线性器件**。原因是二极管存在势垒，当加在二极管两端的电压小于势垒电压时，流过二极管的电流很小；当二极管上的电压超过势垒电压时，电流就会迅速增加。

3.1.1 电路符号及封装规格

图 3-1a 为二极管的电路符号，p 端称为正极，n 端称为负极。二极管的符号看起来像一个箭头，从 p 端指

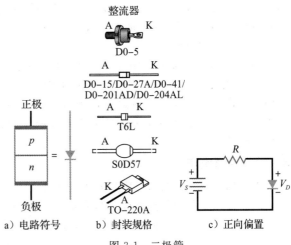

a) 电路符号　　b) 封装规格　　c) 正向偏置

图 3-1　二极管

向 n 端，从正极指向负极。图 3-1b 所示是一些典型二极管的封装规格。多数二极管的负极引脚（K）都有一个彩条标识。

3.1.2 基本二极管电路

图 3-1c 所示是一个二极管电路。在该电路中，电池的正极通过一个电阻来驱动二极管的 p 端，负极与二极管的 n 端相连，所以二极管正向偏置。在这种连接下，电路驱动空穴和自由电子向结的方向移动。

在较复杂的电路中，判断二极管是否正向偏置可能比较困难。这里有一个方法，不妨试着回答如下问题：外部电路对二极管电流的驱动是否沿着载流子容易流动的方向？如果是，则该二极管是正向偏置的。

容易流动的方向该如何确定？如果选择常规的电流，其容易流动的方向就是二极管箭头所指的方向。如果选用电子流，则是相反的方向。

当二极管是复杂电路的一部分时，也可以用戴维南定理来判断它是否是正向偏置。例如，假设能够将一个复杂电路用戴维南定理简化为图 3-1c 所示的电路，则可知这个二极管是正向偏置的。

3.1.3 正向区域

在实验室中搭建如图 3-1c 所示的电路。完成电路连接后，可以测量流过二极管的电流以及二极管两端的电压。也可以将直流电源反接，测量二极管在反偏时的电流和电压。如果绘制二极管的电流 - 电压特性曲线，就可以得到类似图 3-2 所示的图形。

该特性曲线是前面章节中所讨论的一些概念的图形化总结。例如，当二极管正偏时，在

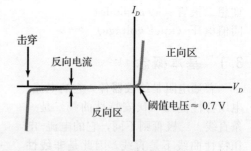

图 3-2 二极管特性曲线

二极管上电压大于势垒电压之前，流过二极管的电流不明显。当二极管反偏时，反向电流几乎为零，直至二极管上电压达到击穿电压。而且，雪崩效应产生很大的反向电流，将会损坏二极管。

3.1.4 阈值电压

在正向区域，二极管电流开始迅速增加的电压被称为**阈值电压**，阈值电压等于势垒电压。对二极管电路的分析经常归结为确定二极管电压是否大于阈值电压。如果大于阈值电压，则二极管的导通性良好。否则，二极管的导通性较差。定义硅二极管的阈值电压为：

$$V_K \approx 0.7 \text{ V} \tag{3-1}$$

（注意：符号"$\approx$"表示"近似等于"。）

虽然锗二极管已很少出现在新设计的电子产品中，但在一些特殊电路以及早期的设备中仍然可能会见到它们。基于这个原因，需要知道锗二极管的阈值电压大约是 0.3 V。阈值电压较低是锗二极管的一个优势，也是它在一些特定场合应用的原因。

知识拓展 特殊用途二极管，如肖特基二极管，已经在需要低阈值的现代应用中取代了锗二极管。肖特基二极管的阈值电压约为 0.25 V。

3.1.5 体电阻

电压大于阈值电压后，二极管电流迅速增加，即很小的电压增量就会引起很大的电流增量。在势垒被克服后，只有 p 区和 n 区的**欧姆电阻**是阻止电流的因素。换句话说，如果 p 区和 n 区是半导体的两个独立部分，则可以用欧姆表测量每一部分的电阻，就像普通电阻一样。

这两个欧姆电阻之和被称为二极管的**体电阻**，定义如下：

$$R_B = R_P + R_N \tag{3-2}$$

体电阻的大小取决于 p 区和 n 区的尺寸及掺杂浓度，通常小于 1 Ω。

3.1.6 最大正向直流电流

如果电流太大，则二极管会因过热而烧毁。因此，制造商会在数据手册中列出二极管安全工作时的最大电流，即不会缩短其使用寿命且不会导致其性能恶化的最大工作电流。

最大正向电流是数据手册中给出的最大额定指标之一，可表示为 I_{max}、$I_{F(max)}$、I_O 等。例如，二极管 1N456 的最大正向电流为 135 mA，说明该二极管在正向电流是 135 mA 时仍能持续安全工作。

3.1.7 功耗

可以用计算电阻功率的方法来计算二极管的功率，即二极管电压与电流的乘积，公式如下：

$$P_D = V_D I_D \tag{3-3}$$

额定功率是指二极管在不缩短其使用寿命且不导致其性能恶化的情况下安全工作的最大功率。公式如下：

$$P_{max} = V_{max} I_{max} \tag{3-4}$$

其中，V_{max} 是二极管工作在 I_{max} 时相应的电压。例如，若一个二极管的最大电压和最大电流分别是 1 V 和 2 A，则它的额定功率为 2 W。

例 3-1 图 3-3a 中所示的二极管是正向偏置的还是反向偏置的？ **Multisim**

解：由于电阻 R_2 两端的电压是正的，因此电路使电流沿着易于流动的方向流动。如果仍然不能清楚判断，则可以先得到从二极管看进去的戴维南等效电路，如图 3-3b 所示，在这个串联电路中，可以看到直流电源是驱使电流向易于流动方向流动的。因此，该二极管是正向偏置的。

如果在判断上没有把握，则可以将电路简化成串联电路，这样可以清楚地判别出直流电源是否沿易于流动方向驱动电流。 ◄

自测题 3-1 图 3-3c 中的二极管是正向偏置的还是反向偏置的？

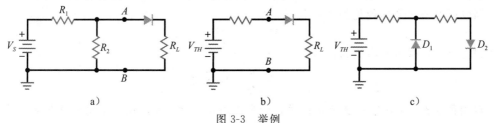

图 3-3 举例

例 3-2 某二极管的额定功率是 5 W。如果该二极管上的电压为 1.2 V，流过它的电流为 1.75 A，那么它的功率是多少？该二极管是否会被烧毁？

解：

$$P_D = 1.2\ \text{V} \times 1.75\ \text{A} = 2.1\ \text{W}$$

小于额定功率，因此该二极管不会被烧毁。　◀

自测题 3-2　例 3-2 中，如果二极管上的电压为 1.1 V，流过它的电流为 2 A，其功率是多少？

3.2　理想二极管

图 3-4 为二极管正向区域特性曲线，可以看到二极管电流 I_D 与电压 V_D 的关系。在二极管电压接近势垒电压之前，电流几乎为零。在 0.6～0.7 V 附近，电流开始增加。当二极管电压超过 0.8 V 之后，电流急剧增加，特性近乎直线。

不同二极管的最大正向电流、额定功率等特性可能有所不同，这取决于二极管的物理尺寸以及掺杂浓度。如果需要得到精确的结果，必须使用特定二极管的特性曲线。虽然各个二极管的确切电流和电压点有所不同，但任何二极管的特性曲线都类似于图 3-4 所示的曲线，所有硅二极管的阈值电压都在 0.7 V 左右。

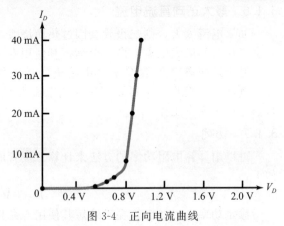

图 3-4　正向电流曲线

多数情况下并不需要精确求解，这也是对二极管采用近似分析的原因。首先分析最简单的**理想二极管**近似。在多数基本应用中，二极管的正向导通特性良好而反向导通特性较差。理想情况下，正向偏置时二极管如同一个理想导体（电阻为零），而反向偏置时二极管如同一个理想绝缘体（电阻无穷大）。

图 3-5a 所示是理想二极管的伏安特性曲线。正向偏置时电阻为零，反向偏置时电阻无穷大。但现实中无法制造这样的器件。

什么器件能够像理想二极管那样工作呢？答案是开关。普通开关闭合时电阻为零，断开时电阻无穷大。因此理想二极管就像一个正偏时闭合、反偏时断开的开关。图 3-5b 显示了二极管的开关特性。

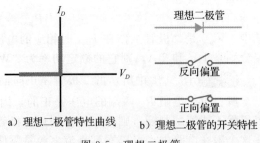

a）理想二极管特性曲线　　b）理想二极管的开关特性

图 3-5　理想二极管

例 3-3　用理想二极管模型计算图 3-6a 所示电路的负载电压和负载电流。

解：由于二极管是正偏，所以等效于一个闭合的开关。将二极管看成一个闭合的开关，则电源电压全部加到负载电阻上：

$$V_L = 10\ \text{V}$$

由欧姆定律，可得负载电流为：

$$I_L = \frac{10\ \text{V}}{1\ \text{k}\Omega} = 10\ \text{mA}$$

◀

自测题 3-3　在图 3-6a 所示电路中，如果电源电压为 5 V，试求理想负载电流。

例 3-4 图 3-6b 所示电路中采用理想二极管，计算负载电压和负载电流。

解： 一种求解方法是画出二极管左边电路的戴维南等效电路。从二极管向电源方向看去，电源电压被 6 kΩ 和 3 kΩ 的电阻分压，因此戴维南电压为 12 V，戴维南电阻为 2 kΩ。驱动二极管的戴维南等效电路如图 3-6c 所示。

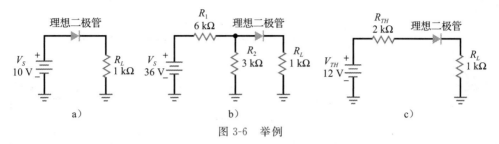

图 3-6　举例

由这个串联电路可以判断二极管是正向偏置的。将二极管视作一个闭合的开关，可以进行以下计算：

$$I_L = \frac{12\ \text{V}}{3\ \text{kΩ}} = 4\ \text{mA}$$

以及：

$$V_L = 4\ \text{mA} \times 1\ \text{kΩ} = 4\ \text{V}$$

也可以不通过戴维南定理，而将二极管看作闭合的开关，直接分析图 3-6b 中的电路。3 kΩ 的电阻与 1 kΩ 的电阻并联，等效电阻为 750 Ω。由欧姆定律可得，6 kΩ 电阻上的压降为 32 V。继续分析可得到相同的答案。◀

自测题 3-4　图 3-6b 所示电路中，将 36 V 电源电压换成 18 V，用理想二极管分析计算负载电压及负载电流。

知识拓展　对含有一个应该为正向偏置的硅二极管电路进行故障诊断时，如果测得这个二极管的压降远大于 0.7 V，则说明该二极管已经损坏且处于开路状态。

3.3　二阶近似

二极管理想化近似适用于大多数的故障诊断，但有时我们希望得到更精确的负载电压和负载电流，这时需要采用"二阶近似"。

图 3-7a 所示是二极管二阶近似的伏安特性曲线。由图可知，当二极管电压小于 0.7 V 时没有电流。当电压等于 0.7 V 时二极管导通。之后，无论电流为何值，二极管上的电压均为 0.7 V。

图 3-7b 所示为硅二极管的二阶近似等效电路。将二极管看作一个开关与 0.7 V 的电压源串联。如果二极管两端的戴维南电压大于 0.7 V，则开关闭合。导通以后，无论正向电流为何值，加在二极管上的电压均为 0.7 V。如果戴维南电压小于 0.7 V，则开关断开。此时，二极管上没有电流。

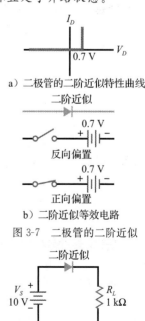

a) 二极管的二阶近似特性曲线

b) 二阶近似等效电路

图 3-7　二极管的二阶近似

例 3-5 采用二阶近似来计算图 3-8 所示电路中的负载电压、负载电流及二极管功率。

解： 由于二极管是正向偏置的，可等效为一个 0.7 V 的电池。则负载电压等于电源电压减去二极管上的压降：

图 3-8　举例

$$V_L = 10\text{ V} - 0.7\text{ V} = 9.3\text{ V}$$

由欧姆定律可得负载电流为：

$$I_L = \frac{9.3\text{ V}}{1\text{ k}\Omega} = 9.3\text{ mA}$$

二极管功率为：

$$P_D = 0.7\text{ V} \times 9.3\text{ mA} = 6.51\text{ mW}$$ ◀

自测题 3-5 将图 3-8 所示电路中的电压源换成 5 V，重新计算负载电压、电流及二极管功率。

例 3-6 采用二阶近似来计算图 3-9a 所示电路中的负载电压、负载电流以及二极管功率。

解： 用戴维南定理等效二极管左边的电路。戴维南电压和电阻分别为 12 V 和 2 kΩ。化简后的电路如图 3-9b 所示。

由于二极管上电压为 0.7 V，负载电流为：

$$I_L = \frac{12\text{ V} - 0.7\text{ V}}{3\text{ k}\Omega} = 3.77\text{ mA}$$

负载电压为：

$$V_L = 3.77\text{ mA} \times 1\text{ k}\Omega = 3.77\text{ V}$$

二极管功率为：

$$P_D = 0.7\text{ V} \times 3.77\text{ mA} = 2.64\text{ mW}$$ ◀

自测题 3-6 使用 18 V 的电源电压，重新计算例 3-6。

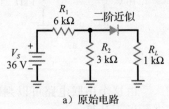

a) 原始电路

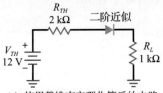

b) 使用戴维南定理化简后的电路

图 3-9 举例

3.4 三阶近似

在二极管的三阶近似中，考虑了体电阻 R_B 的作用，R_B 对二极管特性曲线的影响如图 3-10a 所示。二极管导通后，电压随着电流的增加而线性增加。电流越大，则体电阻上的压降越大，所以二极管两端的电压也就越大。

二极管的三阶近似等效电路是一个开关与 0.7 V 的电压源以及电阻 R_B 的串联（见图 3-10b）。当二极管上的电压超过 0.7 V 时，二极管导通。在导通期间，二极管两端的电压为：

$$V_D = 0.7\text{ V} + I_D R_B \qquad (3-5)$$

通常体电阻小于 1 Ω，因此在计算中可以忽略。忽略体电阻的准则如下：

$$\text{忽略体电阻} \quad R_B < 0.01 R_{TH} \qquad (3-6)$$

即当体电阻小于二极管两端对应电路的戴维南等效电阻值的 1/100 时，则体电阻可以忽略。如果满足这个条件，误差将会小于 1%。由于电路设计常常满足式（3-6），因此三阶近似用的不多。

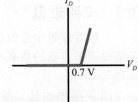

a) 二极管的三阶近似特性曲线

b) 三阶近似等效电路

图 3-10 二极管的三阶近似

应用实例 3-7 图 3-11a 所示的二极管 1N4001 的体电阻为 0.23 Ω。求负载电压、负载电流及二极管功率。

解： 用二极管三阶近似的等效电路来代替二极管，得到图 3-11b。由于二极管的体电阻小于负载电阻的 1/100，可以被忽略。此时，可以用二阶近似来求解。求解方法同例 3-6，求得负载电压，负载电流以及二极管功率分别是 9.3 V，9.3 mA 和 6.51 mW。 ◀

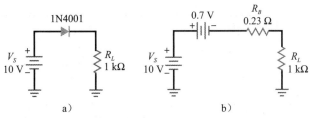

图 3-11 举例

应用实例 3-8 将负载电阻改为 10 Ω，重新求解例 3-7。 ▐▐▐▐ **Multisim**

解： 图 3-12a 所示为其等效电路。总电阻为：

$$R_T = 0.23\ \Omega + 10\ \Omega = 10.23\ \Omega$$

R_T 上的电压为：

$$V_T = 10\ \text{V} - 0.7\ \text{V} = 9.3\ \text{V}$$

因此，负载电流为：

$$I_L = \frac{9.3\ \text{V}}{10.23\ \Omega} = 0.909\ \text{A}$$

负载电压为：

$$V_L = 0.909\ \text{A} \times 10\ \Omega = 9.09\ \text{V}$$

计算二极管功率，需要知道二极管两端的电压。有两种方法求解。可以用电源电压减去负载电压：

$$V_D = 10\ \text{V} - 9.09\ \text{V} = 0.91\ \text{V}$$

或者使用式 (3-5)：

$$V_D = 0.7\ \text{V} + 0.909\ \text{A} \times 0.23\ \Omega = 0.909\ \text{V}$$

上述两个结果间的微小差别是由四舍五入造成的。二极管功率为：

$$P_D = 0.909\ \text{V} \times 0.909\ \text{A} = 0.826\ \text{W}$$

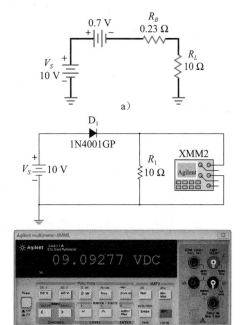

图 3-12 举例

还有两点值得注意。第一，二极管 1N4001 的最大正向电流为 1 A，额定功率为 1 W，因此在负载电阻 10 Ω 的情况下，二极管已接近极限值。第二，在三阶近似下得到的负载电压为 9.09 V，已十分接近用 Multisim 仿真得到的负载电压 9.08 V（见图 3-12b）。 ◀

表 3-1 列出了三种二极管近似情况的区别。

表 3-1 二极管近似

	一阶或理想化近似	二阶近似	三阶近似
使用场合	故障诊断或快速分析	常规技术分析	高级设计或工程分析
二极管特性曲线		0.7 V	0.7 V

（续）

	一阶或理想化近似	二阶近似	三阶近似
等效电路	反向偏置 正向偏置	0.7 V 反向偏置 0.7 V 正向偏置	0.7 V R_B 反向偏置 0.7 V R_B 正向偏置
电路实例	Si V_{out} 10 V，V_S 10 V，R_L 100 Ω	Si V_{out} 9.3 V，V_S 10 V，R_L 100 Ω	Si R_B V_{out} 9.28 V，0.23 Ω，V_S 10 V，R_L 100 Ω

✎ **自测题 3-8** 将电源电压改为 5 V，重新计算应用实例 3-8。

3.5 故障诊断

可以用欧姆表的中高阻挡快速检测二极管的工作状况。首先测量二极管任意偏置方向的直流电阻，然后改变偏置方向再次测量。正向电流的大小与欧姆表使用的量程有关，即在不同的量程会得到不同的读数。

通常希望二极管的反向电阻和正向电阻的比率较高。对于电子产品中的典型硅二极管，这个比率应该高于 1000：1。一定要使用尽可能高的电阻量程进行测量，以避免对二极管造成的损坏。一般来讲，R×100 与 R×1K 挡就能保证安全的测量。

用欧姆表测量二极管是合格检测的一个例子。实际上不必关心二极管直流电阻的确切值，真正需要知道的是二极管是否具有较低的正向电阻和较高的反向电阻。二极管的故障表现为以下情况：正向电阻和反向电阻都极低（二极管短路）；正向电阻和反向电阻都很高（二极管开路）；反向电阻有点低（称为泄漏二极管）。

大多数数字万用表设置为欧姆挡或电阻挡时，都无法提供适合于测试 pn 结二极管的输出电压及输出电流。但大多数数字万用表都有一个专门用于二极管的测试挡。当万用表设置在该挡时，无论接上什么器件，它都能提供约 1 mA 的恒定电流。正向偏置时，数字万用表显示 pn 结的正向电压 V_F，如图 3-13a 所示。对于普通硅 pn 结二极管来说，这个正向电压一般在 0.5～0.7 V 之间。反向偏置时，数字万用表将会给出一个溢出提示，如 "OPEN" 或 "1"，如图 3-13b 所示。短路的二极管两个方向的测量电压都小于 0.5 V。开路的二极管两个方向的测量电压都会显示溢出。而泄漏二极管在两个方向的测量电压都会小于 2 V。

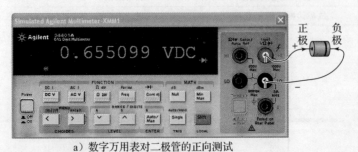

a）数字万用表对二极管的正向测试

图 3-13 故障诊断测试

b）数字万用表对二极管的反向测试

图 3-13 故障诊断测试（续）

例 3-9 图 3-14 所示是前文分析过的二极管电路。假设该二极管因为某种原因而烧毁，将会看到什么现象？

解：二极管被烧毁后变为开路，电流下降为零。因此，在测量负载电压时，电压表的读数为零。 ◄

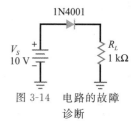

图 3-14 电路的故障诊断

例 3-10 假设图 3-14 中的电路不能工作，如果负载电阻没有短路，那么故障在什么地方？

解：故障可能有多种。第一，二极管开路；第二，电源电压的输出为零；第三，有一根导线断开了。

确定故障的方法如下：首先通过测量电压找出可能存在问题的元件，然后断开该元件与电路的连接，再测量它的电阻。例如，可以先测量电源电压，然后再测量负载电压。如果电源电压正常而负载电压为零，那么二极管就有可能是开路的，用欧姆表或数字万用表进行测量就可以确定。如果二极管经测量没有问题，再检查是否是连线出了问题，因为只有这一种因素可能造成电源电压存在而负载电压为零。

如果测量显示没有电源电压，则可能是电源本身存在问题或者是电源与二极管之间的连线断开了。电源方面出现问题是很常见的，电子设备不工作，问题通常出在电源上。因此大部分的故障诊断都是从测量电源电压开始的。 ◄

3.6 阅读数据手册

器件数据手册或说明书中会列出半导体器件的重要参数和工作特性，同时也包含封装规格、引线引脚、测试流程及典型应用等基本信息。半导体生产厂家通常会在数据手册或厂家网站上提供这些信息。还有一些公司专门从事半导体产品的比较分析，也可以从他们的网站中了解相关信息。

生产厂家的数据手册中有很多信息不易读懂，只适用于专业电路设计人员。基于这个原因，这里仅讨论数据手册中与本书所描述的定量参数相关的项。

3.6.1 反向击穿电压

首先看看 1N4001 的数据手册，1N4001 是一个用于电源的整流二极管（将交流电压转变为直流电压），图 3-15 所示是 1N4001～1N4007 系列二极管的器件参数，这七种二极管具有相同的正向特性和不同的反向特性。对于该系列中的 1N4001，我们感兴趣的是"最大额定绝对值"下的第一项：

	符号	1N4001
可重复反向峰值电压	V_{RRM}	50 V

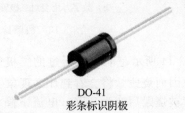

FAIRCHILD
SEMICONDUCTOR®
（仙童半导体）

2009年5月

1N4001–1N4007
普通整流管

特性

- 正向压降低
- 浪涌电流承受能力强

DO-41
彩条标识阴极

最大额定绝对值* T_A=25 ℃（除非标明其他条件）

符号	参数	数值							单位
		4001	4002	4003	4004	4005	4006	4007	
V_{RRM}	可重复反向峰值电压	50	100	200	400	600	800	1000	V
$I_{F(AV)}$	平均正向整流电流，管脚长度0.375″，T_A=75 ℃	1.0							A
I_{FSM}	不可重复正向峰值浪涌电流，0.83 ms单向正弦波信号	30							A
T_{stg}	保存温度范围	−55~+175							℃
T_J	结的工作温度	−55~+175							℃

*高于额定值时半导体器件的适用性可能降低.

温度特性

符号	参数	数值	单位
P_D	功耗	3.0	W
R_{0JA}	结对环境的热电阻	50	℃/W

电特性 T_A=25 ℃ （除非标明其他条件）

符号	参数	器件							单位
		4001	4002	4003	4004	4005	4006	4007	
V_F	正向电压@1.0 A	1.1							V
I_{rr}	最大全负载反向电流，完整周期，T_A=75 ℃	30							μA
I_R	反向电流@额定V_R，T_A=25 ℃	5.0							μA
	T_A=100 ℃	500							μA
C_T	总电容，V_R=4.0 V，f=1.0 MHz	15							pF

a）

图 3-15　二极管 1N4001-1N4007 的数据手册

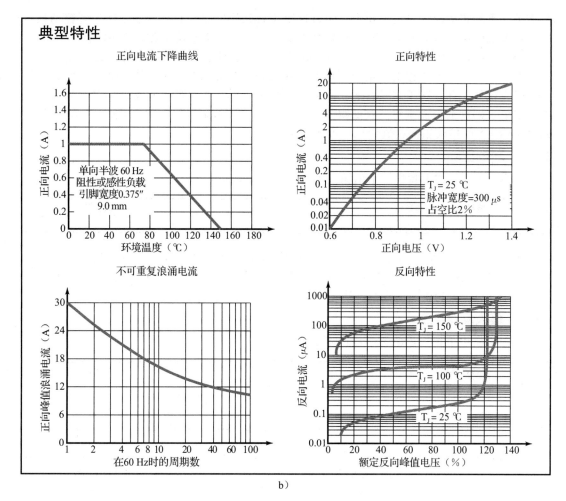

典型特性

正向电流下降曲线

正向特性

不可重复浪涌电流

反向特性

b)

图 3-15 二极管 1N4001-1N4007 的数据手册（续）

该二极管的反向击穿电压是 50 V。击穿发生在二极管雪崩时，耗尽层中突然出现大量载流子。对于整流二极管，这种击穿常常是破坏性的。

对 1N4001 来说，50 V 的反向电压表明这是一个设计者应使电路在任何工作条件下都避免达到的具有破坏性的电压边界值。因此设计者必须要考虑安全系数。安全系数的设定取决于多种因素，没有绝对的规则。保守设计的安全系数可以采用 2，这意味着绝不允许加在 1N4001 上的反向电压超过 25 V。而不太保守的设计可能允许加载 40 V 的反向电压。

在其他数据手册中，反向击穿电压可能被表示为 PIV、PRV 或 BV。

知识拓展 出于对关键电路安全性考虑，电路中出现故障的半导体器件通常应该用特定的元件替换。

3.6.2 最大正向电流

另一个感兴趣的参数是平均正向整流电流，在器件数据手册上显示如下：

	符号	数值
平均正向整流电流@T_A=75℃	$I_{F(AV)}$	1 A

这一项说明 1N4001 用于整流时能够承受的最大正向电流是 1 A。在下一章里将学习

更多关于平均正向整流电流的知识，不过这里需要知道的是：1 A 就是导致二极管功耗过大而烧毁的正向电流边界值。在其他数据手册中，这个平均电流可能会被表示成 I_O。

同样地，设计者将 1 A 视为 1N4001 的最大额定绝对值，一个不允许接近的正向电流边界值。这就是需要考虑安全系数的原因。例如安全系数取 2，意思是一个可靠性设计应该确保在任何工作条件下二极管的正向电流值都小于 0.5 A。器件失效研究表明越接近最大额定值，器件的寿命越短。这使得某些设计的安全系数高达 10:1，这种保守的设计将确保 1N4001 的最大正向电流为 0.1 A 或更小。

3.6.3　正向压降

在图 3-15 中，"电特性"下的第一项列出了如下数据：

特性参数和工作条件	符号	最大值
正向压降（i_F=1.0 A，T_A=25 ℃）	V_F	1.1 V

正如图 3-15b 中标题为"正向特性"的图所示，在电流为 1 A 且结区温度为 25 ℃时，1N4001 的正向压降的典型值为 0.93 V。但是如果测试数千个 1N4001，会发现在电流为 1 A 时有个别管子的正向压降会高达 1.1 V。

3.6.4　最大反向电流

数据手册中值得讨论的另一项内容是：

特性参数和工作条件	符号	最大值
反向电流	I_R	—
T_A=25 ℃	—	10 μA
T_A=100 ℃	—	50 μA

这就是在最大反向额定电压（对 1N4001 来说是 50 V）下的电流值，该反向电流包含了热激发产生的饱和电流以及表面漏电流。25 ℃时，1N4001 的最大反向电流典型值是 10 μA。但请注意，在 100 ℃时它增大到 50 μA。从这些数据中可以发现温度的重要性。对于 1N4001 来说，如果要求最大反向电流低于 10 μA，那么它在 25 ℃下可以良好工作，但在结区温度达到 100 ℃时，大部分产品都将出现异常。

3.7　计算体电阻

精确分析二极管电路时，就需要知道二极管的体电阻。生产厂家通常不会把体电阻在数据手册中单独列出，但是会提供足够的信息来计算它。计算体电阻的公式如下：

$$R_B = \frac{V_2 - V_1}{I_2 - I_1} \tag{3-7}$$

V_1 和 I_1 是二极管特性曲线上阈值电压或阈值电压以上某个点的电压和电流，V_2 和 I_2 是曲线上相对于第一个点更高处某个点的电压和电流。

例如，1N4001 的数据手册中给出了电流为 1 A 时的正偏电压 0.93 V。由于是硅二极管，它的阈值电压约为 0.7 V，电流约为 0。因此，需要的数据为 V_2=0.93 V，I_2=1 A，V_1=0.7 V，I_1=0。将这些值代入公式，可得体电阻如下：

$$R_B = \frac{V_2 - V_1}{I_2 - I_1} = \frac{0.93 \text{ V} - 0.7 \text{ V}}{1 \text{ A} - 0 \text{ A}} = \frac{0.23 \text{ V}}{1 \text{ A}} = 0.23 \text{ }\Omega$$

二极管特性曲线是电流与电压的关系曲线。体电阻等于阈值电压以上曲线斜率的倒数，曲线斜率越大，体电阻越小。或者说，二极管特性曲线在阈值电压以上的部分越陡，体电阻的值就越小。

3.8 二极管的直流电阻

将二极管总电压除以其总电流，可以得到二极管的直流电阻。正向时，直流电阻记为 R_F；反向时，直流电阻记为 R_R。

3.8.1 正向电阻

由于二极管是非线性器件，因此当流过它的电流不同时，它的直流电阻也不同。这里列出了 1N914 的几对正向电流电压值：10 mA-0.65 V，30 mA-0.75 V，以及 50 mA-0.85 V。在第一个点，直流电阻为：

$$R_F = \frac{0.65 \text{ V}}{10 \text{ mA}} = 65 \ \Omega$$

在第二个点：

$$R_F = \frac{0.75 \text{ V}}{30 \text{ mA}} = 25 \ \Omega$$

在第三个点：

$$R_F = \frac{0.85 \text{ V}}{50 \text{ mA}} = 17 \ \Omega$$

直流电阻随电流的增大而减小，且正向电阻都是小于反向电阻的。

3.8.2 反向电阻

这里也列出 1N914 的两组反向电流电压：25 nA-20 V；5 μA-75 V。在第一个点，直流电阻为：

$$R_R = \frac{20 \text{ V}}{25 \text{ nA}} = 800 \text{ M}\Omega$$

第二个点，直流电阻为：

$$R_R = \frac{75 \text{ V}}{5 \ \mu\text{A}} = 15 \text{ M}\Omega$$

在接近击穿电压（75 V）时，直流电阻变小了。

3.8.3 直流电阻和体电阻

二极管的直流电阻不同于体电阻，它是体电阻和势垒电压综合作用后的结果。也可以说，直流电阻是二极管的总电阻，而体电阻只是 p 区和 n 区的电阻。因此，二极管的直流电阻总是大于体电阻。

3.9 负载线

本节讨论**负载线**，它是用于精确查找二极管工作点电流与电压值的工具。负载线对于晶体管来说非常有用，后续有关晶体管的讨论中将会给出详尽的解释。

3.9.1 负载线方程

对图 3-16a 中二极管的电流与电压值进行精确求解。流过电阻的电流为：

$$I_D = \frac{V_S - V_D}{R_S} \tag{3-8}$$

因为是串联电路，这也是流过二极管的电流。

若电源电压是 2 V，电阻是 100 Ω，如图 3-16b 所示。则式（3-8）变为：

$$I_D = \frac{2 - V_D}{100} \tag{3-9}$$

方程（3-9）表明电压与电流之间是线性关系。如果画出方程所对应的曲线，将得到一条直线。若设 V_D 为零，则有：

$$I_D = \frac{2\,\text{V} - 0\,\text{V}}{100\,\Omega} = 20\,\text{mA}$$

在图 3-17 中的纵轴上画出该点（$I_D = 20$ mA，$V_D = 0$），称之为饱和点，因为它代表了电源电压为 2 V 时流过 100 Ω 电阻的最大电流。

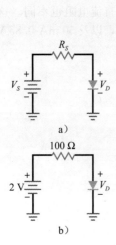

图 3-16　负载线分析

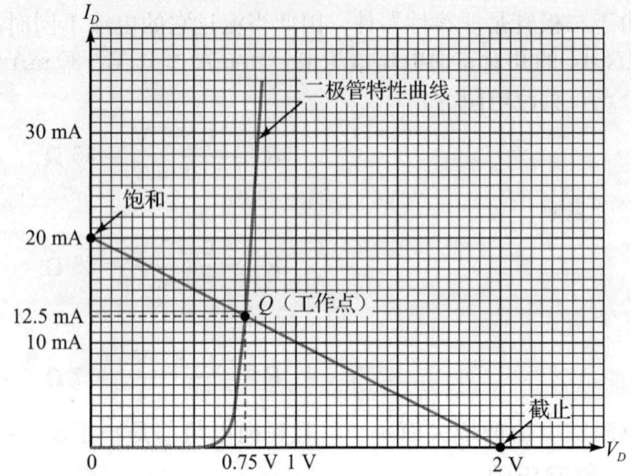

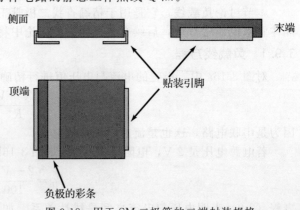

图 3-17　Q 点是二极管特性曲线与负载线的交点

再来求另外一个点。设 V_D 为 2 V。则式（3-9）变成：

$$I_D = \frac{2\,\text{V} - 2\,\text{V}}{100\,\Omega} = 0$$

若画出该点（$I_D = 0$，$V_D = 2$ V），它将落在横轴上（见图 3-17）。因为它代表了最小电流，因此称之为截止点。

将电压设定成其他值，可以求得并画出更多的点。因为式（3-9）是线性的，因此所有的点都会落在图 3-17 所示的直线上，该直线称为负载线。

3.9.2　Q 点

图 3-17 所示是负载线和二极管的特性曲线。它们的交点即 Q 点，就是二极管特性曲线和负载线所代表的方程组的解。或者说，Q 点是图中唯一同时适合二极管与电路工作状态的点。从 Q 点的坐标可以得到二极管上的电流为 12.5 mA，电压为 0.75 V。

这里 Q 点并不是线圈的品质因数。在当前讨论中，Q 是 quiescent 的缩写，表示"静态"的意思。在后续章节中还将讨论半导体电路的静态工作点或 Q 点。

3.10　表面贴装二极管

在实际应用中，表面贴装二极管十分常见。表面贴装二极管的体积小、效率高，而且易于测量、移除和替换。尽管表面贴装规格有很多种，但在工业上最为常用的有两种：SM（表面贴装）以及 SOT（小外形晶体管）。

SM 封装有两个 L 形内弯的引脚，封装体末端有彩条的一侧标示的是负引出端。图 3-18 所示为 SM 封装的三

图 3-18　用于 SM 二极管的二端封装规格

视图。其长和宽的大小与器件的额定电流有关，表面积越大，额定电流就越大。因此额定电流为 1 A 的 SM 封装二极管的表面积是 $0.181'' \times 0.115''$，额定电流为 3 A 的二极管可能是 $0.260'' \times 0.236''$。无论额定电流是多少，封装的厚度大约都是 $0.103''$。

增加 SM 封装二极管的表面积就增强了它的散热能力。而增加封装引脚的宽度，实际上也就增强了由焊点、贴装部分及电路板本身所组成的散热系统的导热能力。

SOT-23 封装有 3 个鸥翼型引脚（见图 3-19）。从其顶部往下看，引脚的标号按逆时针顺序，其中 3 号引脚单独在一侧。不过二极管的正极和负极引脚并没有标准的标记方法。为了确定二极管的内部连接，可以查看印刷在电路板上的指示说明、原理图，或者翻阅厂家提供的说明书。有些 SOT 型封装包含两个二极管，它们共用一个正极引脚或一个负极引脚。

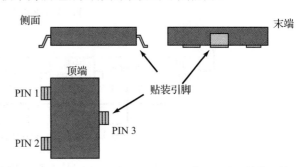

图 3-19　SOT-23 是常用于 SM 二极管的三端晶体管封装

SOT-23 封装的二极管尺寸小，长、宽、高都不超过 $0.1''$。如此小的尺寸难以散热，因此这些二极管的额定电流都被限定在 1 A 以下。小尺寸还造成了识别码标示困难，与很多小型的表面贴装器件一样，必须通过电路板或原理图上的其他线索来识别其引脚。

3.11　电子系统简介

在电子电路原理的研究过程中，会遇到各种各样的半导体器件。每种器件都具有独特的属性和特点。了解不同元件的功能是非常重要的，但这仅仅是开始。

这些电子器件通常不能独立工作，而是需要与电阻、电容、电感元件及其他半导体器件相互连接形成电路。这些电路通常又分为几种类型，如模拟电路和数字电路；或专用电路，如放大器、转换器、整流器等。模拟电路处理的是连续变化的量，通常被称为线性电路；数字电路通常处理那些可用两个不同逻辑状态或数值表示的量。图 3-20a 是一种简单二极管整流电路，由变压器、二极管、电容和电阻构成。

不同类型的电路可以连接在一起。通过组合各种电路，可以形成功能模块。这些模块可以由多级构成，当输入为特定信号时能得到所需的输出结果。例如，图 3-20b 是一个两级放大器，可将峰峰值为 10 mV 的输入信号放大，得到峰峰值为 10 V 的输出信号。

电路功能模块也可以相互连接，使得电子电路更加灵活多样。这些相互联接的功能模块组合在一起形成**电子系统**。电子系统用于很多领域，包括自动化和工业控制、通信、计算机信息、安全系统等。图 3-20c 是一个通信接收机系统的基本模块框图，这类框图在做系统故障诊断时非常有用。

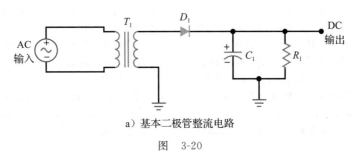

a）基本二极管整流电路

图　3-20

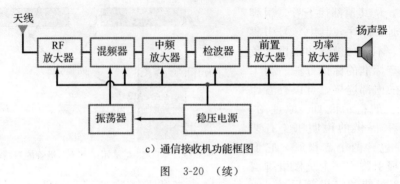

b）放大器功能模块

c）通信接收机功能框图

图　3-20　（续）

　　总之，半导体元器件相互连接可以形成电路，电路可以组合成功能模块，功能模块可以连接形成电子系统。进而，电子系统常常相互连接以构成复杂的系统。

总 结

3.1 节　二极管是非线性器件。二极管伏安特性曲线开始上扬的地方对应的电压为阈值电压，硅二极管的阈值电压大约为 0.7 V。体电阻是 p 区和 n 区的欧姆电阻。二极管具有最大正向电流以及额定功率的限定。

3.2 节　理想二极管是二极管的一阶近似，等效电路是一个开关，正向偏置时开关闭合，反向偏置时开关断开。

3.3 节　在二阶近似下，硅二极管可看成开关与 0.7 V 的阈值电压源的串联。如果二极管两端的戴维南电压高于 0.7 V，则开关闭合。

3.4 节　在三阶近似下，二极管可看成一个开关与阈值电压源以及体电阻的串联。由于体电阻很小，通常可以忽略，所以这种近似很少使用。

3.5 节　如果怀疑某个二极管发生故障，可以将它从电路中取出，并用欧姆表测量其两个方向的电阻。应该测得一个方向为高阻而另一个方向为低阻，两者的比例至少是 1000:1。在测量二极管电阻时切记要使用足够高的电阻量程，以避免可能对它造成的损坏。数字万用表在二极管正向偏置时的示数应该在 0.5～0.7 之间；反向偏置时，应显示溢出。

3.6 节　器件数据手册对于电路设计者来说十分有用，维修技师在更换器件时也需要用到它。不同厂家提供的二极管数据手册包含的信息

类似，只是描述各种工作状态的符号可能会有所不同。二极管数据手册可能会列出如下信息：击穿电压（V_R、V_{RRM}、V_{RWM}、PIV、PRV、BV），最大正向电流（$I_{F(max)}$、$I_{F(av)}$、I_0），正向压降（$V_{F(max)}$、V_F），以及最大反向电流（$I_{R(max)}$、I_{RRM}）。

3.7 节　计算体电阻需要知道二极管三阶近似中正向区域的两个点。一个点可以取（0.7 V，0 A），另一个点可以取数据手册上正向电流较大且可同时读出电压和电流值的某个点。

3.8 节　二极管的直流电阻等于电压与电流的比，即欧姆表的测量值。二极管的直流电阻除了表明该阻值正向很小、反向很大以外，没有其他的作用。

3.9 节　二极管电路的电流和电压值必须同时满足二极管特性曲线和负载电阻上的欧姆定律。可以通过画图找到满足这两个独立要求的点，即二极管特性曲线和负载线的交点。

3.10 节　现代电子电路板上常使用表面贴装二极管。这些二极管体积小，效率高，其规格一般是 SM（表面贴装）或 SOT（小外形晶体管）封装形式。

3.11 节　半导体元件的相互连接形成电路，电路的组合构成功能模块，功能模块的连接形成电子系统。

重要公式

1. 硅二极管的阈值电压

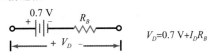

$V_k \approx 0.7\ V$

2. 体电阻

$R_B = R_P + R_N$

3. 二极管功率

$P_D = V_D I_D$

4. 最大功率

$P_{max} = V_{max} I_{max}$

5. 三阶近似

$V_D = 0.7\ V + I_D R_B$

6. 忽略体电阻

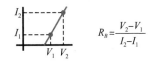

线性电路

$R_B < 0.01 R_{TH}$

7. 体电阻

$R_B = \dfrac{V_2 - V_1}{I_2 - I_1}$

相关实验

实验 5
二极管特性曲线
实验 2
二极管的近似

系统应用 1
输入保护

选择题

1. 若某器件的电流-电压关系曲线是一条直线，则该器件是
   a. 有源的
   b. 线性的
   c. 非线性的
   d. 无源的

2. 电阻是哪种类型的器件？
   a. 单向的
   b. 线性的
   c. 非线性的
   d. 双极的

3. 二极管是哪种类型的器件？
   a. 双向的
   b. 线性的
   c. 非线性的
   d. 单极的

4. 若二极管不导通，其偏置状态为
   a. 正向偏置
   b. 倒置的
   c. 弱偏置
   d. 反向偏置

5. 若二极管电流很大，其偏置状态为
   a. 正向偏置
   b. 倒置的
   c. 弱偏置
   d. 反向偏置

6. 二极管的阈值电压近似等于
   a. 外加电压
   b. 势垒电压
   c. 击穿电压
   d. 正向电压

7. 反向电流包括少子电流和
   a. 雪崩电流
   b. 正向电流
   c. 表面漏电流
   d. 齐纳电流

8. 二阶近似下，正向偏置的硅二极管两端电压是多少？
   a. 0
   b. 0.3 V
   c. 0.7 V
   d. 1 V

9. 二阶近似下，反向偏置的硅二极管电流是多少？
   a. 0
   b. 1 mA
   c. 300 mA
   d. 以上都不是

10. 理想二极管的正向电压是多少？
    a. 0
    b. 0.7 V
    c. 大于 0.7 V
    d. 1 V

11. 1N4001 的体电阻是多少？
    a. 0
    b. 0.23 Ω
    c. 10 Ω
    d. 1 kΩ

12. 若体电阻为零，则二极管特性在阈值电压之后的曲线是
    a. 水平线
    b. 竖直线
    c. 45°斜线
    d. 以上都不是

13. 理想二极管常用于
    a. 故障诊断
    b. 精确计算
    c. 电源电压很低时
    d. 负载电阻很小时

14. 二阶近似适用于
    a. 故障诊断
    b. 负载电阻很大时
    c. 电源电压很高时
    d. 上述所有情况

15. 三阶近似仅在下列情况使用
    a. 负载电阻很小
    b. 电源电压很高
    c. 故障诊断
    d. 以上都不是

16. **Multisim** 对于图 3-21 中的电路，用理想二极管分析，负载电流是多少？

a. 0　　　　　　　　　　b. 11.3 mA

c. 12 mA　　　　　　　　d. 25 mA

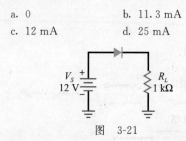

图　3-21

17. ▐▐▐ Multisim对于图 3-21 中的电路，用二阶近似分析负载电流是多少？

a. 0　　　　　　　　　　b. 11.3 mA

c. 12 mA　　　　　　　　d. 25 mA

18. ▐▐▐ Multisim对于图 3-21 中的电路，用三阶近似分析负载电流是多少？

a. 0　　　　　　　　　　b. 11.3 mA

c. 12 mA　　　　　　　　d. 25 mA

19. ▐▐▐ Multisim若图 3-21 中二极管开路，则负载电压为

a. 0　　　　　　　　　　b. 11.3 V

c. 20 V　　　　　　　　d. −15 V

20. ▐▐▐ Multisim若图 3-21 中的电阻未接地，则用数字万用表测得电阻上端与地之间的电压接近于

a. 0　　　　　　　　　　b. 12 V

c. 20 V　　　　　　　　d. −15 V

21. ▐▐▐ Multisim若测得图 3-21 中的负载电压是12 V，则故障可能是

a. 二极管短路　　　　　　b. 二极管开路

c. 电阻开路　　　　　　　d. 电源电压过大

22. 采用三阶近似分析图 3-21 中的电路，负载电阻低于多少时必须要考虑体电阻？

a. 1 Ω　　　　　　　　　b. 23 Ω

c. 10 Ω　　　　　　　　d. 100 Ω

习题

3.1 节

3-1　二极管与 220 Ω 的电阻串联，若电阻上的电压为 6 V，则流过二极管的电流是多少？

3-2　二极管上电压为 0.7 V，电流为 100 mA，则二极管的功率是多少？

3-3　两个二极管串联，第一个二极管上电压是0.75 V，第二个二极管上电压是 0.8 V。若流过第一个二极管的电流是 400 mA，则流过第二个二极管的电流是多少？

3.2 节

3-4　计算图 3-22a 中电路的负载电流、负载电压、负载功率、二极管功率及总功率。

3-5　若图 3-22a 中的电阻变为原来的两倍，则负载电流是多少？

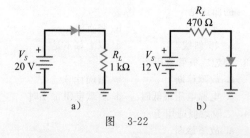

图　3-22

3-6　计算图 3-22b 中电路的负载电流、负载电压、负载功率、二极管功率及总功率。

3-7　若图 3-22b 中的电阻变为原来的两倍，则负载电流是多少？

3-8　若转换图 3-22b 中二极管的极性，则二极管电流是多少？二极管上电压是多少？

3.3 节

3-9　计算图 3-22a 中电路的负载电流、负载电压、

负载功率、二极管功率及总功率。

3-10　若图 3-22a 中的电阻变为原来的两倍，则负载电流是多少？

3-11　计算图 3-22b 中电路的负载电流、负载电压、负载功率、二极管功率及总功率。

3-12　若图 3-22b 中的电阻变为原来的两倍，则负载电流是多少？

3-13　若转换图 3-22b 中二极管的极性，则二极管电流是多少？二极管上电压是多少？

3.4 节

3-14　计算图 3-22a 中电路的负载电流、负载电压、负载功率、二极管功率及总功率。（$R_B = 0.23 \Omega$）

3-15　若图 3-22a 中的电阻变为原来的两倍，则负载电流是多少？（$R_B = 0.23 \Omega$）

3-16　计算图 3-22b 中电路的负载电流、负载电压、负载功率、二极管功率及总功率。（$R_B = 0.23 \Omega$）

3-17　若图 3-22b 中的电阻变为原来的两倍，则负载电流是多少？（$R_B = 0.23 \Omega$）

3-18　若转换图 3-22b 中二极管的极性，则二极管电流是多少？二极管上电压是多少？

3.5 节

3-19　若图 3-23a 中二极管上电压是 5 V，则二极管是开路还是短路？

3-20　某种原因使图 3-23a 中电阻 R 短路，则二极管上电压是多少？二极管将会发生什么情况？

3-21　测得图 3-23a 中二极管上电压是 0 V。然后检测电源对地电压，读数是 5 V。请问电路出了什么问题？

3-22　测得图 3-23b 中电阻 R_1 与 R_2 之间的节点电位为 3 V（电位总是对地而言的）。然后测得 5 kΩ 电阻和二极管之间节点电位为 0 V。列出可能的故障情况。

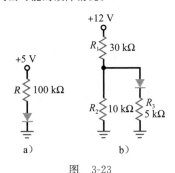

图　3-23

思考题

3-27　这里列出了一些二极管及它们的最坏情况参数：

二极管	I_F	I_R
1N914	10 mA-1 V	25 nA-20 V
1N4001	1 A-1.1 V	10 μA-50 V
1N1185	10 A-0.95 V	4.6 mA-100 V

计算每个二极管的正向电阻和反向电阻。

3-28　图 3-23a 中，若要使二极管电流为 20 mA，则电阻 R 的值应为多少？

3-29　图 3-23b 中，若要使二极管电流为 0.25 mA，R_2 的值应为多少？

3-30　某硅二极管在正向电压为 1 V 时的电流为 500 mA，采用三阶近似来计算它的体电阻。

求职面试问题

　　对于下列问题，只要有可能就画出电路、曲线或图表，这样能帮助你更好地阐述答案。如果能在表述中结合图形和文字，说明你对所讨论的问题十分清楚。另外，当你一个人的时候，不妨想象你正在进行面试，要大声回答，这可以使你在以后真正的面试中应对自如。

1. 你知道理想二极管吗？说明它的定义及使用条件。
2. 二极管有一种近似是二阶近似，说出它的等效电路以及硅二极管导通的条件。
3. 画出二极管的特性曲线，并解释它的各个区域。
4. 有一个实验电路，每次换上一个新的二极管，它都会烧毁。如果有该二极管的数据手册，需要检查哪些参量？
5. 用最基本的术语描述二极管在正偏和反偏情况下的电学性质。

3-23　用数字万用表对二极管进行正向测量和反向测量，得到的读数分别是 0.7 V 和 1.8 V。二极管是否正常？

3.6 节

3-24　如果需要承受 300 V 的可重复反向峰值电压，应选择 1N4000 系列中的哪个二极管？

3-25　数据手册中，二极管的一端有一条状标记，这个标记的名称是什么？原理图中的二极管箭头指向这个标记还是背离这个标记？

3-26　沸水的温度是 100 ℃。如果将二极管 1N4001 投入沸水中，它会不会被损坏？试分析原因。

3-31　已知某二极管在 25 ℃ 时的反向电流是 5 μA，在 100 ℃ 时的反向电流是 100 μA，求它的表面漏电流。

3-32　将图 3-23b 中的电源关闭，电阻 R_1 的上端接地。用欧姆表来测量二极管的正向电阻和反向电阻，两个读数都是一样的。请问欧姆表的读数是多少？

3-33　自动防盗报警系统和计算机系统都使用了备份电池以防止主电源失效。试描述图 3-24 中电路的工作原理。

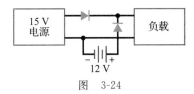

图　3-24

6. 锗二极管和硅二极管阈值电压的典型值有什么不同？
7. 用什么方法可以在不拆除电路的情况下，确定流过二极管的电流？
8. 如果怀疑电路板上有一个二极管损坏了，应该采取哪些步骤来确定？
9. 对于一个可用的二极管，它的反向电阻应该是正向电阻的多少倍？
10. 在游艺车电池电路中，如何加入一个二极管，使其既能防止备份电池漏电，又能从交流发电机充电？
11. 什么设备可以用来测量电路中或电路外的二极管？
12. 详尽描述二极管的工作原理，包括多数载流子和少数载流子的情况。

选择题答案

1. b　2. b　3. c　4. d　5. a　6. b　7. c　8. c　9. a　10. a　11. b　12. b　13. a　14. d　15. a
16. c　17. b　18. b　19. a　20. b　21. a　22. c

自测题答案

3-1　D_1 反向偏置；D_2 正向偏置。

3-2　$P_D = 2.2$ W

3-3　$I_L = 5$ mA

3-4　$V_L = 2$ V；$I_L = 2$ mA

3-5　$V_L = 4.3$ V；$I_L = 4.3$ mA；$P_D = 3.01$ mW

3-6　$V_L = 1.77$ V；$I_L = 1.77$ mA；$P_D = 1.24$ mW

3-8　$R_T = 10.23$ Ω；$V_L = 4.2$ V；$I_L = 420$ mA；$P_D = 335$ mW

第4章

二极管电路

多数电子系统需要在直流电压下才能正常工作，如高清晰度电视、音频功率放大器和计算机。由于电力线路的电压是交流的而且通常是高压，所以，需要降低电压并将交流电压转换成直流电压。电子系统中产生该直流电压的部分叫作电源。电源中只允许电流向一个方向流动的电路叫作整流电路。还要经过其他电路对直流输出进行滤波和稳压。本章讨论整流电路和滤波器，并对稳压器、削波器、钳位器和电压倍增器加以介绍。

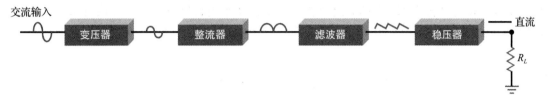

目标

在学习完本章后，你应该能够：

■ 画出半波整流电路并解释电路的工作原理；

■ 理解输入变压器在电源中的作用；

■ 画出全波整流电路并解释电路的工作原理；

■ 画出桥式整流电路并解释电路的工作原理；

■ 分析电容输入滤波器电路及其浪涌电流；

■ 列出整流器数据手册中的三个重要指标；

■ 解释削波器的工作原理并画出其波形；

■ 解释钳位器的工作原理并画出其波形；

■ 描述电压倍增器的工作过程；

■ 对电源电路进行故障诊断。

关键术语

桥式整流器（bridge rectifier）

电容输入滤波器（capacitor-input filter）

扼流圈输入滤波器（choke-input filter）

钳位器（clamper）

削波器（clipper）

信号的直流分量（dc value of a signal）

滤波器（filter）

全波整流器（full-wave rectifier）

半波整流器（half-wave rectifier）

集成稳压器（IC voltage regulator）

集成电路（integrated circuit）

无源滤波器（passive filter）

峰值检波器（peak detector）

峰值反向电压（peak inverse voltage）

极化电容器（polarized capacitor）

电源（power supply）

整流器（rectifier）

纹波（ripple）

浪涌电流（surge current）

浪涌电阻（surge resistor）

开关式稳压器（switching regulator）

单向负载电流（unidirectional load current）

电压倍增器（voltage multiplier）

4.1　半波整流器

半波整流电路如图 4-1a 所示。交流电源产生正弦电压。假设二极管是理想的，则在电源电压的正半周，二极管处于正向偏置。由于开关是闭合的，电源电压的正半周会加载在负载电阻两端，如图 4-1b 所示。在负半周，二极管反向偏置。此时理想二极管如同断开的开关，如图 4-1c 所示，负载电阻两端没有电压。

4.1.1　理想波形

图 4-2a 所示是输入电压的波形。输入电压是一个正弦波，其瞬时值为 v_{in}，峰值为 $V_{p(in)}$。理想正弦波在一个周期内的平均值为 0，因为对于每个瞬态电压，在半个周期之后，都会出现与之大小相等且极性相反的电压值。如果用直流电压表测量该电压，得到的读数是 0，因为直流电压表指示的是平均值。

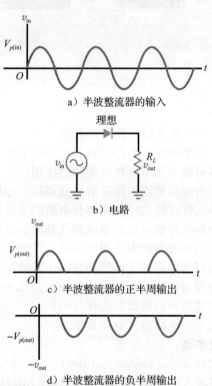

a）半波整流器的输入

b）电路

c）半波整流器的正半周输出

d）半波整流器的负半周输出

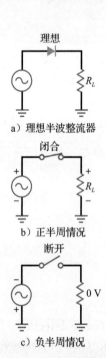

a）理想半波整流器

b）正半周情况

c）负半周情况

图 4-1　理想半波整流器

图 4-2　半波整流器的输入和输出

在图 4-2b 所示的半波整流器中，二极管在电压的正半周处于导通状态，但是在负半周处于非导通状态。因此，该电路将波形的负半周削掉了，如图 4-2c 所示。具有这种波形的信号叫作半波信号。这样的半波电压将产生一个**单向负载电流**，即电流仅向一个方向流动。如果二极管极性颠倒，则输出脉冲为负。如果将二极管的极性颠倒，当输入电压为负时二极管变为正向偏置，则输出脉冲为负。如图 4-2d 所示，可以看到负尖峰与正尖峰分离，并跟随输入电压的变化交替出现。

图 4-2c 所示的半波信号是一个脉动电压，信号增加到最大值后再减小到 0，且在负半周期内，电压维持在 0 值。电子设备需要的不是这样的直流电压，而是一个恒定不变的电压，就像从电池得到的电压一样。为了得到这种电压，需要对半波信号进行**滤波**（本章稍后讨论）。

进行故障诊断时，可以用理想二极管模型分析半波整流器。需要记住的是，输出电压的峰值和输入电压的峰值是相等的。

理想的半波信号　$V_{p(\text{out})} = V_{p(\text{in})}$　　　　　　　　　　　(4-1)

知识拓展　半波信号的方均根值可以由下面的公式确定：

$$V_{\text{rms}} = 1.57 V_{\text{avg}}$$

式中，$V_{\text{avg}} = V_{\text{dc}} = 0.318 V_p$。另一个可用的公式为

$$V_{\text{rms}} = \frac{V_p}{\sqrt{2}}$$

对于任意波形，方均根值相当于产生相同热效应的直流电压值。

4.1.2　半波信号的直流分量

信号的直流分量与信号的平均值相等。如果用直流电压表测量某信号，读数等于该信号的平均值。在基础课程中，推导了半波信号的直流分量。公式如下：

半波信号　$V_{\text{dc}} = \dfrac{V_p}{\pi}$　　　　　　　　　　　(4-2)

这个公式的推导需要用到微积分，因为需要求出一个周期的平均值。

因为 $1/\pi \approx 0.318$，有时候式（4-2）也会写为：

$$V_{\text{dc}} \approx 0.318 V_p$$

当该公式写成上述形式时，可以看到直流分量或平均值等于峰值的 31.8%。例如，若半波信号的峰值电压为 100 V，则其直流分量或平均值为 31.8 V。

4.1.3　输出频率

输出频率与输入频率相同。可以通过对比图 4-2a 和图 4-2c 来理解这一点，每一周期的输入信号产生对应的一个周期的输出信号，因此可以得到如下公式：

半波　$f_{\text{out}} = f_{\text{in}}$　　　　　　　　　　　(4-3)

这个公式将在后续讨论滤波器的章节中使用。

4.1.4　二阶近似

在负载电阻两端不能获得理想的半波电压。由于势垒电压的存在，只有当交流电压源的电压达到约 0.7 V 时，二极管才能导通。当电压源的峰值远远高于 0.7 V 时，负载电压近似为半波电压。比如，当电压源的峰值为 100 V 时，负载电压与理想半波电压非常接近。如果电压源的峰值为 5 V，则负载电压的峰值仅为 4.3 V。若需要得到更好的结果，可采用如下推论：

采用二阶近似的半波　$V_{p(\text{out})} = V_{p(\text{in})} - 0.7\,\text{V}$　　　　(4-4)

4.1.5　高阶近似

多数设计中会使二极管的体电阻远小于其两端电路的戴维南电阻。因此，在大多数情况下可以忽略体电阻。如果需要得到比二阶近似更为精确的结果，则需要采用计算机和电路仿真软件，如 Multisim。

应用实例 4-1　图 4-3 所示的半波整流器电路可以在实验台上或通过 Multisim 在电脑屏幕上搭建。将示波器接在 1 kΩ 电阻两端时，示波器上将显示负载上的半波电压波形。1 kΩ 电阻两端还接了一个万用表，用来读出直流负载电压。计算负载电压峰值和直流负载电压的理论值，然后将计算值与示波器和万用表的读数进行比较。　▌▌▌Multisim

解： 图 4-3 所示是 10 V/60 Hz 交流信号源。电路图中通常标明交流信号源的有效值或方均根值。有效值是与该交流电压所产生的热效应相当的直流电压值。

由于电压源的均方值为 10 V，首先应计算交流信号源的峰值。根据前续课程可知正弦波的均方根值：

$$V_{\mathrm{rms}} = 0.707V_p$$

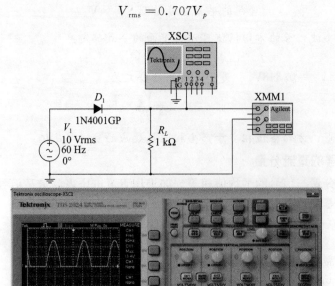

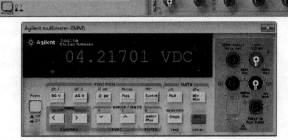

图 4-3　实验室中的半波整流器举例

因此，图 4-3 中电压源的峰值为：

$$V_p = \frac{V_{\mathrm{rms}}}{0.707} = \frac{10\ \mathrm{V}}{0.707} = 14.1\ \mathrm{V}$$

对于理想的二极管，负载上的电压峰值为：

$$V_{p(\mathrm{out})} = V_{p(\mathrm{in})} = 14.1\ \mathrm{V}$$

负载上电压的直流分量为：

$$V_{\mathrm{dc}} = \frac{V_p}{\pi} = \frac{14.1\ \mathrm{V}}{\pi} = 4.49\ \mathrm{V}$$

考虑二阶近似，负载上的电压峰值为：

$$V_{p(\mathrm{out})} = V_{p(\mathrm{in})} - 0.7\ \mathrm{V} = 14.1\ \mathrm{V} - 0.7\ \mathrm{V} = 13.4\ \mathrm{V}$$

负载上电压的直流分量为：

$$V_{\mathrm{dc}} = \frac{V_p}{\pi} = \frac{13.4\ \mathrm{V}}{\pi} = 4.27\ \mathrm{V}$$

图 4-3 显示了示波器和万用表的读数。示波器的通道 1 设置为 5 V/格，半波信号的峰值在 13～14 V 之间，这与二阶近似给出的结果相吻合。万用表的读数为 4.22 V，与理论值吻合得也很好。　◄

    自测题 4-1　将图 4-3 中的交流电压源改为 15 V，计算负载电压的直流分量，采用二阶近似。

4.2 变压器

美国电力公司提供的电力线电压标称值是 60 Hz，有效电压 120 V⊖。电源插座输出的实际电压有效值可能在 105～125 V 之间变化，这取决于时段、地域以及其他因素。对大多数电子系统中的电路而言，电力线的电压过高了。因此在几乎所有的电子设备中，其电源部分都会用到变压器。变压器将电力线的电压降低到较低且较为安全的水平，使之更适合二极管、晶体管和其他半导体器件的工作环境。

4.2.1 基本概念

前续课程曾详细讨论过变压器，本节只是简单的复习。图 4-4 所示是一个变压器，可以看到电力线电压加载到变压器的一次绕组上。通常，电源插座的第三插脚将设备接地。变压器的匝数比为 N_1/N_2，当 N_1 大于 N_2 时，二次绕组的输出电压就会降低。

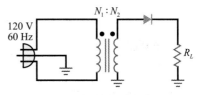

图 4-4 用变压器实现的半波整流器

4.2.2 同名端

绕组上端是同名端，同名端具有相同的瞬时相位，即一次绕组两端为信号的正半周期，则二次绕组两端也是信号的正半周期。如果二次绕组的同名端接地，则二次绕组与一次绕组的电压有 180°的相位差。

当一次绕组的电压为正半周时，正半周的正弦信号出现在二次绕组两端，二极管处于正偏状态。当一次绕组的电压为负半周时，二次绕组两端的电压也处于负半周，二极管处于反偏状态。假设二极管是理想的，便可以得到半波负载电压。

4.2.3 匝数比

我们知道：

$$V_2 = \frac{V_1}{N_1/N_2} \tag{4-5}$$

该式说明二次绕组的电压等于一次绕组的电压除以匝数比。有时也会看到其等效形式：

$$V_2 = \frac{N_2}{N_1} V_1$$

这表明二次绕组的电压等于匝数比的倒数乘以一次绕组的电压。

可以用任一公式计算电压有效值、峰值或瞬时值。多数情况下会用式（4-5）计算有效值，因为绝大多数情况下交流信号源标明的都是有效值。

在处理有关变压器的问题时会经常遇到术语升压和降压。这些术语通常表明二次电压与一次电压的关系，升压变压器的二次电压高于一次电压，降压变压器的二次电压低于一次电压。

例 4-2 图 4-5 所示电路中负载电压的峰值和直流分量各是多少？

解：变压器的匝数比为 5∶1，即二次电压的有效值是一次电压有效值的 1/5：

$$V_2 = \frac{120 \text{ V}}{5} = 24 \text{ V}$$

二次电压的峰值为：

$$V_p = \frac{24 \text{ V}}{0.707} = 34 \text{ V}$$

对于理想二极管，负载电压的峰值为：

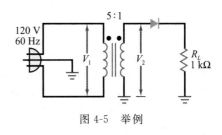

图 4-5 举例

⊖ 我国的电力线工业标准为：50 Hz，220 V(rms)。——译者注

$$V_{p(\text{out})} = 34\ \text{V}$$

其直流分量为：

$$V_{\text{dc}} = \frac{V_p}{\pi} = \frac{34\ \text{V}}{\pi} = 10.8\ \text{V}$$

采用二阶近似，负载电压的峰值为：

$$V_{p(\text{out})} = 34\ \text{V} - 0.7\ \text{V} = 33.3\ \text{V}$$

其直流分量为：

$$V_{\text{dc}} = \frac{V_p}{\pi} = \frac{33.3\ \text{V}}{\pi} = 10.6\ \text{V}$$

◀

自测题 4-2 将图 4-5 所示电路中的变压器的匝数比改变为 2:1，计算理想情况下负载电压的直流分量。

4.3 全波整流器

图 4-6 所示是**全波整流**电路。电路中二次绕组的中心抽头是接地的，全波整流器等效为两个半波整流器。由于中心抽头的存在，每个整流器的输入等于二次电压的一半。二极管 D_1 在正半周导通，二极管 D_2 在负半周导通，从而整流电流在两个半周时段内都流经负载。全波整流器如同两个背靠背的半波整流器。

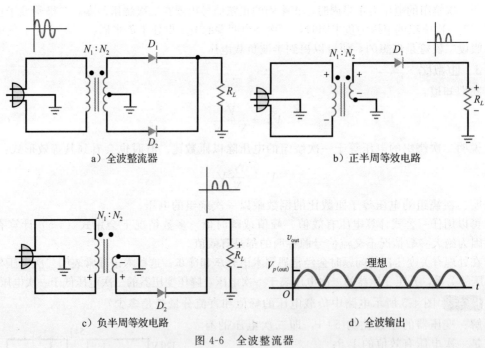

a）全波整流器   b）正半周等效电路

c）负半周等效电路   d）全波输出

图 4-6　全波整流器

图 4-6b 所示是整流器工作在正半周的等效电路。可以看到，D_1 是正向偏置的。按照图中标明的负载电阻的正负极性，将会产生正的负载电压。图 4-6c 所示是整流器工作在负半周的等效电路。此时 D_2 正向偏置，也同样产生正的负载电压。

在两个半周时段内，负载电压的极性相同，负载电流的方向不变。因为这个电路将交流输入电压转换为如图 4-6d 所示的脉动的直流输出电压，所以该电路称作全波整流器。该波形具有一些有意思的特性，下面将逐一讨论。

知识拓展　全波整流信号的有效值为 $V_{\text{rms}} = 0.707 V_p$，和正弦波信号的有效值一样。

4.3.1 直流分量或平均值

由于全波信号的正半周信号是半波信号的两倍，其直流分量或平均值也是半波信号的两倍，即：

$$全波信号 \quad V_{dc} = \frac{2V_p}{\pi} \tag{4-6}$$

因为 $2/\pi = 0.636$，式 (4-6) 可以写作：

$$V_{dc} \approx 0.636V_p$$

由此可见，直流分量或平均值是其峰值的 63.6%。如全波信号的峰值是 100 V，则其直流分量或平均值为 63.6 V。

4.3.2 输出信号频率

对于半波整流器，输出信号的频率和输入信号的频率相同。但是对于全波整流器，情况则有所不同。交流电力线的电压频率为 60 Hz，输入信号的周期：

$$T_{in} = \frac{1}{f} = \frac{1}{60 \text{ Hz}} = 16.7 \text{ ms}$$

因为是全波整流，全波信号的周期是输入信号的一半：

$$T_{out} = 0.5 \times 16.7 \text{ ms} = 8.33 \text{ ms}$$

（如果有疑问，可以对比图 4-6d 和图 4-2c），计算输出频率，得到：

$$f_{out} = \frac{1}{T_{out}} = \frac{1}{8.33 \text{ ms}} = 120 \text{ Hz}$$

全波输出的周期数是正弦波输入的两倍，所以全波信号的频率是输入频率的两倍。全波整流器将负半周的信号反相，因此得到多一倍的正半周信号，等效于频率加倍，表示为：

$$全波信号 \quad f_{out} = 2f_{in} \tag{4-7}$$

4.3.3 二阶近似

由于全波整流器如同两个背靠背的半波整流器，可以运用前面已经得到的二阶近似结果，即从理想输出电压峰值中减去 0.7 V。下面的例子将使用这个方法。

应用实例 4-3 图 4-7 所示是一个全波整流器，该电路可以在实验室搭建，或用 Multisim 在电脑屏幕上画出。示波器的通道 1 显示一次电压（正弦波），通道 2 显示负载电压（全波信号）。计算输入电压和输出电压的峰值，然后将理论计算结果和测量结果进行比较。

‖‖‖ Multisim

解： 一次峰值电压为：

$$V_{p(1)} = \frac{V_{rms}}{0.707} = \frac{120 \text{ V}}{0.707} = 170 \text{ V}$$

因为是 10∶1 的降压变压器，二次峰值电压为：

$$V_{p(2)} = \frac{V_{p(1)}}{N_1/N_2} = \frac{170 \text{ V}}{10} = 17 \text{ V}$$

全波整流器如同两个背靠背的半波整流器。由于中心抽头接地，每个半波整流器的输入都是二次电压的一半：

$$V_{p(in)} = 0.5 \times 17 \text{ V} = 8.5 \text{ V}$$

理想情况下，输出电压为：

$$V_{p(out)} = 8.5 \text{ V}$$

采用二阶近似：

$$V_{p(out)} = 8.5 \text{ V} - 0.7 \text{ V} = 7.8 \text{ V}$$

现在，将理论值和测量值进行比较。通道 1 的灵敏度是 50 V/格，正弦输入的读数约为 3.4 格，因此其峰值约为 170 V。通道 2 的灵敏度是 5 V/格，全波输出的读数约为 1.4 格，因此其峰值电压约为 7 V。输入和输出的读数与理论值在合理的范围内达到一致。

可见二阶近似对结果的精确度有微小的改善。但若是进行电路的故障诊断，那么这种改善意义不大。因为电路有故障时，全波输出的峰值将与理论值 8.5 V 有明显的偏差。　◀

自测题 4-3　将图 4-7 所示电路中的变压器的匝数比改变为 5∶1，计算 $V_{p(\text{in})}$ 和 $V_{p(\text{out})}$ 的二阶近似值。

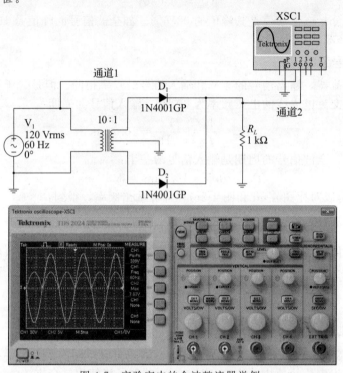

图 4-7　实验室中的全波整流器举例

应用实例 4-4　如果图 4-7 所示电路中的某一个二极管开路，电路中的电压将如何变化？　◀◀◀◀ Multisim

解：如果某一个二极管开路，电路恢复为半波整流器。这时，二次电压的一半仍然是 8.5 V，但是负载电压将是半波信号而不是全波信号。该半波信号的峰值仍是 8.5 V（理想值）或 7.8 V（二阶近似值）。　◀

4.4　桥式整流器

图 4-8a 所示是**桥式整流**电路。桥式整流器类似于全波整流器，因为该电路的输出是全波信号。二极管 D_1 和 D_2 在正半周导通，D_3 和 D_4 在负半周导通，这样整流后的电流在两个半周时段都流经负载。

图 4-8b 所示是正半周时的等效电路。可见，D_1 和 D_2 正向偏置。按照图中标明的负载电阻的正负极性，将产生正向的负载电压。为便于记忆，可视 D_2 为短路，这样其余电路就是一个我们比较熟悉的半波整流器。

图 4-8c 所示是负半周的等效电路。此时 D_3 和 D_4 正向偏置，也产生正向的负载电压。如果视 D_3 为短路，则电路看上去依然是半波整流器。因此桥式整流器工作起来也如同两个背靠背的半波整流器。

在两个半周时段内，负载电压的极性相同，负载电流的方向不变。该电路将交流输入电压转变为如图 4-8d 所示的脉动输出电压。这种类型的全波整流器比 4.3 节所述的中心抽头接地的全波整流器的优越之处在于：二次电压可以全部被利用。

图 4-8e 所示是包含四个二极管的桥式整流器的几种封装样式。

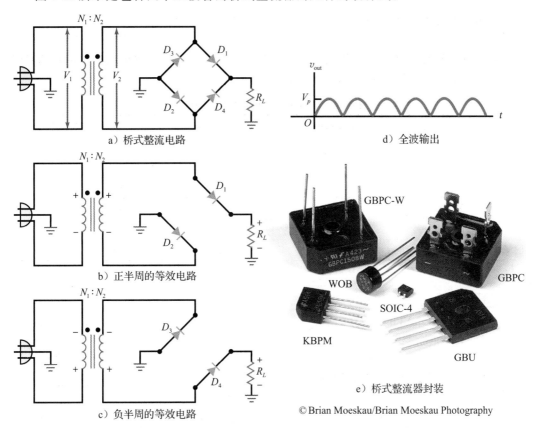

a）桥式整流电路

b）正半周的等效电路

c）负半周的等效电路

d）全波输出

e）桥式整流器封装

© Brian Moeskau/Brian Moeskau Photography

图 4-8　桥式整流器

4.4.1　平均值和输出频率

因为桥式整流器产生全波输出，计算输出信号平均值和频率的公式与已给出的全波整流器的公式相同：

$$V_{dc} = \frac{2V_p}{\pi}$$

和

$$f_{out} = 2f_{in}$$

平均值是峰值的 63.6%，当电力线电压的频率为 60 Hz 时，输出频率是 120 Hz。

桥式整流器的优点之一是二次电压可以全部用作整流器的输入。对于相同的变压器，与全波整流器相比，用桥式整流器可以得到两倍的峰值电压和两倍的直流电压。得到倍增的直流电压，代价是多用了两个二极管。通常，桥式整流器比全波整流器的应用广泛得多。

在全波整流器应用了多年之后，桥式整流器才开始应用。因此，尽管桥式整流器也具有全波电压输出，但全波整流器依然沿用了其原有的名称。为了将全波整流器和桥式整流器加以区分，有些文献将全波整流器称为传统全波整流器、双二极管全波整流器，或中心抽头全波整流器。

知识拓展　使用桥式整流器，在获得相同的直流输出电压情况下，与采用双二极管全波整流器相比，其变压器的匝数比要更高。这意味桥式整流器中，变压器的绕组匝数会少一些，因而变压器更小、更轻、成本更低。桥式整流器采用 4 个二极管，而传统整流器只需 2 个二极管。但整体来说桥式整流器的优势更大。

4.4.2 二阶近似及其他损耗

由于桥式整流器在导通路径上有两个二极管，峰值电压为：

$$\text{二阶近似下的桥式整流器}\qquad V_{p(\text{out})}=V_{p(\text{in})}-1.4\,\text{V} \tag{4-8}$$

可以看到，需要从理想的峰值电压中减去两个二极管的压降以得到更准确的峰值负载电压。表 4-1 是对三种整流器及其特点的比较。

表 4-1 三种整流器及其特点的比较

	半波整流器	全波整流器	桥式整流器
二极管个数	1	2	4
整流器输入	$V_{p(2)}$	$0.5V_{p(2)}$	$V_{p(2)}$
峰值输出（理想）	$V_{p(2)}$	$0.5V_{p(2)}$	$V_{p(2)}$
峰值输出（二阶近似）	$V_{p(2)}-0.7\,\text{V}$	$0.5V_{p(2)}-0.7\,\text{V}$	$V_{p(2)}-1.4\,\text{V}$
输出直流分量	$V_{p(\text{out})}/\pi$	$2V_{p(\text{out})}/\pi$	$2V_{p(\text{out})}/\pi$
纹波频率	f_{in}	$2f_{\text{in}}$	$2f_{\text{in}}$

注：$V_{p(2)}=$二次电压峰值；$V_{p(\text{out})}=$输出电压峰值。

应用实例 4-5 计算图 4-9 所示电路中的输入电压和输出电压的峰值。将理论计算结果和测量值进行比较。

⫿⫿⫿ Multisim

注意电路中使用的是封装好的桥式整流器。

解：一次电压和二次电压的峰值与例 4-3 中的相同：

$$V_{p(1)}=170\,\text{V}$$
$$V_{p(2)}=17\,\text{V}$$

对于桥式整流器，二次电压作为整流器的输入。理想情况下，输出峰值电压为：

$$V_{p(\text{out})}=17\,\text{V}$$

考虑二阶近似的结果为：

$$V_{p(\text{out})}=17\,\text{V}-1.4\,\text{V}=15.6\,\text{V}$$

下面比较理论值和测量值。通道 1 的灵敏度为 50 V/格，正弦输入的读数约 3.4 格，因此其峰值约为 170 V。通道 2 的灵敏度为 5 V/格。半波输出的读数约为 3.2 格，因此其峰值约为 16 V。输入和输出的读数与理论值大致相同。

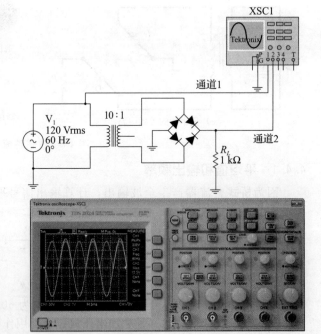

图 4-9 实验室中的桥式整流器举例

✎ **自测题 4-5** 在应用实例 4-5 中，变压器的匝数比取 5∶1，计算 $V_{p(\text{out})}$ 的理想值和二阶近似值。

4.5 扼流圈输入滤波器

扼流圈输入滤波器曾经广泛应用于整流器的输出滤波。尽管由于成本、体积和重量的原因，目前使用得不多，但这种类型的滤波器仍具有理论指导价值，有助于对其他类型滤波器的理解。

4.5.1 基本概念

如图 4-10a 所示的滤波器叫作**扼流圈输入滤波器**。交流信号源在电感、电容和电阻上产生电流。每个元件上的交流电流取决于电感的感抗、电容的容抗和电阻的阻抗。电感的感抗为：

$$X_L = 2\pi f L$$

电容的容抗为：

$$X_C = \frac{1}{2\pi f C}$$

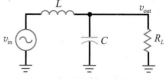

a）扼流圈输入滤波器

正如在前续课程中所学到的，扼流圈（或电感）的基本特性是阻碍电流的变化。因此扼流圈输入滤波器在理想情况下将负载电阻上的电流减小到零。考虑二阶近似，它将负载交流电流减小到一个很小的值。

一个设计良好的扼流圈输入滤波器，其首要条件是，在输入频率下，容抗 X_C 要比阻抗 R_L 小很多。满足这个条件时，可以忽略负载电阻而利用如图 4-10b 所示的等效电路。

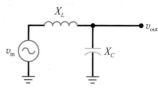

b）交流等效电路

图 4-10 扼流圈输入滤波器电路

设计良好的扼流圈输入滤波器的第二个条件是，在输入频率下，感抗 X_L 远大于容抗 X_C。满足这个条件时，交流输出电压接近于 0。另一方面，由于扼流圈在 0 Hz 处近似为短路，电容在 0 Hz 处近似为开路，因此直流电流可以传输到负载电阻而且损耗很小。

图 4-10b 所示电路如同一个电抗型的分压器。当 $X_L \gg X_C$ 时，几乎所有的交流电压都加在扼流圈上，这种情况下，交流输出电压为：

$$v_{\text{out}} \approx \frac{X_C}{X_L} V_{\text{in}} \tag{4-9}$$

例如，当 $X_L = 10\ \text{k}\Omega$，$X_C = 100\ \Omega$，$v_{\text{in}} = 15\ \text{V}$ 时，交流输出电压为：

$$v_{\text{out}} \approx \frac{100\ \Omega}{10\ \text{k}\Omega} \times 15\ \text{V} = 0.15\ \text{V}$$

在这个例子中，扼流圈输入滤波器对交流电压的衰减因子为 100。

4.5.2 整流器输出滤波

图 4-11a 所示是整流器和负载之间的扼流圈输入滤波器。整流器可以是半波、全波或桥式结构。下面分析扼流圈输入滤波器对负载电压的影响。最简单的分析方法是采用叠加原理。叠加原理是指：如果有两个或两个以上的信号源同时作用，则可以分析每个信号源单独作用时电路的响应，再把各个电源独立作用时电路中的电压相加得到最终的电压。

整流器的输出有两个不同的分量：直流电压分量（平均值）和交流电压分量（波动的部分），如图 4-11b 所示。每个电压如同独立的信号源一样。对于交流电压信号，$X_L \gg X_C$，所以负载电阻上的交流电压很小。尽管交流分量不是纯正弦波，式（4-9）仍然可以给出对于交流负载电压的近似。

对于直流电压信号，电路等效为图 4-11c。在 0 Hz 时，$X_L = 0$，X_C 为无穷大，电路中只有电感线圈上的串联电阻。使 $R_S \ll R_L$，则可在负载电阻上得到大部分直流分量。

这就是扼流圈输入滤波器的工作原理：几乎所有的直流分量都传输到负载电阻上，几

乎所有的交流分量都被阻隔。这样便可以得到近似理想的直流电压，一个近乎稳定的、类

似电池提供的电压。图 4-11d 所示是全波信号
的滤波输出，与理想的直流电压的差别仅在于
图中显示的负载电压有一个小幅度的交流变化。
这个小的交变电压叫作**纹波**（ripple）。可以用
示波器测量纹波电压的峰峰值。

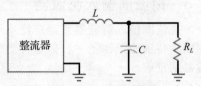

a）带有扼流圈输入滤波器的整流器

为了测量纹波的值，需设置示波器垂直输
入耦合开关，或设置为交流电而不是直流电。
这样可以在阻断直流平均值的情况下观察到波
形的交流分量。

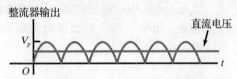

b）整流器的输出包含交流分量和直流分量

4.5.3　主要缺陷

电源是电子设备中将交流输入电压转换成
近似理想的直流输出电压的电路。它包含整流
器和滤波器。现在电源的发展趋势是低电压、
大电流。因为电力线电压信号频率仅为 60 Hz，
为了获得足够的滤波效果，感抗必须足够大，
因此必须使用大电感。但是大的电感都有很大
的绕线电阻，使得扼流圈电阻上存在很大的直
流压降，当负载电流很大时，会带来极大的设
计问题。此外，对于注重轻便性的现代半导体
电路设计，不适合使用体积庞大的电感。

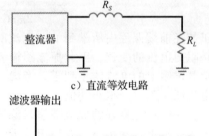

c）直流等效电路

d）滤波器的输出是带有纹波的直流电压

图 4-11　整流器输出滤波

4.5.4　开关稳压器

扼流圈输入滤波器有一个重要的应用，即**开关稳压器**。这是一种特殊的电源，用于计
算机、监控器等多种电子设备中。开关稳压器中的频率远高于 60 Hz，通常，需要滤除
20 kHz 以上的分量。滤除这样的高频，可以用相对较小的电感设计有效的扼流圈输入滤
波器。这个问题将在后续章节讨论。

4.6　电容输入滤波器

扼流圈输入滤波器产生的直流输出电压与整流器电压平均值相等，而**电容输入滤波器**
产生的直流输出电压则与整流器峰值电压相等。这种类型的滤波器在电源中最为常见。

4.6.1　基本概念

图 4-12 所示电路包括一个交流源、一个二极管和一个电容。对电容输入滤波器的理
解关键在于了解这个简单电路在第一个 1/4 周期内的工作原理。

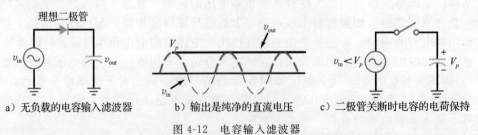

a）无负载的电容输入滤波器　　b）输出是纯净的直流电压　　c）二极管关断时电容的电荷保持

图 4-12　电容输入滤波器

初始状态时，电容上没有电荷。在图 4-12b 所示的第一个 1/4 周期，二极管是正向偏
置的。理想状况下，二极管如同一个闭合的开关，电容被充电，在前 1/4 周期的任何一个

瞬态,电容电压都等于电源电压。充电过程一直持续到输入电压达到其最大值,在这一时刻,电容的电压等于 V_p。

达到峰值后,输入电压开始下降。然而输入电压一旦小于其峰值 V_p,二极管随即关断。此时二极管就像一个断开的开关,如图 4-12c 所示。在余下的周期时段内,电容保持其完全充电状态,二极管保持断开状态。因此,输出电压就恒定保持在 V_p 不变,如图 4-12b 所示。

理想情况下,在第一个 1/4 周期,所有的电容输入滤波器都是将电容充电至峰值电压。这个峰值电压是常数,它正是电子设备上所需的理想的直流电压。而这里唯一的问题是没有接负载电阻。

4.6.2　负载电阻效应

要使电容输入滤波器有所应用,需要在电容两端并联负载电阻,如图 4-13a 所示。只要 $R_L C$ 时间常数远大于电源周期,电容则几乎保持其完全充电状态,负载电压近似为 V_p。与理想直流电压仅有的不同是如图 4-13b 中所示的小的纹波。纹波的峰峰值越小,输出就越接近于理想的直流电压。

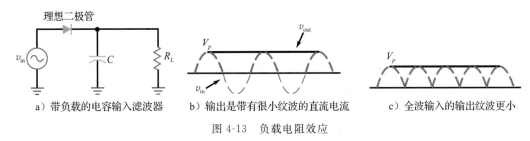

a)带负载的电容输入滤波器　　b)输出是带有很小纹波的直流电流　　c)全波输入的输出纹波更小

图 4-13　负载电阻效应

在峰值之间,二极管处于截止状态,电容通过负载电阻放电,即电容为负载提供电流。因为在峰值与峰值之间,电容仅有微弱的放电,因此纹波的峰峰值很小。当下一个峰值到来时,二极管导通,重新将电容充电至峰值。关键的问题是,电容的值应当多大才能保证正常工作?在讨论电容大小之前,先考虑一下其他整流电路的情况。

4.6.3　全波滤波

如果把一个全波或桥式整流器与电容输入滤波器连接,纹波的峰峰值将减半,原因如图 4-13c 所示。当全波电压加至 RC 电路,电容放电时间只有一半,因此纹波的峰峰值应为半波整流器情况下的一半。

4.6.4　纹波公式

这里给出对于任意电容输入滤波器,用来估计其输出电压纹波峰峰值的公式:

$$V_R = \frac{I}{fC} \tag{4-10}$$

式中,V_R 为纹波电压的峰峰值;I 为直流负载电流;f 为纹波频率;C 为电容值。

这是近似公式,不是精确的推导。可以用这个公式估算纹波的峰峰值。如果需要更为精确的答案,可以借助 Multisim 之类的仿真工具进行计算。

例如,当直流负载电流为 10 mA,电容为 200 μF 时,桥式整流器级联电容输入滤波器的输出纹波为:

$$V_R = \frac{10 \text{ mA}}{120 \text{ Hz} \times 200 \text{ μF}} = 0.417 \text{ V(峰峰值)}$$

用这个推导式时,需要记住两点。首先,纹波用峰峰值电压表示,通常用示波器测量纹波电压。其次,这个公式适用于半波整流和全波整流。半波时,频率取 60 Hz,全波时,频率取 120 Hz。

如果条件允许,应该用示波器来测量纹波电压。如果条件不允许,可以用交流电压表测量,但会出现明显的误差。大多数交流电压表的读数都是通过读取正弦波电压均方根值来校正的。由于纹波电压不是正弦波,用交流电压表测得的误差会高达 25%,这取决于交流电压表的设计。但是这种测量在故障诊断时没有问题,因为需要排查的纹波故障变化值要比设计值大很多。

如果确实需要用交流电压表测量纹波,可以将式(4-10)给出的峰峰值换算成有效值,对于正弦信号,用以下公式:

$$V_{rms} = \frac{V_{pp}}{2\sqrt{2}}$$

除以因子 2 将峰峰值换算成峰值,除以 $\sqrt{2}$ 得到正弦波的有效值,该正弦波和纹波电压具有相同的峰峰值。

知识拓展 可以用来更加精确地确定电容输入滤波器纹波的另一个公式是:

$$V_R = V_{P(out)}(1 - e^{-t/R_L C})$$

时间 t 代表滤波器中电容 C 的放电时间。对于半波整流器,t 近似等于 16.67 ms,而全波整流器的 t 近似为 8.33 ms。

4.6.5 精确的直流负载电压

精确计算带有电容输入滤波器的桥式整流器的直流负载电压十分困难。首先应从峰值电压中减去两个二极管的压降。此外,还有一个压降。这是因为,当对电容进行再充电时,二极管深度导通,这些二极管在每个周期仅导通很短的时间,持续时间短且大的电流要流经变压器的绕线圈和二极管的体电阻,产生压降。这里计算的是理想的输出和考虑二极管二阶近似效应时的输出,准确的直流电压要稍小一些。

例 4-6 图 4-14 所示电路中的直流负载电压和纹波电压是多少?

解: 二次电压的有效值为:

$$V_2 = \frac{120\ V}{5} = 24\ V$$

二次电压的峰值为:

$$V_p = \frac{24\ V}{0.707} = 34\ V$$

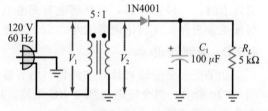

图 4-14 半波整流器和电容输入滤波器

假设二极管是理想的,且纹波很小,则直流负载电压为:

$$V_L = 34\ V$$

为了计算纹波电压,首先需要得到直流负载电流:

$$I_L = \frac{V_L}{R} = \frac{34\ V}{5\ k\Omega} = 6.8\ mA$$

用式(4-10)计算得到:

$$V_R = \frac{6.8\ mA}{60\ Hz \times 100\ \mu F} = 1.13\ V(峰峰值) \approx 1.1\ V(峰峰值)$$

由于是近似计算,所以将计算的纹波电压四舍五入取两位有效数字,且提高示波器的精度也不可能得到精确测量值。

下面考虑如何对计算结果进行一点改进:当硅二极管导通时,二极管两端存在 0.7 V 的压降。因此负载的峰值电压更接近于 33.3 V 而不是 34 V。而纹波电压的存在也使得直流电压稍微降低。所以实际的直流负载电压更接近于 33 V 而不是 34 V。这些都是细微的修正，理想情况下给出的答案对于故障诊断和基本分析已经足够了。

关于这个电路要说明的最后一点是：滤波器电容的正号表明这是一个**极化电容**，电容的正极必须接整流器的正向输出端。在图 4-15 所示电路中，电容的正极正确地连接至电压正输出端。在搭建电路或进行故障诊断时，必须仔细查看电容的封装，确定该电容是极化的还是非极化的。如果改变整流二极管的极性并建立一个负电源电路，则要确保将电容的负极连接到负电压输出端，将电容的正极连接到电路的地端。

电源中经常用到极化的电解电容，因为这种电容的封装小，却可以提供较大的电容值。在前续课程曾讨论过，电解电容的极性必须正确连接，以产生氧化膜。如果电解电容的极性接反，它将会发热甚至爆炸。 ◄

例 4-7 图 4-15 所示电路中的直流负载电压和纹波电压是多少？ ▌▌Multisim

解： 因为变压器是 5∶1 的降压变压器，如前面的例子，二次电压的峰值仍是 34 V。该电压的一半作为每个半波整流部分的输入。假设二极管是理想的且纹波很小，则直流负载电压为：

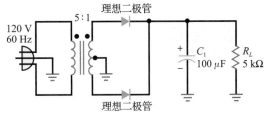

图 4-15 全波整流器和电容输入滤波器

$$V_L = 17 \text{ V}$$

直流负载电流为：

$$I_L = \frac{17 \text{ V}}{5 \text{ k}\Omega} = 3.4 \text{ mA}$$

由式（4-10）得：

$$V_R = \frac{3.4 \text{ mA}}{120 \text{ Hz} \times 100 \text{ μF}} = 0.283 \text{ V} \approx 0.28 \text{ V（峰峰值）}$$

由于导通二极管有 0.7 V 的压降，实际的直流负载电压更接近 16 V 而不是 17 V。 ◄

自测题 4-7 将图 4-15 所示电路中的 R_L 改为 2 kΩ，计算直流负载电压和纹波电压。

例 4-8 图 4-16 所示电路中的直流负载电压和纹波电压各是多少？将答案和前面两个例子进行比较。

▌▌Multisim

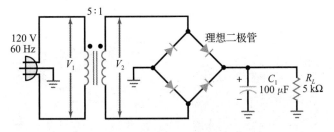

图 4-16 桥式整流器和电容输入滤波器

解： 因为变压器是 5∶1 的降压变压器，如前面的例子，二次电压的峰值仍是 34 V。假设二极管是理想的且纹波很小，直流负载电压为：

$$V_L = 34 \text{ V}$$

直流负载电流为：

$$I_L = \frac{34 \text{ V}}{5 \text{ k}\Omega} = 6.8 \text{ mA}$$

由式（4-10）得：

$$V_R = \frac{6.8 \text{ mA}}{120 \text{ Hz} \times 100 \text{ } \mu F} = 0.566 \text{ V} \approx 0.57 \text{ V(峰峰值)}$$

由于两个导通二极管上的 1.4 V 压降以及纹波电压，实际的直流负载电压更接近于 32 V 而不是 34 V。

三种不同整流器的直流负载电压和纹波的计算结果如下：

半波整流器　34 V 和 1.13 V

全波整流器　17 V 和 0.288 V

桥式整流器　34 V 和 0.566 V

对于给定的变压器，桥式整流器要优于半波整流器，因为其纹波较小；桥式整流器也优于全波整流器，因为输出电压为后者的两倍。在这三者中，桥式整流器是首选。　◀

应用实例 4-9　图 4-17 所示是 Multisim 的测量值。计算负载电压和纹波电压的理论值，将理论值与测量结果进行比较。　**IIII Multisim**

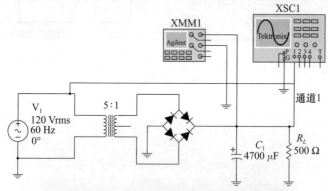

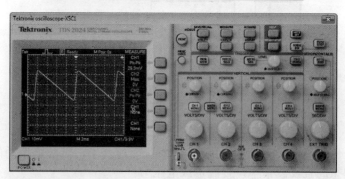

图 4-17　实验室中桥式整流器和电容输入滤波器举例

解：变压器是 15∶1 的降压变压器，二次电压的有效值为：

$$V_2 = \frac{120 \text{ V}}{15} = 8 \text{ V}$$

二次电压的峰值为：

$$V_p = \frac{8\text{ V}}{0.707} = 11.3\text{ V}$$

考虑二极管的二阶近似，则直流负载电压为：

$$V_L = 11.3\text{ V} - 1.4\text{ V} = 9.9\text{ V}$$

为计算纹波电压，首先需要得到直流负载电流：

$$I_L = \frac{9.9\text{ V}}{500\ \Omega} = 19.8\text{ mA}$$

由式（4-10）得到：

$$V_R = \frac{19.8\text{ mA}}{120\text{ Hz} \times 4700\ \mu\text{F}} = 35\text{ mV（峰峰值）}$$

在图 4-17 中，万用表读出的直流负载电压约为 9.9 V。

示波器的通道 1 设置为 10 mV/格。纹波的峰峰值大约为 2.9 格，测量的纹波电压为 29.3 mV，比理论计算的 35 mV 要小。这印证了先前提到的观点，即式（4-10）是用来估算纹波电压的。如果要得到准确值，则需要借助计算机仿真软件。 ◀

✏ **自测题 4-9**　将图 4-17 所示电路中的电容值改为 1000 μF，重新计算 V_R 的值。

4.7　峰值反向电压和浪涌电流

峰值反向电压（PIV）指整流器中不导通的二极管两端的最大电压。这个电压必须小于二极管的击穿电压；否则，二极管将会损坏。峰值反向电压取决于整流器和滤波器的类型，最坏情况出现在使用电容输入滤波器时。

如前所述，来自各个生产厂家的数据手册会用许多不同的符号表示二极管的最大额定反向电压。有时，这些符号标明不同的测试条件。数据手册中表示最大额定反向电压的符号有 PIV、PRV、V_B、V_{BR}、V_R、V_{RRM}、V_{RWM} 和 $V_{R(max)}$。

4.7.1　带有电容输入滤波器的半波整流器

图 4-18a 所示是半波整流器的关键部分，它决定了二极管两端反向电压的大小。由于电路的其他部分对此没有作用，为简明起见暂且略去。在最坏情况下，二次电压处于负峰值，而电容器完全充电至 V_p 电压。运用基尔霍夫电压定律，可以立刻得到不导通的二极管两端的峰值反向电压为：

$$\text{PIV} = 2V_p \tag{4-11}$$

例如，当二次电压的峰值为 15 V 时，则峰值反向电压为 30 V。只要二极管的击穿电压比这个值高，二极管就不会损坏。

4.7.2　带有电容输入滤波器的全波整流器

图 4-18b 所示是计算峰值反向电压所必需的全波整流器的主要部分。同样地，二次电压处于负峰值。在这种情况下，下方的二极管短路（闭合开关）而上方的二极管开路，由基尔霍夫电压定律有：

$$\text{PIV} = V_p \tag{4-12}$$

4.7.3　带有电容输入滤波器的桥式整流器

图 4-18c 所示是桥式整流器的部分电路，这些电路足以用来计算峰值反向电压。因为图中上方的二极管短路而下方的二极管开路，下方二极管两端的峰值反向电压为：

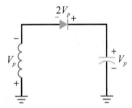

a）半波整流器的峰值反向电压

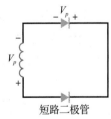

b）全波整流器的峰值反向电压

c）桥式整流器的峰值反向电压

图 4-18　整流器反向电压

$$PIV = V_p \tag{4-13}$$

桥式整流器的另一个优点是，对于给定的负载电压，其峰值反向电压最小。为了产生相同的负载电压，全波整流器的次级电压是桥式的两倍。

4.7.4 浪涌电阻

在电源开启前，滤波电容没有被充电。在电源开启的瞬间，这个电容如同短路。因此，初始充电电流可能很大。充电路径上所有能阻碍电流的电阻只有变压器的绕组和二极管的体电阻。在电源开启时的初始冲击电流叫作**浪涌电流**（surge current）。

一般情况下，设计者会选择额定电流足够大的二极管，以便能够承受浪涌电流的冲击。浪涌电流的关键是滤波电容的大小。有时，设计者会选用**浪涌电阻**，而不是选择新的二极管。

图 4-19 所示的就是采用浪涌电阻的电路，即在电容输入滤波器和桥式整流器之间加入一个小电阻。如果没有这个电阻，浪涌电流可能会损坏二极管。加入这个浪涌电阻，便可以将浪涌电流降低到安全范围内。浪涌电阻并不经常使用，这里提及是考虑到读者有可能会遇到某个使用了这种电阻的电源。

例 4-10 图 4-19 所示电路，如果匝数比是 8:1，峰值反向电压是多少？二极管 1N4001 的反向击穿电压是 50 V，在该电路中使用 1N4001 是否安全？

解： 二次电压的有效值为：

$$V_2 = \frac{120\ \text{V}}{8} = 15\ \text{V}$$

二次电压的峰值为：

$$V_p = \frac{15\ \text{V}}{0.707} = 21.2\ \text{V}$$

峰值反向电压为：

$$PIV = 21.2\ \text{V}$$

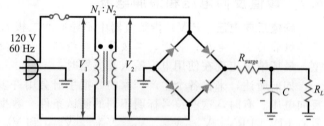

图 4-19　浪涌电阻对浪涌电流的限制

由于峰值反向电压比击穿电压 50 V 小得多，所以使用 1N4001 足够安全。◀

自测题 4-10 将如图 4-19 所示电路中的电压比改为 2:1，应该采用 1N4000 系列的哪种二极管？

4.8　关于电源的其他知识

通过前文的介绍，我们对电源电路有了基本认识，并学到了通过对交流输入电压进行整流、滤波进而得到直流电压的原理。除此之外，还应该了解一些知识。

4.8.1 商用变压器

绕组的匝数比只适用于理想变压器。对于铁心变压器，情况则有所不同。也就是说，从器件供应商那里买来的变压器并不是理想变压器，因为绕线电阻会带来损耗。此外，叠片铁心存在涡流，这将带来了额外的能耗。因为存在这些不必要的损耗，匝数比只是一种近似。事实上，变压器的数据手册中很少列出匝数比，通常能查到的是在额定电流下的二次电压。

例如，图 4-20a 所示是一种工业用变压器 F-25X，其数据手册上只给出如下规格：当一次交流电压为 115 V，二次电流为 1.5 A 时，二次交流电压为 12.6 V。如果图 4-20a 所示电路中的二次电流小于 1.5 A，此时绕组和叠片铁心的能耗比较小，则二次交流电压将高于 12.6 V。

如果需要知道一次电流，可以根据如下定义估算实际变压器的匝数比：

$$\frac{N_1}{N_2}=\frac{V_1}{V_2} \tag{4-14}$$

例如，对于 F25X，$V_1=115\ \text{V}$，$V_2=12.6\ \text{V}$。在 1.5 A 额定负载电流情况下，匝数比为：

$$\frac{N_1}{N_2}=\frac{115}{12.6}=9.13$$

这只是近似值，因为当负载电流减小时，匝数比也随之减小。

知识拓展　当变压器空载时，其二次电压测试值往往比额定值高 5%～10%。

4.8.2　计算熔丝电流

在进行故障诊断时，需要计算一次电流，从而确定所用的熔丝是否安全。对于实际变压器，最简单的方法是假设其输入功率和输出功率相同：$P_{\text{in}}=P_{\text{out}}$。例如，图 4-20b 所示电路是带有熔丝的变压器驱动一个经过滤波的整流器，0.1 A 的熔丝是否安全？

下面给出进行故障检查时计算一次电流的方法。输出功率等于直流负载功率：

$$P_{\text{out}}=VI=15\ \text{V}\times1.2\ \text{A}=18\ \text{W}$$

忽略整流器和变压器的功率损耗，由于输入功率和输出功率相等，所以：

$$P_{\text{in}}=18\ \text{W}$$

因为 $P_{\text{in}}=V_1 I_1$，可以解得一次电流：

$$I_1=\frac{18\ \text{W}}{115\ \text{V}}=0.156\ \text{A}$$

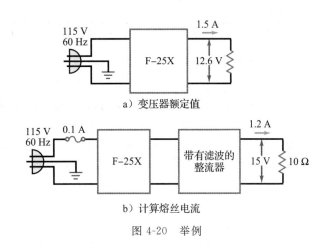

a）变压器额定值

b）计算熔丝电流

图 4-20　举例

这仅仅是估算值，忽略了变压器和整流器的损耗。考虑这些损耗后，一次电流实际上还要高 5%～20%。无论如何，这个熔丝是不保险的，至少应该使用 0.25 A 的。

4.8.3　慢熔断熔丝

假设图 4-20b 所示电路中使用的是电容输入滤波器。如果采用一般的 0.25 A 的熔丝，在上电时熔丝会熔断，原因是浪涌电流。许多电源采用慢熔断熔丝，这种熔丝可以暂时承受过载电流。例如，0.25 A 的慢熔断熔丝可以承受 2 A 电流 0.1 s，1.5 A 电流 1 s，1 A 电流 2 s……采用慢熔断熔丝，使得电路有时间对电容充电，此后一次电流降到正常值，熔丝仍然完好。

4.8.4　计算二极管电流

不论半波整流器的输出滤波与否，通过二极管的平均电流都等于直流负载电流，因为这个电流只有唯一的通路。表述如下：

$$\text{半波信号}\qquad I_{\text{diode}}=I_{\text{dc}} \tag{4-15}$$

另一方面，全波整流器流过二极管的平均电流等于直流负载电流的一半。这是因为有两个二极管，每个二极管分担一半电流。同理，桥式整流器中每个二极管所承受的平均电流等于负载直流电流的一半。表述为：

$$\text{全波信号}\qquad I_{\text{diode}}=0.5 I_{\text{dc}} \tag{4-16}$$

表 4-2 比较了三种带有电容输入滤波器的整流器的特性。

表 4-2　带有电容输入滤波器的整流器

	半波整流器	全波整流器	桥式整流器
二极管个数	1	2	4
整流器输入	$V_{p(2)}$	$0.5V_{p(2)}$	$V_{p(2)}$
直流输出（理想）	$V_{p(2)}$	$0.5V_{p(2)}$	$V_{p(2)}$
直流输出（二阶近似）	$V_{p(2)} - 0.7\ \text{V}$	$0.5V_{p(2)} - 0.7\ \text{V}$	$V_{p(2)} - 1.4\ \text{V}$
纹波频率	f_{in}	$2f_{in}$	$2f_{in}$
峰值反向电压	$2V_{p(2)}$	$V_{p(2)}$	$V_{p(2)}$
二极管电流	I_{dc}	$0.5I_{dc}$	$0.5I_{dc}$

注：$V_{p(2)}$ 为二次电压峰值；I_{dc} 为直流负载电流。

4.8.5　阅读数据手册

参考第 3 章图 3-16 所示的 1N4001 的数据手册。数据手册中的可重复最大峰值反向电压 V_{RRM}，与前文讨论的峰值反向电压相同。数据手册给出 1N4001 可以承受 50 V 的反向电压。

平均正向整流电流（$I_{\text{F(av)}}$、$I_{\max}$ 或 I_0）是流过二极管的直流电流或平均电流。对于半波整流器，二极管电流等于直流负载电流。对于全波或桥式整流器，这个电流等于直流负载电流的一半。数据手册给出 1N4001 可以流过 1 A 的直流电流，这意味着对于桥式整流器，直流负载电流可以达到 2 A。注意浪涌电流额定值 I_{FSM}，数据手册给出 1N4001 可以在上电的第一个周期内承受 30 A 的浪涌电流。

4.8.6　RC 滤波器

在 20 世纪 70 年代之前，**无源滤波器**（由电阻，电感和电容元件组成）常连接在整流器和负载电阻之间。现在，在半导体电源电路中已经很少看到无源滤波器了。但是在一些特殊的应用场合，如音频功率放大器中还可以遇到这种滤波器。

图 4-21a 所示是桥式整流器和电容输入滤波器。通常，滤波电容两端的纹波峰峰值会达到 10%。之所以没有得到更小的纹波，是因为这将需要很大的滤波电容。进一步的滤波是由滤波电容和负载电阻之间的 RC 环节完成的。

RC 环节是无源滤波器的一个例子，其中只用到了电阻、电感、电容等元件。通过精心设计，在纹波频率下，$R \gg X_C$。这样，纹波在到达负载电阻之前就被减小了。通常，电阻值 R 至少是容抗 X_C 的 10 倍。这意味着每一个 RC 环节将纹波至少降低为原来的 1/10。RC 滤波器的缺点是：直流电压在电阻上有损耗。因此，RC 滤波器仅适用于负载很轻的情况（小负载电流或大负载电阻）。

4.8.7　LC 滤波器

当负载电流很大时，采用如图 4-21b

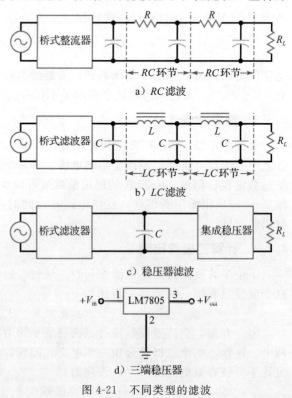

a）RC 滤波

b）LC 滤波

c）稳压器滤波

d）三端稳压器

图 4-21　不同类型的滤波

所示的 LC 滤波器优于 RC 滤波器。其原理仍然是通过串联元件使纹波电压降低，这里的串联元件是电感。通过使 $X_L \gg X_C$，可以将纹波减小到很低的水平。由于电感的绕线电阻很小，所以电感两端的直流压降比 RC 电路中电阻两端的压降小很多。

LC 滤波器曾得到过广泛应用，而现在一般的电源电路中已不再使用，原因在于电感的尺寸和成本。对低电压电源，LC 滤波器已被**集成电路**取代。集成电路器件在很小的封装内包含了二极管、晶体管、电阻和其他元件，可以完成特定的功能。

图 4-21c 所示即是这种应用。**集成稳压器**是一种集成电路，用在滤波电容和负载电阻之间。这个器件不但可以减小纹波，而且可以维持输出电压恒定。集成稳压器将在后续章节讨论。图 4-21d 显示的是一个三端稳压器的例子。当满足输入电压比输出电压大 2~3 V 时，LM7805 芯片可提供稳定的 5 V 电压。78XX 系列的其他稳压器可以提供一系列稳压输出，如 9 V、12 V 和 15 V。79XX 系列可提供负的稳压输出。因为其成本低，使用集成稳压器成为目前减小纹波的标准方法。

表 4-3 将电源电路分解为不同的功能模块。

表 4-3　电源电路的功能模块

功能	提供合适的二次交流电压和交流接地隔离	将交流输入信号转变为脉动直流信号	平滑直流脉冲	当负载和交流输入电压变化时，提供恒定的输出电压
类型	升压型、降压型、隔离型（1:1）	半波整流器、全波整流器、全波桥式整流器	扼流圈输入滤波器、电容输入滤波器	分立元件、集成电路（IC）

知识拓展　在两个并联电容中间串联一个电感的滤波器常被称为 π 型滤波器。

4.9　故障诊断

几乎每一个电子设备中都有电源，通常是整流器驱动电容输入滤波器，后面再连接稳压器（稍后讨论）。该电源产生的直流电压适合于晶体管和其他器件的需要。如果某电子系统不能正常工作，应首先从电源电路开始进行故障排查。多数情况下，设备故障是由电源问题引起的。

4.9.1　诊断过程

假如对图 4-22 所示电路进行故障诊断。可以首先测量直流负载电压，这个电压应该和二次电压的峰值近似相等。如果不等，则有两种可能的原因。

首先，如果没有直流负载电压，可以用浮地的模拟万用表或数字万用表测量二次电压（交流挡），读数是二次电压的有效值。将这个值换算成峰

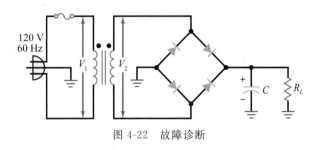

图 4-22　故障诊断

值电压，可以在有效值的基础上增加 40% 作为对峰值的估算。如果这个值是正常的，那么可能是二极管有问题。如果二次线圈上无电压，则有可能是熔丝熔断或变压器故障。

另外，如果有直流负载电压，但是电压值偏小，则用示波器观测直流负载电压并测量纹波大小。纹波的峰峰值为理想负载电压的 10% 左右是正常的。纹波电压可以比这个值大

一些或小一些，这取决于电路设计情况。此外，对于全波整流器和桥式整流器，纹波频率应该是 120 Hz，如果纹波是 60 Hz，则其中的一个二极管有可能开路。

4.9.2 常见问题

这里列出了带有电容输入滤波器的桥式整流器中最常出现的故障：

1. 如果熔丝开路，则电路任何一处都没有电压。
2. 如果滤波电容开路，则直流负载电压偏低。因为输出是没有经过滤波的全波信号。
3. 如果其中一个二极管开路，则直流负载电压偏低。因为此时只是半波整流，而且此时的纹波频率是 60 Hz 而不是 120 Hz。如果所有的二极管都开路，则没有输出电压。
4. 如果负载短路，熔丝会熔断。而且，可能一个或多个二极管损坏，或变压器损坏。
5. 有时滤波电容老化漏电，这时直流负载电压会减小。
6. 变压器绕组也会偶然短路，直流输出电压会减小。此时，变压器通常会发烫。
7. 除了这些故障，还会遇到焊锡桥、虚焊点、不良连接等问题。

表 4-4 列出了这些故障及其现象。

表 4-4　带有电容输入滤波器的桥式整流器的典型故障

典型故障	V_1	V_2	$V_{L(dc)}$	V_R	f_{ripple}	输出波形
熔丝熔断	0	0	0	0	0	无输出
电容开路	正常	正常	偏低	偏高	120 Hz	全波输出
一个二极管开路	正常	正常	偏低	偏高	60 Hz	半波输出
所有二极管开路	正常	正常	0	0	0	无输出
负载短路	0	0	0	0	0	无输出
电容漏电	正常	正常	偏低	偏高	120 Hz	低幅度输出
绕组短路	正常	偏低	偏低	正常	120 Hz	低幅度输出

例 4-11　当如图 4-23 所示电路正常工作时，二次电压的有效值为 12.7 V，负载电压为 18 V，纹波的峰峰值为 318 mV。如果滤波电容开路，直流负载电压如何变化？

解：电容开路时，电路变为无滤波电容的桥式整流器。因为没有滤波，所以用示波器测量负载两端的电压时，将显示峰值为 18 V 的全波信号。其平均值是 18 V 的 63.6%，即 11.4 V。◀

例 4-12　假设图 4-23 所示电路中的负载电阻短路，描述电路的现象。

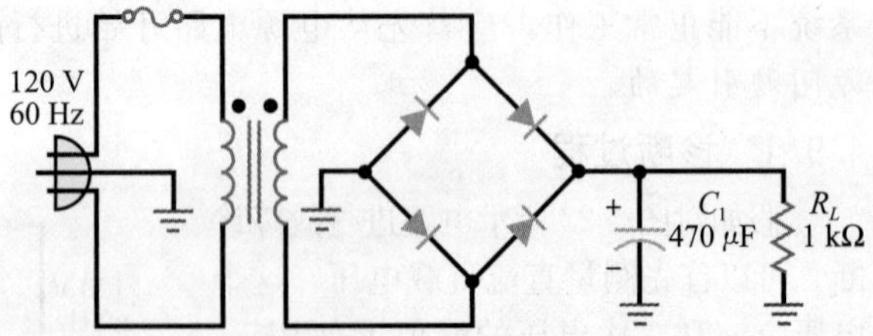

解：负载电阻短路使得电流值增至很高，这会使熔丝熔断。而且，在熔丝熔断之前，一个或数个二极管有可能被烧毁。通常，一个二极管的短路会造成另外一个整流二极管也短路。因为熔丝熔断，所有电压的测量值为零。如果观察熔丝或用欧姆表测量熔丝，会发现熔丝是断路的。

图 4-23　举例

应该在关掉电源后用欧姆表检查二极管是否损坏。还应该用欧姆表测量负载电阻，如果负载电阻测量值为零或很小，则将有更多的故障需要诊断。

这些故障可能是负载电阻上出现焊锡桥、错误的连接或其他各种可能。熔丝偶尔也会在负载非短路情况下熔断。但关键是，如果出现了熔丝熔断，则应检查二极管可能出现的损坏以及负载电阻可能出现的短路。

本章最后的故障诊断练习包含八种不同的故障，包括二极管开路、滤波电容故障、负载短路、熔丝熔断、接地点开路等。◀

4.10 削波器和限幅器

低频电源中使用的二极管是整流二极管。这些二极管在 60 Hz 工作频率下具有优化特性，其额定功率高于 0.5 W。典型的整流二极管的正向额定电流在安培量级。整流二极管在电源电路以外很少应用，因为电子设备中大部分电路的工作频率要高得多。

4.10.1 小信号二极管

本节要用到小信号二极管，这些二极管的高频特性是优化的，其额定功率小于 0.5 W。典型的小信号二极管的额定电流在毫安量级。正是由于轻而小的结构使得这些二极管可工作在更高的频率。

4.10.2 正向削波器

削波器是将信号波形中的正向或负向部分去除的电路。这种处理在信号整形、电路保护和通信中非常有用。图 4-24a 所示是一个正向削波器，该电路削除了输入信号中的所有正向部分，因此输出中只留有负半周信号。

下面讨论电路工作原理。在正半周，二极管导通，如同将输出端短路。理想情况下，输出电压为零。在负半周，二极管开路。此时，负半周的信号出现在输出端。通过精心的设计，使串联电阻远小于负载电阻，因此图 4-24a 中负向输出峰值为 $-V_p$。

考虑二阶近似，二极管的导通压降为 0.7 V，因此削波电平不是零，而是 0.7 V。例如，当输入信号的峰值为 20 V 时，削波器的输出如图 4-24b 所示。

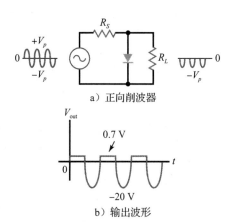

a）正向削波器

b）输出波形

图 4-24 正向削波器电路和波形

4.10.3 定义条件

小信号二极管的结面积比整流二极管小，适宜在高频区工作。结面积小的结果是体电阻比较大。小信号二极管 1N914 的数据手册给出，该二极管在 1 V 电压下的正向电流是 10 mA。其体电阻为：

$$R_B = \frac{1\ \text{V} - 0.7\ \text{V}}{10\ \text{mA}} = 30\ \Omega$$

体电阻为何重要？因为只有串联电阻 R_S 远大于体电阻时削波器才能正常工作。而且只有当串联电阻 R_S 远小于负载电阻时，削波器才能正常工作。为了使得削波器正常工作，给出如下定义：

准理想削波器　$100 R_B < R_S < 0.01 R_L$

$$(4\text{-}17)$$

这说明，串联电阻必须比体电阻大 100 倍，且小于负载电阻的 1/100。如果削波器满足这些条件，则称为准理想削波器。例如，当二极管的体电阻为 30 Ω，则串联电阻至少为 3 kΩ，负载电阻至少为 300 kΩ。

4.10.4 负向削波器

如果把二极管的极性颠倒，将得到负向削波器，如图 4-25a 所示。该电路将除去信号的负半

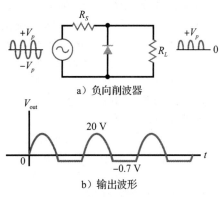

a）负向削波器

b）输出波形

图 4-25 负向削波器电路和波形

部分。理想情况下，输出波形只有正半周信号。

由于二极管存在偏移电压（势垒的另一种表述），所以削波效果并不理想，削波电平为 $-0.7\ V$。当输入信号的峰值为 $20\ V$ 时，输出信号如图 4-25b 所示。

4.10.5　限幅器或二极管钳位

削波器在波形整形中非常有用，但是相同的电路可以在完全不同的情况下使用。在图 4-26a 中，正常输入信号的峰值只有 $15\ mV$，因此正常的输出与输入信号相同，因为两个二极管都不导通。

如果二极管不导通，那么这个电路有什么作用呢？假设有一个敏感电路，这个电路不能接收过大的信号，可以采用正负向限幅器对输入进行保护，如图 4-26b 所示。如果输入信号高于 $0.7\ V$，输出会被限制在 $0.7\ V$；另一方面，如果输入信号低于 $-0.7\ V$，输出则被限制在 $-0.7\ V$。在该电路中，正常的工作条件是输入信号的正负向幅度始终小于 $0.7\ V$。

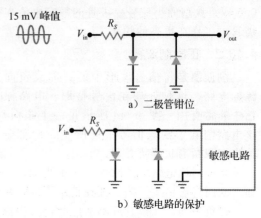

a）二极管钳位

b）敏感电路的保护

图 4-26　二极管的限幅应用

敏感电路的一个例子是运算放大器，该集成电路将在后面章节讨论。典型运算放大器的输入电压小于 $15\ mV$，高于 $15\ mV$ 的电压是不常见的，如果电压高于 $0.7\ V$ 则属异常。运算放大器输入端的限幅器会避免意外情况下出现的超大输入电压。

一个更常见的敏感电路的例子是磁电式电表。采用限幅器，可以保护电表正常工作，而不被过载电压或电流烧坏。

图 4-26a 所示的限幅器也叫作二极管钳位，这个术语表明它将电压钳位或限制在特定的范围内。采用二极管钳位时，正常工作条件下，二极管处于关断状态，只有出现信号过大这种异常情况时，二极管才导通。

知识拓展　负向二极管钳位经常用在 TTL 数字逻辑门的输入端。

4.10.6　带偏置的削波器

正向削波器的参考电平（同削波电平）的理想值为零，考虑二阶近似则为 $0.7\ V$。如何才能改变这个参考电平呢？

在电子系统中，偏置是指加入一个外部的电压来改变电路的参考电平。图 4-27a 所示电路是通过偏置改变正向削波器的参考电平的例子。在二极管支路上串联直流电源，就可以改变削波电平。正常工作时，电源电压 V 必须小于 V_p。对于理想的二极管，只要输入电压超过 V，二极管即刻导通。考虑二阶近似，则当输入电压超过 $(V+0.7)V$ 时，二极管导通。

图 4-27b 所示是对负向削波器的偏置。注意到二极管和电池极性是相反的，因此参考电平变为 $(-V-0.7)V$。输出波形在该偏置电平处被负向削波。

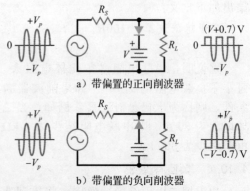

a）带偏置的正向削波器

b）带偏置的负向削波器

图 4-27　带偏置的削波器

4.10.7 组合型削波器

可以把两个带偏置的削波器组合为如图 4-28 所示的电路。二极管 D_1 将削平大于正向偏置电平的电压，同时二极管 D_2 将削平小于负向偏置电平的电压。当输入电压比偏置电平大很多时，输出信号呈现方波，图 4-28 所示是另一个用削波器进行波形整形的例子。

4.10.8 电路的变化形式

用电池设置削波参考电平是不实际的，一种常用的方法是加入更多的硅二极管，每个二极管可以提供 0.7 V 的偏置电压。图 4-29a 所

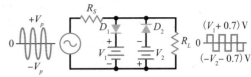

图 4-28 有偏置的正负向削波器

示的正向削波器中使用了三个二极管，由于每个二极管提供约 0.7 V 的偏移电平，三个二极管提供大约 2.1 V 的削波电平。这种应用不局限于削波器（整形），还可用于二极管钳位（限幅），以保护不能承受高于 2.1 V 输入的敏感电路。

图 4-29b 所示是另一种不用电池偏置的削波器。这里，用分压器（R_1 和 R_2）设置偏置电平，由下式给出：

$$V_{bias} = \frac{R_2}{R_1 + R_2} V_{dc} \tag{4-18}$$

在这种情况下，当输入电平高于 $(V_{bias} + 0.7)$ V 时，输出电压即被削平或限幅。

图 4-29c 所示是带偏置的二极管钳位电路，可以用来保护敏感电路不被过载输入电压损坏。偏置电平可以任意设置，这里是 +5 V。有了这样的电路，具有破坏性的 +100 V 的电压不可能到达负载，因为二极管将输出电压最大值限制在 +5.7 V。

有时，将电路做如图 4-29d 所示的改变，就可消除由限幅二极管 D_1 带来的失调偏差。原理如下：二极管 D_2 偏置在正向微导通状态，其两端的电压约为 0.7 V。该电压加在与 D_1 串联的 1 kΩ 和 100 kΩ 电阻上，则二极管 D_1 处于临界导通状态。因此当输入信号到来时，在 0 V 附近就可使二极管 D_1 导通。

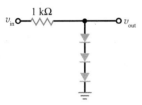

a）带有三个偏移电压的削波器

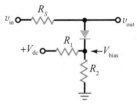

b）分压器偏置的削波器

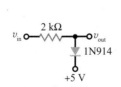

c）二极管钳位电路，高于5.7 V的电平不会损坏电路

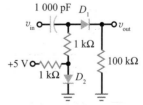

d）用二极管D_2消除D_1的失调电压

图 4-29 电路的变化形式

4.11 钳位器

前文讨论过用于保护敏感电路的二极管钳位。本节将要讨论**钳位器**，二者是不同的，不要混淆这两个相近的名称。这里的钳位器在信号中加入了直流电压。

4.11.1 正向钳位器

图 4-30a 显示了正向钳位器的基本原理。当输入是一个正弦信号时，正向钳位器在正弦波上加入了一个正的直流电压。即正向钳位器将交流参考电平（通常是零）加载到一个直流电平上。其作用是形成一个以该直流电平为中心的交流电压信号。这意味着正弦信号上每个点的电平都被抬升了，如图 4-30a 的输出波形所示。

图 4-30b 所示是正向钳位器的等效形式。交流信号源作为钳位器输入端的驱动，钳位器输出端的戴维南电压是直流源和交流源的叠加，即交流信号上加了直流电压 V_p。所以图 4-30a 中显示的整个正弦波向上抬升，其正向峰值为 $2V_p$，负向峰值为零。

图 4-31a 所示是一个正向钳位器。下面解释理想情况下电路的工作原理。在初始状态下，电容上无电荷，在输入信号的第一个负半周，二极管导通（见图 4-31b），在交流信号的负向峰值点，电容完全充电至 V_p，其极性如图所示。

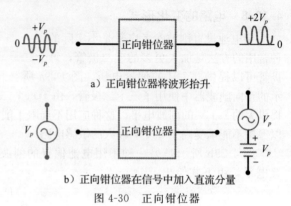

a）正向钳位器将波形抬升

b）正向钳位器在信号中加入直流分量

图 4-30 正向钳位器

当信号稍微超过负峰值时，二极管截止（见图 4-31c）。通过仔细设计使得 R_LC 时间常数远大于信号周期 T。这里将远大于定义为大 100 倍以上：

$$\text{准理想钳位器} \quad R_LC > 100T \tag{4-19}$$

因此，在二极管截止的时候电容仍然保持完全充电状态。一阶近似下，电容如同一个提供 V_p 电压的电池，所以图 4-31a 所示的输出电压是正向钳位信号。满足式 4-19 的钳位器称为准理想钳位器。

钳位器的工作原理类似于带有电容输入滤波器的半波整流器。最初的 1/4 周期中对电容完全充电，在后续的周期，电容几乎保持电荷不变。周期之间的微小电荷损失会在二极管导通时得到补充。

图 4-31c 显示充电后的电容如同一个提供 V_p 电压的电池，该直流电压被加在信号上。在第一个 1/4 周期之后，输出电压就成为一个参考电平为零的正向钳位的正弦信号。也就是说，正弦波信号被置于零电平之上。

图 4-31d 所示是通常情况下的正向钳位器电路。由于二极管具有 0.7 V 的导通压降，电容电压并不能完全达到 V_p。因此，钳位并不理想，负向峰值电平为 -0.7 V。

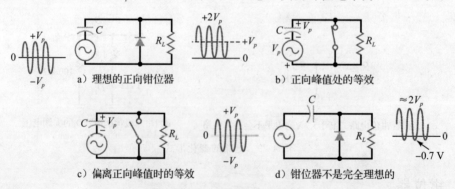

a）理想的正向钳位器

b）正向峰值处的等效

c）偏离正向峰值时的等效

d）钳位器不是完全理想的

图 4-31 正向钳位器工作原理

知识拓展　钳位器通常在集成电路芯片中使用，用于信号中正向或负向直流电平的转换。

4.11.2 负向钳位器

如果将图 4-31d 所示电路中的二极管反向，将得到如图 4-32 所示的负向钳位器。由图可见，电容电压极性反向，电路变为负向的钳位器。钳位同样是不理想的，正向峰值不是 0 V，而是 0.7 V。

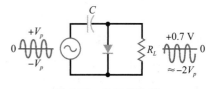

图 4-32　负向钳位器

二极管箭头的指向即为波形的移动方向，这样可以方便记忆。在图 4-32 中，二极管箭头向下，与正弦波形移动的方向相同。由此就可以知道它是一个负向钳位器。在图 4-31a 中，二极管箭头向上，正弦波形向上移动，它是一个正向钳位器。

正向和负向钳位器都有广泛应用。例如，电视接收机采用钳位器改变视频信号的参考电平。此外，钳位器也用于雷达和通信电路中。

最后需要说明的是，削波和钳位的非理想特性并不是什么严重的问题。在讨论运算放大器之后，我们会重新审视削波器和钳位器。那时将会看到，消除势垒的影响是很容易的。也就是说，这些电路可以看作是近似理想的。

4.11.3 峰峰值检波器

带有电容输入滤波器的半波整流器产生一个直流电压，该电压约等于输入信号的峰值。当同样的电路采用小信号二极管时，该电路称为**峰值检波器**。一般情况下，峰值检波器的工作频率远高于 60 Hz。峰值检波器的输出信号在测量、信号处理和通信中十分有用。

如果将钳位器和峰值检波器级联起来，就可以得到峰峰值检波器（见图 4-33）。由图可见，钳位器的输出作为峰值检波器的输入。由于正弦波是正向钳位的，输入到峰值检波器的信号峰值电压为 $2V_p$，所以该峰值检波器输出的直流电压为 $2V_p$。

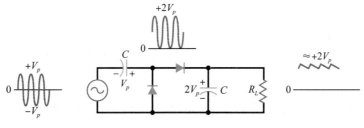

图 4-33　峰峰值检波器

通常，RC 时间常数必须要远大于信号的周期。如果满足这个条件，就可以获得很好的钳位和峰值检波效果，输出的纹波也较小。

峰峰值检波器可用于对非正弦信号的测量。普通的交流电压表是通过读取正弦信号的有效值来校正的。如果要测量非正弦信号，用一般的交流电压表得出的读数是不正确的。但是如果将峰峰值检波器的输出作为直流电压表的输入，电压表将显示峰峰电压。如果非正弦信号的摆幅为 $-20 \sim +50$ V，读数将是 70 V。

4.12　电压倍增器

峰峰值检波器采用小信号二极管，工作在高频。如果采用工作在 60 Hz 的整流二极管，则可以得到一种叫作倍压器的新型电源电路。

4.12.1 倍压器

图 4-34a 所示是一个倍压器。电路的结构和峰峰值检波器相同，只是采用了工作在 60 Hz 的整流二极管。钳位器在二次电压上加入了直流分量。峰值检波器产生一个直流输

出电压，该电压是二次电压的两倍。

　　为什么要用倍压器而不是通过改变匝数比来得到更高的电压呢？因为倍压器不用于低电压，而只用于产生非常高的直流输出电压。

　　比如，电力线电压的有效值为120 V，峰值为170 V。如果需要得到3400 V的直流电压，则需要使用1∶20的升压变压器。这就是问题所在：获得很高的二次电压需要使用体积庞大的变压器。此时，采用倍压器和小变压器会更简单一些。

4.12.2　三倍压器

　　如果再级联一级，便可得到三倍压器，如图4-34b所示。电路的前两级与倍压器相同。在负半周的峰值点，D_3正向偏置，C_3因而充电至$2V_p$，极性如图4-34b所示。在C_1和C_3两端出现三倍的电压输出。负载电阻可以连接在这个三倍电压输出端。只要时间常数足够大，则输出电压约等于$3V_p$。

4.12.3　四倍压器

　　图4-34c所示是一个四级级联的四倍压器。前三级是一个三倍压器，加入第四级使电路形成四倍压器。第一个电容充电至V_p，所有其他的电容都充电至$2V_p$。四倍压器的输出电压加在串联的C_2和C_4两端。可以将负载电阻接在四倍压输出端，获得$4V_p$的输出。

　　理论上，倍压器可以无限地级联下去，但是每新加一级，输出电压的纹波就会更加严重。纹波的逐级增加，是**电压倍增器**（倍压器，三倍压器，四倍压器）不在低电压电源中使用的又一个原因。如前所述，电压倍增器几乎总是用来产生数百或数千伏的高压。电压倍增器在高电压、低电流的器件中是当然的选择，如电视接收机、示波器和电脑显示器中的阴极射线管（CRT）。

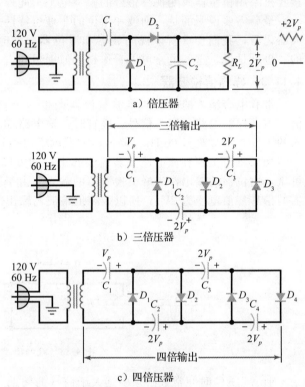

a）倍压器

b）三倍压器

c）四倍压器

图4-34　负载悬浮的电压倍增器

4.12.4　电路的变化形式

　　图4-34中所示的所有电压倍增器用的负载电阻都是悬浮的，这意味着负载的任何一端都不接地。图4-35a、b和c所示的是电压倍增器的变化形式。图4-35a是在图4-34a所示电路基础上加入了地节点。图4-35b和c所示的电路是对三倍压器（见图4-34b）和四倍压器（见图4-34c）的重新设计。在某些应用中，可以看到悬浮负载设计（如阴极射线管）；而在其他设计中，可能会使用接地负载。

4.12.5　全波倍压器

　　图4-35d所示是一个全波倍压器。在信号源的正半周，电路上方的电容充电至峰值电压，极性如图所示。在后半周期，下方的电容充电至峰值电压，极性如图所示。对于轻负载，最终的输出电压约为$2V_p$。

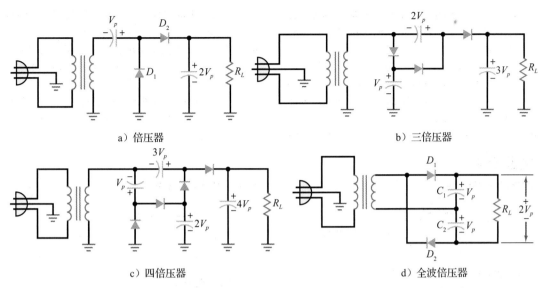

a）倍压器　　　　　　　　　　　　　b）三倍压器

c）四倍压器　　　　　　　　　　　　d）全波倍压器

图 4-35　负载接地的电压倍增器，全波倍压器除外

前文讨论的电压倍增器都是半波设计，即输出纹波频率是 60 Hz。而图 4-35d 所示的电路叫作全波倍压器，因为输出电容在每半个周期充电一次。因此，输出电压纹波频率是 120 Hz，这个纹波频率的优点是滤波更容易。全波倍压器的另一个优点是二极管的峰值反向电压的额定值只需要大于 V_p。

总结

4.1 节　半波整流器包括一个与负载电阻串联的二极管。负载电压是半波信号，半波整流器输出电压的平均值或直流电压是峰值电压的 31.8%。

4.2 节　输入变压器通常是降压变压器，即电压降低，电流升高。二次电压等于一次电压除以匝数比。

4.3 节　全波整流器包括带有中心抽头的变压器以及两个二极管和负载电阻。负载电压是全波信号，其峰值为二次电压峰值的一半。全波整流器输出电压的平均值或直流电压等于峰值信号的 63.6%，纹波频率是 120 Hz 而不是 60 Hz。

4.4 节　桥式整流器包含四个二极管。负载电压是全波信号，峰值电压等于二次电压的峰值。桥式整流器[⊖]输出电压的平均值或直流电压等于峰值电压的 63.6%，纹波频率是 120 Hz。

4.5 节　扼流圈输入滤波器是一种 LC 分压器，其中感抗远大于容抗。这种滤波器将整流信号的平均值输出到负载电阻。

4.6 节　电容输入滤波器将整流信号的峰值输出到负载电阻。通过采用大电容，可使纹波很小，一般小于直流输出的 10%。电容输入滤波器是电源中应用最广泛的滤波器。

4.7 节　峰值反向电压是整流电路中加载在不导通二极管上的最大电压。这个电压必须小于二极管的击穿电压。浪涌电流是在电源刚上电时出现的持续时间很短的大电流。浪涌电流持续时间短且电流大，是因为滤波电容必须在第一个周期或至多前几个周期内完成充电，达到峰值电压。

4.8 节　实际变压器通常标明额定负载电流下的二次电压。为了计算一次电流，可以假设输出功率和输入功率相等。慢熔断熔丝通常用来抵抗浪涌电流的冲击。半波整流器的二极管电流等于直流负载电流。在全波整流器或桥式整流器中，任何二极管的平均电流等于负载直流电流的一半。RC [⊜]滤波器和 LC 滤波器有时在整流输出时使用。

4.9 节　对带有电容输入滤波器的整流器进行的测量包括：直流输出电压、一次电压、二次电压和纹波。通过这些测量可以推断故障所

　㊀　原文为"半波整流器"，有误，此处已更正。——译者注

　㊁　原文为"LC"，有误，此处已更正。——译者注

在。二极管开路使得输出电压减小到零。滤波电容开路使得输出电压减小到整流信号的平均值。

4.10节　削波器可实现对信号的整形。它可以将信号的正向部分或负向部分削平。限幅器或二极管钳位电路可以在输入信号过大时对敏感电路起到保护作用。

4.11节　钳位器通过加入一个直流电压将信号向正方向或负方向移动。峰峰值检波器产生的负载电压等于信号电压的峰峰值。

4.12节　倍压器是对峰峰值检波器的重新设计，将其中的小信号二极管更换为整流二极管。倍压器的输出等于整流信号峰值电压的 2 倍。三倍压器和四倍压器将输入信号的峰值乘以因子 3 或 4。电压倍增器主要应用于高电压电源电路。

重要公式

1. 理想半波整流器

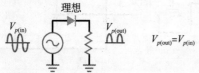

$$V_{p(\text{out})} = V_{p(\text{in})}$$

2. 半波信号

$$V_{\text{dc}} = \frac{V_p}{\pi}$$

3. 半波

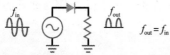

$$f_{\text{out}} = f_{\text{in}}$$

4. 二阶近似的半波

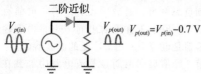

$$V_{p(\text{out})} = V_{p(\text{in})} - 0.7\ \text{V}$$

5. 理想变压器

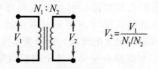

$$V_2 = \frac{V_1}{N_1/N_2}$$

6. 全波

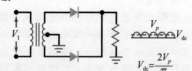

$$V_{\text{dc}} = \frac{2V_p}{\pi}$$

7. 全波

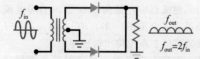

$$f_{\text{out}} = 2f_{\text{in}}$$

8. 二阶近似下的桥式

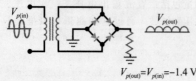

$$V_{p(\text{out})} = V_{p(\text{in})} - 1.4\ \text{V}$$

9. 扼流圈输入滤波器

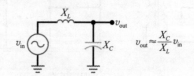

$$v_{\text{out}} \approx \frac{X_C}{X_L} v_{\text{in}}$$

10. 纹波的峰峰值

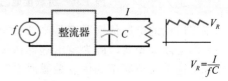

$$V_R = \frac{I}{fC}$$

11. 半波整流器

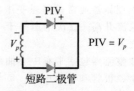

$$\text{PIV} = 2V_p$$

12. 全波整流器

短路二极管

$$\text{PIV} = V_p$$

13. 桥式整流器

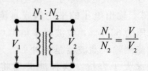

短路二极管

$$\text{PIV} = V_p$$

14. 匝数比

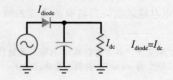

$$\frac{N_1}{N_2} = \frac{V_1}{V_2}$$

15. 半波

$$I_{\text{diode}} = I_{\text{dc}}$$

16. 全波和桥式

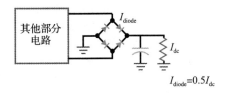

$I_{diode}=0.5I_{dc}$

17. 准理想削波器

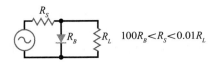

$100R_B < R_S < 0.01R_L$

18. 带偏置的削波器

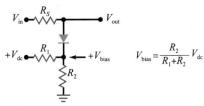

$V_{bias} = \dfrac{R_2}{R_1+R_2} V_{dc}$

19. 准理想钳位器

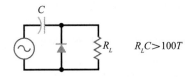

$R_LC > 100T$

相关实验

实验 7
整流电路
故障诊断 1
二极管电路
实验 8
电容输入滤波器

实验 9
限制与峰值检测
实验 10
直流钳位与峰峰值检测
实验 11
倍压器

选择题

1. 如果 $N_1/N_2=4$，一次电压为 120 V，二次电压为多少？
   a. 0 V
   b. 30 V
   c. 60 V
   d. 480 V

2. 对于降压变压器，下列哪个值较大？
   a. 一次电压
   b. 二次电压
   c. 两者都不是
   d. 以上都不对

3. 变压器的匝数比是 2:1。假设一次绕组加载 115 Vrms 的信号，二次电压的峰值为多少？
   a. 57.5 V
   b. 81.3 V
   c. 230 V
   d. 325 V

4. 负载电阻上加载半波整流电压，负载电流出现在信号周期的哪个部分？
   a. 0°
   b. 90°
   c. 180°
   d. 360°

5. 如果半波整流器中电力线电压有效值最小为 105 V，最高可达 125 V。对于一个 5:1 降压变压器，负载电压的最小峰值接近于
   a. 21 V
   b. 25 V
   c. 29.7 V
   d. 35.4 V

6. 桥式整流器的输出电压是
   a. 半波信号
   b. 全波信号
   c. 桥式整流信号
   d. 正弦信号

7. 如果电力线电压有效值是 115 V，匝数比是 5:1，则意味着二次电压有效值接近于
   a. 15 V
   b. 23 V

   c. 30 V
   d. 35 V

8. 对于全波整流器，如果二次电压有效值为 20 V，则峰值负载电压为多少？
   a. 0 V
   b. 0.7 V
   c. 14.1 V
   d. 28.3 V

9. 如果希望从桥式整流器得到峰值 40 V 的负载电压，则二次电压的有效值约为多少？
   a. 0 V
   b. 14.4 V
   c. 28.3 V
   d. 56.6 V

10. 如果负载电阻上加载全波整流信号，负载电流出现在信号周期的哪个部分？
    a. 0°
    b. 90°
    c. 180°
    d. 360°

11. 桥式整流器的二次电压的有效值为 12.6 V，峰值负载电压是多少？（考虑二阶近似）
    a. 7.5 V
    b. 16.4 V
    c. 17.8 V
    d. 19.2 V

12. 如果电力线的频率是 60 Hz，半波整流器输出频率是
    a. 30 Hz
    b. 60 Hz
    c. 120 Hz
    d. 240 Hz

13. 如果电力线的频率是 60 Hz，桥式整流器输出频率是
    a. 30 Hz
    b. 60 Hz
    c. 120 Hz
    d. 240 Hz

14. 对于相同的二次电压和滤波器，下列哪类整流

器的纹波最小?

　　a. 半波整流器　　　b. 全波整流器

　　c. 桥式整流器　　　d. 无法确定

15. 对于相同的二次电压和滤波器,下列哪类整流器的负载电压最小?

　　a. 半波整流器　　　b. 全波整流器

　　c. 桥式整流器　　　d. 无法确定

16. 如果滤波后的负载电流是 10 mA,下列哪类整流器中的二极管电流为 10 mA?

　　a. 半波整流器　　　b. 全波整流器

　　c. 桥式整流器　　　d. 无法确定

17. 如果负载电流是 5 mA,滤波电容是 1000 μF,桥式整流器的输出电压纹波的峰峰值是多少?

　　a. 21.3 pV　　　　b. 56.3 nV

　　c. 21.3 mV　　　　d. 41.7 mV

18. 桥式整流器中每个二极管的最大额定直流电流为 2 A,这意味着负载电流的最大值是

　　a. 1 A　　　　　　b. 2 A

　　c. 4 A　　　　　　d. 8 A

19. 如果二次电压的有效值为 20 V,则桥式整流器中每个二极管的峰值反向电压是多少?

　　a. 14.1 V　　　　　b. 20 V

　　c. 28.3 V　　　　　d. 34 V

20. 如果带有电容输入滤波器的桥式整流器的二次

电压增加,则负载电压将

　　a. 减小　　　　　　b. 保持不变

　　c. 增加　　　　　　d. 以上都不对

21. 如果滤波电容增加,则纹波会

　　a. 减小　　　　　　b. 保持不变

　　c. 增加　　　　　　d. 以上都不对

22. 可以除去波形的正向部分或负向部分的电路叫作

　　a. 钳位器　　　　　b. 削波器

　　c. 二极管钳位电路　d. 限幅器

23. 在输入正弦信号中加入正的或负的直流电压的电路叫作

　　a. 钳位器　　　　　b. 削波器

　　c. 二极管钳位电路　d. 限幅器

24. 如果钳位器电路正常工作,其 $R_L C$ 常数应该

　　a. 等于信号周期

　　b. 大于信号周期的 10 倍

　　c. 大于信号周期的 100 倍

　　d. 小于信号周期的 10 倍

25. 电压倍增器最适合于产生

　　a. 低电压、低电流

　　b. 低电压、大电流

　　c. 高电压、低电流

　　d. 高电压、大电流

习题

4.1节

4-1　||||Multisim如果二极管是理想的,图 4-36a 所示电路的峰值输出电压是多少?其平均值、直流电压各是多少?画出输出波形。

4-2　||||Multisim对于图 4-36b 所示电路,重复上题的过程。

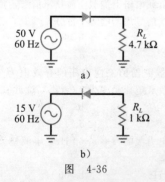

图　4-36

4-3　||||Multisim考虑二极管的二阶近似后,图 4-36a 所示电路的峰值输出电压、平均值、直流电压各是多少?画出输出电压的波形。

4-4　||||Multisim对于图 4-36b,重复上题的过程。

4.2节

4-5　假设一次电压的有效值为 120 V,变压器的

匝数比为 6:1,二次电压的有效值是多少?二次电压的峰值是多少?

4-6　假设一次电压的有效值为 120 V,变压器的匝数比为 1:12,二次电压的有效值是多少?二次电压的峰值是多少?

4-7　采用理想的二极管,计算图 4-37 所示电路的峰值输出电压和直流输出电压。

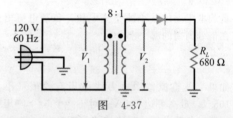

图　4-37

4-8　考虑二极管的二阶近似,计算图 4-37 所示电路的峰值输出电压和直流输出电压。

4.3节

4-9　带有中心抽头的变压器的输入电压是 120 V,匝数比是 4:1。二次绕组上半部分电压的有效值是多少?峰值电压是多少?二次绕组下半部分电压的有效值是多少?

4-10　||||Multisim如果图 4-38 所示电路中的二极

管是理想的，其峰值输出电压是多少？平均值是多少？直流电压是多少？画出输出电压波形。

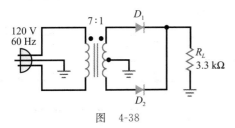

图 4-38

4-11 ⅢⅢMultisim考虑二阶近似，重复上题的过程。

4.4 节

4-12 ⅢⅢMultisim如果图 4-39 所示电路中的二极管是理想的，其峰值输出电压是多少？平均值是多少？直流电压是多少？画出输出电压波形。

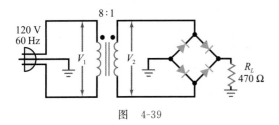

图 4-39

4-13 ⅢⅢMultisim考虑二阶近似，重复上题的过程。

4-14 如果图 4-39 所示电路中电力线电压的有效值为 105～125 V，直流输出电压的最小值和最大值各是多少？

4.5 节

4-15 扼流圈输入滤波器的输入是峰值为 20 V 的半波信号。如果 $X_L = 1\ \text{k}\Omega$ 且 $X_C = 25\ \Omega$，电容两端纹波的峰峰值是多少？

4-16 扼流圈输入滤波器的输入是峰值为 14 V 的全波信号。如果 $X_L = 2\ \text{k}\Omega$ 且 $X_C = 50\ \Omega$，电容两端纹波的峰峰值是多少？

4.6 节

4-17 图 4-40a 所示电路的直流输出电压和纹波各是多少？画出输出电压波形。

4-18 计算图 4-40b 所示电路的直流输出电压和纹波电压。

4-19 如果滤波电容值减小一半，图 4-40a 所示电路的纹波如何变化？

4-20 如果电阻值减小到 500 Ω，图 4-40b 所示电路的纹波如何变化？

4-21 图 4-41 所示电路的直流输出电压是多少？纹波电压是多少？画出输出电压波形。

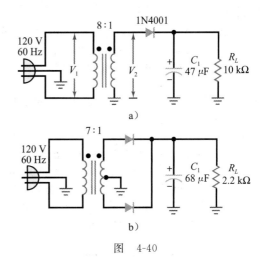

a)

b)

图 4-40

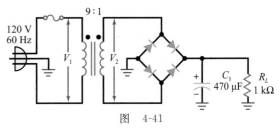

图 4-41

4-22 如果电力线的电压降低到 105 V，图 4-41 所示电路的直流输出电压是多少？

4.7 节

4-23 图 4-41 所示电路的峰值反向电压是多少？

4-24 如果匝数比变为 3∶1，图 4-41 所示电路的峰值反向电压是多少？

4.8 节

4-25 用 F-25X 代替图 4-41 所示电路中的变压器。二次绕组上的峰值电压大约是多少？直流输出电压大约是多少？变压器工作在其额定输出电流下吗？直流输出电压较正常值偏高还是偏低？

4-26 图 4-41 所示电路中一次电流是多少？

4-27 在图 4-40a 和 4-40b 所示电路中，每个二极管的平均电流是多少？

4-28 在图 4-41 所示电路中，每个二极管的平均电流是多少？

4.9 节

4-29 如果图 4-41 所示电路中的滤波电容开路，直流输出电压是多少？

4-30 如果图 4-41 所示电路中只有一个二极管开路，直流输出电压是多少？

4-31 如果在搭建图 4-41 所示电路时将电解电容接反了，会出现什么故障？

4-32 如果图 4-41 所示电路中的负载电阻开路，输出电压如何变化？

4.10 节

4-33 画出图 4-42a 所示电路的输出电压波形。其最大正向电压、最大负向电压各是多少？

4-34 对于如图 4-42b 所示电路，重复上题的过程。

4-35 图 4-42c 所示电路中的二极管钳位是保护敏感电路的。其限幅电平是多少？

4-36 图 4-42d 所示电路的最大正向输出电压、最大负向输出电压各是多少？画出输出波形。

4-37 如果图 4-42d 所示电路中的正弦波只有 20 mV，电路将表现为一个二极管钳位电路，而不是带偏置的削波器。在这种情况下，输出电压的保护范围是多少？

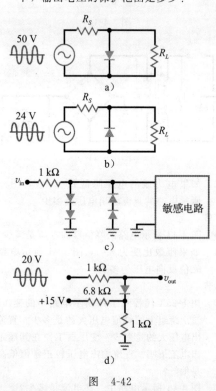

图　4-42

4.11 节

4-38 画出图 4-43a 所示电路的输出电压波形。其最大正向输出电压、最大负向输出电压各是多少？

4-39 对于图 4-43b 所示电路，重复上题的过程。

思考题

4-44 如果图 4-41 所示电路中一个二极管短路，可能的结果是什么？

4-45 图 4-45 所示的电源有两个输出，它们的近似值是多少？

4-46 图 4-45 所示电路中加入 4.7 Ω 的浪涌电阻，

4-40 画出图 4-43c 所示电路中钳位器的输出波形和最终的输出波形。如果二极管是理想的，其直流输出电压是多少？考虑二阶近似，结果又是多少？

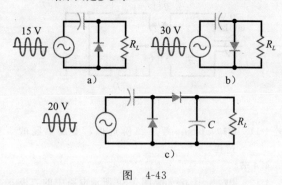

图　4-43

4.12 节

4-41 计算图 4-44a 所示电路的直流输出电压。

4-42 图 4-44b 所示三倍压器的输出是多少？

4-43 图 4-44c 所示四倍压器的输出是多少？

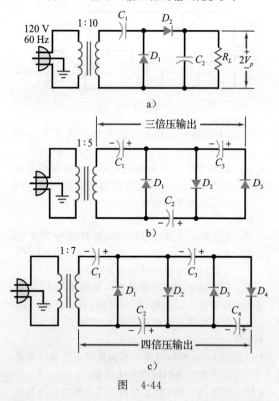

图　4-44

可能的最大浪涌电流是多少？

4-47 全波电压的峰值是 15 V。可以用三角函数表查到各角度对应的正弦值。请描述如何证明全波电压的平均值是峰值的 63.6%。

4-48 图 4-46 所示电路中的输出电压是多少？如

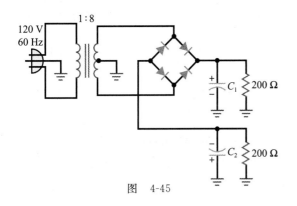

图 4-45

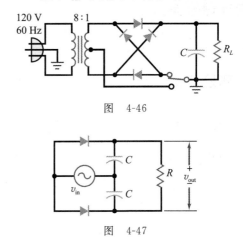

输出 v_{out} 等于多少？为什么？

图 4-46

如果开关倒向另一端，其输出电压是多少？

4-49 如果图 4-47 所示电路中 v_{in} 的有效值为 40 V，时间常数 RC 与信号周期相比很大，

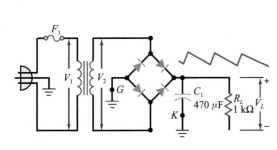

图 4-47

故障诊断

4-50 图 4-48 给出了一个桥式整流器及其元件值，有 T1～T8 8 种故障，请找出引起这些故障的原因。

	故障							
	V_1	V_2	V_L	V_R	f	R_L	C_1	F_1
正常	115	12.7	18	0.3	120	1k	正常	正常
T1	115	12.7	11.4	18	120	1k	∞	正常
T2	115	12.7	17.7	0.6	60	1k	正常	正常
T3	0	0	0	0	0	0	正常	∞
T4	115	12.7	0	0	0	1k	正常	正常
T5	0	0	0	0	0	1k	正常	∞
T6	115	12.7	18	0	0	∞	正常	正常
T7	115	0	0	0	0	1k	正常	正常
T8	0	0	0	0	0	1k	正常	∞

图 4-48 故障诊断

求职面试问题

1. 描述一下带有电容输入滤波器的桥式整流器的工作原理。在描述中，希望能包含电路原理图和电路中不同节点的波形。

2. 假如有一个带电容输入滤波器的桥式整流器不能工作，将如何进行故障排查？列出所需要的仪器以及排查一般性故障的方法。

3. 过流或过压会损坏电源中的二极管。画出一个带有电容输入滤波器的桥式整流器的原理图，说明电流或电压是如何损坏二极管的。对于过大的反向电压，情况如何？

4. 请说出削波器、钳位器、二极管钳位的有关内容。画出典型的波形，削波电平，钳位电平和保护电平。

5. 描述峰峰值检波器的工作原理。说出倍压器和峰峰值检波器的相同点和不同点。

6. 电源中，采用桥式整流器相对于半波整流器和全波整流器有哪些优点？为何桥式整流器比其他整流器效率高？

7. 在何种电源电路中更适合使用 LC 滤波器而不是 RC 滤波器？为什么？

8. 半波整流器和全波整流器之间有什么关系？

9. 在什么情况下，适合使用电压倍增器作为电源的一部分？

10. 一个直流电源应该输出 5 V 电压。用直流电压表测量电源的输出结果正好是 5 V，该电源还有可能存在问题吗？如果有，如何进行排查？

11. 为什么通常采用电压倍增器而不是用高匝数比的变压器和普通的整流器？

12. 列出 RC 和 LC 滤波器的优缺点。

13. 当对电源电路进行故障排查时，发现有电阻烧坏。测量显示这个电阻断路。能将电阻替换掉，然后开启电源吗？如果不能，应该怎么做？

14. 对于桥式整流器，列出三个可能出现的故障以及对应的现象。

选择题答案

1. b   2. a   3. b   4. c   5. c   6. b   7. b   8. c   9. c   10. d   11. b   12. b   13. c   14. a   15. b
16. a   17. d   18. c   19. c   20. c   21. a   22. b   23. a   24. c   25. c

自测题答案

4-1 $V_{dc} = 6.53$ V

4-2 $V_{dc} = 27$ V

4-3 $V_{p(in)} = 12$ V；$V_{p(out)} = 11.3$ V

4-5   理想 $V_{p(out)} = 34$ V；二阶近似 $V_{p(out)} = 32.6$ V

4-7 $V_L = 17$ V；$V_R = 0.71$ V（峰峰值）

4-9 $V_R = 0.165$ V（峰峰值）

4-10   1N4002 或 1N4003 安全系数为 2

第 **5** 章

特殊用途二极管

整流二极管是最常用的一种二极管，作用是将电源电路中的交流电压转换为直流电压。除了整流以外，二极管还有很多其他的应用。本章首先介绍齐纳二极管，它具有优化的击穿特性。齐纳二极管是稳定电压的关键，所以非常重要。本章内容还涉及光电二极管，包括发光二极管（LED）、肖特基二极管、变容二极管及其他类型的二极管。

目标

在学习完本章后，你应该能够：

■ 说明如何使用齐纳二极管，并计算相关的工作参数；

■ 列出一些光电器件并且描述它们的工作原理；

■ 记住肖特基管相对于一般二极管的两个优点；

■ 解释变容二极管的工作原理；

■ 描述变阻器的基本应用；

■ 列出技术人员所关注的且可以在数据手册中找到的四项齐纳二极管指标；

■ 列出并描述一些其他半导体二极管的基本功能。

关键术语

反向二极管（back diode）	光电二极管（photodiode）
共阳极（common-anode）	PIN 二极管（PIN diode）
共阴极（common-cathode）	前置稳压器（preregulator）
稳流二极管（current-regulator diode）	肖特基二极管（Schottky diode）
减额系数（derating factor）	七段显示（seven-segment display）
场致发光（electroluminescence）	阶跃恢复二极管（Step-recovery diode）
激光二极管（laser diode）	温度系数（temperature coefficient）
泄漏区域（leakage region）	隧道二极管（tunnel diode）
发光二极管（light-emitting diode，LED）	变容二极管（varactor）
发光效率（luminous efficacy）	压敏电阻（varistor）
发光强度（luminous intensity）	齐纳二极管（zener diode）
负阻（negative resitance）	齐纳效应（zener effect）
光耦合器（optocoupler）	齐纳稳压器（zener regulator）
光电子学（optoelectronics）	齐纳电阻（zener resistance）

5.1 齐纳二极管

小信号二极管和整流二极管在正常工作时是绝对不允许处于击穿区的，因为这样可能会损坏二极管。**齐纳二极管**（zener diode）则不同，这种硅二极管在制造时对击穿区工作特性进行了优化。齐纳二极管是稳压器的支撑器件，在外加电压和负载电阻有很大变化时仍能使电路的负载电压基本保持稳定。

电子领域的创新者

克拉伦斯·梅尔文·齐纳（Clarence Melvin Zenner，1905—1993）是齐纳二极管的发

明人，他研究了反向偏置 pn 结二极管的齐纳效应。

5.1.1 I-V 曲线

图 5-1a 所示是齐纳二极管的电路符号，图 5-1b 是另一种电路符号，在这两种符号表示中，形状像 z 的那条线表示"齐纳"（zener）。通过改变硅二极管的掺杂浓度，厂家可以制造出击穿电压从 2～1000 V 以上的齐纳二极管。这些二极管可以工作在三个区域中的任意一个：正向偏置区、泄漏区以及击穿区。

图 5-1c 所示是齐纳二极管的 I-V 特性曲线图。在正偏区域，大约在 0.7 V 开始导通，与普通二极管一样。在**泄漏区域**（0 V 和击穿电压之间）时，只有很小的反偏电流。齐纳二极管击穿区的拐点很陡，电流增加的曲线几乎垂直，此时电压近似恒定，在整个击穿区域近似等于 V_Z。数据手册中一般给出的是在特定电流 I_{ZT} 下对应的 V_Z。

图 5-1c 也同时给出了最大的反偏电流 I_{ZM}，只要反偏电流小于 I_{ZM}，则二极管工作在安全区域，如果反偏电流大于 I_{ZM}，二极管将会损坏。为了防止过大的电流出现，必须使用限流电阻（稍后讨论）。

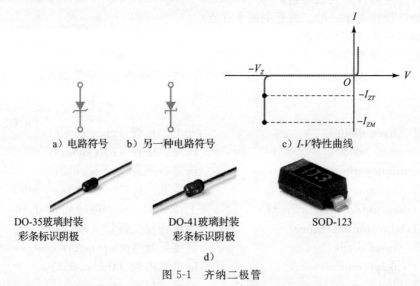

a）电路符号　　b）另一种电路符号　　c）I-V 特性曲线

DO-35玻璃封装　　　　DO-41玻璃封装　　　　SOD-123
彩条标识阴极　　　　　彩条标识阴极

d）

图 5-1　齐纳二极管

知识拓展　和普通二极管一样，制造厂家会以色带标记来识别齐纳二极管的阴极。

5.1.2 齐纳电阻

在硅二极管的三阶近似中，二极管的正向电压等于阈值电压加上体电阻上的压降。

类似地，在击穿区，二极管的反向电压等于击穿电压加上体电阻上的压降。在反向区的体电阻称为**齐纳电阻**，其阻值等于击穿区曲线斜率的倒数，即曲线越陡，齐纳电阻越小。

在图 5-1c 中，齐纳电阻体现在当反向电流增大时，反向电压有微小的增加。电压的增加非常小，通常只有零点几伏，这个电压的微小变化在电路设计中可能很重要，但是在故障诊断和基本分析时却并非如此。除非有其他说明，在讨论中将会忽略齐纳电阻。图 5-1d 所示为典型的齐纳二极管。

5.1.3 齐纳稳压器

齐纳二极管有时又称作稳压二极管，因为当电流变化时它的输出电压可以保持恒定。正常工作时，应该将齐纳二极管反偏，如图 5-2a 所示。而且，为了使其工作在击穿区，电源电压 V_S 必须大于齐纳击穿电压 V_Z。通常需要串联一个限流电阻，以使齐纳电流小于它的最大额定电流,否则将会和其他器件一样,由于功耗过大而导致烧毁。

图 5-2b 给出了一种接地的电路画法,电路中存在地时,就能以地为参考来确定电压。

例如,假设需要知道图 5-2a 中串联电阻两端的电压。当电路已经搭建好时,可以用以下方法测试:首先测出 R_S 左端到地的电压,然后测出 R_S 右端到地的电压,再将这两个电压相减,就得到了 R_S 两端的电压。如果欧姆表或数字万用表是浮地的,可以跨接在电阻的两端直接测量。

图 5-2c 所示的是一个连接串联电阻和齐纳二极管的电源,这个电路用来产生一个小于电源电压的直流输出电压。这种电路称为齐纳电压稳定器,简称**齐纳稳压器**。

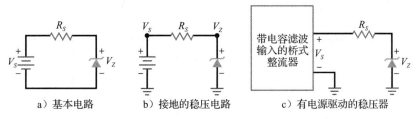

a)基本电路　　b)接地的稳压电路　　c)有电源驱动的稳压器

图 5-2 齐纳稳压器

5.1.4 利用欧姆定律

在图 5-2 中,串联电阻或限流电阻两端的电压等于电源电压与齐纳电压之差,所以流过电阻的电流为:

$$I_S = \frac{V_S - V_Z}{R_S} \tag{5-1}$$

因为图 5-2 所示的是串联电路,所以得到了串联电流,也就得到了齐纳电流。要注意的是,电流 I_S 必须小于 I_{ZM}。

5.1.5 理想齐纳二极管

为了故障诊断和基本分析的方便,可将击穿区变化曲线近似认为是垂直的,这样在电流改变时可以认为电压不变,相当于忽略了齐纳电阻。图 5-3 所示是齐纳二极管的理想化近似,即齐纳二极管在击穿区工作的理想情况可以看作一个电池。在电路中,如果齐纳二极管工作在击穿区,就可以将齐纳二极管当成一个电压值为 V_Z 的电压源。

图 5-3 齐纳二极管的理想化近似

例 5-1 假设图 5-4a 所示电路中齐纳二极管的击穿电压为 10 V,齐纳电流的最小值和最大值是多少?

解: 电源电压变化范围是 20~40 V,理想情况下,齐纳二极管就像一个电池,如图 5-4b 所示。因此,当所加电压在 20~40 V 之间变化时,输出电压保持 10 V 不变。

最小电流出现在电源电压最小时,电阻左端为 20 V,右端为 10 V,因而电阻上的电压为 20 V-10 V,即 10 V,由欧姆定律可得

$$I_S = \frac{10\text{ V}}{820\ \Omega} = 12.2\text{ mA}$$

同理,最大电流发生在电源电压为 40 V 时,电阻上的电压为 30 V,得到电流为:

$$I_S = \frac{30\text{ V}}{820\ \Omega} = 36.6\text{ mA}$$

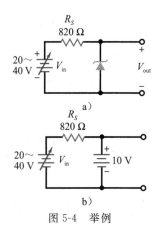

图 5-4 举例

在图 5-4a 所示稳压器电路中，尽管电源电压从 20 V 变化到 40 V，输出电压保持 10 V 不变。电源电压越大，产生的齐纳电流越大，但输出电压稳定在 10 V（若考虑齐纳电阻，则输出电压将会随电源电压的增加而略有增加）。 ◀

✎ **自测题 5-1**　在图 5-4 所示电路中，若 $V_{in} = 30$ V，齐纳电流为多少？

5.2　带负载的齐纳稳压器

图 5-5a 所示为带负载的齐纳稳压器，图 5-5b 所示是有参考地的相同电路。齐纳二极管工作在击穿区，保持负载电压不变。即使电源电压或者负载电阻发生变化，负载两端的电压保持不变并且等于齐纳电压。

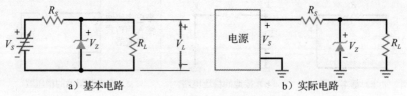

a）基本电路　　　　　　　　　　b）实际电路

图 5-5　带负载的齐纳稳压器

5.2.1　工作在击穿区

判断图 5-5 中的齐纳二极管是否工作在击穿区的方法如下，根据分压关系，二极管两端对应的戴维南电压为：

$$V_{TH} = \frac{R_L}{R_S + R_L} V_S \tag{5-2}$$

这是齐纳二极管未连接时的电压，这个戴维南电压必须比齐纳电压大，否则二极管不会被击穿。

5.2.2　串联电流

除非特别提示，后续所有的讨论都假设齐纳二极管工作在击穿区。在图 5-5 中，流过串联电阻的电流为：

$$I_S = \frac{V_S - V_Z}{R_S} \tag{5-3}$$

这里将欧姆定律应用于限流电阻，无论是否有负载电阻，它的表达形式是一样的，或者说，即使将负载电阻断开，流过串联电阻的电流仍然等于它上边的电压与电阻之比。

5.2.3　负载电流

理想情况下，由于负载电阻与齐纳二极管是并联的，负载上的电压等于齐纳电压：

$$V_L = V_Z \tag{5-4}$$

这样就可以根据欧姆定律计算负载电流：

$$I_L = \frac{V_L}{R_L} \tag{5-5}$$

5.2.4　齐纳电流

由基尔霍夫电流定律：

$$I_S = I_Z + I_L$$

齐纳二极管和负载阻抗是并联的，它们的电流之和等于总电流，即流过串联电阻的电流。

可以将前边的公式写成如下重要形式：

$$I_Z = I_S - I_L \tag{5-6}$$

这个式子告诉我们，齐纳电流不再像无载齐纳稳压器那样等于串联电流了。由于负载电阻的存在，齐纳电流等于串联电流减去负载电流。

表 5-1 总结了含负载的齐纳稳压器的电路分析步骤，从串联电流开始，然后分析负载上的电压和电流，最后分析齐纳电流。

表 5-1 含负载齐纳稳压器的分析

	过程	注释
步骤 1	计算串联电流，式（5-3）	对串联电阻 R_S 应用欧姆定律
步骤 2	计算负载电压，式（5-4）	负载电压等于二极管电压
步骤 3	计算负载电流，式（5-5）	对负载电阻 R_L 应用欧姆定律
步骤 4	计算齐纳电流，式（5-6）	对二极管应用电流定律

5.2.5 齐纳效应

当击穿电压大于 6 V 时，发生击穿的原因是雪崩效应。关于雪崩效应可参照第 2 章的讨论，其基本原理是少数载流子被加速到足够大的速度从而产生出更多的少子[注]，产生一个连锁的如雪崩一样的效应，从而产生一个很大的反向电流。

齐纳效应与此不同，当二极管是重掺杂时，耗尽层变得非常窄，因此耗尽层的电场（电压除以距离）非常大。当电场达到大约 300 000 V/cm 时，其强度足以将电子从其价带轨道中拉出，这种产生自由电子的方式称为**齐纳效应**（也称强场激发）。齐纳效应与雪崩效应有显著区别，雪崩效应是通过高速的少子使价带电子成为自由电子。

当击穿电压小于 4 V 时，只发生齐纳效应；当击穿电压大于 6 V 时，只发生雪崩效应；当击穿电压介于两者之间时，两种效应都存在。

齐纳效应的发现要早于雪崩效应，所以工作在击穿区的所有二极管都被称作齐纳二极管。虽然偶尔会叫作雪崩二极管，但齐纳二极管的说法更常用。

5.2.6 温度系数

当环境温度改变时，齐纳电压将随之发生微小变化，在数据手册中，温度的影响列在**温度系数**这一项中，它定义为温度每增加 1 ℃ 带来的击穿电压的改变。在击穿电压小于 4 V 时（齐纳效应），温度系数是负值。例如，击穿电压为 3.9 V 的某齐纳二极管的温度系数为 −1.4 mV/℃，即温度每增加 1 ℃，击穿电压减小 1.4 mV。

另一方面，当击穿电压大于 6 V 时（雪崩效应），温度系数是正值。例如，击穿电压为 6.2 V 的某齐纳二极管的温度系数为 2 mV/℃，即温度每升高 1 ℃，击穿电压增加 2 mV。

在击穿电压介于 4～6 V 时，温度系数从负值变到正值。也就是说，有些击穿电压在 4～6 V 的齐纳二极管具有零温度系数，这一特性对于那些需要在温度变化较大的环境中保持稳定电压的电子产品非常重要。

知识拓展 在齐纳电压介于 3～8 V 之间时，温度系数受二极管反向电流的影响也很大。随着反向电流的增加，温度系数向正向变化。

知识拓展 在需要高稳定参考电压源的电路中，齐纳二极管与一个或多个半导体二极管串联起来使用，这些二极管的电压随温度的变化方向与 V_Z 的变化方向相反，从而使 V_Z 在很宽的温度范围内保持稳定。

例 5-2 图 5-6a 所示电路中的齐纳二极管是否工作在击穿区？ ▮▮▮Multisim

解：由式（5-2）有：

[注] 通过撞击使价带中的电子电离，产生电子空穴对。——译者注

$$V_{TH} = \frac{1\ \text{k}\Omega}{270\ \Omega + 1\ \text{k}\Omega} \times 18\ \text{V} = 14.2\ \text{V}$$

因为戴维南电压大于齐纳电压，所以齐纳二极管工作在击穿区。　◄

例 5-3 图 5-6b 所示电路中，通过齐纳二极管的电流等于多少？　**‖‖ Multisim**

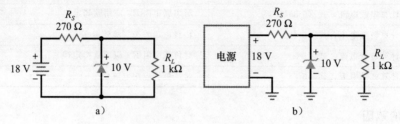

图 5-6　举例

解： 图中给出了串联电阻两端的电压，两者相减即得到串联电阻上的电压为 8 V，根据欧姆定律：

$$I_S = \frac{8\ \text{V}}{270\ \Omega} = 29.6\ \text{mA}$$

由于负载电压为 10 V，则负载电流为：

$$I_L = \frac{10\ \text{V}}{1\ \text{k}\Omega} = 10\ \text{mA}$$

齐纳电流是两个电流之差：

$$I_Z = 29.6\ \text{mA} - 10\ \text{mA} = 19.6\ \text{mA}$$　◄

自测题 5-3 将图 5-6b 所示电路中的电源电压改为 15 V，计算 I_S，I_L，I_Z。

应用实例 5-4 图 5-7 所示电路的功能是什么？　**‖‖ Multisim**

解： 这是一个采用**前置稳压器**（第一个齐纳二极管）来驱动齐纳稳压器（第二个齐纳二极管）的例子。首先，前置稳压器的输出电压是 20 V，这是第二个齐纳二极管的输入，第二个稳压器输出电压为 10 V。基本思路是给第二级齐纳稳压器提供一个已经稳压的输入，使它的输出电压更稳定。　◄

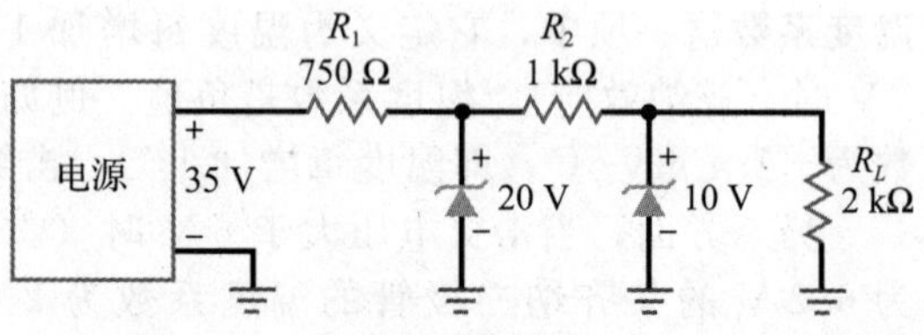

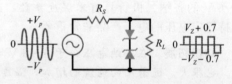

图 5-7　举例

应用实例 5-5 图 5-8 所示电路的功能是什么？　**‖‖ Multisim**

解： 在大部分应用中，齐纳二极管用于稳压，工作在击穿区。但是也有例外，有时齐纳二极管被用来实现如图 5-8 所示的波形整形。

图 5-8　用于波形整形的齐纳二极管

这两个齐纳二极管是背靠背连接的，在输入波形的正半周，上方的二极管导通，下方的二极管击穿。这样，输出波形被削平，如图所示，削波后的电平等于齐纳电压（击穿的二极管）加上 0.7 V（正偏的二极管）。

在输入波形的负半周期，情况则相反。下方的二极管导通，上方的二极管击穿。这样，输出波形接近方波，输入正弦波的幅度越大，输出的方波整形效果越好。　◄

自测题 5-5 在图 5-8 中，每个二极管的击穿电压 $V_Z = 3.3\ \text{V}$，则 R_L 两端的电压是多少？

应用实例 5-6 简要描述图 5-9 所示各个电路的工作原理。

解： 图 5-9a 的电路给出了一种在 20 V 的电源电压下，使用齐纳二极管和普通硅二极管产生多个直流输出电压的方法。底部的二极管产生 10 V 的输出，每个普通二极管都是正向偏置的，分别产生 10.7 V、11.4 V 的输出，如图 5-9a 所示。顶部二极管的击穿电压为 2.4 V，给出 13.8 V 的输出。将齐纳二极管与普通二极管以其他方式连接构成类似电路，可以产生不同的直流输出电压。

如果将一个 6 V 的继电器接到 12 V 的系统中，继电器可能会损坏，所以需要降低电压。图 5-9b 给出了一个方案，将一个击穿电压为 5.6 V 的齐纳二极管与继电器串联，则加在继电器两端的电压只有 6.4 V，这通常在继电器工作的额定电压范围之内。

大的电解电容器往往具有较小的额定电压。例如，1000 μF 的电解电容的额定电压可能只有 6 V，这意味着电容器两端的最大电压必须小于 6 V。图 5-9c 给出了一种在 12 V 电源电压情况下使用额定电压为 6 V 的电解电容器的解决方法。其基本原理都是利用齐纳二极管降低部分电压，在这个例子中，齐纳二极管压降为 6.8 V，余下 5.2 V 的电压加在电容上，这样电解电容在实现对电源滤波的同时，其工作电压可保持在额定范围内。 ◀

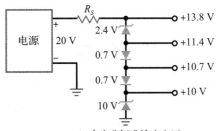

a) 产生非标准输出电压

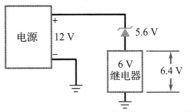

b) 在12 V系统中使用6 V继电器

c) 在12 V系统中使用6 V电解电容器

图 5-9　齐纳管的应用

5.3　齐纳二极管的二阶近似

图 5-10a 所示是齐纳二极管的二阶近似，齐纳电阻与一个理想电池串联，二极管的总电压等于击穿电压加上齐纳电阻上的压降，由于齐纳电阻 R_Z 相对较小，它对齐纳二极管两端总电压的影响很小。

5.3.1　对负载电压的影响

如何计算齐纳电阻对负载电压的影响？图 5-10b 所示是一个电源驱动有载齐纳稳压器的电路。理想情况下，输出电压应该等于击穿电压 V_Z，但是在二阶近似下，需要考虑齐纳电阻，如图 5-10c 所示，由于 R_Z 上的额外压降，将会导致输出电压略有增加。

图 5-10c 中，由于齐纳电流流过齐纳电阻，所以输出电压为：

$$V_L = V_Z + I_Z R_Z$$

可见，相对于理想情况，输出电压的改变量为：

$$\Delta V_L = I_Z R_Z \qquad (5\text{-}7)$$

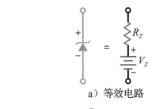

a) 等效电路

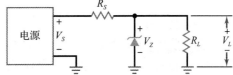

b) 电源驱动有载齐纳稳压器

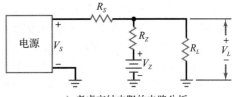

c) 考虑齐纳电阻的电路分析

图 5-10　齐纳二极管的二阶近似

通常情况下 R_Z 很小，所以引起的电压变化不大，一般为零点几伏。例如，当 $I_Z =$ 10 mA，$R_Z = 10\ \Omega$ 时，$\Delta V_L = 0.1\ \text{V}$。

知识拓展 击穿电压为 7 V 左右的齐纳二极管具有最小的齐纳阻抗。

5.3.2 对纹波电压的影响

当考虑到纹波电压时，可以采用图 5-11a 所示的等效电路。能够影响波纹电压的器件只有图中的三个电阻。可以将这个电路进一步简化，对一般设计而言，R_Z 远小于 R_L，所以影响波纹电压的最重要的两个元件是串联电阻和齐纳电阻，如图 5-11b 所示。

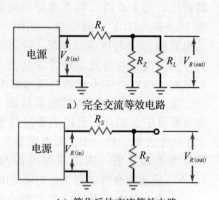

a）完全交流等效电路

b）简化后的交流等效电路

图 5-11 齐纳稳压器减少波纹

由于图 5-11b 是一个分压电路，故输出纹波电压为：

$$V_{R(\text{out})} = \frac{R_Z}{R_Z + R_S} V_{R(\text{in})}$$

计算波纹电压并不要求特别精确，由于一般设计中 R_S 远远大于 R_Z，在故障诊断和初步分析时可以采用近似计算：

$$V_{R(\text{out})} = \frac{R_Z}{R_S} V_{R(\text{in})} \tag{5-8}$$

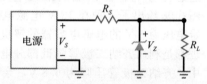

图 5-12 带负载的齐纳稳压器

例 5-7 图 5-12 所示电路中，齐纳二极管的击穿电压为 10 V，齐纳电阻为 8.5 Ω，采用二级近似，计算当齐纳电流为 20 mA 时的负载电压。

解：输出电压的变化量等于齐纳电阻与齐纳电流的乘积：

$$\Delta V_L = I_Z R_Z = 20\ \text{mA} \times 8.5\ \Omega = 0.17\ \text{V}$$

对于二级近似，输出电压为：

$$V_L = 10\ \text{V} + 0.17\ \text{V} = 10.17\ \text{V} \qquad \blacktriangleleft$$

自测题 5-7 当 $I_Z = 12\ \text{mA}$ 时，利用二级近似模型计算图 5-12 所示电路的输出电压。

例 5-8 在图 5-12 中，$R_S = 270\ \Omega$，$R_Z = 8.5\ \Omega$，$V_{R(\text{in})} = 2\ \text{V}$，计算负载上的纹波电压。

解：输出波纹电压近似等于输入波纹乘以 R_Z 与 R_S 之比：

$$V_{R(\text{out})} = \frac{8.5\ \Omega}{270\ \Omega} \times 2\ \text{V} = 63\ \text{mV} \qquad \blacktriangleleft$$

自测题 5-8 在图 5-12 所示电路中，若 $V_{R(\text{in})} = 3\ \text{V}$，近似计算负载上的纹波电压。

应用实例 5-9 图 5-13 中的齐纳稳压器，$V_Z = 10\ \text{V}$，$R_S = 270\ \Omega$，$R_Z = 8.5\ \Omega$，使用与例 5-7 和例 5-8 相同的数值，描述 Multisim 电路仿真时的测量过程。 **||||Multisim**

解：如果采用前文所述方法对图 5-13 电路的电压进行计算，将得到以下结果。匝数比为 8∶1 的变压器的二次电压峰值为 21.2 V，减去两个二极管的压降，滤波电容上的峰值电压为 19.8 V。流过 390 Ω 电阻的电流为 51 mA，流过 R_S 的电流为 36 mA，电容需要提供这两个电流的和，即 87 mA。根据式（4-10），这个电流将会导致电容上产生大约 2.7 V（峰峰值）的纹波电压，由此得到齐纳稳压器输出的纹波电压近似等于 85 mV（峰峰值）。

由于纹波电压较大，电容器两端的电压将会在 17.1～19.8 V 之间摆动，取两者的平均值得到滤波电容上的直流电压约为 18.5 V。这个直流电压有所下降，意味着之前计算的输入及输出的纹波电压也将减小，如前所述，这只是估算，精确分析需要考虑高阶效应。

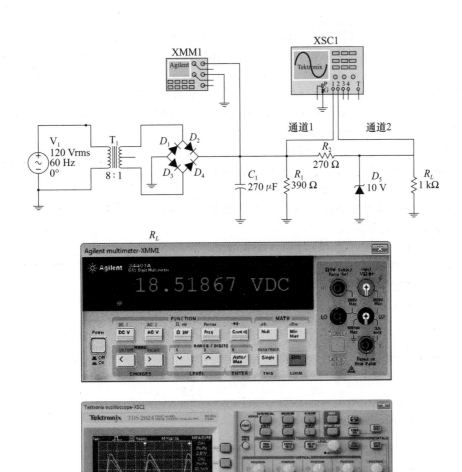

图 5-13　齐纳稳压器波纹的 Multisim 分析

现在看一下 Multisim 的测量结果，这个结果几乎是精确的。万用表读数为 18.78 V，非常接近估计值 18.5 V，示波器的通道 1 给出电容上的纹波电压近似为 2 V（峰峰值），比估计值 2.7 V（峰峰值）要小一些，但仍然在合理近似范围之内。最终由通道 2 测得齐纳稳压器的纹波电压大约为 85 mV（峰峰值）。◀

5.4　齐纳失效点

齐纳稳压器要保持输出电压恒定，齐纳二极管必须在所有工作条件下都处于击穿区。也就是说，在电源电压和负载电流的变化过程中，二极管中必须始终有齐纳电流通过。

最坏情况

图 5-14a 给出了一个齐纳稳压器，得到以下电流：

$$I_S = \frac{V_S - V_Z}{R_S} = \frac{20\ \text{V} - 10\ \text{V}}{200\ \Omega} = 50\ \text{mA}$$

$$I_L = \frac{V_L}{R_L} = \frac{10\ \text{V}}{1\ \text{k}\Omega} = 10\ \text{mA}$$

$$I_Z = I_S - I_L = 50 \text{ mA} - 10 \text{ mA} = 40 \text{ mA}$$

考虑电源电压从 20 V 减小到 12 V 的情况。通过前边的计算可以看到，I_S 将会减小，I_L 不变，I_Z 将会减小。当 V_S 减小到 12 V 时，I_S 等于 10 mA，$I_Z = 0$，在这个较低的电源电压作用下，齐纳二极管即将脱离击穿区，如果电源电压继续下降，稳压特性将会丧失，或者说，负载电压将会小于 10 V，所以，电源电压太低将会导致齐纳电路的稳压作用失效。

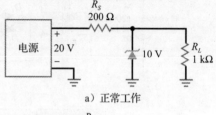

a）正常工作

另外一种导致稳压失效的情况是负载电流过大。在图 5-14a 中，考虑负载电阻从 1 kΩ 减小到 200 Ω 的情况。当负载电阻降低为 200 Ω 时，负载上的电流增加到 50 mA，齐纳电流减小到 0，同样地，齐纳二极管即将脱离击穿区。所以，负载电阻太小也会导致稳压失效。

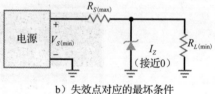

b）失效点对应的最坏条件

图 5-14　齐纳稳压器

最后考虑当 R_S 从 200 Ω 增加到 1 kΩ 的情形。在这种情况下，串联电流从 50 mA 减小到 10 mA，所以过大的串联电阻也能够使电路脱离稳压区。

将上述情况进行归纳，可得到所有最坏条件，如图 5-14b 所示。当齐纳电流接近 0 时，齐纳稳压器接近失控或失效条件。通过分析这种最坏情况，可以得到以下公式：

$$R_{S(\max)} = \left(\frac{V_{S(\min)}}{V_Z} - 1 \right) R_{L(\min)} \tag{5-9}$$

另外一种形式也很有用：

$$R_{S(\max)} = \frac{V_{S(\min)} - V_Z}{I_{L(\max)}} \tag{5-10}$$

这两个等式非常重要，可以用来检查齐纳稳压器在任何条件下是否有可能失效。

例 5-10　一个齐纳稳压器的输入电压可以从 22 V 变化到 30 V，如果它的稳定输出电压是 12 V，负载电阻从 140 Ω 变化到 10 kΩ，允许的最大串联电阻是多少？

解：利用式（5-9）计算最大串联电阻：

$$R_{S(\max)} = \left(\frac{22 \text{ V}}{12 \text{ V}} - 1 \right) \times 140 \ \Omega = 117 \ \Omega$$

只要串联电阻小于 117 Ω，齐纳稳压器就可以在各种情况下正常工作。　◀

自测题 5-10　在例 5-10 中，若稳定输出电压为 15 V，允许的最大串联电阻是多少？

例 5-11　一个齐纳二极管的输入电压范围是 15~20 V，负载电流变化范围是 5~20 mA，若齐纳电压为 6.8 V，允许的最大串联电阻是多少？

解：利用式（5-10）计算最大串联电阻：

$$R_{S(\max)} = \frac{15 \text{ V} - 6.8 \text{ V}}{20 \text{ mA}} = 410 \ \Omega$$

只要串联电阻小于 410 Ω，则齐纳稳压器可在各种情况下正常工作。　◀

自测题 5-11　当齐纳电压为 5.1 V 时，重复例 5-11 中的计算。

5.5　阅读数据手册

图 5-15 给出了 1N5221B 和 1N4728A 系列的齐纳二极管数据手册中的数据，在后面的讨论中将参考这些数据。数据手册中大部分信息是提供给电路设计者的，但有些内容在故障诊断和测试时也有必要了解。

FAIRCHILD
SEMICONDUCTOR®
（仙童半导体）

2013年7月

1N5221B–1N5263B
齐纳管

容差=5%

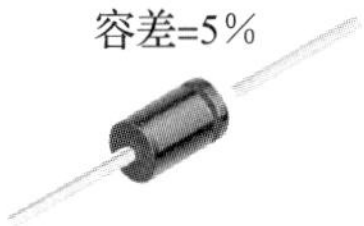

DO–35 玻璃封装
彩条标识阴极

1N5221B–1N5263B–齐纳管

绝对最大额定值（注1）

符号	参数	数值	单位
P_D	功率	500	mW
	大于50 ℃时的功率值降低	4.0	mW/℃
T_{STG}	保存温度范围	−65~+200	℃
T_J	工作时的结温范围	−65~+200	℃
	引脚温度（1/16 in可持续10 s）	+230	℃

电特性　T_A=25 ℃（除非标明其他条件）

器件	V_Z(V)@I_Z（注2）			Z_Z/Ω	@I_Z/mA	Z_{ZK}/Ω	@I_{ZK}/mA	I_R/μA	@V_R/V	T_C（%/℃）
	最小值	典型值	最大值							
1N5221B	2.28	2.4	2.52	30	20	1200	0.25	100	1.0	−0.085
1N5222B	2.375	2.5	2.625	30	20	1250	0.25	100	1.0	−0.085
1N5223B	2.565	2.7	2.835	30	20	1300	0.25	75	1.0	−0.080
1N5224B	2.66	2.8	2.94	30	20	1400	0.25	75	1.0	−0.080
1N5225B	2.85	3	3.15	29	20	1600	0.25	50	1.0	−0.075
1N5226B	3.135	3.3	3.465	28	20	1600	0.25	25	1.0	−0.07
1N5227B	3.42	3.6	3.78	24	20	1700	0.25	15	1.0	−0.065
1N5228B	3.705	3.9	4.095	23	20	1900	0.25	10	1.0	−0.06
1N5229B	4.085	4.3	4.515	22	20	2000	0.25	5.0	1.0	+/−0.055
1N5230B	4.465	4.7	4.935	19	20	1900	0.25	2.0	1.0	+/−0.03
1N5231B	4.845	5.1	5.355	17	20	1600	0.25	5.0	2.0	+/−0.03
1N5232B	5.32	5.6	5.88	11	20	1600	0.25	5.0	3.0	0.038
1N5233B	5.7	6	6.3	7.0	20	1600	0.25	5.0	3.5	0.038
1N5234B	5.89	6.2	6.51	7.0	20	1000	0.25	5.0	4.0	0.045
1N5235B	6.46	6.8	7.14	5.0	20	750	0.25	3.0	5.0	0.05
1N5236B	7.125	7.5	7.875	6.0	20	500	0.25	3.0	6.0	0.058
1N5237B	7.79	8.2	8.61	8.0	20	500	0.25	3.0	6.5	0.062
1N5238B	8.265	8.7	9.135	8.0	20	600	0.25	3.0	6.5	0.065
1N5239B	8.645	9.1	9.555	10	20	600	0.25	3.0	7.0	0.068
1N5240B	9.5	10	10.5	17	20	600	0.25	3.0	8.0	0.075
1N5241B	10.45	11	11.55	22	20	600	0.25	2.0	8.4	0.076
1N5242B	11.4	12	12.6	30	20	600	0.25	1.0	9.1	0.077
1N5243B	12.35	13	13.65	13	9.5	600	0.25	0.5	9.9	0.079
1N5244B	13.3	14	14.7	15	9.0	600	0.25	0.1	10	0.080
1N5245B	14.25	15	15.75	16	8.5	600	0.25	0.1	11	0.082
1N5246B	15.2	16	16.8	17	7.8	600	0.25	0.1	12	0.083
1N5247B	16.15	17	17.85	19	7.4	600	0.25	0.1	13	0.084
1N5248B	17.1	18	18.9	21	7.0	600	0.25	0.1	14	0.085
1N5249B	18.05	19	19.95	23	6.6	600	0.25	0.1	14	0.085
1N5250B	19	20	21	25	6.2	600	0.25	0.1	15	0.086

正向电压V_F=1.2 V　最大值@I_F=200 mA

注：1. 高于额定值时，半导体器件的适用性可能降低。
非重复方波脉冲宽度=8.3 ms，T_A=50 ℃。
2. 齐纳电压（V_Z）
齐纳电压的测量条件：器件的结达到温度平衡，引脚温度（T_J）为（30±1）℃，且引脚长度为3/8 in。

www.fairchildsemi.com
1N5221B-1N5263B Rev. 1.2.0

图 5-15　齐纳管数据手册的部分内容（版权属于仙童半导体，授权使用）

FAIRCHILD
SEMICONDUCTOR®

（仙童半导体）

2009年4月

1N4728A–1N4758A
齐纳管

容差=5%

DO-41 玻璃封装
彩条标识阴极

最大额定绝对值* T_A=25 ℃（除非标明其他条件）

符号	参数		数值	单位
P_D	功率 @T_L≤50 ℃，引脚长=3/8 in		1.0	mW
	大于50 ℃时的功率值降低		6.67	mW/℃
T_J, T_{STG}	工作及保存温度范围		−65~+200	℃

*高于额定值时二极管的适用性可能降低。

电特性 T_A=25 ℃（除非标明其他条件）

器件	V_Z/V@I_Z（注1）			测量电流 I_Z/mA	最大齐纳阻抗			漏电流		非重复性反向电流峰值 I_{ZSM}/mA（注2）
	最小值	典型值	最大值		Z_{ZK}@I_{ZK} /Ω	Z_{ZK}@I_{ZK} /Ω	I_{ZK} /mA	I_R /μA	V_R /V	
1N4728A	3.315	3.3	3.465	76	10	400	1	100	1	1380
1N4729A	3.42	3.6	3.78	69	10	400	1	100	1	1260
1N4730A	3.705	3.9	4.095	64	9	400	1	50	1	1190
1N4731A	4.085	4.3	4.515	58	9	400	1	10	1	1070
1N4732A	4.465	4.7	4.935	53	8	500	1	10	1	970
1N4733A	4.845	5.1	5.355	49	7	550	1	10	1	890
1N4734A	5.32	5.6	5.88	45	5	600	1	10	2	810
1N4735A	5.89	6.2	6.51	41	2	700	1	10	3	730
1N4736A	6.46	6.8	7.14	37	3.5	700	1	10	4	660
1N4737A	7.125	7.5	7.875	34	4	700	0.5	10	5	605
1N4738A	7.79	8.2	8.61	31	4.5	700	0.5	10	6	550
1N4739A	8.645	9.1	9.555	28	5	700	0.5	10	7	500
1N4740A	9.5	10	10.5	25	7	700	0.25	10	7.6	454
1N4741A	10.45	11	11.55	23	8	700	0.25	5	8.4	414
1N4742A	11.4	12	12.6	21	9	700	0.25	5	9.1	380
1N4743A	12.35	13	13.65	19	10	700	0.25	5	9.9	344
1N4744A	14.25	15	15.75	17	14	700	0.25	5	11.4	304
1N4745A	15.2	16	16.8	15.5	16	700	0.25	5	12.2	285
1N4746A	17.1	18	18.9	14	20	700	0.25	5	13.7	250
1N4747A	19	20	21	12.5	22	700	0.25	5	15.2	225
1N4748A	20.9	22	23.1	11.5	23	750	0.25	5	16.7	205
1N4749A	22.8	24	25.2	10.5	25	750	0.25	5	18.2	190
1N4750A	25.65	27	28.35	9.5	35	750	0.25	5	20.6	170
1N4751A	28.5	30	31.5	8.5	40	1000	0.25	5	22.8	150
1N4752A	31.35	33	34.65	7.5	45	1000	0.25	5	25.1	135
1N4753A	34.2	36	37.8	7	50	1000	0.25	5	27.4	125
1N4754A	37.05	39	40.95	6.5	60	1000	0.25	5	29.7	115
1N4755A	40.85	43	45.15	6	70	1500	0.25	5	32.7	110
1N4756A	44.65	47	49.35	5.5	80	1500	0.25	5	35.8	95
1N4757A	48.45	51	53.55	5	95	1500	0.25	5	38.8	90
1N4758A	53.2	56	58.8	4.5	110	2000	0.25	5	42.6	80

注：1. 齐纳电压（V_Z）
　　齐纳电压的测量条件是：器件的结达到温度平衡，引脚温度（T_J）为（30±1）℃，且引脚长度为3/8 in。
　　2. 预热8.3 ms时的方波反向浪涌。

www.fairchildsemi.com

图 5-15　齐纳管数据手册的部分内容（版权属于仙童半导体，授权使用）（续）

5.5.1 最大功率

齐纳二极管的功率等于它对应的电压与电流的乘积：

$$P_Z = V_Z I_Z \tag{5-11}$$

例如，若 $V_Z = 12$ V， $I_Z = 10$ mA，那么：

$$P_Z = 12 \text{ V} \times 10 \text{ mA} = 120 \text{ mW}$$

只要 P_Z 小于额定功率，齐纳二极管就能工作在击穿区而不会损坏，商用齐纳二极管的额定功率从 0.25 W 到 50 W 以上不等。

例如，1N5221B 系列数据手册中列出了其最大的额定功率为 500 mW。安全的设计应有一定的安全系数以保证功率可靠小于最大值 500 mW。如前文所述，对于保守设计，安全系数应为 2 或更大。

5.5.2 最大电流

数据手册中通常给出齐纳二极管在不超过其额定功率情况下所能承受的最大电流 I_{ZM}。如果这个值没有给出，最大电流可以通过下式得到：

$$I_{ZM} = \frac{P_{ZM}}{V_Z} \tag{5-12}$$

其中 I_{ZM} 是最大额定齐纳电流， P_{ZM} 是额定功率， V_Z 是齐纳电压。

例如，1N4742A 的齐纳电压为 12 V，额定功率为 1 W，那么它的最大额定电流为：

$$I_{ZM} = \frac{1 \text{ W}}{12 \text{ V}} = 83.3 \text{ mA}$$

如果能满足额定电流，额定功率则自动满足。举例来说，如果保持最大齐纳电流小于 83.3 mA，则最大功率自然小于 1 W。如果将安全系数取为 2，则不必担心临界情况会将二极管烧毁。给定的或通过计算得到的 I_{ZM} 是连续的额定电流值，通常给出非重复的反向电流峰值，包括器件的测试条件。

5.5.3 容差

大多数齐纳二极管都以后缀 A、B、C、D 来标识齐纳电压的容差，由于这些后缀所表示的内容并不总是一致的，所以一定要区分数据手册中对每一特定容差给出的特别说明。例如，1N4728A 系列数据手册中的容差为 ±5%，1N5221B 系列也为 ±5%，而后缀 C 一般表示容差为 ±2%，D 则表示容差为 ±1%，没有后缀则表示容差为 ±20%。

5.5.4 齐纳电阻

齐纳电阻（也称作齐纳阻抗），可以用 R_{ZT} 或 Z_{ZT} 来表示。例如，1N5221B 在测试电流为 12.5 mA 时的齐纳电阻为 8.5 Ω，只要齐纳电流大于特性曲线的拐点电流，就可以用 8.5 Ω 作为齐纳电阻的近似值。但是要注意齐纳电阻在拐点有较大的增加（700 Ω），关键在于尽可能地让齐纳二极管工作在给定的测试电流附近，这样，齐纳电阻相对来说是比较小的。

数据手册中包含了很多额外的信息，主要是为电路设计者提供的，如果从事设计工作，那么就需要仔细阅读，包括那些关于数据测量的注释。

5.5.5 额定值的减小

数据手册中的**减额系数**给出了温度升高时需要将器件的额定功率减小的值。例如 1N4728A 系列，在引脚温度 50 ℃ 时的额定功率为 1 W，减额系数为 6.67 mW/℃，这表示当温度高于 50 ℃ 时，温度每升高 1 ℃，需要将额定功率减小 6.67 mW。无论是否从事设计，都必须了解温度的影响。如果已知引脚温度高于 50 ℃，设计时必须相应减小齐纳二极管的额定功率。

5.6 故障诊断

图 5-16 所示为一个齐纳稳压器。当电路正常工作时，节点 A 到地的电压为 $+18\,\mathrm{V}$，节点 B 到地的电压为 $+10\,\mathrm{V}$，节点 C 到地的电压为 $+10\,\mathrm{V}$。

5.6.1 可确定故障

现在来讨论电路可能会出现的问题。当电路工作异常时，故障诊断通常从测量电压开始，这些电压测量值可以提供线索以利于找出问题所在。例如，假设电压测量值为：

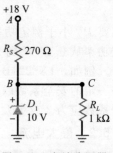

图 5-16 齐纳稳压器
的故障诊断

$$V_A = +18\,\mathrm{V} \qquad V_B = +10\,\mathrm{V} \qquad V_C = 0$$

当测得这些电压后，可能想到的是：

是否是负载电阻开路？不可能，如果这样负载电压应该仍然是 10 V；是否是负载电阻短路？也不可能，那将会导致节点 B 和 C 对地短接，电压均为零；那么如果连接节点 B 和 C 的导线断开了呢？对，这样就与测得的数据吻合了。

这种故障导致了特定现象，唯一能够出现这种电压值的原因就是连接节点 B 和 C 的导线断开了。

5.6.2 不可确定故障

并不是所有的故障都会导致特定现象，有时，两个或多个故障都会导致相同的电压。这里举一个例子，假设测得电压如下：

$$V_A = +18\,\mathrm{V} \qquad V_B = 0 \qquad V_C = 0$$

问题可能会出在哪儿呢？先考虑出结果后，再看下边的内容。

下面给出查找故障的一种思路：

已经得到了节点 A 的电压，但是节点 B、C 处却没有电压。会不会是串联电阻开路呢？那样的话节点 B、C 不会有电压，同时还能保持 A 点电压为 18 V。对，串联电阻可能是开路的。

这时，可以断开串联电阻，用欧姆表测它的阻值，它很可能确实是开路的。但是假如测量结果证明电阻没有问题，那么就可能继续思考下去：

奇怪！还有别的可能使得 A 点电压为 18 V，而 B、C 电压为零吗？若是齐纳二极管或者负载电阻短路呢？若是节点 B 或 C 由于焊锡渣使其与地短路呢？任何一种可能都会导致这种测量结果。

这时，就需要去排查更多的可能性，最终找到问题所在。

当元器件烧坏后，它们可能变为开路，但也并非都是如此。有些半导体器件可能发生内部短路，此时它们犹如一个阻值为零的电阻。引起短路的原因还可能是印制电路板上两根走线之间有焊锡渣接触到了走线，或者其他可能的情况。因此，对于器件短路的情况也必须提出并回答一些假设的问题，就像对待器件开路时一样。

5.6.3 故障表

表 5-2 给出了图 5-16 所示齐纳稳压器的可能故障。在分析电压时需谨记：短路的元件可看作阻值为零的电阻，而开路的元件则可看作阻值为无穷大的电阻。当用 0 和 ∞ 计算有困难时，可以采用 $0.001\,\Omega$ 和 $1000\,\mathrm{M}\Omega$ 来代替，即用小电阻替代短路，大电阻替代开路。

表 5-2 齐纳稳压器的故障及其现象

故障	V_A/V	V_B/V	V_C/V	评价
无	18	10	10	无故障

（续）

故障	V_A/V	V_B/V	V_C/V	评价
R_{SS}	18	18	18	D_1 和 R_L 可能开路
R_{SO}	18	0	0	—
D_{1S}	18	0	0	R_S 可能开路
D_{1O}	18	14.2	14.2	—
R_{LS}	18	0	0	R_S 可能开路
R_{LO}	18	10	10	—
BC_O	18	10	10	—
无电源	0	0	0	检查电源

在图 5-16 中，串联电阻 R_S 可能短路也可能开路，将其记为 R_{SS} 和 R_{SO}，类似地，齐纳二极管可能短路或者开路，分别记为 D_{1S} 和 D_{1O}，负载电阻的短路、开路记为 R_{LS} 和 R_{LO}，连接 B、C 的导线可能会断开，记为 BC_O。

在表 5-2 中，第二行给出了故障 R_{SS}，即串联电阻短路的情形，此时节点 B、C 电压为 18 V，这将会烧坏齐纳二极管甚至负载电阻。对于这种故障，用电压表测得节点 A、B、C 电压都为 18 V，此故障以及对应的电压列于表 5-2 中。

如果图 5-16 中串联电阻开路，电源电压将不能作用到 B 点，此时，节点 B、C 电压将为零，如表 5-2 所示。按照这种方式，可以得到表 5-2 的其他故障情形。

表 5-2 中，评价一栏给出了故障可能造成的后果，例如，R_S 短路将会烧坏齐纳二极管，也有可能造成负载电阻开路，这取决于负载电阻的额定功率。R_S 短路意味着 1 kΩ 的电阻上有 18 V 的压降，产生的功率是 0.324 W，若负载电阻额定功率只有 0.25 W，则会被烧坏导致开路。

表 5-2 中的一些故障产生特定的电压，而另一些故障则产生不典型的电压。例如，R_{SS}、D_{1O}、BC_O 以及无电源的故障对应一组特定的电压值，如果测得这些特定电压，就能确定问题所在，而不需要拆开电路用欧姆表去测电阻。

表 5-2 中其余的故障都会产生不典型的电压。这意味着两个或者多个故障会导致相同的电压测量结果。如果测得一组不典型的电压，必须拆开电路去测量可疑元件的电阻。例如，假设测得电压分别为 A 点 18 V，B 点 0 V，C 点 0 V，那么造成故障的原因可能是 R_{SO}、D_{1S} 和 R_{LS}。

可以通过多种方式测量齐纳二极管。使用数字万用表，调到二极管测试挡，可以测得二极管是开路还是短路。正常情况下，正偏时显示电压约为 0.7 V，反偏时显示的则是开路（过载）。但是这种测量并不能确认齐纳二极管具有合适的击穿电压 V_Z。

图 5-17 中所示的半导体特性曲线图示仪将会精确地显示齐纳二极管的正偏/反偏特性，如果没有图示仪，可用另一个简单方法：将齐纳二极管接入电路中，然后测其压降，这个压降应该接近它的额定值。

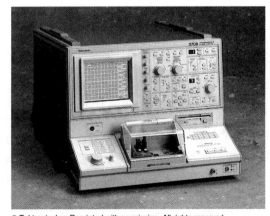

图 5-17 半导体特性曲线图示仪

5.7 负载线

流过图 5-18a 所示电路中齐纳二极管的电流为：

$$I_Z = \frac{V_S - V_Z}{R_S}$$

假设 $V_S = 20\text{ V}$，$R_S = 1\text{ k}\Omega$，则上述方程化简为：

$$I_Z = \frac{20\text{ V} - V_Z}{1000\ \Omega}$$

设 V_Z 为零，得到饱和工作点（纵轴截距），解得 $I_Z = 20\text{ mA}$，同理，为了得到截止工作点（横轴截距），设 I_Z 为零，解得 $V_Z = 20\text{ V}$。

也可以用其他方式得到负载线的两端位置。直接观察图 5-18a，可得 $V_S = 20\text{ V}$，$R_S = 1\text{ k}\Omega$，将齐纳二极管短路，得到二极管中最大的电流为 20 mA，将其开路，则可以得到最大的电压为 20 V。

假设齐纳二极管的击穿电压为 12 V，其曲线见图 5-18b。画出 $V_S = 20\text{ V}$，$R_S = 1\text{ k}\Omega$ 的负载线，得到上方负载线的交点

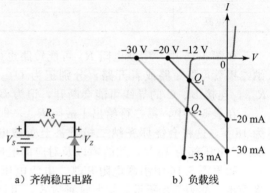

a）齐纳稳压电路　　b）负载线

图 5-18　齐纳二极管负载线

Q_1，此时由于特性曲线有轻微倾斜，齐纳二极管上的电压略大于击穿处的拐点电压。

为了说明电路稳压的工作原理，假设电源电压变为 30 V，则齐纳电流变为：

$$I_Z = \frac{30\text{ V} - V_Z}{1000\ \Omega}$$

这时负载线两端点分别为 30 mA 和 30 V，如图 5-18b 所示。此时新的交点为 Q_2，比较 Q_2 和 Q_1，可以看出此时流过齐纳二极管的电流增大了，但是相应的电压却几乎没有变化。所以，尽管电源电压从 20 V 变化到 30 V，齐纳电压依然近似为 12 V，体现了稳压作用。即当输入电压有很大变化时，输出电压几乎保持不变。

5.8 发光二极管

光电子学是将光学和电子学相结合的一门学科，涉及许多基于 pn 结特性的器件，典型的光电器件如**发光二极管**（LED）、光电二极管、光耦合器、激光二极管等，下面首先介绍发光二极管。

5.8.1 发光二极管

由于 LED 的功耗低、体积小、更新速度快且寿命长，因此在很多应用中已取代了白炽灯。图 5-19 所示为标准低功耗 LED 的组成。与普通二极管一样，LED 具有阴极和阳极，必须加以合适的偏置电压。塑料壳外面通常有一处平坦的部位，用来表示 LED 的阴极。半导体芯片的材料决定了 LED 的特性。

图 5-20a 所示是与电源、电阻相连接的 LED 电路，向外的箭头表示有向外辐射的光。在正偏

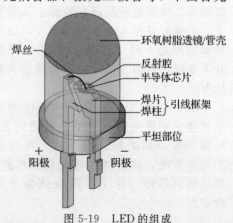

图 5-19　LED 的组成

LED 中，自由电子穿过 pn 结并落入空穴，由于这些电子是从高能级落到低能级，以光子的形式释放能量。在普通的二极管中，这些能量是以热的形式辐射出来，但是在 LED 中，能量以光的形式辐射。上述效应称作**场致发光**。

光的颜色与光子的能量有关，主要是由所使用的半导体材料的带隙能量决定的。通过使用诸如镓、砷、磷等元素，生产厂家可以制作出发射红、绿、黄、蓝、橙或者红外光（不可见光）的 LED。能够产生可见光的 LED 用于仪器、计算器等；而红外 LED 则在防盗系统、遥控器、CD 播放器等需要不可见光的设备中使用。

知识拓展　LED 在汽车行业中广泛使用，包括高/低光束前照灯、制动和定位灯，以及侧灯和后方向灯。

5.8.2　LED 电压和电流

图 5-20b 中的电阻是一个常见的限流电阻，用来防止电流超过二极管的最大额定电流。由于电阻左端的电压为 V_S，右端的电压为 V_D，电阻上的电压为上述两个电压之差。由欧姆定律得串联电流为：

$$I_S = \frac{V_S - V_D}{R_S} \tag{5-13}$$

对于大部分商用 LED，典型压降为 1.5～2.5 V，电流为 10～50 mA。准确的压降取决于 LED 的电流、颜色、容差等。除非特殊说明，本书在故障诊断或者 LED 电路分析中，均采用 2 V 压降。图 5-20c 所示为一些常见的低功耗 LED 及与其发光颜色对应的管壳。

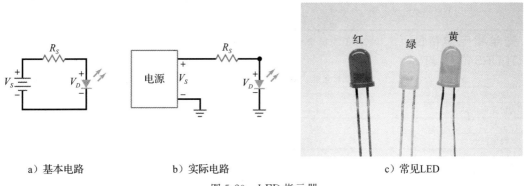

a）基本电路　　　　b）实际电路　　　　　　　c）常见 LED

图 5-20　LED 指示器

5.8.3　LED 的亮度

LED 的亮度由电流决定。发射的光总量通常被称为**发光强度** I_V，额定单位为坎德拉（cd）。低功率 LED 的额定发光强度通常为毫坎德拉（mcd）量级。例如，TLDR5400 是一个红光 LED，当它的正向电压降为 1.8 V、电流为 20 mA 时，额定发光强度为 70 mcd。当电流为 1 mA 时，光强降到 3 mcd。当式（5-13）中的电压 V_S 比 V_D 大得多的时候，LED 的亮度近似保持恒定。如果图 5-20b 中的电路批量生产，且采用 TLDR5400，那么只要电压 V_S 比 V_D 大得多，它们的亮度将会基本一致。但是如果 V_S 比 V_D 只是大一点，那么 LED 的亮度会随电路的不同而发生明显变化。

控制 LED 亮度最好的方法是使用电流源做驱动，这样电流是恒定的，因此其亮度基本不变。讨论晶体管（其特性类似电流源）时将会阐述如何使用晶体管来做 LED 的驱动。

5.8.4　LED 参数及特性

图 5-21 所示是一个标准 TLDR5400 5 mm T-1¾ 红光 LED 数据手册的部分内容。这种类型的 LED 是槽孔引脚，可有多种应用。

VISHAY.

www. vishay. com

TLDR5400

Vishay 半导体

高强度 LED，ϕ 5 mm 有色扩散封装

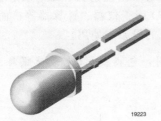

应用

- 使环境明亮的照明设施
- 电池供电的设备
- 室内室外信息显示
- 便携设备
- 远程通信指示器
- 一般用途

19223

绝对最大额定值 $T_{amb}=25\,℃$（除非标明其他条件）

TLDR5400

参数	测试条件	符号	数值	单位
方向电压（注 1）		V_R	6	V
正向直流电流		I_F	50	mA
正向浪涌	$t_p \leqslant 10\,\mu s$	I_{FSM}	1	A
功耗		P_V	100	mW
结温		T_j	100	℃
工作温度范围		T_{amb}	$-40\sim+100$	℃

注 1：该 LED 可以短时间采用反向驱动。

光学和电学特性 $T_{amb}=25\,℃$（除非标明其他条件）

TLDR5400，红

参数	测试条件	符号	最小值	典型值	最大值	单位
发光强度	$I_F=20\,mA$	I_V	35	70	—	mcd
发光强度	$I_F=1\,mA$	I_V	—	3	—	mcd
主波长	$I_F=20\,mA$	λ_d	—	648	—	nm
峰值波长	$I_F=20\,mA$	λ_p	—	650	—	nm
标定线半宽度		$\Delta\lambda$	—	20	—	nm
半光强角度	$I_F=20\,mA$	φ	—	± 30	—	deg
正向电压	$I_F=20\,mA$	V_F	—	1.8	2.2	V
反向电压	$V_R=6\,V$	I_R	—	—	10	μA
结电容	$V_R=0\,V,\ f=1\,MHz$	C_j	—	30	—	pF

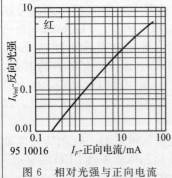

95 10016

图 6　相对光强与正向电流

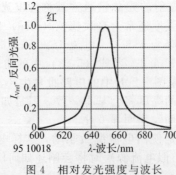

95 10018

图 4　相对发光强度与波长

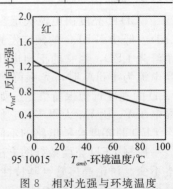

95 10015

图 8　相对光强与环境温度

Rev. 1.8, 29-Apr-13　　　　Document Number：83003

图 5-21　TLDR5400 数据手册的部分内容（由 Vishay Intertechnology 提供）

在绝对最大额定值的表中可见，该 LED 的最大正向电流 I_F 为 50 mA，最大反向电压只有 6 V。若要延长该器件的使用寿命，一定要采用适当的安全系数。当环境温度为 25 ℃ 时的最大额定功率为 100 mW，当温度较高时必须采取降温措施。

光学和电学特征参数表中显示，该 LED 的发光强度 I_V 在 20 mA 时具有典型值 70 mcd，当电流为 1 mA 时，则降为 3 mcd。该表中，红色 LED 的主波长是 648 nm，当观察角为 30° 时，发光强度会下降约 50%。相对发光强度与正向电流的关系曲线显示出光强是受 LED 的正向电流影响的。从相对发光强度与波长的关系曲线中可以看出发光强度在波长大约为 650 nm 处达到了峰值。

当 LED 的环境温度上升或下降时，会发生什么情况？相对发光强度与环境温度的关系曲线显示，当环境温度升高时，LED 的光输出会减小。在温度变化较大的应用环境下，LED 的这一特性是很重要的。

应用实例 5-12 图 5-22a 所示是一个电压极性指示器，它可以用来分辨未知的直流电压的极性，当直流电压为正时，绿色 LED 发光，当直流电压为负时，红色 LED 发光。当输入的直流电压为 50 V，串联电阻为 2.2 kΩ 时，流过 LED 的电流约为多少？

解： 两种情况下发光二极管的正向电压均取近似值 2 V，由式（5-13）得：

$$I_S = \frac{50 \text{ V} - 2 \text{ V}}{2.2 \text{ k}\Omega} = 21.8 \text{ mA} \qquad \blacktriangleleft$$

应用实例 5-13 图 5-22b 所示是一个连接性能测试仪。测试时先关掉被测电路中的所有电源，用这个电路可以检测电缆、转接头、开关的连接性能。当串联电阻为 470 Ω 时，流过 LED 的电流是多少？

‖‖ **Multisim**

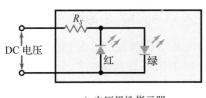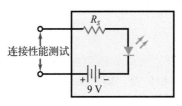

a）电压极性指示器 　　b）连接性能测试仪

图 5-22 举例

解： 当输入端短接（连接）时，内部 9 V 电池组将会产生 LED 电流：

$$I_S = \frac{9 \text{ V} - 2 \text{ V}}{470 \text{ }\Omega} = 14.9 \text{ mA} \qquad \blacktriangleleft$$

自测题 5-13 在图 5-22 中，为了使 LED 的电流为 21 mA，需要串联多大的电阻？

应用实例 5-14 LED 常被用来显示交流电压的存在。图 5-23 所示是一个交流电压源驱动的 LED 指示器。当有交流电压时，正半周期中 LED 中有电流存在，而负半周期中，整流二极管导通，保护 LED，防止其反偏电压过大。若交流电压有效均值是 20 V，串联电阻为 680 Ω，LED 中的平均电流是多少？计算串联电阻的近似功率。

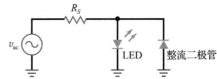

图 5-23 低压交流电压指示器

解： LED 的电流是一个整流后的半波信号。电压源的峰值为 $1.414 \times 20 \text{ V} \approx 28 \text{ V}$，忽略 LED 的压降，峰值电流约为：

$$I_S = \frac{28 \text{ V}}{680 \text{ }\Omega} = 41.2 \text{ mA}$$

通过 LED 的半波电流的平均值为：

$$I_S = \frac{41.2 \text{ mA}}{\pi} = 13.1 \text{ mA}$$

忽略图 5-23 中二极管的压降，这相当于串联电阻的右端对地短路，串联电阻上的功率等于电源电压的平方除以电阻：

$$P = \frac{(20 \text{ V})^2}{680 \text{ }\Omega} = 0.588 \text{ W}$$

当图 5-23 中的电源电压增大时，串联电阻上的功率可以增加到几瓦。这是非常不利的，因为对于大部分的实际应用而言，高能耗电阻的体积太大且造成功率浪费。　◄

自测题 5-14　若图 5-23 中的交流输入电压为 120 V，串联电阻为 2 kΩ，计算 LED 的平均电流以及串联电阻上的近似功率。

应用实例 5-15　图 5-24 所示电路是一个用于交流电力线的 LED 指示器，其基本原理与图 5-23 中电路相同，只是用电容代替了电阻。若电容大小为 0.68 μF，则 LED 中平均电流是多少？

解：计算电容的电抗：

$$X_C = \frac{1}{2\pi f C} = \frac{1}{2\pi \times 60 \text{ Hz} \times 0.68 \text{ }\mu\text{F}} = 3.9 \text{ k}\Omega$$

忽略 LED 的压降，LED 峰值电流约为：

$$I_S = \frac{170 \text{ V}}{3.9 \text{ k}\Omega} = 43.6 \text{ mA}$$

LED 平均电流为：

$$I_S = \frac{43.6 \text{ mA}}{\pi} = 13.9 \text{ mA}$$

采用串联电容而非串联电阻的优点是电容没有功率消耗，这是因为电容上的电压和电流存在 90° 的相位差。如果换作是一个 3.9 kΩ 的电阻，将会有大约 3.69 W 的功率。大多数电路设计更倾向于使用电容，因为它的体积更小，而且理想情况下不产生热量。　◄

应用实例 5-16　图 5-25 所示电路的用途是什么？

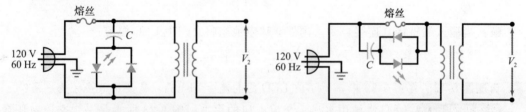

图 5-24　高压交流电压指示器　　　　图 5-25　熔断指示器

解：这是一个熔断指示器。如果熔丝正常，由于 LED 上的电压接近于零，故 LED 不亮。反之，如果熔丝开路，电力线上的一部分电压会加到 LED 指示器上使其发光。　◄

5.8.5　大功率 LED

一般的 LED 功率较低，在毫瓦（mW）量级。例如，TLDR5400 LED 最大的额定功率为 100 mW，通常在其正向电压下降到 1.8 V 时，工作电流在 20 mA 左右，这时的功率为 36 mW。

目前大功率 LED 可获得 1 W 以上的连续功率。这些功率 LED 可以在数百 mA 到 1 A 的电流下工作。越来越多的应用程序被开发出来，包括汽车的内部、外部和前向照明，室内和室外建筑区域照明，以及数字图像和显示的背光。

图 5-26 所示是一个大功率 LED 在高亮度定向照明中的应用实例，如射灯和室内区域照明。这种 LED 需要占用更大的半导体芯片面积以适应大功率输入。由于该元件需要 1 W 的功率，采用合适的技术安装散热片尤为重要。否则，LED 将会在短时间内损坏。

在大多数应用中，光源的效率是一个重要的因素。由于 LED 同时产生光和热，弄清楚有多少电能被用来产生光输出是非常重要的。用来描述这一性质的量称为**发光效率**。光源的**发光效率**是指输出光照度（lm）与电功率（W）的比值，单位是 lm/W。图 5-27 给出了高功率 LED 管 LUXEON TX 的部分典型的性能参数。注意表中的额定参数为 350 mA、700 mA 和 1000 mA。测试电流为 700 mA 的情况下，LIT2-3070000000000 发射管的输出照度典型值为 245 lm。在这个正向电流下，正向电压通常降为 2.80 V。因此，总功耗为 $P_D = I_F \times V_F = 700\ \text{mA} \times 2.80\ \text{V} = 1.96\ \text{W}$。该发射管的发光效率为：

图 5-26　LUXEON TX 大功率发射管

$$发光效率 = \frac{\text{lm}}{\text{W}} = \frac{245\ \text{lm}}{1.96\ \text{W}} = \frac{125\ \text{lm}}{\text{W}}$$

LUXEON TX 发射管的产品选择指南，结温 = 85 ℃

表 1

器件号	ANSI CCT 正常值	CRI 最小值	照度最小值/lm	典型性能参数								
				照度典型值/lm			正向电压典型值/V			效率典型值/(lm/W)		
		700 mA	700 mA	350 mA	700 mA	1000 mA	350 mA	700 mA	1000 mA	350 mA	700 mA	1000 mA
LIT2-3070000000000	3000 K	70	230	135	245	327	2.71	2.80	2.86	142	125	114
LIT2-4070000000000	4000 K	70	250	147	269	360	2.71	2.80	2.86	155	137	126
LIT2-5070000000000	5000 K	70	260	151	275	369	2.71	2.80	2.86	159	140	129
LIT2-5770000000000	5700 K	70	260	151	275	369	2.71	2.80	2.86	159	140	129
LIT2-6570000000000	6500 K	70	260	151	275	369	2.71	2.80	2.86	159	140	129
LIT2-2780000000000	2700 K	80	200	118	216	289	2.71	2.80	2.86	124	110	101
LIT2-3080000000000	3000 K	80	210	124	227	304	2.71	2.80	2.86	131	116	106
LIT2-3580000000000	3500 K	80	220	130	238	319	2.71	2.80	2.86	137	121	112
LIT2-4080000000000	4000 K	80	230	136	247	331	2.71	2.80	2.86	143	126	116
LIT2-5080000000000	5000 K	80	230	135	247	332	2.71	2.80	2.86	142	126	116

注：1. Philips Lumileds 产品的照度容差为 ±6.5%，CRI 的测量误差为 ±2。

Courtesy of Philips Lumileds

图 5-27　LUXEON TX 发射管数据手册的部分内容

作为对比，一般的白炽灯泡的发光效率是 16 lm/W，而小型荧光灯发光效率的典型额定值为 60 lm/W。对于 LED 的整体效率而言，控制 LED 的电流及光输出的驱动电路是需要重点关注的。因为这些驱动电路也消耗电能，会使得整体系统的效率降低。

5.9　其他光电器件

除了标准的低功率发光二极管外，还有许多其他基于 pn 结的光子作用的光电器件。这些器件可用于光源，以及对光的检测和控制等。

5.9.1 七段显示器

图 5-28a 所示是一个**七段显示器**。它包含七个矩形 LED（从 A 到 G），每一个 LED 称为一段，构成显示字符的一部分。图 5-28b 是七段显示的电路图。外加串联电阻是为了将电流限制在安全范围内，通过将一个或者多个电阻接地，能够得到 $0\sim9$ 的任意数字。例如，将 A、B 和 C 端接地，得到数字 7，将 A、B、C、D 和 G 端接地则得到数字 3。

七段显示器也能显示大写字母 A、C、E、F 以及小写字母 b 和 d。微处理器经常用它来显示 $0\sim9$ 的所有数字，以及字母 A、b、C、d、E 和 F。

图 5-28b 所示的七段显示器的所有正极接在一起，所以称为**共阳极**型，也可以将所有的负极接在一起，称为**共阴极**型。图 5-28c 所示是一个实际的七段显示模块，有引脚可插入插座中或焊接到印刷电路板上。可以看到后面有一个额外的点段用于显示小数点。

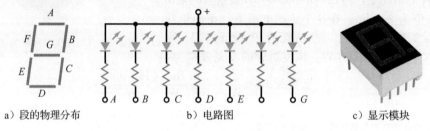

a）段的物理分布　　　　b）电路图　　　　c）显示模块

图 5-28　七段显示器

知识拓展　LED 相对于其他显示器的主要缺点是消耗的电流比较大。在许多情况下，LED 不采用固定的电流驱动，而是以频率非常快的脉冲驱动其导通和关断。在人眼看来，LED 是连续发光的，其功耗比连续导通时要小。

5.9.2 光电二极管

如前文所述，二极管反向电流中的一部分是少子电流，这些载流子是由热能将价带电子从它们的轨道中释放出来从而产生的自由电子和空穴。虽然少子寿命很短，但是它们的存在对反向电流是有所贡献的。

光照射 pn 结可释放价带电子，光照越强，二极管的反向电流就越大。**光电二极管**的光敏感性能是经过优化的，封装管壳上的窗口使光能够通过它照射到 pn 结上，入射光使二极管产生自由电子和空穴。光线越强，产生的少子越多，反向电流也越大。

图 5-29 所示是光电二极管的电路符号。箭头代表入射光。需要特别注意的是，电压源和串联电阻使得光电二极管处于反偏工作状态。当入射光线变强时，反向电流增大，典型光电二极管的反向电流大约在几十微安的量级。

5.9.3 光耦合器

光耦合器（也称为光隔离器）由一个 LED 和一个光电二极管组成且封装在一起。图 5-30 所示是一个光耦合器，输入回路中有一个 LED，输出回路中有一个光电二极管。左边的电压源和串联电阻给 LED 提供电流，LED 发射出的光激励光电二极管，在输出电路中建立反向电流，这个反向电流在输出电阻上产生电压，输出电压等于输出回路电源电压减去电阻上的电压。

图 5-29　入射光使光电二极管中的反向电流增大　　　图 5-30　光耦合器由 LED 和光电二极管组成

当输入电压变化时，发射出的光随之波动，从而使输出电压随着输入电压发生同步变化。因此将 LED 和光电二极管组成的电路称为**光耦合器**。它能够将输入信号耦合到输出电路中。其他类型的光耦合器的输出电路中采用光电晶体管、光电晶闸管或者其他的光电器件，这些器件将在后续章节介绍。

光耦合器的主要优点是在输入与输出电路间实现了电隔离。在光耦合器中，输入与输出之间的唯一联系是光。因此在两个电路之间的隔离电阻有可能达到千兆欧姆量级，这样的隔离在两个电路压差为数千伏的高压电路中十分有用。

知识拓展　光耦合器的一个重要参数是电流传输比，即器件（光电二极管或者光电晶体管）的输出电流与输入（LED）电流的比值。

5.9.4　激光二极管

在 LED 中，自由电子从较高能级降落到较低能级时发光，自由电子的降落是随机且连续的，这使得光波包含 $0°\sim360°$ 间的任意相位，这样的含有众多不同相位的光称为非相干光。LED 发出的光就是非相干光。

激光二极管则不同，它发出的是相干光，即所有光波的相位都是一致的。激光二极管的基本原理是通过一个镜面谐振腔对具有相同相位的单一频率的发射光波进行增强，产生强度、聚集度和纯度都非常高的窄束光。

激光二极管也称为半导体激光器，这种二极管可以产生可见光（红、绿或蓝）和不可见光（红外线）。激光二极管的应用很广泛，可用于无线通信、数据通信、宽带接口、工业、航空、测试与测量、医疗及国防领域。同时也被应用在激光打印机和需要大容量光盘系统的消费产品中，如 CD 和 DVD 播放机等。在宽带通信中，它们和光纤光缆共同使用以提高互联网的速度。

光缆类似于多股绞合电缆，不同之处在于，光缆是通过很细的玻璃或者塑料纤维来传输光束，而不是通过自由电子。优点是光缆比铜缆所能传输的信息要多得多。

知识拓展　由于激光器需要更高的开关速度和更高的效率，宽禁带氮化镓（GaN）器件正成为首选的解决方案。

应用实例 5-17　图 5-31 所示系统是做什么的？

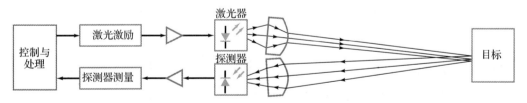

图 5-31　激光雷达系统（TI 设计：TIDA-01187 激光雷达脉冲飞行时间参考设计，使用高速数据转换器。德州仪器，2017 年）

激光雷达（LiDAR）系统如图 5-31 所示。类似于雷达（无线检测和测距），激光雷达系统可以发送和接收电磁波。该系统的工作频率从近红外光到可见蓝光，可以提供高分辨率的地形测绘，可用于车辆自适应巡航控制和防碰撞系统等应用。

激光器使用受控的高频脉冲。激光发射的光波通过透镜聚焦形成窄光束。光束到达目标后，便被反射回来并聚焦于光电二极管探测器。光电二极管产生的微小输出信号被放大并转换为适当的信号作用于控制和处理模块。通过使用多个堆叠激光器和水平扫描，可以生成详细的图像。　◀

5.10　肖特基二极管

随着频率的增加，小信号整流二极管的工作性能开始变差。它们的关断速度不够快，不能产生轮廓清晰的半波信号。解决这个问题的办法是使用肖特基二极管。在介绍肖特基二极管之前，先来看一下普通小信号二极管存在的问题。

5.10.1　电荷存储

图 5-32a 所示是一个小信号二极管，图 5-32b 显示了它的能带情况。可以看到，导带的电子在复合（路径 A）之前已经通过扩散经过 pn 结到达 p 区。相似地，空穴在复合之前（路径 B）也通过 pn 结到达 n 区。电荷的寿命越长，在发生复合之前，所经过的路程越远。

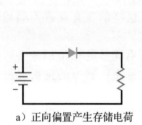 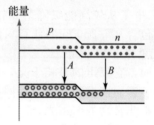

a）正向偏置产生存储电荷　　　b）位于高能带和低能带的存储电荷

图 5-32　电荷存储

例如，若自由电子和空穴的寿命是 $1\,\mu s$，它们在复合之前存在的平均时间为 $1\,\mu s$，这使得自由电子能够进入 p 区很深的距离，暂时存储于较高能带。类似地，空穴亦可较深地进入 n 区，暂时存储于较低能带。

正向电流越大，通过 pn 结的电荷量越大。电荷的寿命越长，它们穿越的距离越深，而且停留在各自能级的时间也越长。自由电子和空穴分别在较高能带和较低能带暂时存储，称为电荷存储。

5.10.2　电荷存储产生反向电流

如果试图将二极管从导通变为截止，电荷存储将会产生问题。因为突然将二极管反偏时，存储的电荷将会沿着相反的方向流动一段时间，电荷的寿命越长，它们产生的反向电流的时间越长。

例如，假设一个正向偏置的二极管突然被反偏，如图 5-33a 所示。由于如图 5-33b 所示的存储电荷的流动，在一段时间里将会持续存在一个较大的反向电流，直至存储电荷完全通过 pn 结或者被复合掉。

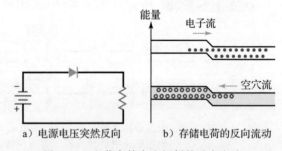

a）电源电压突然反向　　　b）存储电荷的反向流动

图 5-33　电荷存储产生短暂的反向电流

5.10.3　反向恢复时间

关断正向偏置的二极管所需要的时间称为反向恢复时间 t_{rr}。不同生产厂家测试 t_{rr} 的条件不同，方法之一是将反向电流减小到正向电流的 1/10 时所用的时间作为恢复时间 t_{rr}。

例如，1N4148 二极管的 t_{rr} 为 4 ns，假设其正向电流为 10 mA，并且突然被反偏，那么反向电流大约需要 4 ns 的时间减小到 1 mA。小信号二极管的反向恢复时间很短，它的影响在低于 10 MHz 的频率下甚至可以忽略。只有当频率大于 10 MHz 时，才必须在计算时对 t_{rr} 加以考虑。

5.10.4 高频时整流特性恶化

反向恢复时间对整流特性有什么影响？研究图 5-34a 所示的半波整流器电路。在低频时输出是半波整流信号，而当频率增大到兆赫兹时，输出信号开始偏离半波形状，如图 5-34b 所示。在负半周期的开始位置，显示出明显的反向导通情况（称为拖尾）。

a）普通小信号二极管构成的半波整流器电路　　b）高频区出现负半周期的拖尾

图 5-34　存储电荷导致高频区的整流特性恶化

这里的问题在于反向恢复时间成了整个周期中重要的一部分，使得二极管在负半周期的起始部分处于导通状态。例如，当 $t_{rr}=4$ ns，周期为 50 ns 时，那么负半周期起始部分将会出现如图 5-34b 所示的拖尾。随着频率的持续增加，整流器将会失效。

5.10.5 电荷存储的消除

解决拖尾问题的方法是采用特殊器件**肖特基二极管**。这种二极管 pn 结的一端由金属构成，如金、银或者铂，另一端则是经过掺杂的硅（一般是 n 型）。由于结的一端是金属，所以肖特基二极管没有耗尽层，也就是结中没有存储电荷。

当肖特基二极管未加偏置时，n 区自由电子所处的轨道比金属一侧的自由电子更小，这种轨道大小的差别称为肖特基势垒，大约为 0.25 V。当二极管正偏时，n 区的自由电子可以获得足够的能量进入更大的轨道，因此，自由电子可以穿过结并且进入金属，从而产生较大的正向电流。由于金属内部没有空穴，不存在电荷存储，也不需要反向恢复时间。

5.10.6 热载流子二极管

肖特基二极管有时也称为热载流子二极管。由于正向偏置使得 n 区自由电子的能量增加到比金属一侧电子更高的能级，这种高能量的电子被称为热载流子。当这些电子通过结进入金属时，就会落入具有较低能量的导带。

5.10.7 高速关断

由于没有存储电荷，使肖特基二极管比一般二极管的关断速度快。事实上，肖特基二极管可以轻松地实现 300 MHz 以上频率的整流。当它被用于如图 5-35a 所示电路中时，即使频率高于 300 MHz，肖特基二极管也可以产生如图 5-35b 所示的理想的半波信号。

图 5-35a 所示是肖特基二极管的电路符号，在阴极那一侧，线形好像直角的 S，表示 Schottky，便于记忆。

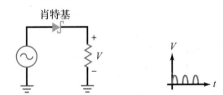

a）采用肖特基二极管的电路　　b）300 MHz时的半波信号

图 5-35　肖特基二极管可消除高频区的拖尾

5.10.8 应用

肖特基二极管最重要的应用就是数字计算机。计算机的速度取决于其中的二极管以及晶体管的开关速度，这恰好可以体现肖特基二极管的特点。由于没有存储电荷，肖特基二极管已经成为低功率肖特基 TTL 器件的主要构成，并广泛应用于数字电路中。

由于肖特基二极管的势垒只有 0.25 V，偶尔也会用于低压桥式整流器中。因为在二阶近似中，只需要在每个二极管上减去 0.25 V 而非通常的 0.7 V，所以在低压电路中，较小的二极管压降是具有优势的。

　　知识拓展　相对而言，肖特基二极管是大电流器件，可以在 50 A 左右的正向电流下快速开关！它的缺点是额定击穿电压低于常规 pn 结的整流二极管。

5.11　变容二极管

　　变容二极管（也称为压控电容、可变电容、调谐二极管等）可以用来实现电调谐，因而在电视接收机、FM 接收机和其他通信设备中应用广泛。

5.11.1　基本概念

　　在图 5-36a 中，耗尽层位于 p 区和 n 区之间，p 区和 n 区相当于电容的两个极板，而耗尽层就相当于电介质。当二极管反偏时，耗尽层的厚度随着反偏电压的增大而增加。当反偏电压增大时，耗尽层变宽，故电容变小，就像电容极板向两边移开一样。电容的大小是通过改变反向电压来控制的。

5.11.2　等效电路及符号

　　图 5-36b 所示是反偏二极管的交流等效电路，在与交流信号有关的电路分析中，变容二极管就可以看作是一个可变电容。图 5-36c 所示是变容二极管的电路符号，一个电容和一个二极管串联，说明变容二极管具有优化的变容特性。

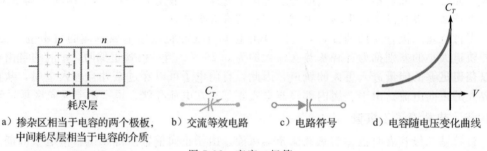

a）掺杂区相当于电容的两个极板，　　　b）交流等效电路　　　c）电路符号　　　d）电容随电压变化曲线
中间耗尽层相当于电容的介质

图 5-36　变容二极管

5.11.3　高反向电压下电容的减小

　　图 5-36d 所示是电容随反向电压的变化曲线。由图可见，电容随着反向电压的增大而减小，说明直流反向电压可控制电容的大小。

　　变容二极管的使用方法是，将它与一个电感并联，形成并联谐振电路。该电路在出现最大阻抗时具有唯一的频率，这个频率称为谐振频率。如果改变变容二极管上的直流反偏电压，谐振频率也会发生变化。利用这个原理可实现对收音机、电视机等的电调频。

5.11.4　变容二极管的特性

　　由于变容二极管的电容是由电压控制的，因此在电视接收机、汽车收音机等许多应用中已经取代了机械调制电容。变容二极管的数据手册中列出了在特定的反向电压下测量的电容参考值，一般电压取 $-3 \sim -4$ V。图 5-37 所示是 MV209 型变容二极管数据手册的一部分，在 -3 V 下电容 C_t 的参考值为 29 pF。

　　此外，数据手册中通常还会给出电容比 C_R，或在某个电压范围内的电容调谐范围。例如，连同电容参考值 29 pF 一起，MV209 的数据手册给出了在电压范围从 $-3 \sim -25$ V 下的最小电容比为 5:1。意思是当电压从 -3 V 变化到 -25 V 时，电容从 29 pF 减小为 6 pF。

　　变容二极管的电压调谐范围由掺杂浓度决定，例如，图 5-38a 所示是一个突变结二极管（普通二极管）的掺杂剖面图，图中显示突变结两边的掺杂是均匀的。突变结的调谐范围介于 3:1 ～ 4:1 之间。

器件	C_t，二极管电容，pF V_R=DC 3.0 V，f=1.0 MHz			Q，品质因数 V_R=DC 3.0 V，f=50 MHz	C_R，电容比 C_3/C_{25}，f=1.0 MHz[①]	
	最小值	典型值	最大值	最小值	最小值	最大值
MMBV109LT1，MV209	26	29	32	200	5.0	6.5

①C_R是 DC 3 V 时的C_t与 DC 25 V 时的C_t的比值。

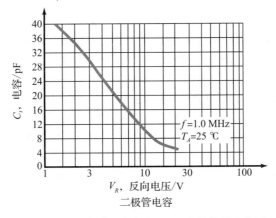

图 5-37　MV209 数据手册的一部分（版权归 LLC 半导体器件公司，得到使用许可）

为了得到较大的调谐范围，一些变容二极管具有超突变结，它的掺杂剖面情况如图 5-38b 所示。从这个剖面图可以看出，越靠近结，掺杂浓度就越大。掺杂越重，形成的耗尽层越窄，电容越大，而且，反向电压的变化对电容的影响越显著。超突变结变容二极管的调谐范围能够达到 10∶1，满足频率范围在 535～1605 kHz 的调幅收音机的调谐（提示：需要 10∶1 的调谐范围是因为谐振频率与电容的平方根成反比）。

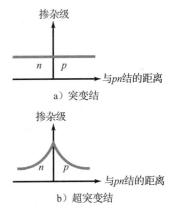

图 5-38　掺杂剖面图

应用实例 5-18　图 5-39a 所示电路的用途是什么？

解： 如第一章中所述，晶体管的工作特性与电流源类似。在图 5-39a 中，晶体管将几毫安的电流供给 LC 谐振回路，一个直流负电压给变容二极管提供反向偏置，通过改变这个直流控制电压，可以改变 LC 电路的谐振频率。

对于交流小信号，可采用图 5-39b 所示的等效电路。耦合电容可以视为短路，交流电流源驱动 LC 谐振回路，变容二极管可看作一个可变电容，可以通过改变直流控制电压来改变谐振频率。这就是收音机和电视机接收器调谐的基本原理。◀

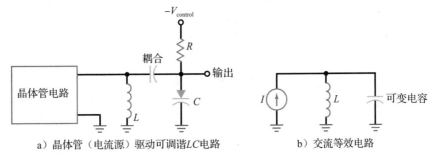

图 5-39　变容二极管对谐振电路的调谐

5.12 其他类型二极管

除了上述特殊用途二极管外，还有一些其他类型的二极管也是应该了解的。由于它们十分特殊，这里只做简略的描述。

5.12.1 压敏电阻器

闪电、电力线故障和一些瞬态冲击将会以下冲和上冲的尖峰脉冲叠加到正常的120 Vrms电压上，从而影响交流电力线电压。下冲尖峰是指可持续几微秒或更短时间的剧烈的电压下降，而上冲尖峰则是指非常短暂的电压上升，可高达2000 V甚至更高。在某些设备中，通过在电力线和变压器一次绕组之间加入滤波器来消除交流电力线上出现的问题。

电力线滤波采用的器件是**压敏电阻器**（也称瞬态抑制器）。这种半导体器件像两个背对背的齐纳二极管连接在一起，在两个方向上都有很高的击穿电压。商用压敏电阻器的击穿电压范围是10~1000 V，能够抑制几百甚至上千安培的瞬态电流尖峰。

例如，V130LA2是一个击穿电压为184 V（等效于130 V有效电压）、额定峰值电流为400 A的压敏电阻器，按照图5-40a所示的方式将其跨接在一次绕组上，这样就不必再担心上冲尖峰脉冲了。压敏电阻器将会削平所有高于184 V的尖峰，从而保护电源。

5.12.2 稳流二极管

齐纳二极管的作用是保持电压恒定，而保持电流恒定的二极管一般称为**稳流二极管**（也称恒流二极管），当电压发生改变时，可以保持电流不变。例如，1N5305是一个当电压从2~100 V变化时，典型电流为2 mA的恒流二极管。图5-40b所示是稳流二极管的电路符号，在图5-40b中，即使负载电阻从1 Ω变化到49 kΩ，稳流二极管仍可保持负载电流在2 mA稳定不变。

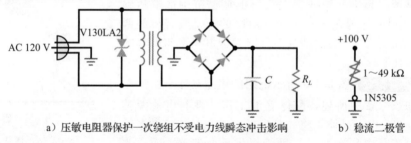

a）压敏电阻器保护一次绕组不受电力线瞬态冲击影响　　b）稳流二极管

图5-40　压敏电阻器和稳流二极管

5.12.3 阶跃恢复二极管

从图5-41a所示的掺杂剖面图可以看出，**阶跃恢复二极管**的掺杂情况很特殊，在 pn 结附近的载流子浓度是降低的。这种特殊的载流子分布带来的现象称为反向突变。

图5-41b所示是阶跃恢复二极管的电路符号。在正半周时，它和一般的硅二极管一样处于导通状态，但是在负半周时，由于电荷存储的存在，反向电流存在一段时间后突然降为零。

图5-41c所示是输出电压的波形，二极管反向导通时间很短，然后突然断开，因此阶

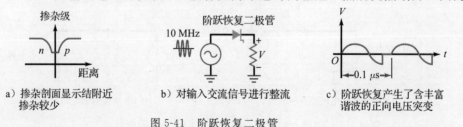

a）掺杂剖面显示结附近　　　b）对输入交流信号进行整流　　c）阶跃恢复产生了含丰富
　　掺杂较少　　　　　　　　　　　　　　　　　　　　　　　谐波的正向电压突变

图5-41　阶跃恢复二极管

跃恢复二极管又被称为突变二极管。这种电流的突然跳变含有丰富的谐波成分，可以通过滤波器产生较高频率的正弦波。（谐波是输入频率的整数倍，如 $2f_{in}$、$3f_{in}$、$4f_{in}$。）因此，阶跃恢复二极管可用于倍频器中，该电路的输出频率是输入频率的整数倍。

5.12.4　反向二极管

齐纳二极管的击穿电压一般大于 2 V，通过增加掺杂浓度，可以使击穿电压接近 0 V。正向导通依然在 0.7 V 左右，但是反向导通（击穿）出现在大约 -0.1 V 处。

具有如图 5-42a 所示特性的二极管称为**反向二极管**，因为它在反向区的导通特性比正向特性好。图 5-42b 所示是由一个峰值为 0.5 V 的正弦波驱动反向二极管和负载电阻的电路。（注意：齐纳符号用来表示反向二极管。）0.5 V 不足以使得二极管正向导通，但却足以使得二极管反向击穿，因此，输出是一个峰值为 0.4 V 的半波信号，如图 5-42b 所示。

反向二极管有时用于峰值 0.1～0.7 V 之间的微弱信号的整流。

5.12.5　隧道二极管

通过继续增加反向二极管的掺杂浓度，可以使击穿电压为 0 V。而且，重掺杂使得正向导通曲线发生弯曲，如图 5-43a 所示，具有这种特性的二极管称为**隧道二极管**。

图 5-43b 所示是隧道二极管的电路符号，这种二极管表现出**负阻特性**。即正向电压的增加可以使正向电流减小，如图中 V_P 到 V_V 之间的特性。隧道二极管的负阻特性可用于高频振荡器电路。这种电路能够产生正弦信号，与交流信号发生器产生的正弦波相似。不同之处在于交流信号发生器是将机械能转化为正弦信号，而振荡器是将直流能量转化为正弦信号。振荡器将在后续章节介绍。

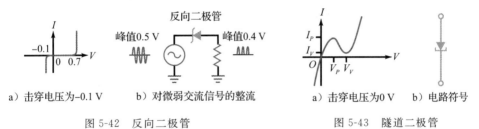

a) 击穿电压为–0.1 V　　b) 对微弱交流信号的整流

图 5-42　反向二极管

a) 击穿电压为 0 V　　b) 电路符号

图 5-43　隧道二极管

5.12.6　PIN 二极管

PIN 二极管是一种工作在射频和微波频段具有可变电阻特性的半导体器件。它的结构如图 5-44a 所示，在 p 型和 n 型材料中间夹了一层本征（纯）半导体。图 5-44b 所示是 PIN 二极管的电路符号。

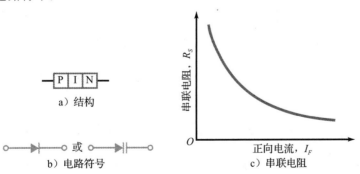

a) 结构

b) 电路符号

c) 串联电阻

图 5-44　PIN 二极管

当二极管正偏时，其特性类似于电流控制的电阻。图 5-44c 所示是当正向电流增加时其串联电阻 R_s 随之减小的情况。反偏时，PIN 二极管类似于固定电容。PIN 二极管广泛应用于射频及微波调制器电路中。

知识拓展 PIN 二极管可用于取代光探测和测距（激光雷达 LiDAR）系统中的光电二极管。

5.12.7 器件列表

表 5-3 列出了本章讨论的所有特殊用途器件。齐纳二极管用于稳压，LED 用作直流或交流指示器，七段显示器用于测量设备等。应该学习并记住表中器件的要点。

表 5-3 特殊用途二极管

器件	要点	应用
齐纳二极管	工作在击穿区	稳压器
LED	发射非相干光	直流或交流指示器
七段指示器	可以显示数字	测量设备
光电二极管	光照产生少数载流子	光检测
光耦合器	由 LED 和光电二极管组成	输入/输出的电隔离
激光二极管	发射相干光	CD/DVD 播放器，宽带通信
肖特基二极管	没有电荷存储	高频整流器（300 MHz）
变容二极管	相当于可变电容	电视和接收机调谐器
压敏电阻器	两个方向都击穿	电力线脉冲保护器
稳流二极管	保持电流恒定	稳流器
阶跃恢复二极管	反向导通时突然截止	倍频器
反向二极管	反向导通特性较好	弱信号整流器
隧道二极管	具有负阻区	高频振荡器
PIN 二极管	可控电阻	微波通信

总结

5.1 节 齐纳二极管是一种经过优化的工作于击穿区的特殊二极管，主要应用于稳压器——一种保持负载电压恒定的电路。理想情况下，反向偏置的齐纳二极管可以看作理想电池，在二阶近似时，它存在体电阻并产生小幅的额外压降。

5.2 节 齐纳二极管和负载电阻并联时，流过限流电阻的电流等于齐纳电流和负载电流之和。分析齐纳稳压器的过程是找到串联电流、负载电流以及齐纳电流（按顺序）。

5.3 节 在二阶近似中，可以将齐纳二极管看作一个电压为 V_Z 的电池和电阻 R_Z 的串联，流过 R_Z 的电流在二极管上产生额外电压，但是这个电压通常很小，考虑这个电阻是为了计算纹波电压的下降。

5.4 节 如果齐纳二极管脱离击穿区，则齐纳稳压器将会失效。最坏情况发生在电源电压最小、串联电阻最大且负载电阻最小的时候。

为了使齐纳稳压器正常工作，必然保证在最坏情况下有齐纳电流存在。

5.5 节 齐纳二极管数据手册中最重要的数据是齐纳电压、最大额定功率、最大额定电流及容差。电路设计时还需要知道齐纳电阻、减额系数等其他参数。

5.6 节 从书中只能学到有限的故障诊断知识，其余的必须从实际电路的故障处理经验中学习。需要多问"如果……会怎样"，然后找到解决问题的办法。

5.7 节 负载线与齐纳二极管特性曲线的交点为 Q，当电源电压改变时，不同的负载线对应不同的 Q 点。尽管两个不同的 Q 点可能对应不同的电流，但是电压却基本相同，表现出稳压特性。

5.8 节 LED 已经作为指示器在仪表、计算器及其他电子设备上广泛应用。高强度的 LED 可以提供高发光效率（lm/W），该 LED 具有多种用途。

5.9 节 将七个 LED 封装在一起，可以得到七段显示器。另一个重要的光电器件是光耦合器，它可以实现两个相互隔离电路间的信号耦合。

5.10 节 反向恢复时间是指二极管从正向导通状态突然切换所需要的关断时间。这个时间也许只有几纳秒，但是它却约束了整流电路的上限频率。肖特基二极管是一种反向恢复时间几乎为零的特殊二极管，用于要求快速开关的高频电路中。

5.11 节 由于耗尽层的宽度随着反向电压的增大

而增大，所以变容二极管的电容可以由反向电压控制，常见的应用是收音机和电视机的遥控调谐。

5.12 节 压敏电阻器可用于瞬态抑制；恒流二极管可在电压变化时保持电流的恒定；阶跃恢复二极管可突然截止，产生富含谐波分量的跳变电压；反向二极管的反向导通特性优于正向特性；隧道二极管表现出负阻特性，可用于高频振荡器；PIN 二极管通过调节正向电流改变电阻，应用于射频及微波通信电路中。

重要公式

1. 串联电流
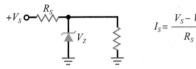
$$I_S = \frac{V_S - V_Z}{R_S}$$

2. 负载电压
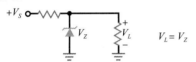
$$V_L = V_Z$$

3. 负载电流
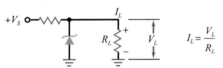
$$I_L = \frac{V_L}{R_L}$$

4. 齐纳电流
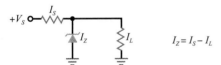
$$I_Z = I_S - I_L$$

5. 负载电压的变化
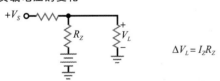
$$\Delta V_L = I_Z R_Z$$

6. 输出纹波

$$V_{R(out)} \approx \frac{R_Z}{R_S} V_{R(in)}$$

7. 最大串联电阻
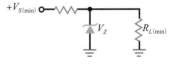
$$R_{S(max)} = \left(\frac{V_{S(min)}}{V_Z} - 1\right) R_{L(min)}$$

8. 最大串联电阻
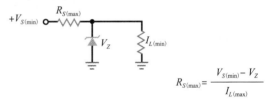
$$R_{S(max)} = \frac{V_{S(min)} - V_Z}{I_{L(max)}}$$

9. LED 电流
$$I_S = \frac{V_S - V_D}{R_S}$$

相关实验

实验 12 齐纳二极管
实验 13 齐纳稳压器

系统应用 2 稳压器
实验 14 光电器件

选择题

1. 下列关于齐纳二极管击穿电压的描述，哪个是正确的？

　a. 电流增加时，击穿电压减小
　b. 击穿会使二极管损坏

c. 击穿电压等于电流乘以电阻

d. 击穿电压近似恒定

2. 下列关于齐纳二极管的描述，最准确的是

　a. 它是整流二极管　　b. 它是恒压器件

　c. 它是恒流器件　　　d. 它工作在正向偏置区

3. 齐纳二极管

　a. 是一个电池　　　　b. 在击穿区域电压恒定

　c. 势垒电压为 1 V　　 d. 是正向偏置的

4. 齐纳电阻上的电压通常

　a. 很小　　　　　　　b. 很大

　c. 为几伏　　　　　　d. 从击穿电压中减掉

5. 在一个无负载的齐纳稳压器中，若串联的电阻增大，则齐纳电流将会

　a. 减小　　　　　　　b. 保持不变

　c. 增大　　　　　　　d. 等于电压除以电阻

6. 在二级阶近似中，齐纳二极管上的总电压等于击穿电压与下列哪个电压的和？

　a. 电源　　　　　　　b. 串联电阻

　c. 齐纳电阻　　　　　d. 齐纳二极管

7. 当齐纳二极管处于下列哪种情况时，负载电压基本保持恒定？

　a. 正偏　　　　　　　b. 反偏

　c. 工作在击穿区　　　d. 不加偏置

8. 在带负载的齐纳稳压器中，电流最大的是

　a. 串联支路电流　　　b. 齐纳电流

　c. 负载电流　　　　　d. 以上都不对

9. 在齐纳稳压器中，若负载电阻增大，则齐纳电流

　a. 减小

　b. 保持不变

　c. 增大

　d. 等于电源电压除以串联电阻

10. 在齐纳稳压器中，若负载电阻减小，串联支路电流

　a. 减小

　b. 保持不变

　c. 增大

　d. 等于电源电压除以串联电阻

11. 在齐纳稳压器中，当电源电压增大时，下列哪个电流基本保持不变？

　a. 串联支路电流　　　b. 齐纳电流

　c. 负载电流　　　　　d. 总电流

12. 若齐纳稳压器中的齐纳二极管极性接反了，负载电压将最接近于

　a. 0.7 V　　　　　　 b. 10 V

　c. 14 V　　　　　　　d. 18 V

13. 当齐纳二极管的工作温度高于额定功率适应值时

a. 将马上烧毁

b. 必须减小它的额定功率

c. 必须增大它的额定功率

d. 不受影响

14. 下列哪个不能表示或测量齐纳二极管的击穿电压

　a. 在线电压降　　　　b. 特性扫描仪

　c. 反偏测试电路　　　d. 数字万用表

15. 高频时，普通二极管不能正常工作的原因是

　a. 正向偏置　　　　　b. 反向偏置

　c. 击穿　　　　　　　d. 电荷存储

16. 当变容二极管电容增大时，其反向电压

　a. 减小　　　　　　　b. 增大

　c. 击穿　　　　　　　d. 存储电荷

17. 当齐纳电流小于下列哪个值时，击穿不会损坏齐纳二极管

　a. 击穿电压

　b. 齐纳测试电流

　c. 最大额定齐纳电流

　d. 势垒电压

18. 相对于硅整流二极管，LED 有

　a. 更低的正向电压和更低的击穿电压

　b. 更低的正向电压和更高的击穿电压

　c. 更高的正向电压和更低的击穿电压

　d. 更高的正向电压和更高的击穿电压

19. 为了用七段显示器显示数字 0

　a. C 段必须关断　　　b. G 段必须关断

　c. F 段必须点亮　　　d. 所有段必须全部点亮

20. 光电二极管通常

　a. 正偏

　b. 反偏

　c. 既不正偏也不反偏

　d. 发光

21. 当光线减弱时，光电二极管中的反向少数载流子电流

　a. 减小　　　　　　　b. 增大

　c. 不受影响　　　　　d. 改变方向

22. 与压控电容有关的器件是

　a. 发光二极管　　　　b. 光电二极管

　c. 变容二极管　　　　d. 齐纳二极管

23. 若耗尽层宽度减小，则电容

　a. 减小　　　　　　　b. 保持不变

　c. 增大　　　　　　　d. 可变

24. 当反向电压减小时，电容

　a. 减小　　　　　　　b. 保持不变

　c. 增大　　　　　　　d. 带宽增加

25. 变容二极管通常

　a. 正偏　　　　　　　b. 反偏

c. 不加偏置　　　　d. 工作在击穿区

26. 用来对微弱的交流信号进行整流的器件是
    a. 齐纳二极管　　　b. 发光二极管
    c. 压敏电阻器　　　d. 反向二极管

27. 下列具有负阻特性区的是
    a. 隧道二极管　　　b. 阶跃恢复二极管
    c. 肖特基二极管　　d. 光耦合器

28. 熔断指示器使用的是
    a. 齐纳二极管　　　b. 恒流二极管
    c. 发光二极管　　　d. PIN 二极管

29. 为了使输出电路与输入电路隔离,应使用下列哪个器件?
    a. 反向二极管　　　b. 光耦合器

c. 七段显示器　　　d. 隧道二极管

30. 正向压降约为 0.25 V 的二极管是
    a. 阶跃恢复二极管
    b. 肖特基二极管
    c. 反向二极管
    d. 恒流二极管

31. 在典型工作状态,下列器件中需要反向偏置的是
    a. 齐纳二极管　　　b. 光电二极管
    c. 变容二极管　　　d. 上述所有器件

32. 当 PIN 二极管的正向电流减小时,它的电阻
    a. 增大　　　　　　b. 减小
    c. 保持不变　　　　d. 无法判断

习题

5.1 节

5-1　**‖‖ Multisim**一个无载齐纳稳压器,其电源电压为 24 V,串联电阻为 470 Ω,齐纳电压为 15 V,则齐纳电流为多少?

5-2　若题 5-1 中的电源电压从 24 V 变化到 40 V,则最大齐纳电流为多少?

5-3　若题 5-1 中的串联电阻的容差为 ±5%,则最大齐纳电流为多少?

5.2 节

5-4　**‖‖ Multisim**若图 5-45 中的齐纳二极管断路,则负载电压为多少?

5-5　**‖‖ Multisim**计算图 5-45 中的三个电流。

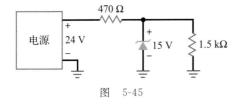

图　5-45

5-6　假设图 5-45 中的两个电阻的容差均为 ±5%,则最大齐纳电流为多少?

5-7　假设图 5-45 中的电源电压从 24 V 变化到 40 V,此时的最大齐纳电流是多少?

5-8　将图 5-45 中的齐纳二极管用 1N4742A 替代,则负载电压和齐纳电流各是多少?

5-9　画出齐纳稳压器的电路图。其中电源电压为 20 V,串联电阻为 330 Ω,齐纳电压为 12 V,负载电阻为 1 kΩ,则负载电压和齐纳电流各是多少?

5.3 节

5-10　图 5-45 中的齐纳二极管的齐纳电阻为 14 Ω。若电源电压的纹波为 1 V(峰峰值),负载电阻上的纹波电压是多大?

5-11　白天,交流电力线电压会发生变化,使得

未经稳压的 24 V 电压源在 21.5~25 V 之间变化。若齐纳电阻是 14 Ω,在上述范围内,负载电压将会如何改变?

5.4 节

5-12　假设图 5-45 中的电源电压从 24 V 下降到 0 V,在这个过程中,齐纳二极管的稳压性能将会在某点处终止,试找出稳压特性开始失效处的电压。

5-13　图 5-45 中,未经稳压的电源电压会在 20~26 V 之间变化,负载电阻可在 500 Ω~1.5 kΩ 间变化。在这些条件下,齐纳稳压器会失效吗?如果失效的话,串联电阻应该如何调整?

5-14　图 5-45 中,未经稳压的电源电压会在 18~25 V 之间变化,负载电流可在 1~25 mA 间变化。在这些条件下,齐纳稳压器的稳压性能会丧失吗?如果会的话,R_s 可取的最大值是多少?

5-15　图 5-45 中,在保证齐纳稳压器不失去稳压性能的情况下,负载电阻的最小值是多少?

5.5 节

5-16　齐纳二极管上的电压为 10 V,电流为 20 mA,其功率是多少?

5-17　流过型号为 1N5250B 的二极管的电流为 5 mA,其功率是多少?

5-18　试求图 5-45 中的电阻和齐纳二极管的功率。

5-19　图 5-45 中的齐纳二极管型号为 1N4744A,求齐纳电压的最小值和最大值。

5-20　若型号为 1N4736A 的齐纳二极管的引脚温度升高到 100 ℃,该二极管此时的额定功率为多少?

5.6 节

5-21　在图 5-45 中,下列情况下的负载电压分别

为多少?

a. 齐纳二极管短路

b. 齐纳二极管开路

c. 串联电阻开路

d. 负载电阻短路

5-22 若测得图 5-45 中负载电压约为 18.3 V,则问题可能会出在哪里?

5-23 若测得图 5-45 中负载电压为 24 V,欧姆表显示齐纳二极管是开路的。在替换掉齐纳二极管之前,应该做哪些检查?

5-24 在图 5-46 中,LED 不亮,有可能发生下列哪些故障?

a. V130LA2 开路

b. 左边两个桥接二极管之间对地开路

c. 滤波电容开路

d. 滤波电容短路

e. 1N5314 开路

f. 1N5314 短路

5.8 节

5-25 ▮▮▮ Multisim求图 5-47 中流过 LED 的电流。

5-26 若图 5-47 中电源电压增加到 40 V,LED 电流为多少?

5-27 若图 5-47 中电阻减小到 1 kΩ,LED 电流为多少?

5-28 减小图 5-47 中的电阻,直至 LED 电流为 13 mA,求此时的电阻值。

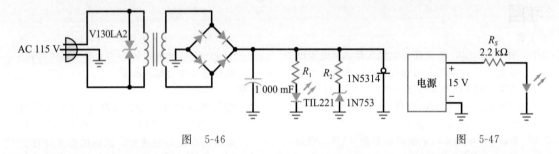

图 5-46   图 5-47

思考题

5-29 图 5-45 中齐纳二极管的齐纳电阻为 14 Ω,若考虑 R_Z 的影响,则负载电压是多少?

5-30 图 5-45 中的齐纳二极管型号是 1N4744A,若负载电阻从 1 Ω 变化到 10 kΩ,计算负载电压的最小值和最大值(采用二阶近似)。

5-31 设计一个满足下列指标的齐纳整流器:负载电压 6.8 V,电源电压 20 V,负载电流 30 mA。

5-32 TIL312 是七段显示器,电流为 20 mA 时,每一段的电压降在 1.5~2 V 之间,电源电压为 +5 V,设计一个七段显示电路,其中控制开关的最大电流为 140 mA。

5-33 图 5-46 电路中,当电力线电压为 115 V(rms)时,二次电压为 12.6 V(rms),电力线在白天的变化为 ±10%,电阻的容差为 ±5%,1N4733A 的容差为 ±5%,齐纳电阻为 7 Ω。若 $R_2 = 560$ Ω,齐纳电流在白天的最大值可能是多少?

5-34 图 5-46 中的二次电压为 12.6 V(rms),二极管的压降为 0.7 V,1N5314 是一个电流为 4.7 mA 的恒流二极管。LED 的电流为 15.6 mA,齐纳管的电流为 21.7 mA,滤波电容的容差为 ±20%,求最大纹波电压峰峰值。

5-35 图 5-48 所示为自行车照明系统的部分电路,其中的二极管是肖特基二极管,采用二阶近似模型计算滤波电容上的电压。

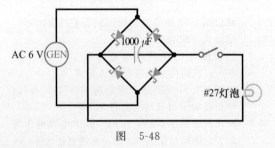

图 5-48

故障诊断

▮▮▮ Multisim图 5-49 所示的故障诊断表根据 $T_1 \sim T_8$ 的故障情况,列出了电路中每个节点的电压值和二极管 D_1 的工作情况,第一行给出了正常情况下的数值。

5-36 确定故障 1~4。

5-37 确定故障 5~8。

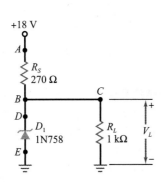

	V_A	V_B	V_C	V_D	D_1
正常	18	10.3	10.3	10.3	正常
T1	18	0	0	0	正常
T2	18	14.2	14.2	0	正常
T3	18	14.2	14.2	14.2	∞
T4	18	18	18	18	∞
T5	0	0	0	0	正常
T6	18	10.5	10.5	10.5	正常
T7	18	14.2	14.2	14.2	正常
T8	18	0	0	0	0

图 5-49　故障诊断

求职面试问题

1. 画一个齐纳稳压器，然后解释它的工作原理和用途。

2. 有一个输出为 25 V 的直流电压源，若要得到三个稳压值分别约为 15 V、15.7 V 和 16.4 V 的输出电压，请画出能产生这些输出电压的电路。

3. 有一个齐纳稳压器，在白天时会失去稳压效果。所在地区的交流电力线电压有效值的变化范围为 105～125 Vrms，同时齐纳稳压器的负载电阻的变化范围为 100 Ω～1 kΩ。请问导致齐纳稳压器在白天失效的可能原因。

4. 若在面包板上插接一个 LED 指示器，将 LED 接入电路并接通电源后，LED 没有亮，检查后发现 LED 是断路的。更换了另外一个 LED 后得到同样的结果。请问出现这个现象的可能原因。

5. 变容二极管可以用于电视机接收器的调谐，它对电路进行调谐的基本原理是什么？

6. 为什么光耦合器会在电路中有所应用？

7. 有一个标准塑料圆顶封装的 LED，说出两种识别其负极的方法。

8. 请解释整流二极管和肖特基二极管的不同之处。

9. 画一个类似图 5-4a 所示的电路，将其中的直流源换成峰值为 40 V 的交流源。当齐纳电压为 10 V 时，画出输出电压的波形。

选择题答案

1. d　2. b　3. b　4. a　5. a　6. c　7. c　8. a　9. c　10. b　11. c　12. a　13. b　14. d　15. d
16. a　17. c　18. c　19. b　20. b　21. a　22. c　23. c　24. c　25. b　26. d　27. a　28. c　29. b　30. b
31. d　32. a

自测题答案

5-1　$I_S = 24.4$ mA

5-3　$I_S = 18.5$ mA
　　$I_L = 10$ mA
　　$I_Z = 8.5$ mA

5-5　$V_{RL} = 8$ V（方波）（峰峰值）

5-7　$V_L = 10.1$ V

5-8　$V_{R(out)} = 94$ mV（峰峰值）

5-10　$R_{S(max)} = 65$ Ω

5-11　$R_{S(max)} = 495$ Ω

5-13　$R_S = 330$ Ω

5-14　$I_S = 27$ mA
　　　$P = 7.2$ W

第 6 章
双极型晶体管基础

1951 年，William Schockley 发明了第一个**结型晶体管**，这种半导体器件能够放大电子信号，如广播和电视信号。晶体管的出现带来了许多半导体领域的其他发明，包括**集成电路**（IC），这种电路可以在一个很小的器件中包含成千上万的微小晶体管。由于有了集成电路，使得现代计算机和其他电子奇迹的出现成为可能。

本章介绍**双极型晶体管**（BJT）的基本原理，这种晶体管利用的是自由电子和空穴。双极是"两种极性"的缩写。后续章节将会研究双极型晶体管的放大特性和开关特性。本章也将研究如何为双极型晶体管设置适当的偏置以使其具有开关特性。

目标
在学习完本章之后，你应该能够：
■ 描述双极型晶体管基极、发射极和集电极电流之间的关系；
■ 画出共发射极电路，并标出端口、电压和阻抗；
■ 画出设定情况下的基极特性曲线及一组集电极特性曲线，标明坐标；
■ 在双极型晶体管集电极特性曲线上标示出三个工作区域；
■ 利用晶体管理想化近似和二阶近似模型计算共发射极晶体管的电压与电流；
■ 列出技术人员可能用到的双极型晶体管的几个指标；
■ 解释为什么基极偏置对于放大电路来说是不理想的；
■ 对给定的基极偏置电路判断其饱和点和截止点；
■ 对给定的基极偏置电路计算静态工作点。

关键术语
有源区（active region）

放大电路（amplifying circuit）

基极（base）

基极偏置（base bias）

双极型晶体管（bipolar junction transistor，BJT）

击穿区（breakdown region）

集电极（collector）

集电结（collector diode）

共发射极（common emitter，CE）

电流增益（current gain）

截止点（cutoff point）

截止区（cutoff region）

直流系数 α（dc alpha）

直流系数 β（dc beta）

发射极（emitter）

发射结（emitter diode）

h 参数（h parameter）

散热器（heat sink）

集成电路（integrated circuit，IC）

结型晶体管（junction transistor）

负载线（load line）

功率晶体管（power transistor）

静态工作点（quiescent point）

饱和点（saturation point）

饱和区（saturation region）

小信号晶体管（small-signal transistor）

轻度饱和（soft saturation）

表面贴装晶体管（surface-mount transistor）

开关电路（switching circuit）

热电阻（thermal resistance）

双态电路（two-state circuit）

6.1 无偏置的晶体管

晶体管有三个掺杂区，如图 6-1 所示。底部区域是**发射极**，中间区域是**基极**，顶部区域是**集电极**。实际晶体管的基极比集电极和发射极薄很多。图 6-1 所示晶体管是一个 npn 型器件，p 区在两个 n 区的中间。n 型材料中的多子是自由电子，p 型材料中的多子是空穴。

晶体管也可以制造成 pnp 型。pnp 型晶体管的 n 区在两个 p 区中间。为了避免 npn 管和 pnp 管的混淆，首先集中讨论 npn 型晶体管。

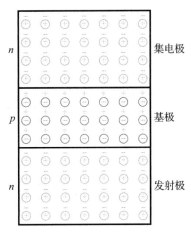

图 6-1 晶体管结构

6.1.1 掺杂浓度

图 6-1 中，发射极是重掺杂的，基极掺杂浓度较轻，集电极的掺杂浓度为中等，介于发射极重掺杂和基极轻掺杂之间[⊖]。集电极区域在外形上是三个区域中最大的。

6.1.2 发射结和集电结

图 6-1 所示的晶体管有两个结，一个在发射极和基极之间，另一个在集电极和基极之间。因此，晶体管看起来好像两个背靠背的二极管。下面的二极管称为发射极-基极二极管，或简称为**发射结**，上面的二极管称为集电极-基极二极管，或简称为**集电结**。

6.1.3 扩散前后

图 6-1 所示是晶体管各区域载流子扩散之前的情况。如第 2 章中的讨论，n 区中的自由电子将会穿过 pn 结扩散到 p 区并与那里的空穴复合。两个 n 区的自由电子都会穿过 pn 结并与空穴复合。

扩散的结果是形成两个耗尽层，如图 6-2a 所示。对硅晶体管而言，每个耗尽层的势垒电压在 25 ℃下大约为 0.7 V（锗晶体管在 25 ℃下为 0.3 V）。这里重点讨论硅器件，因为目前硅器件比锗器件的应用更广泛。

电子领域的创新者

1947 年 12 月，约翰·巴丁（John Bardeen）、威廉·肖克利（William Schockley）和沃尔特·布拉顿（Walter Brattain）在贝尔电话实验室研制出了第一个晶体管。第一个晶体管称为点接触晶体管，这是肖克利（Schockley）发明的结型晶体管的前身。

图片来源：Hulton Archive/ Archive Photos/ Stringer/Getty Images

图片来源：Kim Steele/Getty Images

6.2 有偏置的晶体管

未加偏置的晶体管像是两个背靠背的二极管，如图 6-2b 所示。每个二极管的势垒电

⊖ 集电极的掺杂浓度也可能会低于基极掺杂浓度。——译者注

压大约为 $0.7\,\mathrm{V}$。记住这个二极管等效电路对于使用数字万用表测量 npn 晶体管是有帮助的。将外部电压源连接到晶体管上时，可以得到通过晶体管不同区域的电流。

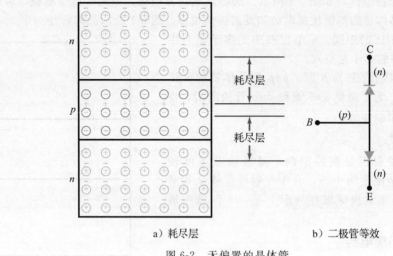

a）耗尽层　　　　　b）二极管等效

图 6-2　无偏置的晶体管

6.2.1　发射极电子

图 6-3 所示是施加偏置的晶体管，负号表示自由电子。重掺杂发射极的作用是将自由电子发射或注入基极。轻掺杂基极的作用是将发射极注入的电子传输到集电极。集电极收集或聚集来自基极的绝大部分电子，因而得名。

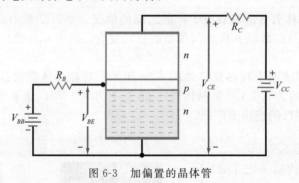

图 6-3　加偏置的晶体管

图 6-3 所示是晶体管的常见偏置方式。其中左边的电源 V_{BB} 使发射结正偏，右边的电源 V_{CC} 使集电结反偏。尽管还有其他可能的偏置方式，但是发射结正偏，集电结反偏是最常用的偏置方式。

知识拓展　晶体管中，发射极-基极间的耗尽层要比集电极-基极间的窄，原因是发射极和集电极的掺杂浓度不同。由于发射极的掺杂浓度高，有足够多的自由电子可以提供，所以耗尽层扩展到 n 型区的宽度小。而相比之下，集电极的自由电子较少，为建立起势垒电压，耗尽层必须扩展得更宽一些。

6.2.2　基极电子

图 6-3 中，在发射结正偏的瞬间，发射极中的电子尚未进入到基区。如果 V_{BB} 大于发射极-基极的势垒电压，那么发射极电子将进入基区，如图 6-4 所示。理论上，这些自由电子可以沿着以下两个方向中任意一个流动。第一，它们可以向左流动并从基极流出，通过该路径上的 R_B 到达电源正极。第二，自由电子可以流到集电极。

自由电子会去向哪里呢？大多数电子会继续流到集电极。原因有两个：一是基极轻掺杂，二是基区很薄。轻掺杂意味着自由电子在基区的寿命长，基区很薄则意味着自由电子只需通过很短的距离就可以到达集电极。由于这两个原因，几乎所有发射极注入的电子都能通过基极到达集电极。

只有很少的自由电子会与轻掺杂的基极中的空穴复合，如图 6-5 所示，然后作为导带电子，通过基区电阻到达电源 V_{BB} 的正极。

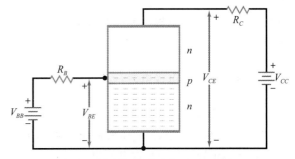

图 6-4   发射极将自由电子注入基极

6.2.3   集电极电子

几乎所有的自由电子都能到达集电极，如图 6-5 所示。当它们进入集电极，便会受到电源电压 V_{CC} 的吸引。这些自由电子因而会流过集电极和电阻 R_C，到达集电极电压源的正极。

总结一下：在图 6-5 中，V_{BB} 使发射结正偏，迫使发射极的自由电子进入基极。基极很薄而且浓度低，使几乎所有电子有足够时间扩散到集电极。这些电子流过集电极和电阻 R_C，到达电压源 V_{CC} 的正极。

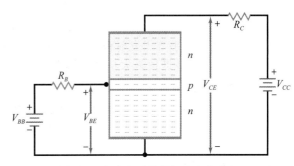

图 6-5   自由电子从基极流入集电极

6.3   晶体管电流

图 6-6a 和图 6-6b 所示是 npn 型晶体管的电路符号。表示传统电流时，可使用图 6-6a。表示电子流时，可使用图 6-6b。在图 6-6 中，晶体管有三种不同的电流：发射极电流 I_E、基极电流 I_B 和集电极电流 I_C。图 6-6d 是晶体管实物图。

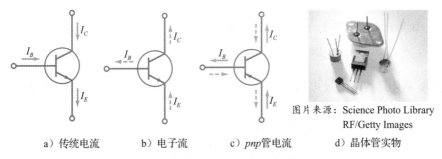

图片来源：Science Photo Library
RF/Getty Images

a）传统电流   b）电子流   c）pnp 管电流   d）晶体管实物

图 6-6   晶体管的三种电流和晶体管实物

6.3.1   电流的大小

发射极是电子发射的源头，因而它的电流最大。由于发射极中大多数电子流到集电极，所以集电极电流几乎和发射极电流大小相同。比较而言，基极电流非常小，通常不到集电极电流的 1/100。

6.3.2   电流间的关系

由基尔霍夫电流定律：流入一个点或结的所有电流总和等于流出这个点或结的所有电

流总和。对于晶体管，得出如下重要的关系式：

$$I_E = I_C + I_B \tag{6-1}$$

即发射极电流是集电极电流和基极电流之和。由于基极电流很小，集电极电流几乎等于发射极电流：

$$I_C \approx I_E$$

基极电流远小于集电极电流：

$$I_B \ll I_C$$

（注："$\ll$"表示远小于。）

图 6-6c 所示是 pnp 晶体管的电路符号和它的电流，它的电流方向和 npn 管的相反。同时，式（6-1）对 pnp 管电流也是成立的。

6.3.3 直流系数 α

直流系数 α（用 α_{dc} 表示）定义为集电极直流电流与发射极直流电流之比：

$$\alpha_{dc} = \frac{I_C}{I_E} \tag{6-2}$$

因为集电极电流几乎等于发射极电流，所以 α_{dc} 略小于 1。例如，对于一个低功率晶体管，α_{dc} 通常大于 0.99。即使是大功率晶体管，α_{dc} 也通常大于 0.95。

6.3.4 直流系数 β

晶体管的**直流系数 β**（用符号 β_{dc} 表示）定义为集电极直流电流与基极直流电流之比：

$$\beta_{dc} = \frac{I_C}{I_B} \tag{6-3}$$

β_{dc} 也称为**电流增益**，通过较小的基极电流控制比它大得多的集电极电流。

具有电流增益是晶体管的主要特点，几乎所有应用都是由此产生的。对于低功率晶体管（小于 1 W），电流增益通常为 100～300。大功率（高于 1 W）晶体管的电流增益通常为 20～100。

6.3.5 两个推论

式（6-3）可以重新整理成两个等效形式。首先，如果已知 β_{dc} 和 I_B 的值，可以用下面的推论计算集电极电流：

$$I_C = \beta_{dc} I_B \tag{6-4}$$

其次，如果已知 β_{dc} 和 I_C 的值，可以利用下面的推论计算基极电流：

$$I_B = \frac{I_C}{\beta_{dc}} \tag{6-5}$$

例 6-1 晶体管的集电极电流为 10 mA，基极电流为 40 μA。该晶体管的电流增益是多少？

解：用集电极电流除以基极电流得：

$$\beta_{dc} = \frac{10 \text{ mA}}{40 \text{ } \mu\text{A}} = 250 \qquad \blacktriangleleft$$

自测题 6-1 当基极电流为 50 μA 时，例 6-1 中晶体管电流增益是多少？

例 6-2 晶体管的电流增益为 175。当基极电流为 0.1 mA 时，集电极电流是多少？

解：基极电流乘以电流增益得：

$$I_C = 175 \times 0.1 \text{ mA} = 17.5 \text{ mA} \qquad \blacktriangleleft$$

自测题 6-2 计算例 6-2 中电流 I_C，$\beta_{dc} = 100$。

例 6-3 晶体管集电极电流为 2 mA。如果电流增益为 135，则基极电流是多少？

解： 集电极电流除以电流增益得：

$$I_B = \frac{2 \text{ mA}}{135} = 14.8 \text{ } \mu\text{A}$$

◀

自测题 6-3 如果例 6-3 中 $I_C = 10$ mA，计算晶体管基极电流。

6.4 共发射极组态

晶体管有三种有用的组态：CE（共发射极）、CC（共集电极）和 CB（共基极）。CC 和 CB 组态将在后续章节讨论。本章集中讨论应用最广的 CE 组态。

6.4.1 共发射极

在图 6-7a 所示电路中，两个电压源的公用端或地端连接到发射极上，该电路称为共发射极组态。该电路有两个回路，左边的回路是基极回路，右边的是集电极回路。

在基极回路中，电压源 V_{BB} 使发射结正偏，R_B 为限流电阻。通过改变 V_{BB} 或 R_B，可以改变基极电流，而改变基极电流将使集电极电流发生改变，即基极电流控制集电极电流。这一点很重要，说明可以用小电流（基极）控制大电流（集电极）。

在集电极回路中，电压源 V_{CC} 通过 R_C 使集电结反偏。电压源 V_{CC} 必须使集电结反偏，否则晶体管将不能正常工作。即集电极必须是正电压，这样才能够将注入基极的大多数自由电子收集过来。

图 6-7a 所示电路中，左边回路中基极电流的流动在基极电阻 R_B 上产生一个电压，极性如图 6-7a 所示。同样地，右边回路中集电极电流的流动在集电极电阻 R_C 上产生一个电压，极性如图 6-7a 所示。

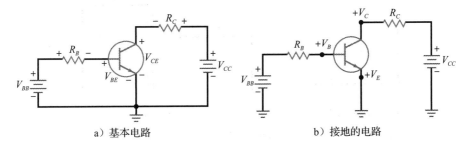

a）基本电路 b）接地的电路

图 6-7 共发射极组态

知识拓展 有时将基极回路称为输入回路，集电极回路称为输出回路。在 CE 连接中，输入回路控制输出回路。

6.4.2 双下标

晶体管电路中常使用双下标表示方法。当下标中两个字符相同时，电压表示电压源（V_{BB} 和 V_{CC}）。当下标中两个字符不同时，则表示两点间的电压（V_{BE} 和 V_{CE}）。

例如，V_{BB} 下标中两个字符相同，表明 V_{BB} 是基极电压源。同样地，V_{CC} 是集电极电压源。V_{BE} 表示 B 点和 E 点之间的电压，即基极和集电极之间的电压。同样，V_{CE} 是 C 点和 E 点之间的电压，即集电极和发射极之间的电压。测量双下标电压时，主探针或正极探针放在第一个下标对应的电路节点处，共地探针与第二个下标对应的电路节点相连接。

6.4.3 单下标

单下标用于节点电压，即标注点和地之间的电压。例如，如果将图 6-7a 所示电路重画，并将各部分的地电位分别表示，就得到如图 6-7b 所示的电路。电压 V_B 是基极和地之间的电压，电压 V_C 是集电极和地之间的电压，V_E 是发射极和地之间的电压（该电路

中 V_E 为零)。

通过将单下标电压相减，可以计算出字符不同的双下标电压。下面举三个例子：

$$V_{CE} = V_C - V_E$$
$$V_{CB} = V_C - V_B$$
$$V_{BE} = V_B - V_E$$

这是计算任何晶体管电路中双下标电压的方法。由于在 CE 组态中，V_E 为零（见图 6-7b），则电压可简化为：

$$V_{CE} = V_C$$
$$V_{CB} = V_C - V_B$$
$$V_{BE} = V_B$$

知识拓展　"晶体管"最初是由在贝尔实验室工作的约翰·皮尔斯命名的。这个新器件具有与真空管的对偶特性。真空管具有"跨导特性"，而新器件具有"跨阻特性"。

6.5　基极特性

I_B 与 V_{BE} 的特性曲线看起来就像是普通二极管的特性曲线，如图 6-8a 所示。实际上对于正向偏置的发射结，它的特性就是二极管的伏安特性，即可以采用之前讨论过的任何有关二极管的近似方法。

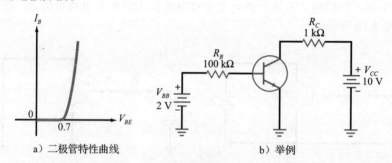

a）二极管特性曲线　　　　　　　b）举例

图 6-8　基极特性

对图 6-7b 中的基极电阻使用欧姆定律，得到：

$$I_B = \frac{V_{BB} - V_{BE}}{R_B} \tag{6-6}$$

如果采用理想二极管，则取 $V_{BE} = 0$。如果采用二阶近似，则取 $V_{BE} = 0.7 \text{ V}$。

大多数情况下，采用二阶近似是在理想二极管计算速度和高阶近似计算精度之间的最好折中。在二阶近似中 V_{BE} 要取 0.7 V，如图 6-8a 所示。

例 6-4　采用二阶近似计算图 6-8b 中的基极电流和基极电阻上的电压。当 $\beta_{dc} = 200$ 时，集电极电流是多少？　　　　　　　　　　　　　　　　　　　 ▐▐▐ Multisim

解：2 V 的基极电压源通过 100 kΩ 的限流电阻使发射结正偏。因为发射结上压降为 0.7 V，基极电阻上的电压为：

$$V_{BB} - V_{BE} = 2 \text{ V} - 0.7 \text{ V} = 1.3 \text{ V}$$

流过基极电阻的电流为：

$$I_B = \frac{V_{BB} - V_{BE}}{R_B} = \frac{1.3 \text{ V}}{100 \text{ k}\Omega} = 13 \text{ } \mu\text{A}$$

电流增益为 200，则集电极电流为：

$$I_C = \beta_{\mathrm{dc}} I_B = 200 \times 1.3~\mu\mathrm{A} = 2.6~\mathrm{mA}$$ ◀

自测题 6-4 当基极电压源 $V_{BB} = 4~\mathrm{V}$ 时，重新计算例 6-4。

6.6 集电极特性

6.5 节已经讨论了计算图 6-9a 中电路基极电流的方法。因为 V_{BB} 使发射结正偏，需要计算的是通过基极电阻 R_B 的电流。下面讨论集电极回路。

可以改变图 6-9a 中的 V_{BB} 和 V_{CC}，使晶体管产生不同的电压和电流。通过测量 I_C 和 V_{CE}，获得 I_C 与 V_{CE} 特性曲线的数据。

例如，假定按需要改变 V_{BB} 使得 $I_B = 10~\mu\mathrm{A}$，保持这个基极电流值不变，改变 V_{CC}，并测量出 I_C 和 V_{CE}。根据所得数据画出图 6-9b 所示的特性曲线。（注意：这是 2N3904 晶体管的特性曲线，一种被广泛使用的低功率晶体管。对于其他晶体管，数值可能不同，但是曲线的形状是类似的。）

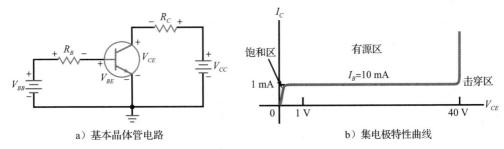

a) 基本晶体管电路　　　　　　　　　　　　b) 集电极特性曲线

图 6-9　集电极特性

当 V_{CE} 为零时，集电结不再处于反偏状态，因而当 V_{CE} 为零时，图 6-9b 中显示集电极电流为零。当 V_{CE} 从零开始增加时，集电极电流迅速增加。当 V_{CE} 介于 0～1 V 之间时，集电极电流增到 1 mA，并几乎恒定不变。

图 6-9b 中恒定电流区域与之前讨论过的晶体管特性有关。当集电结变为反向偏置后，到达耗尽层的电子被全部收集。进一步增加 V_{CE} 并不能增加集电极电流，因为集电极只能收集发射极注入基极中的自由电子，这些注入电子的数目仅依赖于基极电路，而不是集电极电路。因此，图 6-9b 显示的集电极电流从 V_{CE} 小于 1 V 直至大于 40 V 的区域均为恒定值。

当 V_{CE} 大于 40 V 时，集电结将被击穿，晶体管将失去正常特性，因此晶体管不能工作在击穿区。在晶体管数据手册中，有一个最大额定指标就是集电极–发射极击穿电压 $V_{CE(\max)}$。如果晶体管被击穿，将会损坏。

6.6.1 集电极电压和功率

基尔霍夫电压定律说明一个回路或者闭合路径的电压和等于零。对于图 6-9a 所示的集电极电路，得到如下推论：

$$V_{CE} = V_{CC} - I_C R_C \tag{6-7}$$

说明 V_{CE} 等于集电极电源电压减去集电极电阻上的电压。

在图 6-9a 中，晶体管的功率大约为：

$$P_D = V_{CE} I_C \tag{6-8}$$

说明晶体管的功率等于 V_{CE} 与集电极电流的乘积。这个功率导致集电结的结温升高，功率越大，结温越高。

当结温升高至 150～200 ℃ 时，晶体管将会烧毁。数据手册中最重要的信息之一就是最大额定功率 $P_{D(\max)}$，式（6-8）给出的功耗必须小于 $P_{D(\max)}$，否则，晶体管将会损坏。

6.6.2 工作区

在图 6-9b 所示特性曲线的不同区域，晶体管的工作状态是不同的。首先，在 V_{CE} 处于 1～40 V 的中间区域，是晶体管的正常工作区。在这个区域，发射结正偏，集电结反偏。而且，集电极将发射极注入基极的电子几乎全部收集，因此改变集电极电压不影响集电极电流，这个区域叫作**有源区**，有源区是曲线的水平部分，即集电极电流在这个区域是恒定的。

另外一个区域是**击穿区**。因为晶体管在这个区域会损坏，所以绝不允许工作在该区域。齐纳二极管的击穿区特性是经过优化的，可以工作在该区域，而晶体管是不允许工作在击穿区的。

第三个区域是曲线在起始处上升的部分，这里的 V_{CE} 在 0～1 V 之间。这个曲线的斜坡部分称为**饱和区**。在该区域内，集电结的正电压不能将注入基极的自由电子全部收集，基极电流 I_B 大于正常值，电流增益 β_{dc} 则小于正常值。

6.6.3 更多的特性曲线

如果在 $I_B = 20\,\mu A$ 时测量 I_C [注] 和 V_{CE}，就可以得到图 6-10 中第二条特性曲线，与第一条曲线相似，只是集电极电流在有源区的值为 2 mA。而且，集电极电流在有源区也是恒定值。

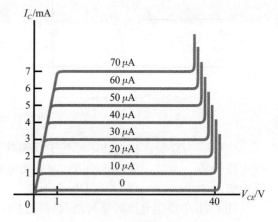

图 6-10 一组集电极特性曲线

画出不同基极电流对应的曲线后，就得到与图 6-10 类似的一组集电极特性曲线。得到这组曲线的另一种方法是用特性曲线扫描仪（一种能够显示晶体管 I_C 与 V_{CE} 特性曲线的测试仪器）。在图 6-10 中的有源区部分，每个集电极电流是相应基极电流的 100 倍。例如，顶部特性曲线的集电极电流为 7 mA，而基极电流为 70 μA。则电流增益为：

$$\beta_{dc} = \frac{I_C}{I_B} = \frac{7\text{ mA}}{70\ \mu A} = 100$$

对其他任意曲线进行检测，得到的结果相同：电流增益为 100。

对于其他晶体管，电流增益可能不是 100，但是其特性曲线的形状都是相似的。所有的晶体管特性都分为有源区、饱和区和击穿区。有源区是最重要的，因为晶体管工作在有源区才能够实现对信号的放大。

知识拓展 使用特性曲线扫描仪时，图 6-10 中的集电极特性曲线实际上随着 V_{CE} 的增加略微上翘，这是由于 V_{CE} 的增加使基区宽度略微变小的结果（当 V_{CE} 增加时，CB 结耗尽层变宽，从而使得基区变窄）。基区变窄则参与复合的空穴减少。由于每条曲线对应同一个恒定的基极电流，这个效应表现为集电极电流的增加。

6.6.4 截止区

在图 6-10 的最下端，有一条并不希望存在的曲线，它表示的是第四个可能的工作区。注意，此时基极电流为零，但仍然有一个小的集电极电流。在特性曲线扫描仪上，这个电流通常很小，难以观察到，而这里的底部曲线是将实际电流曲线的比例放大了。底部特性曲线叫作晶体管的**截止区**，这个小的集电极电流称为集电极截止电流。

⊖ 原文为"I_B"，有误。——译者注

集电极截止电流的存在是因为集电结中有反向少子电流和表面漏电流。对于设计良好的电路，集电极截止电流很小，可以忽略。例如，晶体管 2N3904 的集电极截止电流为 50 nA，如果实际集电极电流为 1 mA，忽略 50 nA 的集电极截止电流所产生的计算误差小于 5%。

6.6.5　要点重述

晶体管有四个不同的工作区域：有源区、截止区、饱和区和击穿区。晶体管工作在有源区时，可用来对弱信号进行放大。因为输入信号的变化使输出信号发生成比例的变化，所以有时有源区又称为线性区。晶体管在数字电路和计算机电路中工作在饱和区和截止区，这些电路均称为**开关电路**。

例 6-5　图 6-11a 所示晶体管的 $\beta_{dc} = 300$。计算 I_B、I_C、V_{CE} 和 P_D。

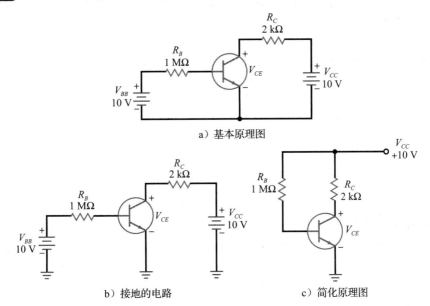

a）基本原理图

b）接地的电路　　　　c）简化原理图

图 6-11　晶体管电路

解：图 6-11b 显示了该电路接地的情况。基极电流等于：

$$I_B = \frac{V_{BB} - V_{BE}}{R_B} = \frac{10\text{ V} - 0.7\text{ V}}{1\text{ M}\Omega} = 9.3\ \mu\text{A}$$

集电极电流为：

$$I_C = \beta_{dc} I_B = 300 \times 9.3\ \mu\text{A} = 2.79\text{ mA}$$

V_{CE} 为：

$$V_{CE} = V_{CC} - I_C R_C = 10\text{ V} - 2.79\text{ mA} \times 2\text{ k}\Omega = 4.42\text{ V}$$

集电极功耗为：

$$P_D = V_{CE} I_C = 4.42\text{ V} \times 2.79\text{ mA} = 12.3\text{ mW}$$

当基极和集电极电源电压相等时，如图 6-11b 所示，通常以如图 6-11c 所示的简单电路形式表示。◀

自测题 6-5　将 R_B 改为 680 kΩ，重新计算例 6-5。

应用实例 6-6　图 6-12 所示是通过 Multisim 建立的仿真电路。计算晶体管 2N4424 的电流增益。

▐▐▐ **Multisim**

解：首先，得到基极电流如下：

$$I_B = \frac{10\text{ V} - 0.7\text{ V}}{330\text{ k}\Omega} = 28.2\ \mu\text{A}$$

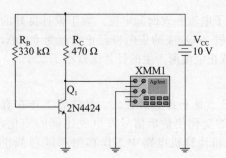 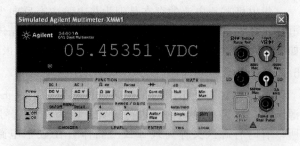

图 6-12　用于计算 2N4424 的电流增益的 Multisim 仿真电路

然后，需要得到集电极电流。由于万用表显示 V_{CE} 为 5.45 V（四舍五入到 3 位有效数字），集电极电阻上的电压为：

$$V = 10 \text{ V} - 5.45 \text{ V} = 4.55 \text{ V}$$

因为集电极电流流过集电极电阻，利用欧姆定律得到集电极电流：

$$I_C = \frac{4.55 \text{ V}}{470 \text{ } \Omega} = 9.68 \text{ mA}$$

下面，计算电流增益，得到：

$$\beta_{\text{dc}} = \frac{9.68 \text{ mA}}{28.2 \text{ } \mu\text{A}} = 343$$

2N4424 是一个高电流增益的晶体管。小信号晶体管 β_{dc} 的典型值范围为 $100 \sim 300$。　◀

✎ **自测题 6-6**　使用 Multisim 将图 6-12 中基极电阻改为 560 kΩ，计算 2N4424 的电流增益。

6.7　晶体管的近似

　　图 6-13a 所示晶体管的发射结电压为 V_{BE}，集电极-发射极两端电压为 V_{CE}。该晶体管的等效电路是什么？

6.7.1　理想化近似

　　图 6-13b 所示是晶体管的理想化近似。将发射结表示为理想二极管，此时，$V_{BE} = 0$，可以快速容易地计算出基极电流。该等效电路常用于故障诊断，因为这时所需要的仅是对基极电流的粗略估计。

　　如图 6-13b 所示，晶体管的集电极就像一个电流源，它输出 $\beta_{\text{dc}} I_B$ 的集电极电流并流经集电极电阻。因此，当计算出基极电流后，将它与电流增益相乘即可得到集电极电流。

6.7.2　二阶近似

　　图 6-13c 所示是晶体管的二阶近似。由于该模型在基极电压比较小的时候能显著地改善分析结果，因此更为常用。

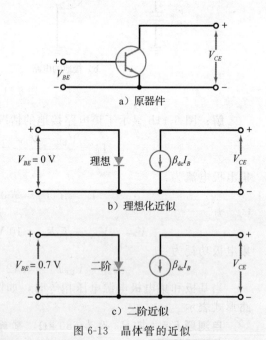

图 6-13　晶体管的近似

　　这里采用二极管的二阶近似来计算基极电流。对于硅晶体管，$V_{BE} = 0.7$ V（对于锗晶体管，$V_{BE} = 0.3$ V）。在二阶近似下，基极和集电极电流略小于理想值。

6.7.3　高阶近似

　　只有在电流很大的大功率应用中，发射结的体电阻才显得很重要。发射结的体电阻效

应将会使 V_{BE} 增加，使之大于 0.7 V。例如，在大功率电路中，V_{BE} 可能大于 1 V。

同样地，集电结的体电阻在某些设计中也有明显的影响。除发射极和集电极体电阻外，晶体管还有很多其他的高阶效应，这使得手工计算变得十分烦琐且耗时。所以，二阶以上的近似计算应通过计算机来解决。

知识拓展 双极型晶体管通常用作恒流源。

例 6-7 图 6-14 中 V_{CE} 是多少？采用理想晶体管。

解： 对于理想发射结：
$$V_{BE} = 0$$
因此，R_B 上的总电压是 15 V。根据欧姆定律：

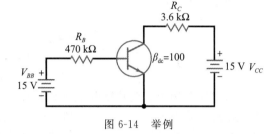

图 6-14 举例

$$I_B = \frac{15\text{ V}}{470\text{ k}\Omega} = 31.9\ \mu\text{A}$$

集电极电流等于电流增益与基极电流的乘积：
$$I_C = 100 \times 31.9\ \mu\text{A} = 3.19\text{ mA}$$

下面计算 V_{CE}，它等于集电极电源电压减去集电极电阻上的压降：
$$V_{CE} = 15\text{ V} - 3.19\text{ mA} \times 3.6\text{ k}\Omega = 3.52\text{ V}$$

在图 6-14 所示电路中，发射极电流的值不太重要，所以多数人不会计算它。但作为例题，这里将计算发射极电流，它等于集电极电流和基极电流之和：
$$I_E = 3.19\text{ mA} + 31.9\ \mu\text{A} = 3.22\text{ mA}$$

这个值与集电极电流十分接近，所以一般不需要计算。多数人会将集电极电流的值 3.19 mA 作为发射极电流。◀

例 6-8 如果采用二阶近似，图 6-14 所示电路中的 V_{CE} 是多少？ ▌▌▌Multisim

解： 这里，使用二阶近似对图 6-14 中电路的电流和电压值进行计算。发射结上的电压：
$$V_{BE} = 0.7\text{ V}$$
所以，R_B 上的总电压是 15 V 与 0.7 V 的差：14.3 V。基极电流为：
$$I_B = \frac{14.3\text{ V}}{470\text{ k}\Omega} = 30.4\ \mu\text{A}$$

集电极电流等于电流增益与基极电流相乘：
$$I_C = 100 \times 30.4\ \mu\text{A} = 3.04\text{ mA}$$
$$V_{CE} = 15\text{ V} - 3.04\text{ mA} \times 3.6\text{ k}\Omega = 4.06\text{ V}$$

这个改进后的答案比理想情况下的值高了大约 0.5 V（4.06 V - 3.52 V）。这 0.5 V 的重要性则取决于实际场合，如故障诊断、设计或其他情况。◀

例 6-9 假设测得 V_{BE} 为 1 V，那么图 6-14 中的 V_{CE} 是多少？

解： R_B 上的总电压是 15 V 和 1 V 的差：14 V。根据欧姆定律，基极电流为：
$$I_B = \frac{14\text{ V}}{470\text{ k}\Omega} = 29.8\ \mu\text{A}$$

集电极电流等于电流增益与基极电流相乘：
$$I_C = 100 \times 29.8\ \mu\text{A} = 2.98\text{ mA}$$
$$V_{CE} = 15\text{ V} - 2.98\text{ mA} \times 3.6\text{ k}\Omega = 4.27\text{ V}$$ ◀

例 6-10 当基极电压为 5 V 时，前面三个例子中的 V_{CE} 各为多少？

解： 采用理想二极管：
$$I_B = \frac{5\text{ V}}{470\text{ k}\Omega} = 10.6\ \mu\text{A}$$

$$I_C = 100 \times 10.6 \ \mu A = 1.06 \ mA$$
$$V_{CE} = 15 \ V - 1.06 \ mA \times 3.6 \ k\Omega = 11.2 \ V$$

采用二阶近似:

$$I_B = \frac{4.3 \ V}{470 \ k\Omega} = 9.15 \ \mu A$$
$$I_C = 100 \times 9.15 \ \mu A = 0.915 \ mA$$
$$V_{CE} = 15 \ V - 0.915 \ mA \times 3.6 \ k\Omega = 11.7 \ V$$

实际测量的 V_{BE} :

$$I_B = \frac{4 \ V}{470 \ k\Omega} = 8.51 \ \mu A$$
$$I_C = 100 \times 8.51 \ \mu A = 0.851 \ mA$$
$$V_{CE} = 15 \ V - 0.851 \ mA \times 3.6 \ k\Omega = 11.9 \ V$$

　　通过这个例子对低基极电压情况下的三种近似情况进行比较。可以看到,所有答案间的偏差在 1 V 以内。由此,可做如下近似选择:若是对电路进行故障诊断,则理想化分析就足够了;但若是设计电路,因为精度的要求,就需要使用计算机来计算。表 6-1 总结了理想化近似和二阶近似的差别。　◀

　　自测题 6-10　当基极电源电压为 7 V 时,重新计算例 6-10。

表 6-1　晶体管电路的近似

使用情况	理想化近似	二阶近似
	故障诊断或粗略估算	需要更精确的计算时,特别是 V_{BB} 较小时
$V_{BE} =$	0 V	0.7 V
$I_B =$	$\dfrac{V_{BB}}{R_B} = \dfrac{12 \ V}{220 \ k\Omega} = 54.5 \ \mu A$	$\dfrac{V_{BB} - 0.7 \ V}{R_B} = \dfrac{12 \ V - 0.7 \ V}{220 \ k\Omega} = 51.4 \ \mu A$
$I_C =$	$\beta_{dc} I_B = 100 \times 54.5 \ \mu A = 5.45 \ mA$	$\beta_{dc} I_B = 100 \times 51.4 \ \mu A = 5.14 \ mA$
$V_{CE} =$	$V_{CC} - I_C R_C = 12 \ V - 5.45 \ mA \times 1 \ k\Omega = 6.55 \ V$	$V_{CC} - I_C R_C = 12 \ V - 5.14 \ mA \times 1 \ k\Omega = 6.86 \ V$

6.8　阅读数据手册

　　小信号晶体管的功耗不到 1 W,**功率晶体管**的功耗超过 1 W。查看数据手册中的任意一种晶体管参数时,应该首先找到那些最大额定值,因为这些是晶体管电流、电压和其他参量的极限值。

6.8.1　击穿额定值

　　在图 6-15 所示的数据手册中,给出了晶体管 2N3904 的最大额定值: $V_{CEO} = 40 \ V$; $V_{CBO} = 60 \ V$; $V_{EBO} = 6 \ V$ 。这些额定电压是反向击穿电压, V_{CEO} 是基极开路时集电极与发射极间的电压, V_{CBO} 表示发射极开路时集电极与基极间的电压, V_{EBO} 是集电极开路时发射极与基极间的最大反向电压。通常,一个保守的设计是绝不会允许电压接近最大额定值的,因为即使是接近最大额定值也会降低器件寿命。

2011年10月

2N3904 / MMBT3904 / PZT3904
NPN普通放大器

特性：

- 该器件用于普通放大器和开关。
- 有用动态范围：作为开关扩展到100 mA，作为放大器扩展到100 MHz。

2N3904

TO–92

E B C

MMBT3904

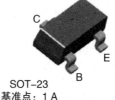

C

E

B

SOT–23
基准点：1 A

PZT3904

C

C E

SOT–223 B

最大额定绝对值* T_A=25 ℃（除非标明其他条件）

符号	参数	数值	单位
V_{EBO}	集电极–发射极电压	40	V
V_{CBO}	集电极–基极电压	60	V
V_{CEO}	发射极–基极电压	6.0	V
I_C	集电极电流–连续	200	mA
T_J,T_{stg}	工作及保存时的结温范围	−55~+150	℃

*高于额定值时半导体器件的适用性可能降低。

注意：

1）这些额定值基于的结温最大值为150 ℃。

2）这些额定值是稳态极限值。若工作在脉冲或低占空比状态下，应向厂家咨询。

温度特性 T_A=25 ℃（除非标明其他条件）

符号	参数	最大值			单位
		2N3904	*MMBT3904	**PZT3904	
P_D	器件总功耗 25 ℃以上减额	625 5.0	350 2.8	1 000 8.0	mW mW/℃
$R_{\theta JC}$	结对管壳的热电阻	83.3	—	—	℃/W
$R_{\theta JA}$	结对环境的热电阻	200	357	125	℃/W

*器件封装在FR-4 PCB 1.6″ ×1.6″ ×0.06″.

**器件封装在FR-4 PCB 36 mm×18 mm×1.5 mm；集电极引脚压焊块最小6 cm²。

www.fairchildsemi.com

图 6-15 2N3904 数据手册

电特性　T_A=25 ℃（除非标明其他条件）

符号	参数	测试条件	最小值	最大值	单位
截止特性					
$V_{(BR)CEO}$	集电极–发射极击穿电压	$I_C = 1.0\ \mu A$，$I_E = 0$	40	—	V
$V_{(BR)CBO}$	集电极–基极击穿电压	$I_C = 10\ \mu A$，$I_E = 0$	60	—	V
$V_{(BR)EBO}$	发射极–基极击穿电压	$I_E = 10\ \mu A$，$I_C = 0$	6.0	—	V
I_{BL}	基极截止电流	$V_{CE} = 30\ V$，$V_{EB} = 3\ V$	—	50	nA
I_{CEX}	集电极截止电流	$V_{CE} = 30\ V$，$V_{EB} = 3\ V$	—	50	nA
导通特性*					
h_{FE}	直流电流增益	$I_C = 0.1\ mA$，$V_{CE} = 1.0\ V$ $I_C = 1.0\ mA$，$V_{CE} = 1.0\ V$ $I_C = 10\ mA$，$V_{CE} = 1.0\ V$ $I_C = 50\ mA$，$V_{CE} = 1.0\ V$ $I_C = 100\ mA$，$V_{CE} = 1.0\ V$	40 70 100 60 30	300	—
$V_{CE(sat)}$	集电极–发射极饱和电压	$I_C = 10\ mA$，$I_B = 1.0\ mA$ $I_C = 50\ mA$，$I_B = 5.0\ mA$	—	0.2 0.3	V V
$V_{BE(sat)}$	基极–发射极饱和电压	$I_C = 10\ mA$，$I_B = 1.0\ mA$ $I_C = 50\ mA$，$I_B = 5.0\ mA$	0.65	0.85 0.95	V V
小信号特性					
f_T	电流增益–带宽积	$I_C = 10\ mA$，$V_{CE} = 20\ V$， $f = 100\ MHz$	300	—	MHz
C_{obo}	输出电容	$V_{CB} = 5.0\ V$，$I_E = 0$， $f = 1.0\ MHz$	—	4.0	pF
C_{ibo}	输入电容	$V_{EB} = 0.5\ V$，$I_C = 0$， $f = 1.0\ MHz$	—	8.0	pF
NF	噪声系数	$I_C = 100\ \mu A$，$V_{CE} = 5.0\ V$， $R_s = 1.0\ k\Omega$，$f = 10\ Hz \sim 15.7\ kHz$	—	5.0	dB
开关特性					
t_d	延时	$V_{CC} = 3.0\ V$，$V_{BE} = 0.5\ V$	—	35	ns
t_r	上升时间	$I_C = 10\ mA$，$I_{B1} = 1.0\ mA$	—	35	ns
t_s	存储时间	$V_{CC} = 3.0\ V$，$I_C = 10\ mA$	—	200	ns
t_f	下降时间	$I_{B1} = I_{B1} = 1.0\ mA$	—	50	ns

*脉冲测量：脉宽≤300 μs，占空比≤2.0%

订货信息

产品型号	标号	封装	包装方式	包装数量
2N3904BU	2N3904	TO-92	散装	10 000
2N3904TA	2N3904	TO-92	弹匣装	2 000
2N3904TAR	2N3904	TO-92	弹匣装	2 000
2N3904TF	2N3904	TO-92	卷盘料带装	2 000
2N3904TFR	2N3904	TO-92	卷盘料带装	2 000
MMBT3904	1A	SOT-23	卷盘料带装	3 000
MMBT3904_D87Z	1A	SOT-23	卷盘料带装	10 000
PZT3904	3904	SOT-223	卷盘料带装	2 500

图 6-15　2N3904 数据手册（续）

6.8.2 最大电流和功率

在数据手册中也给出了最大电流和功率的值：$I_C = 200$ mA；$P_D = 625$ mW。I_C 是集电极最大直流电流额定值，即 2N3904 能够处理高达 200 mA 的直流电流，前提是没有超过额定功率。额定值 P_D 是器件的最大功率额定值，这个功率额定值取决于是否采用了晶体管的散热措施。如果晶体管没有风扇冷却而且没有散热片（将在后面讨论），它的管壳温度 T_C 将会比环境温度 T_A 高很多。

在多数应用中，像 2N3904 这样的小信号晶体管不用风扇冷却，也不用散热片。在这种情况下，当环境温度 T_A 为 25 ℃时，晶体管 2N3904 的额定功率为 625 mW。

管壳温度 T_C 是晶体管封装或壳体的温度。在多数应用中，管壳温度要比 25 ℃高，这是因为内部晶体管的热量使管壳温度升高。

当环境温度为 25 ℃时，保持管壳温度在 25 ℃的唯一方法就是用风扇冷却或者用大散热片。如果采用了上述措施，就有可能将晶体管的温度降到 25 ℃。在这种情况下，额定功率可以提高到 1.5 W。

6.8.3 减额系数

正如第 5 章中的讨论，减额系数表示的是需要将器件的额定功率降低的值。晶体管 2N3904 的减额系数为 5 mW/℃，意思是超过 25 ℃后，温度每上升 1 ℃，需要将额定功率减少 5 mW。

6.8.4 散热片

提高晶体管额定功率的一种方法是快速驱除内部热量，这就需要使用**散热片**（一块金属）。增大晶体管外壳的表面积，可以使热量更容易地散发到周围空气中。例如，图 6-16a 所示的散热片，当把它按压到晶体管外壳上时，因为增加了翅片的表面积，热量能更快地辐射出去。

图 6-16b 所示是一个功率晶体管，它的散热方式是利用金属片提供晶体管散热的路径。可以把这个金属片固定到电子设备的底板上，因为底板是一块大散热片，热量能够很容易地从晶体管传到底板上。

如图 6-16c 所示是大功率晶体管，集电极连接到管壳上，使得热量尽可能容易地散发出去。晶体管的外壳固定到底板上，为了防止集电极与底板的地短路，在晶体管外壳和底板之间有一个很薄的绝缘垫片和导热材料，主要目的是使晶体管更快散热，即在同样的环境温度下，额定功率更高。有时，将晶体管固定到大的鳍状散热片上，能达到更好的散热效果。

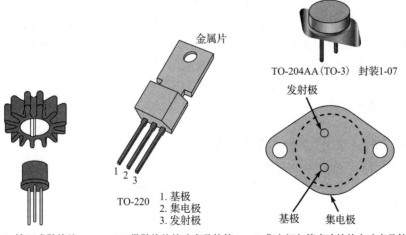

a）按压式散热片   b）带散热片的功率晶体管   c）集电极与管壳连接的大功率晶体管

图 6-16 散热片

无论采用什么样的散热片，目的都是为了降低外壳温度，从而降低晶体管内部温度或结的温度。数据手册中还包括热电阻参量，设计时可根据这些参量计算不同散热片的外壳温度。

6.8.5 电流增益

在 **h 参数**分析系统中，电流增益的符号被定义为 h_{FE}。h_{FE} 与 β_{dc} 是相等的：

$$\beta_{dc} = h_{FE} \tag{6-9}$$

数据手册中使用符号 h_{FE} 代表电流增益。

在晶体管 2N3904 的数据手册中，在标记为"导通特性"的部分列出了 h_{FE} 的值：

I_C/mA	最小 h_{FE}	最大 h_{FE}	I_C/mA	最小 h_{FE}	最大 h_{FE}
0.1	40	—	50	60	—
1	70	—	100	30	—
10	100	300			

晶体管 2N3904 在集电极电流为 10 mA 附近时有最佳工作点，在这个电流下，最小电流增益是 100，最大电流增益是 300。这说明如果批量生产某个包含 2N3904 晶体管的电路，且该管的集电极电流为 10 mA，则其中有些管的电流增益可能低至 100，有些则会高达 300，而大多数管的电流增益将处于这个范围之中。

当集电极电流小于或者大于 10 mA 时，最小电流增益随之减小。在 0.1 mA 时，最小电流增益是 40；在 100 mA 时，最小电流增益为 30。数据手册中只给出了电流偏离 10 mA 时的最小电流增益，因为此时代表了最坏情况。设计电路通常要考虑最坏情况，即需要确认当晶体管特性（如电流增益）处于最坏情况时电路是否可以工作。

例 6-11 晶体管 2N3904 的 $V_{CE} = 10$ V，$I_C = 20$ mA，其功耗为多少？当环境温度为 25 ℃时，该功耗是安全的吗？

解：将 V_{CE} 乘以 I_C 得到：

$$P_D = 10 \text{ V} \times 20 \text{ mA} = 200 \text{ mW}$$

当环境温度为 25 ℃时，晶体管的额定功率为 625 mW，说明晶体管在额定功率以内，处于安全工作区。

良好的设计包含对安全系数的设计，以保证晶体管有较长的工作寿命。常用的安全系数为 2 或更高。安全系数为 2 表示设计的允许额定功率为 625 mW 的一半，即 312 mW。因此，当环境温度保持在 25 ℃时，功耗只有 200 mW 的设计属于比较保守的。◀

例 6-12 在例 6-11 中，如果环境温度为 100 ℃，该功耗水平是否安全？

解：首先，计算出新的环境温度高出参考温度 25 ℃的度数。得到：

$$100 \text{ ℃} - 25 \text{ ℃} = 75 \text{ ℃}$$

有时，上式写成如下形式：

$$\Delta T = 75 \text{ ℃}$$

其中，△ 代表"差"。这个公式读作温度差为 75 ℃。

用减额系数与温度差相乘，得到：

$$\left(5 \frac{\text{mW}}{\text{℃}}\right) \times 75 \text{ ℃} = 375 \text{ mW}$$

经常写成：

$$\Delta P = 375 \text{ mW}$$

其中 ΔP 表示功率差。最终，需要把这个功率差从 25 ℃时的额定功率中减掉：

$$P_{D(\max)} = 625 \text{ mW} - 375 \text{ mW} = 250 \text{ mW}$$

这就是环境温度为 100 ℃时晶体管的额定功率。

下面分析该设计的安全性。晶体管的功率是 200 mW，而最大额定值是 250 mW，因此晶体管是正常工作的。但是安全系数不到 2。如果环境温度进一步提高，或者功耗再增加，晶体管就会有被烧毁的危险。因此，需要重新设计电路，使安全系数达到 2。就是说需要改变电路参数，使功耗为 250 mW 的一半，即 125 mW。　　◀

✎ **自测题 6-12**　假设安全系数为 2，如果环境温度为 75 ℃，例 6-12 中的 2N3904 晶体管能够安全使用吗？

6.9　表面贴装晶体管

表面贴装晶体管通常是简单的三端形式，采用鸥翼型封装。SOT-23 封装是其中较小的一种，通常用于毫瓦量级的晶体管，而 SOT-223 是较大的封装，通常用于额定功率为 1 W 左右的晶体管。

图 6-17 所示是典型的 SOT-23 封装。从上往下看，引脚按逆时针标号，其中引脚 3 是在单端的一侧。这种引脚分配已经成为双极型晶体管的标准：1 是基极，2 是发射极，3 是集电极。

SOT-223 封装用于工作在 1 W 左右的晶体管的散热。这种封装比 SOT-23 的表面积更大，提高了散热能力。一些热量从上表面散发掉，大部分热量则通过器件与下面电路板的接触而传导出去。SOT-223 外壳的主要特点是集电极引脚从一侧延展到另一侧，图 6-18 的底视图显示出这两个集电极引脚是电连接的。

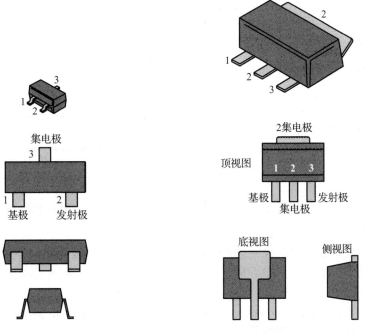

图 6-17　SOT-23 封装，适合于额定功率低于 1 W 的表面贴装晶体管

图 6-18　SOT-223 封装，该封装可使 1 W 功率管散热

SOT-23 和 SOT-223 封装引脚的分布标准不同。对于 SOT-223 封装，从顶部看，位于同一侧的三个引脚按从左向右的顺序编号，引脚 1 是基极，2 是集电极（与对侧的大金属片是电连接的），3 是发射极。由图 6-15 中的数据，可发现 2N3904 是两个表面贴装，MMBT3904 是 SOT-23 封装，其最大功耗为 350 mW，PZT3904 是 SOT-223 封装，其额

定功耗为 1000 mW。

SOT-23 的封装很小，上面无法标记标准元件的识别码。通常鉴别标准标识码的唯一方法就是注意看印在电路板上的引脚号码，然后参考这个电路的元件列表。SOT-223 封装足够大，能将标识码印到上面，但这些码很少是标准晶体管的标识码。关于其他方面，SOT-223 封装晶体管的情况与较小的 SOT-23 封装相同。

有的电路可能采用 SOIC 封装，这种结构能容纳多个晶体管。SOIC 封装与小型双列直插封装类似，双列直插封装通常用于 IC 和较早的插接电路板技术中。不同的是，SOIC 上的引脚为鸥翼型，须采用表面贴装技术。

6.10 电流增益的变化

晶体管的电流增益 β_{dc} 取决于三个因素：晶体管、集电极电流和温度。比如，把一只晶体管替换为同种类型的另一只晶体管时，电流增益通常会发生变化。同样，如果集电极电流或者温度发生改变，电流增益也会随之改变。

6.10.1 最坏和最好情况

例如，2N3904 晶体管的数据手册列出了当温度为 25 ℃ 且集电极电流为 10 mA 时 h_{FE} 的最小值为 100，最大值为 300。如果用 2N3904 晶体管构成数千个电路，那么有些晶体管的电流增益会低至 100（最坏情况），而有些的电流增益会高达 300（最好情况）。

图 6-19 给出了 2N3904 晶体管在最坏情况下（h_{FE} 最小）的曲线，中间那条曲线是环境温度为 25 ℃ 时的电流增益。当集电极电流为 10 mA，电流增益是 100 时，即为 2N3094 的最坏情况。（最好情况下，一些 2N3094 晶体管在 10 mA 和 25 ℃ 时的电流增益能达到 300。）

6.10.2 电流和温度的影响

25 ℃ 时（中间的曲线），0.1 mA 的电流增益为 50。当电流从 0.1 mA 增加到 10 mA 时，h_{FE} 增加到最大值 100，而在 200 mA 处则下降到 20 以下。

还要注意温度的影响。当温度下降时，电流增益也下降（最下面的曲线）。而当温度上升时，在几乎整个电流范围内的 h_{FE} 都增加了（最上面的曲线）。

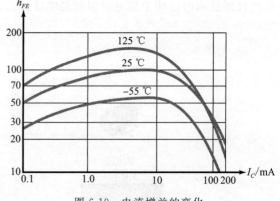

图 6-19 电流增益的变化

6.10.3 要点

可见，更换晶体管、改变集电极电流或者改变温度会导致 h_{FE} 或 β_{dc} 的较大改变。在特定的温度下，更换晶体管有可能带来 3∶1 的变化⊖。当温度改变时，又可能带来 3∶1 的变化。当电流发生变化时，可能带来大于 3∶1 的变化。总之，2N3904 晶体管的电流增益可以从小于 10 到大于 300 不等。因此，如果所设计的电路需要精确的电流增益，那么在大批量的生产中将会出现废品。

知识拓展 符号 h_{FE} 表示 CE 组态的正向电流传输比。h_{FE} 是混合（hybrid，简写为 h）参量符号。h 参量系统是今天最常用的定义晶体管参数的方法。

⊖ 这里的 3∶1 指的是变化范围，即最大值与最小值之比。——译者注

6.11 负载线

将晶体管作为放大器或开关使用时，需要使它的直流电路满足合适的条件，即对晶体管进行合适的偏置。可采用多种偏置方法，每种方法各有优缺点。本章先介绍基极偏置。

6.11.1 基极偏置

图 6-20a 所示是**基极偏置**电路的例子，基极偏置是指设定一个固定的基极电流值。例如，当 $R_B = 1\,\text{M}\Omega$ 时，则基极电流为 $14.3\,\mu\text{A}$（二阶近似）。即使是更换晶体管及改变温度，基极电流在各种工作条件下都会保持在 $14.3\,\mu\text{A}$ 左右。

如果图 6-20a 中晶体管的 $\beta_{\text{dc}} = 100$，其集电极电流约为 $1.43\,\text{mA}$，V_{CE} 为：

$$V_{CE} = V_{CC} - I_C R_C = 15\,\text{V} - 1.43\,\text{mA} \times 3\,\text{k}\Omega = 10.7\,\text{V}$$

因此，静态工作点 Q 为：

$$I_C = 1.43\,\text{mA} \quad 且 \quad V_{CE} = 10.7\,\text{V}$$

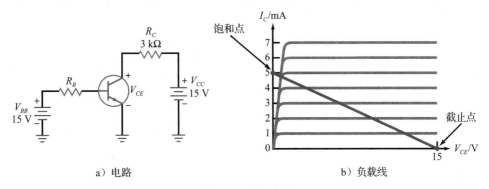

图 6-20 基极偏置

6.11.2 图解法

也可以利用晶体管的**负载线**和 I_C-V_{CE} 的特性曲线，通过图解法求出静态工作点。图 6-20a 中的 V_{CE} 为：

$$V_{CE} = V_{CC} - I_C R_C$$

可求得 I_C：

$$I_C = \frac{V_{CC} - V_{CE}}{R_C} \tag{6-10}$$

对这个方程作图（I_C 和 V_{CE} 的关系），得到一条直线。这条线叫作负载线，它反映了负载对 I_C 和 V_{CE} 的影响。

例如，将图 6-20a 中的数值代入式（6-10），得到：

$$I_C = \frac{15\,\text{V} - V_{CE}}{3\,\text{k}\Omega}$$

这是一个线性方程，即作图得到一条直线。（注：任何能化简成标准形式 $y = mx + b$ 的方程都是线性方程。）在集电极特性曲线上做出该方程的图，得到图 6-20b。

负载线的两个端点很容易找到。在负载线方程中（之前的方程），当 $V_{CE} = 0$ 时：

$$I_C = \frac{15\,\text{V}}{3\,\text{k}\Omega} = 5\,\text{mA}$$

与 $I_C = 5\,\text{mA}$ 和 $V_{CE} = 0$ 对应的就是图 6-20b 中负载线的上端点。

当 $I_C = 0$，由负载线方程得：

$$0 = \frac{15\,\text{V} - V_{CE}}{3\,\text{k}\Omega}$$

或

$$V_{CE} = 15 \text{ V}$$

同样，与 $I_C = 0$ 和 $V_{CE} = 15$ V 对应的是图 6-20b 中负载线的下端点。

6.11.3 工作点的直观表示

负载线的意义在于：它包含了电路所有可能的工作点。当基极电阻从零到无穷大变化时，导致了 I_B 的变化，从而使得 I_C 和 V_{CE} 在整个工作范围内变动。如果对每个 I_B 画出相应的 I_C 和 V_{CE} 的值，就可得到负载线。因此，负载线表示的是晶体管所有可能的工作点。

6.11.4 饱和点

当基极电阻很小时，集电极电流过大，V_{CE} 几乎降到零。在这种情况下，晶体管进入饱和区，这意味着集电极电流已经到达了最大的可能值。

饱和点是图 6-20b 中负载线与集电极在饱和区特性曲线的交点。由于饱和时 V_{CE} 很小，饱和点几乎和负载线的上端点重合，所以，可以把饱和点近似看成负载线的上端点，但要记住这里存在一个小的误差。

饱和点表示的是电路可能的最大集电极电流。如图 6-21a 中的晶体管，当集电极电流约为 5 mA 时进入饱和区，在该电流下，V_{CE} 几乎下降到零。

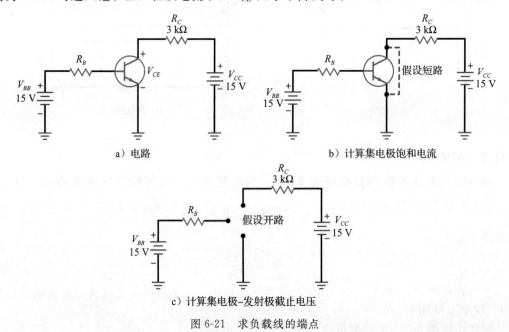

a) 电路　　　　　　　　　　　　b) 计算集电极饱和电流

c) 计算集电极–发射极截止电压

图 6-21　求负载线的端点

一种简单的求解饱和点电流的方法是，假设集电极和发射极短路，得到图 6-21b，则 V_{CE} 下降到 0，集电极电源的 15 V 电压全部加载到 3 kΩ 的电阻上。这样，电流为：

$$I_C = \frac{15 \text{ V}}{3 \text{ k}\Omega} = 5 \text{ mA}$$

这种"假设短路"的方法可以用于任何基极偏置电路。

基极偏置电路中，计算饱和电流的公式如下：

$$I_{C(sat)} = \frac{V_{CC}}{R_C} \tag{6-11}$$

这说明集电极电流的最大值等于集电极电源电压除以集电极电阻。这只是欧姆定律在集电极电阻上的应用，图 6-21b 是这个方程的电路表示。

知识拓展 当晶体管饱和时，继续增大基极电流不会使集电极电流增大。

6.11.5 截止点

截止点是图 6-20b 中负载线与集电极特性曲线的截止区的交点。由于截止时集电极电流很小，因此截止点几乎和负载线的下端点重合。因此，可以把截止点近似看成负载线的下端点。

截止点表示的是电路可能的最大 V_{CE}。图 6-21a 中，最大可能的 V_{CE} 约为 15 V，即集电极的电源电压。

一种求解截止电压的简单的方法是，假设图 6-21a 中晶体管的集电极和发射极开路（见图 6-21c），此时，由于没有电流通过集电极电阻，集电极电源的 15 V 电压全部加在集电极和发射极之间。因此，集电极和发射极之间的电压为 15 V：

$$V_{CE(cutoff)} = V_{CC} \tag{6-12}$$

知识拓展 当集电极电流为零时，晶体管截止。

例 6-13 图 6-22a 所示电路中的饱和电流和截止电压各是多少？ ||| Multisim

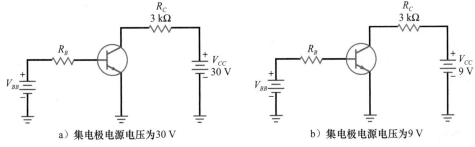

a) 集电极电源电压为 30 V   b) 集电极电源电压为 9 V

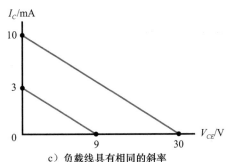

c) 负载线具有相同的斜率

图 6-22 集电极电阻相同情况下的负载线

解：假设集电极和发射极短路，则：

$$I_{C(sat)} = \frac{30\ V}{3\ k\Omega} = 10\ mA$$

下面再假设集电极和发射极开路，则：

$$V_{CE(cutoff)} = 30\ V$$ ◀

例 6-14 计算图 6-22b 所示电路的饱和电流和截止电压。画出本例和上例的负载线。

解：用金属导线将集电极和发射极短接，则：

$$I_{C(sat)} = \frac{9\ V}{3\ k\Omega} = 3\ mA$$

将集电极和发射极间的连线断开，得到：

$$V_{CE(cutoff)} = 9\ V$$

图 6-22c 显示了两条负载线。改变集电极电源电压，同时集电极电阻保持不变，将得到两

条斜率相同的负载线，两条负载线具有不同的饱和电流和截止电压。 ◀

自测题 6-14 当图 6-22a 中的集电极电阻为 2 kΩ，V_{CC} 为 12 V 时，求饱和电流和截止电压。

例 6-15 求图 6-23a 所示电路的饱和电流和截止电压。 |||| **Multisim**

解：饱和电流为：

$$I_{C(\text{sat})} = \frac{15 \text{ V}}{1 \text{ k}\Omega} = 15 \text{ mA}$$

截止电压为：

$$V_{CE(\text{cutoff})} = 15 \text{ V}$$ ◀

例 6-16 计算图 6-23b 所示电路的饱和电流和截止电压，然后比较本例和上例的负载线。

解：计算如下：

$$I_{C(\text{sat})} = \frac{15 \text{ V}}{3 \text{ k}\Omega} = 5 \text{ mA}$$

且

$$V_{CE(\text{cutoff})} = 15 \text{ V}$$

图 6-23c 显示了两条负载线。集电极电源电压不变，改变集电极电阻，使得负载线的斜率发生改变，但截止电压相同。同时注意到较小的集电极电阻的负载线的斜率较大（较陡或者更接近垂直），这是因为负载线的斜率等于集电极电阻的倒数：

$$斜率 = \frac{1}{R_C}$$ ◀

自测题 6-16 图 6-23b 所示电路中，当集电极电阻变为 5 kΩ 时，负载线如何变化？

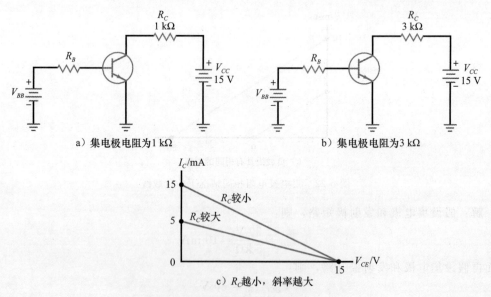

a）集电极电阻为1 kΩ　　　　　　　　b）集电极电阻为3 kΩ

c）R_C 越小，斜率越大

图 6-23 集电极电压相同情况下的负载线

6.12 工作点

每个晶体管电路都有一条负载线。对于任一电路，计算出饱和电流和截止电压，将这两个值标在纵轴和横轴上，然后过这两个点画一条直线就得到了负载线。

6.12.1 确定静态工作点

图 6-24a 所示是一个基极偏置电路，基极电阻为 500 kΩ。通过前面所讲的步骤得到饱

和电流和截止电压。首先，假设集电极-发射极两端短路，则集电极电源电压全部加在集电极电阻上，即饱和电流为 5 mA。然后，假设集电极-发射极两端开路，则电路中没有电流，电源电压全部加在集电极-发射极两端，即截止电压为 15 V。标出饱和电流和截止电压后，就可以得到如图 6-24b 所示的负载线。

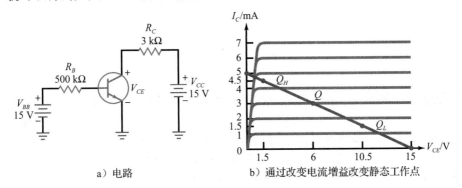

a）电路　　　　　　　　b）通过改变电流增益改变静态工作点

图 6-24　计算静态工作点

为了讨论简单，先假设晶体管是理想的，则基极电源电压将全部加在基极电阻上。因此，基极电流为：

$$I_B = \frac{15 \text{ V}}{500 \text{ k}\Omega} = 30 \text{ } \mu A$$

后面的计算需要用到电流增益，假设晶体管的电流增益为 100，那么集电极电流为：

$$I_C = 100 \times 30 \text{ } \mu A = 3 \text{ mA}$$

这个电流流过一个 3 kΩ 集电极电阻产生 9 V 的电压，从集电极电源电压中减去这个值，就得到晶体管上的电压。计算如下：

$$V_{CE} = 15 \text{ V} - 3 \text{ mA} \times 3 \text{ k}\Omega = 6 \text{ V}$$

找到 3 mA 和 6 V（集电极电流和电压），从而确定负载线上的工作点，如图 6-24b 所示。这个点通常被称为**静态工作点**（quiescent point，静态是指静止不动），标为 Q。

6.12.2　静态工作点发生变化的原因

前面假设电流增益为 100，如果电流增益为 50 或是 150 会怎样？首先，基极电流不会变，因为电流增益对基极电流不起作用。理想情况下，基极电流固定在 30 μA，当电流增益为 50 时：

$$I_C = 50 \times 30 \text{ } \mu A = 1.5 \text{ mA}$$

V_{CE} 为：

$$V_{CE} = 15 \text{ V} - 1.5 \text{ mA} \times 3 \text{ k}\Omega = 10.5 \text{ V}$$

在图 6-24b 中画出这些值，将得到较低的工作点 Q_L。

如果电流增益为 150，则：

$$I_C = 150 \times 30 \text{ } \mu A = 4.5 \text{ mA}$$

V_{CE} 为：

$$V_{CE} = 15 \text{ V} - 4.5 \text{ mA} \times 3 \text{ k}\Omega = 1.5 \text{ V}$$

在图 6-24b 中画出这些值，将得到较高的工作点 Q_H。

图 6-24b 中显示的三个工作点说明了基极偏置的晶体管的静态工作点对 β_{dc} 的变化很敏感。当电流增益从 50 变到 150 时，集电极电流从 1.5 mA 变到 4.5 mA。如果电流增益变化过大，则静态工作点很容易进入到饱和区或截止区。这时，由于在有源区以外电流增益有损失，所以放大电路便不能正常使用。

知识拓展 在基极偏置电路中，由于 I_C 和 V_{CE} 的值取决于 β 值的大小，故而也称这种电路是"由 β 决定"的。

6.12.3 公式

计算 Q 点的公式如下：

$$I_B = \frac{V_{BB} - V_{BE}}{R_B} \tag{6-13}$$

$$I_C = \beta_{dc} I_B \tag{6-14}$$

$$V_{CE} = V_{CC} - I_C R_C \tag{6-15}$$

例 6-17 假设图 6-24a 所示电路中的基极电阻增大到 $1\,M\Omega$，若 β_{dc} 为 100，V_{CE} 如何变化？ ▐▐▐ Multisim

解： 理想情况下，基极电流减小为 $15\,\mu A$，集电极电流减小为 $1.5\,mA$，V_{CE} 增大为：

$$V_{CE} = 15\,V - 1.5\,mA \times 3\,k\Omega = 10.5\,V$$

若是二阶近似，基极电流将减小为 $14.3\,\mu A$，集电极电流减小为 $1.43\,mA$，V_{CE} 增大为：

$$V_{CE} = 15\,V - 1.43\,mA \times 3\,k\Omega = 10.7\,V \qquad \blacktriangleleft$$

✎ **自测题 6-17** 如果例 6-17 中 β_{dc} 的值因温度的变化而变为 150，重新计算 V_{CE} 的值。

6.13 饱和的识别

晶体管电路有两种基本类型：**放大电路**和**开关电路**。对于放大电路，Q 点必须在所有工作条件下都处于有源区，否则，输出信号的波峰将由于进入饱和区或截止区而发生失真。对于开关电路，Q 点一般在饱和区和截止区之间切换。开关电路的工作原理和应用条件稍后再作讨论。

6.13.1 矛盾判别法

假设图 6-25a 中晶体管的击穿电压大于 20 V，可以判断出晶体管不会工作在击穿区，而且，由于偏置电压的存在，晶体管也不会工作在截止区。但是还不能立刻判断出晶体管是工作在有源区还是饱和区。

故障诊断员和设计人员通常采用下面的方法来判断晶体管的工作区。步骤如下：

1. 假设晶体管工作在有源区；

2. 计算电流和电压；

3. 如果计算中出现了不可能的结果，则说明假设是错误的。

若出现不可能的结果，说明晶体管工作在饱和区。否则，晶体管工作在有源区。

6.13.2 饱和电流法

例如，图 6-25a 所示为一个基极偏置电路。先计算饱和电流：

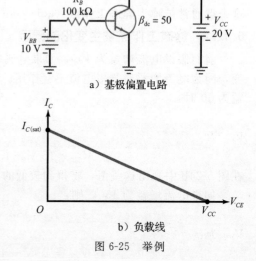

a）基极偏置电路

b）负载线

图 6-25 举例

$$I_{C(sat)} = \frac{20\,V}{10\,k\Omega} = 2\,mA$$

理想情况下基极电流是 $0.1\,mA$，假设电流增益为 50，则集电极电流为：

$$I_C = 50 \times 0.1\,mA = 5\,mA$$

这个结果是不可能的，因为集电极电流不能大于饱和电流。所以，晶体管不可能工作在有源区，它一定工作在饱和区。

6.13.3　集电极电压法

若要计算图 6-25a 中的 V_{CE}，可做如下推断：理想情况下基极电流为 0.1 mA，假设电流增益为 50，则集电极电流为：

$$I_C = 50 \times 0.1\text{ mA} = 5\text{ mA}$$

从而 V_{CE} 为：

$$V_{CE} = 20\text{ V} - 5\text{ mA} \times 10\text{ k}\Omega = -30\text{ V}$$

这个结果是不可能的，因为 V_{CE} 不可能是负的。所以，晶体管不可能工作在有源区，它一定工作在饱和区。

6.13.4　饱和区电流增益减小

电流增益一般是对有源区而言的。例如，图 6-25a 所示的电流增益为 50，是指当晶体管工作在有源区时，集电极电流为基极电流的 50 倍。

而当晶体管处于饱和状态时，电流增益比其处于有源区时要小。可以按下面的方法计算饱和电流增益：

$$\beta_{\text{dc(sat)}} = \frac{I_{C(\text{sat})}}{I_B}$$

对于图 6-25a，饱和电流增益为：

$$\beta_{\text{dc(sat)}} = \frac{2\text{ mA}}{0.1\text{ mA}} = 20$$

6.13.5　深度饱和

若使晶体管在所有条件下都工作在饱和区，设计时通常会选择一个使电流增益为 10 的基极电阻。因为这样能够产生足够大的基极电流使得晶体管处于饱和状态，该状态称为**深度饱和**。例如，图 6-25a 中 $50\text{ k}\Omega$ 的基极电阻产生的电流增益为：

$$\beta_{\text{dc}} = \frac{2\text{ mA}}{0.2\text{ mA}} = 10$$

对于图 6-25a 中的晶体管，只需：

$$I_B = \frac{2\text{ mA}}{50} = 0.04\text{ mA}$$

即可使得晶体管进入饱和。所以，0.2 mA 的基极电流将使晶体管进入深度饱和。

为什么需要设计为深度饱和状态呢？如前所述，集电极电流、温度变化以及晶体管的替换都会使电流增益发生变化。为了确保晶体管在集电极电流较低、温度较低等情况下不至于脱离饱和，设计时就需要采用深度饱和使得晶体管在所有工作条件下都处于饱和状态。

这里，**深度饱和**是指饱和电流增益近似为 10 的设计。而**轻度饱和**则指那些使得晶体管刚刚进入饱和的设计，即饱和电流增益只是略小于有源区电流增益。

6.13.6　深度饱和的快速判别

下面的方法可以快速判断晶体管是否处于深度饱和状态。通常，基极电源电压和集电极电源电压相等：$V_{BB} = V_{CC}$。这种情况下，可以用 10∶1 规则设计电路，也就是说，使基极电阻大约是集电极电阻的 10 倍。

图 6-26a 所示电路是按 10∶1 规则设计的。只要看到电路中参数比为 10∶1（$R_B : R_C$），就可以判定晶体管处于深度饱和状态。

例 6-18　假设图 6-18a 所示电路的基极电阻增大为 $1\text{ M}\Omega$，晶体管是否仍然处于饱和区？

解： 假设晶体管工作在有源区，看是否有矛盾出现。理想情况下，基极电流等于 10 V 除以 1 MΩ，即 10 μA。集电极电流等于 50 乘以 10 μA，即 0.5 mA。这个电流通过集电极电阻产生 5 V 电压，用 20 V 减去 5 V 得到：

$$V_{CE} = 15 \text{ V}$$

没有出现矛盾。如果晶体管是饱和的，将会得到一个负值，最大是 0 V，由于得到的是 15 V，所以可知晶体管是工作在有源区的。◀

例 6-19 假设图 6-25a 所示电路的集电极电阻减小为 5 kΩ，晶体管是否仍然处于饱和区？

解： 假设晶体管工作在有源区，看是否有矛盾出现。可以用与例 6-18 同样的方法，但为了解题的多样化，这里尝试第二种方法。

先计算集电极饱和电流值，假设将集电极和发射极短路，则可以看到 20 V 电压加载到 5 kΩ 电阻上，得到集电极饱和电流为：

$$I_{C(\text{sat})} = 4 \text{ mA}$$

理想情况下，基极电流等于 10 V 除以 100 kΩ，即 0.1 mA。集电极电流等于 50 乘以 0.1 mA，即 5 mA。

这里出现了矛盾。当 $I_C = 4$ mA 时晶体管即进入饱和，因而集电极电流不可能大于 4 mA。这时可能改变的只有电流增益，基极电流仍然是 0.1 mA，但是电流增益减小为：

$$\beta_{\text{dc(sat)}} = \frac{4 \text{ mA}}{0.1 \text{ mA}} = 40$$

这个结果验证了前面的结论：晶体管有两个电流增益，一个在有源区，另一个在饱和区，第二个增益小于或等于第一个。◀

自测题 6-19 如果图 6-25a 所示电路的集电极电阻为 4.7 kΩ，采用 10:1 的设计规则，要实现深度饱和，基极电阻为多少？

6.14 晶体管开关

基极偏置用于数字电路，因为这种电路通常工作在饱和区和截止区。因此，它们的输出不是高电压就是低电压。也就是说，工作点 Q 不会处于饱和区和截止区之间。这样，Q 点发生变化也没有关系，因为当电流增益变化时，晶体管始终处于饱和或截止状态。

举个基极偏置电路的工作状态在饱和与截止之间转换的例子。图 6-26a 所示是一个晶体管处于深度饱和状态的例子，输出电压接近于 0 V，即 Q 点在负载线的上端点（见图 6-26b）。

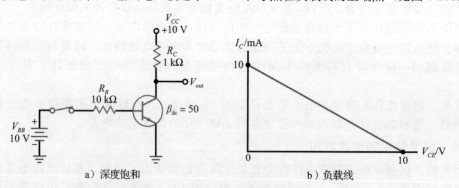

a）深度饱和　　　　　　b）负载线

图 6-26　举例

当开关断开时，基极电流下降为 0 A，于是，集电极电流也下降为 0 A。由于 1 kΩ 电阻上没有电流通过，集电极电源电压全部加到集电极-发射极两端。因此，输出电压上升到 10 V。此时，Q 点在负载线的下端点（见图 6-26b）。

该电路只有两种输出电压：0 V 或 10 V，可以由此来识别数字电路。它只有两种输出电平：高电平或低电平。两种输出电压的确切值并不重要，重要的是能够分辨出电平的高低。

数字电路也常常称为开关电路，因为它的 Q 点在负载线的两个端点之间切换。在大多数设计中，这两个点就是饱和点和截止点。另一个常用的名称叫作**双态电路**，是指其具有两种输出状态：高电平和低电平。

例 6-20　图 6-26a 所示电路的集电极电源电压减小为 5 V，输出电压的两个值各是多少？如果饱和电压 $V_{CE(sat)}$ 为 0.15 V，集电极漏电流 I_{CEO} 为 50 nA，输出电压的两个值又各是多少？

解：晶体管在饱和与截止状态之间切换。理想情况下，输出电压的两个值为 0 V 和 5 V，第一个电压是晶体管饱和时的压降，第二个电压是晶体管截止时的压降。

如果考虑饱和电压和集电极漏电流的影响，输出电压为 0.15 V 和 5 V。第一个电压是晶体管的饱和压降，已知为 0.15 V；第二个电压是 V_{CE}，有 50 nA 的电流流过 1 kΩ 的电阻，则：

$$V_{CE} = 5\,V - 50\,nA \times 1\,k\Omega = 4.999\,95\,V$$

该电压十分接近 5 V。

只有在设计电路时才会考虑开关电路的饱和电压和泄漏电流的影响。对开关电路而言，所关心的就是得到可区分的高、低两种电压。至于低电压是 0 V、0.1 V 还是 0.15 V 并不重要；同样地，高电压是 5 V、4.9 V 还是 4.5 V 也不重要。重要的是，在分析开关电路时能够区分出是高电压还是低电压。　◀

自测题 6-20　如果图 6-26a 所示电路中的集电极和基极电源电压为 12 V，输出开关电压的两个值各为多少？（假设 $V_{CE(sat)} = 0.15\,V$，$I_{CEO} = 50\,nA$）

6.15　故障诊断

图 6-27 所示是接地的共发射极电路。15 V 的基极电压源通过 470 kΩ 的电阻使发射结正偏，15 V 的集电极电压源通过 1 kΩ 的电阻使集电结反偏。用理想化近似计算 V_{CE}。过程如下：

$$I_B = \frac{15\,V}{470\,k\Omega} = 31.9\,\mu A$$

$$I_C = 100 \times 31.9\,\mu A = 3.19\,mA$$

$$V_{CE} = 15\,V - 3.19\,mA \times 1\,k\Omega = 11.8\,V$$

6.15.1　常见故障

如果对图 6-27 所示电路进行故障诊断，首先要做的是测量 V_{CE}，它应该是一个 11.8 V 左右的值。这里之所以不采用二阶或三阶更精确的近似，是因为电阻通常有至少 ±5% 的容差，不论采用哪一种近似，都会使 V_{CE} 与计算结果不同。

事实上，当有问题出现时，一般都是大问题，如短路或开路。短路可能是因为

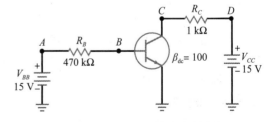

图 6-27　共发射极电路的故障诊断

器件损坏或者焊锡飞溅到电阻两端造成的，开路可能是器件烧毁造成的。这样的问题将使得电流或电压发生很大的变化。例如，最常见的问题发生在当电源电压没有连接到集电极时，可能以几种方式发生，如电源电压本身的问题、电源电压和集电极电阻间的导线开路、集电极电阻开路等。以上任何一种情况下，因为没有集电极电源电压，图 6-27 中的集电极电压都将近似为零。

另一种可能的问题是基极电阻开路，使得基极电流下降到零。这迫使集电极电流也降到零，且 V_{CE} 上升到集电极电源电压的值 15 V。晶体管开路也会产生同样的结果。

6.15.2 故障分析

需要强调的是：典型故障会引起晶体管电流和电压出现较大偏差，故障诊断时很少寻找 $0\sim1\,V$ 之间的电压差，而是寻找那些和理想值明显不同的电压。因此在故障诊断的开始，采用理想晶体管分析会很有效。而且，很多故障诊断员甚至不用计算器就能得到 V_{CE}。

如果不使用计算器，可以用心算估计 V_{CE} 的值。下面是估算图 6-19 中 V_{CE} 时的分析过程：

基极电阻上的电压大约是 $15\,V$。$1\,M\Omega$ 的基极电阻上大约产生 $15\,\mu A$ 的基极电流。由于 $470\,k\Omega$ 约为 $1\,M\Omega$ 的一半，基极电流就是它的两倍，大约 $30\,\mu A$。如果电流增益为 100，集电极电流大约是 $3\,mA$，流过 $1\,k\Omega$ 的电阻将产生 $3\,V$ 的压降。从 $15\,V$ 减去 $3\,V$ 就得到 V_{CE} 为 $12\,V$。所以测量得到的 V_{CE} 应该在 $12\,V$ 左右，否则就是电路中某处出现了问题。

6.15.3 故障列表

短接元件等效于一个阻值为零的电阻，开路元件等效于一个阻值无穷大的电阻。例如，基极电阻 R_B 可能短路或开路，分别用 R_{BS} 和 R_{BO} 来表示这两种故障情况。同样地，集电极电阻也可能短路或开路，用 R_{CS} 和 R_{CO} 表示。

表 6-2 所示是几个可能在图 6-27 电路中发生的故障，用二阶近似计算得到这些电压。当电路正常工作时，应该测得集电极电压约为 $12\,V$。如果基极电阻短路，则 $+15\,V$ 会出现在基极上，如此大的电压会将发射结烧毁，集电结可能因此而开路，使得集电极电压升至 $15\,V$。R_{BS} 产生的问题及其对应的电压列在表 6-2 中。

表 6-2　问题和现象

故障	V_B/V	V_C/V	评价
没有	0.7	12	没有问题
R_{BS}	15	15	晶体管烧毁
R_{BO}	0	15	没有基极或集电极电流
R_{CS}	0.7	15	—
R_{CO}	0.7	0	—
没有 V_{BB}	0	15	检查电源及其连线
没有 V_{CC}	0.7	0	检查电源及其连线

如果基极电阻开路，则基极电压或电流将不存在。此外，集电极电流将为零，且集电极电压升至 $15\,V$。R_{BO} 产生的问题及其对应的电压列在表 6-2 中。继续上面的步骤，可以得到表中其余的情况。

晶体管可能出现的问题很多。因为它包含两个二极管，击穿电压、最大电流、额定功率中任何一个量超出范围，都会使其中一个或两个二极管损坏。这些故障可能是短路、开路、泄漏电流过大和 β_{dc} 减小。

6.15.4 离线测试

通常可用设置成二极管测试挡的数字万用表来测试晶体管。如图 6-28 所示，npn 型晶体管由两个背对背的二极管组成，可以测出每个 pn 结正向偏置和反向偏置的读数。集电极到发射极之间的电压也可以测量，用万用表的两种极性连接，测量结果都应该显示溢出。由于晶体管有三端，所以有六种可能的极性连接，如图 6-29a 所示。要注意的是，只有两种极性连接的读数约为 $0.7\,V$，而且基极应是唯一与其他引脚间电压读数都是 $0.7\,V$ 的引脚，并且需要与正极相连。也可参看图 6-29b。

可以用同样的方法对 pnp 型晶体管进行测试。如图 6-30 所示，pnp 型晶体管也是由两个背对背的二极管组成。将数字万用表设置成二极管测试挡，对正常晶体管的测试结果如图 6-31a 和图 6-31b 所示。

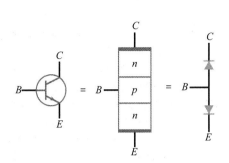

+	−	读数
B	E	0.7
E	B	0L
B	C	0.7
C	B	0L
C	E	0L
E	C	0L

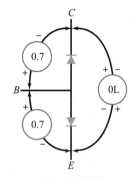

a）连接极性　　　　　b）pn结读数

图 6-28　npn 型晶体管　　　　　图 6-29　npn 管的万用表读数

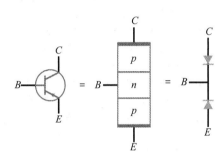

+	−	读数
B	E	0L
E	B	0.7
B	C	0L
C	B	0.7
C	E	0L
E	C	0L

a）连接极性　　　　　b）pn结读数

图 6-30　pnp 型晶体管　　　　　图 6-31　pnp 管的万用表读数

很多数字万用表都有专门的 β_{dc} 和 h_{FE} 测量功能。将晶体管的引脚插入合适的槽中，将会显示正向电流增益。这个电流增益是针对特定的基极电流或集电极电流和 V_{CE} 而言的，可以从万用表的使用手册中查到测试条件。

另一种测量晶体管的方法是用欧姆表。可以先测量集电极和发射极之间的电阻，该电阻值应该在两个方向上都很大，因为集电结和发射结是背靠背串联的。一个很常见的故障是集电极-发射极短路，原因是功率超过了额定值。如果任何方向上的读数在 0 到几千欧姆，则可判定晶体管发生短路，并应该更换。

假设集电极-发射极电阻在两个方向都很大（几兆欧），可以测量集电结（集电极-基极两端）和发射结（基极-发射极两端）的正向电阻和反向电阻。这两个二极管的反向电阻和正向电阻之比都应该很大，典型值应该大于 1000∶1（硅），如果不在这个范围，则该晶体管已损坏。

即使晶体管通过了欧姆表测试，它仍然会有一些缺陷，因为欧姆表只是在直流情况下进行测量。可以用特性曲线测试仪查找更多细小的缺陷，如泄漏电流过大，β_{dc} 过小或击穿电压不足。图 6-32 所示是用特性曲线测试仪对晶体管进行测试的情形。也可以用商用的晶体管测试仪器检查泄漏电流、电流增益 β_{dc} 和其他参数。

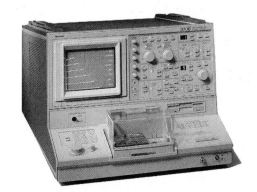

图 6-32　Tektronix 晶体管特性曲线测试仪

总结

6.1 节 晶体管有三个掺杂区：发射极、基极和集电极。基极和发射极之间的 pn 结叫作发射结。基极和集电极之间的 pn 结叫作集电结。

6.2 节 在正常工作时，应使发射结正偏，集电结反偏。在此条件下，发射极将自由电子注入基极，大多数自由电子穿过基极到达集电极。因此，集电极电流几乎等于发射极电流。基极电流要小得多，通常不到发射极电流的 5%。

6.3 节 集电极电流与基极电流的比叫作电流增益，用 β_{dc} 或者 h_{FE} 表示。对低功率晶体管，典型值为 $100\sim300$。发射极电流是三个电流中最大的，集电极电流几乎与之相同，而基极电流很小。

6.4 节 共发射极电路中，发射极接地或为公共端。晶体管的基极-发射极间的特性像一个普通二极管。集电极-发射极[注]间的特性像一个电流源，电流等于 β_{dc} 乘以基极电流。晶体管有有源区、饱和区、截止区和击穿区。线性放大器工作在有源区，数字电路工作在饱和区和截止区。

6.5 节 基极电流与基极-发射极电压的关系类似普通二极管的伏安特性。因此，可以采用二极管三种近似方法中的任意一种来计算基极电流。多数情况下，用理想化近似或二阶近似就足够了。

6.6 节 晶体管的四个不同的工作区域包括有源区、饱和区、截止区和击穿区。用于放大器时，晶体管工作在有源区。用于数字电路时，晶体管通常工作在饱和区和截止区。应该避免使晶体管工作在击穿区，因为损坏的风险很高。

6.7 节 对于大多数电路的计算，得到精确的结果是极为耗时的，几乎都使用近似方法，因为在多数应用中，近似结果就足够了。理想晶体管可用于基本的故障诊断。三阶近似对于精确的设计是必要的。二阶近似对于故障诊断和设计而言是一个很好的折中。

6.8 节 晶体管的电压、电流和功率都有最大额定值。小信号晶体管的功率为 1 W 或更低。功率晶体管的功率为 1 W 以上。温度会改变晶体管特性，最大功率随温度的升高而下降，电流增益随温度的变化也会发生极大的改变。

6.9 节 表面贴装晶体管（SMT）有各种封装形式。简单的三端鸥翼型封装很普遍。一些表面贴装晶体管的功率可以超过 1 W。还有一些可包含多个晶体管的其他类型的表面贴装器件。

6.10 节 晶体管的电流增益是一个不确定的量。由于制造偏差，当用同类型的晶体管进行替换时，电流增益的变化可达 3∶1。温度和集电极电流变化也会造成直流增益的变化。

6.11 节 直流负载线包含了晶体管电路所有可能的直流工作点。负载线的上端点叫作饱和点，下端点叫作截止点。假设将集电极和发射极短路，可以得到饱和电流；假设将集电极和发射极开路，可以得到截止电压。

6.12 节 晶体管的工作点在直流负载线上，工作点的精确位置由集电极电流和 V_{CE} 决定。对于基极偏置电路，任何一个电路参数的改变都会引起 Q 点的移动。

6.13 节 首先假设 npn 晶体管工作在有源区，如果这个假设导致了矛盾的结果（如出现负的 V_{CE}，或者集电极电流大于饱和电流），则晶体管工作在饱和区。另一种识别饱和区的方法是比较基极电阻和集电极电阻，如果比例接近 $10∶1$，则晶体管可能是饱和的。

6.14 节 当晶体管用作开关时往往采用基极偏置，在截止和饱和两个工作状态之间切换。这种操作用于数字电路。开关电路也叫作双态电路。

6.15 节 可以用数字万用表或者欧姆表测量晶体管，这对没有连在电路中的晶体管是最好的方法。当晶体管在电路中且已加电后，可以测量它的电压，这能为可能发生的故障提供线索。

重要公式

1. 发射极电流

$$I_E = I_C + I_B$$

2. α_{dc}

$$\alpha_{dc} = \frac{I_C}{I_E}$$

⊖ 原文为"基极-集电极"，有误。——译者注

3. β_{dc}（电流增益）

$$\beta_{dc} = \frac{I_C}{I_B}$$

4. 集电极电流

$$I_C = \beta_{dc} I_B$$

5. 基极电流

$$I_B = \frac{I_C}{\beta_{dc}}$$

6. 基极电流

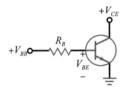

$$I_B = \frac{V_{BB} - V_{BE}}{R_B}$$

7. 集电极-发射极电压

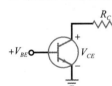

$$V_{CE} = V_{CC} - I_C R_C$$

8. CE 组态功率

$$P_D = V_{CE} I_C$$

9. 电流增益

$$\beta_{dc} = h_{FE}$$

10. 负载线分析

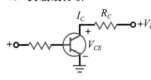

$$I_C = \frac{V_{CC} - V_{CE}}{R_C}$$

11. 饱和电流（基极偏置）

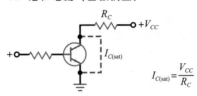

$$I_{C(sat)} = \frac{V_{CC}}{R_C}$$

12. 截断电压（基极偏置）

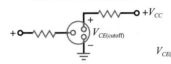

$$V_{CE(cutoff)} = V_{CC}$$

13. 基极电流

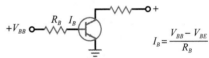

$$I_B = \frac{V_{BB} - V_{BE}}{R_B}$$

14. 电流增益

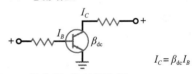

$$I_C = \beta_{dc} I_B$$

15. 集电极-发射极电压

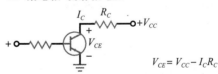

$$V_{CE} = V_{CC} - I_C R_C$$

相关实验

实验 15
CE 连接
实验 16
晶体管工作区

实验 17
基极偏置

选择题

1. 晶体管有多少个 pn 结？
   a. 1　　　　　　　　　b. 2
   c. 3　　　　　　　　　d. 4
2. 在 npn 型晶体管中，发射极中的多子是
   a. 自由电子　　　　　b. 空穴

   c. 都不是　　　　　　d. 两种都是
3. 每个硅耗尽层的势垒电压是
   a. 0　　　　　　　　　b. 0.3 V
   c. 0.7 V　　　　　　　d. 1 V
4. 发射结通常

a. 正偏　　　　　　　　b. 反偏

c. 不导通　　　　　　　d. 工作在击穿区

5. 对于正常工作的晶体管，集电结应该

　　a. 正偏　　　　　　　　b. 反偏

　　c. 不导通　　　　　　　d. 工作在击穿区

6. npn 晶体管的基极很薄，而且

　　a. 重掺杂　　　　　　　b. 轻掺杂

　　c. 是金属　　　　　　　d. 掺杂五价材料

7. npn 晶体管的基极中，大多数电子

　　a. 流出基极引脚　　　　b. 流入集电极

　　c. 流入发射极　　　　　d. 流入基极电源

8. 晶体管的 β 值是

　　a. 集电极电流比发射极电流

　　b. 集电极电流比基极电流

　　c. 基极电流比集电极电流

　　d. 发射极电流比集电极电流

9. 提高集电极电源电压会增加

　　a. 基极电流　　　　　　b. 集电极电流

　　c. 发射极电流　　　　　d. 都不是

10. 晶体管发射极有很多自由电子，这说明发射极是

　　a. 轻掺杂的　　　　　　b. 重掺杂的

　　c. 没有掺杂　　　　　　d. 上述都不是

11. pnp 型晶体管中，发射极中的多子是

　　a. 自由电子　　　　　　b. 空穴

　　c. 都不是　　　　　　　d. 两种都是

12. 关于集电极电流最重要的事实是

　　a. 以毫安量级测量

　　b. 等于基极电流除以电流增益

　　c. 它很小

　　d. 它与发射极电流几乎相等

13. 如果电流增益是 100，且集电极电流是 10 mA，则基极电流是

　　a. 10 μA　　　　　　　b. 100 μA

　　c. 1 A　　　　　　　　d. 10 A

14. 基极-发射极电压通常

　　a. 小于基极电源电压

　　b. 等于基极电源电压

　　c. 大于基极电源电压

　　d. 无法回答

15. 集电极-发射极电压 V_{CE} 通常

　　a. 小于集电极电源电压

　　b. 等于集电极电源电压

　　c. 大于集电极电源电压

　　d. 无法回答

16. 晶体管消耗的功率大约等于集电极电流乘以

　　a. 基极-发射极电压

　　b. 集电极-发射极电压

c. 基极电源电压

d. 0.7 V

17. 晶体管特性类似于一个二极管和一个

　　a. 电压源　　　　　　　b. 电流源

　　c. 电阻　　　　　　　　d. 电源

18. 在有源区，集电极电流不会随以下哪个量的变化而有显著变化

　　a. 基极电源电压　　　　b. 基极电流

　　c. 电流增益　　　　　　d. 集电极电阻

19. 基极-发射极电压的二阶近似是

　　a. 0　　　　　　　　　b. 0.3 V

　　c. 0.7 V　　　　　　　d. 1 V

20. 如果基极电阻开路，集电极电流是多少？

　　a. 0　　　　　　　　　b. 1 mA

　　c. 2 mA　　　　　　　d. 10 mA

21. 比较 2N3904 晶体管和 PZT3904 表面贴装管的功耗，2N3904

　　a. 能处理较小的功率

　　b. 能处理较大的功率

　　c. 能处理同样的功率

　　d. 不能比较

22. 晶体管电流增益被定义为集电极电流与哪个电流的比值？

　　a. 基极电流　　　　　　b. 发射极电流

　　c. 电源电流　　　　　　d. 集电极电流

23. 电流增益与集电极电流的特性曲线表明电流增益

　　a. 是常数

　　b. 变化微小

　　c. 变化很大

　　d. 等于集电极电流除以基极电流

24. 集电极电流增大时，电流增益如何变化？

　　a. 减小　　　　　　　　b. 保持不变

　　c. 增大　　　　　　　　d. 以上任一答案

25. 当温度上升时，电流增益

　　a. 减小　　　　　　　　b. 保持不变

　　c. 增大　　　　　　　　d. 以上任一答案

26. 当基极电阻增大时，集电极电压可能 _____

　　a. 减小　　　　　　　　b. 保持不变

　　c. 增大　　　　　　　　d. 以上所有答案

27. 如果基极电阻很小，晶体管将工作在

　　a. 截止区　　　　　　　b. 有源区

　　c. 饱和区　　　　　　　d. 击穿区

28. 负载线上三个不同的静态工作点，最上面的静态工作点代表

　　a. 电流增益最小　　　　b. 电流增益处于中等

　　c. 电流增益最大　　　　d. 截止点

29. 如果晶体管工作点在负载线的中间，减小基极

电阻将使静态工作点

　a. 下降　　　　　　　b. 上升

　c. 不动　　　　　　　d. 偏离负载线

30. 如果基极电源电压未连接，则集电极-发射极电压等于

　a. 0 V　　　　　　　b. 6 V

　c. 10.5 V　　　　　　d. 集电极电源电压

31. 如果基极电阻为 0，则晶体管可能会

　a. 饱和　　　　　　　b. 截止

　c. 损坏　　　　　　　d. 以上都不对

32. 集电极电流为 1.5 mA，如果电流增益为 50，则基极电流为

　a. 3 μA　　　　　　b. 30 μA

c. 150 μA　　　　　d. 3 mA

33. 基极电流为 50 μA，如果电流增益为 100，集电极电流最接近的值为

　a. 50 μA　　　　　b. 500 μA

　c. 2 mA　　　　　　d. 5 mA

34. 当 Q 点沿负载线移动时，当集电极电流发生以下哪种情况时 V_{CE} 会减小？

　a. 减小　　　　　　　b. 保持不变

　c. 增大　　　　　　　d. 以上都不是

35. 当晶体管开关电路中基极电流为 0 时，输出电压为

　a. 低电平　　　　　　b. 高电平

　c. 不变　　　　　　　d. 未知

习题

6.3 节

6-1　晶体管发射极电流为 10 mA，集电极电流为 9.95 mA，则基极电流是多少？

6-2　集电极电流为 10 mA，基极电流为 0.1 mA，则电流增益是多少？

6-3　晶体管电流增益为 150，基极电流为 30 μA，则集电极电流是多少？

6-4　晶体管集电极电流为 100 mA，电流增益为 65，则发射极电流是多少？

6.5 节

6-5　▥Ⅲ **Multisim**图 6-33 所示电路中的基极电流是多少？

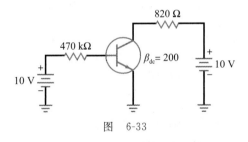

图　6-33

6-6　▥Ⅲ **Multisim**图 6-33 所示电路中，如果电流增益从 200 减小到 100，基极电流是多少？

6-7　如果图 6-33 电路中 470 kΩ 的电阻容差为 ±5%，最大基极电流是多少？

6.6 节

6-8　▥Ⅲ **Multisim**一个与图 6-33 类似的晶体管电路，集电极电源电压为 20 V，集电极电阻为 1.5 kΩ，集电极电流为 6 mA，则集电极-发射极电压是多少？

6-9　如果晶体管集电极电流为 100 mA，集电极-发射极电压为 3.5 V，它的功耗是多少？

6.7 节

6-10　图 6-33 中晶体管的 V_{CE} 和功耗各是多少？

（用理想化近似和二阶近似计算。）

6-11　图 6-34a 中给出了一个简单的画晶体管电路的方法，它与之前讨论过的晶体管电路的工作类似。V_{CE} 是多少？晶体管功耗是多少？（用理想化近似和二阶近似计算。）

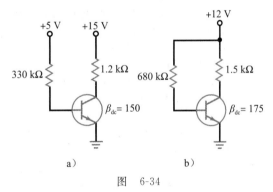

图　6-34

6-12　当基极电压和集电极电源电压相等时，晶体管可以画成图 6-34b 所示的样子。这个电路中的 V_{CE} 是多少？晶体管功率是多少？（用理想化近似和二阶近似计算。）

6.8 节

6-13　晶体管 2N3904 的保存温度范围是多少？

6-14　当集电极电流为 1 mA，V_{CE} 为 1 V 时，晶体管 2N3904 的最小 h_{FE} 是多少？

6-15　一个晶体管的功率额定值是 1 W。如果 V_{CE} 是 10 V，集电极电流是 120 mA，该晶体管会发生什么情况？

6-16　晶体管 2N3904 在没有散热片情况下的额定功率为 625 mW。如果环境温度为 65 ℃，额定功率有何变化？

6.10 节

6-17　参考图 6-19，当集电极电流为 100 mA，结温为 125 ℃ 时，2N3904 的电流增益为多少？

6-18 参考图 6-19，结温为 25 ℃，集电极电流为 1.0 mA，电流增益为多少？

6.11 节

6-19 画出图 6-35a 的负载线。饱和点的集电极电流为多少？截止点的 V_{CE} 为多少？

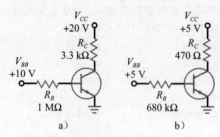

图　6-35

6-20 如果图 6-35a 中集电极电源电压增加到 25 V，负载线将如何变化？

6-21 如果图 6-35a 中集电极电阻增加到 4.7 kΩ，负载线将如何变化？

6-22 如果图 6-35a 中基极电阻减小到 500 kΩ，负载线将如何变化？

6-23 画出图 6-35b 的负载线。饱和点的集电极电流为多少？截止点的 V_{CE} 为多少？

6-24 如果图 6-35b 中集电极电源电压加倍，负载线将如何变化？

6-25 如果图 6-35b 中集电极电阻增加到 1 kΩ，负载线将如何变化？

6.12 节

6-26 图 6-35a 中，若电流增益为 200，集电极对地的电压为多少？

6-27 图 6-35a 中，电流增益在 25 到 300 之间变化，集电极对地电压的最小值为多少？最大值为多少？

6-28 图 6-35a 中的电阻容差为 ±5%，电源电压容差为 ±10%，若电流增益在 50 到 150 之间变化，集电极对地电压的最小值为多少？最大值为多少？

6-29 图 6-35b 中，若电流增益是 150，集电极对

思考题

6-36 电流增益是 200 的晶体管，其 α_{dc} 是多少？

6-37 α_{dc} 为 0.994 的晶体管，其电流增益是多少？

6-38 设计一个 CE 电路，满足以下指标：$V_{BB}=$ 5 V，$V_{CC}=15$ V，$h_{FE}=120$，$I_C=10$ mA，且 $V_{CE}=7.5$ V。

6-39 图 6-21 所示电路中，为了使 $V_{CE}=6.7$ V，基极电阻的值应该是多少？

6-40 室温情况下（25 ℃），2N3904 晶体管的功

地的电压为多少？

6-30 图 6-35b 中，电流增益从在 100 到 300 之间变化，集电极对地电压的最小值为多少？最大值为多少？

6-31 图 6-35b 中的电阻容差为 ±5%，电源电压容差为 ±10%，若电流增益在 50 到 150 之间变化，集电极对地电压的最小值为多少？最大值为多少？

6.13 节

6-32 请利用图 6-35a 中的电路参数值，有特别说明的除外。确定晶体管在下列条件下是否饱和。

　a. $R_B=33$ kΩ 且 $h_{FE}=100$

　b. $V_{BB}=5$ V 且 $h_{FE}=200$

　c. $R_C=10$ kΩ 且 $h_{FE}=100$

　d. $V_{CC}=10$ V 且 $h_{FE}=100$

6-33 请利用图 6-35b 中的电路参数值，有特别说明的除外。确定晶体管在下列条件下是否饱和。

　a. $R_B=51$ kΩ 且 $h_{FE}=100$

　b. $V_{BB}=10$ V 且 $h_{FE}=500$

　c. $R_C=10$ kΩ 且 $h_{FE}=100$

　d. $V_{CC}=10$ V 且 $h_{FE}=100$

6.14 节

6-34 将图 6-35b 中的 680 kΩ 电阻换成 4.7 kΩ 的电阻和一个开关的串联，假设晶体管是理想的，当开关打开时集电极电压为多少？当开关闭合时集电极电压又是多少？

6.15 节

6-35 ▐▐▐ Multisim 在图 6-33 中，当发生以下故障时，V_{CE} 会增加、减小还是保持不变？

　a. 470 kΩ 电阻短路

　b. 470 kΩ 电阻开路

　c. 820 kΩ 电阻短路

　d. 820 kΩ 电阻开路

　e. 没有基极电源电压

　f. 没有集电极电源

率额定值为 350 mW。如果 V_{CE} 是 10 V，当环境温度为 50 ℃ 时，晶体管能处理的最大电流是多少？

6-41 假设将 LED 与图 6-33 所示电路中的 820 Ω 电阻串联，LED 的电流等于多少？

6-42 查看数据手册，当集电极电流为 50 mA 时，晶体管 2N3904 的 V_{CE} 饱和电压是多少？

求职面试问题

1. 画一个 npn 型晶体管，标出 n 区和 p 区，然后给这个晶体管加上正确的偏置，并说出它的工作原理。

2. 画一组集电极特性曲线，然后利用这些曲线，指出晶体管的四个工作区域。

3. 画出工作在有源区的晶体管的两种等效电路（理想化近似和二阶近似）。说明在什么时候及如何利用这些电路计算晶体管的电流和电压。

4. 画一个 CE 组态的晶体管电路。这个电路中可能会发生什么故障？为了隔离这些故障，应该如何测量？

5. 当看到原理图中的 npn 和 pnp 晶体管时，如何分辨它们的类型？如何判断电子（或者传统电流）的流动方向？

6. 能够显示一组晶体管集电极特性曲线、I_C 与 V_{CE} 关系曲线的测量仪器是什么？

7. 晶体管功耗的公式是什么？指出负载线上预期达到最大功耗的位置。

8. 晶体管的三种电流是什么？它们间的关系怎样？

9. 画一个 npn 型和 pnp 型晶体管，标出所有电流及其流动方向。

10. 晶体管可能连接成如下任意种组态：共发射极、共集电极和共基极。最常用的组态是哪个？

11. 画一个基极偏置电路。如何计算 V_{CE}？为什么不能采用这种电路在大规模生产中实现精确的电流增益？

12. 再画一个基极偏置电路。画出负载线，如何计算饱和点和截止点？讨论电流增益变化对 Q 点位置的影响。

13. 请阐述在电路中测试晶体管的方法。当电路接通电源时，应采用什么方法对晶体管进行测试？

14. 温度对电流增益有什么影响？

选择题答案

1. b   2. a   3. c   4. a   5. b   6. b   7. b   8. b   9. d   10. b   11. b   12. d   13. b   14. a   15. a
16. b   17. b   18. d   19. c   20. a   21. a   22. a   23. b   24. d   25. d   26. c   27. c   28. c   29. b   30. d
31. c   32. b   33. d   34. c   35. b

自测题答案

6-1 $\beta_{dc} = 200$

6-2 $I_C = 10$ mA

6-3 $I_B = 74.1\ \mu A$

6-4 $V_B = 0.7$ V
       $I_B = 74.1\ \mu A$
       $I_C = 6.6$ mA

6-5 $I_B = 13.7\ \mu A$
       $I_C = 4.11$ mA
       $V_{CE} = 1.78$ V
       $P_D = 7.32$ mW

6-6 $I_B = 16.6\ \mu A$
       $I_C = 5.89$ mA
       $\beta_{dc} = 355$

6-10   理想近似：$I_B = 14.9\ \mu A$
                $I_C = 1.49$ mA
                $V_{CE} = 9.6$ V
       二阶近似：$I_B = 13.4\ \mu A$
                $I_C = 1.34$ mA
                $V_{CE} = 10.2$ V

6-12 $P_{D(max)} = 375$ mW，不在安全系数为 2 的范围内。

6-14 $I_{C(sat)} = 6$ mA，$V_{CE(cutoff)} = 12$ V

6-16 $I_{C(sat)} = 3$ mA，斜率下降。

6-17 $V_{CE} = 8.25$ V

6-19 $R_B = 47$ kΩ

6-20 $V_{CE} = 11.999$ V 和 0.15 V

第 7 章
双极型晶体管的偏置

原型是指基本的初级电路，可以在此基础上加以改进。基极偏置电路是用于开关电路设计的原型电路。发射极偏置电路是用于放大电路设计的原型电路。本章着重介绍发射极偏置电路及其衍生的应用电路。

目标

在学习完本章后，你应该能够：

■ 画出发射极偏置电路，并解释为什么这种偏置适用于放大电路；

■ 画出分压器偏置电路图；

■ 计算 npn 管分压器偏置电路的分压电流、基极电压、发射极电压、发射极电流、集电极电压和 V_{CE}；

■ 对于给定的分压器偏置电路，画出其负载线并计算 Q 点；

■ 根据设计指南设计分压器偏置电路；

■ 画出双电源发射极偏置电路，并计算 V_{RE}、I_E、V_C 和 V_{CE}；

■ 比较几种不同形式的偏置电路，并描述它们的特点；

■ 计算 pnp 管分压器偏置电路的 Q 点；

■ 对晶体管偏置电路进行故障诊断。

关键术语

集电极反馈偏置（collector-feedback bias）　　自偏置（self-bias）

修正系数（correction factor）　　级（stage）

发射极偏置（emitter bias）　　准理想分压器（stiff voltage divider）

发射极反馈偏置（emitter-feedback bias）　　消除影响（swamp out）

稳定分压器（firm voltage divider）　　双电源发射极偏置（two-supply emitter bias，

光电晶体管（phototransistor）　　　　TSEB）

原型（prototype）　　分压器偏置（voltage-divider bias，VDB）

7.1　发射极偏置

计算机中的电路是数字电路，其中采用的是基极偏置以及由基极偏置构成的电路。但对于放大器，则需要电路的静态工作点不随电流增益的变化而变化。

图 7-1 所示是一个**发射极偏置**电路。由图 7-1 可见，电阻从基极电路移到了发射极电路。这个变化改变了整个电路的特性，使得该电路的 Q 点十分稳定。电流增益从 50 变到 150 的过程中，Q 点在负载线上的位置几乎不变。

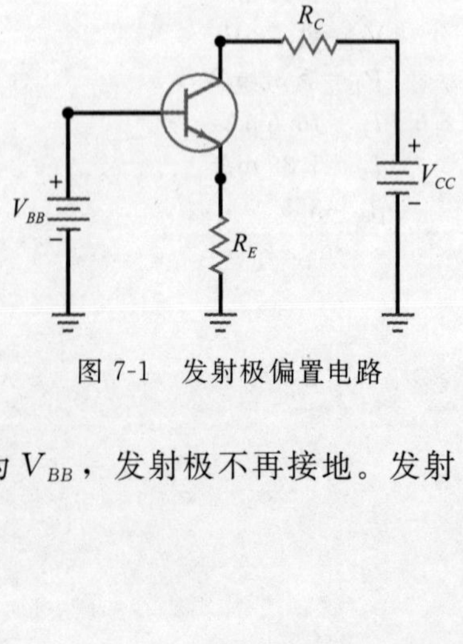

图 7-1　发射极偏置电路

7.1.1　基本概念

将基极电源电压直接加在基极，基极和地之间的电压为 V_{BB}，发射极不再接地。发射极和地之间的电压为：

$$V_E = V_{BB} - V_{BE} \qquad (7\text{-}1)$$

如果 V_{BB} 大于 20 倍的 V_{BE}，则理想化近似足够准确；如果 V_{BB} 小于 20 倍的 V_{BE}，应该采用二阶近似，否则误差会大于 5%。

7.1.2 确定 Q 点

分析图 7-2 所示的发射极偏置电路。由于基极电源电压只有 5 V，因此需要采用二阶近似。基极和地之间的电压为 5 V，将基极到地之间的电压称为基极电压，记为 V_B。基极和发射极两端的压降为 0.7 V，将该电压称为基-发射极电压，记为 V_{BE}。

将发射极和地之间的电压称为发射极电压，它等于：

$$V_E = 5\,V - 0.7\,V = 4.3\,V$$

该电压加在发射极电阻上，可以用欧姆定律来计算发射极电流：

$$I_E = \frac{4.3\,V}{2.2\,k\Omega} = 1.95\,mA$$

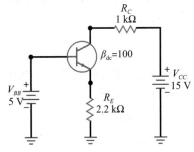

图 7-2 确定 Q 点的发射极偏置电路

这也意味着集电极电流近似为 1.95 mA。当这个集电极电流流过集电极电阻时，产生 1.95 V 的压降。从集电极电源电压中减去这个压降，得到集电极和地之间的电压：

$$V_C = 15\,V - 1.95\,mA \times 1\,k\Omega = 13.1\,V$$

将集电极到地之间的电压称为集电极电压。

这个电压是故障诊断人员在检测晶体管电路时需要测量的。测量时将电压表的一端接到集电极，另一端接地。如果要得到 V_{CE}，需要从集电极电压中减去发射极电压，得到：

$$V_{CE} = 13.1\,V - 4.3\,V = 8.8\,V$$

所以，图 7-2 中的发射极偏置电路的 Q 点坐标为：

$$I_C = 1.95\,mA, \qquad V_{CE} = 8.8\,V$$

V_{CE} 可用来绘制负载线，并可在查阅晶体管的数据手册时使用。其计算公式为：

$$V_{CE} = V_C - V_E \qquad (7\text{-}2)$$

7.1.3 电路对电流增益变化不敏感

发射极偏置的优势在于，发射极偏置电路的 Q 点对电流增益的变化不敏感。电路分析过程便可证明。以下是前面用过的计算步骤：

1. 计算发射极电压；
2. 计算发射极电流；
3. 计算集电极电压；
4. 集电极电压减去发射极电压得到 V_{CE}。

在上述计算过程中，没有用到电流增益。由于不需要用电流增益来计算发射极电流和集电极电流等参数，那么电流增益的精确值就不再重要了。

将电阻从基极移到发射极后，迫使基极到地的电压等于基极电源电压。在基极偏置电路中，几乎所有的基极电源电压都加在基极电阻上，从而产生固定基极电流，而在发射极偏置电路中，电源电压减去 0.7 V 后的电压全部加在发射极电阻上，产生的是固定的发射极电流。

7.1.4 电流增益的微小影响

电流增益对集电极电流有微小的影响。在所有工作条件下，三个电流的关系都满足：

$$I_E = I_C + I_B$$

也可以写成：

$$I_E = I_C + \frac{I_C}{\beta_{dc}}$$

由该方程求解集电极电流，得：

$$I_C = \frac{\beta_{dc}}{\beta_{dc}+1} I_E \tag{7-3}$$

I_E 前面相乘的系数叫作**修正系数**，它表明 I_C 与 I_E 是不同的。当电流增益为 100 时，修正系数为：

$$\frac{\beta_{dc}}{\beta_{dc}+1} = \frac{100}{100+1} = 0.99$$

也就是说集电极电流为发射极电流的 99%。所以，如果忽略修正系数，认为集电极电流与发射极电流相等，导致的误差只有 1%。

知识拓展　由于在发射极偏置电路中，I_C 和 V_{CE} 不受 β 值的影响，所以也称该电路是"与 β 不相关"的。

例 7-1　在图 7-3 所示的 Multisim 仿真电路中，集电极对地的电压是多少？集电极和发射极之间的电压是多少？

解：基极电压为 5 V，发射极电压比基极电压低 0.7 V，即：

$$V_E = 5\,\text{V} - 0.7\,\text{V} = 4.3\,\text{V}$$

该电压加在 1 kΩ 的发射极电阻上，因此发射极电流为 4.3 V 除以 1 kΩ，即：

$$I_E = \frac{4.3\,\text{V}}{1\,\text{k}\Omega} = 4.3\,\text{mA}$$

集电极电流近似等于 4.3 mA，当该电流流过集电极电阻（这里是 2 kΩ）时，产生的电压为：

$$I_C R_C = 4.3\,\text{mA} \times 2\,\text{k}\Omega = 8.6\,\text{V}$$

集电极电源电压减去这个电压，得：

$$V_C = 15\,\text{V} - 8.6\,\text{V} = 6.4\,\text{V}$$

该电压值与 Multisim 中仪表测得的值很接近。这个电压是集电极对地的电压，也是在故障诊断时需要测量的电压。

不能把电压表直接连在集电极和发射极之间，因为这样会将发射极对地短路，除非电压表具有很高的输入电阻，并且其地线悬浮。若需要测量 V_{CE} 的值，应该首先测量集电极对地的电压和发射极对地的电压，然后将两者相减得到。本例中：

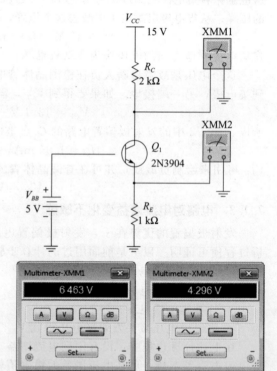

图 7-3　仪表测量值

$$V_{CE} = 6.4\,\text{V} - 4.3\,\text{V} = 2.1\,\text{V}$$

自测题 7-1　**Multisim**将图 7-3 中的基极电源电压减小到 3 V，估计并测量 V_{CE} 的值。

7.2　LED 驱动

前文讨论到基极偏置电路产生固定的基极电流，发射极偏置电路产生固定的发射极电流。由于电流增益的问题，在饱和状态和截止状态之间切换的电路设计中常采用基极偏置,而工作在有源区的电路设计中常采用发射极偏置。

本节讨论两种 LED 驱动电路:第一种电路采用基极偏置,第二种电路采用发射极偏置。可以观察到不同电路在同一应用中的性能表现。

7.2.1 基极偏置 LED 驱动

图 7-4a 所示电路中,基极电流为 0,即晶体管截止。当开关闭合时,晶体管进入深度饱和状态。就像将集电极-发射极两端短路一样,此时集电极电源电压(15 V)将加在 1.5 kΩ 的串联电阻和 LED 上。如果忽略 LED 上的压降,集电极电流的理想值为 10 mA。但是如果允许 LED 上有 2 V 压降,则只有 13 V 的电压加在 1.5 kΩ 的电阻上,集电极电流等于 13 V 除以 1.5 kΩ,即 8.67 mA。

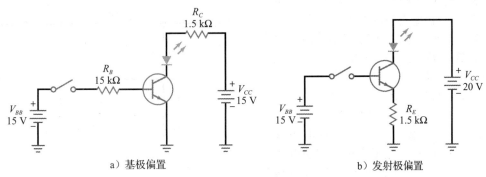

a)基极偏置   b)发射极偏置

图 7-4 LED 驱动电路

这个电路工作在深度饱和状态,电流增益并不重要,因而是一个很好的 LED 驱动电路。如果要改变电路中 LED 的电流,可以改变集电极电阻或集电极电源电压。由于希望开关闭合时晶体管处于深度饱和状态,所以取基极电阻为集电极电阻的 10 倍。

7.2.2 发射极偏置 LED 驱动

图 7-4b 所示电路中,发射极电流为 0,即晶体管截止。当开关闭合时,晶体管进入有源区。理想情况下,发射极电压为 15 V,也就是说发射极的电流是 10 mA。此时,LED 上的压降对电流没有影响,即 LED 上的确切电压为 1.8 V、2 V 还是 2.5 V 都没有关系。这是发射极偏置相对于基极偏置的一个优点:LED 上的电流与电压相互独立。该电路的另一个优点是不需要集电极电阻。

图 7-4b 所示的发射极偏置电路在开关闭合时工作在有源区。要改变 LED 电流,可以改变基极电源电压或者发射极电阻。例如,若改变基极电源电压,LED 电流将随之呈正比例变化。

应用实例 7-2 当图 7-2b 中的开关闭合时,若要得到 25 mA 的 LED 电流,应该怎样做?

解: 一种方法是增大基极电源电压。若要流过 1.5 kΩ 发射极电阻的电流为 25 mA,由欧姆定律,得到发射极电压为:

$$V_E = 25 \text{ mA} \times 1.5 \text{ k}\Omega = 37.5 \text{ V}$$

理想情况下,$V_{BB} = 37.5$ V,如果采用二阶近似,则取 $V_{BB} = 38.2$ V。这比典型的电源电压要稍高一点,但是如果在特殊应用时允许使用这么高的电源电压,则该方法也是可行的。

15 V 的电源电压在电子电路中是很常见的,因而在大多数应用中更好的方法是减小发射极电阻。理想情况下,发射极电压为 15 V,若流过发射极电阻的电流为 25 mA,由欧姆定律得:

$$R_E = \frac{15\text{ V}}{25\text{ mA}} = 600\ \Omega$$

最接近该阻值的标准电阻为 620 Ω，其容差为 5%。如果采用二阶近似，电阻为：

$$R_E = \frac{14.3\text{ V}}{25\text{ mA}} = 572\ \Omega$$

最接近的标准电阻的阻值是 560 Ω。　　　　　　　　　　　　　　　　　　　◀

✎ **自测题 7-2**　在图 7-4b 中，若要产生 21 mA 的 LED 电流，R_E 的值应为多大？

应用实例 7-3　图 7-5 所示电路的用途是什么？

解：这是一个直流电源的熔断指示器。当熔丝接通时，晶体管处于基极偏置的饱和状态，这时绿色 LED 点亮，表明一切正常。节点 A 和地之间的电压近似为 2 V，这个电压不足以点亮红色 LED。两个串联二极管（D_1 和 D_2）用于防止红色 LED 点亮，因为需要 1.4 V 的电压才能使这两个二极管导通。

当熔丝熔断时，晶体管进入截止区，绿色 LED 熄灭。这时 A 点电压被拉高到电源电压，这样就有足够的电压导通两个二极管和红色 LED，从而指示熔丝被熔断。表 7-1 列出了基极偏置和发射极偏置之间的区别。

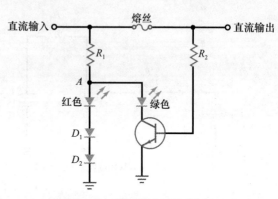

图 7-5　基极偏置 LED 驱动

表 7-1　基极偏置和发射极偏置的比较

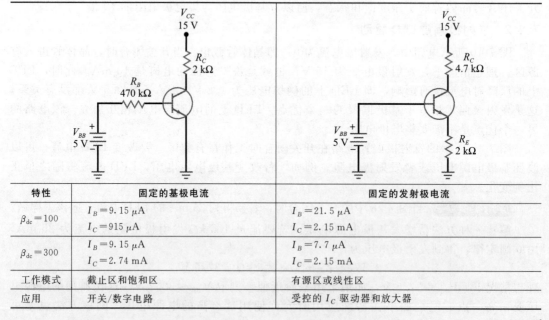

特性	固定的基极电流	固定的发射极电流
$\beta_{dc}=100$	$I_B=9.15\ \mu A$ $I_C=915\ \mu A$	$I_B=21.5\ \mu A$ $I_C=2.15\ mA$
$\beta_{dc}=300$	$I_B=9.15\ \mu A$ $I_C=2.74\ mA$	$I_B=7.7\ \mu A$ $I_C=2.15\ mA$
工作模式	截止区和饱和区	有源区或线性区
应用	开关/数字电路	受控的 I_C 驱动器和放大器

　　　　　　　　　　　　　　　　　　　　　　　　　　　　　　　　　　　◀

7.3　发射极偏置电路的故障诊断

当晶体管与电路断开时，可以使用数字万用表或欧姆表来测试各种参数。当晶体管在通电的电路中时，可以通过在线测量它的电压来查找出现故障的原因。

7.3.1　在线测试

最简单的在线测试是测量晶体管的对地电压。例如，测量集电极电压 V_C 和发射极电压 V_E，$(V_C - V_E)$ 的差值应该大于 1 V 且小于 V_{CC}。如果在放大器电路中，该读数小于 1 V，则有可能是晶体管短路了；如果该读数等于 V_{CC}，则有可能是晶体管开路了。

上述测试通常能够确定电路中存在的直流故障。很多时候还需要对 V_{BE} 进行测试：测量基极电压 V_B 和发射极电压 V_E，读数的差值为 V_{BE}。对于工作在有源区的小信号晶体管，该值应该是 0.6～0.7 V；对于功率晶体管，由于发射结的体电阻，V_{BE} 可能为 1 V 或者更大。如果 V_{BE} 的读数小于 0.6 V，则发射结没有处于正向偏置，故障可能出在晶体管或者偏置元件中。

有时会对截止特性进行测试，方法如下：用一根跳线将基极和发射极短接，使发射结不会处于正向偏置，迫使晶体管进入截止区，此时集电极对地的电压应该等于集电极电源电压，如果不相等，则晶体管或者电路存在问题。

做这个测试时一定要小心。如果有其他电路或者设备连接到集电极，应确保集电极电压的上升不会导致对它们的损害。

7.3.2　故障表

正如电路基本原理中所讨论的，短路的器件相当于零电阻，开路的器件相当于无穷大的电阻。例如，发射极电阻可能短路或者开路，用 R_{ES} 和 R_{EO} 分别表示这两个故障。类似地，集电极电阻也可能短路或者开路，分别用 R_{CS} 和 R_{CO} 表示。

当一个晶体管损坏时，任何情况都有可能发生。例如，一个或两个 pn 结内部可能短路或开路。为了限制可能故障的数目，将晶体管故障限定在最可能出现的以下几种情形：集电极-发射极短路（CES）表示三端（基极，集电极和发射极）短接在一起；集电极-发射极开路（CEO）表示三端都是开路的；基极-发射极开路（BEO）表示基极-发射极二极管开路；集电极-基极开路（CBO）表示集电极-基极二极管开路。

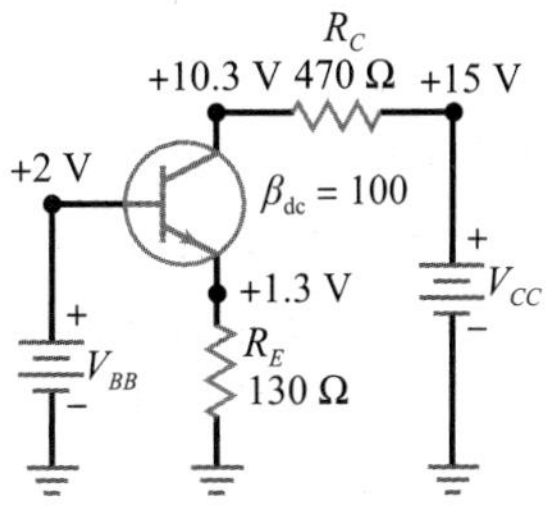

图 7-6　在线测试

表 7-2 列出了图 7-6 中的电路可能发生的一些故障，其中电压的值是采用二阶近似计算得到的。当电路正常工作时，应该测得基极电压为 2 V，发射极电压为 1.3 V，集电极电压近似为 10.3 V。如果发射极电阻短路，+2 V 电压将加在发射结上，这个大电压会使晶体管损坏，可能导致集电极-发射极开路，该故障 R_{ES} 及其电压如表 7-2 所示。

表 7-2　故障与现象

故障	V_B/V	V_E/V	V_C/V	评价
无	2	1.3	10.3	无故障
R_{ES}	2	0	15	晶体管损坏（CEO）
R_{EO}	2	1.3	15	没有基极电流或集电极电流
R_{CS}	2	1.3	15	—
R_{CO}	2	1.3	1.3	—
无 V_{BB}	0	0	15	检查电源及其连线
无 V_{CC}	2	1.3	1.3	检查电源及其连线
CES	2	2	2	晶体管三端短接
CEO	2	0	15	晶体管三端开路
BEO	2	0	15	基极-发射极二极管开路
CBO	2	1.3	15	集电极-基极二极管开路

　　如果发射极电阻开路，就不会有发射极电流，而且，集电极电流也将为0，集电极电压将增大到15 V。该故障 R_{EO} 及其电压如表7-2所示。如此继续分析，可以得到表中其他情况。

　　值得说明的是"无 V_{CC}"这一项。因为没有集电极电源电压，直觉上是集电极电压为0，但是用电压表并不能测量到这个电压。因为将电压表接在集电极和地之间时，基极电源会产生一个小的正向电流流过与电压表串联的集电结。由于基极电压被固定在2 V，集电极电压比这个电压低0.7 V，所以，集电极和地之间的电压读数为1.3 V。或者说，电压表使电路实现了对地的连接，它就像一个大电阻串联在集电极结与地之间。

7.4　光电器件

　　如前文所述，基极开路的晶体管存在一个很小的集电极电流，由表面漏电流和由热激发的少子电流组成。将集电结暴露在光线下，就能够制造出**光电晶体管**，这种器件对光的敏感度比光电二极管要高。

7.4.1　光电晶体管的基本概念

　　图 7-7a 所示是一个基极开路的晶体管，电路中存在一个很小的集电极电流。忽略表面漏电流，重点关注集电结中热激发产生的载流子。假设由这些载流子产生的反向电流是一个理想电流源，与理想晶体管的集电结并联（见图 7-7b）。

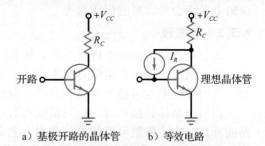

a）基极开路的晶体管　　b）等效电路

图 7-7　基极开路的晶体管等效电路

　　由于基极引脚开路，反向电流被迫全部流入晶体管的基极，使得集电极电流为：

$$I_{CEO} = \beta_{dc} I_R$$

其中，I_R 是少子反向电流，这说明集电极电流比初始反向电流大，且为 I_R 的 β_{dc} 倍。

　　集电结对光和热一样敏感。在光电晶体管中，光通过一个窗口照到集电结上，随着光强的增加，I_R 增加，I_{CEO} 也增加。

7.4.2　光电晶体管和光电二极管

　　光电晶体管和光电二极管的主要差别是电流增益 β_{dc}。相同强度的光照到这两个器件上，光电晶体管中产生的电流是光电二极管的 β_{dc} 倍。相对于光电二极管，光电晶体管的一大优点是灵敏度增加了。

　　图 7-8a 所示是光电晶体管的电路符号。要注意它的基极是开路的，这是光电晶体管常见的工作方式。可以用基极回路电阻（见图 7-8b）控制它的灵敏度，但为了获得对光的最大灵敏度，通常采用基极开路方式。

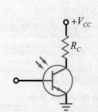 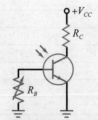 

a）基极开路时灵敏度最高　　b）通过可变的基极电阻改变灵敏度　　c）典型光电晶体管

© Brian Moeskau/Brian Moeskau Photography

图 7-8　光电晶体管

　　灵敏度增加的代价是速度的降低。光电晶体管比光电二极管灵敏，但其开关速度则没有那么快。光电二极管典型的输出电流为几微安，开关速度为几纳秒；光电晶体管典型的输出电流为几毫安，开关速度为几微秒。图 7-8c 所示是一个典型的光电晶体管。

7.4.3　光耦合器

图 7-9a 所示是一个 LED 驱动光电晶体管。该光耦合器比前面讨论过的 LED 驱动光电二极管要灵敏得多。它的原理很简单，V_S 的变化会改变 LED 的电流，从而改变通过光电晶体管的电流，导致集电极-发射极两端电压的改变。这样，信号就由输入电路耦合到了输出电路。

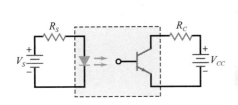

a) LED 和光电晶体管组成的光耦合器　　　　b) 光耦合器集成电路
© Brian Moeskau/Brian Moeskau Photography

图 7-9　光耦合器

光耦合器的一大优点是实现了输入和输出电路之间的电隔离。换句话说，输入电路的公共点和输出电路的公共点是不同的，因此两个电路之间没有电通路。这意味着可以将其中一个电路接地，而另一个电路的地浮空。例如，可以将输入电路的地接到仪器的机架上，而输出电路的公共端不接地。图 7-9b 是一个典型的光耦合器集成电路。

知识拓展　光耦合器实际上是用来替代机械继电器的。它在功能上与机械继电器相似，可以使输入端和输出端之间高度隔离。相比之下，光耦合器具有以下优点：工作速度更快，无触点反弹，尺寸更小，无须黏附运动部件，并且可与数字微处理器电路相兼容。

应用实例 7-4　图 7-10a 中，光耦合器 4N24 实现了电力线与过零检测器电路的电源线的隔离。集电极电流与 LED 电流的关系如图 7-10b 所示。可以用如下方法计算光耦合器的输出电压峰值。

桥式整流器产生的全波电流流过 LED，忽略二极管压降，则通过 LED 的电流峰值为：

$$I_{\text{LED}} = \frac{1.414 \times 115 \text{ V}}{16 \text{ k}\Omega} = 10.2 \text{ mA}$$

光电晶体管的饱和电流值为：

$$I_{C(\text{sat})} = \frac{20 \text{ V}}{10 \text{ k}\Omega} = 2 \text{ mA}$$

图 7-10b 所示是三个不同光耦合器在相应 LED 电流下的光电晶体管电流的静态特性曲线。对于 4N24（最上面的曲线），当负载电阻为 0 时，10.2 mA 的 LED 电流产生约 15 mA 的集电极电流。由图 7-10a 可知，由于光电晶体管在 2 mA 时饱和，所以电流不可能达到 15 mA。也就是说，LED 的电流足以使光电晶体管进入饱和。由于 LED 的峰值电流为 10.2 mA，所以晶体管在一个周期的大部分时间里都是饱和的。这时，输出电压约为 0，如图 7-10c 所示。

当电力线电压极性发生改变时，则出现零点，可能从正电压变成负电压，也可能从负电压变成正电压。在过零点，LED 电流降到 0，此刻，光电晶体管开路，输出电压上升到将近 20 V，如图 7-10c 所示。可见，输出电压在一个周期中的大部分时间里近似为零，在过零点，快速上升到 20 V 然后下降到基准线。

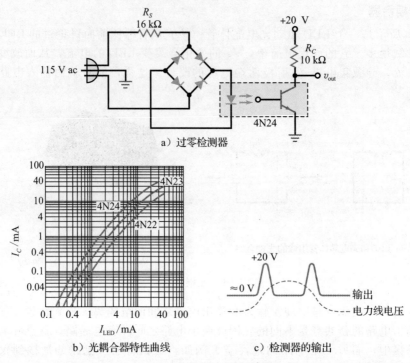

a）过零检测器

b）光耦合器特性曲线　　　c）检测器的输出

图 7-10　光耦合器的应用

图 7-10a 所示的电路很有用，因为该电路不需要变压器来实现与电力线的隔离，而是通过光耦合器实现隔离，而且该电路还可以检测过零点。在有些应用中需要将电路与电力线电压频率同步，就需要使用这种过零检测器。◀

7.5　分压器偏置

图 7-11a 所示是应用最广泛的偏置电路。基极偏置电路包含一个分压器（R_1 和 R_2），因此该电路称为**分压器偏置**（VDB）电路。

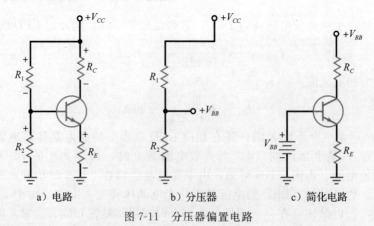

a）电路　　　　　　b）分压器　　　　　c）简化电路

图 7-11　分压器偏置电路

7.5.1　简化分析

可采用以下方法进行故障诊断和初步分析。在设计良好的 VDB 电路中，基极电流远小于通过分压器电路的电流。由于基极电流对分压器的影响可以忽略，因此可以认为分压器与基极之间是开路的，从而得到如图 7-11b 所示的等效电路。该电路中，分压器的输出电压为：

$$V_{BB} = \frac{R_2}{R_1 + R_2} V_{CC}$$

理想情况下，这就是基极电源电压，如图 7-11c 所示。

可见，分压器偏置实际上是一种隐性的发射极偏置。或者说，图 7-11c 与图 7-11a 中的电路是等效的。因此，VDB 电路可以固定发射极电流，从而得到稳定的、与电流增益无关的 Q 点。

上述简化方法是有误差的，这一点将在下一节专门讨论。VDB 电路的关键在于，对于设计良好的电路，使用图 7-11c 所示电路所带来的误差很小。换言之，设计时可通过对电路参数的选择使得图 7-11a 中的电路等同于图 7-11c 中的电路。

7.5.2 结论

得到 V_{BB} 后，后续分析与发射极偏置电路的分析方法相同。下面是可用于分析 VDB 电路的公式汇总：

$$V_{BB} = \frac{R_2}{R_1 + R_2} V_{CC} \tag{7-4}$$

$$V_E = V_{BB} - V_{BE} \tag{7-5}$$

$$I_E = \frac{V_E}{R_E} \tag{7-6}$$

$$I_C \approx I_E \tag{7-7}$$

$$V_C = V_{CC} - I_C R_C \tag{7-8}$$

$$V_{CE} = V_C - V_E \tag{7-9}$$

这些公式都基于欧姆定律和基尔霍夫定律。分析的步骤为：

1. 计算由分压器输出的基极电压 V_{BB}；
2. 减去 0.7 V 得到发射极电压（锗管为 0.3 V）；
3. 除以发射极电阻得到发射极电流；
4. 假设集电极电流近似等于发射极电流；
5. 从集电极电压源电压中减去集电极电阻两端的电压，得到集电极对地电压；
6. 从集电极电压中减去发射极电压，得到 V_{CE}。

这六个步骤具有逻辑顺序，很容易记住，分析几个 VDB 电路以后就会运用自如了。

知识拓展 由于 $V_E \approx I_C R_E$，式（7-9）可表示为：

$$V_{CE} = V_{CC} - I_C R_C - I_C R_E$$

或

$$V_{CE} = V_{CC} - I_C (R_C + R_E)$$

例 7-5 图 7-12 中的 V_{CE} 是多少？　　　　　　　　　　　　　　　　||||Multisim

解： 分压器产生的空载输出电压为：

$$V_{BB} = \frac{2.2\ \text{k}\Omega}{10\ \text{k}\Omega + 2.2\ \text{k}\Omega} \times 10\ \text{V} = 1.8\ \text{V}$$

减掉 0.7 V 得：

$$V_E = 1.8\ \text{V} - 0.7\ \text{V} = 1.1\ \text{V}$$

发射极电流为：

$$I_E = \frac{1.1\ \text{V}}{1\ \text{k}\Omega} = 1.1\ \text{mA}$$

由于集电极电流与发射极电流近似相等，可计算出集电极对地电压为：

$$V_C = 10\,V - 1.1\,mA \times 3.6\,k\Omega = 6.04\,V$$

求得 V_{CE} 为：

$$V_{CE} = 6.04\,V - 1.1\,V = 4.94\,V$$

这里的重点是：上述初步分析结果与晶体管、集电极电流或者温度的改变无关。因此该电路的 Q 点稳定，并且几乎是固定不变的。　　　　　　　　　　　　　　　　　◀

自测题 7-5　将图 7-12 中的电源电压从 10 V 变为 15 V，求 V_{CE}。

例 7-6　图 7-13 所示为对例 7-5 电路的 Multisim 分析，试讨论其意义。　**ⅢⅢMultisim**

解：由图可见，电压表读数为 6.03 V（四舍五入到小数点后 2 位），与前面计算得到的 6.04 V 相比可以发现一个重要事实：用计算机分析得到了几乎相同的答案。这说明用简化的分析方法所得到的结果与用计算机分析的结果基本一致。

设计良好的 VDB 电路可以达到很好的一致性。其主要原因是分压器偏置电路类似于发射极偏置电路，消除了晶体管、集电极电流和温度改变所带来的影响。　　　　　◀

自测题 7-6　使用 Multisim 将图 7-13 中的电源电压变为 15 V，测量 V_{CE}，将测量值与自测题 7-5 的结果进行比较。

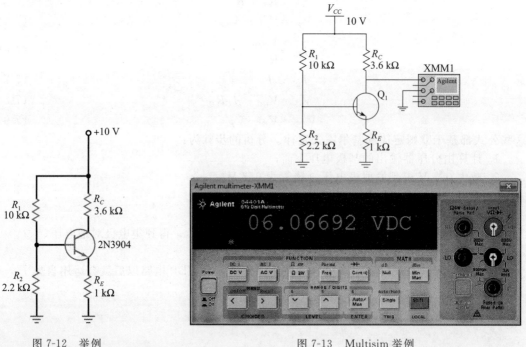

图 7-12　举例　　　　　　　　　　图 7-13　Multisim 举例

7.6　VDB 电路的精确分析

设计优良的 VDB 电路指的是分压器对基极输入电阻呈现准理想特性。下面做进一步讨论。

7.6.1　电源电阻

当准理想电压源的内阻小于负载电阻的 1/100 时，就可以忽略：

$$准理想电压源\qquad R_S < 0.01 R_L$$

满足此条件时，负载电压与理想值的偏差不超过 1%，这里，将这个概念沿用到分压器。

图 7-14a 中分压器的戴维南电阻是多少？将 V_{CC} 接地，从输出端看分压器，可见 R_1 与 R_2 并联，有：

$$R_{TH} = R_1 \parallel R_2$$

由于该电阻的存在，分压器的输出电压并不理想。更精确的分析应考虑这个戴维南电阻，如图 7-14b 所示。流过戴维南电阻的电流使得实际基极电压低于理想值 V_{BB}。

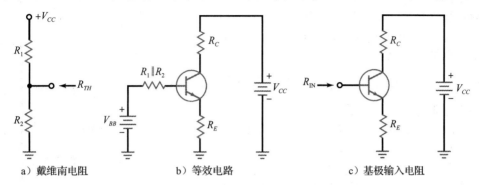

a) 戴维南电阻　　　　　　b) 等效电路　　　　　　c) 基极输入电阻

图 7-14　分压器偏置电路的分析

7.6.2　负载电阻

基极电压比理想值低多少呢？分压器需要为基极提供电流，如图 7-14b 所示。分压器的负载电阻是 R_{IN}，如图 7-14c 所示。为使分压器对基极呈现准理想特性，应按 100∶1 的准则，即：

$$R_S < 0.01 R_L$$

这里：

$$R_1 \parallel R_2 < 0.01 R_{IN} \tag{7-10}$$

设计优良的 VDB 电路应满足此条件。

7.6.3　准理想分压器

如果图 7-14c 中晶体管的电流增益为 100，则集电极电流是基极电流的 100 倍，发射极电流也是基极电流的 100 倍。从晶体管基极看进去，发射极电阻 R_E 被放大了 100 倍，于是：

$$R_{IN} = \beta_{dc} R_E \tag{7-11}$$

因此，式（7-10）可写成：

$$\text{准理想分压器} \quad R_1 \parallel R_2 < 0.01 \beta_{dc} R_E \tag{7-12}$$

在电路设计中，对电路参数的选择应尽可能满足 100∶1 准则，从而获得超稳定的 Q 点。

7.6.4　稳定分压器

有时准理想设计会使 R_1 和 R_2 的阻值太小，导致其他问题（后文讨论）。这时，许多设计采用如下的准则进行折中：

$$\text{稳定分压器} \quad R_1 \parallel R_2 < 0.1 \beta_{dc} R_E \tag{7-13}$$

满足上述 10∶1 条件的分压器称为**稳定分压器**。最坏情况下，采用稳定分压器意味着集电极电流比准理想情况下低 10%。这在很多应用中是可以接受的，因为 VDB 电路仍然具有合适的且稳定的 Q 点。

7.6.5　更精确的近似

如果需要更为精确的发射极电流，可采用下列表达式：

$$I_E = \frac{V_{BB} - V_{BE}}{R_E + (R_1 \parallel R_2)/\beta_{dc}} \tag{7-14}$$

这与准理想情况下的值不同，因为分母中有 $(R_1 \parallel R_2)/\beta_{dc}$ 项，当这一项趋于 0 时，上式简化为准理想情况下的值。

式（7-14）改善了分析结果，但它是一个相当复杂的公式。如果有计算机且需要用准理想分析得到更为精确的分析，建议使用 Multisim 或等效电路仿真器。

例 7-7　图 7-15 中的分压器是准理想的吗？用式（7-14）计算更精确的发射极电流。

解： 检查是否满足 100∶1 准则：

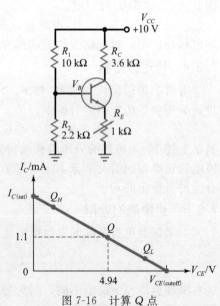

准理想分压器　　$R_1 \parallel R_2 < 0.01\beta_{dc}R_E$

分压器的戴维南电阻为：

$$R_1 \parallel R_2 = 10\text{ k}\Omega \parallel 2.2\text{ k}\Omega = \frac{10\text{ k}\Omega \times 2.2\text{ k}\Omega}{10\text{ k}\Omega + 2.2\text{ k}\Omega} = 1.8\text{ k}\Omega$$

基极输入电阻为：

$$\beta_{dc}R_E = 200 \times 1\text{ k}\Omega = 200\text{ k}\Omega$$

它的 1% 为：

$$0.01\beta_{dc}R_E = 2\text{ k}\Omega$$

由于 1.8 kΩ 小于 2 kΩ，因此分压电路是准理想的。

由式（7-14），发射极电流为：

$$I_E = \frac{1.8\text{ V} - 0.7\text{ V}}{1\text{ k}\Omega + 1.8\text{ k}\Omega/200} = \frac{1.1\text{ V}}{1\text{ k}\Omega + 9\ \Omega} = 1.09\text{ mA}$$

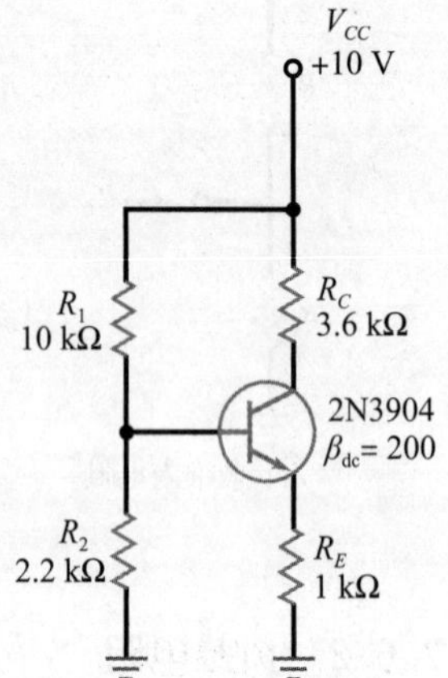

图 7-15　举例

这个结果与简化分析得到的 1.1 mA 极为接近。

问题的关键是：当分压器满足准理想条件时，不一定用式（7-14）计算发射极电流，即使分压器是稳定的，用式（7-14）计算也只能改善发射极电流精度的 10%。除非特别说明，以后所有对 VDB 电路的分析都采用简化方法。　　◀

7.7　VDB 电路的负载线与 Q 点

图 7-16 所示电路是准理想分压器，在后面讨论中，假定发射极电压被稳定在 1.1 V。

7.7.1　Q 点

在 7.5 节中曾计算过 Q 点，集电极电流为 1.1 mA，V_{CE} 为 4.94 V，在图 7-16 中画出这些值，得到 Q 点。由于分压器偏置源于发射极偏置，Q 点实际上不随电流增益变化，改变 Q 点的方法之一是改变发射极电阻。

例如，若发射极电阻变为 2.2 kΩ，则发射极电流减小为：

$$I_E = \frac{1.1\text{ V}}{2.2\text{ k}\Omega} = 0.5\text{ mA}$$

电压变化如下：

$$V_C = 10\text{ V} - 0.5\text{ mA} \times 3.6\text{ k}\Omega = 8.2\text{ V}$$

且

$$V_{CE} = 8.2\text{ V} - 1.1\text{ V} = 7.1\text{ V}$$

所以新 Q 点 Q_L 的坐标为 0.5 mA 和 7.1 V。

另一方面，若将发射极电阻减小为 510 Ω，则发射极电流增加为：

$$I_E = \frac{1.1\text{ V}}{510\ \Omega} = 2.15\text{ mA}$$

电压改变为：

$$V_C = 10\text{ V} - 2.15\text{ mA} \times 3.6\text{ k}\Omega = 2.26\text{ V}$$

且

图 7-16　计算 Q 点

$$V_{CE} = 2.26 \text{ V} - 1.1 \text{ V} = 1.16 \text{ V}$$

这时新 Q 点 Q_H 的坐标为 2.15 mA 和 1.16 V。

7.7.2 Q 点在负载线中点

饱和电流和截止电压受 V_{CC}、R_1、R_2 和 R_C 的控制,改变这些参数中的任何一个,都会使 $I_{C(\text{sat})}$ 和(或)$V_{CE(\text{cutoff})}$ 发生变化。当上述参数确定后,改变发射极电阻可以将 Q 点设置在负载线的任何位置。如果 R_E 太大,则 Q 点向截止点移动,如果 R_E 太小,则 Q 点向饱和点移动。有些设计将 Q 点设置在负载线的中点。

7.7.3 VDB 电路的设计方法

图 7-17 所示是一个 VDB 电路。下面用该电路来说明如何建立稳定的 Q 点。这种设计方法适用于大多数电路,但只是一个参考,也可以采用其他方法。

在开始设计之前,确定电路的需求和指标是很重要的。一般的电路通常需要在特定集电极电流的情况下将 V_{CE} 偏置在中点值。还要知道电源 V_{CC} 和所用晶体管的 β_{dc} 值范围。而且要确保电路不会使晶体管的功率超过限定值。

首先,将发射极电压设定为电源电压的 $1/10$ 左右:

$$V_E = 0.1 V_{CC}$$

然后,计算在特定集电极电流情况下的 R_E 的值:

$$R_E = \frac{V_E}{I_E}$$

由于 Q 点需要设置在直流负载线的中点附近,在集电极-发射极之间的电压约为 $0.5V_{CC}$,余下的 $0.4V_{CC}$ 则加在集电极电阻上,因此:

$$R_C = 4R_E$$

下一步,按照 $100:1$ 原则设计准理想分压器:

$$R_{TH} \leqslant 0.01\beta_{\text{dc}}R_E$$

R_2 通常比 R_1 小,所以,准理想分压器的公式可简化为:

$$R_2 \leqslant 0.01\beta_{\text{dc}}R_E$$

也可以选择 $10:1$ 原则设计稳定分压器:

$$R_2 \leqslant 0.1\beta_{\text{dc}}R_E$$

在任何情况下,都采用 β_{dc} 的最小额定值来满足特定集电极电流的要求。

最后,利用比例关系计算 R_1:

$$R_1 = \frac{V_1}{V_2}R_2$$

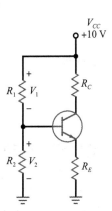

图 7-17 VDB 电路的设计

知识拓展 使 Q 点处于晶体管负载线的中点非常重要,因为这样可以使放大器获得最大的交流输出电压。使 Q 点处于负载线中点的偏置有时也称为“中点偏置”。

例 7-8 设计图 7-17 中电路的电阻值,使之满足以下条件:

$$V_{CC} = 10 \text{ V} \quad V_{CE} \text{ 中点偏置}$$
$$I_C = 10 \text{ mA} \quad 2\text{N}3904 \text{ 的 } \beta_{\text{dc}} = 100 \sim 300$$

解: 首先,确定发射极电压:

$$V_E = 0.1 V_{CC}$$
$$V_E = 0.1 \times 10 \text{ V} = 1 \text{ V}$$

发射极电阻为:

$$R_E = \frac{V_E}{I_E}$$

$$R_E = \frac{1\ V}{10\ mA} = 100\ \Omega$$

集电极电阻为：

$$R_C = 4R_E$$

$$R_C = 4 \times 100\ \Omega = 400\ \Omega (使用\ 390\ \Omega)$$

选择准理想分压器或稳定分压器。准理想情况下，R_2 的值为：

$$R_2 \leqslant 0.01\beta_{dc}R_E$$

$$R_2 \leqslant 0.01 \times 100 \times 100\ \Omega = 100\ \Omega$$

R_1 的值为：

$$R_1 = \frac{V_1}{V_2}R_2$$

$$V_2 = V_E + 0.7\ V = 1\ V + 0.7\ V = 1.7\ V$$

$$V_1 = V_{CC} - V_2 = 10\ V - 1.7\ V = 8.3\ V$$

$$R_1 = \frac{8.3\ V}{1.7\ V} \times 100\ \Omega = 488\ \Omega (使用\ 490\ \Omega)$$ ◀

自测题 7-8　按照上述 VDB 电路设计指导方法，设计图 7-17 所示的 VDB 电路参数，满足以下条件：

$$V_{CC} = 10\ V \quad V_{CE}\ 中点偏置 \quad 准理想分压器$$

$$I_C = 1\ mA \quad \beta_{dc} = 70 \sim 200$$

7.8　双电源发射极偏置

有些电子设备的电源可提供正负电压供电。例如，图 7-18 所示的晶体管电路有 +10 V 和 −2 V 两个电源电压。负电源使发射结正向偏置，正电源使集电结反向偏置。该电路源于发射极偏置电路，因此称为**双电源发射极偏置**（TSEB）。

7.8.1　电路分析

首先要按通常习惯的形式重画电路图，即去掉电池符号，如图 7-19 所示。这种形式的电路图是必要的，因为在复杂的电路中，一般没有地方画电池符号。尽管电路图简化了形式，但仍然包含了所有信息，即 −2 V 负电源与 1 kΩ 电阻的下端相连，10 V 正电源与 3.6 kΩ 电阻的顶端相连。

如果这类电路设计无误，则基极电流很小，可以忽略不计，相当于基极电源近似为 0 V，如图 7-20 所示。

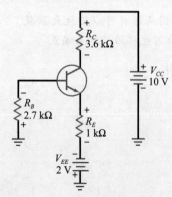

图 7-18　双电源发射极偏置

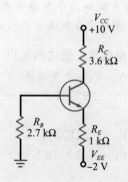

图 7-19　重画的 TSEB 电路

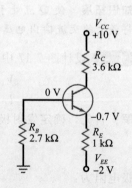

图 7-20　基极电位理想值为 0

发射结两端电压为 0.7 V，因此发射极电位为 -0.7 V。由于从基极到发射极有 0.7 V 的正压降，当基极电位为 0 V 时，发射极电位则为 -0.7 V。

图 7-20 中，发射极电阻对发射极电流的确定起关键作用。为得到该电流值，应用欧姆定律，则发射极电阻上端电位为 -0.7 V，下端电位为 -2 V，电阻上的电压等于两个电位之差。为了得到准确的结果，用高电位减去低电位，这里低电位为 -2 V，因此：

$$V_{RE} = -0.7\text{ V} - (-2\text{ V}) = 1.3\text{ V}$$

得到发射极电阻上的压降后，用欧姆定律可计算发射极电流：

$$I_E = \frac{1.3\text{ V}}{1\text{ k}\Omega} = 1.3\text{ mA}$$

该电流流过 3.6 kΩ 产生一个压降，从 $+10$ V 电源电压中减掉，得：

$$V_C = 10\text{ V} - 1.3\text{ mA} \times 3.6\text{ k}\Omega = 5.32\text{ V}$$

V_{CE} 是集电极与发射极电位之差：

$$V_{CE} = 5.32\text{ V} - (-0.7\text{ V}) = 6.02\text{ V}$$

与分压器基极偏置类似，好的双电源发射极偏置在设计时满足 100∶1 准则，即：

$$R_B < 0.01\beta_{dc}R_E \tag{7-15}$$

这时，可以采用以下简化公式进行分析：

$$V_B \approx 0 \tag{7-16}$$

$$I_E = \frac{V_{EE} - 0.7\text{ V}}{R_E} \tag{7-17}$$

$$V_C = V_{CC} - I_C R_C \tag{7-18}$$

$$V_{CE} = V_C + 0.7\text{ V} \tag{7-19}$$

知识拓展　设计良好的分压器或发射极偏置结构的晶体管电路属于与 β 无关的电路，因为 I_C 和 V_{CE} 的值不受晶体管 β 值的影响。

7.8.2　基极电压

图 7-20 中电路简化后，误差的来源之一是基极电阻上的小电压。由于有一个小的基极电流流过该电阻，基极和地之间存在负电压。在设计良好的电路中，基极电压小于 -0.1 V。如果设计时必须采用较大的基极电阻进行折中，则基极电压有可能低于 -0.1 V。如果对该电路进行故障诊断，基极和地之间电压的读数应当很小，否则就是电路有问题。

例 7-9　图 7-20 中，若发射极电阻增至 1.8 kΩ，集电极电压是多少？

▐▐▐▐ **Multisim**

解： 发射极电阻两端电压仍为 1.3 V，发射极电流为：

$$I_E = \frac{1.3\text{ V}}{1.8\text{ k}\Omega} = 0.722\text{ mA}$$

集电极电压为：

$$V_C = 10\text{ V} - 0.722\text{ mA} \times 3.6\text{ k}\Omega = 7.4\text{ V}$$　◀

自测题 7-9　将图 7-20 中发射极电阻改为 2 kΩ，求 V_{CE} 的值。

例 7-10　一级电路是指一个晶体管和与之相连的无源器件。图 7-21 所示是一个采用了双电源发射极偏置的三级电路，其中每级的集电极对地电压是多少？

解： 首先忽略电容，因为它们对直流电压和直流电流而言是开路的，余下的是采用双电源发射极偏置的三个相互独立的晶体管。

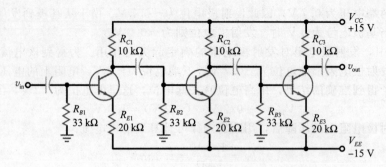

图 7-21 三级电路

第一级的发射极电流为：

$$I_E = \frac{15\text{ V} - 0.7\text{ V}}{20\text{ k}\Omega} = \frac{14.3\text{ V}}{20\text{ k}\Omega} = 0.715\text{ mA}$$

集电极电压为：

$$V_C = 15\text{ V} - 0.715\text{ mA} \times 10\text{ k}\Omega = 7.85\text{ V}$$

由于其他级的电路参数都是相同的，因此每级集电极对地的电压均近似为 7.85 V。

表 7-3 归纳了四种主要的偏置电路类型。◀

✎ **自测题 7-10** 将图 7-21 中的电源电压改为 +12 V 和 -12 V，计算每个晶体管的 V_{CE} 值。

表 7-3 主要偏置电路

类型	电路	计算	特性	应用
基极偏置		$I_B = \dfrac{V_{BB} - 0.7\text{ V}}{R_B}$ $I_C = \beta I_B$ $V_{CE} = V_{CC} - I_C R_C$	元件少；与 β 有关；固定基极电流	开关；数字电路
发射极偏置		$V_E = V_{BB} - 0.7\text{ V}$ $I_E = \dfrac{V_E}{R_E}$ $V_C = V_C - I_C R_C$ $V_{CE} = V_C - V_E$	固定发射极电流；与 β 无关	I_C 驱动器；放大器
分压器偏置		$I_B = \dfrac{R_2}{R_1 + R_2} V_{CC}$ $V_E = V_B - 0.7\text{ V}$ $I_E = \dfrac{V_E}{R_E}$ $V_C = V_{CC} - I_C R_C$ $V_{CE} = V_C - V_E$	需要多个电阻；与 β 无关；只需单电源	放大器

（续）

类型	电路	计算	特性	应用
双电源发射极偏置		$V_B \approx 0\ \text{V}$ $V_E = V_B - 0.7\ \text{V}$ $V_{RE} = V_{EE} - 0.7\ \text{V}$ $I_E = \dfrac{V_{RE}}{R_E}$ $V_C = V_{CC} - I_C R_C$ $V_{CE} = V_C - V_E$	需要正负电源； 与 β 无关	放大器

7.9　其他类型的偏置

本节将讨论几种其他类型的偏置。虽然这些偏置类型在新的设计中已经很少使用了，但当它们在电路图中出现时也应该能够识别。这里只是简单介绍，不做细致的分析。

7.9.1　发射极反馈偏置

前文讨论过基极偏置情况（见图 7-22a）。该电路在 Q 点的稳定性方面，性能是最差的。因为基极电流是固定的，集电极电流将随电流增益的变化而变化。当晶体管进行更换或温度发生变化时，这种电路的 Q 点将在负载线上移动。

发射极反馈偏置是最早用来稳定 Q 点的方法，如图 7-22b 所示，在电路中增加了发射极电阻。其基本原理是：假设 I_C 增加，则 V_E 增加，使得 V_B 增加；V_B 的增加意味着 R_B 两端电压减小，这样 I_B 会减小，导致 I_C 减小，与 I_C 增加的初始假设相反。由于发射极电压的变化反馈到了基极电流，所以称为反馈。又由于该反馈产生的变化与集电极电流的初始变化相反，所以称为负反馈。

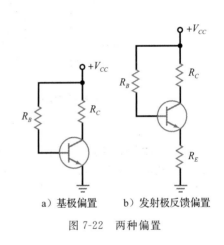

a）基极偏置　　　b）发射极反馈偏置

图 7-22　两种偏置

发射极反馈偏置并没有广泛应用，因为对于大多数需要批量生产的产品来说，该电路 Q 点的漂移仍然太大。相关公式如下：

$$I_E = \frac{V_{CC} - V_{BE}}{R_E + R_B / \beta_{\text{dc}}} \tag{7-20}$$

$$V_E = I_E R_E \tag{7-21}$$

$$V_B = V_E + 0.7\ \text{V} \tag{7-22}$$

$$V_C = V_{CC} - I_C R_C \tag{7-23}$$

使用发射极反馈偏置的目的是**掩蔽** β_{dc} 变化的影响，R_E 需要远大于 R_B / β_{dc}。若满足该条件，则式（7-20）对 β_{dc} 的变化不敏感。而实际中，在不使晶体管截止的情况下，选择足够大的 R_E 值来消除 β_{dc} 的影响是很困难的。

图 7-23a 所示是一个发射极反馈偏置电路的例子，图 7-23b 显示了负载线和两个不同电流增益下的 Q 点。可以看出，3∶1 的电流增益变化使集电极电流发生较大的改变。与基极偏置相比，该电路的改进不多。

7.9.2　集电极反馈偏置

图 7-24a 所示是**集电极反馈偏置**（也称**自偏置**），这是另一个稳定 Q 点的方法。其基本思想也是将电压反馈到基极，以减小集电极电流的变化。例如，假设集电极电流增加，

使集电极电压降低，从而使基极电阻两端的电压减小，导致基极电流的减小，其结果与集电极电流增大的初始假设相反。

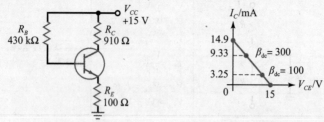

a）发射极反馈偏置举例　　　　　b）Q点对电流增益变化敏感

图 7-23　举例

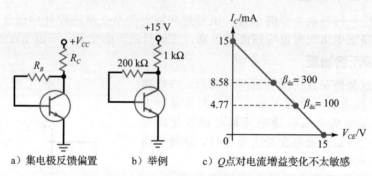

a）集电极反馈偏置　　　b）举例　　　c）Q点对电流增益变化不太敏感

图 7-24　集电极反馈偏置电路

与发射极反馈偏置类似，集电极反馈偏置通过负反馈减小集电极电流的初始变化。以下是分析集电极反馈偏置的几个公式：

$$I_E = \frac{V_{CC} - V_{BE}}{R_C + R_B / \beta_{dc}} \tag{7-24}$$

$$V_B = 0.7 \text{ V} \tag{7-25}$$

$$V_C = V_{CC} - I_C R_C \tag{7-26}$$

一般通过设置如下的基极电阻值使 Q 点处于负载线的中间：

$$R_B = \beta_{dc} R_C \tag{7-27}$$

图 7-24b 所示是一个集电极反馈偏置的例子，图 7-24c 显示了负载线和两种不同电流增益下的 Q 点。可以看到，3∶1 的电流增益变化引起的集电极电流变化比使用发射极反馈要小（见图 7-23b）。

在稳定 Q 点方面，集电极反馈偏置比发射极反馈偏置更有效。尽管电路依然对电流增益变化敏感，但由于结构简单，因而在实际中得到了应用。

7.9.3　集电极-发射极反馈偏置

发射极反馈偏置和集电极反馈偏置是稳定晶体管电路的第一步。尽管采用负反馈的思想是正确的，但由于无法实现足够深的负反馈，电路依然存在不足。所以需要进一步改进偏置，如图 7-25 所示。该电路的原理是同时采用发射极反馈和集电极反馈来改善工作点的稳定性。

然而结果显示，在一个电路中同时采用两种反馈虽然有一定帮助，但仍不适合大规模生产。对于这类电路的分析公式如下：

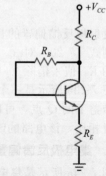

图 7-25　集电极-发射极反馈偏置

$$I_E = \frac{V_{CC} - V_{BE}}{R_C + R_E + R_B / \beta_{dc}} \qquad (7\text{-}28)$$

$$V_E = I_E R_E \qquad (7\text{-}29)$$

$$V_B = V_E + 0.7 \text{ V} \qquad (7\text{-}30)$$

$$V_C = V_{CC} - I_C R_C \qquad (7\text{-}31)$$

7.10 分压器偏置电路的故障诊断

这里讨论分压器偏置电路的故障诊断，因为这种偏置方法应用最为广泛。图 7-26 所示是前文分析过的 VDB 电路，表 7-4 列出了用 Multisim 分析该电路得到的电压值。V_{CC} 用于测量的电压表的输入电阻为 10 MΩ。

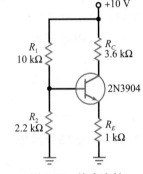

7.10.1 可确定故障

开路或短路通常会产生唯一的电压值。例如，使图 7-26 中晶体管基极电压为 10 V 的唯一方法是使 R_1 短路，其他元件的开路或短路不会产生相同的结果。表 7-4 中绝大多数情况只能产生唯一的电压集合，所以不需要断开电路做进一步的检查，就可以确定这些故障。

7.10.2 不可确定故障

表 7-4 中有两种故障得到的电压不唯一：R_{1O} 和 R_{2S}。这两种情况的电压值都为 0、0、10 V。像这样不确定的故障，故障

图 7-26 故障诊断

诊断时必须断开其中一个可疑元件，用欧姆表或其他测量仪器进行测试。如取出 R_1，用欧姆表测量其电阻。如果它是开路的，则可以确定该故障；如果它没问题，则是 R_2 短路。

表 7-4 故障及现象

故障	V_B/V	V_E/V	V_C/V	评价
无	1.79	1.12	6	无故障
R_{1S}	10	9.17	9.2	晶体管饱和
R_{1O}	0	0	10	晶体管截止
R_{2S}	0	0	10	晶体管截止
R_{2O}	3.38	2.68	2.73	转化为发射极反馈偏置
R_{ES}	0.71	0	0.06	晶体管饱和
R_{EO}	1.8	1.37	10	10 MΩ 的电压表减小了 V_E 的值
R_{CS}	1.79	1.12	10	集电极电阻短路
R_{CO}	1.07	0.4	0.43	基极电流过大
CES	2.06	2.06	2.06	晶体管所有引脚短接
CEO	1.8	0	10	晶体管所有引脚开路
无电源	0	0	0	检查电源及其连线

7.10.3 电压表的负载效应

使用电压表相当于在电路中接入了一个新的电阻，该电阻会从电路中分流。如果被测电路的电阻较大，那么测量值会比正常值小。

例如，假设图 7-26 中发射极电阻开路，基极电压为 1.8 V。因为发射极电阻开路时没有发射极电流，所以测量之前发射极对地电压也一定为 1.8 V。当用内阻为 10 MΩ 的电压表测量 V_E 时，相当于在发射极和地之间接入了一个 10 MΩ 的电阻，这将导致有微小的电流从发

射极流过，从而在发射结上产生压降。所以表 7-4 中 R_{EO} 对应的 $V_E = 1.37\,\text{V}$，而不是 $1.8\,\text{V}$。

7.11 *pnp* 型晶体管

前文重点研究了 *npn* 型晶体管的偏置电路。在很多电路中也会用到 *pnp* 型晶体管，*pnp* 晶体管在有负电源供电的电子设备中很常用。此外，在双电源（正负电源）供电时，*pnp* 晶体管和 *npn* 晶体管作为互补元件使用。

图 7-27 所示是 *pnp* 晶体管的结构及其电路符号。由于两种器件具有相反的掺杂类型，分析时需要转换思路。特别要注意的是，*pnp* 晶体管发射极的多子是空穴而不是自由电子。与 *npn* 晶体管一样，*pnp* 晶体管正常的偏置条件也是：基极-发射极正偏，同时基极-集电极反偏。如图 7-27 所示。

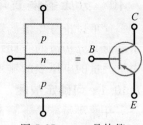

图 7-27　*pnp* 晶体管

7.11.1 基本概念

简而言之，在原子层面，发射极注入基极的是空穴，其中绝大部分空穴漂移到集电极，因此集电极电流几乎等于发射极电流。

图 7-28 显示了晶体管的三种电流。实线箭头表示传统电流方向，虚线箭头表示电子流动方向。

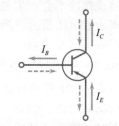

图 7-28　*pnp* 晶体管电流

7.11.2 负电源供电

图 7-29a 所示是包括 *pnp* 晶体管和 $-10\,\text{V}$ 负电源的分压器偏置电路。2N3906 是 2N3904 的互补晶体管，即晶体管特性参数的绝对值相同，而所有电流和电压的极性相反。与图 7-26 中的 *npn* 晶体管电路进行比较，所不同的只是电源电压和晶体管类型。

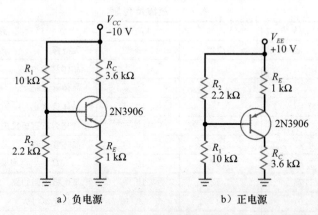

a) 负电源　　　　　　　　b) 正电源

图 7-29　*pnp* 晶体管电路

对于已有的 *npn* 晶体管电路，只需将其中的电源换成负电源，*npn* 晶体管换成 *pnp* 晶体管。

由于采用负电源，电路参数将变为负值，在计算时要格外小心。确定图 7-29a 电路 Q 点的步骤如下：

$$V_B = \frac{R_2}{R_1 + R_2} V_{CC} = \frac{2.2\,\text{k}\Omega}{10\,\text{k}\Omega + 2.2\,\text{k}\Omega}(-10\,\text{V}) = -1.8\,\text{V}$$

对 *pnp* 晶体管，发射结正向偏置时，V_E 比 V_B 高 0.7 V，因此，

$$V_E = V_B + 0.7\,\text{V} = -1.8\,\text{V} + 0.7\,\text{V} = -1.1\,\text{V}$$

然后，确定发射极和集电极电流：

$$I_E = \frac{V_E}{R_E} = \frac{-1.1 \text{ V}}{1 \text{ k}\Omega} = 1.1 \text{ mA}$$

$$I_C \approx I_E = 1.1 \text{ mA}$$

求解集电极电压和 V_{CE}：

$$V_C = -V_{CC} + I_C R_C - 10 \text{ V} + 1.1 \text{ mA} \times 3.6 \text{ k}\Omega = -6.04 \text{ V}$$

$$V_{CE} = V_C - V_E = -6.04 - (-1.1 \text{ V}) = -4.94 \text{ V}$$

7.11.3 正电源供电

在晶体管电路中，正电源比负电源应用更为广泛。因此经常见到如图 7-29b 所示的 pnp 晶体管的倒置画法。该电路的工作原理是：R_2 两端电压加在发射结及与其串联的发射极电阻上，以此确定发射极电流。集电极电流流过 R_C，产生集电极对地的电压。故障诊断时，可用如下方法计算 V_C、V_B 和 V_E：

1. 计算 R_2 两端电压；
2. 从上述电压减 0.7 V 得到发射极电阻两端电压；
3. 求得发射极电流；
4. 计算集电极对地电压；
5. 计算基极对地电压；
6. 计算发射极对地电压。

例 7-11 计算图 7-29b 电路中 pnp 晶体管的三个电压。　　　　　　　**⫶⫶⫶ Multisim**

解： 先求 R_2 两端电压，由分压公式得：

$$V_2 = \frac{R_2}{R_1 + R_2} V_{EE}$$

也可以用另一种方法得到电流值，即先求得分压电路的电流，再乘以 R_2：

$$I = \frac{10 \text{ V}}{12.2 \text{ k}\Omega} = 0.82 \text{ mA}$$

$$V_2 = 0.82 \text{ mA} \times 2.2 \text{ k}\Omega = 1.8 \text{ V}$$

然后，从上述电压中减去 0.7 V，得到发射极电阻两端电压：

$$1.8 \text{ V} - 0.7 \text{ V} = 1.1 \text{ V}$$

计算发射极电流：

$$I_E = \frac{1.1 \text{ V}}{1 \text{ k}\Omega} = 1.1 \text{ mA}$$

集电极电流流过集电极电阻，产生集电极对地电压：

$$V_C = 1.1 \text{ mA} \times 3.6 \text{ k}\Omega = 3.96 \text{ V}$$

基极对地电压为：

$$V_B = 10 \text{ V} - 1.8 \text{ V} = 8.2 \text{ V}$$

发射极对地电压为：

$$V_E = 10 \text{ V} - 1.1 \text{ V} = 8.9 \text{ V} \qquad \blacktriangleleft$$

自测题 7-11 将图 7-29a 和图 7-29b 电路中的电源电压由 10 V 改为 12 V，计算 V_B、V_E、V_C 和 V_{CE}。

总结

7.1 节 发射极偏置实际上对电流增益的变化不敏感。发射极偏置电路的分析过程是求出发射极电压、发射极电流、集电极电压和 V_{CE}，整个过程只需要应用欧姆定律。

7.2 节 基极偏置的 LED 驱动电路是通过晶体管工作在饱和或截止状态来控制流过 LED 的电

流；发射极偏置的 LED 驱动电路是利用晶体管工作在有源区和截止区来控制流过 LED 的电流。

7.3 节 可以用数字万用表或者欧姆表测量晶体管，这对没有连在电路中的晶体管是最好的方法。当晶体管在电路中且已加电时，可以测量它的电压，这能为可能发生的故障提供线索。

7.4 节 由于有电流增益 β_{dc}，光电晶体管比光电二极管对光更敏感。光电晶体管与 LED 结合，可以实现更加敏感的光耦合器。它的缺点是对光强变化的反应速度比光电二极管慢。

7.5 节 基于发射极偏置原型的最重要的电路称为分压器偏置，可以通过基极电路中的分压器来识别。

7.6 节 该偏置的关键是使基极电流远小于分压器中的电流。若满足此条件，则分压器基极电压几乎保持不变，且等于分压器空载时的输出电压。这样，在任何情况下，电路的 Q 点都是稳定的。

7.7 节 负载线经过饱和点和截止点。Q 点在负载线上的具体位置由偏置决定。电流增益的较大变化几乎不影响 Q 点，因为这类偏置的发射极电流保持不变。

7.8 节 该设计采用正负两个电源，工作原理是设置恒定的发射极电流。它是之前讨论的发射极偏置原型电路的变形。

7.9 节 本节引入了负反馈，即输出量的增加导致输入量的减小。由这个思路产生了分压器偏置电路。其他类型的偏置无法得到足够深的负反馈，因而无法获得与分压器偏置同样的性能。

7.10 节 故障诊断是一门艺术。因此不能简单地得到一套规则，必须通过经验来学习。

7.11 节 pnp 器件与 npn 器件是互补的，它们的电流和电压完全相反。可以采用负电源，但更多情况下采用的是正电源，在电路形态上是倒置的。

重要公式

1. 发射极电压

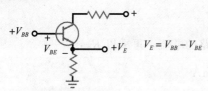

$$V_E = V_{BB} - V_{BE}$$

2. 集电极-发射极电压

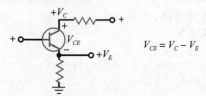

$$V_{CE} = V_C - V_E$$

3. I_C 对 β_{dc} 不敏感

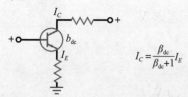

$$I_C = \frac{\beta_{dc}}{\beta_{dc}+1} I_E$$

4. 基极电压

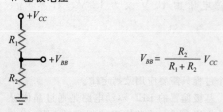

$$V_{BB} = \frac{R_2}{R_1 + R_2} V_{CC}$$

5. 发射极电压

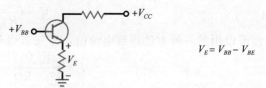

$$V_E = V_{BB} - V_{BE}$$

6. 发射极电流

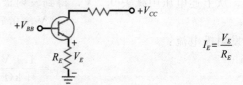

$$I_E = \frac{V_E}{R_E}$$

7. 集电极电流

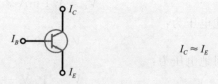

$$I_C \approx I_E$$

8. 集电极电压

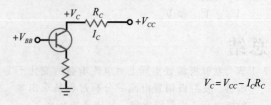

$$V_C = V_{CC} - I_C R_C$$

9. 集电极-发射极电压

$$V_{CE} = V_C - V_E$$

10. 基极电压

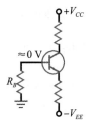

$$V_B \approx 0$$

11. 发射极电流

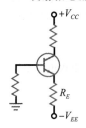

$$I_E = \frac{V_{EE} - 0.7\ \text{V}}{R_E}$$

12. 集电极电压（TSEB）

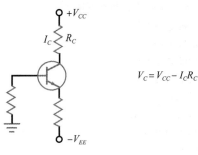

$$V_C = V_{CC} - I_C R_C$$

13. 集电极-发射极电压（TSEB）

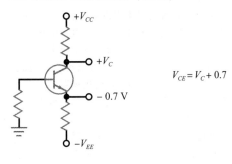

$$V_{CE} = V_C + 0.7$$

相关实验

实验 18
LED 驱动和光电晶体管电路

实验 19
稳定的 Q 点的建立

实验 20
PNP 晶体管的偏置

实验 21
晶体管的偏置

选择题

1. 发射极电流不变的电路称为
   a. 基极偏置　　　　b. 发射极偏置
   c. 晶体管偏置　　　d. 双电源偏置

2. 分析发射极偏置电路的第一步是求出
   a. 基极电流　　　　b. 发射极电压
   c. 发射极电流　　　d. 集电极电流

3. 如果发射极偏置电路中的电流增益未知，则无法计算
   a. 发射极电压　　　b. 发射极电流
   c. 集电极电流　　　d. 基极电流

4. 若发射极电阻开路，则集电极电压为
   a. 低电平　　　　　b. 高电平
   c. 不变　　　　　　d. 未知

5. 若集电极电阻开路，则集电极电压为
   a. 低电平　　　　　b. 高电平
   c. 不变　　　　　　d. 未知

6. 当发射极偏置电路的电流增益从 50 增加到 300 时，集电极电流
   a. 几乎保持不变

   b. 减小到原来的 1/6
   c. 增加到原来的 6 倍
   d. 为 0

7. 若发射极电阻增大，则集电极电压
   a. 减小　　　　　　b. 保持不变
   c. 增大　　　　　　d. 使晶体管击穿

8. 若发射极电阻减小，则
   a. Q 点向上移动　　b. 集电极电流减小
   c. Q 点保持不变　　d. 电流增益增大

9. 与光电二极管相比，光电晶体管的主要优点是
   a. 响应频率更高　　b. 交流工作
   c. 敏感度增加　　　d. 耐用

10. 在发射极偏置电路中，发射极电阻两端电压与发射极和_____间电压相等。
    a. 基极　　　　　　b. 集电极
    c. 发射极　　　　　d. 地

11. 在基极偏置电路中，发射极电位比_____电位低 0.7 V。
    a. 基极　　　　　　b. 发射极

c. 集电极　　　　　　　　d. 地

12. 在分压器偏置电路中，基极电压
　　a. 低于基极电源电压
　　b. 等于基极电源电压
　　c. 高于基极电源电压
　　d. 高于集电极电源电压

13. VDB 的特点是
　　a. 集电极电压不稳定
　　b. 发射极电流变化
　　c. 基极电流较大
　　d. Q 点稳定

14. VDB 电路中，集电极电阻的增加会
　　a. 降低发射极电压　　b. 降低集电极电压
　　c. 提高发射极电压　　d. 减小发射极电流

15. VDB 电路的 Q 点稳定，与下列哪种电路类似?
　　a. 基极偏置　　　　　b. 发射极偏置
　　c. 集电极反馈偏置　　d. 发射极反馈偏置

16. VDB 电路需要
　　a. 三个电阻　　　　　b. 一个电源
　　c. 精密电阻　　　　　d. 更多电阻以改善性能

17. VDB 电路一般工作在
　　a. 有源区　　　　　　b. 截止区
　　c. 饱和区　　　　　　d. 击穿区

18. VDB 电路中的集电极电压对下列哪个量的变化不敏感?
　　a. 电源电压　　　　　b. 发射极电阻
　　c. 电流增益　　　　　d. 集电极电阻

19. 若 VDB 电路中发射极电阻减小，则集电极电压
　　a. 降低　　　　　　　b. 不变
　　c. 升高　　　　　　　d. 加倍

20. 基极偏置与下列哪项有关?
　　a. 放大器　　　　　　b. 开关电路
　　c. 稳定的 Q 点　　　d. 固定的发射极电流

21. VDB 电路中，如果发射极电阻减半，则集电极电流
　　a. 加倍　　　　　　　b. 减半
　　c. 保持不变　　　　　d. 增加

22. VDB 电路中，如果集电极电阻减小，则集电极电压
　　a. 降低　　　　　　　b. 不变
　　c. 增加　　　　　　　d. 加倍

23. VDB 电路的 Q 点
　　a. 对电流增益的变化极其敏感
　　b. 对电流增益的变化有些敏感
　　c. 对电流增益的变化几乎完全无关
　　d. 受温度变化影响很大

24. 双电源发射极偏置（TSEB）电路的基极电压为
　　a. 0.7 V　　　　　　　b. 很大
　　c. 接近于 0　　　　　d. 1.3 V

25. TSEB 电路中，如果发射极电阻加倍，则集电极电流
　　a. 减半　　　　　　　b. 不变
　　c. 加倍　　　　　　　d. 增加

26. 如果由于焊锡飞溅，使 TSEB 电路的集电极电阻短路，则集电极电压
　　a. 降至 0　　　　　　b. 等于集电极电源电压
　　c. 不变　　　　　　　d. 加倍

27. TSEB 电路中，如果发射极电阻减小，则集电极电压
　　a. 降低　　　　　　　b. 不变
　　c. 增加　　　　　　　d. 等于集电极电源电压

28. TSEB 电路中，如果基极电阻开路，则集电极电压
　　a. 降低　　　　　　　b. 不变
　　c. 稍有增加　　　　　d. 等于集电极电源电压

29. 在 TSEB 电路中，基极电流必须非常
　　a. 小　　　　　　　　b. 大
　　c. 不稳定　　　　　　d. 稳定

30. TSEB 电路的 Q 点不依赖于
　　a. 发射极电阻　　　　b. 集电极电阻
　　c. 电流增益　　　　　d. 发射极电压

31. pnp 晶体管发射极的多子是
　　a. 空穴　　　　　　　b. 自由电子
　　c. 三价原子　　　　　d. 五价原子

32. pnp 晶体管的电流增益为
　　a. npn 晶体管电流增益的相反数
　　b. 集电极电流除以发射极电流
　　c. 接近 0
　　d. 集电极电流与基极电流的比值

33. pnp 晶体管中，最大的电流是
　　a. 基极电流　　　　　b. 发射极电流
　　c. 集电极电流　　　　d. 以上都不是

34. pnp 晶体管电流
　　a. 一般比 npn 管电流小
　　b. 与 npn 电流方向相反
　　c. 一般比 npn 电流大
　　d. 为负

35. 对于 pnp 晶体管分压器偏置电路，必须使用
　　a. 负电源电压　　　　b. 正电源电压
　　c. 电阻　　　　　　　d. 地

36. 采用负电源电压的 pnp 管 TSEB 电路，其发射极电压
　　a. 等于基极电压
　　b. 比基极电压高 0.7 V

c. 比基极电压低 0.7 V

d. 等于集电极电压

37. 在设计优良的 VDB 电路中，基极电流

a. 远大于分压器电流

b. 等于发射极电流

c. 远小于分压器电流

d. 等于集电极电流

38. VDB 电路中，基极输入电阻 R_{IN}

a. 等于 $\beta_{dc} R_E$ b. 一般小于 R_{TH}

c. 等于 $\beta_{dc} R_C$ d. 与 β_{dc} 无关

39. 在下列哪种情况下，TSEB 电路的基极电压近似为 0？

a. 基极电阻很大   b. 晶体管饱和

c. β_{dc} 很小   d. $R_B < 0.01 \beta_{dc} R_E$

习题

7.1 节

7-1 ⫼Multisim图 7-30a 中的集电极电压是多少？发射极电压是多少？

7-2 ⫼Multisim若图 7-30a 中的发射极电阻变为原来的两倍，V_{CE} 是多少？

7-3 ⫼Multisim若图 7-30a 中的集电极电源电压减小到 15 V，集电极电压为多少？

7-4 ⫼Multisim若图 7-30b 中 $V_{BB} = 2$ V，集电极电压为多少？

7-5 ⫼Multisim若图 7-30b 中的发射极电阻变为原来的两倍，基极电源电压为 2.3 V，V_{CE} 为多少？

7-6 ⫼Multisim若图 7-30b 中的集电极电源电压增大到 15 V，当 $V_{BB} = 1.8$ V 时，V_{CE} 为多少？

7.2 节

7-7 ⫼Multisim若图 7-30c 中的基极电源电压是 2 V，通过 LED 的电流为多少？

7-8 ⫼Multisim若图 7-30c 中 $V_{BB} = 1.8$ V，LED 的电流为多少？V_C 大约为多少？

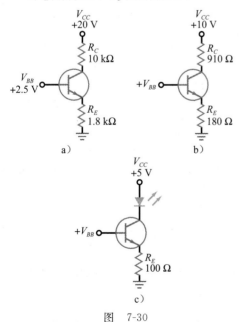

图 7-30

7.3 节

7-9 若图 7-31a 中集电极电压的读数为 10 V，有哪些故障可能导致如此大的电压？

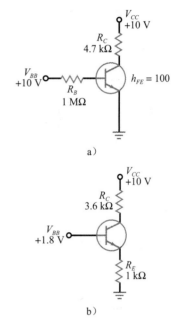

图 7-31

7-10 若图 7-31a 中发射极接地端开路会怎样？用电压表测得的基极电压和集电极电压将各为多少？

7-11 用直流电压表测得图 7-31a 中集电极的电压很小，可能是什么故障？

7-12 用电压表测得图 7-31b 中集电极电压读数为 10 V，有哪些故障可能导致如此大的电压？

7-13 若图 7-31b 中发射极电阻开路会怎样？用电压表测基极电压和集电极电压将各为多少？

7-14 用直流电压表测得图 7-31b 中集电极电压读数为 1.1 V，可能的故障有哪些？

7.5 节

7-15 ⫼Multisim图 7-32 电路中，发射极电压和集电极电压各是多少？

7-16 ⫼Multisim图 7-33 电路中，发射极电压和集电极电压各是多少？

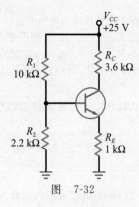

图　7-32

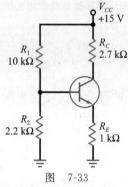

图　7-33

7-17 |||| Multisim图 7-34 电路中，发射极电压和集电极电压各是多少？

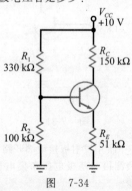

图　7-34

7-18 |||| Multisim图 7-35 电路中，发射极电压和集电极电压各是多少？

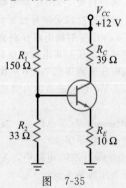

图　7-35

7-19 图 7-34 电路中，所有电阻的误差容限均为 ±5％，集电极电压最低和最高值各是多少？

7-20 图 7-35 电路中，电源电压的误差容限为 ±10％，集电极电压最低和最高值各是多少？

7.7 节

7-21 求图 7-32 中电路的 Q 点。

7-22 求图 7-33 中电路的 Q 点。

7-23 求图 7-34 中电路的 Q 点。

7-24 求图 735 中电路的 Q 点。

7-25 图 7-34 中，所有电阻的误差容限均为 ±5％，集电极电流的最低和最高值各是多少？

7-26 图 7-35 中，电源电压的误差容限为 ±10％，集电极电流的最低和最高值各是多少？

7.8 节

7-27 求图 7-36 电路中的发射极电流和集电极电压。

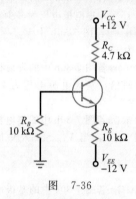

图　7-36

7-28 若图 7-36 电路中所有电阻值加倍，求发射极电流和集电极电压。

7-29 图 7-36 中，所有电阻的误差容限均为 ±5％，集电极电压的最低和最高值各是多少？

7.9 节

7-30 当下列参量发生微小变化时，图 7-35 电路中的集电极电压是增加、降低还是保持不变？

a. R_1 增加　　　　　　　b. R_2 减小

c. R_E 增加　　　　　　　d. R_C 减小

e. V_{CC} 增加　　　　　　f. β_{dc} 减小

7-31 当下列电路参量微弱增加时，图 7-37 电路中的集电极电压是增加、降低还是保持不变？

a. R_1　　　　　　　　　　b. R_2

c. R_E　　　　　　　　　　d. R_C

e. V_{CC}　　　　　　　　　f. β_{dc}

7.10 节

7-32 当图 7-35 电路出现下列故障时，集电极电压的近似值为多少？

a. R_1 开路　　　　　　　b. R_2 开路

c. R_E 开路　　　　　　　d. R_C 开路

e. 集电极-发射极开路

7-33 当图 7-37 电路出现下列故障时，集电极电压的近似值为多少？

　　a. R_1 开路　　　　b. R_2 开路

　　c. R_E 开路　　　　d. R_C 开路

　　e. 集电极-发射极开路

7.11 节

7-34 求图 7-37 电路中的集电极电压。

7-35 求图 7-37 电路中的 V_{CE}。

7-36 求图 7-37 电路中的集电极饱和电流和 V_{CE} 截止电压。

7-37 求图 7-38 电路中的发射极电压和集电极电压。

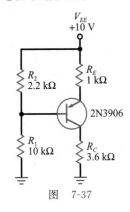

图　7-37

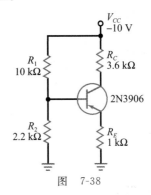

图　7-38

思考题

7-38 当将图 7-35 所示电路中的分压电路参数改变为 $R_1 = 150\ \text{k}\Omega$ 和 $R_2 = 33\ \text{k}\Omega$ 时，基极电压只有 0.8 V，而不是分压电路的理想输出 2.16 V，请解释原因。

7-39 当用 2N3904 搭建图 7-35 所示电路时，需要注意什么？

7-40 在测量图 7-35 中的 V_{CE} 时，将电压表接在集电极和发射极之间，得到的读数为多少？

7-41 可以改变图 7-35 中任意的电路参数，列出可能导致晶体管损坏的所有情况。

7-42 图 7-35 中的电源为晶体管提供电流，列出能够求解该电流的所有方法。

7-43 计算图 7-39 电路中每个晶体管的集电极电压（提示：电容对直流而言是开路的）。

7-44 图 7-40a 电路中使用硅二极管，求发射极电流和集电极电压。

7-45 求图 7-40b 电路的输出电压。

7-46 求流过图 7-41a 电路中 LED 的电流。

7-47 求流过图 7-41b 电路中 LED 的电流。

7-48 当要求图 7-34 中的分压器为准理想特性时，请在不改变 Q 点的情况下，确定 R_1 和 R_2 的值。

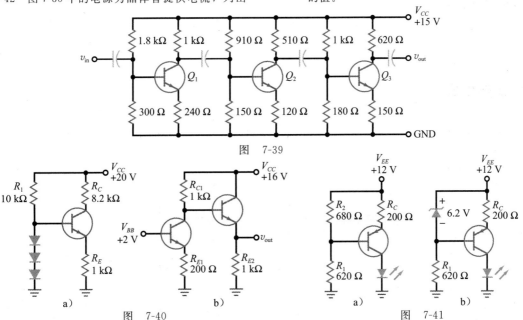

图　7-39

图　7-40

图　7-41

故障诊断

故障如图 7-42 所示。

7-49　确定故障 1。

7-50　确定故障 2。

7-51　确定故障 3 和 4。

7-52　确定故障 5 和 6。

7-53　确定故障 7 和 8。

7-54　确定故障 9 和 10。

7-55　确定故障 11 和 12。

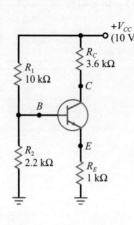

	测量值			
故障	V_B(V)	V_E(V)	V_C(V)	R_2(Ω)
正常	1.8	1.1	6	正常
T1	10	9.3	9.4	正常
T2	0.7	0	0.1	正常
T3	1.8	1.1	10	正常
T4	2.1	2.1	2.1	正常
T5	0	0	10	正常
T6	3.4	2.7	2.8	∞
T7	1.83	1.212	10	正常
T8	0	0	10	0
T9	1.1	0.4	0.5	正常
T10	1.1	0.4	10	正常
T11	0	0	0	正常
T12	1.83	0	10	正常

图　7-42

求职面试问题

1. 画一个 VDB 电路，说明计算 V_{CE} 的所有步骤。为什么该电路具有很稳定的 Q 点？

2. 画一个 TSEB 电路，说明其工作原理。当晶体管被替换或温度发生变化时，集电极电流怎样变化？

3. 描述一些其他类型的偏置电路，说明它们的 Q 点情况。

4. 两种反馈偏置是什么？它们产生的原因是什么？

5. 分立的双极型晶体管电路的基本偏置类型是什么？

6. 用于开关电路的晶体管应当被偏置在有源区吗？如果不是，那么对于开关电路来说，负载线上的哪两点很重要？

7. 在 VDB 电路中，如果基极电流不比分压器电流小，该电路有什么缺点？应该如何改正？

8. 最常用的晶体管偏置结构是什么？为什么？

9. 画出 npn 管构成的 VDB 电路，标出流过分压器、基极、发射极和集电极的电流方向。

10. 如果 VDB 电路中的 R_1 和 R_2 比 R_E 大 100 倍，该电路有什么问题？

选择题答案

1. b　2. b　3. d　4. b　5. a　6. a　7. c　8. a　9. c　10. d　11. a　12. a　13. d　14. b　15. b

16. b　17. a　18. c　19. a　20. b　21. a　22. c　23. c　24. c　25. a　26. b　27. a　28. d　29. a　30. c

31. a　32. d　33. b　34. b　35. c　36. b　37. c　38. a　39. d

自测题答案

7-1　$V_{CE}=8.1$ V

7-2　$R_E=680$ Ω

7-5　$V_B=2.7$ V

　　$V_E=2$ mA

　　$V_C=7.78$ V

　　$V_{CE}=5.78$ V

7-6　$V_{CE}=5.85$ V，非常接近预测值

7-8　$R_E=1$ kΩ

　　$R_C=4$ kΩ

　　$R_2=700$ Ω（680）

　　$R_1=3.4$ kΩ（3.3 k）

7-9　$V_{CE}=6.96$ V

7-10　$V_{CE}=7.05$ V

7-11　对于图 7-29a

　　$V_B=2.16$ V

　　$V_E=-1.46$ V

　　$V_C=-6.73$ V；

　　$V_{CE}=-5.27$ V

　　对于图 7-29b

　　$V_B=9.84$ V

　　$V_E=10.54$ V

　　$V_C=5.27$ V

　　$V_{CE}=-5.27$ V

第 8 章
双极型晶体管的基本放大器

将晶体管的 Q 点偏置在负载线中点附近后，将一个小的交流信号耦合到基极，便会产生一个交流的集电极电压。交流集电极电压与交流基极电压波形相似，但幅度要大很多，即交流集电极电压是对交流基极电压的放大。

本章将说明根据电路参数计算电压增益和交流电压的方法。这部分内容对于故障诊断非常重要，可以通过测量所需的交流电压来判断其是否与理论值相符。本章还将讨论放大器的输入、输出阻抗和负反馈等内容。

目标
学习完本章后，你应该能够：
- 画出晶体管放大器电路并解释其工作原理；
- 描述耦合电容和旁路电容的用途；
- 给出交流短路和交流接地的例子；
- 运用叠加定理，画出直流和交流等效电路；
- 定义小信号工作条件，并解释其必要性；
- 画出使用 VDB 的放大器及其交流等效电路；
- 论述 CE 放大器的重要特性；
- 说明如何计算和预估 CE 放大器的电压增益；
- 说明发射极反馈放大器的工作原理，并列举其三个优点；
- 说出 CE 放大器中可能出现的与电容相关的两个问题；
- 对 CE 放大器进行故障诊断。

关键术语

集电极交流电阻（ac collector resistance）	直流等效电路（dc equivalent circuit）
交流电流增益（ac current gain）	失真（distortion）
发射极交流反馈（ac emitter feedback）	EM 模型（Ebers-Moll model）
发射结交流电阻（ac emitter resistance）	反馈电阻（feedback resistor）
交流等效电路（ac equivalent circuit）	π 模型（π model）
交流接地点（ac ground）	小信号放大器（small-signal amplifiers）
交流短路（ac short）	叠加定理（superposition theorem）
旁路电容（bypass capacitor）	发射极负反馈放大器[⊖]（swamped amplifier）
共基放大器（CB amplifier）	
共集放大器（CC amplifier）	掩蔽作用[⊜]（swamping）
共射放大器（CE amplifer）	T 模型（T model）
耦合电容（coupling capacitor）	电压增益（voltage gain）

㊀ 该放大器指的是"发射极负反馈放大器"，为避免混淆，这里采用意译。——译者注
㊁ 此处指较大信号对较小信号的掩蔽作用。——译者注

8.1　基极偏置放大器

本节将讨论基极偏置放大器。尽管基极偏置放大器不能用于大批量的电子产品，但可以利用它的基本原理来实现更复杂的放大器，所以仍具有指导意义。

电子领域的创新者

1906 年，美国发明家李·德·福里斯特（Lee De Forest 1873—1961）发明了三极管，这是一种由加热的灯丝/阴极、栅极和极板组成的三端真空管。该器件是第一个实用的电子放大器。

图片来源：Hulton-Deutsch Collection/Corbis Historical/Getty Images

8.1.1　耦合电容

图 8-1a 所示电路中交流电压源与一个电容和一个电阻相连接。由于电容的阻抗与频率成反比，所以电容能够有效地阻断直流电压，并传输交流电压。当频率足够高时，容性电抗远小于电阻，几乎全部的交流电压都加在电阻上。这种情况下使用的电容称为**耦合电容**，因为它将交流信号耦合或传输到电阻上。耦合电容很重要，它可以将交流信号耦合进入放大器，同时不影响放大器的 Q 点。

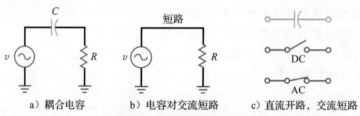

a）耦合电容　　　b）电容对交流短路　　　c）直流开路，交流短路

图 8-1　对耦合电容的分析

要使耦合电容正常工作，它的电抗值在交流源最低频率下必须远小于电阻值。例如，假设交流源的频率在 20 Hz～20 kHz 之间变化，那么最坏情况是 20 Hz，设计时选择电容的电抗值在 20 Hz 时应远小于电阻值。

怎样才可以认为足够小呢？定义如下：

$$较适当的耦合电容值 \quad X_C < 0.1R \tag{8-1}$$

即在最低工作频率下，电抗应小于电阻的 1/10。

当满足此 10∶1 的条件时，则图 8-1a 电路可用等效电路图 8-1b 代替。图 8-1a 电路的阻抗值为：

$$Z = \sqrt{R^2 + X_C^2}$$

将最坏情况代入，得：

$$Z = \sqrt{R^2 + (0.1R)^2} = \sqrt{R^2 + 0.01R^2} = \sqrt{1.01R^2} = 1.005R$$

在最低频率下，阻抗值与 R 值相差不超过 0.5%，所以图 8-1a 中的电流只比图 8-1b 中的电流小 0.5%。由于所有设计优良的电路都满足 10∶1 准则，可以近似认为耦合电容是**交流短路**的（见图 8-1b）。

关于耦合电容还需要说明的是，由于直流电压频率为 0，耦合电容的电抗在零频处为无穷大，因此对于电容，可以利用以下两个近似：

1. 对直流分析，电容开路；

2. 对交流分析，电容短路。

图 8-1c 概括了这两个重要的近似概念。除非特别说明，以后分析的所有电路都满足 10∶1 准则，因而可以将耦合电容看作开路或短路，如图 8-1c 所示。

例 8-1 电路如图 8-1a 所示，若 $R = 2 \text{ k}\Omega$，频率范围为 20 Hz～20 kHz，求使其成为较好的耦合电容所需的 C 值。

解：根据 10∶1 准则，在最低频率下，X_C 应小于 R 的 1/10，因此，在 20 Hz 时，$X_C < 0.1R$，即 $X_C < 200 \ \Omega$。

由于 $X_C = \dfrac{1}{2\pi f C}$，整理得，$C = \dfrac{1}{2\pi f X_C} = \dfrac{1}{2\pi \times 20 \text{ Hz} \times 200 \ \Omega} = 39.8 \ \mu\text{F}$。 ◀

自测题 8-1 若例 8-1 中最低频率为 1 kHz，电阻为 1.6 kΩ，求 C 的值。

8.1.2 直流电路

图 8-2a 所示是一个基极偏置电路，基极直流电压为 0.7 V。由于 30 V 远大于 0.7 V，所以基极电流近似等于 30 V 除以 1 MΩ：

$$I_B = 30 \ \mu\text{A}$$

电流增益为 100，则集电极电流为：

$$I_C = 3 \text{ mA}$$

集电极电压为：

$$V_C = 30 \text{ V} - 3 \text{ mA} \times 5 \text{ k}\Omega = 15 \text{ V}$$

因此 Q 点位于 3 mA 和 15 V 处。

8.1.3 放大电路

图 8-2b 显示了如何通过增加元件来构成放大器。首先，将耦合电容接在交流源和基极之间。由于耦合电容对直流开路，所以电容和交流源的存在并不改变基极直流电流。同样地，在集电极和 100 kΩ 的负载电阻之间接入耦合电容。由于这个电容对直流开路，因此集电极直流电压在接入电容和负载电阻后保持不变。关键是用耦合电容来防止交流源和负载电阻对 Q 点的影响。

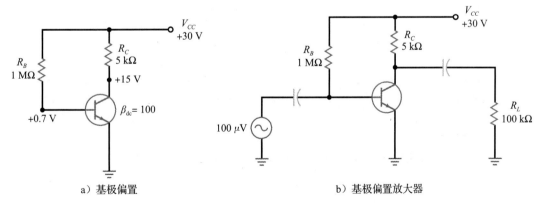

a）基极偏置   b）基极偏置放大器

图 8-2 放大电路的电容耦合

在图 8-2b 中，交流源电压为 100 μV，由于耦合电容对交流短路，所有交流电压都加在基极和地之间，该电压产生的基极交流电流叠加在原来的直流基极电流上。或者说，总的基极电流包含直流分量和交流分量。

图 8-3a 对此进行了说明。交流分量叠加在直流分量上，在正半周，基极交流电流与 30 μA 基极直流电流相加，而在负半周则与 30 μA 相减。

由于有电流增益，基极交流电流使集电极电流被放大。图 8-3b 中，集电极电流的直流分量为 3 mA，其上叠加了集电极交流电流。这个被放大的集电极电流流过集电极电阻，在该电阻上产生一个变化的电压。从电源电压中减去这个电压，便得到集电极电压，如图 8-3c 所示。

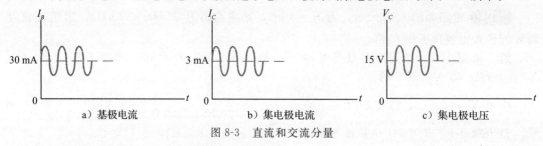

a）基极电流　　　　　b）集电极电流　　　　　c）集电极电压

图 8-3　直流和交流分量

集电极电压也是交流分量叠加在直流分量上，即在 15 V 直流电平上以正弦波变化，该交流电压波形与输入电压反相，即两者相差 180°。在基极交流电流的正半周，集电极电流增加，使集电极电阻上的电压增加，即集电极对地电压降低。类似地，在负半周，集电极电流减小，使集电极电阻上的电压减小，从而使集电极电压增加。

8.1.4　电压波形

图 8-4 显示了基极偏置放大器的电压波形。交流电压源产生一个很小的正弦电压，这个电压被耦合到基极，并叠加到直流分量 +0.7 V 上。基极电压的变化使基极电流、集电极电流和集电极电压都发生了正弦变化。集电极总电压是一个叠加在集电极直流电压 +15 V 上的反相的正弦波。

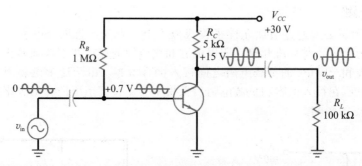

图 8-4　基极偏置放大器及其波形

输出耦合电容的作用如下：由于它对直流开路，因此阻断了集电极电压的直流分量；又由于它对交流短路，因此将集电极电压的交流分量耦合到负载电阻上。所以负载电压是均值为 0 的纯交流信号。

8.1.5　电压增益

放大器的**电压增益**定义为交流输出电压与交流输入电压的比，即：

$$A_v = \frac{v_{\text{out}}}{v_{\text{in}}} \tag{8-2}$$

例如，若测得交流负载电压为 50 mV，交流输入电压为 100 μV，则电压增益为：

$$A_v = \frac{50 \text{ mV}}{100 \text{ μV}} = 500$$

说明交流输出电压是交流输入电压的 500 倍。

知识拓展　1955 年，展出了世界上第一个晶体管高保真音频放大器系统。

8.1.6　计算输出电压

将式（8-2）两端同时乘以 v_{in}，得：

$$v_{out} = A_v v_{in} \qquad (8\text{-}3)$$

该式用于已知 A_v 和 v_{in} 时对 v_{out} 的计算。

例如，图 8-5a 中三角形符号表示任意放大器。已知输入电压为 2 mV，电压增益为 200，可以计算出输出电压为：

$$v_{out} = 200 \times 2\,\text{mV} = 400\,\text{mV}$$

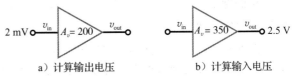

图 8-5　举例

8.1.7　计算输入电压

将式（8-3）两边除以 A_v 得：

$$v_{in} = \frac{v_{out}}{A_v} \qquad (8\text{-}4)$$

该式用于已知 v_{out} 和 A_v 时对 v_{in} 的计算。例如，已知图 8-5b 中输出电压为 2.5 V，电压增益为 350，则输入电压为：

$$v_{in} = \frac{2.5\,\text{V}}{350} = 7.14\,\text{mV}$$

8.2　发射极偏置放大器

由于基极偏置放大器的 Q 点不稳定，因此该类型在放大电路中没有广泛应用。发射极偏置放大器（VDB 或 TSEB）具有稳定的 Q 点，因此应用较多。

8.2.1　旁路电容

旁路电容与耦合电容类似，对直流开路，对交流短路。但它并不是用来在两点间耦合信号，而是用来产生**交流接地点**。

图 8-6a 所示是交流电压源与一个电阻和电容的连接，电阻 R 表示由电容端看到的戴维南电阻。当频率足够高时，电容的容抗远小于电阻，这时，几乎所有交流电压都加在电阻上。即 E 点呈现出良好的接地特性。

在这种应用中的电容被称为旁路电容，因为它使 E 点旁路或对地短路。旁路电容的重要性在于，它能够在放大器中建立交流接地点，而不影响 Q 点。

要使旁路电容正常工作，电容的容抗在交流源最低频率下必须远小于电阻。较适当的旁路电容值与耦合电容一样，定义为：

$$\text{较适当的旁路电容值}\quad X_C < 0.1R \qquad (8\text{-}5)$$

满足此条件时，图 8-6a 可以被等效电路图 8-6b 所代替。

例 8-2　图 8-7 电路中，输入信号 v 的频率为 1 kHz，要使 E 点具有良好的接地特性，电容 C 应取何值？

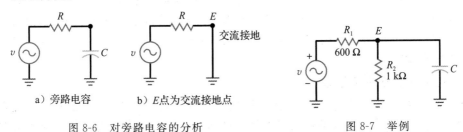

图 8-6　对旁路电容的分析　　　　　图 8-7　举例

解： 首先，求出从电容 C 看到的戴维南电阻：

$$R_{TH} = R_1 \parallel R_2 = 600\ \Omega \parallel 1\ \text{k}\Omega = 375\ \Omega$$

X_C 应小于 R_{TH} 的 $1/10$，因此，在 $1\ \text{kHz}$ 时 $X_C < 37.5\ \Omega$，求得 C 为：

$$C = \frac{1}{2\pi f X_C} = \frac{1}{2\pi \times 1\ \text{kHz} \times 37.5\ \Omega} = 4.2\ \mu\text{F}$$　◀

自测题 8-2 当图 8-7 中的 R 为 $50\ \Omega$ 时，求 C 的值。

8.2.2　VDB 放大器

图 8-8 所示是分压器偏置（VDB）放大器。为计算直流电压和电流，将所有电容视为开路。则晶体管电路简化为之前分析过的 VDB 电路，电路的静态或直流值为：

$$V_B = 1.8\ \text{V} \quad V_E = 1.1\ \text{V} \quad V_C = 6.04\ \text{V} \quad I_C = 1.1\ \text{mA}$$

在电压源和基极之间、集电极和负载电阻之间分别接入耦合电容，同时需要在发射极和地之间接入一个旁路电容。如果没有旁路电容，基极交流电流会非常小，有了这个旁路电容，便可以获得较大的电压增益。有关的数学推导将在下一章中讨论。

图 8-8 中，交流源电压 $100\ \mu\text{V}$ 被耦合到基极输入端，由于存在旁路电容，交流电压全部加在发射结上。这样，基极交流电流将产生一个被放大的集电极交流电压。

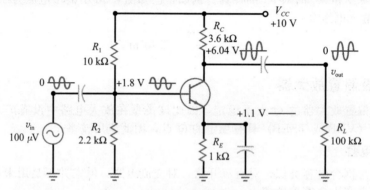

图 8-8　VDB 放大器及其信号波形

8.2.3　VDB 波形

观察图 8-8 中的电压波形，交流源电压是均值为 0 的小正弦信号，基极电压是该交流电压在 $1.8\ \text{V}$ 直流电压上的叠加值。集电极电压为反相放大的交流电压在 $6.04\ \text{V}$ 集电极直流电压上的叠加。负载电压与集电极电压相同，但均值为 0。

需要注意的是，发射极的电压是 $1.1\ \text{V}$ 的纯直流电压，没有交流成分。这是由于旁路电容使发射极交流接地。记住这一点对于故障诊断来说是非常重要的。如果旁路电容开路，则发射极与地之间会存在交流电压。出现该现象便可以断定故障的唯一可能是旁路电容开路。

知识拓展 在图 8-8 电路中，由于旁路电容的存在，发射极电压稳定在 $1.1\ \text{V}$ 不变，因此基极电压的任何变化都会直接加在晶体管的发射结上。例如，假设 $v_{in} = 10\ \text{mV}$（峰峰值），在 v_{in} 的正峰值点，交流基极电压等于 $1.805\ \text{V}$，$V_{BE} = 1.805\ \text{V} - 1.1\ \text{V} = 0.705\ \text{V}$，在 v_{in} 的负峰值点，交流基极电压降为 $1.795\ \text{V}$，$V_{BE} = 1.795\ \text{V} - 1.1\ \text{V} = 0.695\ \text{V}$。$V_{BE}$ 上的交流电压变化（$0.705 \sim 0.695\ \text{V}$）使 I_C 和 V_{CE} 发生交流变化。

8.2.4　分立电路与集成电路

图 8-8 中的 VDB 放大器是分立晶体管放大器的标准构建形式。分立表示所有元件（如电阻、电容、晶体管）都是独立接入并通过相互连接构成最终电路的。分立电路与集

成电路（IC）不同，集成电路中所有元件是同时在一块半导体芯片上制造并连接的。后续章节将会讨论运算放大器，一种电压增益超过 100 000 的集成放大器。

8.2.5　TSEB 电路

图 8-9 所示是双电源发射极偏置（TSEB）放大器，在第 7 章中对这种电路的直流部分进行了分析，并计算出其静态电压为：

$$V_B \approx 0\,\text{V} \quad V_E = -0.7\,\text{V} \quad V_C = 5.32\,\text{V} \quad I_C = 1.3\,\text{mA}$$

图 8-9 所示电路中有两个耦合电容和一个发射极旁路电容。该电路的交流情况与 VDB 放大器类似。交流信号被耦合到基极，放大后得到集电极电压，然后放大信号被耦合到负载上。

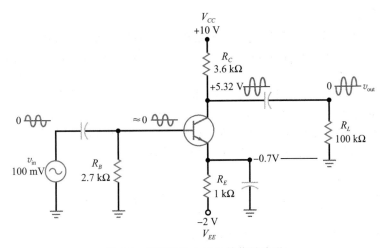

图 8-9　TSEB 放大器及其信号波形

观察信号的波形可知，交流源电压是一个很小的正弦电压，基极电压是这个小的交流分量在接近于 0 V 的直流分量上的叠加。总的集电极电压是反相的正弦波在 +5.32 V 的集电极直流电压上的叠加，负载电压是同一个放大信号，但没有直流分量。

同样由于旁路电容的作用，发射极上是纯直流电压。若旁路电容开路，则发射极会呈现交流电压，这将极大地降低电压增益。因此，在对一个带有旁路电容的放大器进行故障诊断时，须谨记所有交流接地点上都应该没有交流电压。

8.3　小信号工作

图 8-10 所示是发射结电流-电压特性曲线。当交流电压耦合到晶体管的基极时，该交流电压将加在发射结上，使 V_{BE} 产生如图 8-10 所示的正弦变化。

8.3.1　瞬态工作点

当电压增加到正的峰值点时，瞬态工作点由图 8-10 中的 Q 点移到最上面的点。反之，当正弦电压降到负的峰值点时，瞬态工作点从 Q 点移到最下面的点。

总的 V_{BE} 是以直流电压为中心的交流电压，如图 8-10 所示。交流电压的幅度决定了瞬态工作点偏离 Q 点的距离。基极的交流电压越大，产生的偏离越大；基极的交流电压越小，产生的偏离越小。

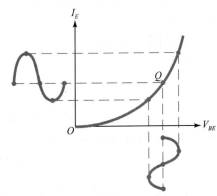

图 8-10　发射结电流-电压特性曲线
（信号太大时会产生失真）

8.3.2　失真

如图 8-10 所示，基极上的交流电压产生同频的发射极交流电流。例如，若驱动基极的交流信号源频率为 1 kHz，则发射极电流频率也是 1 kHz，且发射极交流电流的波形与基极交流电流的波形基本相同。若基极交流电压为正弦，则发射极交流电压也近似为正弦。

由于特性曲线的弯曲，发射极交流电压并不是基极交流电压的完美复制。由于曲线向上弯曲，发射极交流电流的正半周被拉长，而负半周被压缩。这种在两个半周中被拉伸与压缩的现象被称为**失真**。在高精度放大器中是不希望有失真的，因为失真会使语音或音乐的音质发生改变。

8.3.3　减小失真

减小图 8-10 中信号失真的方法之一是使基极交流电压保持在小幅度。当基极电压的峰值降低后，瞬态工作点的移动范围将减小。变化的幅度越小，曲线的弯曲程度就越小。当信号足够小时，曲线呈现线性特性。

使放大器在小信号下工作很重要。因为对于小信号而言，失真可以忽略。当信号幅度很小时，相应的特性曲线近似为线性，发射极交流电流的变化几乎与基极交流电压的变化成正比。即如果基极交流电压是幅度足够小的正弦波，则发射极交流电流也是幅度很小的正弦波，它在两个半周的波形没有明显的拉伸或压缩。

8.3.4　10%准则

图 8-10 所示的发射极总电流包含直流分量和交流分量，可以表示为：

$$I_E = I_{EQ} + i_e$$

其中 I_E 为发射极总电流，I_{EQ} 为发射极直流电流，i_e 为发射极交流电流。

为了使失真最小，i_e 的峰峰值必须比 I_{EQ} 小，小信号工作条件定义为：

$$小信号条件 \quad i_{e(pp)} < 0.1 I_{EQ} \tag{8-6}$$

即发射极交流电流的峰峰值小于发射极直流电流的 10%时，称该交流信号为小信号。例如，图 8-11 所示电路中的发射极直流电流为 10 mA，为满足小信号工作条件，发射极电流的峰峰值必须小于 1 mA。

将满足 10%准则的放大器称为**小信号放大器**。这类放大器用于收音机或电视接收机的前端，因为天线接收到的信号非常微弱，当该信号被耦合到晶体管放大器时，在发射极产生的电流变化很小，远小于 10%准则所要求的幅度。

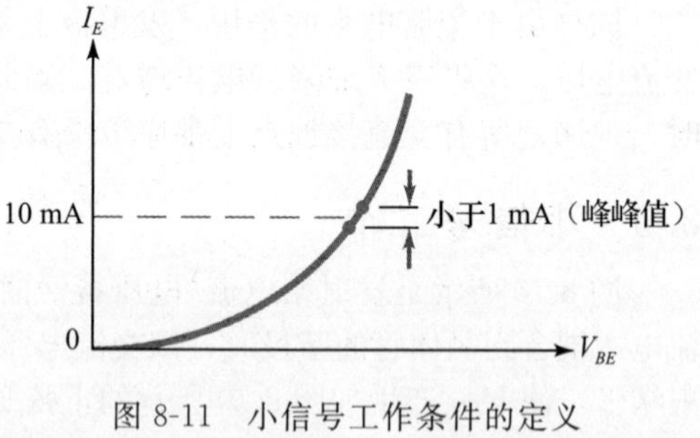

例 8-3　电路如图 8-9 所示，求发射极电流的小信号最大值。

解：首先求 Q 点，发射极电流为：

$$I_{EQ} = \frac{V_{EE} - V_{BE}}{R_E} = \frac{2 \text{ V} - 0.7 \text{ V}}{1 \text{ k}\Omega} = 1.3 \text{ mA}$$

图 8-11　小信号工作条件的定义

然后求发射极电流的小信号值 $i_{e(pp)}$：

$$i_{e(pp)} < 0.1 I_{EQ}$$

$$i_{e(pp)} = 0.1 \times 1.3 \text{ mA} = 130 \text{ } \mu\text{A（峰峰值）}$$

自测题 8-3　将图 8-9 电路中的 R_E 改为 1.5 kΩ，计算发射极电流的小信号最大值。

8.4 交流电流增益

前文所有关于电流增益的讨论都是指直流电流增益，定义为：

$$\beta_{dc} = \frac{I_C}{I_B} \qquad (8\text{-}7)$$

公式中的电流为图 8-12 中 Q 点的电流，由于图中 I_C-I_B 特性曲线是弯曲的，因而直流电流增益与 Q 点有关。

8.4.1 定义

交流电流增益与直流电流增益不同，它的定义为：

$$\beta = \frac{i_c}{i_b} \qquad (8\text{-}8)$$

即交流电流增益等于集电极交流电流除以基极交流电流。在图 8-12 中，交流信号只用到 Q 点两侧曲线很小的部分，因此交流电流增益的值不同于直流电流增益，后者几乎用到整条曲线。

由图可见，β 等于图 8-12 中曲线在 Q 点的斜率。若将晶体管偏置在另一个 Q 点，则曲线斜率会有所变化，即 β 会发生改变。所以，β 的值取决于全部集电极直流电流的总值。

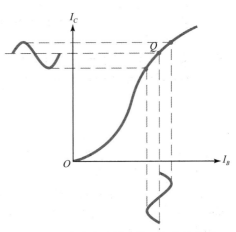

图 8-12 交流电流增益等于变化量之比

在数据手册中，β_{dc} 以 h_{FE} 表示，β 以 h_{fe} 表示，注意这里的大写下标表示直流电流增益，小写下标表示交流电流增益。两种增益在数值上大致相当，因此在初步分析时，可以用其中一个的值代替另一个。

8.4.2 标记法

为了区分直流量和交流量，实际采用的标准是用大写字母和下标表示直流，例如，前文曾经使用过的：

- I_E、I_C、I_B 表示直流电流；
- V_E、V_C、V_B 表示直流电压；
- V_{BE}、V_{CE}、V_{CB} 表示节点间的直流电压。

对于交流量，使用小写字母和下标来表示，例如：

- i_e、i_c、i_b 表示交流电流；
- v_e、v_c、v_b 表示交流电压；
- v_{be}、v_{ce}、v_{cb} 表示节点间的交流电压。

还有一点值得说明的是，大写字母 R 表示直流电阻，小写字母 r 表示交流电阻。下一节将讨论交流电阻。

8.5 发射结交流电阻

图 8-13 所示是发射结的电流-电压特性曲线。当一个小交流电压加在发射结上时，将产生发射极交流电流，该交流电流的大小取决于 Q 点位置。由于曲线是弯曲的，Q 点在曲线上的位置越高，发射极交流电流的峰峰值将会越大。

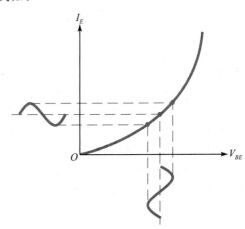

图 8-13 电流-电压特性曲线（发射结的交流电阻）

8.5.1　定义

如 8-3 节中的讨论，发射极总电流由直流分量和交流分量组成，即：

$$I_E = I_{EQ} + i_e$$

其中 I_{EQ} 为发射极直流电流，i_e 为发射极交流电流。

类似地，图 8-13 中发射结上的总电压包括直流分量和交流分量，可以写为：

$$V_{BE} = V_{BEQ} + v_{be}$$

其中 V_{BEQ} 为发射结上的直流电压，v_{be} 为发射结上的交流电压。

如图 8-13 所示，V_{BE} 上的正弦变化在 I_E 上产生正弦变化，i_e 的峰峰值取决于 Q 点位置。由于曲线的弯曲，对于相同的 v_{be}，Q 点在曲线上的位置越高，产生的 i_e 越大。即发射结的交流电阻随发射极直流电流的增加而降低。

发射结交流电阻的定义为：

$$r'_e = \frac{v_{be}}{i_e} \tag{8-9}$$

该式表示的是，发射结交流电阻等于发射结上的交流电压除以发射极交流电流。r'_e 上的"′"表示这个电阻在晶体管的内部。

例如，图 8-14 中，发射结上的交流电压峰峰值为 5 mV，在给定的 Q 点上，由它确定的发射极交流电流峰峰值为 100 μA，则发射结交流电阻为：

$$r'_e = \frac{5\ \text{mV}}{100\ \mu\text{A}} = 50\ \Omega$$

又比如，假设 Q 点在图 8-14 中曲线的位置更高，$v_{be} = 5$ mV，$i_e = 200$ μA，则交流电阻减小为：

$$r'_e = \frac{5\ \text{mV}}{200\ \mu\text{A}} = 25\ \Omega$$

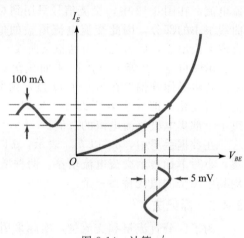

图 8-14　计算 r'_e

需要指出的是：由于 v_{be} 基本保持不变，因此发射结交流电阻总是随发射极直流电流的增加而降低。

8.5.2　发射结交流电阻公式

由固态物理学和微积分的知识，可推导出以下关于发射结交流电阻的重要公式：

$$r'_e = \frac{25\ \text{mV}}{I_E} \tag{8-10}$$

即发射结交流电阻等于 25 mV $^\ominus$ 除以发射极直流电流。

式（8-10）很重要，它不仅简单，而且适用于所有类型的晶体管，因而广泛用于工业上对发射结交流电阻的估算。该公式的使用条件是：假设满足小信号、室温、矩形突变发射结条件。由于商用晶体管一般具有渐变的非矩形结，实际情况会与式（8-10）有些区别。事实上，几乎所有的商用晶体管的发射结交流电阻都在 $25\ \text{mV}/I_E$ 和 $50\ \text{mV}/I_E$ 之间。

r'_e 很重要，它决定了电压增益。r'_e 值越小，电压增益越高。8.9 节将阐述如何使用 r'_e 计算晶体管放大器的电压增益。

$\ominus$　该值由 V_T 而来。$V_T = kT/q$，是温度的电压当量。通常取室温 27 ℃（$T = 300$ K）时的值，约为 26 mV。本书取的是 25 mV，对应的温度是 20 ℃左右。——译者注

例 8-4 求图 8-15a 中基极偏置放大器的 r_e'。 **|||| Multisim**

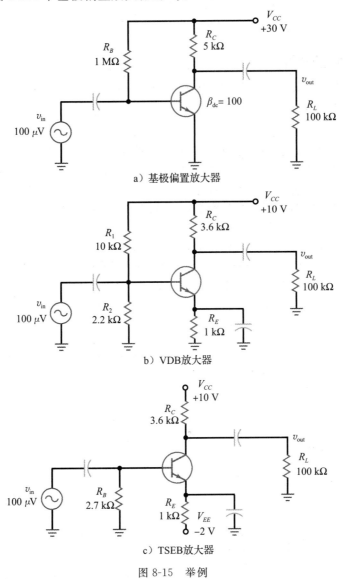

a）基极偏置放大器

b）VDB放大器

c）TSEB放大器

图 8-15 举例

解： 前文中已经计算出该电路的发射极直流电流约为 3 mA，由式（8-10），得发射结交流电阻为：

$$r_e' = \frac{25\ mV}{3\ mA} = 8.33\ \Omega \qquad \blacktriangleleft$$

例 8-5 求图 8-15b 电路中的 r_e'。 **|||| Multisim**

解： 前文分析中已计算出该 VDB 放大器的发射极直流电流为 1.1 mA，则其发射结交流电阻为：

$$r_e' = \frac{25\ mV}{1.1\ mA} = 22.7\ \Omega \qquad \blacktriangleleft$$

例 8-6 求图 8-15c 中双电源发射极偏置放大器的发射结交流电阻。 **|||| Multisim**

解： 由前文的计算，知其发射极直流电流为 1.3 mA，可以求得发射结交流电阻为：

$$r'_e = \frac{25\text{ mV}}{1.3\text{ mA}} = 19.2\ \Omega$$

✎ **自测题 8-6** 将图 8-15c 电路中的 V_{EE} 改为 -3 V，计算 r'_e。

8.6 两种晶体管模型

为分析晶体管放大器的交流情况，需要利用晶体管的交流等效电路。即需要晶体管模型来模拟交流信号在器件中的作用。

8.6.1 T 模型

最早的交流模型之一是 **EM 模型**，如图 8-16 所示。考虑交流小信号时，晶体管发射结的作用相当于交流电阻 r'_e，而集电结的作用相当于电流源 i_c。由于从侧面看 EM 模型像字母 T，因此这种等效电路也称为 **T 模型**。

分析晶体管放大器时，可以将每个晶体管用 T 模型替换，然后计算 r'_e 和其他交流参量，如电压增益，具体细节将在下一章中讨论。

当有交流输入信号作为晶体管放大器的驱动时，发射结上的交流电压为 v_{be}，如图 8-17a 所示，它产生基极交流电流 i_b。交流电压源提供基极交流电流，以保证放大器的正常工作，基极输入阻抗作为交流电压源的负载。

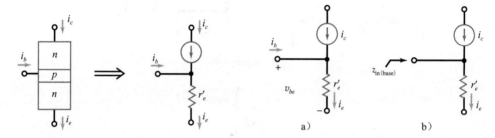

图 8-16　晶体管的 T 模型　　　　图 8-17　基极输入阻抗的定义

如图 8-17b 所示，从交流电压源向晶体管基极看进去的输入阻抗为 $z_{\text{in(base)}}$，在低频下该阻抗为纯阻性，定义为：

$$z_{\text{in(base)}} = \frac{v_{be}}{i_b} \tag{8-11}$$

对图 8-17a 中的发射结运用欧姆定律，有：

$$v_{be} = i_e r'_e$$

将该式代入式 (8-11)，可得：

$$z_{\text{in(base)}} = \frac{v_{be}}{i_b} = \frac{i_e r'_e}{i_b}$$

由于 $i_e \approx i_c$，上式可简化为：

$$z_{\text{in(base)}} = \beta r'_e \tag{8-12}$$

该式说明基极输入阻抗等于交流电流增益与发射结交流电阻的乘积。

8.6.2 π 模型

图 8-18a 给出了晶体管的 **π 模型**，它是式 (8-12) 的形象表示，比 T 模型 (图 8-18b) 更便于使用。T 模型的输入阻抗不直观，而 π 模型很清晰地显示出基极输入阻抗 $\beta r'_e$ 是基极

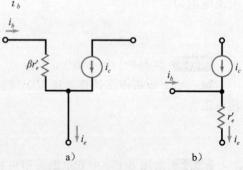

图 8-18　晶体管的 π 模型

交流电压源的负载。

由于 π 模型和 T 模型都是晶体管的交流等效电路，因此可以选择任何一个来分析放大器。多数情况下选择 π 模型，而对有些电路，T 模型可以更好地表现电路的行为。这两种模型在工业界都很常用。

知识拓展　除了图 8-16、图 8-17、图 8-18 给出的晶体管等效电路以外，还有其他更为精确的等效电路（模型）。具有较高精度的等效电路中包括"基极扩散电阻 r_b'"和集电极电流源的"内阻 r_c'"。需要精确计算时可采用这类模型。

8.7　放大器的分析

对放大器的分析是比较复杂的，因为电路中同时包含直流和交流两种电源。可以先计算直流电源的作用，然后再计算交流源的作用。在分析中使用叠加定理，将每个信号源的独立作用相加，便得到两个信号源同时作用的总效应。

8.7.1　直流等效电路

最简单的放大器分析方法是将其分解为直流分析和交流分析两部分。在直流分析中，计算直流电压和直流电流。将所有电容视为开路，这时所分析的电路就是**直流等效电路**。

由直流等效电路可以计算出所需的晶体管电流和电压。对于故障诊断，采用近似计算就可以了。在直流分析中，发射极直流电流最重要，它用于在交流分析中计算 r_e'。

8.7.2　直流电压源的交流等效

图 8-19a 电路中有交流源和直流源。对该电路的交流电流而言，直流电压源的作用相当于短路，如图 8-19b 所示。因为直流电压源上的电压是恒定值，任何交流电流都不会在该电压源上产生交流电压。由于没有交流电压存在，则直流电压源等效于交流短路。

也可以用基本电子学课程中讨论过的**叠加定理**来分析。对图 8-19a 中电路应用叠加定理，可以计算出每个电源单独作用的结果，此时另一个电源减小为 0。直流电压源减小为 0 即等效于短路。因此，在计算图 8-19b 中交流源的作用时，可以把直流电压源短路。

在分析放大器的交流情况时，都可以采用将所有直流电压源短路的方法。如图 8-19b 所示，即所有直流电压源相当于交流接地点。

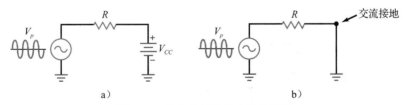

图 8-19　直流电压源是交流接地的

8.7.3　交流等效电路

在分析过直流等效电路后，下面进行**交流等效电路**的分析。交流等效电路是将所有电容和所有直流电压源短路后的电路。其中的晶体管由其 π 模型或 T 模型代替。下一章将给出交流分析的数学过程。本章重点讨论如何得到目前已知的三种放大器的交流等效电路：基极偏置、VDB 和 TSEB 电路。

8.7.4　基极偏置放大器

图 8-20a 所示是一个基极偏置放大器。首先将所有电容开路并分析其直流等效电路，为交流分析做准备。然后将所有电容和直流电压源短路，得到交流等效电路，标为 $+V_{CC}$

的节点为交流接地点。

图 8-20b 所示是其交流等效电路，其中晶体管由 π 模型取代。基极电路中，交流输入电压加在与 $\beta r'_e$ 并联的 R_B 上；集电极电路中，电流源中的交流电流 i_c 流过并联的 R_C 和 R_L。

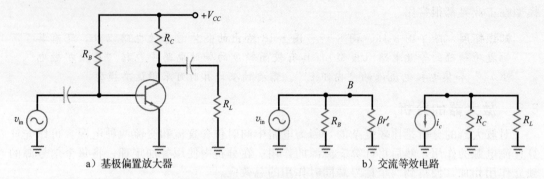

a) 基极偏置放大器　　　　　　　　　　b) 交流等效电路

图 8-20　基极偏置放大器的交流等效电路

8.7.5　VDB 放大器

图 8-21a 所示为 VDB 放大器，它的交流等效电路如图 8-21b 所示。其中所有电容短路，直流电源变为交流接地点，晶体管为其 π 模型所取代。基极电路中，交流输入电压加在并联的 R_1、R_2 和 $\beta r'_e$ 两端；集电极电路中，电流中的交流电流 i_c 流过并联的 R_C 和 R_L。

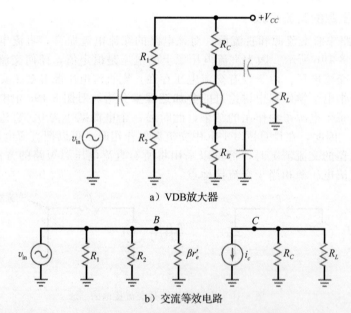

a) VDB放大器

b) 交流等效电路

图 8-21　VDB 放大器的交流等效电路

8.7.6　TSEB 放大器

最后一个例子是如图 8-22a 所示的双电源发射极偏置放大器。在完成了直流等效电路分析后，可以画出其交流等效电路，如图 8-22b 所示。其中所有电容短路，直流电压源变为交流接地点，晶体管替换为 π 模型。基极电路中，交流输入电压加在并联的 R_B 和 $\beta r'_e$ 上。集电极电路中，电流源中的交流电流 i_c 流过并联的 R_C 和 R_L。

8.7.7　共射放大器

图 8-20、图 8-21 和图 8-22 所示是三种不同的**共射（CE）放大器**电路。电路中发射极

是交流接地点，以此可作为 CE 放大器的判断依据。在 CE 放大器中，交流信号通过耦合进入基极，放大后的信号由集电极输出。

还有另外两种基本的晶体管放大器：**共基（CB）放大器** 和 **共集（CC）放大器**。CB 放大器的基极是交流接地点，CC 放大器的集电极是交流接地点。它们的应用不如 CE 放大器广泛。后续章节将讨论 CB 放大器和 CC 放大器。

8.7.8　要点

上述分析方法可用于所有类型的放大器。首先分析直流等效电路，计算直流电压和电流，然后分析交流等效电路。得到交流等效电路的要点如下：

1. 将所有耦合电容和旁路电容短路；
2. 将所有直流电压源作为交流接地点；
3. 将晶体管用 π 模型或 T 模型替代；
4. 画出交流等效电路。

使用叠加定理分析 VDB 电路的过程见表 8-1。

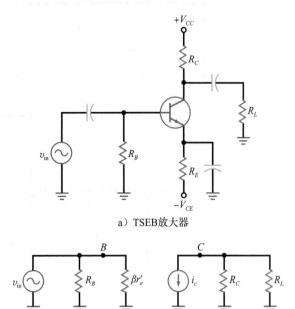

a）TSEB放大器

b）交流等效电路

图 8-22　TSEB 放大器的交流等效电路

表 8-1　VDB 直流和交流等效电路

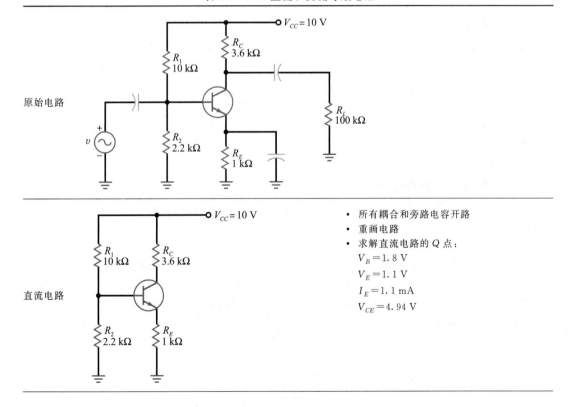

| 原始电路 | |
| 直流电路 | · 所有耦合和旁路电容开路
· 重画电路
· 求解直流电路的 Q 点：
$V_B=1.8\ V$
$V_E=1.1\ V$
$I_E=1.1\ mA$
$V_{CE}=4.94\ V$ |

（续）

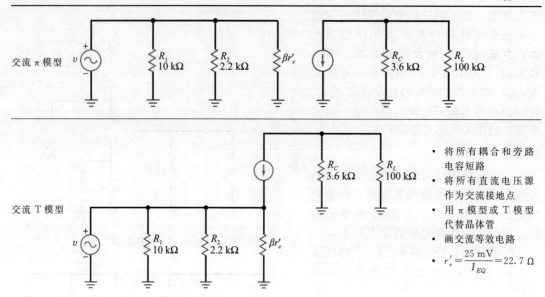

8.8 数据手册中的交流参量

下面的讨论参考了 2N3904 数据手册中的一部分，如图 8-23 所示。交流参量在标有"小信号特性"的部分，在这部分中可以找 h_{fe}、h_{ie}、h_{re} 和 h_{oe} 四个新参量，它们被称为 h 参量。下面介绍 h 参量的作用。

8.8.1 H 参量

在发明晶体管的初期，采用了一种叫作 h 参量的方法来分析和设计晶体管电路。h 参量法是对晶体管外部端口特性建立数学模型的数学分析方法，对晶体管内部的物理过程并不关心。

目前更为实际的方法是用 β 和 r'_e 进行分析的 r' 参量法。用该方法进行晶体管电路的分析和设计时可以使用欧姆定律和其他基本原理。所以 r' 参量法适用性更广。

尽管如此，h 参量也不是没有用处。由于 h 参量比 r' 参量更容易测得，所以器件的数据手册中会使用 h 参量。数据手册中没有 β、r'_e 这些 r' 参量，只有 h_{fe}、h_{ie}、h_{re} 和 h_{oe}。从这四个 h 参量中可以获得转换为 r' 参量的有用信息。

8.8.2 R 参量和 H 参量的关系

例如，数据手册中"小信号特性"部分给出的 h_{fe} 实际上是交流电流增益，用符号表示则为：

$$\beta = h_{fe}$$

数据手册中列出 h_{fe} 的范围为 $100 \sim 400$，因此 β 可能低至 100，也可能高达 400。这些参数是在集电极电流为 1 mA、V_{CE} 为 10 V 情况下的数值。

另一个 h 参量是 h_{ie}，相当于输入阻抗。数据手册中给出了它的范围是 $1 \sim 10$ kΩ，它和 r' 参量的关系如下：

$$r'_e = \frac{h_{ie}}{h_{fe}} \tag{8-13}$$

例如，h_{ie} 和 h_{fe} 的最大值分别为 10 kΩ 和 400，所以：

$$r'_e = \frac{10 \text{ kΩ}}{400} = 25 \text{ Ω}$$

2N3903, 2N3904

电参数（T_A=25 ℃，除非特殊说明）

特性		符号	最小值	最大值	单位
小信号特性					
电流增益带宽积（I_C=DC 10 mA，V_{CE}=DC 20 V，f=100 MHz）	2N3903 2N3904	f_T	250 300	— —	MHz
输出电容（V_{CB}=DC 0.5 V，I_E=0，f=1.0 MHz）		C_{obo}	—	4.0	pF
输入电容（V_{EB}=DC 0.5 V，I_C=0，f=1.0 MHz）		C_{ibo}	—	8.0	pF
输入阻抗（I_C=DC 1.0 mA，V_{CE}=DC 10 V，f=1.0 kHz）	2N3903 2N3904	h_{ie}	1.0 1.0	8.0 10	kΩ
电压反馈系数（I_C=DC 1.0 mA，V_{CE}=DC 10 V，f=1.0 kHz）	2N3903 2N3904	h_{re}	0.1 0.5	5.0 8.0	×10⁻⁴
小信号电流增益（I_C=DC 1.0 mA，V_{CE}=DC 10 V，f=1.0 kHz）	2N3903 2N3904	h_{fe}	50 100	200 400	—
输出导纳（I_C=DC 1.0 mA，V_{CE}=DC 10 V，f=1.0 kHz）		h_{oe}	1.0	40	μmhos
噪声系数（I_C=DC 100 μA，V_{CE}=DC 5.0 V，R_S=1.0 kΩ，f=1.0 kHz）	2N3903 2N3904	NF	— —	6.0 5.0	dB

***H*参量**

V_{CE}=DC 10 V，f=1.0 kHz，T_A=25 ℃

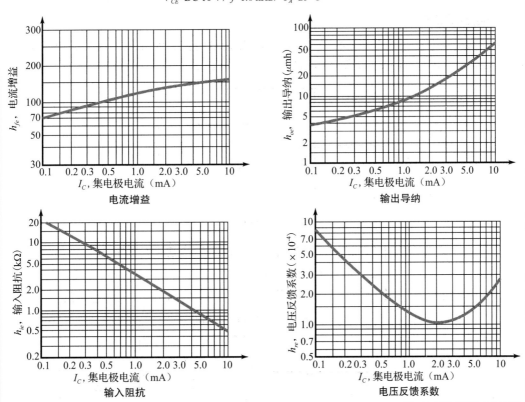

图 8-23　2N3904 数据手册的一部分（版权归 Semiconductor Components Industries，LLC 所有；已得到授权使用）

最后两个 h 参量 h_{re} 和 h_{oe} 在故障诊断和一般设计时用不到。

8.8.3　其他参量

在 "小信号特性" 中还有其他参量，包括 f_T、C_{ibo}、C_{obo} 和 NF。f_T 给出了 2N3904

高频极限值的相关信息；C_{ibo} 和 C_{obo} 是器件的输入和输出电容；NF 是噪声系数，它表示 2N3904 产生的噪声情况。

　　2N3904 的数据手册中包含了很多值得关注的特性曲线。例如，"电流增益"曲线显示出当集电极电流从 0.1 mA 增加到 10 mA 时，h_{fe} 大约由 70 增至 160。注意当集电极电流为 1 mA 时 h_{fe} 约为 125，这条曲线是 2N3904 在室温时的典型情况。由于 h_{fe} 的范围是 100～400，所以在批量生产时 h_{fe} 的波动很大，另外 h_{fe} 还会随着温度的变化而变化。

　　观察 2N3904 数据手册中的"输入阻抗"曲线，当集电极电流由 0.1 mA 增至 10 mA 时，h_{ie} 大约由 20 kΩ 降至 500 Ω。式（8-13）说明了计算 r_e' 的方法，即用 h_{ie} 除以 h_{fe} 得到 r_e'，下面进行计算。由数据手册中的图可以读出当集电极电流为 1 mA 时的 h_{fe} 和 h_{ie} 近似值分别为 $h_{fe}=125$ 和 $h_{ie}=3.6$ kΩ，由式（8-13）：

$$r_e' = \frac{3.6 \text{ k}\Omega}{125} = 28.8 \text{ }\Omega$$

则 r_e' 的理想值为：

$$r_e' = \frac{25 \text{ mV}}{1 \text{ mA}} = 25 \text{ }\Omega$$

8.9　电压增益

　　图 8-24a 所示是一个分压器偏置放大器。**电压增益**定义为交流输出电压除以交流输入电压。由定义可推导出用于故障诊断的另一个电压增益公式。

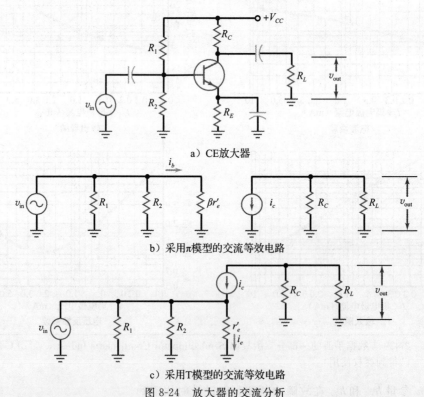

a）CE 放大器

b）采用 π 模型的交流等效电路

c）采用 T 模型的交流等效电路

图 8-24　放大器的交流分析

8.9.1　由 π 模型推导的公式

　　用晶体管 π 模型得到的交流等效电路如图 8-24b 所示。基极交流电流 i_b 流过基极输入电阻（$\beta r'_e$），由欧姆定律可得：

$$v_{in} = i_b \beta r'_e$$

在集电极电路中，电流源中的交流电流 i_c 流过并联的 R_L 和 R_C，所以输出电压等于：

$$v_{out} = i_c(R_C \| R_L) = \beta i_b(R_C \| R_L)$$

下面用 v_{out} 除以 v_{in}，得到：

$$A_v = \frac{v_{out}}{v_{in}} = \frac{\beta i_b(R_C \| R_L)}{i_b \beta r'_e}$$

可化简为：

$$A_v = \frac{R_C \| R_L}{r'_e} \tag{8-14}$$

8.9.2 集电极交流电阻

在图 8-24b 中，从集电极看到的交流负载总电阻是 R_C 和 R_L 的并联，这个总电阻称为**集电极交流电阻**，用符号 r_c 表示，定义为：

$$r_c = R_C \| R_L \tag{8-15}$$

将式（8-14）改写为：

$$A_v = \frac{r_c}{r'_e} \tag{8-16}$$

即电压增益等于集电极交流电阻除以发射结交流电阻。

8.9.3 由 T 模型推导的公式

采用晶体管的任一模型得到的推导结果都相同。后面章节将采用 T 模型分析差分放大器，作为练习，这里用 T 模型来推导电压增益的公式。

用 T 模型得到的交流等效电路如图 8-24c 所示。输入电压 v_{in} 跨接在 r'_e 两端。由欧姆定律可以得到：

$$v_{in} = i_e r'_e$$

在集电极电路中，电流源中的交流电流 i_c 流过集电极交流电阻，所以交流输出电压等于：

$$v_{out} = i_c r_c$$

下面用 v_{out} 除以 v_{in}，得到：

$$A_v = \frac{v_{out}}{v_{in}} = \frac{i_c r_c}{i_e r'_e}$$

由于 $i_c \approx i_e$，可以将上式化简为：

$$A_v = \frac{r_c}{r'_e}$$

该等式与由 π 模型推导的结果相同，需用到放大器的集电极交流电阻 r_c 和发射结交流电阻 r'_e，可适用于所有 CE 放大器。

知识拓展 共射放大器的电流增益 A_i 等于输出电流 i_{out} 和输入电流 i_{in} 之比。然而输出电流 i_{out} 并不是 i_c，而是流过负载 R_L 的电流。可推导出 A_i 的表达式为：

$$A_i = \frac{v_{out}/R_L}{v_{in}/Z_{in}}$$

或

$$A_i = \frac{v_{out}}{v_{in}} \times \frac{Z_{in}}{R_L}$$

由于 $A_v = v_{out}/v_{in}$，则 A_i 可以表示为 $A_i = A_v \times (Z_{in}/R_L)$。

例 8-7 图 8-25a 所示放大器的电压增益是多少？负载电阻上的输出电压是多少？

Multisim

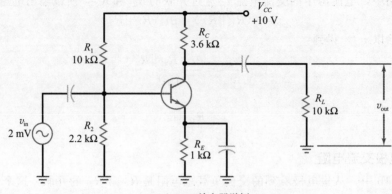

a）VDB放大器举例

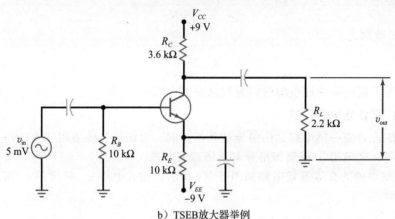

b）TSEB放大器举例

图 8-25 举例

解：集电极交流电阻为：

$$r_c = R_C \| R_L = 3.6\ \text{k}\Omega \| 10\ \text{k}\Omega = 2.65\ \text{k}\Omega$$

在例 8-2 中计算过 r_e' 为 22.7 Ω。则电压增益为：

$$A_v = \frac{r_c}{r_e'} = \frac{2.65\ \text{k}\Omega}{22.7\ \Omega} = 117$$

输出电压为：

$$v_{out} = A_v v_{in} = 117 \times 2\ \text{mV} = 234\ \text{mV}$$

◀

自测题 8-7 将图 8-25a 中的 R_L 改为 6.8 kΩ，求 A_v。

例 8-8 图 8-25b 所示放大器的电压增益是多少？负载电阻上的输出电压是多少？

解：集电极交流电阻为：

$$r_c = R_C \| R_L = 3.6\ \text{k}\Omega \| 2.2\ \text{k}\Omega = 1.37\ \text{k}\Omega$$

发射极交流电流近似为：

$$i_E = \frac{9\ \text{V} - 0.7\ \text{V}}{10\ \text{k}\Omega} = 0.83\ \text{mA}$$

发射结交流电阻为：

$$r_e' = \frac{25\ \text{mV}}{0.83\ \text{mA}} = 30\ \Omega$$

则电压增益为：

$$A_v = \frac{r_c}{r_e'} = \frac{1.37\ \text{k}\Omega}{30\ \Omega} = 45.7$$

输出电压为：

$$v_{\text{out}} = A_v v_{\text{in}} = 45.7 \times 5\ \text{mV} = 228\ \text{mV} \qquad \blacktriangleleft$$

✎ **自测题 8-8** 将图 8-25b 中的发射极电阻 R_E 由 10 kΩ 改为 8.2 kΩ，重新计算输出电压 v_{out}。

8.10 输入电阻的负载效应

在之前的分析中均假设交流电压源是理想的，即内阻为零。在本节中，放大器的输入电阻作为交流信号源的负载，会使发射结上获得的电压低于信号源电压。

8.10.1 输入阻抗

在图 8-26a 中，交流电压源 v_g 的内阻为 R_G（下标"g"代表信号发生器，与信号源是同义词）。如果交流信号源不是准理想的，则其内阻上将会产生部分压降，使得基极和地之间的交流电压小于理想值。

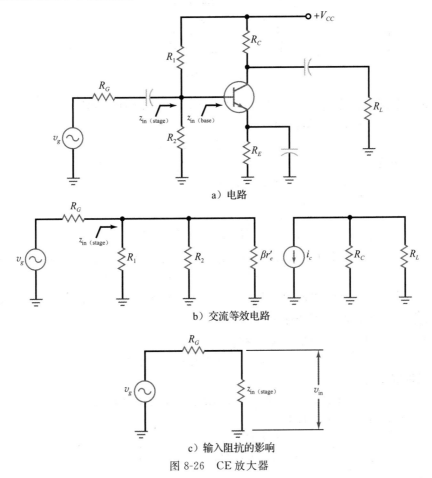

a）电路

b）交流等效电路

c）输入阻抗的影响

图 8-26 CE 放大器

交流信号源要驱动第一级的输入阻抗 $z_{\text{in(stage)}}$，该输入阻抗包括偏置电阻 R_1 和 R_2，与基极输入阻抗 $\beta r_e'$ 并联，如图 8-26b 所示。该级输入阻抗等于：

$$z_{\text{in(stage)}} = R_1 \| R_2 \| (\beta r_e')$$

8.10.2　输入电压公式

若信号源不是准理想的，则图 8-26c 中的交流输入电压 v_{in} 小于 v_g。由分压定理，可以得到：

$$v_{\text{in}} = \frac{z_{\text{in(stage)}}}{R_G + z_{\text{in(stage)}}} v_g \tag{8-17}$$

该式适用于任何放大器。计算或估算出输入阻抗后，便可以确定输入电压。注意：当 R_G 小于 $0.01 z_{\text{in(stage)}}$ 时，可以认为信号源是准理想的。

例 8-9　在图 8-27 中，交流信号源内阻为 $600\,\Omega$，如果 $\beta = 300$，输出电压是多少？

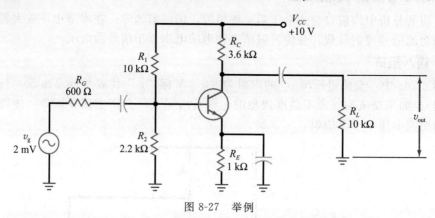

图 8-27　举例

解：前面例子中计算过 $r'_e = 22.7\,\Omega$，$A_v = 117$，本题取相同数值。

当 $\beta = 300$ 时，基极输入阻抗为：

$$z_{\text{in(base)}} = 300 \times 22.7\,\Omega = 6.8\,\text{k}\Omega$$

该级的输入阻抗为：

$$z_{\text{in(stage)}} = 10\,\text{k}\Omega \,\|\, 2.2\,\text{k}\Omega \,\|\, 6.8\,\text{k}\Omega = 1.42\,\text{k}\Omega$$

由式（8-17）可以计算出输入电压：

$$v_{\text{in}} = \frac{1.42\,\text{k}\Omega}{600\,\Omega + 1.42\,\text{k}\Omega} \times 2\,\text{mV} = 1.41\,\text{mV}$$

这是晶体管基极上的交流电压，等效于加在发射结上的交流电压。放大器的输出电压为：

$$v_{\text{out}} = A_v v_{\text{in}} = 117 \times 1.41\,\text{mV} = 165\,\text{mV} \qquad \blacktriangleleft$$

自测题 8-9　将图 8-27 中的 R_G 改为 $50\,\Omega$，重新求解放大器的输出电压。

例 8-10　当 $\beta = 50$ 时，重新计算例 8-9。

解：当 $\beta = 50$ 时，基极的输入阻抗减小为：

$$z_{\text{in(base)}} = 50 \times 22.7\,\Omega = 1.14\,\text{k}\Omega$$

该级输入阻抗减小为：

$$z_{\text{in(stage)}} = 10\,\text{k}\Omega \,\|\, 2.2\,\text{k}\Omega \,\|\, 1.14\,\text{k}\Omega = 698\,\Omega$$

由式（8-17）可以计算出输入电压：

$$v_{\text{in}} = \frac{698\,\Omega}{600\,\Omega + 698\,\Omega} \times 2\,\text{mV} = 1.08\,\text{mV}$$

输出电压等于：

$$v_{\text{out}} = A_v v_{\text{in}} = 117 \times 1.08\,\text{mV} = 126\,\text{mV}$$

这个例子说明了晶体管的交流电流增益对输出电压的影响。当 β 减小时，基极的输入阻抗减小，该级的输入阻抗也减小，使得级输入电压降低，则输出电压降低。　　　　　　　　　　　　$\blacktriangleleft$

✎ **自测题 8-10** 将图 8-27 中的 β 值改为 400，计算输出电压。

8.11 发射极负反馈放大器

CE 放大器的增益随着静态电流、温度、晶体管的更换等因素而变化，导致 r_e' 和 β 发生改变。

8.11.1 发射极交流反馈

稳定电压增益的方法之一是将发射极的电阻保留一部分不被旁路，如图 8-28a 所示，这样可以构成**发射极交流反馈**。当发射极交流电流通过未被旁路的电阻 r_e 时，便会在该电阻上产生交流电压，形成负反馈。r_e 上的交流电压的变化与电压增益的变化相反，未被旁路的电阻 r_e 称为**负反馈电阻**。

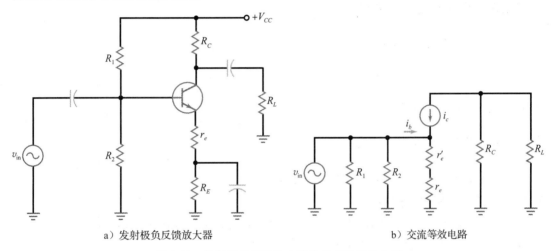

a）发射极负反馈放大器   b）交流等效电路

图 8-28 发射极负反馈放大器及其交流等效电路

例如，假设由于温度升高使集电极交流电流增加，从而使得输出电压增加，但同时 r_e 上的电压也会增加。由于 v_{be} 等于 v_{in} 和 v_e 的差值，v_e 的增加将使 v_{be} 减小，从而使得集电极电流减小。结果与最初的集电极电流增加的假设相反，因而是负反馈。

8.11.2 电压增益

图 8-28b 所示是采用晶体管 T 模型得到的交流等效电路。发射极交流电流经过 r_e' 和 r_e，由欧姆定律可以得到：

$$v_{in} = i_e(r_e + r_e') = v_b$$

在集电极电路中，电流源中的交流电流 i_c 经过集电极交流电阻，所以输出交流电压等于：

$$v_{out} = i_c r_c$$

用 v_{out} 除以 v_{in}，得到电压增益：

$$A_v = \frac{v_{out}}{v_{in}} = \frac{i_c r_c}{i_e(r_e + r_e')} = \frac{v_c}{v_b}$$

由于 $i_c \approx i_e$，可将上式简化为：

$$A_v = \frac{r_c}{r_e + r_e'} \tag{8-18}$$

当 r_e 远大于 r_e' 时，上式可简化为：

$$A_v = \frac{r_c}{r_e} \tag{8-19}$$

这表明电压增益等于集电极交流电阻除以反馈电阻。由于 r'_e 不再出现在电压增益的表达式中，它的变化也将不再影响电压增益。

上述内容是**掩蔽作用**的一个例子，通过使第一个量远大于第二个量，从而消除第二个量的变化对结果的影响。在式（8-18）中，r_e 的值较大，将 r'_e 值的变化掩蔽掉了。结果是稳定了电压增益，使增益不随温度的变化和晶体管的更换而改变。

8.11.3 基极输入阻抗

负反馈不仅可以稳定电压增益，而且增大了基极输入阻抗。在图 8-28b 中，基极输入阻抗为：

$$z_{\text{in(base)}} = \frac{v_{\text{in}}}{i_b}$$

对发射结运用欧姆定律，可以得到：

$$v_{\text{in}} = i_e(r_e + r'_e)$$

将 v_{in} 代入前一个等式，得到：

$$z_{\text{in(base)}} = \frac{v_{\text{in}}}{i_b} = \frac{i_e(r_e + r'_e)}{i_b}$$

由于 $i_e \approx i_c$，上述等式变为：

$$z_{\text{in(base)}} = \beta(r_e + r'_e) \tag{8-20}$$

在**发射极负反馈放大器**中，该式可简化为：

$$z_{\text{in(base)}} = \beta r_e \tag{8-21}$$

这表明基极输入阻抗等于电流增益与反馈电阻的乘积。

8.11.4 减小大信号的失真

发射结特性曲线的非线性是大信号失真的原因。通过对发射结的掩蔽，减小了它对电压增益的影响，同时也减小了大信号工作的失真。

分析过程如下。如果没有反馈电阻，电压增益为：

$$A_v = \frac{r_c}{r'_c}$$

由于 r'_c 对电流是敏感的，它的值在大信号情况下会发生变化。这说明电压增益在大信号的一个周期内是变化的，即大信号的失真是由 r'_c 的变化引起的。

如果存在反馈电阻，被 r_e 掩蔽后的电压增益为：

$$A_v = \frac{r_c}{r_e}$$

由于等式中不再出现 r'_c，所以大信号的失真被消除了。可见发射极负反馈放大器有三个优点：稳定电压增益，增大基极输入阻抗，减小大信号的失真。

应用实例 8-11 在图 8-29 所示的 Multisim 仿真中，如果 $\beta = 200$，求负载电阻上的输出电压。在计算中忽略 r'_e。 ⫴ **Multisim**

解：基极输入阻抗为：

$$z_{\text{in(base)}} = \beta r_e = 200 \times 180 = 36 \text{ k}\Omega$$

该级输入阻抗为：

$$z_{\text{in(stage)}} = 10 \text{ k}\Omega \parallel 2.2 \text{ k}\Omega \parallel 36 \text{ k}\Omega = 1.71 \text{ k}\Omega$$

基极交流输入电压为：

$$v_{\text{in}} = \frac{1.71 \text{ k}\Omega}{600 \text{ } \Omega + 1.71 \text{ k}\Omega} \times 50 \text{ mV} = 37 \text{ mV}$$

电压增益为：

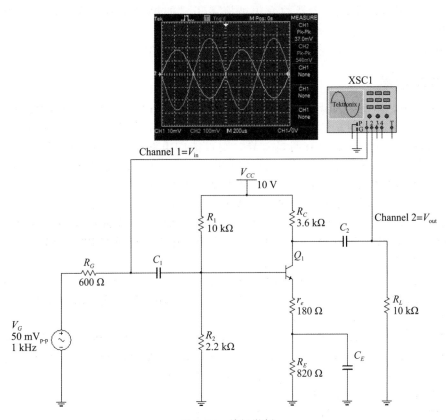

图 8-29 单级举例

$$A_v = \frac{r_c}{r_e} = \frac{2.65 \text{ k}\Omega}{180 \text{ }\Omega} = 14.7$$

输出电压为：

$$v_{\text{out}} = 14.7 \times 37 \text{ mV} = 544 \text{ mV}$$ ◀

自测题 8-11 将图 8-29 中的 β 值改为 300，求加在 100 kΩ 负载电阻上的输出电压。

应用实例 8-12 重复对例 8-11 的分析，在计算时需要考虑 r_e'。

解：基极输入阻抗为：

$$z_{\text{in(base)}} = \beta(r_e + r_e') = 200 \times (180 \text{ }\Omega + 22.7 \text{ }\Omega) = 40.5 \text{ k}\Omega$$

该级输入阻抗为：

$$z_{\text{in(stage)}} = 10 \text{ k}\Omega \| 2.2 \text{ k}\Omega \| 40.5 \text{ k}\Omega = 1.72 \text{ k}\Omega$$

基极交流输入电压为：

$$v_{\text{in}} = \frac{1.71 \text{ k}\Omega}{600 \text{ }\Omega + 1.71 \text{ k}\Omega} \times 50 \text{ mV} = 37 \text{ mV}$$

电压增益为：

$$A_v = \frac{r_c}{r_e + r_e'} = \frac{2.65 \text{ k}\Omega}{180 \text{ }\Omega + 22.7 \text{ }\Omega} = 13.1$$

输出电压为：

$$v_{\text{out}} = 13.1 \times 37 \text{ mV} = 485 \text{ mV}$$

比较考虑 r_e' 和不考虑 r_e' 两种情况的计算结果，可以发现 r_e' 对最终结果的影响很小，对发射极负反馈放大器来说，这是意料之中的。进行故障诊断时，若使用了发射

极反馈电阻，则可以假设放大器的变化被掩蔽了。如果需要更精确的计算，可以把r'_e考虑在内。 ◀

✎ **自测题 8-12** 对比计算得到的v_{out}值和用 Multisim 测量得到的值。

8.12 故障诊断

当一个单级或多级放大器工作异常时，故障诊断员可以首先测量包括电源电压在内的直流电压。可以像前文讨论的那样先对这些电压进行估算，然后测量它们的值，看看是否合理。如果直流电压与估算值有明显差异，则可能的电路故障包括：电阻开路（烧坏）、电阻短路（两端引线间存在焊锡桥）、连线错误、电容短路及晶体管损坏。耦合电容或者旁路电容的短路将改变其直流等效电路，即直流电压将彻底改变。

如果所有直流电压测量正确，则需要继续考虑交流等效电路可能引起的故障。如果信号源有电压而基极没有交流电压，则信号源和基极之间可能开路或连线存在问题，也可能是输入耦合电容开路。类似地，如果集电极有交流电压而输出没有电压，那么输出耦合电容可能开路或连接不良。

异常情况下，当发射极交流接地时，发射极和地之间没有交流电压。当放大器工作异常时，需要进行的检查之一就是用示波器测量发射极电压。如果被旁路的发射极上有交流电压，则意味着旁路电容没有正常工作。

例如，旁路电容开路意味着发射极不再交流接地，因此发射极交流电流将流过R_E，而不是流过旁路电容。这将在发射极上产生一个可用示波器观测到的交流电压。所以，如果发现发射极交流电压的大小可以与基极交流电压值比拟时，则要检查发射极旁路电容，有可能是电容故障或没有正常连接。

在正常情况下，因为电源上有滤波电容，所以电源线是交流接地点。如果滤波电容失效，则电源纹波将会变得很大。这些纹波由电阻器分压到基极，并像信号一样被放大。当放大器与扩音器相连的时候，放大的纹波将产生 60～120 Hz 的杂音。所以，如果听到扩音器传出额外杂音，主要的疑点就是电源的滤波电容开路。

例 8-13 图 8-30 中 CE 放大器负载上的交流电压为 0，如果集电极直流电压为 6 V，且交流电压为 70 mV，确定故障所在。

解： 由于集电极的直流和交流电压都正常，那么只有两个元件可能出现故障：C_2 或 R_L。如果思考这两个器件在四种假设下的可能情况，就可以发现故障所在。四种假设问题如下：

如果C_2短路会出现什么情况？
如果C_2开路会出现什么情况？
如果R_L短路会出现什么情况？
如果R_L开路会出现什么情况？

答案是：

C_2短路则会使集电极直流电压明显降低。

C_2开路则会阻断交流通路，但不影响集电极的直流和交流电压。

R_L短路则会导致集电极没有交流电压。

R_L开路则会使集电极交流电压明显增加。

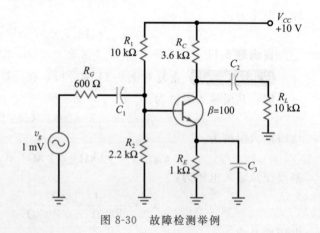

图 8-30 故障检测举例

故障应该是 C_2 开路。在刚开始学习故障诊断时，可能需要思考多种假设的情况来分离故障。经验丰富之后，整个过程会比较自然。有经验的故障诊断员对类似故障几乎可以立刻做出判断。　◀

例 8-14 图 8-30 中 CE 放大器的发射极交流电压是 0.75 mV，集电极交流电压是 2 mV，确定故障所在。

解： 故障诊断过程中，需要思考一系列可能的假设情况，得到符合现象的假设条件，从而发现故障。假设情况的顺序可以是任意的。如果始终无法确定故障所在，可以采用对每个元件逐一进行分析的方法来寻找故障。完成分析后再参考下面的内容。

无论选择哪个元件，假设的情况都不会出现题中所述的现象，直到提出以下问题：

如果 C_3 短路则会出现什么情况？

如果 C_3 开路则会出现什么情况？

C_3 短路不会出现题中所述的现象，但是 C_3 开路时会出现。因为 C_3 开路时，基极输入阻抗将非常高，基极交流电压从 0.625 mV 增加到 0.75 mV。由于发射极不再是交流接地点，0.75 mV 几乎全部加在发射极上。由于该放大器具有稳定的电压增益 2.65，其集电极交流电压近似为 2 mV。　◀

自测题 8-14 如果图 8-30 所示 CE 放大器中晶体管的 BE 发射结开路，则晶体管的直流和交流电压将会怎样？

总结

8.1 节 性能良好的耦合要求耦合电容的电抗在交流源最低工作频率下远小于电阻。在基极偏置放大器中，输入信号耦合到基极，产生反相放大的集电极交流电压，并耦合到负载电阻。

8.2 节 性能良好的旁路要求旁路电容的电抗在交流源最低工作频率下远小于电阻，旁路节点为交流接地点。在 VDB 或 TSEB 放大器中，交流信号耦合到基极，放大后耦合到负载电阻。

8.3 节 基极电压包含直流分量和交流分量，产生集电极电流的直流和交流分量。避免过度失真的方法之一是在小信号下工作，即使发射极交流电流的峰峰值小于其直流电流的 1/10。

8.4 节 晶体管的交流电流增益定义为集电极交流电流除以基极交流电流，它的值通常与直流电流增益只有微小差异。在故障诊断时可以使用相同增益值。在数据手册中，h_{FE} 相当于 β_{dc}，h_{fe} 相当于 β。

8.5 节 晶体管的 V_{CE} 包括直流分量 V_{BEQ} 和交流分量 v_{be}，其中交流电压确定发射极交流电流 i_e。发射结交流电阻的定义为 v_{be} 除以 i_e。通过数学方法可以证明，发射结交流电阻等于 25 mV 除以发射极直流电流。

8.6 节 对晶体管进行交流信号分析时，可以用任意一种等效电路替代：T 模型或 π 模型。π 模型将晶体管基极输入阻抗表示为 $\beta r'_e$。

8.7 节 最简单的放大器分析方法是将其分解为交流分析和直流分析两部分。在直流分析中，电容开路；在交流分析中，电容短路且直流电压源作为交流接地点。

8.8 节 数据手册中使用 h 参量，因为它比 r' 参量容易测量。r' 参量法可以运用欧姆定律和其他基本原理，所以在电路分析时更便于使用。数据手册中最重要的参量是 h_{fe} 和 h_{ie}，可以很容易地将其转化为 β 和 r'_e。

8.9 节 CE 放大器的电压增益等于集电极交流电阻除以发射结交流电阻。

8.10 节 级输入阻抗包括偏置电阻和基极输入阻抗。当信号源相对于输入阻抗不满足准理想条件时，输入电压将小于源电压值。

8.11 节 保留发射极电阻的一部分不被旁路，则可以得到负反馈。该负反馈能够稳定电压增益，增加输入阻抗，并减小大信号的失真。

8.12 节 对于单级或两级放大器的故障诊断，从测量直流参数入手。如果仍不能分辨故障，则继续测量交流量，直至找到故障。

重要公式

1. 性能良好的耦合

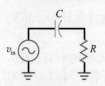

$X_C < 0.1R$

2. 电压增益

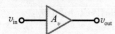

$$A_v = \frac{v_{out}}{v_{in}}$$

3. 交流输出电压

$$v_{out} = A_v v_{in}$$

4. 交流输入电压

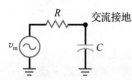

$$v_{in} = \frac{v_{out}}{A_v}$$

5. 性能良好的旁路

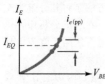

$X_C < 0.1R$

6. 小信号

$$i_{e(pp)} < 0.1 I_{EQ}$$

7. 直流电流增益

$$\beta_{dc} = \frac{I_C}{I_B}$$

8. 交流电流增益

$$\beta = \frac{i_c}{i_b}$$

9. 交流电阻

$$r'_e = \frac{v_{be}}{i_e}$$

10. 交流电阻

$$r'_e = \frac{25\ \text{mV}}{I_E}$$

11. 输入阻抗

$$z_{in(base)} = \frac{v_{be}}{i_b}$$

12. 输入阻抗

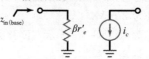

$$z_{in(base)} = \beta r'_e$$

13. 集电极交流电阻

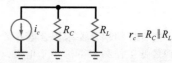

$$r_c = R_C \parallel R_L$$

14. CE 电压增益

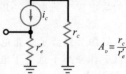

$$A_v = \frac{r_c}{r'_e}$$

15. 负载效应

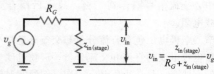

$$v_{in} = \frac{z_{in(stage)}}{R_G + z_{in(stage)}} v_g$$

16. 单级反馈

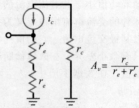

$$A_v = \frac{r_c}{r_e + r'_e}$$

17. 发射极负反馈放大器

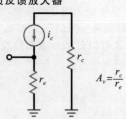

$$A_v = \frac{r_c}{r_e}$$

18. 输入阻抗

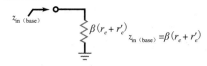

$z_{\text{in (base)}} = \beta(r_e + r'_e)$

19. 发射极负反馈放大器的输入阻抗

$z_{\text{in (base)}} = \beta r_e$

相关实验

实验 22
耦合和旁路电容
实验 23
CE 放大器

实验 24
其他 CE 放大器

选择题

1. 对于直流而言，耦合电路上的电流为
   a. 0　　　　　　　　b. 最大
   c. 最小　　　　　　d. 平均值
2. 对于高频信号，耦合电路的电流为
   a. 0　　　　　　　　b. 最大
   c. 最小　　　　　　d. 平均值
3. 耦合电容是
   a. 直流短路的
   b. 交流开路的
   c. 直流开路且交流短路的
   d. 直流短路且交流开路的
4. 旁路电路中，电容上端为
   a. 开路　　　　　　b. 短路
   c. 交流接地点　　　d. 机械地
5. 产生交流接地点的电容称为
   a. 旁路电容　　　　b. 耦合电容
   c. 直流开路　　　　d. 交流开路
6. CE 放大器中的电容应该
   a. 对交流开路　　　b. 对直流短路
   c. 对电压源开路　　d. 对交流短路
7. 在获得下列哪种电路时，需要将所有直流源减
   为 0？
   a. 直流等效电路　　b. 交流等效电路
   c. 完全放大器电路　d. 分压器偏置电路
8. 由原始电路得到交流等效电路时，需要将下列
   哪种元件全部短路？
   a. 电阻　　　　　　b. 电容
   c. 电感　　　　　　d. 晶体管
9. 当基极交流电压过大时，发射极交流电流是
   a. 正弦波　　　　　b. 恒定值
   c. 失真的　　　　　d. 交替变化的
10. 在 CE 放大器中，当输入信号很大时，发射极
    交流电流的正半周

a. 等于负半周　　　b. 小于负半周
c. 大于负半周　　　d. 以上都不对 ⊖
11. 发射结交流电阻等于 25 mV 除以
    a. 静态基极电流　　b. 发射极直流电流
    c. 发射极交流电流　d. 集电极电流的变化量
12. 为减小 CE 放大器中的失真，可以减小下列哪
    个量？
    a. 发射极直流电流　b. V_{CE}
    c. 集电极电流　　　d. 基极交流电压
13. 若发射结上的交流电压为 1 mV，发射极交流
    电流为 100 μA，则发射结交流电阻为
    a. 1 Ω　　　　　　b. 10 Ω
    c. 100 Ω　　　　　d. 1 kΩ
14. $i_e - v_{be}$ 特性曲线是针对下列哪个量而言的？
    a. 电阻　　　　　　b. 发射结
    c. 集电结　　　　　d. 电源
15. CE 放大器的输出电压是
    a. 放大的
    b. 反相的
    c. 与输入信号相差 180°
    d. 以上都对
16. CE 放大器的发射极没有交流电压，是因为
    a. 发射极上有直流电压
    b. 有旁路电容
    c. 有耦合电容
    d. 有负载电阻
17. 电容耦合 CE 放大器负载电阻上的电压
    a. 既有直流也有交流
    b. 只有直流
    c. 只有交流
    d. 既没有交流也没有直流
18. 集电极交流电流近似等于
    a. 基极交流电流　　b. 发射极交流电流

⊖　原文为"等于负半周"，与 a 重复。——译者注

c. 交流电流源电流　　d. 旁路交流电流

19. 发射极交流电流乘以发射结交流电阻等于
    a. 发射极直流电压　b. 基极交流电压
    c. 集电极交流电压　d. 电源电压

20. 集电极交流电流等于基极交流电流乘以
    a. 集电极交流电阻　b. 直流电流增益
    c. 交流电流增益　　d. 信号源电压

21. 当发射极电阻 R_E 加倍时，发射结交流电阻
    a. 增加　　　　　　b. 降低
    c. 保持不变　　　　d. 无法确定

22. 发射极作为交流接地点是在
    a. CB 级　　　　　b. CC 级
    c. CE 级　　　　　d. 以上都不对

23. 发射极旁路的 CE 放大级的输出电压通常
    a. 是常数　　　　　b. 取决于 r_e'
    c. 很小　　　　　　d. 小于 1

24. 基极输入阻抗在下列哪种情况下会下降？
    a. β 增加　　　　b. 电源电压增加
    c. β 减小　　　　d. 集电极交流电阻增加

25. 电压增益与下列哪个量成正比？
    a. β　　　　　　b. r_e'
    c. 集电极直流电压　d. 集电极交流阻抗

26. 与发射结交流电阻相比，发射极负反馈放大器的反馈电阻应该
    a. 小　　　　　　　b. 相等
    c. 大　　　　　　　d. 为 0

27. 与一般 CE 放大级相比，发射极负反馈放大器的输入阻抗
    a. 小　　　　　　　b. 相等
    c. 大　　　　　　　d. 为 0

28. 为了减小放大信号的失真，可以增加
    a. 集电极电阻　　　b. 发射极反馈电阻
    c. 信号源内阻　　　d. 负载电阻

29. 发射极负反馈放大器的发射极
    a. 接地　　　　　　b. 没有直流电压
    c. 有交流电压　　　d. 没有交流电压

30. 发射极负反馈放大器采用
    a. 基极偏置　　　　b. 正反馈
    c. 负反馈　　　　　d. 发射极接地

31. 反馈电阻
    a. 增加电压增益　　b. 减小失真
    c. 减小集电极电阻　d. 减小输入阻抗

32. 反馈电阻
    a. 稳定电压增益　　b. 增加失真
    c. 增加集电极阻抗　d. 减小输入阻抗

33. 如果发射极旁路电容开路，输出交流电压将会
    a. 减小　　　　　　b. 增加
    c. 不变　　　　　　d. 等于 0

34. 如果负载电阻开路，交流输出电压将会
    a. 减小　　　　　　b. 增加
    c. 不变　　　　　　d. 等于 0

35. 如果输出耦合电容开路，交流输入电压将会
    a. 减小　　　　　　b. 增加
    c. 不变　　　　　　d. 等于 0

36. 如果发射极电阻开路，基极交流输入电压将会
    a. 减小　　　　　　b. 增加
    c. 不变　　　　　　d. 等于 0

37. 如果集电极电阻开路，基极交流输入电压将会
    a. 减小　　　　　　b. 增加
    c. 不变　　　　　　d. 近似等于 0

习题

8.1 节

8-1　ⅢⅢ Multisim 图 8-31 电路中，求满足良好耦合条件的最低工作频率。

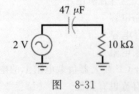

图　8-31

8-2　ⅢⅢ Multisim 若图 8-31 电路中的负载电阻改为 1 kΩ，求满足良好耦合条件的最低工作频率。

8-3　ⅢⅢ Multisim 若图 8-31 电路中的电容改为 100 μF，求满足良好耦合条件的最低工作频率。

8-4　若图 8-31 电路的输入最低频率为 100 Hz，求满足良好耦合条件的 C 值。

8.2 节

8-5　图 8-32 电路中，求满足良好旁路条件的最低工作频率。

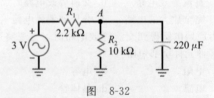

图　8-32

8-6　若图 8-32 电路中的串联电阻改为 10 kΩ，求满足良好旁路条件的最低工作频率。

8-7　若图 8-32 电路中的电容改为 47 μF，求满足良好旁路条件的最低工作频率。

8-8　若图 8-32 电路的输入最低频率为 1 kHz，求满足良好旁路条件的 C 值。

8.3 节

8-9 若要求图 8-33 所示电路实现小信号工作,求允许的最大发射极交流电流。

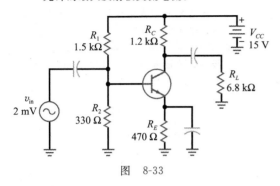

图 8-33

8-10 若图 8-33 电路中的发射极电阻加倍,要实现小信号工作,求允许的最大发射极交流电流。

8.4 节

8-11 若 100 μA 的基极交流电流产生 15 mA 的集电极交流电流,求交流电流增益。

8-12 若交流电流增益为 200,基极交流电流为 12.5 μA,求集电极交流电流。

8-13 若集电极交流电流为 4 mA,交流电流增益为 100,求基极交流电流。

8.5 节

8-14 ‖‖ Multisim 求图 8-33 所示电路的发射结交流电阻。

8-15 ‖‖ Multisim 若图 8-33 电路中的发射极电阻加倍,求发射结交流电阻。

8.6 节

8-16 若图 8-33 电路的 $\beta=200$,求基极输入阻抗。

8-17 图 8-33 电路的 $\beta=200$,若发射极电阻加倍,求基极输入阻抗。

8-18 图 8-33 电路的 $\beta=200$,若电阻由 1.2 kΩ 改为 680 Ω,求基极输入阻抗。

8.7 节

8-19 ‖‖ Multisim 画出图 8-33 所示电路的交流等效电路,$\beta=150$。

8-20 将图 8-33 电路中的所有电阻加倍,画出其交流等效电路,$\beta=300$。

8.8 节

8-21 在图 8-23 所示的"小信号特性"部分,2N3903 的 h_{fe} 最小值和最大值分别是多少?测量这些值时的集电极电流和温度是多少?

8-22 参阅 2N3904 的数据手册。若晶体管集电极电流为 5 mA,由 h 参数计算出的 r'_e 的典型值。与由 25 mV/I_E 计算出的 r'_e 理想值相比,是偏大还是偏小?

8.9 节

8-23 ‖‖ Multisim 如果图 8-34 电路中交流源的电压加倍,求输出电压。

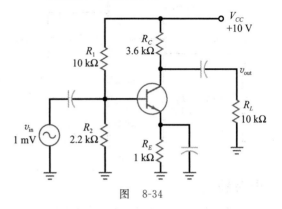

图 8-34

8-24 ‖‖ Multisim 如果图 8-34 电路中的负载电阻减小一半,求输出电压。

8-25 ‖‖ Multisim 如果图 8-34 电路中的电源电压增加到 +15 V,求输出电压。

8.10 节

8-26 ‖‖ Multisim 如果图 8-35 电路中的电源电压增加到 +15 V,求输出电压。

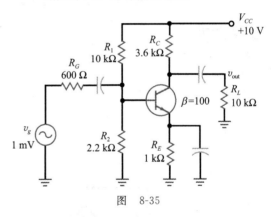

图 8-35

8-27 ‖‖ Multisim 如果图 8-35 电路中的发射极电阻值加倍,求输出电压。

8-28 ‖‖ Multisim 如果图 8-35 电路中的信号源内阻减小一半,求输出电压。

8.11 节

8-29 ‖‖ Multisim 如果图 8-36 电路中的信号源电压减小一半,求输出电压。忽略 r'_e。

8-30 ‖‖ Multisim 如果图 8-36 电路中的信号源内阻是 50 Ω,求输出电压。

8-31 ‖‖ Multisim 如果图 8-36 电路中的负载电阻减小到 3.6 kΩ,求电压增益。

8-32 ‖‖ Multisim 如果图 8-36 电路中的电源电压增至三倍,求输出增益。

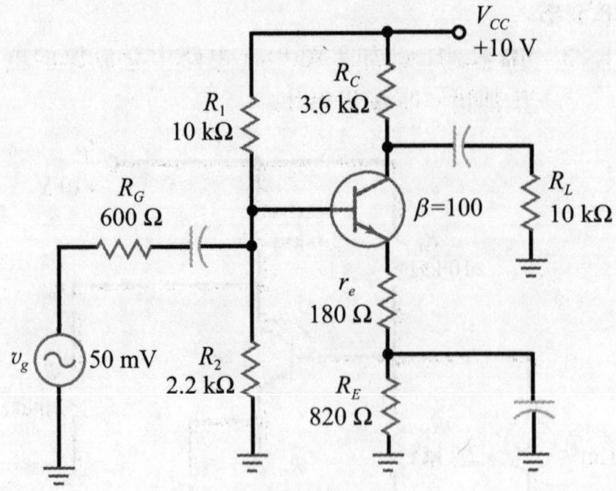

图 8-36

8. 12 节

8-33 在图 8-36 电路中，第一级的发射极旁路电容开路，则第一级的直流电压将如何变化？第二级的交流输入电压将如何变化？最终的输出电压将如何变化？

8-34 如果图 8-36 电路中没有交流负载电压，第二级的交流输入电压近似为 20 mV。指出可能的故障原因。

思考题

8-35 图 8-31 所示电路的电源电压为 2 V，当频率为 0 时，测得 10 kΩ 电阻上有一个很小的直流电压，为什么？

8-36 测试图 8-32 所示电路，当信号源的频率增加时，节点 A 的电位一直下降，直至无法测到数值。而当频率继续增加到高于 10 MHz 时，A 点电位开始上升，请解释原因。

8-37 图 8-33 电路中，从旁路电容看到的戴维南电阻为 30 Ω，若假设发射极在 20 Hz～20 kHz 的频率范围内可视为交流接地，则旁路电容的取值应为多少？

8-38 如果图 8-34 电路中的所有电阻值都加倍，求电压增益。

8-39 如果图 8-35 电路中的所有电阻值都加倍，求输出电压。

故障诊断

下面的问题参考图 8-37 所示的电路。

8-40 确定故障 1～6。

8-41 确定故障 7～12。

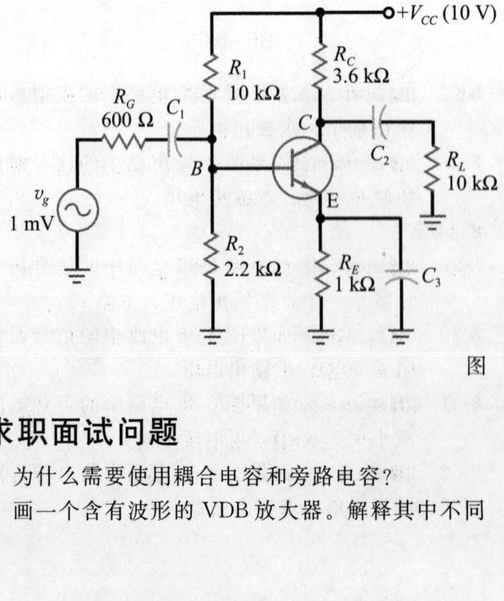

图 8-37

	V_B	V_E	V_C	v_b	v_e	v_c
正常	1.8	1.1	6	0.6 mV	0	73 mV
T1	1.8	1.1	6	0	0	0
T2	1.83	1.13	10	0.75 mV	0	0
T3	1.1	0.4	10	0	0	0
T4	0	0	10	0.8 mV	0	0
T5	1.8	1.1	6	0.6 mV	0	98 mV
T6	3.4	2.7	2.8	0	0	0
T7	1.8	1.1	6	0.75 mV	0.75 mV	1.93 mV
T8	1.1	0.4	0.5	0	0	0
T9	0	0	0	0.75 mV	0	0
T10	1.83	0	10	0.75 mV	0	0
T11	2.1	2.1	2.1	0	0	0
T12	1.8	1.1	6	0	0	0

求职面试问题

1. 为什么需要使用耦合电容和旁路电容？

2. 画一个含有波形的 VDB 放大器。解释其中不同波形的原因。

3. 解释小信号工作的含义，可以作图说明。

4. 说明将晶体管的 Q 点偏置在负载线的中间位置的重要性。

5. 将耦合电容和旁路电容进行对比。

6. 画出一个 VDB 放大器。说明电路的工作原理，包括对电压增益和输入阻抗的描述。

7. 画出一个发射极负反馈放大器。它的电压增益和输入阻抗是多少？说明电压增益稳定的原理。

8. 负反馈可以改善放大器的哪三个性能？

9. 发射极负反馈电阻对电压增益有哪些作用？

10. 音频放大器对性能有哪些要求？为什么？

选择题答案

1. a　2. b　3. c　4. c　5. a　6. d　7. b　8. b　9. c　10. c　11. b　12. d　13. b　14. b　15. d
16. b　17. c　18. b　19. b　20. c　21. a　22. c　23. b　24. c　25. d　26. c　27. c　28. b　29. c　30. c
31. b　32. a　33. a　34. b　35. c　36. b　37. a

自测题答案

8-1　$C = 1\ \mu\mathrm{F}$

8-2　$C = 33\ \mu\mathrm{F}$

8-3　i_e（峰峰值）$= 86.7\ \mu\mathrm{A}$（峰峰值）

8-6　$r_e' = 28.8\ \Omega$

8-7　$A_v = 104$

8-8　$v_{\mathrm{out}} = 277\ \mathrm{mV}$

8-9　$v_{\mathrm{out}} = 226\ \mathrm{mV}$

8-10　$v_{\mathrm{out}} = 167\ \mathrm{mV}$

8-11　$v_{\mathrm{out}} = 547\ \mathrm{mV}$

8-12　计算结果与 Multisim 仿真结果近似相等

第 9 章
多级、共集和共基放大器

当负载电阻小于集电极电阻时，CE 放大器的电压增益变小，并且放大器可能会过载。避免过载的方法之一是采用共集（CC）放大器，即射极跟随器，这种放大器有很高的输入阻抗并且能够驱动小的负载电阻。本章内容还包括多级放大器、达林顿放大器、改进型稳压器以及共基（CB）放大器。

目标

学习完本章后，你应该能够：
- 画出一个两级 CE 放大器；
- 画出射极跟随器的电路图并描述它的优点；
- 分析射极跟随器的直流和交流工作特性；
- 说明 CE-CC 放大器级联的目的；
- 描述达林顿晶体管的优点；
- 画出齐纳跟随器的原理图，并讨论齐纳稳压器负增加载电流的原理；
- 对 CB 放大器进行直流和交流分析；
- 比较 CE、CC 和 CB 三种放大器的特性；
- 完成多级放大器的故障诊断。

关键术语

缓冲器（buffer）	达林顿晶体管（Darlington transistor）
级联（cascading）	直接耦合（direct coupled）
共基放大器（common-base amplifier）	射极跟随器（emitter follower）
共集放大器（common-collector amplifier）	多级放大器（multistage amplifier）
互补达林顿（complementary Darlington）	总电压增益（total voltage gain）
达林顿组合（Darlington connection）	两级反馈（two-stage feedback）
达林顿对（Darlington pair）	齐纳跟随器（zener follower）

9.1 多级放大器

为了获得更高的增益，可以把两级或者两级以上的放大器**级联**起来，构成**多级放大器**。这意味着第一级的输出作为第二级的输入，第二级的输出作为第三级的输入，依此类推。

9.1.1 第一级电压增益

图 9-1a 所示是一个两级放大器。第一级输出的反相放大信号耦合到第二级的基极，第二级的反相放大输出耦合到负载电阻。由于每一级都将信号反相，相移为 $180°$，两级共移相 $360°$，因此负载上的信号相移 $0°$，即与信号源同相。

图 9-1b 所示是交流等效电路。可以看到，第二级的输入阻抗加重了第一级的负载，即第二级的 z_{in} 和第一级的 R_C 并联，则第一级的集电极交流电阻为：

$$\text{第一级} \quad r_c = R_C \,\|\, z_{in(stage)}$$

则第一级的电压增益为：

$$A_{v1} = \frac{R_C \,\|\, z_{in(stage)}}{r'_e}$$

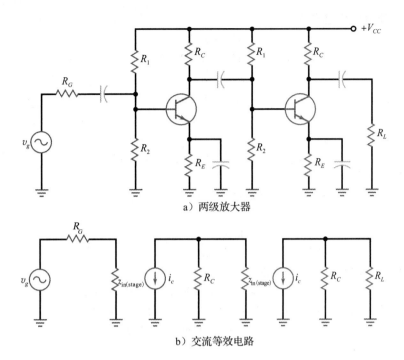

a）两级放大器

b）交流等效电路

图 9-1　两级放大器及其交流等效电路

9.1.2　第二级电压增益

第二级的集电极交流电阻为：

$$第二级\qquad r_c = R_c \,\|\, R_L$$

第二级的电压增益为：

$$A_{v2} = \frac{R_C \,\|\, R_L}{r_e'}$$

9.1.3　总电压增益

放大器的**总电压增益**等于两级电压增益的乘积：

$$A_{v2} = A_{v1} \times A_{v2} \tag{9-1}$$

例如，若每一级的电压增益为 50，则总电压增益为 2500。

例 9-1　图 9-2 电路中第一级的集电极交流电压是多少？负载电阻上的交流输出电压是多少？

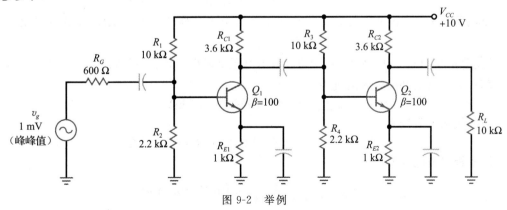

图 9-2　举例

解： 在直流电路中已算出

$$V_B = 1.8 \text{ V}$$
$$V_E = 1.1 \text{ V}$$
$$V_{CE} = 4.94 \text{ V}$$
$$I_E = 1.1 \text{ mA}$$
$$r'_e = 22.7 \text{ }\Omega$$

第一级的基极输入阻抗为：

$$z_{\text{in(base)}} = 100 \times 22.7 \text{ }\Omega = 2.27 \text{ k}\Omega$$

第一级的级输入阻抗为：

$$z_{\text{in(stage)}} = 10 \text{ k}\Omega \, \| \, 2.2 \text{ k}\Omega \, \| \, 2.27 \text{ k}\Omega = 1 \text{ k}\Omega$$

第一级的基极输入信号为：

$$v_{\text{in(stage)}} = \frac{1 \text{ k}\Omega}{600 \text{ }\Omega + 1 \text{ k}\Omega} \times 1 \text{ mV} = 0.625 \text{ mV}$$

第二级的基极输入阻抗与第一级的相同：

$$z_{\text{in(stage)}} = 10 \text{ k}\Omega \, \| \, 2.2 \text{ k}\Omega \, \| \, 2.27 \text{ k}\Omega = 1 \text{ k}\Omega$$

该输入阻抗是第一级的负载电阻，即第一级的集电极交流电阻为：

$$r_c = 3.6 \text{ k}\Omega \, \| \, 1 \text{ k}\Omega = 783 \text{ }\Omega$$

第一级的电压增益为：

$$A_{v_1} = \frac{783 \text{ }\Omega}{22.7 \text{ }\Omega} = 34.5$$

所以第一级的集电极交流电压为：

$$v_c = A_{v_1} v_{\text{in}} = 34.5 \times 0.625 \text{ mV} = 21.6 \text{ mV}$$

第二级的集电极交流阻抗为：

$$r_c = 3.6 \text{ k}\Omega \, \| \, 10 \text{ k}\Omega = 2.65 \text{ k}\Omega$$

其电压增益为：

$$A_{v_2} = \frac{2.65 \text{ k}\Omega}{22.7 \text{ }\Omega} = 117$$

所以负载电阻上的交流输出电压为：

$$v_{\text{out}} = A_{v_2} v_{b_2} = 117 \times 21.6 \text{ mV} = 2.52 \text{ V}$$

另一种计算最终输出电压的方法是利用总的电压增益，即：

$$A_v = 34.5 \times 117 = 4037$$

则负载电阻上的交流输出电压为：

$$v_{\text{out}} = A_v v_{\text{in}} = 4037 \times 0.625 \text{ mV} = 2.52 \text{ V}$$ ◀

自测题 9-1 将图 9-2 中第二级的负载电阻由 10 kΩ 改为 6.8 kΩ，计算最终的输出电压。

例 9-2 在图 9-3 中，如果 $\beta = 200$，输出电压是多少？计算中忽略 r'_e。

解： 第一级的基极输入阻抗为

$$z_{\text{in(base)}} = 200 \times 180 \text{ }\Omega = 36 \text{ k}\Omega$$

第一级的级输入阻抗为

$$z_{\text{in(stage)}} = 10 \text{ k}\Omega \, \| \, 2.2 \text{ k}\Omega \, \| \, 36 \text{ k}\Omega = 1.71 \text{ k}\Omega$$

第一级基极交流输入电压为：

$$v_{\text{in}} = \frac{1.71 \text{ k}\Omega}{600 \text{ }\Omega + 1.71 \text{ k}\Omega} \times 1 \text{ mV} = 0.74 \text{ mV}$$

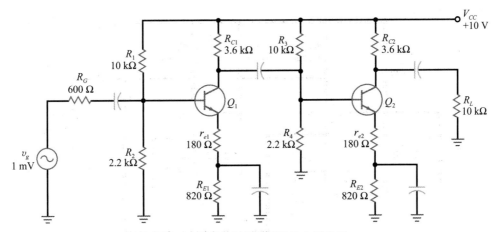

图 9-3 两级发射极负反馈放大器举例

第二级的输入阻抗和第一级相同：$z_{\text{in(stage)}} = 1.71\ \text{k}\Omega$。所以第一级的集电极交流电阻为：

$$r_c = 3.6\ \text{k}\Omega \parallel 1.71\ \text{k}\Omega = 1.16\ \text{k}\Omega$$

第一级的电压增益为：

$$A_{v_1} = \frac{1.16\ \text{k}\Omega}{180\ \Omega} = 6.44$$

在第一级的集电极，也就是第二级的基极，被反向放大的交流电压为：

$$v_c = 6.44 \times 0.74\ \text{mV} = 4.77\ \text{mV}$$

在例 8-6 中曾计算过第二级的集电极电阻为 $2.65\ \text{k}\Omega$，所以它的电压增益为：

$$A_{v_2} = \frac{2.65\ \text{k}\Omega}{180\ \Omega} = 14.7$$

最终输出电压等于：

$$v_{\text{out}} = 14.7 \times 4.77\ \text{mV} = 70\ \text{mV}$$

另一种计算输出电压的方法是用总电压增益：

$$A_v = A_{v_1} \times A_{v_2} = 6.44 \times 14.7 = 95$$

那么：

$$v_{\text{out}} = A_v v_{\text{in}} = 95 \times 0.74\ \text{mV} = 70\ \text{mV} \qquad \blacktriangleleft$$

9.2 两级反馈

发射极负反馈放大器是一个单级反馈放大器，它在一定程度上稳定了电压增益，增加了输入阻抗，减小了失真。若需进一步加强反馈效果，则要用到**两级反馈**放大器。

9.2.1 基本概念

图 9-4 所示是一个两级反馈放大器。第一级接有一个没有被旁路掉的发射极电阻 r_e。第二级是一个 CE 放大级，为了最大程度地获得增益，该级的发射极交流接地。输出信号通过反馈电阻 r_f 接回到第一级的发射极。由于分压作用，第一级发射极对地的交流电压为：

$$v_e = \frac{r_e}{r_f + r_e} v_{\text{out}}$$

两级反馈电路的基本工作原理如下：假设由于温度上升导致输出电压增加，由于输出电压的一部分反馈回了第一级的发射极，使得 v_e 增加，从而使第一级的 v_{be} 减小，进而减小第一级的 v_c，最终使 v_{out} 减小。反之，如果输出电压趋于减小，则 v_{be} 将增加，v_{out} 也将随之增加。

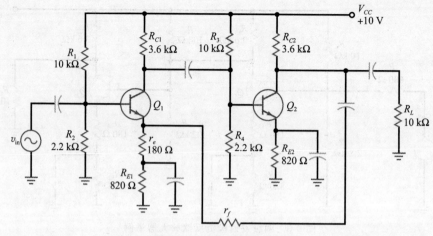

图 9-4 两级反馈放大器

以上两种情况下，输出电压的任何变化都会被反馈，放大器的变化被放大，且与最初的方向相反。总的效果是输出电压的变化量比没有负反馈的情况下小得多。

9.2.2 电压增益

在一个设计良好的两级反馈放大器中，电压增益由下式给出：

$$A_v = \frac{r_f}{r_e} + 1 \tag{9-2}$$

在大多数设计中，第一项远大于1，故上式可以简化为：

$$A_v = \frac{r_f}{r_e}$$

在讨论运算放大器的时，将会对负反馈的细节做进一步分析，从而明确设计良好的反馈放大器的含义。

式（9-2）的重要性在于：电压增益仅取决于外接电阻 r_f 和 r_e，由于这两个电阻是固定值，因此电压增益也是固定值。

例 9-3 图 9-5 电路的反馈电阻中使用了一个可变电阻，可变电阻的阻值变化范围是 $0 \sim 10\ \text{k}\Omega$，求该两级放大器的最小电压增益和最大电压增益。

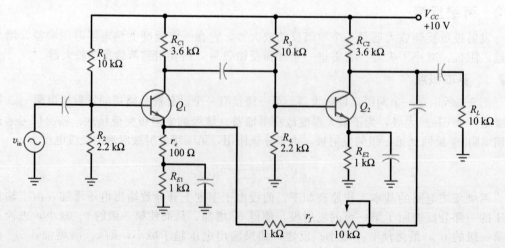

图 9-5 两级反馈举例

解： 反馈电阻 r_f 是 1 kΩ 电阻与可变电阻的和，最小电压增益出现在可变电阻为 0 时：

$$A_v = \frac{r_f}{r_e} = \frac{1 \text{ kΩ}}{100 \text{ Ω}} = 10$$

最大电压增益出现在可变电阻为 10 kΩ 时：

$$A_v = \frac{r_f}{r_e} = \frac{11 \text{ kΩ}}{100 \text{ Ω}} = 110 \qquad \blacktriangleleft$$

自测题 9-3 在图 9-5 中，为了使电压增益为 50，反馈电阻中使用的可变电阻的阻值应该取多少？

应用实例 9-4 如何修改图 9-5 所示的电路，使之能用作便携式传声器的前置放大器？

解： 10 V 直流电源可以用 9 V 电池和控制开关替代。在前置放大器输入端的电容和地之间连接一个适当尺寸的传声器插孔，接入低阻抗理想传声器。如果采用驻极体传声器，则需要由 9 V 电池通过串联电阻为之供电。为了获得较好的低频响应，耦合电容和旁路电容应具有较低的容抗值，可以选 47 μF 作耦合电容和 100 μF 作旁路电容。需将 10 kΩ 的输出负载换成 10 kΩ 电位器，用来调节输出电平。如果需要更高的电压增益，可以将作为反馈的 10 kΩ 电位器换成阻值更大的电位器。放大器的输出应该能够驱动电缆/CD/辅助设备/磁带等家用立体声放大器的输入端口。还需要检查系统的指标，确认其具备合理的输入要求。将所有元件放入小金属盒内，并通过屏蔽电缆减小外部噪声和干扰的影响。 ◀

9.3 CC 放大器

射极跟随器也称**共集（CC）放大器**，信号从基极输入，从发射极输出。

9.3.1 基本概念

图 9-6a 所示是一个射极跟随器电路，集电极是交流接地点，因此该电路是 CC 放大器。输入电压耦合到基极，产生发射极电流并在发射极电阻上形成交流电压，该交流电压被耦合到负载电阻上。

图 9-6b 显示了基极对地的总电压，包括直流分量和交流分量。可以看到，交流输入电压叠加在基极静态电压 V_{BQ} 上。类似地，图 9-6c 显示了发射极对地的总电压，此时，

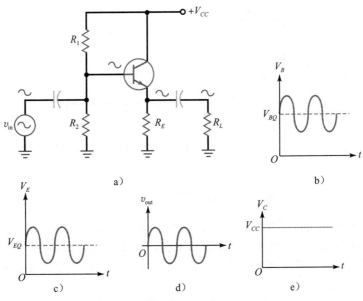

图 9-6 射极跟随器及其信号波形

交流输出电压[⊖]的变化是以发射极静态电压 V_{EQ} 为中心的。

发射极交流电压耦合到负载电阻上作为最终的输出，如图 9-6d 所示。该输出电压是纯交流的，与输入电压同相且幅度近似相等。由于该电路的输出电压跟随输入电压变化，所以称为射极跟随器。

由于没有集电极电阻，集电极对地的总电压等于电源电压。用示波器可以观察到集电极电压是不变的直流电压，如图 9-6e 所示。集电极是交流接地点，没有交流信号。

知识拓展　在一些射极跟随器电路中，为了防止发射极与地之间出现短路，在集电极串一个小电阻以限制直流。如果采用 R_C，则需要一个旁路电容使之交流接地。小阻值的 R_C 仅使直流工作点有微小变化，对交流没有任何影响。

9.3.2　负反馈

与发射极负反馈放大器类似，射极跟随器也采用了负反馈方式。因为整个发射极电阻全部作为反馈电阻，所以射极跟随器的负反馈更强。这样就使得电压增益非常稳定，几乎没有失真，而且基极输入阻抗很高。但是射极跟随器的电压增益却不高，最大值为 1。

9.3.3　发射极交流电阻

在图 9-7a 中，发射极的交流信号加在 R_E 和与之并联的 R_L 上，发射极交流电阻定义为：

$$r_e = R_E \parallel R_L \tag{9-3}$$

这是外端口的发射极交流电阻，与内部的发射极交流电阻 r_e' 不同。

9.3.4　电压增益

由 T 模型得到的交流等效电路如图 9-7a 所示。根据欧姆定律，可得到两个如下等式：

$$v_{\text{out}} = i_e r_e$$

$$v_{\text{in}} = i_e (r_e + r_e')$$

用第一个等式除以第二个等式，得到射极跟随器的电压增益：

$$A_v = \frac{r_e}{r_e + r_e'} \tag{9-4}$$

在电路设计中，通常 $r_e \gg r_e'$，使电压增益等于 1（近似）。在初步分析和故障诊断时都用 1 来近似。

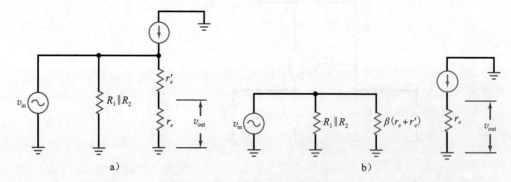

图 9-7　射极跟随器的交流等效电路

射极跟随器的电压增益只有 1，为什么还称之为放大器呢？因为它的电流增益为 β。系统的末级往往需要提供较大的电流以驱动低阻负载，射极跟随器能够产生低阻负载所需的大输出电流。总之，尽管射极跟随器不是电压放大器，但却是电流放大器或功率放大器。

⊖　原文为"交流输入电压"，有误。——译者注

9.3.5　基极输入阻抗

由 π 模型得到的交流等效电路如图 9-7b 所示。该电路的基极输入阻抗与发射极负反馈放大器的情况相同。电流增益使发射极电阻提高了 β 倍，推导出的公式与发射极负反馈放大器的相同：

$$z_{\text{in(base)}} = \beta(r_e + r_e')\qquad(9\text{-}5)$$

进行故障诊断时，可以假设 r_e 远大于 r_e'，即输入阻抗近似为 βr_e。

射极跟随器的主要优点是可以提高输入阻抗。小负载电阻容易引起 CE 放大器过载，而使用射极跟随器则可提高输入阻抗，防止过载。

9.3.6　级输入阻抗

当交流信号源不是准理想时，一部分交流信号会被内阻所损耗。如果计算内阻的影响，则需要用到级输入阻抗，已知：

$$z_{\text{in(stage)}} = R_1 \| R_2 \| (\beta(r_e + r_e'))\qquad(9\text{-}6)$$

由输入阻抗和信号源内阻，则可采用分压公式计算出到达基极的输入电压，计算过程与前面章节相同。

知识拓展　在图 9-8 中，偏置电阻 R_1 和 R_2 使 z_{in} 的值降低了，这样便与发射极负反馈 CE 放大器的输入阻抗差别不大。为了克服这个缺点，在许多射极跟随器的设计中不使用偏置电阻 R_1 和 R_2，而是由驱动级提供直流偏置。

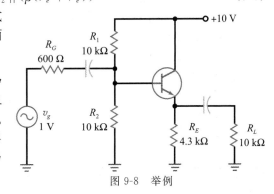

图 9-8　举例

例 9-5　如果 $\beta = 200$，求图 9-8 电路的基极输入阻抗和级输入阻抗。 ▌▌▌▌**Multisim**

解： 因为分压器的两个电阻都是 10 kΩ，所以基极直流电压是电源电压的一半，为 5 V。发射极直流电压比它低 0.7 V，为 4.3 V。发射极直流电流为 4.3 V 除以 4.3 kΩ，即 1 mA。所以发射结交流电阻为：

$$r_e' = \frac{25\ \text{mV}}{1\ \text{mA}} = 25\ \Omega$$

发射极外端口交流电阻是 R_E 和 R_L 的并联，为：

$$r_e = 4.3\ \text{k}\Omega \| 10\ \text{k}\Omega = 3\ \text{k}\Omega$$

由于晶体管的交流电流增益为 200，则基极输入阻抗为：

$$z_{\text{in(base)}} = 200(3\ \text{k}\Omega + 25\ \Omega) = 605\ \text{k}\Omega$$

将基极输入阻抗和两个偏置电阻并联，得到放大器的级输入阻抗为：

$$z_{\text{in(stage)}} = 10\ \text{k}\Omega \| 10\ \text{k}\Omega \| 605\ \text{k}\Omega = 4.96\ \text{k}\Omega$$

由于 605 kΩ 远大于 5 kΩ，故障诊断时常常把放大级输入阻抗近似为两个偏置电阻的并联值：

$$z_{\text{in(stage)}} = 10\ \text{k}\Omega \| 10\ \text{k}\Omega = 5\ \text{k}\Omega \qquad ◀$$

自测题 9-5　将图 9-8 电路中的 β 改为 100，求它的基极输入阻抗和级输入阻抗。

例 9-6　假设 β 为 200，求图 9-8 所示射极跟随器的交流输入电压。 ▌▌▌▌**Multisim**

解： 电路的交流等效电路如图 9-9 所示。基极交流电压加在 z_{in} 上。因为放大级输入阻抗比信号源内阻大，所以信号源电压的大部分加在基极上。由分压公

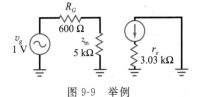

图 9-9　举例

式得：

$$v_{in} = \frac{5\text{ k}\Omega}{5\text{ k}\Omega + 600\text{ }\Omega} \times 1\text{ V} = 0.893\text{ V}$$ ◀

自测题 9-6 如果 β 值是 100，求图 9-8 电路的输入交流电压。

例 9-7 图 9-10 所示的射极跟随器的电压增益是多少？如果 $\beta=150$，其交流负载电压是多少？ **IIII Multisim**

解： 基极直流电压是电源电压的一半：

$$V_B = 7.5\text{ V}$$

发射极直流电流为：

$$I_E = \frac{6.8\text{ V}}{2.2\text{ k}\Omega} = 3.09\text{ mA}$$

发射结交流电阻为：

$$r_e' = \frac{25\text{ mV}}{3.09\text{ mA}} = 8.09\text{ }\Omega$$

发射极外端口电阻为：

$$r_e = 2.2\text{ k}\Omega \parallel 6.8\text{ k}\Omega = 1.66\text{ k}\Omega$$

电压增益为：

$$A_v = \frac{1.66\text{ k}\Omega}{1.66\text{ k}\Omega + 8.09\text{ }\Omega} = 0.995$$

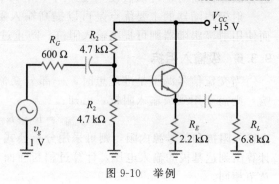

图 9-10 举例

基极输入阻抗为：

$$z_{in(base)} = 150(1.66\text{ k}\Omega + 8.09\text{ }\Omega) = 250\text{ k}\Omega$$

基极输入电阻远大于偏置电阻，所以射极跟随器的级输入阻抗可以近似为：

$$z_{in(stage)} = 4.7\text{ k}\Omega \parallel 4.7\text{ k}\Omega = 2.35\text{ k}\Omega$$

交流输入电压为：

$$v_{in} = \frac{2.35\text{ k}\Omega}{2.35\text{ k}\Omega + 600\text{ }\Omega} \times 1\text{ V} = 0.797\text{ V}$$

交流输出电压为：

$$v_{out} = 0.995 \times 0.797\text{ V} = 0.793\text{ V}$$ ◀

自测题 9-7 取 R_G 为 50 Ω，重新计算例 9-7。

9.4 输出阻抗

放大器的戴维南阻抗就是它的输出阻抗，射极跟随器的优点之一是它具有较低的输出阻抗。

最大功率传输发生在负载阻抗与信号源阻抗（戴维南阻抗）匹配（相等）的时候。若希望得到最大负载功率，可以使负载阻抗与射极跟随器的输出电阻相匹配。例如，扬声器的低阻抗可以和射极跟随器的输出阻抗相匹配以获得最大的语音传输功率。

9.4.1 基本概念

图 9-11a 所示是交流信号源驱动放大器的电路。如果信号源不是准理想的，则一部分交流电压将被信号源内阻 R_G 分压。在这种情况下，需要分析图 9-11b 所示的分压器电路以得到输入电压 v_{in}。

采用相同的方法分析放大器输出端。在图 9-11c 电路的负载端应用戴维南定理，得到放大器对负载端的输出阻抗 z_{out}。在戴维南等效电路中，这个输出电阻和负载电阻构成分压器，如图 9-11d 所示。如果 $z_{out} \ll R_L$，则输出是准理想信号源，且 $v_{out} = v_{th}$。

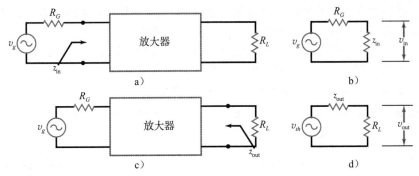

图 9-11 输入和输出阻抗

9.4.2 CE 放大器

CE 放大器输出端的交流等效电路如图 9-12a 所示。应用戴维南定理，得到如图 9-12b 所示的等效电路，即 R_C 是对负载电阻端口的输出阻抗。由于 CE 放大器的电压增益取决于 R_C，所以若不损失电压增益，就不能将 R_C 设计得太小。也就是说，CE 放大器很难实现较小的输出阻抗。因此，CE 放大器不适合驱动小负载电阻。

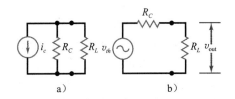

图 9-12 CE 放大器的输出阻抗

9.4.3 射极跟随器

图 9-13a 所示是射极跟随器的交流等效电路。对 A 点应用戴维南定理，可以得到图 9-13b，其输出阻抗 z_{out} 比 CE 放大器小很多，为：

$$z_{out} = R_E \,\|\, \left(r_e' + \frac{R_G \,\|\, R_1 \,\|\, R_2}{\beta} \right) \qquad (9\text{-}7)$$

基极电路的阻抗是 $R_G \,\|\, R_1 \,\|\, R_2$，晶体管的电流增益使得这个阻抗值下降了 β 倍。其效果与发射极负反馈放大器类似，只是这里是在发射极端口得到的阻抗，所以阻抗值是减小的而不是增加的，如式（9-7）所示。减小后的阻抗 $(R_G \,\|\, R_1 \,\|\, R_2)/\beta$ 和 r_e' 串联。

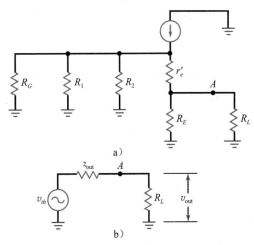

图 9-13 射极跟随器的输出阻抗

9.4.4 理想特性

在有些设计中，偏置电阻和发射结交流电阻是可以忽略不计的。在这种情况下，射极跟随器的输出阻抗可以近似为：

$$z_{out} = \frac{R_G}{\beta} \qquad (9\text{-}8)$$

这说明射极跟随器的重要特性是将交流源的内阻降低了 β 倍，因此可以构建出准理想信号源。设计时可能更希望获得最大负载功率，而不是采用准理想交流源获得最大负载电压。此时，一般不会选择：

$$z_{out} \ll R_L \,(\text{准理想电压源})$$

而是选择：

$$z_{out} = R_L \,(\text{最大功率传输})$$

这样，射极跟随器能够供给低阻负载以最大的功率，如立体声扩音器。不考虑 R_L 对输出电压的影响，射极跟随器在输出和输入之间起到了缓冲作用。

式（9-8）是一个理想公式，可以由它得到射极跟随器输出阻抗的近似值。对于分立电路，这个等式通常仅给出输出阻抗的估计值，这对故障诊断和初步分析来说足够了。如果有必要，可以应用式（9-7）得到输出阻抗的精确值。

知识拓展　变压器也可以用来实现信号源和负载之间的阻抗匹配。变压器的输入阻抗 $z_{in} = (N_p/N_s)^2 R_L$。

例 9-8　估算图 9-14a 所示射极跟随器的输出阻抗。

解： 理想情况下，输出阻抗等于信号源内阻除以晶体管电流增益：

$$z_{out} = \frac{600\ \Omega}{300} = 2\ \Omega$$

图 9-14b 为等效输出电路，输出阻抗远小于负载阻抗，所以大部分信号加在了负载电阻上。可见，图 9-14b 电路的输出几乎是准理想的信号源，因为负载与信号源之间的电阻比为 50。◄

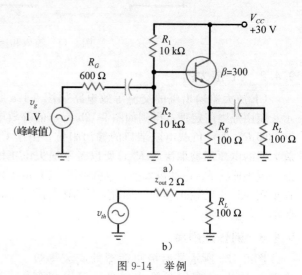

图 9-14　举例

自测题 9-8　将图 9-14 电路中的信号源内阻改为 1 kΩ，求 z_{out} 的近似值。

例 9-9　用式（9-7）计算图 9-14a 电路的输出阻抗。

解： 基极静态电压近似为：

$$V_{BQ} = 15\ V$$

忽略 V_{BE}，发射极静态电流近似为：

$$I_{EQ} = \frac{15\ V}{100\ \Omega} = 150\ mA$$

发射结交流电阻为：

$$r'_e = \frac{25\ mV}{150\ mA} = 0.167\ \Omega$$

从基极向左看的阻抗为：

$$R_G \| R_1 \| R_2 = 600\ \Omega \| 10\ k\Omega \| 10\ k\Omega = 536\ \Omega$$

电流增益使其降低为：

$$\frac{R_G \| R_1 \| R_2}{\beta} = \frac{536\ \Omega}{300} = 1.78\ \Omega$$

它和 r'_e 串联，所以从发射极看进去的总阻抗为：

$$r'_e + \frac{R_G \| R_1 \| R_2}{\beta} = 0.167\ \Omega + 1.78\ \Omega = 1.95\ \Omega$$

它与发射极直流阻抗并联，所以输出阻抗为：

$$z_{out} = R_E \| \left(r'_e + \frac{R_G \| R_1 \| R_2}{\beta} \right) = 100\ \Omega \| 1.95\ \Omega = 1.91\ \Omega$$

精确答案与理想值 2 Ω 极为接近，这个结果对大多数设计来说是很典型的。进行故障诊断和初步分析时，可以用理想方法来估计输出电阻。◄

✎ **自测题 9-9**   若 R_G 的值为 $1\,\text{k}\Omega$，重新计算例 9-9。

9.5   CE-CC 级联放大器

为了说明 CC 放大器的缓冲作用，假设负载电阻为 $270\,\Omega$，如果试图将 CE 放大器的输出直接耦合在负载电阻上，则放大器有可能过载。避免过载的方法之一是在 CE 放大器和负载之间加一个射极跟随器。信号可以通过电容耦合，也可以**直接耦合**，如图 9-15 所示。

由图可见，第二级晶体管的基极直接连接在第一级晶体管的集电极。因此，第一级晶体管的集电极直流电压为第二级晶体管提供偏置。如果第二级晶体管的直流电流增益为 100，那么从第二级晶体管基极看进去的直流电阻 $R_\text{in} = 100 \times 270\,\Omega = 27\,\text{k}\Omega$。

因为 $27\,\text{k}\Omega$ 比 $3.6\,\text{k}\Omega$ 大，所以第一级的集电极直流电压仅仅受到轻微的干扰。

在图 9-15 中，第一级输出的放大电压驱动射极跟随器，并最终加在了 $270\,\Omega$ 的负载电阻上。如果没有射极跟随器，$270\,\Omega$ 电阻将会使得第一级过载。而加入射极跟随器后，它的阻抗效应使得负载增大了 β 倍。无论在直流还是交流等效电路中，负载的阻抗值不再是 $270\,\Omega$，而是 $27\,\text{k}\Omega$。

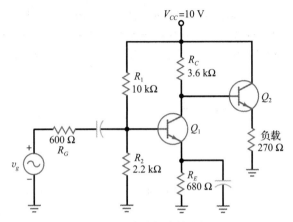

图 9-15   直接耦合输出级

这个例子说明了射极跟随器是如何在高输出阻抗和低负载电阻之间充当**缓冲器**的。

例 9-10 图 9-15 电路中的 β 为 100，求 CE 级的电压增益。   ▥▥ **Multisim**

解：CE 放大器的基极直流电压是 $1.8\,\text{V}$，发射极直流电压是 $1.1\,\text{V}$，发射极直流电流 $I_E = 1.1\,\text{V}/680\,\Omega = 1.61\,\text{mA}$，发射结交流电阻 $r'_e = 25\,\text{mV}/1.61\,\text{mA} = 15.5\,\Omega$。下面，需要计算射极跟随器的输入阻抗。由于没有偏置电阻，输入阻抗等于由基极看进去的输入阻抗，即 $z_\text{in} = 100 \times 270\,\Omega = 27\,\text{k}\Omega$，CE 放大器的集电极交流电阻 $r_c = 3.6\,\Omega \| 27\,\text{k}\Omega = 3.18\,\text{k}\Omega$，该级的电压增益 $A_v = 3.18\,\text{k}\Omega/15.5\,\Omega = 205$。   ◀

✎ **自测题 9-10**   如果图 9-15 电路的 β 为 300，求该 CE 放大级的电压增益。

例 9-11 假设将图 9-15 电路中的射极跟随器去掉，用一个电容将交流信号耦合到 $270\,\Omega$ 的负载上，则 CE 放大器的电压增益将如何变化？   ▥▥ **Multisim**

解：r'_e 的值仍然与 CE 级一样为 $15.5\,\Omega$，而集电极交流阻抗更低。首先，集电极交流电阻是 $3.6\,\text{k}\Omega$ 和 $270\,\Omega$ 的并联，即 $r_c = 3.6\,\Omega \| 270\,\Omega = 251\,\Omega$。因为这个值非常低，所以电压增益降低至 $A_v = 251\,\Omega/15.5\,\Omega = 16.2$。   ◀

✎ **自测题 9-11**   当负载为 $100\,\Omega$ 时，重新计算例 9-11。

例 9-11 说明了 CE 放大器过载的结果。为获得最大增益，负载电阻应该比集电极直流电阻大很多，而例题中的情况刚好相反，负载电阻（$270\,\Omega$）远小于集电极电阻（$3.6\,\text{k}\Omega$）。

9.6   达林顿组合

达林顿组合是将两个晶体管连接在一起，其总的电流增益等于两个晶体管电流增益的乘积。由于电流增益很高，达林顿组合的输入阻抗很大，且可以产生很大的输出电流。达林顿组合经常用作稳压器、功率放大器和大电流开关。

9.6.1 达林顿对

图 9-16a 所示是一个**达林顿对**。由于 Q_1 的发射极电流是 Q_2 的基极电流，故达林顿对的总电流增益为：

$$\beta = \beta_1 \beta_2 \tag{9-9}$$

例如，如果每个晶体管的电流增益为 200，则总电流增益为：

$$\beta = 200 \times 200 = 40\,000$$

半导体制造厂家可以把一个达林顿对封装在一起，如图 9-16b 所示，该器件称为**达林顿管**，就像一个具有很高电流增益的单个晶体管。例如，2N6725 是一个达林顿管，在 200 mA 时的电流增益为 25 000；TIP102 是一个功率达林顿管，在 3 A 时的电流增益为 1000。

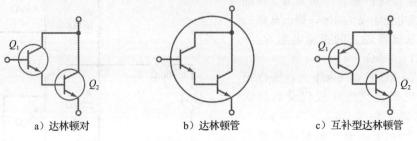

a) 达林顿对　　　　　　b) 达林顿管　　　　　c) 互补型达林顿管

图 9-16　达林顿组合

可参见图 9-17 所示的数据手册。该器件采用 TO-220 封装，并且在基极和发射极之间内置了与发射结并联的分流电阻。在用欧姆表测量时，必须将这些内部元件考虑在内。

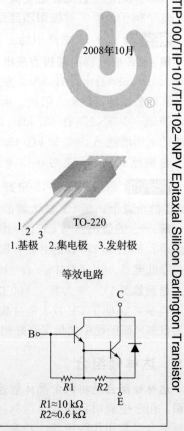

图 9-17　达林顿晶体管（仙童半导体公司）

电特性* T_C=25 ℃（除非标明其他条件）					
符号	参数	测试条件	最小值	最大值	单位
$V_{CEO(sus)}$	集电极-发射极耐压				
	：TIP100	$I_C = 30$ mA，$I_B = 0$	60	—	V
	：TIP101		80		V
	：TIP102		100		V
I_{CEO}	集电极截止电流				
	：TIP100	$V_{CE} = 30$ V，$I_B = 0$		50	μA
	：TIP101	$V_{CE} = 40$ V，$I_B = 0$	—	50	μA
	：TIP102	$V_{CE} = 50$ V，$I_B = 0$		50	μA
I_{CBO}	集电极-发射极耐压				
	：TIP100	$V_{CE} = 60$ V，$I_E = 0$		50	μA
	：TIP101	$V_{CE} = 80$ V，$I_E = 0$	—	50	μA
	：TIP102	$V_{CE} = 100$ V，$I_E = 0$		50	μA
I_{EBO}	发射极截止电流	$V_{EB} = 5$ V，$I_C = 0$		2	mA
h_{FE}	直流电流增益	$V_{CE} = 4$ V，$I_C = 3$ A	1 000	20 000	—
		$V_{CE} = 4$ V，$I_C = 8$ A	200		
$V_{CE(sat)}$	集电极-发射极饱和压降	$I_C = 3$ A，$I_B = 6$ mA	—	2	V
		$I_C = 8$ A，$I_B = 80$ mA		2.5	V
$V_{BE(on)}$	基极-发射极导通压降	$V_{CE} = 4$ V，$I_C = 3$ A	—	2.8	V
C_{ob}	输出电容	$V_{CB} = 10$ V，$I_E = 0$，$f = 0.1$ MHz		200	pF

*脉冲检测：脉宽≤300 μs，占空比≤2%。

© 2007 Fairchild Semiconductor Corporation　　　　　　　　　　　　　　www.fairchildsemi.com
TIP100/TIP101/TIP102 Rev. 1.0.0

图 9-17　达林顿晶体管（仙童半导体公司）（续）

含有达林顿管的电路与射极跟随器的分析方法基本一致。由于有两个晶体管，达林顿管有两个 V_{BE} 的压降。Q_2 的基极电流与 Q_1 的发射极电流相同，Q_1 的基极输入阻抗 $z_{in(base)} \approx \beta_1 \beta_2 r_e$，或写为：

$$z_{in(base)} \approx \beta r_e \tag{9-10}$$

例 9-12　如果图 9-18 中每个晶体管的 β 值均为 100，那么总电流增益是多少？Q_1 的基极电流是多少？Q_1 的基极输入阻抗是多少？

解：总的电流增益为：

$$\beta = \beta_1 \beta_2 = 100 \times 100 = 10\ 000$$

Q_2 的发射极直流电流为：

$$I_{E2} = \frac{10\ V - 1.4\ V}{60\ \Omega} = 143\ mA$$

Q_1 的发射极电流等于 Q_2 的基极电流，为：

$$I_{E1} = I_{B2} \approx \frac{I_{E2}}{\beta_2} = \frac{143\ mA}{100} = 1.43\ mA$$

Q_1 的基极电流为：

$$I_{B1} \approx \frac{I_{E1}}{\beta_1} = \frac{1.43\ mA}{100} = 14.3\ \mu A$$

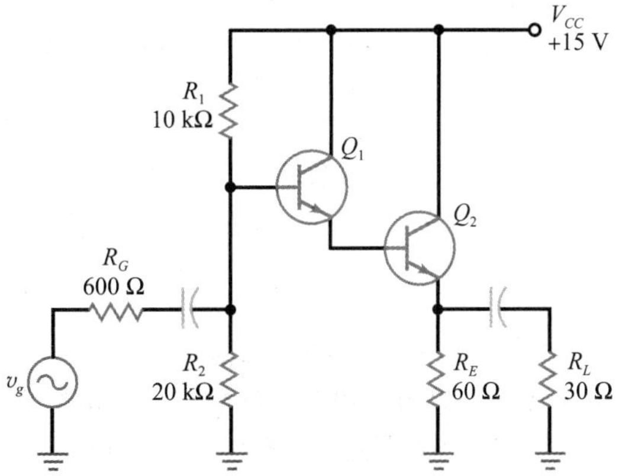

为了求 Q_1 的基极输入阻抗，先求解 r_e，发射极交流阻抗为：

$$r_e = 60\ \Omega \| 30\ \Omega = 20\ \Omega$$

Q_1 的基极输入阻抗为：

$$z_{in(base)} = 10\ 000 \times 20\ \Omega = 200\ k\Omega$$

图 9-18　举例

自测题 9-12　若达林顿对中的每个晶体管电流增益为 75，重新求解例 9-12。

9.6.2　互补型达林顿

图 9-16c 所示是另一种达林顿组合，称为**互补型达林顿**，由 npn 和 pnp 管连接而成。

Q_1 的集电极电流是 Q_2 的基极电流。如果 pnp 管的电流增益为 β_1，npn 输出管的电流增益为 β_2，互补型达林顿管的特性犹如一个电流增益为 $\beta_1\beta_2$ 的 pnp 管。

npn 和 pnp 达林顿管可以制作成互补形式，例如，TIP105/106/107 pnp 达林顿系列和 TIP101/102 npn 系列是互补的。

知识拓展　最初采用图 9-16c 所示的互补达林顿管是因为没有其他可用的大功率互补晶体管。互补晶体管常用于特殊的输出级，即准互补输出级。

9.7　稳压应用

射极跟随器除了用于缓冲电路和阻抗匹配放大器之外，还广泛用于稳压器中。射极跟随器与齐纳二极管结合，可以产生稳定的输出电压和更大的输出电流。

9.7.1　齐纳跟随器

图 9-19a 所示是一个**齐纳跟随器**，该电路由齐纳稳压管和射极跟随器组成。它的工作原理是：齐纳电压作为射极跟随器的基极输入，射极跟随器的直流输出电压为：

$$V_{out} = V_Z - V_{BE} \tag{9-11}$$

该输出电压是固定的，等于齐纳电压减去晶体管的 V_{BE} 压降。如果电源电压发生变化，齐纳电压仍近似保持不变，因此输出电压也不变。该电路的功能是稳压器，因为输出电压始终等于齐纳电压减去 V_{BE} 的值。

齐纳跟随器与普通的齐纳稳压器相比有两个优点。第一，图 9-19a 电路中的齐纳二极管需要产生的负载电流只有：

$$I_B = \frac{I_{out}}{\beta_{dc}} \tag{9-12}$$

由于这个基极电流比输出电流小得多，所以可以使用较小的齐纳二极管。

例如，要为负载提供几安培的电流，若采用普通的齐纳稳压器则需要齐纳二极管能承受该值的电流。而用图 9-19a 所示的改进稳压器即齐纳跟随器，齐纳二极管仅需要承受几十毫安的电流。

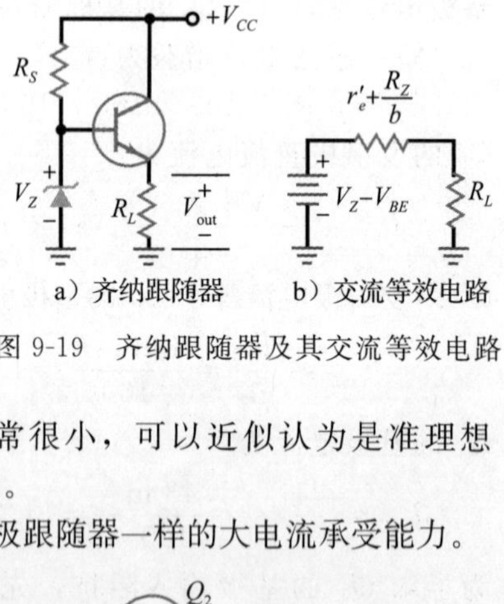

齐纳跟随器的第二个优点是输出阻抗低。对于普通齐纳稳压器，负载端的输出阻抗近似为齐纳阻抗 R_Z。而齐纳跟随器的输出阻抗为：

$$z_{out} = r'_e + \frac{R_Z}{\beta_{dc}} \tag{9-13}$$

图 9-19b 所示为输出等效电路。与 R_L 相比，z_{out} 通常很小，可以近似认为是准理想电压源，所以射极跟随器能够保持直流输出电压接近常数。

总之，齐纳跟随器使齐纳二极管在稳压工作时具有与射极跟随器一样的大电流承受能力。

知识拓展　在图 9-19 中，与没有跟随器的情况相比，射极跟随器电路使齐纳电流的变化减小了 β 倍。

9.7.2　双晶体管稳压器

图 9-20 所示是另一种稳压器电路。直流输入电压 V_{in} 来自没有经过稳压的电源，如带电容输入滤波器的桥式整流器。通常 V_{in} 纹波的峰峰值大约为直流电压的 10%，尽管输入

a) 齐纳跟随器　　b) 交流等效电路

图 9-19　齐纳跟随器及其交流等效电路

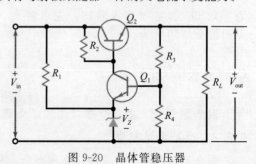

图 9-20　晶体管稳压器

电压或负载电流可能在较大范围内变动，但最终输出电压几乎没有纹波且近似为常数。

它的工作原理如下：输出电压的任何改变都会产生一个被放大的反馈电压，该反馈电压与初始变化的作用相反。例如，假设输出电压增加，那么 Q_1 的基极电压将会增加，由于 Q_1 与 R_2 构成 CE 放大器，则 Q_1 的集电极电压将因为反相电压放大而下降。

Q_1 的集电极电压下降，即 Q_2 的基极电压下降。因为 Q_2 是射极跟随器，它的输出电压也随之下降。也就是说，由于负反馈作用，输出电压初始时的增加产生了一个使输出电压降低的反作用，结果使输出电压的变化很微弱，比没有负反馈的情况小得多。

反之，如果输出电压减小，Q_1 的基极电压随之减小，Q_1 的集电极电压增加，即 Q_2 的发射极电压增加。同样地，输出电压获得了与初始变化相反的电压。所以输出电压仅会有很小的变化，比没有负反馈的情况小很多。

由于齐纳二极管的存在，Q_1 发射极电压等于 V_Z，Q_1 的基极电压比它高 V_{BE}，所以 R_4 上电压为：

$$V_4 = V_Z + V_{BE}$$

由欧姆定律，流过 R_4 的电流为：

$$I_4 = \frac{V_Z + V_{BE}}{R_4}$$

由于这个电流经过与 R_4 串联的 R_3，故输出电压为：

$$V_{out} = I_4(R_3 + R_4)$$

整理后，得到输出电压为：

$$V_{out} = \frac{R_3 + R_4}{R_4}(V_Z + V_{BE}) \tag{9-14}$$

例 9-13 齐纳跟随器常见的原理图形式如图 9-21 所示。它的输出电压是多少？如果 $\beta_{dc} = 100$，齐纳电流是多少？

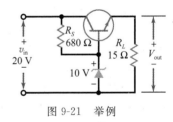

图 9-21 举例

解： 输出电压近似为：

$$V_{out} = 10\ \text{V} - 0.7\ \text{V} = 9.3\ \text{V}$$

负载电阻为 15 Ω，负载电流为：

$$I_{out} = \frac{9.3\ \text{V}}{15\ \Omega} = 0.62\ \text{A}$$

基极电流为：

$$I_B = \frac{0.62\ \text{A}}{100} = 6.2\ \text{mA}$$

流过串联电阻的电流为：

$$I_S = \frac{20\ \text{V} - 10\ \text{V}}{680\ \Omega} = 14.7\ \text{mA}$$

齐纳电流为：

$$I_Z = 14.7\ \text{mA} - 6.2\ \text{mA} = 8.5\ \text{mA}$$

自测题 9-13 若齐纳二极管电压为 8.2 V，输入电压为 15 V，重新求解例 9-13。

例 9-14 求图 9-22 所示电路的输出电压。

解： 由式（9-14），得到：

$$V_{out} = \frac{2\ \text{k}\Omega + 1\ \text{k}\Omega}{1\ \text{k}\Omega}(6.2\ \text{V} + 0.7\ \text{V}) = 20.7\ \text{V}$$

也可以采用如下解法，流过 1 kΩ 电阻的电流为：

$$I_4 = \frac{6.2\ \text{V} + 0.7\ \text{V}}{1\ \text{k}\Omega} = 6.9\ \text{mA}$$

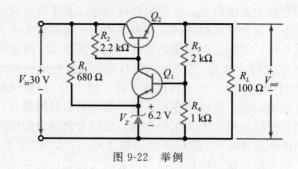

图 9-22 举例

该电流经过的总电阻为 3 kΩ，则输出电压为：

$$V_{\text{out}} = 6.9 \text{ mA} \times 3 \text{ k}\Omega = 20.7 \text{ V}$$ ◀

✎ **自测题 9-14** 将图 9-22 电路中的齐纳电压值改为 5.6 V，重新求解输出电压 V_{out}。

9.8 CB 放大器

图 9-23a 所示电路为一个采用双极性电源或双电源供电的**共基（CB）放大器**。由于基极接地，该电路又称为基极接地放大器。图 9-23b 是其直流等效电路，Q 点是由发射极偏置的，故发射极直流电压为：

$$I_E = \frac{V_{EE} - V_{BE}}{R_E} \quad (9\text{-}15)$$

图 9-23c 所示是一个分压器偏置的 CB 放大器，采用单电源供电。R_2 两端并联有旁路电容，使基极交流接地。其直流等效电路如图 9-23d 所示，可见该电路是分压器偏置结构。

上述两种放大器的基极都是交流接地的。信号从发射极输入，从集电极输出。CB 放大器在输入电压为正半周时的交流等效电路如图 9-24 所示。在该电路中，集电极交流电压 v_{out} 等于：

$$v_{\text{out}} \approx i_c r_c$$

该电压与输入电压 v_e 同相。由于输入电压等于：

$$v_{\text{in}} = i_e r_e'$$

电压增益为：

$$A_v = \frac{v_{\text{out}}}{v_{\text{in}}} = \frac{i_c r_c}{i_e r_e'}$$

因为 $i_c \approx i_e$，等式可以简化为：

$$A_v = \frac{r_c}{r_e'} \quad (9\text{-}16)$$

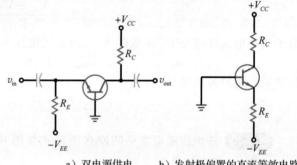

a) 双电源供电　　b) 发射极偏置的直流等效电路

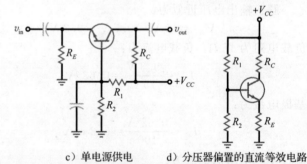

c) 单电源供电　　d) 分压器偏置的直流等效电路

图 9-23 CB 放大器

该电压增益与未加发射极负反馈的 CE 放大器的增益数值相等，不同之处是输出电压的相位。CE 放大器的输出与输入相差 180°，而 CB 放大器的输出与输入是同相的。

理想情况下，图 9-24 所示的集电极电流源的内阻无穷大，所以 CB 放大器的输出阻抗为：

$$z_{\text{out}} \approx R_C \qquad (9\text{-}17)$$

CB 放大器和其他结构放大器的区别之一是它的输入阻抗低。在图 9-24 电路中，从发射极看进去的输入阻抗为：

$$z_{\text{in(emitter)}} = \frac{v_e}{i_e} = \frac{i_e r'_e}{i_e} \quad \text{或} \quad z_{\text{in(emitter)}} = r'_e$$

电路的输入阻抗为：

$$z_{\text{in}} = R_E \| r'_e$$

通常 $R_E \gg r'_e$，因而电路的输入阻抗近似为：

$$z_{\text{in}} \approx r'_e \qquad (9\text{-}18)$$

例如，假设 $I_E = 1$ mA，CB 放大器的输入阻抗仅为 25 Ω。大部分信号都会损失在信号源内阻上，除非输入信号源内阻很小。

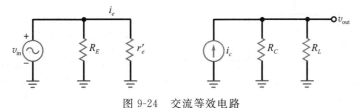

图 9-24　交流等效电路

CB 放大器的输入阻抗通常很小，对于大多数信号源而言都会过载。因此，分立的 CB 放大器在低频时并不常用。它主要应用于高频（10 MHz 以上），因为信号源在高频时的内阻通常较小。而且在高频段，基极将输入和输出分离开，使得在该频段很少出现振荡。

射极跟随器应用于高阻信号源驱动低阻负载的情况。而共基电路恰恰相反，它用于将低阻信号源耦合到高阻负载。

例 9-15 图 9-25 所示电路的输出电压是多少？　　　　　　　　　　**IIII Multisim**

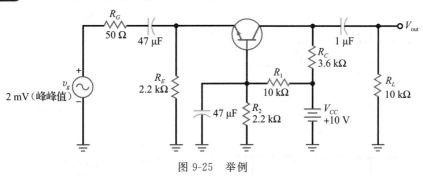

图 9-25　举例

解：首先需要确定电路的 Q 点。

$$V_B = \frac{2.2 \text{ k}\Omega}{10 \text{ k}\Omega + 2.2 \text{ k}\Omega}(+10 \text{ V}) = 1.8 \text{ V}$$

$$V_E = V_B - 0.7 \text{ V} = 1.8 \text{ V} - 0.7 \text{ V} = 1.1 \text{ V}$$

$$I_E = \frac{V_E}{R_E} = \frac{1.1 \text{ V}}{2.2 \text{ k}\Omega} = 500 \text{ } \mu\text{A}$$

$$r'_e = \frac{25 \text{ mV}}{500 \text{ } \mu\text{A}} = 50 \text{ } \Omega$$

下面求解交流电路参数：

$$z_{in} = R_E \| r_e' = 2.2 \text{ k}\Omega \| 50 \text{ }\Omega \approx 50 \text{ }\Omega$$

$$z_{out} = R_c = 3.6 \text{ k}\Omega$$

$$A_v = \frac{r_c}{r_e'} = \frac{3.6 \text{ k}\Omega \| 10 \text{ k}\Omega}{50 \text{ }\Omega} = \frac{2.65 \text{ k}\Omega}{50 \text{ }\Omega} = 53$$

$$v_{in(base)} = \frac{r_e'}{R_G} v_{in} = \frac{50 \text{ }\Omega}{50 \text{ }\Omega + 50 \text{ }\Omega} \times 2 \text{ mV(峰峰值)} = 1 \text{ mV(峰峰值)}$$

$$v_{out} = A_v v_{in(base)} = 53 \times 1 \text{ mV(峰峰值)} = 53 \text{ mV(峰峰值)} \blacktriangleleft$$

自测题 9-15　将图 9-25 电路中的 V_{CC} 改为 20 V，求解 v_{out}。

四种常用的晶体管放大器结构如图 9-26 所示。这些内容对于辨别放大器的组态、了解它们的基本特性及其应用是很重要的。

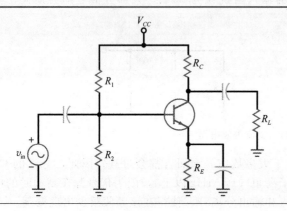

类型：CE　　相移 ϕ：180°
A_v：中高　　Z_{in}：中等
A_i：β　　　Z_{out}：中等
A_p：高　　　应用：通用放大器，具有电压
　　　　　　增益和电流增益

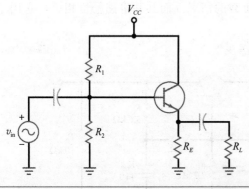

类型：CC　　相移 ϕ：0°
A_v：约为1　Z_{in}：低
A_i：β　　　Z_{out}：高
A_p：中等　　应用：缓冲器，阻抗匹配，
　　　　　　大电流驱动

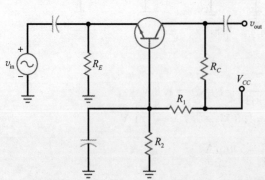

类型：CB　　相移 ϕ：0°
A_v：中等　　Z_{in}：低
A_i：β　　　Z_{out}：高
A_p：中等　　应用：高频放大器，低阻
　　　　　　到高阻的匹配

图 9-26　常用晶体管放大器结构

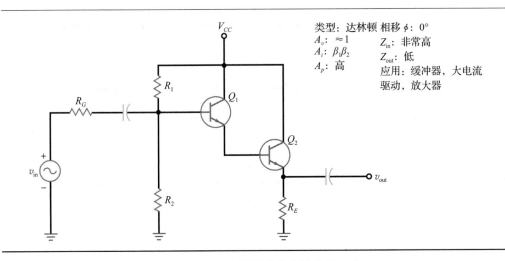

图 9-26　常用晶体管放大器结构（续）

9.9　多级放大器的故障诊断

当放大器由两级或多级组成时，有效排除故障的有效方法有哪些？在单级放大器中，可以先测量直流电压，包括电源电压。而对于两级或多级放大器，首先测量所有直流电压的方法并不是很有效。

在多级放大器中，最好先通过信号跟踪或信号注入的方法将有故障的放大级进行分离。例如，如果放大器由四级组成，则通过测量或在第二级的输出端注入信号，将放大器从中间分割为两部分。这样就可以确定故障发生在该电路节点之前还是之后。如果在第二级输出端测得信号是正确的，则可证明电路前两级的工作是正常的，故障应该来自后面两级之一。现在可以将下一个故障诊断点移到后两级电路的中间。这种将电路从中间节点进行分割的故障诊断方法可以快速隔离出故障级。

当故障级确定后，则可以测量直流电压，判断它们是否大致正确。如果直流电压正确，则进一步通过交流等效电路确定故障产生的原因。这种故障通常是因为有隔直电容或旁路电容。

最后，在多级放大器中，前级输出端的负载是下一级的输入端。第二级输入端的故障会对第一级的输出产生负面影响。有时需要在两级之间开路，以便验证是否存在负载问题。

应用实例 9-16　分析图 9-27 所示两级放大器中的问题。　**||||| Multisim**

解：图 9-27 电路的第一级是共发射极放大级，信号源作为该级输入，信号经该级放大后输出到第二级。第二级也是共发射极放大级，将 Q_1 管的输出信号放大，Q_2 输出端信号耦合到负载电阻上。在例 9-2 中，计算出的电路交流电压如下：

$$v_{in} = 0.74 \text{ mV}$$
$$v_c = 4.74 \text{ mV}（第一级输出）$$
$$v_{out} = 70 \text{ mV}$$

这些是当电路工作正常时应该能测到的交流电压近似值。（有时交流和直流电压会在电路图中给出，用于故障诊断。）

连接并测量电路的输出电压，测得 10 kΩ 负载上的输出信号仅为 13 mV，输入电压值基本正常，约为 0.74 mV。下一步如何进行呢？

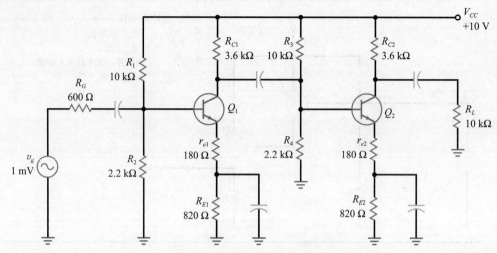

图 9-27　多级放大器的故障诊断

　　采用电路分割与信号跟踪方法，测量放大器中间节点的交流电压。此时 Q_1 集电极的输出电压和 Q_2 基极的输入电压为 $4.90\ \text{mV}$，略高于正常值。测量结果证明第一级工作正常。因此，问题一定存在于第二级。

　　测得 Q_2 的基极、发射极和集电极的直流电压均正常。这说明电路的直流工作点正常，而是交流电路出了问题。导致问题的原因是什么？进一步的交流测量显示，$820\ \Omega$ 电阻 R_{E2} 上的电压约为 $4\ \text{mV}$。通过拆掉 R_{E2} 的旁路电容器并测量，发现旁路电容已经开路。这只失效的电容使第二级增益明显下降。同时，电容开路导致第二级的输入阻抗增加，这使得第一级的输出略高于正常值。

　　对于两级或多级放大器的故障诊断，采用电路分割以及信号追踪和信号注入方法是十分有效的。

总结

9.1 节　总电压增益等于每级电压增益的乘积。第二级的输入阻抗是第一级的负载电阻。两级 CE 放大器产生与输入同相的放大信号。

9.2 节　将第二级的输出电压通过分压器反馈回第一级的发射极，这样形成的负反馈能够稳定两级放大器的电压增益。

9.3 节　CC 放大器即射极跟随器，它的集电极交流接地，信号从基极输入，从发射极输出。因为是发射极深度负反馈，因此射极跟随器具有稳定的电压增益、高输入阻抗且低失真。

9.4 节　放大器的输出阻抗就是它的戴维南阻抗。射极跟随器的输出阻抗低。晶体管的电流增益使得基极信号源阻抗在发射极转换为低阻抗。

9.5 节　当一个低阻负载连接到 CE 放大器的输出时，可能因为过载而使电压增益很小。在 CE 放大器的输出与负载之间放置一个 CC 放大器，便可以显著减小这一影响。这里 CC 放大器的作用是缓冲器。

9.6 节　两个晶体管可以连接为达林顿对，第一个管的发射极和第二个管的基极相连。总电流增益等于每个管电流增益的乘积。

9.7 节　将齐纳二极管与射极跟随器组合起来便得到齐纳跟随器。该电路产生稳定的输出电压和大的负载电流。优点是齐纳电流比负载电流小很多，通过增加电压放大级，可以得到更大的稳压值。

9.8 节　CB 放大器的基极是交流接地的。信号从发射极输入，集电极输出。尽管这个电路没有电流增益，但可以获得较大的电压增益。CB 放大器的输入阻抗低、输出阻抗高，常应用于高频电路。

9.9 节　多级放大器故障诊断采用信号跟踪或信号注入技术。电路分割法能快速确定故障所在电路级。通过对直流电压的测量（包括电源电压），对故障进行隔离。

重要公式

1. 两级电压增益：

$$A_V = (A_{V_1})(A_{V_2})$$

2. 两级反馈增益：

$$A_v = \frac{r_f}{r_e} + 1$$

3. 发射极交流电阻

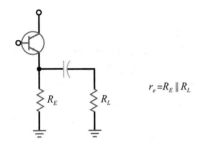

$$r_e = R_E \| R_L$$

4. 射极跟随器的电压增益

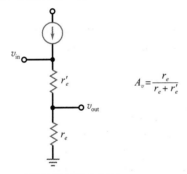

$$A_v = \frac{r_e}{r_e + r'_e}$$

5. 射极跟随器的基极输入阻抗

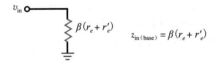

$$z_{in(base)} = \beta(r_e + r'_e)$$

6. 射极跟随器的输出阻抗

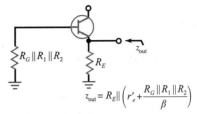

$$z_{out} = R_E \| \left(r'_e + \frac{R_G \| R_1 \| R_2}{\beta} \right)$$

7. 达林顿管电流增益

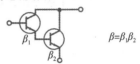

$$\beta = \beta_1 \beta_2$$

8. 齐纳跟随器

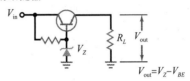

$$V_{out} = V_Z - V_{BE}$$

9. 稳压器

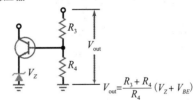

$$V_{out} = \frac{R_3 + R_4}{R_4}(V_Z + V_{BE})$$

10. 共基电压增益

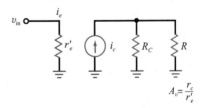

$$A_v = \frac{r_c}{r'_e}$$

11. 共基输入阻抗

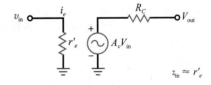

$$z_{in} \approx r'_e$$

相关实验

实验 25
级联 CE 级
故障诊断 2
单级和多级晶体管电路

实验 26
CC 和 CB 放大器
实验 27
射极跟随器的应用

选择题

1. 如果第二级输入阻抗减小，第一级电压增益将会
   - a. 减小
   - b. 增加
   - c. 不变
   - d. 等于 0

2. 如果第二级的 BE 发射结开路，第一级电压增益将会
   - a. 减小
   - b. 增加
   - c. 不变
   - d. 等于 0

3. 如果第二级负载电阻开路，第一级电压增益将会
   - a. 减小
   - b. 增加
   - c. 不变
   - d. 等于 0

4. 射极跟随器的电压增益
   - a. 比 1 小得多
   - b. 近似等于 1
   - c. 大于 1
   - d. 为 0

5. 射极跟随器的发射极总交流电阻等于
   - a. r_e'
   - b. r_e
   - c. $r_e + r_e'$
   - d. R_E

6. 射极跟随器的基极输入阻抗通常
   - a. 低
   - b. 高
   - c. 对地短路
   - d. 开路

7. 射极跟随器的直流电流增益为
   - a. 0
   - b. ≈ 1
   - c. β_{dc}
   - d. 取决于 r_e'

8. 射极跟随器的基极电压加在
   - a. 发射结
   - b. 发射极直流电阻
   - c. 负载电阻
   - d. 发射结和发射极外端口的交流电阻

9. 射极跟随器的输出电压加在
   - a. 发射结
   - b. 发射极直流电阻
   - c. 负载电阻
   - d. 发射结和发射极外端口的交流电阻

10. 如果 $\beta = 200$，$r_e = 150\,\Omega$，基极输入阻抗为
    - a. $30\,k\Omega$
    - b. $600\,\Omega$
    - c. $3\,k\Omega$
    - d. $5\,k\Omega$

11. 射极跟随器的输入电压通常
    - a. 低于信号源电压
    - b. 等于信号源电压
    - c. 大于信号源电压
    - d. 等于电源电压

12. 发射极交流电流最接近于
    - a. v_g 除以 r_e
    - b. v_{in} 除以 r_e'
    - c. v_g 除以 r_e'
    - d. v_{in} 除以 r_e

13. 射极跟随器的输出电压近似为
    - a. 0
    - b. V_G
    - c. v_{in}
    - d. V_{CC}

14. 射极跟随器的输出电压
    - a. 与 v_{in} 同相
    - b. 远大于 v_{in}
    - c. 与 v_{in} 相差 180°
    - d. 通常远小于 v_{in}

15. 射极跟随器作为缓冲器通常用于下列哪种情况？
    - a. $R_G \ll R_L$
    - b. $R_G = R_L$
    - c. $R_L \ll R_G$
    - d. R_L 非常大

16. 为了实现最大功率传输，CC 放大器应设计为
    - a. $R_G \ll z_{in}$
    - b. $z_{out} \gg R_L$
    - c. $z_{out} \ll R_L$
    - d. $z_{out} = R_L$

17. 如果 CE 放大级直接耦合到射极跟随器，则
    - a. 低频和高频信号可以通过
    - b. 仅高频信号可以通过
    - c. 高频信号受阻
    - d. 低频信号受阻

18. 如果射极跟随器的负载电阻非常大，发射极外端口的交流电阻等于
    - a. 信号源电阻
    - b. 基极阻抗
    - c. 发射极直流电阻
    - d. 集电极直流电阻

19. 如果射极跟随器的 $r_e' = 10\,\Omega$，$r_e = 90\,\Omega$，电压增益近似为
    - a. 0
    - b. 0.5
    - c. 0.9
    - d. 1

20. 射极跟随器电路通常使信号源电阻
    - a. 减小 β 倍
    - b. 增加 β 倍
    - c. 等于负载
    - d. 为 0

21. 达林顿管具有
    - a. 非常低的输入阻抗
    - b. 三个晶体管
    - c. 非常高的电流增益
    - d. 一个 V_{BE} 压降

22. 产生 180° 相移的放大器结构为
    - a. CB
    - b. CC
    - c. CE
    - d. 以上三种都是

23. 如果射极跟随器的信号源电压是 5 mV，则负载上的输出电压接近于
    - a. 5 mV
    - b. 150 mV
    - c. 0.25 V
    - d. 0.5 V

24. 如果图 11-1a 电路中的负载电阻短路，下列哪一项的值将不正常？
    - a. 仅交流电压
    - b. 仅直流电压
    - c. 直流电压和交流电压
    - d. 既不是直流电压，也不是交流电压

25. 如果射极跟随器的 R_1 开路，下列哪项是正确的？
    - a. 基极直流电压为 V_{CC}

b. 集电极直流电压为 0

c. 输出电压正常

d. 基极直流电压为 0

26. 通常情况下，射极跟随器的失真

    a. 很低   b. 很高

    c. 大   d. 不可接受

27. 射极跟随器的失真

    a. 通常不低   b. 通常很高

    c. 总是很低   d. 出现切顶时很高

28. 如果 CE 级和射极跟随器是直接耦合，两级之间有几个耦合电容？

    a. 0   b. 1

    c. 2   d. 3

29. 达林顿管的 $\beta=8000$，如果 $R_E=1\ \text{k}\Omega$，$R_L=100\ \Omega$，基极输入阻抗的值最接近

    a. 8 kΩ   b. 80 kΩ

    c. 800 Ω   d. 8 MΩ

30. 射极跟随器的发射极交流电阻

    a. 等于发射极直流电阻

    b. 比负载电阻大

    c. 比负载电阻小 β 倍

    d. 通常比负载电阻小

31. 共基放大器的电压增益

    a. 远小于 1   b. 近似等于 1

    c. 大于 1   d. 为 0

32. 共基放大器应用于下列哪种情况？

    a. $R_{\text{source}} \gg R_L$ b. $R_{\text{source}} \ll R_L$

    c. 需要高电流增益   d. 需要阻断高频信号

33. 共基放大器可以用于下列哪种情况？

    a. 将低阻与高阻相匹配

    b. 需要电压增益而不需要电流增益时

    c. 需要对高频信号放大

    d. 以上所有

34. 齐纳跟随器中的齐纳电流

    a. 等于输出电流   b. 比输出电流小

    c. 比输出电流大   d. 易于散热

35. 双晶体管稳压器的输出电压

    a. 是稳定的   b. 纹波小于输入电压

    c. 比齐纳电压大   d. 以上都对

36. 对于多级放大器的故障诊断，应从以下哪个步骤开始？

    a. 测量所有电压   b. 信号跟踪或信号注入

    c. 测量电阻   d. 拆卸元件

习题

9.1 节

9-1 图 9-27 电路中第一级的基极交流电压是多少？第二级的基极交流电压是多少？负载电阻上的交流电压是多少？

9-2 如果图 9-27 电路中的电源电压加倍，求输出电压。

9-3 如果图 9-27 中的 $\beta=300$，求输出电压。

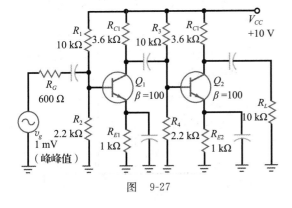

图 9-27

9.2 节

9-4 如图 9-4 所示的反馈放大器，其中 $r_f=5\ \text{k}\Omega$，$r_e=50\ \Omega$，求电压增益。

9-5 如图 9-5 所示的反馈放大器，其中 $r_e=125\ \Omega$。如果要使电压增益为 100，r_f 的取值应为多少？

9.3 节

9-6 如果图 9-28 电路的 $\beta=200$，求基极输入阻抗和级输入阻抗。

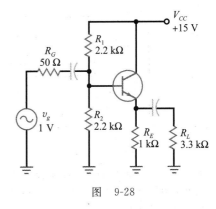

图 9-28

9-7 如果图 9-28 电路的 $\beta=150$，求射极跟随器的交流输入电压。

9-8 图 9-28 电路的电压增益是多少？如果 $\beta=175$，求交流负载电压。

9-9 图 9-28 电路的 β 在 50～300 间变化，则输入电压是多少？

9-10 图 9-28 电路的 $\beta=150$，若将所有电阻值加倍，级输入阻抗和输入电压将如何变化？

9-11 如果图 9-29 电路的 $\beta=200$，求基极输入阻

抗和级输入阻抗。

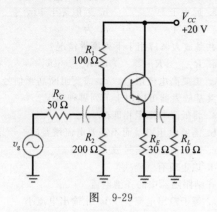

图 9-29

9-12 如果图 9-29 电路的 $\beta=150$，$v_{in}=1V$，求射极跟随器的交流输入电压。

9-13 图 9-29 电路的电压增益是多少？如果 $\beta=175$，交流负载电压是多少？

9.4 节

9-14 如果图 9-28 电路的 $\beta=200$，求输出阻抗。

9-15 如果图 9-29 电路的 $\beta=100$，求输出阻抗。

9.5 节

9-16 如果图 9-30 电路中的第二级晶体管的直流和交流电流增益均为 200，求该 CE 放大级的电压增益。

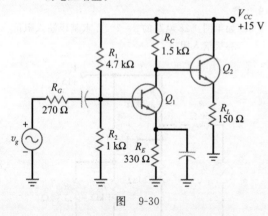

图 9-30

9-17 如果图 9-30 电路中的两个晶体管的直流和交流电流增益均为 150，当 $V_G=10\text{ mV}$ 时，输出电压是多少？

9-18 如果图 9-30 电路中的两个晶体管的直流和交流电流增益均为 200，当负载电阻减为 125 Ω 时，CE 放大级的电压增益是多少？

9-19 如果将图 9-30 所示电路的射极跟随器去掉，用电容将交流信号耦合到 150 Ω 的负载上，CE 放大器的电压增益将如何变化？

9.6 节

9-20 如果图 9-31 中的达林顿对的总电流增益为 5000，Q_1 的基极输入阻抗是多少？

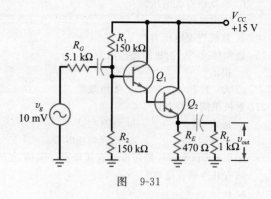

图 9-31

9-21 如果图 9-31 电路中达林顿对的总电流增益为 7000，求 Q_1 的基极交流输入电压。

9-22 如果图 9-32 电路中的两个晶体管的 β 均为 150，求第一级的基极输入阻抗。

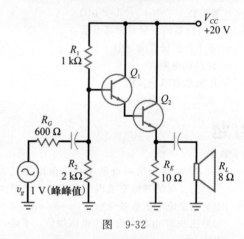

图 9-32

9-23 如果图 9-32 电路中的达林顿对的总电流增益为 2000，求 Q_1 的基极交流输入电压。

9.7 节

9-24 图 9-33 电路中晶体管的电流增益为 150，若 1N958 管的齐纳电压为 7.5 V，求输出电压和齐纳电流。

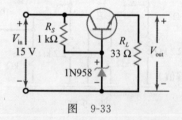

图 9-33

9-25 如果将图 9-33 电路中的输入电压改为 25 V，求输出电压和齐纳电流。

9-26 图 9-34 电路中的变阻器可以在 0~1 kΩ 之间变化，若滑片在中间位置时，输出电压是多少？

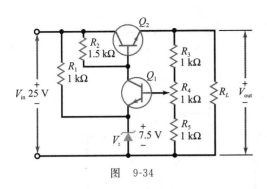

图 9-34

9-27 如果图 9-34 电路中的滑片在最上端，输出电压是多少？如果滑片在最下端，输出电压是多少？

9.8 节

9-28 图 9-35 电路中 Q 点的发射极电流是多少？

思考题

9-33 如果图 9-33 电路中的电流增益为 100，齐纳电压为 7.5 V，求晶体管的功率。

9-34 图 9-36a 电路中的 β_{dc} 为 150，计算如下直流参数：V_B，V_E，V_C，I_E，I_C，I_B。

9-35 如果图 9-36a 所示电路由一个峰峰值为 5 mV 的信号作为输入，两个交流输出电压分别是多少？该电路的用途是什么？

9-36 图 9-36b 电路中的控制电压可能是 0 V 或 5 V。如果音频输入电压为 10 mV，当控制电压为 0 V 时，音频输出电压是多少？当控制电压为 5 V 时，该电路的功能是什么？

9-37 如果图 9-33 电路中的齐纳二极管开路，

9-29 图 9-35 电路的电压增益近似为多少？

9-30 图 9-35 电路的发射极输入阻抗是多少？级输入阻抗是多少？

9-31 如果图 9-35 电路的信号源输入电压为 2 mV，求 v_{out}。

9-32 如果图 9-35 电路中的电源电压 V_{CC} 增加到 15 V，求 v_{out}。

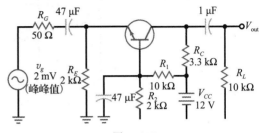

图 9-35

求输出电压。

9-38 如果图 9-33 电路中的 33 Ω 负载短路，求晶体管的功率。

9-39 如果图 9-34 电路中的滑片在中间位置，且负载电阻是 100 Ω，求 Q_2 的功率。

9-40 如果图 9-31 电路中的两个晶体管的 β 均为 100，放大器的输出阻抗近似为多少？

9-41 如果图 9-30 电路中的信号源电压是 100 mV（峰峰值），发射极旁路电容开路，求负载上的输出电压。

9-42 如果图 9-35 电路中的基极旁路电容短路，求输出电压。

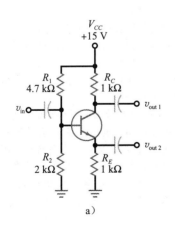

a)

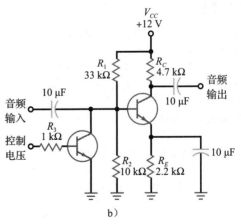

b)

图 9-36

故障诊断

下列各题均对应图 9-37 所示电路和故障表。标为"交流 mV"的表格列出了交流电压的测量值，其单位是 mV。在这个练习中，所有的电阻都是正常

的。故障仅限于电容开路、连线开路或晶体管开路。

9-43 确定故障 T1～T3。

9-44 确定故障 T4～T7。

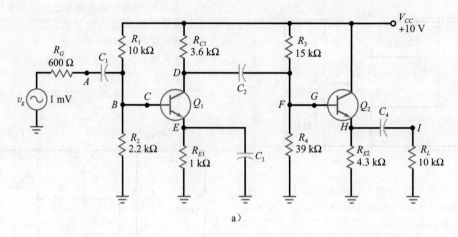

a)

交流/mV

故障	V_A	V_B	V_C	V_D	V_E	V_F	V_G	V_H	V_I
正常	0.6	0.6	0.6	70	0	70	70	70	70
T1	0.6	0.6	0.6	70	0	70	70	70	0
T2	0.6	0.6	0.6	70	0	70	0	0	0
T3	1	0	0	0	0	0	0	0	0
T4	0.75	0.75	0.75	2	0.75	2	2	2	2
T5	0.75	0.75	0	0	0	0	0	0	0
T6	0.6	0.6	0.6	95	0	0	0	0	0
T7	0.6	0.6	0.6	70	0	70	70	0	0

b)

图 9-37

求职面试问题

1. 画出射极跟随器的原理图，说明该电路广泛应用于功率放大器和稳压器的原因。

2. 对射极跟随器输出阻抗的相关内容进行描述。

3. 画一个达林顿对，并解释为什么它的总电流增益等于各管电流增益的乘积。

4. 画一个齐纳跟随器，并解释为什么当输入电压变化时，输出电压能够稳定。

5. 射极跟随器的电压增益是多少？该电路有哪些应用？

6. 解释为什么达林顿对比单个晶体管的功率增益高。

7. 为什么跟随器电路在音频电路中很重要？

8. CC 放大器的交流电压增益近似是多少？

9. CC 放大器的另一个名称是什么？

10. CC 放大器的输入、输出信号的相位关系是什么？

11. 如果测量 CC 放大器时得到单位电压增益（输出电压比输入电压），问题会是什么？

12. 因为达林顿管能增大功率增益，因此大多数高品质音频放大器将其作为最终的功率放大器。达林顿放大器增大功率增益的原理是什么？

选择题答案

1. a　2. b　3. c　4. b　5. c　6. b　7. c　8. d　9. c　10. a　11. a　12. d　13. c　14. a　15. c
16. d　17. a　18. c　19. c　20. a　21. c　22. c　23. a　24. a　25. d　26. a　27. d　28. a　29. c　30. d
31. c　32. b　33. d　34. b　35. d　36. b

自测题答案

9-1　$v_{out} = 2.24$ V

9-3　反馈电阻 r_f 中使用的可变电阻的阻值为 4.9 kΩ

9-5　$z_{in(base)} = 303$ kΩ
　　$z_{in(stage)} = 4.92$ kΩ

9-6　$v_{in} \approx 0.893$ V

9-7　$v_{in} = 0.979$ V
　　$v_{out} = 0.974$ V

9-8　$z_{out} = 3.33$ Ω

9-9　$z_{out} = 2.86$ Ω

9-10　$A_v = 222$

9-11　$A_v = 6.28$

9-12　$\beta = 5625$
　　$I_{B1} = 14.3$ μA
　　$z_{in(base)} = 112.5$ kΩ

9-13　$V_{out} = 7.5$ V
　　$I_Z = 5$ mA

9-14　$V_{out} = 18.9$ V

9-15　$v_{out} = 76.9$ mV（峰峰值）

第10章

功率放大器

立体声系统、收音机或电视机中的输入信号都很小。而经过几级电压放大后，信号会变得很大，其动态范围覆盖了整条负载线。这是因为负载阻抗非常小，所以系统末级的集电极电流变得很大。例如，立体声系统中的扬声器阻抗只有 $8\,\Omega$ 甚至更小。

小信号晶体管的额定功率不到 $1\,W$，而功率晶体管的额定功率要高于 $1\,W$。小信号晶体管通常用于功率较低的系统前端，功率管则用于功率和电流都很高的系统输出端。

目标

在学习完本章后，你应该能够：

- 描述 CE、CC 功率放大器的直流和交流负载线及 Q 点的确定方法。
- 计算 CE、CC 功率放大器的无切顶交流电压的最大峰峰值（MPP）。
- 描述放大器的特性，包括工作类型、耦合方式和频率范围。
- 画出 AB 类推挽放大器的原理图，并解释其工作原理。
- 确定功率管的效率。
- 说明限制晶体管额定功率的因素以及提高额定功率的方法。

关键术语

最佳交流输出（ac output compliance）	占空比（duty cycle）
交流负载线（ac load line）	效率（efficiency）
音频放大器（audio amplifier）	谐波（harmonics）
带宽（bandwidth，BW）	大信号工作（large-signal operation）
电容耦合（capacitive coupling）	窄带放大器（narrowband amplifier）
A 类工作（class A operation）	功率放大器（power amplifier）
AB 类工作（class AB operation）	功率增益（power gain）
B 类工作（class B operation）	前置放大器（preamp）
C 类工作（class C operation）	推挽电路（push-pull circuit）
补偿二极管（compensating diodes）	射频放大器（radio-frequency amplifier）
交越失真（crossover distortion）	热击穿（thermal runaway）
消耗电流（current drain）	变压器耦合（transformer coupling）
直接耦合（direct coupling）	可调谐射频放大器（tuned RF amplifer）
驱动级（driver stage）	宽带放大器（wideband amplifier）
虚拟负载（dummy load）	

10.1 放大器相关术语

可以用不同的方式来描述放大器。例如，可以描述它们的工作类型、级间耦合方式或者频率范围。

10.1.1 工作类型

A 类工作放大器表示晶体管在所有时刻都工作在有源区，即在交流信号的 $360°$ 完整周期内都有集电极电流，如图 10-1a 所示。对于 A 类放大器，设计时通常需要将 Q 点设计在负载线的中间位置。这样，晶体管不会进入饱和区或截止区，即在不发生失真的情况下，信号可能的摆动范围最大。

B 类工作则不同，它表示晶体管只在半个周期（180°）内有集电极电流，如图 10-1b 所示。如果需要工作在这种模式下，设计时需要把 Q 点设置在截止区。这样只有在基极交流电压的正半周才能够产生集电极电流，从而降低功率管的热损耗。

C 类工作指的是在一个交流信号周期内，只有不到 180° 的范围内存在晶体管集电极电流，如图 10-1c 所示。对于 C 类工作，只有基极交流电压正半周的一部分产生集电极电流，在集电极得到的是短暂的脉冲电流，如图 10-1c 所示。

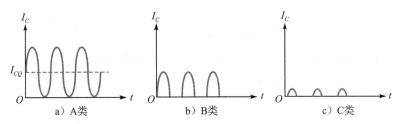

图 10-1 集电极电流

知识拓展 可以看到，当采用字母顺序 A、B、C 来命名晶体管的工作类型时，相应的线性工作时间越来越短。后续的 D 类放大器的输出是开关状态，即放大器在每个输入信号周期内处于线性区的时间为零。D 类放大器常常用作脉宽调制器，它的输出脉宽正比于放大器的输入信号幅度。

10.1.2 耦合方式

图 10-2a 所示是**电容耦合**电路，耦合电容将放大后的交流电压传输到下一级。图 10-2b 所示是**变压器耦合**电路，交流电压通过变压器传输到下一级。电容耦合和变压器耦合都是交流耦合，交流耦合方式阻止了直流电压的通过。

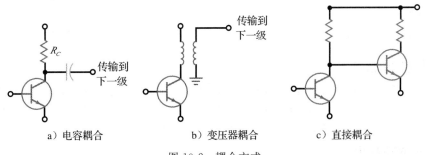

图 10-2 耦合方式

直接耦合则不同。图 10-2c 所示电路中，第一个晶体管的集电极直接连到第二个晶体管的基极，从而将直流和交流电压同时耦合到下一级。因为没有对低频的限制，直接耦合放大器有时又称为直流放大器。

知识拓展 大多数集成电路内部的放大器采用直接耦合方式。

10.1.3 频率范围

放大器的另一种描述方式是频率范围。例如，**音频放大器**指的是工作频率范围在 20 Hz～20 kHz 的放大器，而**射频（RF）放大器**指的则是工作频率在 20 kHz 以上或更高频率的放大器。例如，调幅收音机中的 RF 放大器的频率范围在 535～1605 kHz 之间，而调频收音机中的 RF 放大器的频率范围在 88～108 MHz 之间。

放大器也可以用**窄带**和**宽带**来分类。窄带放大器的工作频率范围较小，如 450～460 kHz。

而宽带放大器的工作频率范围较大，如 0～1 MHz。

　　窄带放大器通常是**可调谐 RF 放大器**，即交流负载是一个高 Q 值的谐振回路。可将谐振频率调谐到某个广播电台或电视频道的频率上。宽带放大器通常不用调谐，其交流负载是阻性的。

　　图 10-3a 所示是一个可调谐 RF 放大器，LC 谐振回路在某个频率上谐振。如果谐振回路 Q 值很高，则带宽很窄。其输出通过电容耦合到下一级。

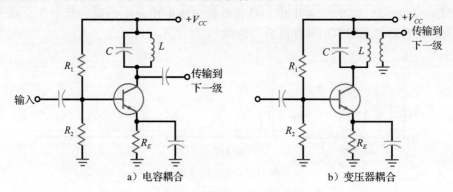

a）电容耦合　　　　　　　　　　　　b）变压器耦合

图 10-3　可调谐 RF 放大器

　　图 10-3b 是另一个可调谐 RF 放大器的例子，其窄带输出信号是通过变压器耦合到下一级的。

10.1.4　信号电平

　　前文定义了小信号工作，即集电极电流变化的峰峰值小于其静态电流的 10%。而**大信号工作**时，信号的峰峰值范围覆盖了负载线的全部或大部分。在立体声系统中，来自广播调谐器、磁带播放机或者 CD 播放机的小信号作为**前置放大器**的输入，放大器需要产生更大的输出信号，以便驱动对音调和音量的控制。该信号输入到**功率放大器**，产生从几百毫瓦到几百瓦的功率输出。

　　本章将讨论功率放大器及其相关内容，如交流负载线、功率增益和效率。

10.2　两种负载线

　　每个放大器都有直流等效电路和交流等效电路，因而会有两条负载线：直流负载线和交流负载线。小信号工作时对 Q 点位置的要求不严格，但对于大信号放大器，Q 点必须位于交流负载线的中间位置，以获得可能的最大输出摆幅。

10.2.1　直流负载线

　　图 10-4a 所示是一个分压器偏置（VDB）放大器。改变 Q 点位置的方法之一是改变 R_2 的值。若 R_2 非常大，晶体管会进入饱和区，可求得电流如下：

$$I_{C(\text{sat})} = \frac{V_{CC}}{R_C + R_E} \tag{10-1}$$

若 R_2 很小，晶体管则会进入截止区，此时的电压为，

$$V_{CE(\text{cutoff})} = V_{CC} \tag{10-2}$$

直流负载线及 Q 点如图 10-4b 所示。

10.2.2　交流负载线

　　VDB 放大器的交流等效电路如图 10-4c 所示。由于发射极交流接地，所以 R_E 对交流没有影响，而且集电极交流电阻小于集电极直流电阻。因此，在交流信号作用下，瞬时工作点沿着如图 10-4d 所示的**交流负载线**运动，即正弦电流和电压的峰峰值由交流负载线决定。

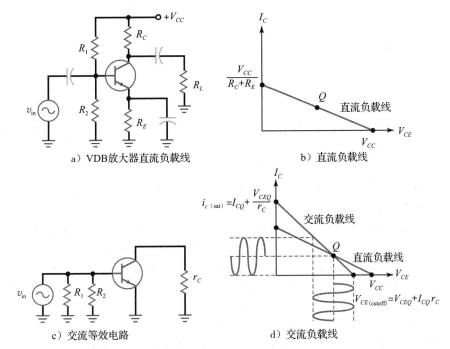

图 10-4　直流负载线与交流负载线

如图 10-4d 所示,交流负载线上的饱和点和截止点不同于直流负载线。因为集电极交流电阻和发射极交流电阻要比相应的直流电阻小,所以交流负载线更陡一些。需要指出的是,交流负载线和直流负载线相交于 Q 点,这是交流输入电压过零时所在的点。

确定交流负载线两个端点的步骤如下,首先由集电极电压环路方程,得到:

$$v_{ce} + i_c r_c = 0$$

$$i_c = -\frac{v_{ce}}{r_c} \tag{10-3}$$

集电极交流电流为:

$$i_c = \Delta I_C = I_C - I_{CQ}$$

交流集电极电压为:

$$v_{ce} = \Delta V_{CE} = V_{CE} - V_{CEQ}$$

将上述表达式代入式(10-3)并整理,得到:

$$I_C = I_{CQ} + \frac{V_{CEQ}}{r_c} - \frac{V_{CE}}{r_c} \tag{10-4}$$

这就是交流负载线的方程式。当晶体管进入饱和区后,V_{CE} 为零,由式(10-4)得到:

$$i_{c(sat)} = I_{CQ} + \frac{V_{CEQ}}{r_c} \tag{10-5}$$

式中,$i_{c(sat)}$ ——交流饱和电流;

　　　I_{CQ} ——集电极直流电流;

　　　V_{CEQ} ——集电极-发射极直流电压;

　　　r_c ——集电极端口的交流电阻。

当晶体管进入截止区时,$I_C = 0$,因为:

$$v_{ce(cutoff)} = V_{CEQ} + \Delta V_{CE}$$

且

$$\Delta V_{CE} = \Delta I_C r_c$$

代入后得到：

$$\Delta V_{CE} = (I_{CQ} - OA)r_c$$

结果为：

$$v_{ce(\text{cutoff})} = V_{CEQ} + I_{CQ}r_c \tag{10-6}$$

因为交流负载线比直流负载线的斜率更大，所以输出的最大峰峰值（MPP）总是小于电源电压。公式表示为：

$$\text{MPP} < V_{CC} \tag{10-7}$$

例如，当电源电压为 10 V，输出正弦波的最大峰峰值将小于 10 V。

10.2.3　大信号切顶

当 Q 点低于直流负载线的中点时（见图 10-4d），交流信号在整个交流负载线范围内不可避免地会出现切顶现象。例如，若交流信号增加，将会导致截止切顶，如图 10-5a 所示。

如果 Q 点往高处移动，如图 10-5b 所示，则大信号会使晶体管进入饱和区。此时，将出现饱和切顶。这两种切顶现象都会使信号发生失真，因此是不希望出现的。当用这种失真信号驱动扬声器时，会发出很糟糕的声音。

一个设计良好的大信号放大器，其 Q 点应处于交流负载线的中间（见图 10-5c）。这种情况下，能够得到无切顶的最大峰峰值，该交流电压称作**最佳交流输出**。

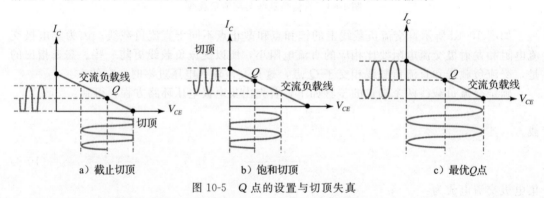

a）截止切顶　　　　　　b）饱和切顶　　　　　　c）最优 Q 点

图 10-5　Q 点的设置与切顶失真

10.2.4　最大输出

当 Q 点低于交流负载线的中点时，最大峰值（MP）输出是 $I_{CQ}r_c$，如图 10-6a 所示。相反，如果 Q 点高于交流负载线的中点时，最大峰值输出为 V_{CEQ}，如图 10-6b 所示。

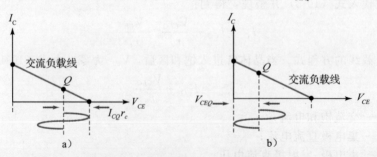

a）　　　　　　　　　　　　b）

图 10-6　Q 点处于交流负载线中间

因此，对于任意 Q 点，最大峰值输出为

$$\text{MP} = I_{CQ}r_c \quad 或 \quad V_{CEQ} \ 中的较小值 \tag{10-8}$$

而最大峰峰值输出则是这个值的两倍：
$$\text{MPP} = 2\text{MP} \tag{10-9}$$
式（10-8）和（10-9）可在故障诊断中用来确定可能的最大无切顶失真输出。

当 Q 点位于交流负载线中点时：
$$I_{CQ}r_c = V_{CEQ} \tag{10-10}$$
考虑到偏置电阻的容差，设计时应尽可能满足这个条件。可通过调节电路的发射极电阻来找到优化的 Q 点。最佳发射极电阻的公式推导为：
$$R_E = \frac{R_C + r_c}{V_{CC}/V_E - 1} \tag{10-11}$$

例 10-1 求图 10-7 电路中的 I_{CQ}、V_{CEQ} 和 r_c 的值。　　**IIII Multisim**

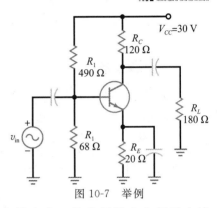

图 10-7　举例

解： $V_B = \dfrac{68\ \Omega}{68\ \Omega + 490\ \Omega} \times 30\ \text{V} = 3.7\ \text{V}$

$V_E = V_B - 0.7\ \text{V} = 3.7\ \text{V} - 0.7\ \text{V} = 3\ \text{V}$

$I_E = \dfrac{V_E}{R_E} = \dfrac{3\ \text{V}}{20\ \Omega} = 150\ \text{mA}$

$I_{CQ} \approx I_E = 150\ \text{mA}$

$V_{CEQ} = V_C - V_E = 12\ \text{V} - 3\ \text{V} = 9\ \text{V}$

$r_c = R_C \| R_L = 120\ \Omega \| 180\ \Omega = 72\ \Omega$ ◄

自测题 10-1 将图 10-7 电路中的 R_E 从 20 Ω 变为 30 Ω，求 I_{CQ} 和 V_{CEQ}。

例 10-2 确定图 10-7 电路的交流负载线的饱和点和截止点，并求解输出电压最大峰峰值。　　**IIII Multisim**

解： 由例 10-1，得晶体管的 Q 点为：
$$I_{CQ} = 150\ \text{mA}, \qquad V_{CEQ} = 9\ \text{V}$$
为找到交流饱和点和截止点，首先确定集电极交流电阻 r_c：
$$r_c = R_C \| R_L = 120\ \Omega \| 180\ \Omega = 72\ \Omega$$
然后，确定交流负载线的饱和点和截止点：
$$i_{c(\text{sat})} = I_{CQ} + \frac{V_{CEQ}}{r_c} = 150\ \text{mA} + \frac{9\ \text{V}}{72\ \Omega} = 275\ \text{mA}$$
$$v_{ce(\text{cutoff})} = V_{CEQ} + I_{CQ}r_c = 9\ \text{V} + 150\ \text{mA} \times 72\ \Omega = 19.8\ \text{V}$$
下面确定最大峰峰值 MPP。对于电源电压 30 V，有：
$$\text{MPP} < 30\ \text{V}$$
MP 应该是下面二者中较小的一个，即：
$$I_{CQ}r_c = 150\ \text{mA} \times 72\ \Omega = 10.8\ \text{V}$$
或
$$V_{CEQ} = 9\ \text{V}$$
所以，MPP $= 2 \times 9\ \text{V} = 18\ \text{V}$。 ◄

自测题 10-2 将例 10-2 中的 R_E 变为 30 Ω，求解 $i_{c(\text{sat})}$、$v_{ce(\text{cutoff})}$ 和 MPP。

10.3　A 类工作

当输出信号不出现切顶时，图 10-8a 所示的 VDB 放大器就是一个 A 类放大器。这种放大器的集电极电流在整个信号周期内都是导通的，输出信号在信号周期的任何时刻都没有发生切顶。下面讨论几个常用的 A 类放大器分析公式。

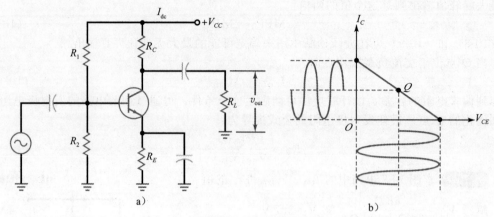

图 10-8　A 类放大器

10.3.1　功率增益

除了电压增益，任何放大器都有**功率增益**，定义为：

$$A_p = \frac{p_{out}}{p_{in}} \tag{10-12}$$

即功率增益等于交流输出功率除以交流输入功率。

例如，若图 10-8a 中放大器的输出功率为 10 mW，输入功率为 10 μW，则功率增益为：

$$A_p = \frac{10\ \text{mW}}{10\ \mu\text{W}} = 1000$$

知识拓展　共发射极放大器的功率增益等于 $A_v A_i$。因为 A_i 可以表示成 $A_i = A_v (Z_{in}/R_L)$，所以 A_p 可以表示为 $A_p = A_v A_v (Z_{in}/R_L)$ 或 $A_p = A_v^2 (Z_{in}/R_L)$。

10.3.2　输出功率

如果测量图 10-8a 电路的输出电压，单位用均方根伏特，则输出功率为：

$$p_{out} = \frac{v_{rms}^2}{R_L} \tag{10-13}$$

通常用示波器测量输出电压的峰峰值，此时，输出功率常用的公式为：

$$p_{out} = \frac{v_{out}^2}{8R_L} \tag{10-14}$$

分母系数为 8 的原因是 $v_{pp} = 2\sqrt{2}\,v_{rms}$，将 $2\sqrt{2}$ 平方即得到 8。

当放大器输出最大峰峰值电压时，其输出功率最大，如图 10-8b 所示。此时，v_{pp} 等于最大峰峰值输出电压，则最大输出功率为

$$p_{out(max)} = \frac{\text{MPP}^2}{8R_L} \tag{10-15}$$

10.3.3　晶体管的功率

当图 10-8a 中放大器没有输入信号时，晶体管的静态功率是：

$$P_{DQ} = V_{CEQ} I_{CQ} \tag{10-16}$$

该式表明静态功率等于直流电压乘以直流电流。

当有信号输入时，晶体管的功率会降低，因为晶体管将一部分静态功率转化成了信号功率。因此，静态功率是晶体管需要承受的最坏情况。所以 A 类放大器中晶体管的额定功率必须大于 P_{DQ}，否则该晶体管会烧毁。

10.3.4 消耗电流

如图 10-8a 所示，直流电压源需要为放大器提供直流电流 I_{dc}。该直流电流包括两部分：流过分压器的偏置电流和流过晶体管的集电极电流。I_{dc} 称为该级的**消耗电流**。对于多级放大器，需要将每级的消耗电流相加得到总的消耗电流。

10.3.5 效率

直流电源提供给放大器的直流功率是：

$$P_{dc} = V_{CC}I_{dc} \tag{10-17}$$

为了对功率放大器的设计性能进行比较，以**效率**作为参数，定义为：

$$\eta = \frac{p_{out}}{P_{dc}} \times 100\% \tag{10-18}$$

该公式表示效率等于交流输出功率除以直流输入功率。

任何放大器的效率都在 $0 \sim 100\%$ 之间。效率提供了一种比较不同放大器的方法，它能表明放大器将直流输入功率转化为交流输出功率的能力。效率越高，放大器将直流功率转化为交流功率的能力就越强。对于使用电池的设备，该指标非常重要，因为效率高意味着电池可以持续使用的时间更长。

除负载电阻以外，其他所有电阻上的功率都造成浪费，所以 A 类放大器的效率小于 100%。实际上，带有直流集电极电阻和独立负载电阻的 A 类放大器的最大效率为 25%。

在有些应用中，A 类放大器的低效率是可以接受的。比如，靠近系统前端的小信号放大级通常可以在效率较低的情况下工作，因为所用的直流输入功率很小。实际上，如果系统的末级只需要提供几百毫瓦输出，电源电压的消耗电流比较低，也是可以接受的。但是如果末级需要提供瓦量级的功率，那么 A 类放大器的消耗电流就太大了。

知识拓展 效率也定义为放大器将直流输入功率转化为有用的交流输出功率的能力。

例 10-3 如果输出电压峰峰值为 18 V，且基极输入电阻为 $100\ \Omega$，求图 10-9a 电路的功率增益。

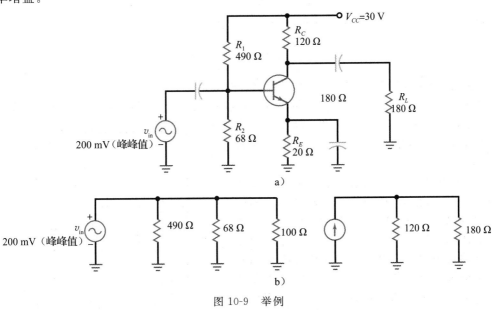

图 10-9 举例

解： 如图 10-9b 所示：

$$z_{in(stage)} = 490\ \Omega \| 68\ \Omega \| 100\ \Omega = 37.4\ \Omega$$

交流输入功率是:

$$p_{in} = \frac{(200 \text{ mV})^2}{8 \times 37.4 \text{ }\Omega} = 133.7 \text{ }\mu\text{W}$$

交流输出功率是:

$$p_{out} = \frac{(18 \text{ V})^2}{8 \times 180 \text{ }\Omega} = 225 \text{ mW}$$

功率增益为:

$$A_p = \frac{225 \text{ mW}}{133.7 \text{ }\mu\text{W}} = 1683$$

◀

自测题 10-3 如果图 10-9a 中的 R_L 是 120 Ω,输出电压的峰峰值等于 12 V,求功率增益。

例 10-4 求图 10-9a 电路中晶体管的功率和效率。 **‖‖ Multisim**

解: 发射极直流电流为:

$$I_E = \frac{3 \text{ V}}{20 \text{ }\Omega} = 150 \text{ mA}$$

集电极直流电压为:

$$V_C = 30 \text{ V} - 150 \text{ mA} \times 120 \text{ }\Omega = 12 \text{ V}$$

且集电极-发射极直流电压为:

$$V_{CEQ} = 12 \text{ V} - 3 \text{ V} = 9 \text{ V}$$

则求得晶体管功率如下:

$$P_{DQ} = V_{CEQ} I_{CQ} = 9 \text{ V} \times 150 \text{ mA} = 1.35 \text{ W}$$

为得到放大级的效率,需计算:

$$I_{bias} = \frac{30 \text{ V}}{490 \text{ }\Omega + 68 \text{ }\Omega} = 53.8 \text{ mA}$$

$$I_{dc} = I_{bias} + I_{CQ} = 53.8 \text{ mA} + 150 \text{ mA} = 203.8 \text{ mA}$$

得到放大级的直流功率为:

$$P_{dc} = V_{CC} I_{dc} = 30 \text{ V} \times 203.8 \text{ mA} = 6.11 \text{ W}$$

因为输出功率(参看例 10-3)是 225 mW,故该级的效率是:

$$\eta = \frac{225 \text{ mW}}{6.11 \text{ W}} \times 100\% = 3.68\%$$

◀

应用实例 10-5 描述图 10-10 所示电路的功能。

解: 这是一个由 A 类功率放大器驱动扬声器的电路。放大器采用分压器偏置,交流小信号通过变压器耦合输入到基极。晶体管产生电压增益和功率增益,通过一个输出变压器来驱动扬声器。

输入阻抗为 32 $\Omega^{\ominus}$ 的小扬声器仅需要 100 mW 就可以工作,输入阻抗为 8 Ω 的稍微大点的扬声器则需要 300 ~ 500 mW 才能正常工作。因此,如图 10-10 所示的 A 类功率放大器对于几百毫瓦的输出已经足够了。因为负载电阻同时也是集电极交流电阻,这个 A 类功率放大器的效率比前面讨论的功放要高。由于变压器具有

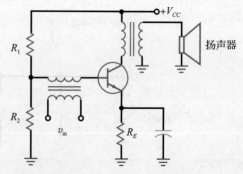

图 10-10 A 类功率放大器

⊖ 原文为 "3.2 Ω",有误。——译者注

阻抗映射性能，从集电极端口看到的扬声器阻抗是负载阻抗的 $(N_P/N_S)^2$ 倍。如果变压器的匝数比是 10:1，32 Ω 的扬声器从集电极看就是 320 Ω。

前文讨论的 A 类放大器有单独的集电极电阻 R_C 和单独的负载电阻 R_L。这种情况下，最好的办法是阻抗匹配，即让 $R_L = R_C$，从而获得 25% 的最大效率。当负载电阻变成如图 10-10 所示的集电极交流电阻时，能够得到两倍的输出功率，其最大效率增加到 50%。◀

自测题 10-5　如果图 10-10 电路中的变压器匝数比为 5:1，8 Ω 扬声器从集电极端口看到的电阻是多少？

10.3.6　射极跟随器功率放大器

当射极跟随器用于系统末端的 A 类功率放大器时，通常将 Q 点设置于交流负载线的中点以获得最大的峰峰值（MPP）输出。

在图 10-11a 电路中，若 R_2 的阻值大，将会使晶体管进入饱和区，产生饱和电流：

$$I_{C(sat)} = \frac{V_{CC}}{R_E} \tag{10-19}$$

而 R_2 的阻值小，则会使晶体管进入截止区，产生截止电压：

$$V_{CE(cutoff)} = V_{CC} \tag{10-20}$$

直流负载线及 Q 点如图 10-11b 所示。

在图 10-11a 电路中，发射极交流电阻小于发射极直流电阻。因此，当有交流信号输入时，瞬态工作点会沿着图 10-11c 所示的交流负载线移动。正弦电流和电压的峰峰值由交流负载线决定。

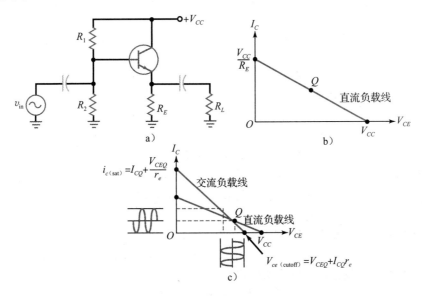

图 10-11　直流和交流负载线

如图 10-11c 所示，交流负载线的两个端点由下式决定：

$$i_{c(sat)} = I_{CQ} + \frac{V_{CEQ}}{r_e} ⊖ \tag{10-21}$$

和

⊖　原文为 "$i_{c(sat)} = I_{CQ} + V_{CE}/r_e$"，有误。应与式（10-5）一致。——译者注

$$V_{CE(\text{cutoff})} = V_{CEQ} + I_{CQ}r_e \quad ^\ominus \tag{10-22}$$

因为交流负载线的斜率比直流负载线大，所以最大峰峰值输出总是小于电源电压，与 A 类 CE 放大器一样，MPP$<V_{CC}$。

当 Q 点低于交流负载线中点时，最大峰值（MP）输出是 $I_{CQ}r_e$，如图 10-12a 所示。反之，当 Q 点高于交流负载线中点时，最大峰值输出为 V_{CEQ}，如图 10-12b 所示。

确定射极跟随器峰峰值的方法和 CE 放大器的方法基本相同，差别在于这里使用的是发射极交流电阻 r_e，而不是集电极交流电阻 r_c。为了提高输出功率，射极跟随器也可以连接成达林顿结构。

例 10-6 求图 10-13 电路中的 I_{CQ}、V_{CEQ} 和 r_e。　**|||Multisim**

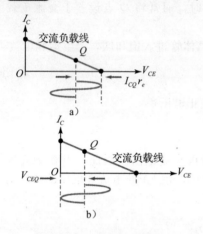

图 10-12　最大峰值偏移

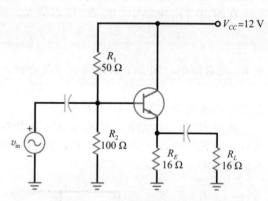

图 10-13　射极跟随器功率放大器

解：

$$I_{CQ} = \frac{8\text{ V} - 0.7\text{ V}}{16\ \Omega} = 456\text{ mA}$$

$$V_{CEQ} = 12\text{ V} - 7.3\text{ V} = 4.7\text{ V}$$

和

$$r_e = 16\ \Omega \,\|\, 16\ \Omega = 8\ \Omega \qquad \blacktriangleleft$$

自测题 10-6 将图 10-13 电路中的 R_1 改为 100 Ω，计算 I_{CQ}、V_{CEQ} 和 r_e。

例 10-7 确定图 10-13 电路中交流负载线的饱和点和截止点，并计算电路的 MPP 输出电压。

解： 由例 10-6，可知直流 Q 点是：

$$I_{CQ} = 456\text{ mA}, \quad V_{CEQ} = 4.7\text{ V}$$

交流负载线饱和点和截止点可由下列公式给出：

$$r_e = R_C \,\|\, R_L = 16\ \Omega \,\|\, 16\ \Omega = 8\ \Omega$$

$$i_{c(\text{sat})} = I_{CQ} + \frac{V_{CEQ}}{r_e} = 456\text{ mA} + \frac{4.7\text{ V}}{8\ \Omega} = 1.04\text{ A} \quad ^\ominus$$

$$v_{ce(\text{cutoff})} = V_{CEQ} + I_{CQ}r_e = 4.7\text{ V} + 456\text{ mA} \times 8\ \Omega = 8.35\text{ V}$$

两个峰值分别为：

    ⊖　原文为"$V_{CE(\text{cutoff})} = V_{CE} + I_{CQ}r_e$"，有误。应与式(10-6)一致。——译者注

    ⊜　原文为"$i_{c(\text{sat})} = I_{CQ} + V_{CE}/r_e$"，有误。——译者注

$$MP = I_{CQ}r_e = 456 \text{ mA} \times 8 \text{ }\Omega = 3.65 \text{ V}^{\ominus}$$

或

$$MP = V_{CEQ} = 4.7 \text{ V}$$

MPP 由其中较小的值决定，因此：

$$MPP = 2 \times 3.65 \text{ V} = 7.3 \text{ V}(峰峰值)$$ ◀

✎ **自测题 10-7**　如果图 10-13 电路中的 $R_1 = 100 \text{ }\Omega$，求解 MPP 的值。

10.4　B 类工作

　　因为 A 类工作的晶体管偏置电路最简单且最稳定，所以在线性电路中很常用。但是 A 类工作的晶体管效率不高。在有些应用中，如由电池供电的系统，消耗电流和效率成为设计中最重要的考虑因素。本节介绍 B 类工作的基本内容。

10.4.1　推挽电路

　　图 10-14 所示是基本 B 类放大器。当晶体管以 B 类方式工作时，切掉了信号的一半周期。为避免失真，可以使用两个晶体管组成如图 10-14 所示的**推挽**结构。推挽的意思是在一个信号周期内，每个晶体管轮流导通半个周期，当一个管导通时另一个管截止。

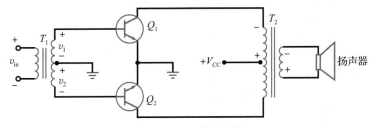

图 10-14　B 类放大器

　　电路的工作原理如下：在输入电压的正半周，T_1 的二次绕组上的电压是 v_1 和 v_2，如图所示。因此上方的晶体管导通，下方的晶体管截止。Q_1 的集电极电流通过输出端一次绕组的上半部分，并产生一个反向放大电压，通过变压器耦合到扬声器。

　　在输入电压的后半个周期，极性刚好相反。下方的晶体管导通，上方的晶体管截止。下方的晶体管将信号放大，使后半个周期的信号作用到扬声器上。

　　由于每个晶体管分别放大输入信号的半个周期，扬声器获得的是完整周期的放大信号。

10.4.2　优点和缺点

　　图 10-14 电路中没有偏置，当无输入信号时，每个晶体管都处于截止状态，所以信号为零时没有消耗电流。这是 B 类推挽放大器的一个优点。

　　另一个优点是提高了有信号输入时的效率。B 类推挽放大器的最大效率是 78.5%。相对于 A 类放大器，B 类推挽放大器在输出级的使用更为普遍。

　　图 10-14 所示放大器的主要缺点是使用了变压器。用于音频的变压器体积较大而且费用昂贵。图 10-14 所示的变压器耦合放大器曾一度广泛使用，但现在已不常用了。在大多数应用中采用的是不需要变压器的新设计。

10.5　B 类推挽射极跟随器

　　B 类工作是指集电极电流只在交流信号周期的 180° 范围内导通。为此，Q 点设置于直

　　$\ominus$　原文为"MPP"，有误。——译者注

流和交流负载线的截止点上。B 类放大器的优点是电流消耗低且效率高。

10.5.1　推挽电路

图 10-15a 所示是一种构成 B 类推挽射极跟随器的连接方法。分别采用一个 npn 和一个 pnp 射极跟随器连接成推挽结构。

首先分析图 10-15b 的直流等效电路。该设计通过对偏置电阻的选择将 Q 点偏置在截止点。将每个晶体管的发射结偏置在 $0.6 \sim 0.7\,\mathrm{V}$ 之间，因此晶体管处于导通的边缘。理想情况下：

$$I_{CQ} = 0$$

因为偏置电阻相等，所以每个发射结的偏置电压都相等。这样，每个晶体管的 V_{CE} 都是电源电压的一半，即：

$$V_{CEQ} = \frac{V_{CC}}{2} \tag{10-23}$$

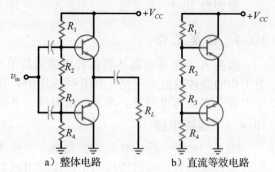

a）整体电路　　　　b）直流等效电路

图 10-15　B 类推挽射极跟随器

10.5.2　直流负载线

因为图 10-15b 电路中的集电极或发射极电路均没有直流电阻，所以直流饱和电流为无穷大。这说明直流负载线是垂直的，如图 10-16a 所示。这是一种危险情况。设计 B 类放大器最困难之处就是在截止区设定一个稳定的 Q 点。由温度引起 V_{BE} 的任何明显降低都可能使 Q 点沿着直流负载线上移并导致危险的大电流。这里，暂且假设 Q 点在截止点是稳定的，如图 10-16a 所示。

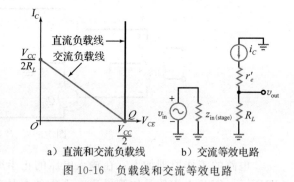

a）直流和交流负载线　　b）交流等效电路

图 10-16　负载线和交流等效电路

10.5.3　交流负载线

电路的交流负载线如图 10-16a 所示。当任一个晶体管导通时，它的工作点将会沿着交流负载线上升。导通晶体管的电压摆幅可以从截止区变化到饱和区。在另一半周期内，另一个晶体管的工作情况相同。因此输出的最大峰峰值为：

$$\mathrm{MPP} = V_{CC} \tag{10-24}$$

10.5.4　交流分析

导通晶体管的交流等效电路如图 10-16b 所示，与 A 类射极跟随器的等效电路几乎完全相同。忽略 r'_e，电压增益为：

$$A_V \approx 1 \tag{10-25}$$

基极输入阻抗为：

$$z_{\mathrm{in(base)}} \approx \beta R_L \tag{10-26}$$

10.5.5　总体情况

在输入电压的正半周，图 10-15a 电路上方的晶体管导通，下方的晶体管截止。上方晶体管就像一个普通的射极跟随器，输出电压约等于输入电压。

在输入电压的负半周，上方的晶体管截止，下方的导通。下方晶体管就像一个普通的射极跟随器，产生的负载电压约等于输入电压。上方晶体管处理输入电压的正半周，下方晶体管处理负半周。在信号的任半个周期内，对于信号源来说，基极都呈现出高输入阻抗。

10.5.6　交越失真

图 10-17a 所示的是 B 类推挽射极跟随器的交流等效电路。假设发射结上没有偏置。
则输入的交流电压必须达到 0.7 V 才能克服发射结的势垒电压。因此，当信号小于 0.7 V 时，Q_1 没有电流。

另外半个周期的情况是类似的。当输入电压高于 -0.7 V 时，Q_2 没有电流。因此，如果发射结上不加偏置，B 类推挽射极跟随器的输出波形如图 10-17b 所示。

信号在两个半周之间的波形被切掉了，即输出信号发生失真。由于波形缺失发生在一个晶体管截止而另一个将开启时，所以这种失真称为**交越失真**。为了消除交越失真，需要对每个发射结设置一个小的正向偏压。即将 Q 点设置于略高于截止点的位置，如图 10-17c 所示。建议将 I_{CQ} 设置在 $I_{C(sat)}$ 的 1%～5% 以消除交越失真。

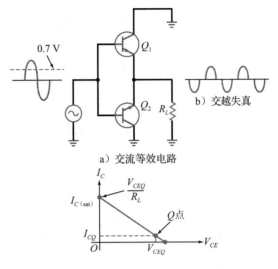

a）交流等效电路

b）交越失真

c）Q 点略高于截止点

图 10-17　交越失真及其消除方法

10.5.7　AB 类工作

图 10-17c 电路中的微小正向偏置将使晶体管在多半个周期内导通，其导通角略大于 180°。严格来讲，此时的放大器已经不是 B 类工作了。这种情况有时被称作 **AB 类**，指的是导通角在 180°～360° 之间的工作类型。对于微小偏置的情况，勉强能称之为 AB 类。因此，很多人仍将这种电路称为 B 类推挽放大器，其工作状态与 B 类很接近。

　　知识拓展　有些功率放大器为了改善输出信号的线性度，其偏置状态类似于 AB 类放大器。AB 类放大器的导通角大约是 210°。改善输出信号线性度的代价是电路效率的下降。

10.5.8　计算功率的公式

表 10-1 中所列的公式适用于包括 B 类推挽在内的所有类型的放大器。

当使用这些公式分析 AB 类推挽射极跟随器时，需注意 AB 类推挽放大器的交流负载线和波形如图 10-18a 所示，每个晶体管工作半个周期。

10.5.9　晶体管的功耗

理想情况下，在没有输入信号时，两个晶体管都处于截止状态，所以晶体管的功耗为零。即使有一个用来防止交越失真的小的正向偏置，每个晶体管的静态功耗仍然很小。

有信号输入时，晶体管的功耗增加很明显。晶体管的功耗取决于它在交流负载线上变化的幅度。每个晶体管的最大功耗为：

表 10-1　计算放大器功率的公式

公式	数值含义
$A_p = \dfrac{p_{out}}{p_{in}}$	功率增益
$p_{out} = \dfrac{v_{out}^2}{8R_L}$	交流输出功率
$p_{out(max)} = \dfrac{MPP^2}{8R_L}$	最大交流输出功率
$P_{dc} = V_{CC}I_{dc}$	直流输入功率
$\eta = \dfrac{p_{out}}{P_{dc}} \times 100\%$	效率

$$P_{D(max)} = \frac{MPP^2}{40R_L} \tag{10-27}$$

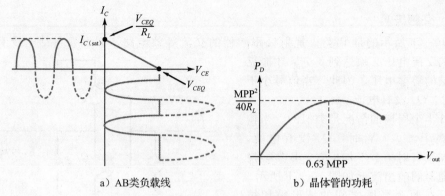

a）AB类负载线　　　　b）晶体管的功耗

图 10-18　晶体管的功耗

晶体管的功耗随输出电压峰峰值的变化关系如图 10-18b 所示。当输出电压峰峰值为 MPP 的 63% 时，P_D 达到最大值。这是晶体管面临的最坏情况，因此 B/AB 类推挽放大器中的每个晶体管的额定功率应不小于 $\mathrm{MPP}^2/40R_L$。

例 10-8 调节图 10-19 电路中的可调电阻将两个晶体管的发射结都设置在导通的边缘。求晶体管的最大功耗和最大输出功率。

解： 最大的峰峰值输出电压为：

$$\mathrm{MPP} = V_{CC} = 20 \text{ V}$$

由式（10-27）：

$$P_{D(\max)} = \frac{\mathrm{MPP}^2}{40R_L} = \frac{(20 \text{ V})^2}{40 \times 8 \ \Omega} = 1.25 \text{ W}$$

最大输出功率为：

$$P_{\mathrm{out}(\max)} = \frac{\mathrm{MPP}^2}{8R_L} = \frac{(20 \text{ V})^2}{8 \times 8 \ \Omega} = 6.25 \text{ W} \quad \blacktriangleleft$$

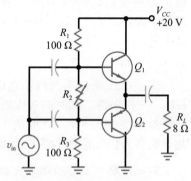

图 10-19　举例

✎ **自测题 10-8** 将图 10-19 电路中的 V_{CC} 变为 +30 V，计算 $P_{D(\max)}$ 和 $P_{\mathrm{out}(\max)}$。

例 10-9 如果可调电阻是 15 Ω，求例 10-8 中放大器的效率。

解： 偏置电阻上的直流电流为：

$$I_{\mathrm{bias}} \approx \frac{20 \text{ V}}{215 \ \Omega} = 0.093 \text{ A}$$

需要计算通过上方晶体管的直流电流。如图 10-18a 所示，其饱和电流为：

$$I_{C(\mathrm{sat})} = \frac{V_{CEQ}}{R_L} = \frac{10 \text{ V}}{8 \ \Omega} = 1.25 \text{ A}$$

导通晶体管的集电极电流是峰值为 $I_{C(\mathrm{sat})}$ 的半波信号。因此，电流的平均值为：

$$I_{\mathrm{av}} = \frac{I_{C(\mathrm{sat})}}{\pi} = \frac{1.25 \text{ A}}{\pi} = 0.398 \text{ A}$$

总的消耗电流为：

$$I_{\mathrm{dc}} = 0.093 \text{ A} + 0.398 \text{ A} = 0.491 \text{ A}$$

直流输入功率为：

$$P_{\mathrm{dc}} = 20 \text{ V} \times 0.491 \text{ A} = 9.82 \text{ W}$$

放大级的效率为：

$$\eta = \frac{p_{\mathrm{out}}}{P_{\mathrm{dc}}} \times 100\% = \frac{6.25 \text{ W}}{9.82 \text{ W}} \times 100\% = 63.6\% \quad \blacktriangleleft$$

自测题 10-9　当 V_{CC} 为 $+30$ V 时，重新求解例 10-9。

10.6　AB 类放大器的偏置

如前文所述，设计 AB 类放大器最困难的是在接近截止点的位置设置稳定的 Q 点。本节将讨论这个问题及其解决方法。

10.6.1　分压器偏置

图 10-20 所示是以分压器作偏置的 AB 类推挽电路。两个晶体管必须是互补的，即它们必须有相似的 V_{BE} 曲线和最大额定值等。例如，2N3904 和 2N3906 是互补的，前者是 npn 晶体管，后者是 pnp 晶体管。它们有相似的 V_{BE} 曲线和最大额定值等。这种互补对管适用于几乎所有的 AB 类推挽电路。

为避免图 10-20 电路的交越失真，将 Q 点设置在略高于截止点的位置，合适的 V_{BE} 大约在 $0.6\sim0.7$ V 之间。这里有一个关键问题：集电极电流对于 V_{BE} 的变化十分敏感。由数据手册可知，V_{BE} 每增加 60 mV 将会导致集电极电流增加 10 倍，因此需要一个可调电阻来设定 Q 点。

但是可调电阻并不能解决温度带来的问题。即使 Q 点在室温下是合适的，但当温度变化时 Q 点就会发生改变。如前文所述，温度每升高一度，V_{BE} 下降 2 mV。随着图 10-20 电

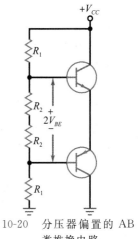

图 10-20　分压器偏置的 AB 类推挽电路

路温度的升高，由于每个发射结上的偏置电压是固定值，所以集电极电流会迅速增加。如果温度升高 30 ℃，则固定偏置电压比所需偏置高了 60 mV，导致集电极电流增加 10 倍。因此采用分压器偏置的 Q 点十分不稳定。

对于图 10-20 电路，最危险的情况是**热击穿**。当温度升高时，集电极电流也随之增加。集电极电流的增加使结温上升更快，进一步降低了 V_{BE}。这种恶性循环可能会使集电极电流"失控"，电流持续增加，直至超过额定功率导致晶体管烧毁。

是否会发生热击穿取决于晶体管的热特性，即散热方式及所使用的散热片类型。多数情况下，图 10-20 所示的分压器偏置电路将导致热击穿，使晶体管损坏。

10.6.2　二极管偏置

避免热击穿的方法之一是采用二极管偏置，如图 10-21 所示，使用**补偿二极管**为发射结提供偏置电压。为达到有效偏置效果，二极管的特性曲线必须与晶体管的 V_{BE} 特性曲线相匹配。这样，由于温度升高所需要降低的那部分偏置电压刚好由补偿二极管产生的相应电压来提供。

例如，假设偏置电压为 0.65 V，所设定的集电极电流为 2 mA。如果温度升高了 30 ℃，使每个补偿二极管上的电压下降 60 mV。由于晶体管的 V_{BE} 也下降了 60 mV，所以集电极电流保持在 2 mA 不变。

如果希望通过二极管偏置消除温度的影响，则要求二极管特性曲线与 V_{BE} 特性曲线在很宽的温度范围内相匹配。这对于分立电路而言很难实现，因为元件存在容差。

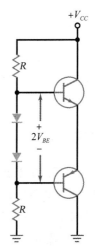

图 10-21　B 类推挽放大器中的二极管偏置

但对于集成电路来说很容易实现，因为二极管和晶体管位于同一个芯片上，它们的特性曲线几乎完全相同。

图 10-21 所示电路采用二极管偏置，流过补偿二极管的偏置电流为：

$$I_{\text{bias}} = \frac{V_{CC} - 2V_{BE}}{2R} \tag{10-28}$$

当补偿二极管与晶体管的 V_{BE} 曲线匹配时，I_{CQ} 与 I_{bias} 的值相同。如前文所述，为避免交越失真，I_{CQ} 的取值应该在 $I_{C(\text{sat})}$ 的 $1\%\sim5\%$ 之间。

知识拓展 大多数 AB 类推挽放大器的发射极会连接一个小电阻（通常小于 1 Ω）以提高热稳定性。

知识拓展 实际设计中，补偿二极管安装在功率管的外壳上，这样二极管的温度会随着晶体管温度的升高而升高。二极管与功率管的黏结，通常采用具有良好导热性能的电绝缘黏合剂。

例 10-10 求图 10-22 电路的集电极静态电流和放大器的最大效率。 ▌▌▌Multisim

解： 流过补偿二极管的偏置电流为：

$$I_{\text{bias}} = \frac{20 \text{ V} - 1.4 \text{ V}}{2 \times 3.9 \text{ k}\Omega} = 2.38 \text{ mA}$$

假设补偿二极管与发射结的特性相匹配，则所得的偏置电流与集电极的静态电流相等。

集电极饱和电流为：

$$I_{C(\text{sat})} = \frac{V_{CEQ}}{R_L} = \frac{10 \text{ V}}{10 \text{ }\Omega} = 1 \text{ A}$$

集电极半波电流的平均值是：

$$I_{\text{av}} = \frac{I_{C(\text{sat})}}{\pi} = \frac{1 \text{ A}}{\pi} = 0.318 \text{ A}$$

总的电流消耗是：

$$I_{\text{dc}} = 2.38 \text{ mA} + 0.318 \text{ A} = 0.32 \text{ A}$$

得到直流功率：

$$P_{\text{dc}} = 20 \text{ V} \times 0.32 \text{ A} = 6.4 \text{ W}$$

交流最大输出功率是：

$$p_{\text{out(max)}} = \frac{\text{MPP}^2}{8R_L} = \frac{(20 \text{ V})^2}{8 \times 10 \text{ }\Omega} = 5 \text{ W}$$

所以，输出级的效率为：

$$\eta = \frac{p_{\text{out}}}{P_{\text{dc}}} \times 100\% = \frac{5 \text{ W}}{6.4 \text{ W}} \times 100\% = 78.1\%$$

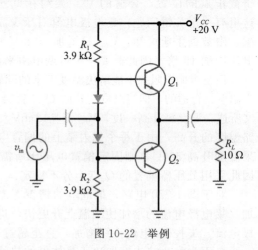

图 10-22 举例

◀

✎ **自测题 10-10** 当 V_{CC} 为 +30 V 时，重新求解例 10-10。

10.7 AB 类放大器的驱动

前文论述的 AB 类推挽射极跟随器中，交流信号是通过电容耦合输入到基极的。这种驱动方式对于 AB 推挽放大器来说，并不是最佳的。

10.7.1 CE 驱动

驱动级是指输出级的前一级。推挽输出级与 CE 驱动级之间不是采用电容耦合，而是直接耦合，如图 10-23a 所示。可以通过调整 R_2 控制流过 R_4 的发射极直流电流。因此，

Q_1 的作用就是作为电流源为补偿二极管提供偏置电流。

当交流信号输入到 Q_1 的基极时, 它就是一个发射极负反馈放大器。将交流信号反相放大到集电极, 再驱动 Q_2 和 Q_3 的基极。在信号的正半周, Q_2 导通, Q_3 截止; 在负半周, Q_2 截止, Q_3 导通。由于输出耦合电容对交流短路, 交流信号被耦合到负载电阻上。

图 10-23b 所示是 CE 驱动级的交流等效电路, 二极管替换为它们的 pn 结交流电阻。在任何实际电路中, r_e' 都至少为 R_3 的 1/100, 所以其交流等效电路可以简化为图 10-23c 所示的电路。

可以看到, 驱动级是一个发射极负反馈放大器, 它的反相放大输出信号同时驱动两个晶体管的基极。输出级晶体管的输入阻抗通常较大, 可以近似估算驱动级的增益:

$$A_v = \frac{R_3}{R_4}$$

总之, 驱动级是一个发射极负反馈放大器, 为推挽输出放大器提供大信号。

知识拓展　AB 类放大器常用于集成音频放大器的输出级。

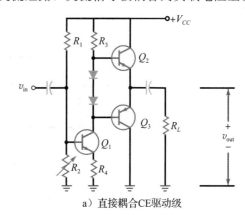

a) 直接耦合CE驱动级

10.7.2　故障诊断

当对如图 10-23 所示的 AB 类放大器进行故障排除时, 可以使用对两级放大器进行故障诊断的方法。在放大器的输入端施加适当幅度和频率的交流信号, 并将输入节点连接到示波器的通道 1, 将通道 2 跨接到负载上。如果负载是扬声器, 则可以在其位置放置一个功率负载电阻, 该电阻称为

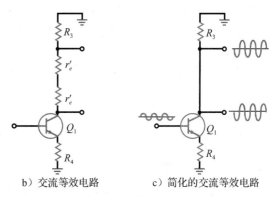

b) 交流等效电路　　　c) 简化的交流等效电路

图 10-23　CE 驱动的推挽输出级

虚拟负载。检查输出信号, 看波形是否存在任何切顶或失真情况。如果输出信号丢失或失真, 则将示波器的通道 2 连接到驱动管的输出端, 然后连接到每个功率管的基极, 以验证信号是否正常。

对于直流情况, 首先检查确认 V_{CC} 是否正确。然后测量电路输出中点的电压 (Q_2 和 Q_3 的发射极)。中点电压应该约为 $V_{CC}/2$。如果中点电压不正确, 测量每个输出管基极和驱动管 Q_1 基极的直流电压。由于许多 AB 类放大器是直流耦合的, 电路中一个部位的故障会导致放大器其余部分的直流误差。

因为输出管通常会向负载输出大电流, 所以它们比较容易损坏。可以用晶体管测试仪或数字万用表进行检测。当发现其中一个输出功率管存在故障, 最好同时也更换另一个功率管。如果对立体声放大器进行故障检测, 通常会将正常工作的一侧放大器作为故障侧的参考。

10.7.3　两级负反馈

图 10-24 所示是另一种使用大信号 CE 驱动级 AB 类推挽射极跟随器的例子。输入信号经 Q_1 反相放大, 推挽级提供低输入阻抗扬声器所需的电流增益。注意到 CE 驱动级的发射极是接地的, 这样可以获得比图 10-23a 中驱动级更大的电压增益。

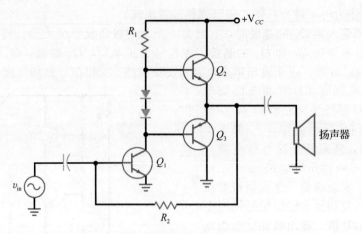

图 10-24　两级负反馈 CE 驱动级

电阻 R_2 有两个作用：其一，与直流电压 $V_{CC}/2$ 相连，为 Q_1 提供直流偏置；其二，构成对交流信号的负反馈。当正向变化的信号作用于 Q_1 的基极时，会在集电极产生反向变化的信号，射极跟随器的输出也是反向变化的信号。该输出信号通过 R_2 反馈到 Q_1 的基极，与原输入信号的变化相反，因而构成负反馈。负反馈可以稳定放大器的直流偏置和电压增益。

集成音频功率放大器通常在中低功率的电路中使用。这些包含 AB 类输出晶体管的放大器（如 LM380 IC）将在第 16 章中讨论。

> **知识拓展**　互补的达林顿对结构可用于每个输出晶体管，以增加推挽放大器的输出功率。

10.8　C 类工作

由于 B 类放大器需要采用推挽结构，所以绝大多数 B 类放大器都是推挽放大器。对于 C 类放大器，则需要一个谐振电路作为负载，所以绝大多数 C 类放大器都是调谐放大器。

10.8.1　谐振频率

C 类工作状态下，集电极有电流通过的时间少于半个周期。并联谐振电路对集电极脉冲电流进行滤波，产生纯净的正弦输出电压。C 类放大器的主要应用是可调谐 RF 放大器，其最大效率可以达到 100%。

图 10-25a 所示是一个可调谐 RF 放大器，交流电压从晶体管的基极输入，反相放大信号从集电极输出，然后经电容耦合到负载电阻。电路中的并联谐振电路使输出电压在其谐振频率点达到最大，谐振频率为：

$$f_r = \frac{1}{2\pi\sqrt{LC}} \tag{10-29}$$

如图 10-25b 所示，电压增益在谐振频率 f_r 的两边会迅速下降，因此 C 类放大器通常是用于窄带信号的放大。这一点使之成为放大广播和电视信号的理想选择，因为广播电台和电视频道的设置频带都很窄。

由图 10-25c 所示的等效直流电路可知，C 类放大器是无偏置的。R_S 是集电极电路中与电感串联的电阻。

10.8.2　负载线

图 10-25d 显示了两条负载线。直流负载线几乎是垂直的，这是因为 RF 电感的绕线电

阻很小。直流负载线并不重要，因为晶体管没有偏置。重要的是交流负载线。如图 10-25d 所示，Q 点位于交流负载线最下端，当有交流信号时，瞬态工作点将沿交流负载线向饱和点移动，集电极电流脉冲的最大值为 V_{CC}/r_c。

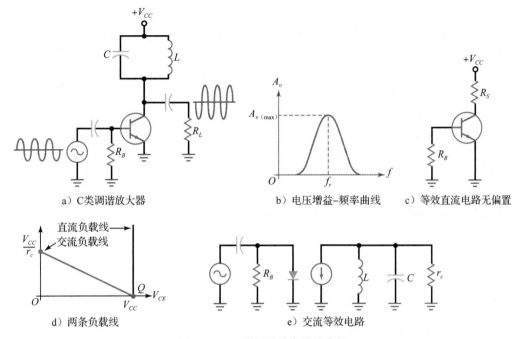

a）C类调谐放大器   b）电压增益-频率曲线   c）等效直流电路无偏置

d）两条负载线   e）交流等效电路

图 10-25　C类调谐放大器的分析

知识拓展　大多数 C 类放大器的设计是使输入电压的峰值刚好能够驱动晶体管进入饱和区。

10.8.3　输入信号的直流钳位

图 10-25e 所示是交流等效电路，输入信号驱动发射结，放大电流脉冲驱动谐振电路。调谐 C 类放大器中，输入电容是负向直流钳位电路的一部分。因此，加在发射结上的信号是负向钳位的。

图 10-26a 所示是负向钳位的交流等效电路和波形，只有输入信号正峰值能使发射结导通。因此集电极电流是如图 10-26b 所示的短脉冲。

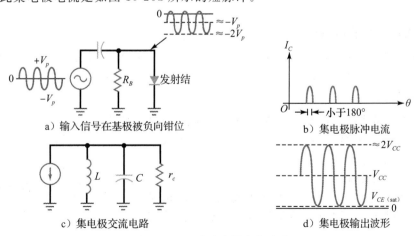

a）输入信号在基极被负向钳位   b）集电极脉冲电流

c）集电极交流电路   d）集电极输出波形

图 10-26　C类放大器中的波形

10.8.4 谐波滤除

图 10-26b 所示的非正弦周期信号便包含丰富的**谐波**分量,谐波就是输入信号频率的倍频分量。或者说,图 10-26b 所示的脉冲波形等同于一系列频率为 f、$2f$、$3f$、$\cdots$、nf 的正弦波的叠加。

图 10-26c 所示的谐振电路只在基频 f 处有较高的阻抗,因此在基波频率上产生较大的电压增益。而在其他高频谐波频率上,谐振电路的阻抗很低,从而电压增益很小。所以谐振电路上的电压波形是近乎纯净的单频正弦信号,如图 10-26d 所示。由于高频谐波分量被滤除,谐振电路的输出只有基频分量。

10.8.5 故障诊断

因为 C 类调谐放大器具有对输入信号的负向钳位特性,所以可以用高阻抗的直流电压表测量发射结的电压。若电路工作正常,则读数应该是负电压,近似等于输入信号的峰值。

没有示波器时可以采用上述的电压表测试方法。如果有示波器,最好测一下发射结电压,电路工作正常时,应该能够看到一个负向钳位的波形。

> **应用实例 10-11** 描述图 10-27 所示电路的工作过程。　　　 IIII **Multisim**

解: 电路的谐振频率为:

$$f_r = \frac{1}{2\pi\sqrt{2\ \mu\text{H} \times 470\ \text{pF}}} = 5.19\ \text{MHz}$$

如果输入信号中含有该频率,则调谐 C 类放大器将对输入信号进行放大。

图 10-27 电路的输入信号峰峰值为 10 V,在晶体管基极被负向钳位,其正向峰值为 $+0.7$ V,负向峰值为 -9.3 V。基极平均电压为 -4.3 V,该电压可用高输入阻抗的直流电压表测量。

由于是 CE 组态,集电极信号反相。集电极的直流或平均电压为 $+15$ V,即电源电压。因此其峰峰值为 30 V,该电压通过电容耦合到负载电阻。最终的输出电压的正向峰值为 $+15$ V,负向峰值为 -15 V。　◀

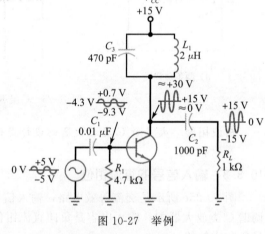

图 10-27 举例

> **自测题 10-11** 将图 10-27 电路中的 470 pF 电容换为 560 pF,V_{CC} 换为 $+12$ V,求 f_r 和 V_{out} 的峰峰值。

10.9 C 类放大器的公式

C 类调谐放大器通常是窄带放大器。C 类放大器可以将输入信号放大,得到较大的输出功率且效率几乎为 100%。

10.9.1 带宽

在电路基础课程中曾介绍过,谐振电路的**带宽**(BW)定义为:

$$\text{BW} = f_2 - f_1 \qquad (10\text{-}30)$$

式中,f_1 =半功率低频点;
$\quad\ \ f_2$ =半功率高频点。

半功率频点是电压增益达到最大增益的 0.707 倍时的频率点,如图 10-28 所示,BW 值越小,放大器的带宽越窄。

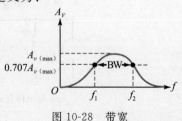

图 10-28 带宽

由式（10-30），可导出 BW 的另一个表达式：

$$BW = \frac{f_r}{Q} \tag{10-31}$$

式中，Q 是电路的品质因数，式（10-31）表明带宽与 Q 成反比，电路的 Q 值越高，带宽越小。

C 类放大器的 Q 值一般大于 10，即它的带宽小于谐振频率的 1/10，故 C 类放大器是窄带放大器。窄带放大器在谐振频率点输出大幅度的正弦电压，而在谐振点两边的输出则迅速衰减。

10.9.2 谐振点的电流下降

当谐振电路发生谐振时，从集电极电流源处看到的交流负载阻抗达到最大且为纯阻性，因而集电极电流在谐振点最小。在谐振频率两侧的交流阻抗降低，集电极电流增加。

调谐谐振电路的方法之一是找到电源的直流电流降至最小值时的频点，如图 10-29 所示。基本方法是在调谐电路（改变 L 或 C）的同时测量电源电流 I_{dc}，当电路在输入频率点谐振时，电流表读数将达到最小值，因为谐振电路在该频点的阻抗最大，此时电路调谐正确。

10.9.3 集电极交流电阻

任何电感都带有串联电阻 R_S，如图 10-30a 所示。电感的 Q 值定义如下：

$$Q_L = \frac{X_L}{R_S} \tag{10-32}$$

其中，Q_L = 电感的品质因数；

X_L = 感性电抗；

R_S = 电感电阻。

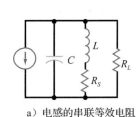　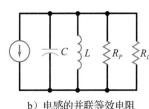

a) 电感的串联等效电阻　　b) 电感的并联等效电阻

图 10-29　谐振点处的电流最小　　　　图 10-30　电感的串并联等效电阻

注意，这里的 Q 值是仅针对电感自身的。而整个电路的 Q 值是比较小的，因为还有负载电阻的影响。

在交流电路的基础课程中曾讨论过，电感的串联电阻可由并联电阻 R_P 取代，如图 10-30b 所示。当 Q 值大于 10 时，等效阻抗可由下式给出：

$$R_P = Q_L X_L \tag{10-33}$$

在图 10-30b 电路中，X_L 和 X_C 在谐振点处相互抵消，只剩下 R_P 与 R_L 并联。因此，在谐振点处，从集电极看到的交流阻抗为：

$$r_c = R_P \| R_L \tag{10-34}$$

整个电路的 Q 值如下：

$$Q = \frac{r_c}{X_L} \tag{10-35}$$

电路的 Q 值小于电感的 Q_L，实际 C 类放大器中，Q_L 的典型值为 50 或更大，而电路的 Q

值为 10 或更大。因为总的 Q 值不小于 10，因此电路是窄带工作的。

10.9.4　占空比

输入信号的每一个正峰值到来时，都会使发射结短暂导通，并在集电极产生窄脉冲，如图 10-31a 所示。对于这类脉冲，可以定义其**占空比**：

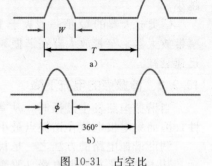

$$D = \frac{W}{T} \tag{10-36}$$

式中，D 为占空比；

　　W 为脉冲宽度；

　　T 为脉冲周期。

例如，如果示波器显示脉冲的宽度为 $0.2\,\mu s$，周期为 $1.6\,\mu s$，则其占空比为：

$$D = \frac{0.2\,\mu s}{1.6\,\mu s} = 0.125$$

图 10-31　占空比

占空比越小，相对周期而言的脉冲越窄。典型 C 类放大器输出的占空比很小。实际上，C 类放大器的效率随占空比的降低而提高。

10.9.5　导通角

用导通角 ϕ 也同样可以描述占空比。如图 10-31b 所示：

$$D = \frac{\phi}{360°} \tag{10-37}$$

例如，若导通角是 $18°$，则占空比为：

$$D = \frac{18°}{360°} = 0.05$$

10.9.6　晶体管功耗

图 10-32a 所示是理想 C 类放大器中晶体管的电压 V_{CE}。其中，输出最大值为：

$$MPP = 2V_{CC} \tag{10-38}$$

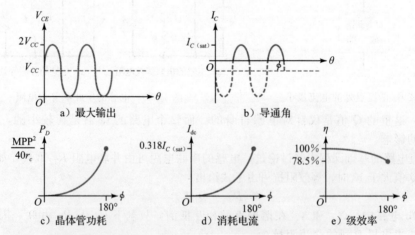

a）最大输出　　　b）导通角

c）晶体管功耗　　　d）消耗电流　　　e）级效率

图 10-32　C 类放大器中晶体管的导通角、功耗和级效率

由于电压最大值近似为 $2V_{CC}$，要求晶体管 V_{CEO} 的额定值必须大于 $2V_{CC}$。

C 类放大器的集电极电流如图 10-32b 所示。典型的导通角 ϕ 远小于 $180°$。注意到集电极电流的最大值为 $I_{C(sat)}$，则要求晶体管峰值电流的额定值大于该电流。虚线部分代表晶体管处于截止状态。

晶体管的功耗取决于导通角。如图 10-32c 所示，管功耗随 ϕ 的增加而增加，直至 ϕ 为 $180°$。推导出晶体管的最大功耗如下：

$$P_D = \frac{\text{MPP}^2}{40r_c} \tag{10-39}$$

式（10-39）表示的是最坏情况。在 C 类状态下工作的晶体管，其额定功率必须大于这个值，否则可能会损坏。在正常驱动条件下，导通角远小于 $180°$，晶体管功耗也小于 $\text{MPP}^2/40r_c$。

10.9.7 级效率

集电极直流电流取决于导通角。当导通角为 $180°$（半波信号）时，集电极平均电流或直流电流为 $I_{C(\text{sat})}/\pi$，当导通角变小时，直流电流变小，如图 10-32d 所示。因为没有偏置电阻，所以 C 类放大器中集电极直流电流是唯一的消耗电流。

C 类放大器中，晶体管和电感的功率损耗很小，大部分直流输入功率被转化为交流负载功率，所以 C 类放大器的级效率很高。

图 10-32e 显示的是级效率随导通角的变化曲线。当导通角为 $180°$ 时，效率为 78.5%，即 B 类放大器的理论最大效率。当导通角减小时，级效率增加。C 类放大器的最大效率接近 100%，此时的导通角非常小。

例 10-12 如果图 10-33 电路的 $Q_L = 100$，求放大器的带宽。

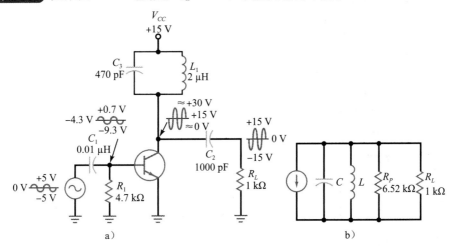

图 10-33 举例

解：在谐振频率点上（参见例 10-11）：
$$X_L = 2\pi f L = 2\pi \times 5.19\,\text{MHz} \times 2\,\mu\text{H} = 65.2\,\Omega$$

由式（10-33）得电感等效并联电阻：
$$R_P = Q_L X_L = 100 \times 65.2\,\Omega = 6.52\,\text{k}\Omega$$

该电阻与负载电阻并联，如图 10-33b 所示。故集电极交流电阻为：
$$r_c = 6.52\,\text{k}\Omega \parallel 1\,\text{k}\Omega = 867\,\Omega$$

由式（10-35）得整个电路的 Q 值为：
$$Q = \frac{r_c}{X_L} = \frac{867\,\Omega}{65.2\,\Omega} = 13.3$$

由于谐振频率为 $5.19\,\text{MHz}$，则电路带宽为：
$$\text{BW} = \frac{5.19\,\text{MHz}}{13.3} = 390\,\text{kHz}$$

例 10-13 求图 10-33a 电路在最坏情况下的晶体管功率。

解： 输出信号最大峰峰值为：

$$\text{MPP} = 2V_{CC} = 2 \times 15\text{ V} = 30\text{ V}（峰峰值）$$

由式（10-39）可求出最坏情况下晶体管的功率为：

$$P_D = \frac{\text{MPP}^2}{40r_c} = \frac{(30\text{ V})^2}{40 \times 867\text{ }\Omega} = 26\text{ mW}$$ ◀

自测题 10-13 如果图 10-33 电路中的 V_{CC} 为 +12 V，求最坏情况下的晶体管功率。

表 10-2 中列出了 A 类、B/AB 类和 C 类放大器的特性。

表 10-2　放大器分类

电路	特性	用途
A 类 	导通角：360° 失真：小，非线性失真 最大效率：25% MPP<V_{CC} 采用变压器耦合可使效率达到 50% 左右	效率要求不高的低功率放大器
AB 类 	导通角：≈180° 失真：中小，交越失真 最大效率：78.5% MPP=V_{CC} 采用推挽结构和互补输出管	输出功率放大器；可使用达林顿结构及二极管偏置
C 类 	导通角：<180° 失真：大 最大效率：≈100% 依赖于谐振电路的调谐 MPP=$2V_{CC}$	可调谐 RF 功率放大器，通信电路中的末级放大

10.10 晶体管额定功率

集电结的温度限制了晶体管的允许功率 P_D。根据晶体管类型的不同，当结温在 $150\sim$ $200\ ℃$ 时晶体管将损坏。数据手册上将最高结温表示为 $T_{J(max)}$。例如，数据手册中 2N3904 的 $T_{J(max)}$ 为 $150\ ℃$，2N371 的 $T_{J(max)}$ 为 $200\ ℃$。

10.10.1 环境温度

结内产生的热量通过晶体管的管壳（金属或塑料）传导到周围空气中。空气的温度（即环境温度）大约是 $25\ ℃$，但热天时的温度会更高。而且，电子设备内部的环境温度也要高得多。

10.10.2 减额系数

数据手册中的晶体管的最大额定功率 $P_{D(max)}$ 给定的环境温度通常是 $25\ ℃$。例如，2N1936 在环境温度为 $25\ ℃$ 时的 $P_{D(max)}$ 为 4 W，意思是 2N1936 在 A 类放大器中的静态功率可高达 4 W。只要环境温度不高于 $25\ ℃$，晶体管便可以在最大功率低于额定功率下工作。

若环境温度高于 $25\ ℃$，则必须将额定功率降低。数据手册上有时会给出如图 10-34 所示的减额曲线。当环境温度升高时，额定功率随之降低。例如，当环境温度为 $100\ ℃$ 时，额定功率为 2 W。

有些数据手册中并没有给出如图 10-34 所示的减额曲线，而是列出了减额系数 D。例如，2N1936 的减额系数是 26.7 mW/℃，即当温度在 $25\ ℃$ 以上时，温度每超过 $1\ ℃$，额定功率将减小 26.7 mW。公式如下：

$$\Delta P = D(T_A - 25\ ℃) \tag{10-40}$$

式中，ΔP＝额定功率减小量；

D＝减额系数；

T_A＝环境温度。

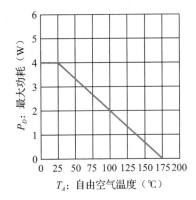

图 10-34 额定功率与环境温度的关系

例如，若环境温度升高到 $75\ ℃$，则额定功率必须减小为：

$$\Delta P = 26.7\ mW(75 - 25) = 1.34\ W$$

因为 $25\ ℃$ 时的额定功率为 4 W，那么新的额定功率为：

$$P_{D(max)} = 4\ W - 1.34\ W = 2.66\ W$$

结果与图 10-34 中的减额曲线相符。

额定功率的减小值可以根据如图 10-34 所示的减额曲线读出，也可以根据类似式（10-40）的公式计算得到，但最重要的是需要知道：额定功率是会随着环境温度的升高而降低的。电路在 $25\ ℃$ 下能正常工作，并不意味着它在较大的温度范围内仍然可以正常工作。所以在设计电路时，必须将工作的温度范围考虑在内，根据可能的最高环境温度的要求对所有晶体管进行功率的减额处理。

10.10.3 散热片

提高晶体管额定功率的方法之一是加快晶体管的散热速度，因此需要使用散热片。增加管壳的表面积，便可使热量更容易地散发到周围空气中。如图 10-35a 所示，将这种散热片按压到晶体管外壳上，便可以通过翅片所增加的表面积使热量更快地辐射出去。

图 10-35b 所示是一个带散热片的晶体管，金属片为晶体管提供散热通道。可以把这个金属片固定到电子设备的底板上，因为底板是一块大散热片，热量便能够很容易地从晶体管传到底板上。

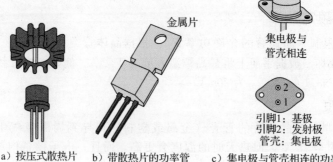

a）按压式散热片　　b）带散热片的功率管　　c）集电极与管壳相连的功率管

图 10-35　散热片

如图 10-35c 所示的大功率管将集电极与管壳直接连起来，使得热量尽可能容易地散发出去，然后再将晶体管的管壳固定到底板上。为防止集电极与底板的地短路，管壳和底板之间加了一层很薄的导热绝缘垫片。采取这些措施的目的是使晶体管散热加速，在相同环境温度下获得更大的额定功率。

10.10.4　管壳温度

晶体管散热时，热量首先传到管壳，再传导到散热片，最后散发到周围空气中。管壳温度 T_C 会逐渐高于散热片温度 T_S，同理，散热片的温度 T_S 也会逐渐高于环境温度 T_A。

大功率管数据手册中通常给出的减额曲线所指定的是管壳温度而不是环境温度。例如，图 10-36 给出了 2N3055 的减额曲线。当管壳温度为 25 ℃时，额定功率为 115 W，随着温度的升高，额定功率线性下降，直至管壳温度为 200 ℃时，额定功率下降为 0。

有时得到的是减额系数 D 而不是减额曲线。这时，可用以下公式来计算额定功率的减少量：

$$\Delta P = D(T_C - 25\ ℃) \qquad (10\text{-}41)$$

式中，ΔP 为额定功率的减少量；

　　　D 为减额系数；

　　　T_C 为管壳温度。

使用大功率管的减额曲线，需要知道最坏情况下的管壳温度，然后通过减额处理得到晶体管的最大额定功率。

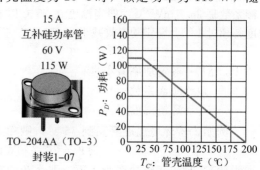

15 A
互补硅功率管
60 V
115 W

TO-204AA（TO-3）
封装1-07

图 10-36　2N3055 的减额曲线（由安森美公司提供）

知识拓展　由于集成电路中的晶体管数量很多，最大结温无法确定。所以对于集成电路通常采用最大器件温度或者管壳温度来描述相应特性。例如，集成运算放大器 μA741 在采用金属壳封装时其额定功率为 500 mW，采用双列直插式封装时其额定功率为 310 mW，而采用扁平封装时其额定功率为 570 mW。

应用实例 10-14　图 10-37 所示电路的工作温度范围是 0～50 ℃，求在最坏温度情况下晶体管的最大额定功率。

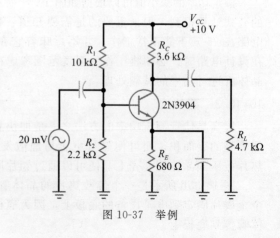

图 10-37　举例

解：最坏情况的温度是指最高温度，必须对数据手册上的额定功率进行减额处理。阅读 2N3904 的数据手册，可以看到所列的最大额定功率为：

$$P_D = 635 \text{ mW（环境温度为 25 ℃）}$$

给出的减额系数为：

$$D = 5 \text{ mW/℃}$$

由式（10-40），可以算出：

$$\Delta P = 5 \text{ mW}(50 - 25) = 125 \text{ mW}$$

因此，50 ℃下的最大额定功率为：

$$P_{D(\max)} = 625 \text{ mW} - 125 \text{ mW} = 500 \text{ mW} \qquad \blacktriangleleft$$

自测题 10-14 在例 10-14 中，当环境温度为 65 ℃时晶体管的额定功率是多少？

总结

10.1 节 放大器的工作类型有 A、B、C 三类。耦合方式有电容耦合、变压器耦合和直接耦合。放大器的工作频率包括音频、射频、窄带和宽带。一些音频放大器中包括前置放大器和功率放大器。

10.2 节 每个放大器都有直流负载线和交流负载线，为达到最大峰峰值输出，Q 点应该设置在交流负载线的中点。

10.3 节 功率增益等于交流输出功率与交流输入功率之比。晶体管的额定功率必须大于静态功率。放大级的效率等于交流输出功率与直流输入功率之比乘以 100%。带有集电极电阻和负载电阻的 A 类放大器的最大效率为 25%。当负载电阻为集电极电阻或采用变压器耦合时，最大效率可以增加到 50%。

10.4 节 大多数 B 类放大器采用两个晶体管的推挽连接方式。当一个晶体管导通时，另一个截止，每个晶体管分别放大交流信号的半个周期。B 类放大器的最大效率是 78.5%。

10.5 节 B 类放大器的效率远高于 A 类。B 类推挽射极跟随器采用互补的 npn 和 pnp 晶体管，npn 管在交流信号的半个周期导通，

pnp 管在另半个周期导通。

10.6 节 为避免交越失真，B 类推挽射极跟随器中的晶体管有一个很小的静态电流，在这种条件下工作的放大器称为 AB 类放大器。采用分压器偏置时 Q 点不稳定，且可能导致热击穿。采用二极管偏置效果更好，可以在较大的温度范围内保持 Q 点稳定。

10.7 节 B/AB 类放大器的驱动级与输出级之间采用直接耦合，而不是电容耦合。驱动级的集电极电流通过互补二极管为其提供静态电流。

10.8 节 大多数 C 类放大器是可调谐 RF 放大器。输入信号被负向钳位，产生很窄的集电极电流脉冲，将谐振电路调谐在基频，使高频谐波分量被滤除。

10.9 节 C 类放大器的带宽反比于电路的 Q 值。集电极交流电阻包括电感的并联等效电阻和负载电阻。

10.10 节 温度升高时，晶体管的额定功率下降。晶体管数据手册中会给出减额系数或额定功率与温度的变化曲线。散热片可以加快散热，从而提高晶体管的额定功率。

重要公式

1. 饱和电流

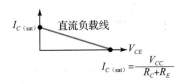

$$I_{C(\text{sat})} = \frac{V_{CC}}{R_C + R_E}$$

2. 截止电压

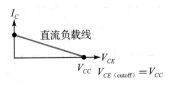

$$V_{CE(\text{cutoff})} = V_{CC}$$

3. 输出的限制条件

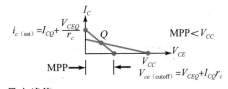

$$i_{c(\text{sat})} = I_{CQ} + \frac{V_{CEQ}}{r_c}$$

$$V_{ce(\text{cutoff})} = V_{CEQ} + I_{CQ}r_c$$

4. 最大峰值

$$\text{MP} = I_{CQ}r_c \text{ 或 MP} = V_{CEQ} \text{ 中的较小值}$$

5. 输出最大峰峰值

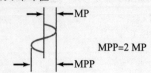

$$\text{MPP}=2\,\text{MP}$$

6. 功率增益

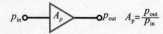

$$A_P=\frac{p_{\text{out}}}{p_{\text{in}}}$$

7. 输出功率

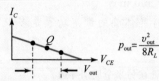

$$p_{\text{out}}=\frac{v_{\text{out}}^2}{8R_L}$$

8. 最大输出

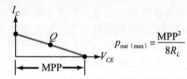

$$p_{\text{out(max)}}=\frac{\text{MPP}^2}{8R_L}$$

9. 晶体管功率

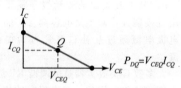

$$P_{DQ}=V_{CEQ}I_{CQ}$$

10. 直流输入功率

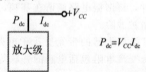

$$P_{\text{dc}}=V_{CC}I_{\text{dc}}$$

11. 效率

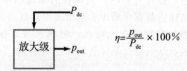

$$\eta=\frac{p_{\text{out}}}{P_{\text{dc}}}\times100\%$$

12. B类放大器的最大输出

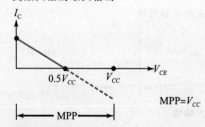

$$\text{MPP}=V_{CC}$$

13. B类晶体管输出

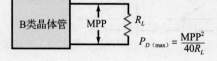

$$P_{D\,(\text{max})}=\frac{\text{MPP}^2}{40R_L}$$

14. B类偏置

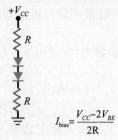

$$I_{\text{bias}}=\frac{V_{CC}-2V_{BE}}{2R}$$

15. 谐振频率

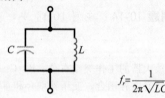

$$f_r=\frac{1}{2\pi\sqrt{LC}}$$

16. 带宽

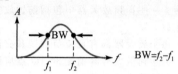

$$\text{BW}=f_2-f_1$$

17. 带宽

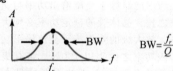

$$\text{BW}=\frac{f_r}{Q}$$

18. 电感的品质因数 Q

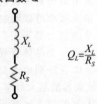

$$Q_L=\frac{X_L}{R_S}$$

19. 等效并联电阻 R

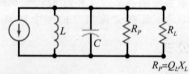

$$R_P=Q_LX_L$$

20. 集电极交流电阻

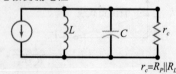

$$r_c=R_P\|R_L$$

21. 放大器的 Q 值

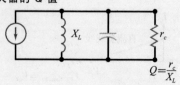

$$Q=\frac{r_c}{X_L}$$

22. **占空比**

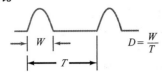

$$D = \frac{W}{T}$$

23. **最大输出**

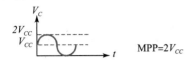

$$MPP = 2V_{CC}$$

24. **晶体管功耗**

$$P_D = \frac{MPP^2}{40r_c}$$

相关实验

实验 28
A 类放大器

实验 29
B 类推挽放大器

实验 30
音频放大器

实验 31
C 类放大器

系统应用 3
多级晶体管电路应用

选择题

1. B 类工作的晶体管集电极电流导通
 a. 整个周期 b. 半个周期
 c. 小于半个周期 d. 小于 1/4 个周期

2. 变压器耦合属于
 a. 直接耦合 b. 交流耦合
 c. 直流耦合 d. 阻抗耦合

3. 音频放大器工作的频率范围是
 a. 0～20 Hz b. 20 Hz～2 kHz
 c. 20 Hz～20 kHz d. 20 kHz 以上

4. 可调谐 RF 放大器是
 a. 窄带的 b. 宽带的
 c. 直接耦合的 d. 直流放大器

5. 前置放大器的第一级是
 a. 可调谐 RF 放大级 b. 大信号的
 c. 小信号的 d. 直流放大器

6. 为使输出电压峰峰值最大，Q 点应该
 a. 在饱和点附近
 b. 在截止点附近
 c. 在直流负载线的中间
 d. 在交流负载线的中间

7. 放大器有两条负载线，这是因为：
 a. 集电极有交流电阻和直流电阻
 b. 放大器有两个等效电路
 c. 直流和交流的工作情况不同
 d. 以上都是

8. 当 Q 点设在交流负载线的中间时，输出电压的最大峰峰值为
 a. V_{CEQ} b. $2V_{CEQ}$
 c. I_{CQ} d. $2I_{CQ}$

9. 推挽结构通常用在

 a. A 类放大器 b. B 类放大器
 c. C 类放大器 d. 以上都是

10. B 类推挽放大器的一个优点是
 a. 没有静态电流 b. 最高效率为 78.5%
 c. 比 A 类效率高 d. 以上都是

11. C 类放大器通常是
 a. 级间通过变压器耦合
 b. 工作频率在音频范围
 c. 可调谐 RF 放大器
 d. 宽带的

12. C 类放大器的输入信号
 a. 在基极被负向钳位
 b. 被反相放大
 c. 在集电极产生电流窄脉冲
 d. 以上都是

13. C 类放大器的集电极电流
 a. 是输入电压的放大 b. 有谐波
 c. 是负向钳位的 d. 导通半个周期

14. C 类放大器的带宽在下列哪种情况下会减少？
 a. 谐振频率增加 b. Q 值增加
 c. X_L 减小 d. 负载电阻减小

15. C 类放大器中晶体管的功率在下列哪种情况下会减少？
 a. 谐振频率增加 b. 电感 Q 值增加
 c. 负载电阻减小 d. 电容增加

16. C 类放大器的额定功率在下列哪种情况下会增大？
 a. 温度升高 b. 使用散热片
 c. 使用减额曲线 d. 无信号输入

17. 当集电极交流电阻等于下列哪个值时，交流负载线和直流负载线相同？

    a. 发射极直流电阻

    b. 发射极交流电阻

    c. 集电极直流电阻

    d. 电源电压与集电极电流之比

18. 如果 $R_C = 100\ \Omega$，$R_L = 180\ \Omega$，则交流负载电阻等于

    a. 64 Ω   b. 90 Ω

    c. 100 Ω   d. 180 Ω

19. 集电极静态电流等于

    a. 集电极直流电流   b. 集电极交流电流

    c. 集电极总电流   d. 分压器电流

20. 交流负载线通常

    a. 等于直流负载线

    b. 比直流负载线斜率小

    c. 比直流负载线斜率大

    d. 是水平的

21. 当 Q 点在 CE 放大器直流负载线上靠近截止点时，切顶现象更容易发生在

    a. 输入电压的正波峰

    b. 输入电压的负波峰

    c. 输出电压的负波峰

    d. 发射极电压的负波峰

22. A 类放大器的集电极电流导通时间是

    a. 小于半个周期

    b. 半个周期

    c. 小于一个完整周期

    d. 一个完整周期

23. 对于 A 类放大器，输出信号应该

    a. 无切顶

    b. 电压正波峰出现切顶

    c. 电压负波峰出现切顶

    d. 电流负波峰出现切顶

24. 瞬态工作点的移动是沿着

    a. 交流负载线

    b. 直流负载线

    c. 两条负载线

    d. 两条负载线都不是

25. 放大器的消耗电流是

    a. 从信号源获得的总交流电流

    b. 从电源获得的总直流电流

    c. 从基极到集电极的电流增益

    d. 从集电极到基极的电流增益

26. 放大器的功率增益

    a. 与电压增益相同

    b. 小于电压增益

    c. 等于输出功率除以输入功率

    d. 等于负载功率

27. 散热片可降低

    a. 晶体管的功率   b. 环境温度

    c. 结温   d. 集电极电流

28. 当环境温度增加时，晶体管的最大额定功率

    a. 减小   b. 增加

    c. 保持不变   d. 以上都不是

29. 如果负载功率为 300 mW，且直流功率为 1.5 W，则效率为

    a. 0   b. 2%

    c. 3%   d. 20%

30. 射极跟随器的交流负载线一般

    a. 与直流负载线相同   b. 是垂直的

    c. 比直流负载线更平缓 d. 比直流负载线更陡

31. 若射极跟随器的 $V_{CEQ} = 6\ V$，$I_{CQ} = 200\ mA$，$r_e = 10\ \Omega$，则输出波形无切顶时的最大峰峰值为

    a. 2 V   b. 4 V

    c. 6 V   d. 8 V

32. 补偿二极管的交流电阻

    a. 必须要考虑   b. 非常大

    c. 一般很小，可以忽略 d. 补偿温度变化

33. 如果 Q 点在直流负载线的中点，波形切顶将首先发生在：

    a. 电压向左侧摆动时 b. 电流向上方摆动时

    c. 输入的正半周   d. 输入的负半周

34. B 类推挽放大器的最大效率是

    a. 25%   b. 50%

    c. 78.5%   d. 100%

35. AB 类推挽放大器需要一个小的静态电流，是为了避免

    a. 交越失真   b. 损坏补偿二极管

    c. 消耗电流过大   d. 带动驱动级

习题

10.2 节

10-1 求图 10-38 电路的集电极直流电阻和直流饱和电流。

10-2 求图 10-38 电路的集电极交流电阻和交流饱和电流。

10-3 图 10-38 电路的输出最大峰峰值是多少？

10-4 将图 10-38 电路中的所有电阻值加倍，求集电极交流电阻。

10-5 将图 10-38 电路中的所有电阻值变为原来的 3 倍，求输出的最大峰峰值。

10-6 求图 10-39 电路的集电极直流电阻和直流饱和电流。

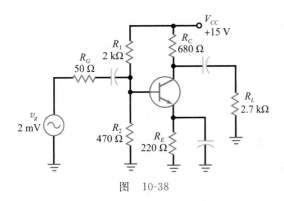

图 10-38

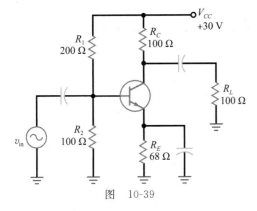

图 10-39

10.3 节

10-7 求图 10-39 电路的集电极交流电阻和交流饱和电流。

10-8 求图 10-39 电路的输出最大峰峰值。

10-9 将图 10-39 电路中的所有电阻值加倍,求集电极交流电阻。

10-10 将图 10-39 电路中的所有电阻值变为原来的 3 倍,求输出最大峰峰值。

10.3 节

10-11 放大器的输入功率为 4 mW,输出功率为 2 W,求功率增益。

10-12 放大器的负载电阻为 1 kΩ,输出电压峰峰值为 15 V,如果输入功率为 400 μW,则放大器的功率增益是多少?

10-13 求图 10-38 电路的消耗电流。

10-14 求图 10-38 电路中电源供给放大器的直流功率。

10-15 增大图 10-38 电路的输入信号,直至负载电阻上的电压峰峰值达到最大,求放大器的效率。

10-16 求图 10-38 电路的静态功率。

10-17 求图 10-39 电路的消耗电流。

10-18 求图 10-39 电路中电源提供给放大器的直流功率。

10-19 增大图 10-39 电路的输入信号,直至负载电阻上的电压峰峰值达到最大,求放大器的效率。

10-20 求图 10-39 电路的静态功率。

10-21 若图 10-40 电路中的 $V_{BE} = 0.7\,V$,则发射极直流电流是多少?

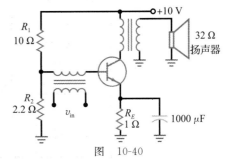

图 10-40

10-22 图 10-40 电路中扬声器的等效负载电阻为 32 Ω,如果它两端的峰峰值电压是 5 V,输出功率是多少?该放大级的效率是多少?

10.6 节

10-23 如果 B 类推挽射极跟随器的交流负载线上截止电压为 12 V,则输出电压的最大峰峰值为多少?

10-24 求图 10-41 电路中每个晶体管的最大功率。

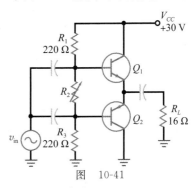

图 10-41

10-25 求图 10-41 电路的最大输出功率。

10-26 求图 10-42 电路的集电极静态电流。

10-27 求图 10-42 所示放大器的最大效率。

10-28 将图 10-42 电路中的偏置电阻变为 1 kΩ,求集电极静态电流和放大器的效率。

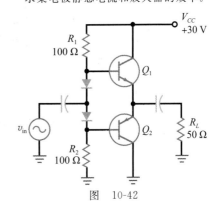

图 10-42

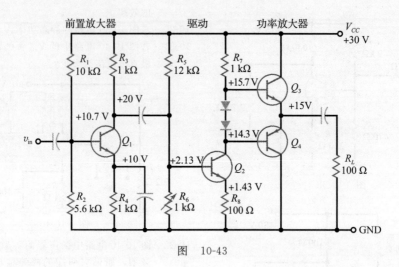

图 10-43

10.7 节

10-29 求图 10-43 电路的最大输出功率。

10-30 若图 10-43 电路的 $\beta=200$，则第一级的电压增益是多少？

10-31 若图 10-43 电路中 Q_3 和 Q_4 的电流增益为 200，则第二级的电压增益是多少？

10-32 求图 10-43 电路的集电极静态电流。

10-33 求图 10-43 所示三级放大器的总电压增益。

10.8 节

10-34 ▥▥ Multisim如果图 10-44 电路中的输入电压为 5 Vrms，则输入电压峰峰值为多少？若测量基极对地的直流电压，则电压表如何显示？

10-35 ▥▥ Multisim求图 10-44 电路的谐振频率。

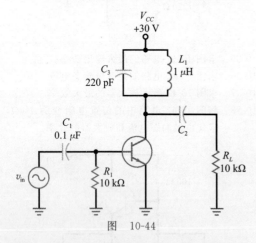

图 10-44

10-36 ▥▥ Multisim如果图 10-44 电路中的电感值

变为原来的 2 倍，求谐振频率。

10-37 ▥▥ Multisim如果图 10-44 电路中的电容变为 100 pF，求谐振频率。

10.9 节

10-38 如果图 10-44 所示 C 类放大器的输出功率为 11 mW，且输入功率为 50 μW，其功率增益是多少？

10-39 如果图 10-44 电路的输出电压为 50 V（峰峰值），求输出电压功率。

10-40 求图 10-44 电路的最大交流输出功率。

10-41 如果图 10-44 电路的消耗电流为 0.5 mA，求直流输入功率。

10-42 如果图 10-44 电路的消耗电流为 0.4 mA，且输出电压为 30 V（峰峰值），求放大器的效率。

10-43 如果图 10-44 电路中电感的 Q 值为 125，求放大器的带宽。

10-44 求图 10-44 电路在最坏情况下的晶体管功率（$Q=125$）。

10.10 节

10-45 假设图 10-44 电路中使用的晶体管是 2N3904，如果电路的工作温度范围是 0～100 ℃，则晶体管在最坏情况下的最大额定功率是多少？

10-46 晶体管的减额曲线如图 10-34 所示，当环境温度为 100 ℃时，最大额定功率是多少？

10-47 2N3055 数据手册中列出当管壳温度为 25 ℃时的额定功率为 115 W，若减额系数是 0.657 W/℃，求当管壳温度为 90 ℃时的 $P_{D(\max)}$。

思考题

10-48 若某放大器的输入信号为正弦波，但输出信号却是方波，原因是什么？

10-49 将图 10-36 所示的功率管用作放大器。如果有人说因为其管壳接地，所以触摸管壳是安全的。这种说法正确吗？为什么？

10-50 有报道称"某功率放大器的效率达到了 125%"，可以相信吗？为什么？

10-51 交流负载线通常比直流负载线要陡。交流负载线有可能比直流负载线更平缓吗？为什么？

10-52 画出图 10-38 电路的交流负载线和直流负载线。

求职面试问题

1. 描述三种类型放大器的工作原理，并画出其集电极电流波形。

2. 分别画出放大器采用三种不同级间耦合方式的电路简图。

3. 画一个 VDB 放大器，并画出它的直流负载线和交流负载线。假设 Q 点设在交流负载线的中点，其交流饱和电流、交流截止电压和输出最大峰峰值分别是多少？

4. 画一个两级放大器，并说明如何计算整个电路总的消耗电流。

5. 画一个 C 类调谐放大器，说明如何计算谐振频率。说明基极交流信号如何变化。解释集电极窄脉冲电流为何可以通过谐振电路产生正弦电压？

6. C 类放大器最常见的用途是什么？这类放大器可以在音频范围应用吗？如果不能，原因是什么？

7. 散热片的作用是什么？为什么在晶体管和散热片之间要使用绝缘垫？

8. 占空比的含义是什么？它与电源提供的功率有什么关系？

9. 描述 Q 值的定义。

10. 哪种放大器的工作效率最高？为什么？

11. 在订购的晶体管和散热片的盒子里，有一个装有白色物质的袋子，估计一下里面会是什么？

12. 比较 A 类放大器和 C 类放大器，哪个保真度更好？为什么？

13. 当需要放大的信号频率范围较小时，应采用什么类型的放大器？

14. 说说还有哪些熟悉的其他类型的放大器？

选择题答案

1. b　2. b　3. c　4. a　5. c　6. d　7. d　8. b　9. b　10. d　11. c　12. d　13. b　14. b　15. b
16. b　17. c　18. a　19. a　20. c　21. b　22. d　23. a　24. a　25. b　26. c　27. c　28. a　29. d　30. d
31. b　32. c　33. d　34. c　35. a

自测题答案

10-1　$I_{CQ}=100$ mA
　　　$V_{CEQ}=15$ V

10-2　$i_{c(sat)}=350$ mA
　　　$V_{ce(cutoff)}=21$ V
　　　MPP=12 V

10-3　$A_p=1122$

10-5　$R=200$ Ω

10-6　$I_{CQ}=331$ mA
　　　$V_{CEQ}=6.7$ V
　　　$r_e=8$ Ω

10-7　MPP=5.3 V

10-8　$P_{D(max)}=2.8$W
　　　$p_{out(max)}=14$ W

10-9　效率=63%

10-10　效率=78%

10-11　$f_r=4.76$ MHz
　　　$v_{out}=24$ V（峰峰值）

10-13　$P_D=16.6$ mW

10-14　$P_{D(max)}=425$ mW

第11章

结型场效应晶体管

双极型晶体管（BJT）的工作依赖于两种电荷：自由电子和空穴，因此称为双极型。本章讨论另一种晶体管，**场效应晶体管**（FET）。这类器件是单极型的，因为它的工作只需要一种电荷：自由电子或空穴。即 FET 中只有多子而没有少子。

对于大多数线性应用，BJT 是最佳选择。但由于 FET 具有高输入阻抗和一些其他特性，使之在有些线性应用中更为合适。此外，FET 在大部分开关电路中性能更好。因为 FET 中没有少子，所以在截止时没有存储电荷需要从结区消散，从而关断速度更快。

单极型晶体管有两种类型：结型场效应晶体管（JFET）和 MOS 场效应晶体管（MOSFET）。本章讨论结型场效应晶体管（JFET）及其应用。在第 12 章，将讨论金属-氧化物半导体场效应晶体管（MOSFET）及其应用。

目标

在学习完本章后，你应该能够：

- 描述 JFET 的基本结构；
- 画图说明常用的偏置结构；
- 区分并描述 JFET 的漏极特性和跨导特性中的重要区域；
- 计算 JFET 的夹断电压并确定工作区域；
- 用理想的作图法确定直流工作点；
- 确定跨导并用其计算 JFET 放大器的增益；
- 描述 JFET 的几种应用，包括开关、可变电阻和斩波器；
- 通过测试判断 JFET 是否正常工作。

关键术语

自动增益控制（automatic gain control，AGC）
沟道（channel）
斩波器（chopper）
共源放大器（common-source amplifier）
电流源偏置（current source bias）
漏极（drain）
场效应（filed effect）
场效应晶体管（field-effect transistor，FET）
栅极（gate）
栅极偏置（gate bias）
栅源截止电压（gate-source cutoff voltage）

电阻区（ohmic region）
夹断电压（pinchoff voltage）
自偏置（self-bias）
串联开关（series switch）
并联开关（shunt switch）
源极（source）
源极跟随器（source follower）
跨导（transconductance）
跨导特性曲线（transconductance curve）
压控器件（voltage-controlled device）
分压器偏置（voltage-divider bias）

11.1 基本概念

图 11-1a 所示是一个 n 型半导体。下端称为**源极**，上端称为**漏极**，电源电压 V_{DD} 使自由电子从源极流向漏极。制造 JFET 时，在 n 型半导体中通过扩散形成两个 p 型区，如图 11-1b 所示。两个 p 型区在内部连接在一起并引出一个引脚称为**栅极**。

知识拓展 JFET 的温度特性通常比 BJT 更稳定，而且体积比 BJT 小得多。器件尺寸上的差别使得 JFET 更适宜于集成，因为集成电路中元件的尺寸是很关键的。

　　知识拓展　场效应晶体管于 1926 年获得专利，比朱利叶斯·利林菲尔德（Julius Lilienfeld，1882—1963）发明的双极性晶体管早了几年。实用的结型场效应晶体管直到很多年以后才被发明出来。

11.1.1　场效应

　　图 11-2 所示是 JFET 的正常偏置情况。漏极电源电压是正的，栅极电源电压是负的。**场效应**与 p 区周围的耗尽层有关。n 区的自由电子扩散到 p 区，自由电子和空穴复合形成的耗尽层，如图中阴影区域所示。

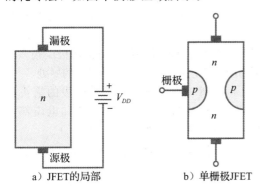
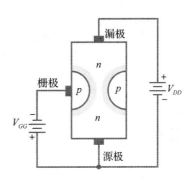

图 11-1　JFET 的结构　　　　　　　　　　　　图 11-2　JFET 的正常偏置

a）JFET 的局部　　　b）单栅极 JFET

11.1.2　栅极反向偏置

　　在图 11-2 中，p 型栅极和 n 型源极形成了栅源二极管。JFET 中的栅源二极管总是反偏的。由于 pn 结反偏，栅极电流 I_G 几乎为零，相当于 JFET 的输入电阻近似为无穷大。

　　知识拓展　耗尽层实际上在 p 区的顶端要宽一些，在底端要窄一些。宽度的改变是由于漏极电流 I_D 沿沟道长度方向所产生的压降。从源极开始，沿沟道向漏极方向的正电压越来越大。耗尽层的宽度与 pn 结反偏电压成正比，由于顶部的反偏电压大，所以这里的耗尽层更宽。

　　典型 JFET 的输入电阻为几百兆欧。与双极型晶体管相比，输入阻抗高是一大优势，也是 JFET 更适于在有高输入阻抗要求的场合应用的原因。JFET 的一个最重要的应用是源极跟随器，一种与射极跟随器类似的电路。源极跟随器在低频时的输入阻抗可以高达几百兆欧。

11.1.3　栅压对漏极电流的控制

　　在图 11-2 中，电子从源极流向漏极必须经过耗尽层之间的窄**沟道**。栅极负电压的值变大时，由于耗尽层扩展，使导电沟道变窄。负值栅压越大，源极和漏极之间的电流越小。

　　因为 JFET 的输入电压控制它的输出电流，因此是**压控器件**。在 JFET 中，栅源电压 V_{GS} 决定了源漏电流的大小。当 V_{GS} 为零时，流过 JFET 的漏极电流最大，所以 JFET 通常情况下是处于导通的。当 V_{GS} 负电压足够大时，使两侧耗尽层相连接，则漏极电流被关断。

11.1.4　电路符号

　　图 11-2 所示的是 n 沟道 JFET，源极和漏极之间的沟道是 n 型的。图 11-3a 是 n 沟道 JFET 的电路符号。在许多低频应用中，源极和漏极是可以互换的，即可以将任一端作为源极，另一端作为漏极。

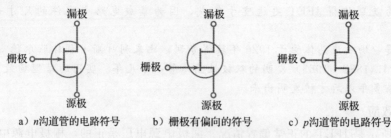

a）n沟道管的电路符号   b）栅极有偏向的符号   c）p沟道管的电路符号

图 11-3   JFET 的电路符号

源端和漏端在高频时是不可互换的。因为在器件制造时总是将 JFET 漏极的寄生电容最小化，即栅漏间的电容比栅源间的电容要小。后续章节中将进一步学习寄生电容及其对电路的影响。

图 11-3b 所示是 n 沟道 JFET 的另一种电路符号。该符号中栅极的位置偏向源极。很多工程师和技术人员更愿意使用这种符号。在复杂的多级电路中使用这种符号有很明显的好处。

图 11-3c 所示是 p 沟道 JFET 的电路符号。与 n 沟道 JFET 类似，只是栅极的箭头指向相反的方向。p 沟道 JFET 的特性与 n 沟道 JFET 是互补的，即所有的电压和电流都是反方向的。为了使 p 沟道 JFET 反偏，栅极相对于源极应为正，所以 V_{GS} 是正的。

例 11-1 当 JFET 2N5486 的反偏栅压为 20 V 时，栅极电流为 1 nA，求该 JFET 的输入电阻。

解： 由欧姆定律可得：

$$R_{\text{in}} = \frac{20\ \text{V}}{1\ \text{nA}} = 20\,000\ \text{M}\Omega \qquad \blacktriangleleft$$

自测题 11-1 如果例 11-1 中的栅极电流为 2 nA，求输入电阻。

11.2 漏极特性曲线

图 11-4a 所示是一个正常偏置的 JFET。在该电路中，栅源电压 V_{GS} 等于栅极电源电压 V_{GG}，漏源电压 V_{DS} 等于漏极电源电压 V_{DD}。

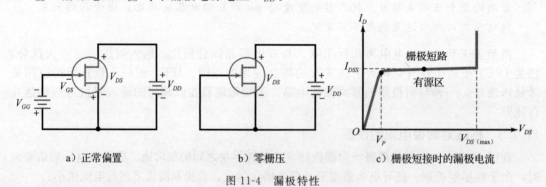

a）正常偏置   b）零栅压   c）栅极短接时的漏极电流

图 11-4   漏极特性

11.2.1 最大漏极电流

如果将栅极和源极短接，由于 $V_{GS}=0$，因此漏极电流最大，如图 11-4b 所示。在栅极短接条件下的漏极电流 I_D 关于漏源电压 V_{DS} 的特性图线如图 11-4c 所示。可以看出，漏极电流初始时增加很快，但当 V_{DS} 大于 V_P 后，曲线便几乎保持水平了。

漏极电流几乎保持恒定的原因是：当 V_{DS} 增加时，耗尽层扩展；当 $V_{DS}=V_P$ 时，两边的耗尽层几乎相连，使得变窄的导电沟道被夹断，阻止了电流的进一步增加。因此电流的上限是 I_{DSS}。

在 V_P 和 $V_{DS(max)}$ 之间是 JFET 的有源区[⊖]。最小电压 V_P 称为**夹断电压**，最大电压 $V_{DS(max)}$ 是击穿电压。当 $V_{GS}=0$ 时，JFET 在夹断电压与击穿电压之间具有电流源的特性，电流值近似为 I_{DSS}。

I_{DSS} 代表在栅极短接情况下，从漏极流向源极的电流，这是 JFET 所能产生的最大漏极电流。所有 JFET 的数据手册中都会列出 I_{DSS} 的值。这是 JFET 最重要的参量之一，因为它是 JFET 电流的上限，是需要首先确定的。

知识拓展　当 V_{DS} 大于夹断电压 V_P 时，沟道电阻也随着 V_{DS} 的增加成比例地增加，使得 V_{DS} 的增加与沟道电阻的增加相抵消，因此，I_D 保持不变。

11.2.2　电阻区

图 11-5 显示，夹断电压将 JFET 的工作区分为两个主要部分。特性曲线几乎水平的区域是有源区，低于夹断电压的较陡的部分称为**电阻区**[⊖]。

当 JFET 工作在电阻区时，其特性等效于一个电阻，其阻值近似为：

$$R_{DS} = \frac{V_P}{I_{DSS}} \tag{11-1}$$

R_{DS} 被称为 JFET 的欧姆电阻。在图 11-5 中，$V_P=4\ \text{V}$，$I_{DSS}=10\ \text{mA}$，因此，欧姆电阻为：

$$R_{DS} = \frac{4\ \text{V}}{10\ \text{mA}} = 400\ \Omega$$

如果 JFET 工作在电阻区，则该区域任意位置的欧姆电阻都为 $400\ \Omega$。

11.2.3　栅源截止电压

图 11-5 所示是 JFET 的漏极特性曲线，I_{DSS} 为 10 mA。最上方的曲线通常是栅极短接 ($V_{GS}=0$) 时的曲线。在本例中，夹断电压是 4 V，击穿电压为 30 V。其下方的曲线对应 $V_{GS}=-1$ V，再下方的对应 $V_{GS}=-2$ V，以此类推。可见，栅源电压负值越大，漏极电流越小。

最底部的曲线很重要。当 $V_{GS}=-4$ V 时，漏极电流几乎减小为零，该电压称为**栅源截止电压**，在数据手册中表示为 $V_{GS(off)}$。当栅源电压取该值时，两个耗尽层相连，使导电沟道消失，因此漏极电流几乎为零。

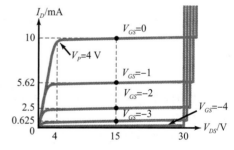

图 11-5　漏极特性曲线

值得注意的是，在图 11-5 中：

$$V_{GS(off)} = -4\ \text{V}, \quad V_P = 4\ \text{V}$$

这并不是巧合。因为这是两边的耗尽层相连或几乎相连时的值，所以两个电压在幅度上是相等的。数据手册中可能会列出两个量之一，由此便可知另一个量具有相同的幅度。其关系式为：

$$V_{GS(off)} = -V_P \tag{11-2}$$

知识拓展　在很多教材和产品数据手册中经常将截止电压与夹断电压相混淆。截止电压 $V_{GS(off)}$ 是将沟道完全夹断时的 V_{GS} 值，此时漏极电流减小至零。而夹断电压是指在 $V_{GS}=0$ V 时，使 I_D 达到恒定值时的 V_{DS} 值。

⊖　在很多中文教材和参考书中也将该区域称为"饱和区"。请读者注意加以区分。——译者注
⊖　在很多中文教材和参考书中也将该区域称为"可变电阻区"。——译者注

例 11-2 MPF4857 的 $V_P = 6\ \text{V}$，$I_{DSS} = 100\ \text{mA}$。求欧姆电阻和栅源截止电压。

解：欧姆电阻为：

$$R_{DS} = \frac{6\ \text{V}}{100\ \text{mA}} = 60\ \Omega$$

由于夹断电压为 6 V，所以栅源截止电压为：

$$V_{GS(\text{off})} = -6\ \text{V}$$

◀

自测题 11-2 2N5484 的 $V_{GS(\text{off})} = -3.0\ \text{V}$，$I_{DSS} = 5\ \text{mA}$。求欧姆电阻和 V_P 的值。

11.3 跨导特性曲线

JFET 的**跨导特性曲线**是 I_D 关于 V_{GS} 的关系曲线。通过读取图 11-5 中每条漏极曲线上的 I_D 和 V_{GS} 的值，可以绘出如图 11-6a 所示的曲线。该曲线是非线性的，当 V_{GS} 接近零时，电流增加的速度变快。

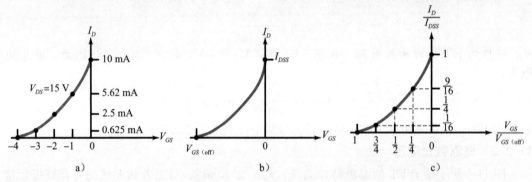

图 11-6 跨导特性曲线

对于任意 JFET 的跨导特性曲线如图 11-6b 所示。曲线的端点为 $V_{GS(\text{off})}$ 和 I_{DSS}。特性方程为：

$$I_D = I_{DSS}\left(1 - \frac{V_{GS}}{V_{GS(\text{off})}}\right)^2 \tag{11-3}$$

由于式中的平方关系，JFET 经常被称为平方律器件。该式决定了如图 11-6b 所示曲线的非线性特性。

归一化跨导特性曲线如图 11-6c 所示。归一化的意思是其曲线的比例为 I_D/I_{DSS} 和 $V_{GS}/V_{GS(\text{off})}$。

知识拓展 JFET 的跨导特性与其所在的电路或连接组态无关。

在图 11-6c 中，半截止点为：

$$\frac{V_{GS}}{V_{GS(\text{off})}} = \frac{1}{2}$$

产生的相应归一化电流为：

$$\frac{I_D}{I_{DSS}} = \frac{1}{4}$$

即当栅电压是截止电压的一半时，漏极电流是最大值的四分之一。

例 11-3 2N5668 的 $V_{GS(\text{off})} = -4\ \text{V}$，$I_{DSS} = 5\ \text{mA}$。求在半截止点处的栅极电压和漏极电流。

解：在半截止点处：

$$V_{GS} = \frac{-4 \text{ V}}{2} = -2 \text{ V}$$

漏极电流为：

$$I_D = \frac{5 \text{ mA}}{4} = 1.25 \text{ mA}$$

例 11-4 2N5459 的 $V_{GS(off)} = -8$ V，$I_{DSS} = 16$ mA。求在半截止点处的漏极电流。

解：漏极电流为最大值的四分之一，即：

$$I_D = 4 \text{ mA}$$

对应的栅源电压为 -4 V，是截止电压的一半。◀

✎ **自测题 11-4** 已知 JFET 的 $V_{GS(off)} = -6$ V 和 $I_{DSS} = 12$ mA，重新求解例 11-4。

11.4　电阻区的偏置

JFET 可偏置在电阻区或有源区。偏置在电阻区时，JFET 等效为一个电阻。偏置在有源区时，JFET 等效为一个电流源。本节讨论栅极偏置，一种将 JFET 偏置于电阻区的方法。

11.4.1　栅极偏置

图 11-7a 所示是**栅极偏置**电路。其中负栅压 $-V_{GG}$ 通过电阻 R_G 加在栅极，产生小于 I_{DSS} 的漏极电流。当漏极电流经过 R_D 时，产生漏极电压：

$$V_D = V_{DD} - I_D R_D \tag{11-4}$$

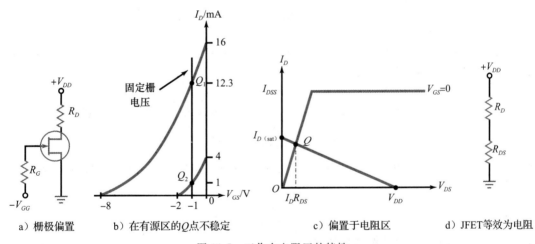

a）栅极偏置　　b）在有源区的 Q 点不稳定　　c）偏置于电阻区　　d）JFET 等效为电阻

图 11-7　工作在电阻区的特性

栅极偏置对于在有源区工作的 JFET 而言是最差的偏置方式，因为 Q 点非常不稳定。

例如，2N5459 特性的变化范围如下：I_{DSS} 在 $4 \sim 16$ mA 之间，$V_{GS(off)}$ 在 $-2 \sim -8$ V 之间。图 11-7b 所示是其特性最小值和最大值所对应的跨导曲线。如果该管的栅极偏置电压为 -1 V，则得到如图所示的最小和最大的 Q 点，其中，Q_1 的漏极电流为 12.3 mA，Q_2 的漏极电流只有 1 mA。

11.4.2　深度饱和[⊖]

栅极偏置虽然不适于对有源区的偏置，却很适合对电阻区的偏置。因为电阻区的 Q 点稳定性并不重要。图 11-7c 所示是对 JFET 在电阻区的偏置。直流负载线的上端是漏极

⊖ 本书中场效应晶体管的"饱和"是指晶体管工作在电阻区。——译者注

饱和电流：

$$I_{D(\text{sat})} = \frac{V_{DD}}{R_D}$$

为了保证 JFET 偏置于电阻区，需要使用 $V_{GS} = 0$ 的漏极曲线，且要求：

$$I_{D(\text{sat})} \ll I_{DSS} \tag{11-5}$$

符号"$\ll$"表示"远小于"。此式说明漏极饱和电流必须远小于最大漏极电流。例如，当 JFET 的 $I_{DSS} = 10$ mA 时，在 $V_{GS} = 0$ 且 $I_{D(\text{sat})} = 1$ mA 点将处于深度饱和。

当 JFET 偏置在电阻区时，可以将它用电阻 R_{DS} 来替代，如图 11-7d 所示。利用该等效电路可以计算漏极电压。当 R_{DS} 比 R_D 小很多时，漏极电压接近为零。

例 11-5 求图 11-8a 电路的漏极电压。

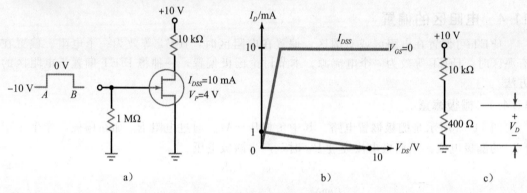

图 11-8 举例

解：因为 $V_P = 4$ V，$V_{GS(\text{off})} = -4$ V，所以输入电压在 A 时刻之前为 -10 V，JFET 截止。这种情况下，漏极电压为：

$$V_D = 10 \text{ V}$$

在 A 时刻与 B 时刻之间，输入电压为 0 V。直流负载线的上端为饱和电流：

$$I_{D(\text{sat})} = \frac{10 \text{ V}}{10 \text{ k}\Omega} = 1 \text{ mA}$$

图 11-8b 显示的是直流负载线。因为 $I_{D(\text{sat})}$ 比 I_{DSS} 小很多，所以 JFET 处于深度饱和区。

JFET 的欧姆电阻为：

$$R_{DS} = \frac{4 \text{ V}}{10 \text{ mA}} = 400 \text{ }\Omega$$

由图 11-8c 等效电路，可知漏极电压为：

$$V_D = \frac{400 \text{ }\Omega}{10 \text{ k}\Omega + 400 \text{ }\Omega} \times 10 \text{ V} = 0.385 \text{ V} \qquad \blacktriangleleft$$

自测题 11-5 若 $V_P = 3$ V，求图 11-8a 电路的 R_{DS} 和 V_D。

11.5 有源区的偏置

JFET 放大器要求将 Q 点设置在有源区。因为 JFET 参数变化范围较大，不能采用栅极偏置，需要其他的偏置方法。有些偏置方法与双极型晶体管中的类似。

分析技术的选择取决于对精度的要求。如，在对偏置电路进行初步分析和故障诊断时，常采用理想值对电路近似计算。在 JFET 电路中，经常会忽略的值。通常，理想结果中会有小于百分之十的误差。当需要进一步分析时，可使用图解法来确定电路的 Q 点。如果是设计电路，或需要更高精度时，则应该使用电路仿真器，如 Multisim（EWB）。

11.5.1 自偏置

图 11-9a 所示是**自偏置**电路。由于漏极电流从源极电阻 R_S 上流过，在源极和地之间存在电压，为：

$$V_S = I_D R_S \tag{11-6}$$

又由于 V_G 为零，故：

$$V_{GS} = -I_D R_S \tag{11-7}$$

即栅源电压等于源极电阻上电压的负值。实际上，电路是通过 R_S 上的电压给栅极提供反压来实现自偏置的。

图 11-9b 所示是几种不同源极电阻所对应的情况。R_S 取中间值时使栅源电压是截止电压的一半。近似计算该电阻值为：

$$R_S \approx R_{DS}^{\ominus} \tag{11-8}$$

此式说明源极电阻应该等于 JFET 的欧姆电阻。当满足该条件时，V_{GS} 约为截止电压的一半，漏极电流约为 I_{DSS} 的四分之一。

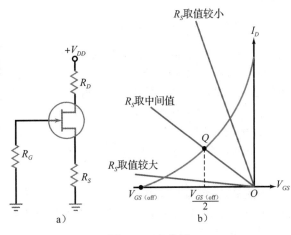

图 11-9 自偏置

当 JFET 的跨导特性曲线已知时，可以采用图解法分析自偏置电路。假设自偏置 JFET 具有如图 11-10 所示的跨导特性曲线，最大漏极电流为 4 mA，栅电压在 0～−2 V 之间变化。对式（11-7）作图，找到它与跨导特性曲线的交点，并由此确定 V_{GS} 和 I_D 的值。式（11-7）是线性方程，找到两个点后连为直线。

假设源极电阻为 500 Ω。式（11-7）变为：

$$V_{GS} = -I_D \times 500 \text{ Ω}$$

可使用任意两点作图。这里选择两个方便的点：$I_D - 0 \times 500 \text{ Ω} = 0$，对应第一个点为原点（0，0）。第二个点选择 $I_D = I_{DSS}$ 时对应的 V_{GS}。这时，$I_D = 4$ mA，$V_{GS} = -4$ mA× 500 Ω = −2 V，该点为（4 mA，−2 V）。

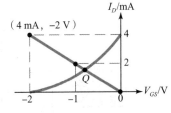

图 11-10 自偏置 Q 点

这样，便得到式（11-7）对应的两个点：（0，0）和（4 mA，−2 V）。在图 11-10 中画出两点位置，然后通过这两点作直线。该直线与跨导特性曲线的交点就是自偏置工作点。在 Q 点处，漏极电流小于 2 mA，栅源电压略小于−1 V。

这里总结一下已知跨导特性曲线确定自偏置 JFET 的 Q 点的过程。如果没有跨导特性曲线，可使用 $V_{GS(off)}$ 和 I_{DSS} 的额定值，根据平方律公式（11-3）画一个特性曲线。后续的步骤如下：

1. 用 I_{DSS} 乘以 R_S 得到 V_{GS}，这是第二个点。

2. 画出第二个点（I_{DSS}，V_{GS}）。

3. 通过原点和第二个点画一条直线。

4. 读出交点坐标。

自偏置的 Q 点不是非常稳定，只适用于小信号放大器。因此，自偏置 JFET 电路可用于信号较小的通信接收机前端。

⊖ 根据式（11-1）和式（11-3），此处结论应为 $R_S \approx 2R_{DS}$。文中多次用到该结论，译文对此未做修改，请读者自行更正。——译者注

例 11-6 运用前面讨论的规则，求图 11-11a 电路中源极电阻的中间值，并估算在此源极电阻下的漏极电压。

解： 如前文所述，当源极电阻取值等于 JFET 欧姆电阻时，自偏置效果比较好：

$$R_{DS} = \frac{4\ \text{V}}{10\ \text{mA}} = 400\ \Omega$$

图 11-11b 电路中的源极电阻取值为 $400\ \Omega$ ⊖。此时，漏极电流约为 10 mA 的四分之一，即 2.5 mA，漏极电压大约为：

$$V_D = 30\ \text{V} - 2.5\ \text{mA} \times 2\ \text{k}\Omega = 25\ \text{V} \blacktriangleleft$$

✍ **自测题 11-6** 若 JFET 的 $I_{DSS} = 8\ \text{mA}$，重新求解例 11-6，确定 R_S 和 V_D。

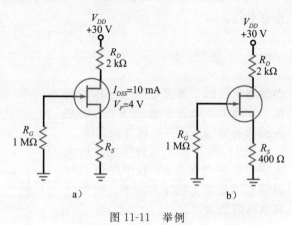

图 11-11 举例

应用实例 11-7 使用 11-12a 所示的 Multisim 仿真电路，图 11-12b 所示为 2N5486 JFET 的最小值和最大值所对应的跨导特性曲线，确定 V_{GS} 的范围以及 I_D 在 Q 点的值。确定源极电阻的最优值。 ▐▐▐ **Multisim**

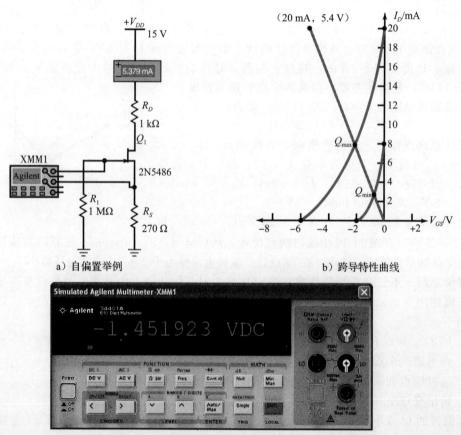

a）自偏置举例   b）跨导特性曲线

图 11-12 举例

⊖ 此处取值应为 $800\ \Omega$，原因同式（11-8）的注释。——译者注

解： 首先，用 I_{DSS} 乘以 R_S 得到 V_{GS}：

$$V_{GS} = -20 \text{ mA} \times 270 \text{ } \Omega = -5.4 \text{ V}$$

然后，画出第二个点（I_{DSS}，V_{GS}），为：

$$(20 \text{ mA}，-5.4 \text{ V})$$

过原点（0，0）和第二个点之间画一条直线。读出与最小和最大跨导曲线交点 Q 的坐标。

$$Q \text{ 点（最小）：} \quad V_{GS} = -0.8 \text{ V} \quad I_D = 2.8 \text{ mA}$$
$$Q \text{ 点（最大）：} \quad V_{GS} = -2.1 \text{ V} \quad I_D = 8.0 \text{ mA}$$

对图 11-12a 电路仿真给出的测量值在最小和最大值之间。源极电阻最优值为：

$$R_S = \frac{V_{GS(\text{off})}}{I_{DSS}} \quad \text{或} \quad R_S = \frac{V_P}{I_{DSS}}$$

使用最小值：

$$R_S = \frac{2 \text{ V}}{8 \text{ mA}} = 250 \text{ } \Omega$$

使用最大值：

$$R_S = \frac{6 \text{ V}}{20 \text{ mA}} = 300 \text{ } \Omega$$

注意，图 11-12a 中的 R_S 的值近似为 $R_{S(\min)}$ 和 $R_{S(\max)}$ 之间的中点。◀

✎ **自测题 11-7** 将图 11-12a 电路中的 R_S 改变为 390 Ω，求 Q 点。

11.5.2 分压器偏置

图 11-13a 所示是**分压器偏置**电路，其中分压器将电源电压的一部分作为栅极电压。将栅源电压减掉，便得到源极电阻上的电压：

$$V_S = V_G - V_{GS} \tag{11-9}$$

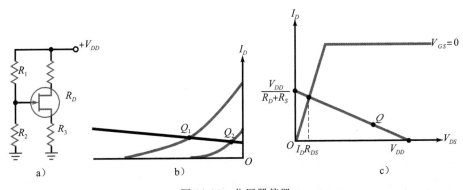

图 11-13 分压器偏置

由于 V_{GS} 是负的，源极电压比栅极电压稍大些。用源极电压除以源极电阻，可得漏极电流：

$$I_D = \frac{V_G - V_{GS}}{R_S} \approx \frac{V_G}{R_S} \tag{11-10}$$

当栅极电压较大时，可将不同 JFET 间 V_{GS} 的变化掩蔽掉。理想情况下，漏极电流等于栅极电压除以源极电阻。因此，对于任意 JFET，漏极电流几乎都保持不变，如图 11-13b 所示。

图 11-13c 所示是直流负载线。放大器的 Q 点必须处在有源区，即 V_{DS} 必须比 $I_D R_{DS}$ 大（电阻区）且比 V_{DD} 小（截止区）。当电源电压较高时，分压器偏置可建立较稳定的 Q 点。

若需要为分压器偏置电路确定较高精度的 Q 点，可采用图解法，尤其是当 JFET 的 V_{GS} 最小值和最大值相差几伏时。在图 11-13a 中，栅极电压为：

$$V_G = \frac{R_2}{R_1 + R_2} V_{DD} \tag{11-11}$$

利用图 11-14 所示的跨导特性曲线，在水平轴或 x 轴上画出 V_G 的值，确定偏置线的第一个点。为了得到第二个点，采用式（11-10），取 $V_{GS} = 0$ V 来确定 I_D，得到 $I_D = V_G/R_S$，这就是位于跨导曲线的纵轴或 y 轴上的第二个点。然后，画出两点之间的直线并延长使之与跨导特性曲线相交。最后，读出交点的坐标值。

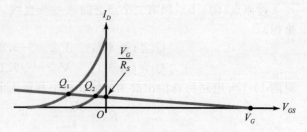

图 11-14 跨导特性曲线（VDB 电路的 Q 点）

例 11-8 使用理想方法画出图 11-15a 电路的直流负载线和 Q 点。

解：3:1 分压器产生 10 V 的栅极电压。理想情况下，源极电阻上的电压为：

$$V_S = 10 \text{ V}$$

漏极电流为：

$$I_D = \frac{10 \text{ V}}{2 \text{ k}\Omega} = 5 \text{ mA}$$

漏极电压为：

$$V_D = 30 \text{ V} - 5 \text{ mA} \times 1 \text{ k}\Omega = 25 \text{ V}$$

漏源电压为：

$$V_{DS} = 25 \text{ V} - 10 \text{ V} = 15 \text{ V}$$

直流饱和电流为：

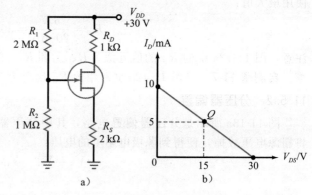

图 11-15 举例

$$I_{D(\text{sat})} = \frac{30 \text{ V}}{3 \text{ k}\Omega} = 10 \text{ mA}$$

截止电压为：

$$V_{DS(\text{cutoff})} = 30 \text{ V}$$

直流负载线和 Q 点如图 11-15b 所示。

自测题 11-8 将图 11-15 电路中的 V_{DD} 变为 24 V。用理想方法求 I_D 和 V_{DS}。

例 11-9 电路如图 11-15a 所示，用图解法利用图 11-16a 所示的 2N5486 JFET 跨导特性曲线，求 Q 点的最小值和最大值。将结果与 Multisim 的测量结果进行比较。

‖‖‖ Multisim

解：首先，V_G 的值为：

$$V_G = \frac{1 \text{ M}\Omega}{2 \text{ M}\Omega + 1 \text{ M}\Omega} \times 30 \text{ V} = 10 \text{ V}$$

将此值画在 x 轴上。

然后，找出第二个点：

$$I_D = \frac{V_G}{R_S} = \frac{10 \text{ V}}{2 \text{ k}\Omega} = 5 \text{ mA}$$

将此值画在 y 轴上。

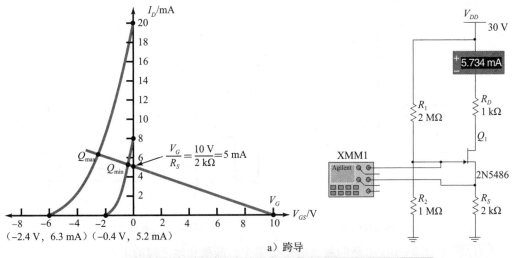

a）跨导

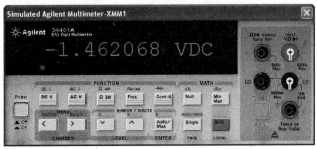

b）Multisim测量结果

图 11-16　举例

过上述两点画一条直线并延长，通过最小和最大跨导特性曲线，得到：

$$V_{GS(\min)} = -0.4\text{ V} \quad I_{D(\min)} = 5.2\text{ mA}$$
$$V_{GS(\max)} = -2.4\text{ V} \quad I_{D(\max)} = 6.3\text{ mA}$$

图 11-16b 所示的 Multisim 测量值处于计算出的最小值和最大值之间。　◀

自测题 11-9　当图 11-15a 电路中的 $V_{DD} = 24$ V 时，用图解法求 I_D 的最大值。

11.5.3　双电源偏置

图 11-17 所示是双电源偏置电路。漏极电流为：

$$I_D = \frac{V_{SS} - V_{GS}}{R_S} \approx \frac{V_{SS}}{R_S} \tag{11-12}$$

基本原理仍然是使 V_{SS} 远大于 V_{GS}，以此来消除 V_{GS} 的变化。理想情况下，漏极电流等于源极电源电压除以源极电阻。此时，即使 JFET 被更换或者温度发生变化，漏极电流仍能够基本上保持不变。

11.5.4　电流源偏置

当漏极电源电压不大时，没有足够大的栅极电压来掩蔽 V_{GS} 的变化。此时，更好的设计方法是采用图 11-18a 所示的**电流源偏置电路**。该电路中，双极型晶体管为 JFET 提供固定电流，漏极电流为：

$$I_D = \frac{V_{EE} - V_{BE}}{R_E} \tag{11-13}$$

图 11-18b 显示了电流源偏置的工作原理。两个 Q 点有同样的电流。即使两个 Q 点处的 V_{GS} 是不同的，也不会对漏极电流产生影响。

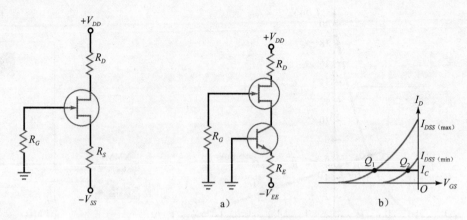

图 11-17 双电源偏置电路   图 11-18 电流源偏置电路

例 11-10 图 11-19a 电路的漏极电流是多少？漏极和地之间的电压是多少？

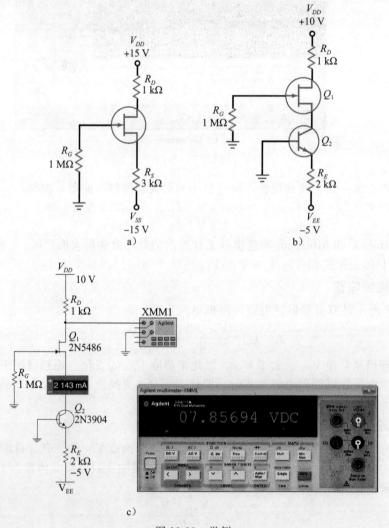

图 11-19 举例

解： 理想情况下，源极电阻上的电压为 15 V，产生的漏极电流为：

$$I_D = \frac{15\ \text{V}}{3\ \text{k}\Omega} = 5\ \text{mA}$$

漏极电压为：

$$V_D = 15\ \text{V} - 5\ \text{mA} \times 1\ \text{k}\Omega = 10\ \text{V} \qquad \blacktriangleleft$$

应用实例 11-11 求图 11-19b 电路的漏极电流和漏极电压。　**|||| Multisim**

解： 双极型晶体管建立的漏极电流为：

$$I_D = \frac{5\ \text{V} - 0.7\ \text{V}}{2\ \text{k}\Omega} = 2.15\ \text{mA}$$

漏极电压为：

$$V_D = 10\ \text{V} - 2.15\ \text{mA} \times 1\ \text{k}\Omega = 7.85\ \text{V}$$

图 11-19c 所示的 Multisim 测量值与计算值非常接近。　$\blacktriangleleft$

✎ **自测题 11-11** 取 $R_E = 1\ \text{k}\Omega$，重新计算例 11-11。

表 11-1 列出了最常见的几种 JFET 偏置电路。在跨导特性曲线上标出了工作点，可以清楚地说明每种偏置方法的优点。

表 11-1　JFET 偏置

电路		特性
栅极偏置		$I_D = I_{DSS}\left(1 - \dfrac{V_{GS}}{V_{GS(\text{off})}}\right)^2$ $V_{GS} = V_G$ $V_D = V_{DD} - I_D R_D$
自偏置		$V_{GS} = -I_D R_S$ 第二点 $= I_{DSS} R_S$
VDB		$V_G = \dfrac{R_2}{R_1 + R_2} V_{DD}$ $I_D = \dfrac{V_G}{R_S}$ $V_{DS} = V_D - V_S$

（续）

电路	特性
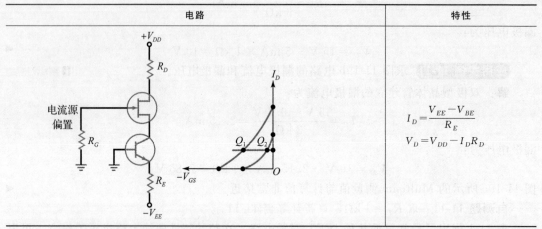	$$I_D = \frac{V_{EE} - V_{BE}}{R_E}$$ $$V_D = V_{DD} - I_D R_D$$

11.6　跨导

在分析 JFET 放大器前，需要首先讨论**跨导**。跨导由 g_m 表示，定义为：

$$g_m = \frac{i_d}{v_{gs}} \tag{11-14}$$

即跨导等于交流漏极电流除以交流栅源电压。跨导表示的是栅源电压控制漏极电流的有效程度。跨导越大，栅源电压控制漏极电流的能力越强。

例如，当 $v_{gs} = 0.1\,\text{V}$（峰峰值）时，$i_d = 0.2\,\text{mA}$（峰峰值），则：

$$g_m = \frac{0.2\,\text{mA}}{0.1\,\text{V}} = 2 \times 10^{-3}\,\text{mho} = 2000\,\mu\text{mho}$$

而当 $v_{gs} = 0.1\,\text{V}$（峰峰值）时，$i_d = 1\,\text{mA}$，则：

$$g_m = \frac{1\,\text{mA}}{0.1\,\text{V}} = 10\,000\,\mu\text{mho}$$

第二种情况的跨导较高，说明栅源电压对漏极电流的控制更有效。

知识拓展　许多年前，人们使用真空管而不是晶体管。真空管也是电压控制器件，通过输入栅极电压 V_{GK} 控制输出电流 I_P。因此，真空管有跨导 g_m。这个"增益"值可以用真空管测试仪测量。与固态晶体管不同，真空管的增益通常会随着时间衰减。当增益太低时，则需要更换。

11.6.1　跨导的单位：西门子

跨导的单位姆欧（mho）是电流和电压之比，与之等效的单位是西门子（S），因此前面例题的答案可写为 $2000\,\mu\text{S}$ 和 $10\,000\,\mu\text{S}$。在数据手册中，这两种单位（mho 或 S）都可能被使用。数据手册中也可能采用符号 g_{fs} 而不是 g_m。例如，2N5451 的数据手册中列出了漏极电流为 $1\,\text{mA}$ 时的 g_{fs} 为 $2000\,\mu\text{S}$，意思是 2N5451 在漏极电流为 $1\,\text{mA}$ 时的 g_m 为 $2000\,\mu\text{mho}$。

11.6.2　跨导特性曲线的斜率

图 11-20a 所示的跨导特性曲线表示出 g_m 的意义。V_{GS} 在点 A 和点 B 之间的改变使 I_D 发生改变，用 I_D 的变化量除以 V_{GS} 的变化量即为 A 点到 B 点之间的 g_m 值。选择曲线上方的 C 和 D 两点，V_{GS} 的变化量相同，但 I_D 变化量更大。所以曲线上方的 g_m 值更大。由此可知，g_m 就是跨导特性曲线的斜率。Q 点所在位置的曲线斜率越陡，跨导越大。

图 11-20b 所示是 JFET 的交流等效电路。栅极和源极之间的电阻 R_{GS} 非常大。漏极的作用就像一个电流源，电流值为 $g_m v_{gs}$。若已知 g_m 和 v_{gs}，可以计算交流漏极电流。

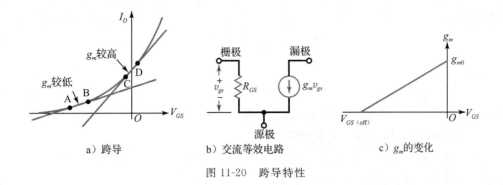

a）跨导　　　　　　b）交流等效电路　　　　　c）g_m的变化

图 11-20　跨导特性

知识拓展　JFET 的 V_{GS} 在 $V_{GS(\text{off})}$ 附近存在一个零温度系数的取值点，即当 V_{GS} 取该值时，I_D 不随温度的变化而变化。

11.6.3　跨导和栅源截止电压

$V_{GS(\text{off})}$ 的值很难准确测量，但 I_{DSS} 和 g_{m0} 的精确测量是比较容易的。因此，计算 $V_{GS(\text{off})}$ 通常采用公式：

$$V_{GS(\text{off})} = \frac{-2 I_{DSS}}{g_{m0}} \tag{11-15}$$

式中，g_{m0} 是 $V_{GS}=0$ 时的跨导值。通常情况下，制造厂家使用该公式计算数据手册中的 $V_{GS(\text{off})}$ 值。

因为 g_{m0} 是 $V_{GS}=0$ 时的值，所以是 g_m 的最大值。当 V_{GS} 为负值时，g_m 减小。在任意 V_{GS} 下计算 g_m 的公式为：

$$g_m = g_{m0} \left(1 - \frac{V_{GS}}{V_{GS(\text{off})}} \right) \tag{11-16}$$

当 V_{GS} 的负值更大时，g_m 呈线性减小，如图 11-20c 所示。可以通过改变 g_m 的值实现自动增益控制，后续章节将会讨论这一问题。

例 11-12　2N5457 的 $I_{DSS}=5$ mA，$g_{m0}=5000$ μS，$V_{GS(\text{off})}$ 的值为多少？当 $V_{GS}=-1$ V 时，g_m 的值为多少？

解：利用式（11-15）：

$$V_{GS(\text{off})} = \frac{-2 \times 5 \text{ mA}}{5000 \text{ } \mu S} = -2 \text{ V}$$

再由式（11-16）得到：

$$g_m = 5000 \text{ } \mu S \left(1 - \frac{1 \text{ V}}{2 \text{ V}} \right) = 2500 \text{ } \mu S \qquad \blacktriangleleft$$

自测题 11-12　当 $I_{DSS}=8$ mA，$V_{GS}=-2$ V 时，重新求解例 11-12。

11.7　JFET 放大器

图 11-21a 所示是**共源（CS）放大器**。耦合电容和旁路电容是对交流短路的，因此，信号被耦合到栅极。因为源极经旁路接地，交流输入电压全部加在栅源之间，由此产生漏极交流电流。漏极电流经漏极电阻，形成反向放大的输出电压。输出信号通过耦合传输到负载电阻。

11.7.1　CS 放大器的电压增益

图 11-21b 所示是交流等效电路。漏极交流电阻 r_d 的定义为：

$$r_d = R_D \| R_L$$

电压增益为：

$$A_v = \frac{v_{\text{out}}}{v_{\text{in}}} = \frac{g_m v_{\text{in}} r_d}{v_{\text{in}}}$$

可简化为：

$$A_v = g_m r_d \tag{11-17}$$

即 CS 放大器的电压增益等于跨导与漏极交流电阻的乘积。

11.7.2　共源极放大器的输入和输出阻抗

由于 JFET 通常情况下栅源电压为负，栅极的输入电阻 R_{GS} 非常大。可以用 JFET 数据手册中的数据来近似 R_{GS} 的值，也可以通过公式求得：

$$R_{GS} = \frac{V_{GS}}{I_{GSS}} \tag{11-18}$$

例如，若 $V_{GS} = -15$ V，I_{GSS} 为 -2.0 nA，则 R_{GS} 等于 7500 MΩ。

如图 11-21b 所示，该放大级的输入阻抗为：

$$Z_{\text{in(stage)}} = R_1 \parallel R_2 \parallel R_{GS}$$

由于相对于输入偏置电阻，R_{GS} 通常非常大，因此输入阻抗减小为：

$$Z_{\text{in(stage)}} = R_1 \parallel R_2 \tag{11-19}$$

在共源极放大器中，电路在负载 R_L 处的输出阻抗为 $z_{\text{out(stage)}}$。在图 11-21b 中，输出电阻为 R_D 与恒流源并联，该恒流源理想情况下可看作开路，因此得到

$$Z_{\text{out(stage)}} = R_D \tag{11-20}$$

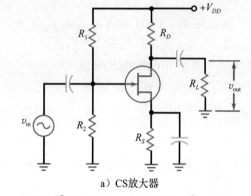

a）CS放大器

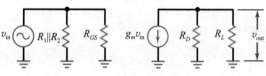

b）交流等效电路

图 11-21　CS 放大器及其交流等效电路

11.7.3　源极跟随器

图 11-22a 所示电路是**源极跟随器**。信号从栅极输入，从源极输出并耦合至负载电阻。和射极跟随器一样，源极跟随器的电压增益小于 1。源极跟随器的主要优点是输入电阻非常高，它通常用于系统前端，其后是双极型电压增益级。

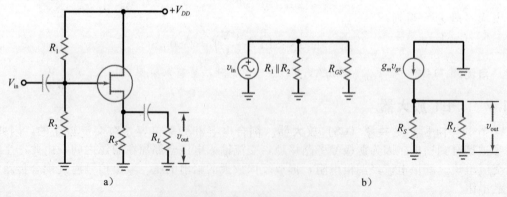

图 11-22　源极跟随器和交流等效电路

在图 11-22b 中，源极交流电阻定义为：

$$r_s = R_S \parallel R_L$$

源极跟随器的电压增益为：

$$A_v = \frac{v_{\text{out}}}{v_{\text{in}}} = \frac{i_d r_s}{v_{gs} + i_d r_s} = \frac{g_m v_{gs} r_s}{v_{gs} + g_m v_{gs} r_s}, \qquad \text{其中 } i_d = g_m v_{gs}$$

可以简化为：

$$A_v = \frac{g_m r_s}{1 + g_m r_s} \tag{11-21}$$

因为式中分母总是大于分子，所以电压增益总是小于 1。

从图 11-22b 可以看出，源极跟随器的输入阻抗与共源极放大器的相同，为：

$$Z_{\text{in(stage)}} = R_1 \parallel R_2 \parallel R_{GS}$$

可以化简为：

$$Z_{\text{in(stage)}} = R_1 \parallel R_2$$

从负载处看到的输出电阻为：

$$Z_{\text{out(stage)}} = R_S \parallel R_{\text{in(source)}}$$

从源极看进去的电阻为：

$$R_{\text{in(source)}} = \frac{v_{\text{source}}}{i_{\text{source}}} = \frac{v_{g_s}}{i_s}$$

由于 $v_{gs} = i_d / g_m$，$i_d = i_s$，$R_{\text{in(source)}} = \dfrac{\dfrac{i_d}{g_m}}{i_d} = \dfrac{1}{g_m}$，因此，可得源极跟随器的输出阻抗为

$$Z_{\text{out(stage)}} = R_S \parallel \frac{1}{g_m} \tag{11-22}$$

知识拓展 由于 JFET 的输入阻抗非常高，通常认为其输入电流是 $0\ \mu A$。所以没有定义 JFET 放大器的电流增益。

知识拓展 对于 JFET 小信号放大器，栅极的输入信号不能过大，以免导致栅源间的 pn 结正偏。

例 11-13 如果图 11-23 中的 $g_m = 5000\ \mu S$，输出电压为多少？ **▥ Multisim**

解： 漏极交流电阻为：

$$r_d = 3.6\ \text{k}\Omega \parallel 10\ \text{k}\Omega = 2.65\ \text{k}\Omega$$

电压增益为：

$$A_v = 5000\ \mu S \times 2.65\ \text{k}\Omega = 13.3$$

根据式（11-19）可得输入阻抗为 500 kΩ，栅极的输入信号约为 1 mV。因此输出电压为：

$$v_{\text{out}} = 13.3 \times 1\ \text{mV}(\text{峰峰值})$$
$$= 13.3\ \text{mV}(\text{峰峰值}) \quad \blacktriangleleft$$

自测题 11-13 如果图 11-23 电路的 $g_m = 2000\ \mu S$，求输出电压。

例 11-14 如果图 11-24 电路的 $g_m = 2500\ \mu S$，求级输入阻抗、级输出阻抗和源极跟随器的输出电压。

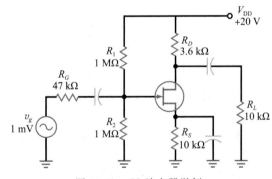

图 11-23 CS 放大器举例

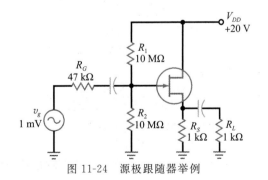

图 11-24 源极跟随器举例

解： 根据式（11-19）可知级输入阻抗为：

$$Z_{in(stage)} = R_1 \| R_2 = 10 \text{ M}\Omega \| 10 \text{ M}\Omega$$
$$Z_{in(stage)} = 5 \text{ M}\Omega$$

根据式（11-22）可知级输出阻抗为：

$$Z_{out(stage)} = R_S \| \frac{1}{g_m} = 1 \text{ k}\Omega \| \frac{1}{2500 \text{ }\mu S} = 1 \text{ k}\Omega \| 400 \text{ }\Omega$$
$$Z_{out(stage)} = 286 \text{ }\Omega$$

源极交流电阻为：

$$r_s = 1 \text{ k}\Omega \| 1 \text{ k}\Omega = 500 \text{ }\Omega$$

由式（11-21）得电压增益：

$$A_v = \frac{2500 \text{ }\mu S \times 500 \text{ }\Omega}{1 + 2500 \text{ }\mu S \times 500 \text{ }\Omega} = 0.556$$

级输入电阻为 5 MΩ，栅极输入信号近似为 1 mV。因此，输出电压为：

$$v_{out} = 0.556 \times 1 \text{ mV} = 0.556 \text{ mV}$$ ◀

✎ **自测题 11-14** 如果图 11-24 电路的 $g_m = 5000 \text{ }\mu S$，求输出电压。

例 11-15 图 11-25 电路中包含一个 1 kΩ 的可变电阻。如果该可变电阻调到 780 Ω，求电压增益。 ⅢⅢ Multisim

解： 总的源极直流电阻为：

$$R_S = 780 \text{ }\Omega + 220 \text{ }\Omega = 1 \text{ k}\Omega$$

源极交流电阻为：

$$r_s = 1 \text{ k}\Omega \| 3 \text{ k}\Omega = 750 \text{ }\Omega$$

电压增益为：

$$A_v = \frac{2000 \text{ }\mu S \times 750 \text{ }\Omega}{1 + 2000 \text{ }\mu S \times 750 \text{ }\Omega} = 0.6$$ ◀

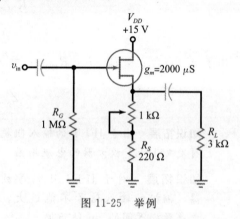

图 11-25 举例

✎ **自测题 11-15** 调节图 11-25 电路中的可变电阻，可能达到的最大电压增益为多少？

例 11-16 图 11-26 电路的漏极电流为多少？电压增益为多少？ ⅢⅢ Multisim

解： 由 3:1 分压器产生的栅极直流电压为 10 V。

理想情况下，漏极电流为：

$$I_D = \frac{10 \text{ V}}{2.2 \text{ k}\Omega} = 4.55 \text{ mA}$$

源极交流电阻为：

$$r_s = 2.2 \text{ k}\Omega \| 3.3 \text{ k}\Omega = 1.32 \text{ k}\Omega$$

电压增益为：

$$A_v = \frac{3500 \text{ }\mu S \times 1.32 \text{ k}\Omega}{1 + 3500 \text{ }\mu S \times 1.32 \text{ k}\Omega} = 0.822$$ ◀

✎ **自测题 11-16** 如果图 11-26 电路中的 3.3 kΩ 电阻开路，电压增益会变为多少？

表 11-2 列出了共源放大器和源极跟随器的电路和特性。

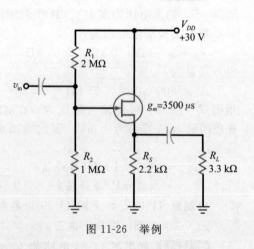

图 11-26 举例

表 11-2 共源放大器和源极跟随器的电路和特性

电路	特性
共源放大器	$V_G = \dfrac{R_1}{R_1 + R_2} V_{DD}$ $V_S \approx V_G$ 或用图解法 $I_G = \dfrac{V_S}{R_S}$ $V_D = V_{DD} - I_D R_D$ $V_{GS(\text{off})} = \dfrac{-2I_{DSS}}{g_{mo}}$ $g_m = g_{mo}\left(1 - \dfrac{V_{GS}}{V_{GS(\text{off})}}\right)$ $r_d = R_D \| R_L$ $A_v = g_m r_d$ $Z_{out(\text{stage})} = R_D$ 相移 $= 180°$
源极跟随器	$V_G = \dfrac{R_1}{R_1 + R_2} V_{DD}$ $V_S \approx V_G$ 或用图解法 $I_G = \dfrac{V_S}{R_S}$ $V_D = V_{DD} - V_S$ $V_{GS(\text{off})} = \dfrac{-2I_{DSS}}{g_{mo}}$ $g_m = g_{mo}\left(1 - \dfrac{V_{GS}}{V_{GS(\text{off})}}\right)$ $A_v = \dfrac{g_m r_s}{1 + g_m r_s}$ $Z_{out(\text{stage})} = R_S \| \dfrac{1}{g_m}$ 相移 $= 0°$

11.8 JFET 模拟开关

除源极跟随器之外，JFET 的另一个主要应用是模拟开关。在这类应用中，JFET 的作用如同开关，允许或阻止交流小信号的通过。为了实现该功能，栅源电压 V_{GS} 只能取两类值：零或比 $V_{GS(\text{off})}$ 大的值。这样，才能使 JFET 工作在电阻区或截止区。

11.8.1 并联开关

图 11-27a 所示是 JFET 做**并联开关**的例子。JFET 的导通或截止取决于 V_{GS} 的高低。当 V_{GS} 为高（0 V）时，JFET 工作在电阻区；当 V_{GS} 为低时，JFET 截止。因此，得到如图 11-27b 所示的等效电路。

正常工作时，交流输入电压必须是小信号，通常小于 100 mV。当交流信号达到正峰值时，小信号保证 JFET 仍能工作在电阻区。同时，R_D 应比 R_{DS} 大很多，以保证 JFET 处于深度饱和：

$$R_D \gg R_{DS}$$

当 V_{GS} 为高时，JFET 工作在电阻区，图 11-27b 中的开关闭合。由于 R_{DS} 比 R_D 小很多，v_{out} 比 v_{in} 小很多。当 V_{GS} 为低时，JFET 截止，图 11-27b 中的开关断开。此时，$v_{out} = v_{in}$。所以，JFET 并联开关的作用是传输或阻断交流信号。

11.8.2 串联开关

图 11-27c 所示是 JFET 做**串联开关**的例子。图 11-27d 是它的等效电路。当 V_{GS} 为高

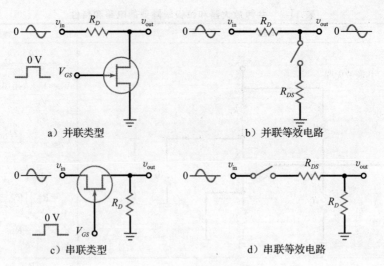

a）并联类型　　　　　　b）并联等效电路

c）串联类型　　　　　　d）串联等效电路

图 11-27　JFET 模拟开关

时，开关闭合，JFET 等效为电阻 R_{DS}。此时，输出与输入近似相等。当 V_{GS} 为低时，JFET 截止，v_{out} 近似为零。

将最大输出电压与最小输出电压的比定义为开关比：

$$开关比 = \frac{v_{out(max)}}{v_{out(min)}} \tag{11-23}$$

当要求开关比的取值较高时，选择 JFET 串联开关会更好，因为它的值高于 JFET 并联开关。

知识拓展　JFET 在任意 V_{GS} 时的欧姆电阻可由下式确定：

$$R_{DS} = \frac{R_{DS(on)}}{1 - V_{GS}/V_{GS(off)}}$$

其中 $R_{DS(on)}$ 是 V_{DS} 很小且 $V_{GS}=0$ V 时的欧姆电阻。

11.8.3　斩波器

图 11-28 所示电路是 JFET **斩波器**。栅极电压是连续的方波，控制 JFET 的开和关。输入电压是幅度为 V_{DC} 的矩形脉冲。由于栅极方波的作用，输出被斩波（闭合或断开），如图 11-28 所示。

JFET 斩波器可使用并联开关或串联开关。该电路将输入的直流电压转换为方波输出。斩波输出的峰值为 V_{DC}。JFET 斩波

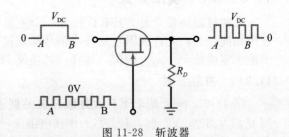

图 11-28　斩波器

器可以用来实现直流放大器，即可以放大频率低至零的信号。相关内容稍后介绍。

例 11-17　JFET 并联开关的 $R_D = 10$ kΩ，$I_{DSS} = 10$ mA，$V_{GS(off)} = -2$ V。如果 $v_{in} = 10$ mV（峰峰值），求输出电压和开关比。

解： 欧姆电阻为：

$$R_{DS} = \frac{2\ V}{10\ mA} = 200\ \Omega$$

JFET 导通时的等效电路如图 11-29a 所示。其输出电压为：

$$v_{out} = \frac{200\ \Omega}{10.2\ k\Omega} \times 10\ mV = 0.196\ mV（峰峰值）$$

当 JFET 截止时：

$$v_{out} = 10 \text{ mV（峰峰值）}$$

求得开关比为：

$$开关比 = \frac{10 \text{ mV（峰峰值）}}{0.196 \text{ mV（峰峰值）}} = 51 \quad \blacktriangleleft$$

✎ **自测题 11-17** 当 $V_{GS(off)} = -4 \text{ V}$ 时，重新计算例 11-17。

例 11-18 JFET 串联开关电路的参数同例 11-17，求输出电压。如果 JFET 在截止时的电阻为 10 MΩ，求开关比。

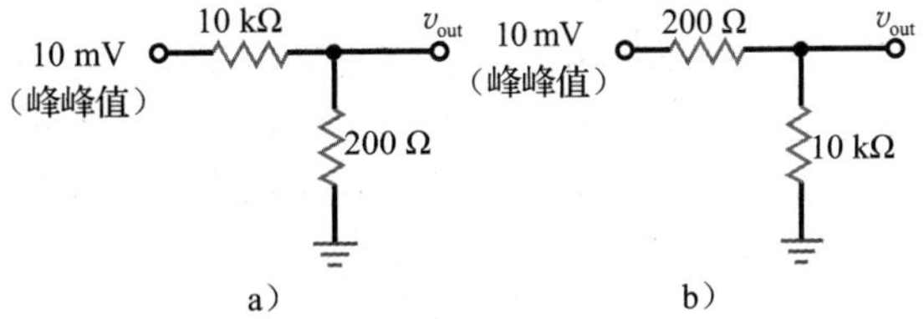

解： JFET 导通时的等效电路如图 11-29b 所示。其输出电压为：

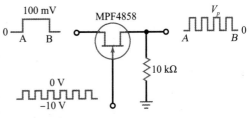

图 11-29 举例

$$v_{out} = \frac{10 \text{ k}\Omega}{10.2 \text{ k}\Omega} \times 10 \text{ mV（峰峰值）} = 9.8 \text{ mV（峰峰值）}$$

当 JFET 截止时：

$$v_{out} = \frac{10 \text{ k}\Omega}{10 \text{ M}\Omega} \times 10 \text{ mV（峰峰值）} = 10 \text{ μV（峰峰值）}$$

则开关比为：

$$开关比 = \frac{9.8 \text{ mV（峰峰值）}}{10 \text{ μV（峰峰值）}} = 980$$

与前面的例题相比，可以看到串联开关具有更好的开关比。 $\blacktriangleleft$

✎ **自测题 11-18** 当 $V_{GS(off)} = -4 \text{ V}$ 时，重新计算例 11-18。

例 11-19 图 11-30 中栅极的方波频率为 20 kHz。斩波输出的频率为多少？如果 MPF4858 的 R_{DS} 为 50 Ω，斩波输出的峰值为多少？

解： 输出频率与栅极的斩波频率相同：

$$f_{out} = 20 \text{ kHz}$$

由于 50 Ω 远小于 10 kΩ，几乎所有的输入电压都传输到了输出：

$$V_p = \frac{10 \text{ k}\Omega}{10 \text{ k}\Omega + 50 \text{ }\Omega} \times 100 \text{ mV} = 99.5 \text{ mV} \quad \blacktriangleleft$$

图 11-30 斩波器举例

✎ **自测题 11-19** 当图 11-30 电路中的 R_{DS} 为 100 Ω 时，确定斩波输出的峰值。

11.9 JFET 的其他应用

JFET 在大部分放大器应用中都无法与双极型晶体管竞争，但是它的特殊属性使其在特殊的应用中更加适合。本节讨论能够体现 JFET 优势的一些应用。

11.9.1 多路复用

多路复用指的是将多路合并为一路。图 11-31 所示是一个模拟多路复用器，是将一路或多路输入信号切换到输出的电路。每个 JFET 的作用都是一个串联开关。控制信

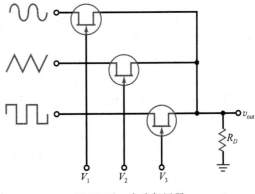

图 11-31 多路复用器

号（V_1，V_2 和 V_3）使 JFET 导通和截止。当控制信号为高时，其输入信号将传输到输出端。

例如，当 V_1 为高，其他控制电压为低时，则输出为正弦波。当 V_2 为高，其他控制电压为低时，则输出为三角波。当 V_3 为高时，则输出为方波。通常，只有一个控制信号为高，保证只有一路输入信号传递到输出端。

11.9.2　斩波放大器

可以将耦合电容和旁路电容去掉，将每级的输出直接连接到下一级的输入，构成直接耦合放大器。这样，直流电压就可以像交流电压一样被耦合到下一级。能够放大直流信号的放大器称为直流放大器。直接耦合的主要缺点是信号的漂移，即直流输出电压的缓慢改变。信号漂移是由于电源电压、晶体管参数和温度的微小变化引起的。

图 11-32a 所示是克服直接耦合漂移问题的一种方法。电路中没有使用直接耦合，而是使用 JFET 斩波器将输入直流电压转换为方波，其幅度等于 V_{DC}。由于方波是交流信号，可以较方便地使用带耦合电容和旁路电容的交流放大器。放大后的输出信号可以通过峰值检测恢复出放大的直流信号。

斩波放大器可以用来放大低频信号及直流信号。如果输入是低频信号，则被斩波成为如图 11-32b 所示的交流信号。该斩波信号可通过交流放大器放大，放大信号再通过峰值检测来恢复出原始的输入信号。

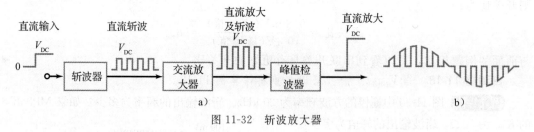

图 11-32　斩波放大器

11.9.3　缓冲放大器

图 11-33 所示是缓冲放大器，用于两级之间的隔离。理想情况下，缓冲器应该具有高输入阻抗。这样，前级 A 的戴维南等效电压几乎全部可以加到缓冲器的输入。同时，缓冲器应具有低输出阻抗，从而确保它所有的输出电压全部加到后级 B 的输入。

源极跟随器是非常好的缓冲放大器，它的输入阻抗高（低频时达兆欧姆），输出阻抗低（通常为几百欧姆）。高输入阻抗意味着 A 级的负载轻，低输出阻抗意味着缓冲器的驱动能力强（可驱动小阻抗负载）。

图 11-33　缓冲放大器隔离 A 级和 B 级

11.9.4　低噪声放大器

噪声是在有用信号上叠加的干扰信号。噪声对信号中的信息形成干扰。比如，电视接收机中的噪声在画面上形成小的白点或黑点，严重的噪声可以破坏整个画面。类似地，收音机中的噪声会产生噼啪声和嘶嘶声，有时会将信号完全掩盖掉。噪声和信号是相互独立的，在没有信号时，噪声依然存在。

JFET 是很好的低噪声器件，它比双极型晶体管的噪声小得多。接收机前端的低噪声特性非常重要，因为后级会将前端的噪声与信号一同放大。如果在前端使用 JFET 放大器，则末级得到的放大噪声较小。

接收机前端的电路还包括混频器和振荡器。混频器是将高频转换到低频的电路；振荡器是产生交流信号的电路。JFET 经常用来作 VHF/UHF 放大器、混频器和振荡器。其中，VHF 代表"甚高频"（30～300 MHz），UHF 代表"特高频"（300～3000 MHz）。

11.9.5 压控电阻

当 JFET 工作在电阻区时，经常使 $V_{GS}=0$ 以保证深度饱和。此外，V_{GS} 的值在 0～ $V_{GS(off)}$ 之间时，可以使 JFET 工作在电阻区。此时，JFET 的特性类似一个压控电阻。

图 11-34 给出了原点附近 V_{DS} 小于 100 mV 时 2N5951 的漏极曲线。在此区域中，小信号阻抗 r_{ds} 定义为漏极电压除以漏极电流：

$$r_{ds} = \frac{V_{DS}}{I_D} \qquad (11\text{-}24)$$

如图 11-34 所示，r_{ds} 取决于 V_{GS}。当 $V_{GS}=0$ 时，r_{ds} 最小，且等于 R_{DS}。随着 V_{GS} 负值变大，r_{ds} 增大，且大于 R_{DS}。

例如，当图 11-34 中的 $V_{GS}=0$ 时，可以计算出：

$$r_{ds} = \frac{100 \text{ mV}}{0.8 \text{ mA}} = 125 \ \Omega$$

当 $V_{GS}=-2$ V 时：

$$r_{ds} = \frac{100 \text{ mV}}{0.4 \text{ mA}} = 250 \ \Omega$$

当 $V_{GS}=-4$ V 时：

$$r_{ds} = \frac{100 \text{ mV}}{0.1 \text{ mA}} = 1 \text{ k}\Omega$$

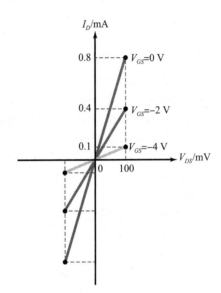

图 11-34　小信号电阻 r_{ds} 大小受电压控制

这说明 JFET 在电阻区的特性如同一个压控电阻。

JFET 在低频时是对称器件，其任意一端都可作为源级或漏极。因此图 11-34 所示的漏极曲线向原点两侧扩展。这意味着 JFET 可以作为压控电阻用于交流小信号，小信号的典型峰峰值小于 200 mV，此时，JFET 不需要来自电源的直流漏极电压，因为交流小信号会产生漏极电压。

图 11-35a 所示并联电路中 JFET 的作用是压控电阻。该电路与前面讨论的 JFET 并联开关的形式是相同的，不同之处是控制电压 V_{GS} 不是在 0 和大幅度的负电压之间摆动，而是连续变化的，即可以是 0～$V_{GS(off)}$ 之间的任意值。这样，通过 V_{GS} 控制 JFET 电阻，从而改变输出电压的峰值。

图 11-35b 所示串联电路中 JFET 的作用是压控电阻。工作原理基本相同，当改变 V_{GS} 时，JFET 的交流电阻随之改变，从而改变输出电压的峰值。

由前文计算可知，当 $V_{GS}=0$ V 时，2N5951 的小信号电阻为：

$$r_{ds} = 125 \ \Omega$$

则图 11-35a 中分压器产生的输出电压峰值为：

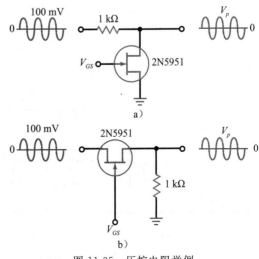

图 11-35　压控电阻举例

$$V_p = \frac{125\ \Omega}{1.125\ k\Omega} \times 100\ mV = 11.1\ mV$$

如果 V_{GS} 变为 $-2\ V$，r_{ds} 增大到 $250\ \Omega$，输出电压峰值增大为：

$$V_p = \frac{250\ \Omega}{1.25\ k\Omega} \times 100\ mV = 20\ mV$$

当 V_{GS} 变为 $-4\ V$ 时，r_{ds} 增大到 $1\ k\Omega$，输出电压峰值增大到：

$$V_p = \frac{1\ k\Omega}{2\ k\Omega} \times 100\ mV = 50\ mV$$

11.9.6　自动增益控制

当接收机从信号较弱的台调谐到信号较强的台时，若未将音量立刻调小，扬声器会发出刺耳的鸣响（声音变强）。接收到的音量也有可能因为衰减而发生变化。衰减是指因发射机和接收机之间路径的变化引起的信号减弱。为避免不希望发生的音量改变，大多数现代接收机都采用**自动增益控制**（AGC）。

图 11-36 描述了 AGC 的基本原理。输入信号 v_{in} 经过 JFET 构成的压控电阻后被放大，输出电压为 v_{out}。将输出信号反馈到负峰值检波器，其输出作为 JFET 的 V_{GS}。

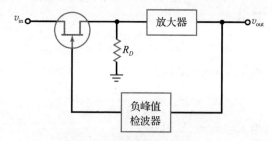

如果输入信号突然增大很多，则输出电压将会增大，同时峰值检波器的输出负电压幅度也会变大。由于 V_{GS} 负值变大，JFET 将具有更高的欧姆电阻，使得放大器的输入信号降低，从而减小输出信号。

反之，如果输入信号减弱，则输出电压降低，同时负峰值检波器的输出变小。

图 11-36　自动增益控制

由于 V_{GS} 负值减小，JFET 传输到放大器的信号电压变大，使输出增加。因此，输入信号的突然改变可以被 AGC 补偿或减弱。

应用实例 11-20 图 11-37b 中的电路如何控制接收机的增益？

解：如前文所述，当 V_{GS} 的负值变大时，JFET 的 g_m 减小。关系式为：

$$g_m = g_{m0}\left(1 - \frac{V_{GS}}{V_{GS(off)}}\right)$$

该式是线性的，如图 11-37a 所示。对于 JFET，当 $V_{GS} = 0$ 时 g_m 达到最大值。随着 V_{GS} 的负值增加，g_m 的值减小。CS 放大器的电压增益为：

$$A_v = g_m r_d$$

因此，可以通过控制 g_m 的值来控制电压增益。

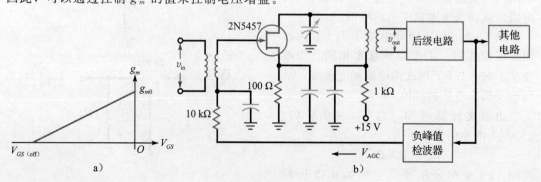

图 11-37　接收机中的 AGC

电路实现如图 11-37b 所示。在接收机的前端是 JFET 放大器，它的电压增益为 $g_m r_d$。后级电路对 JFET 的输出进行放大，同时该级的输出进入负峰值检波器产生电压 V_{AGC}。负电压 V_{AGC} 反馈到 CS 放大器的栅级。

当接收机从信号较弱的台转换到信号较强的台时，较大信号经峰值检测使 V_{AGC} 的负值变大，从而使 JFET 放大器的增益减小。相反的情况，如果信号衰减，减小的 AGC 电压作用到栅极，使 JFET 级产生较大的输出信号。

AGC 的作用是减小最终输出信号的变化幅度。例如，在一些 AGC 系统中，当输入信号增加 100% 时，其最后输出信号的增加不到 1%。◀

11.9.7　共源共栅放大器

图 11-38 所示是共源共栅放大器的例子。两个 FET 连接后总的电压增益为：

$$A_v = g_m r_d$$

与 CS 放大器的增益相同。

该电路的优点是输入电容低，这对于 VHF 和 UHF 信号非常重要。在高频应用中，输入电容成为电压增益的限制因素。共源共栅结构的低输入电容使其比单独使用 CS 放大器所能够放大的信号频率更高。

11.9.8　电流源

假设有一个负载要求恒定的电流。一种方法是使用栅极短路的 JFET 来提供恒定的电流，电路如图 11-39a 所示。如果 Q 点在有源区，则负载电流等于 I_{DSS}，如图 11-39b 所示。如果负载能够容忍由于更换 JFET 可能带来的 I_{DSS} 的改变，则该电路就是非常好的选择。

如果要求负载的恒定电流必须是确定值，则需要在源极使用可调电阻，如图 11-39c 所示。自偏置会产生负的 V_{GS}，通过调整电阻，可以确定不同的 Q 点，如图 11-39d 所示。

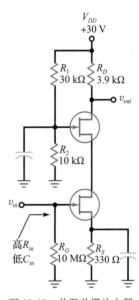

图 11-38　共源共栅放大器

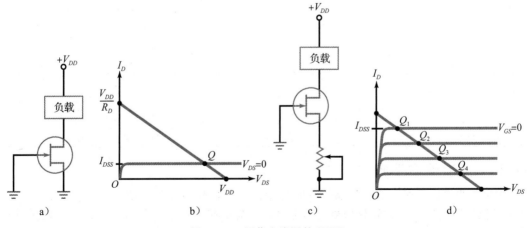

图 11-39　用作电流源的 JFET

这是一种利用 JFET 产生固定负载电流的简单方法，即使负载电阻发生改变，电流仍然保持恒定。在后续章节中，将讨论用运算放大器产生固定负载电流的方法。

11.9.9 电流限制

除了用作电流源，JFET 还可以用来限制电流，电路如图 11-40a 所示。在这种应用中，JFET 工作在电阻区而不是有源区。为了保证 JFET 工作在电阻区，设计时选择图 11-40b 所示的直流负载线，正常的 Q 点在电阻区，正常的负载电流约为 V_{DD}/R_D。

如果负载短路，直流负载线就会变为垂直的。此时，Q 点变为图 11-40b 中所示的新的位置，电流被限制在 I_{DSS}。负载短路通常会产生过量的电流，但是使用 JFET 与负载串联时，电流将被限制在安全值。

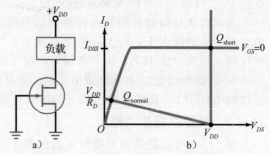

图 11-40　JFET 在负载短路时的限流作用

11.9.10　结论

参看表 11-3。其中一些新的术语将在后续章节中讨论。JFET 缓冲器具有输入阻抗高和输出阻抗低的优点，因此 JFET 自然成为高输入电阻（10 MΩ 或更大）设备前端的选择，如电压表、示波器等设备。JFET 栅极的输入阻抗一般高于 100 MΩ。

当 JFET 用作小信号放大器时，由于只使用了跨导特性曲线的一小部分，因此可认为它的输出电压与输入电压呈线性关系。电视接收机和收音机的前端信号很小，所以，JFET 经常用作 RF 放大器。

对于信号比较大的情况，需工作在跨导特性曲线的较大范围内，此时平方律特性会导致失真。非线性失真在放大器中是不希望出现的，但在混频器中，平方律失真却是很大的优点。因此相对于双极型晶体管，JFET 在 FM 和电视机混频器应用中具有优势。

如表 11-3 中所示，JFET 用于 AGC 放大器、共源共栅放大器、斩波器、压控电阻、音频放大器和振荡器中。

表 11-3　JFET 的应用

应　用	主要优点	用　途
缓冲器	输入阻抗高，输出阻抗低	通用测量仪器，接收机
RF 放大器	低噪声	FM 调谐器，通信设备
RF 混频器	低失真	FM 和电视接收机，通信设备
AGC 放大器	增益控制容易	接收机，信号发生器
共源共栅放大器	低输入电容	测量仪器，测试设备
斩波放大器	无漂移	直流放大器，导向控制系统
可变电阻	电压控制	运算放大器，音调控制
音频放大器	耦合电容小	助听器，磁感应传感器
RF 振荡器	频率漂移小	频率标准，接收机

11.10　阅读数据手册

JFET 的数据手册和双极型晶体管的类似，可以找到最大额定值、直流特性、交流特性和机械特性数据等。首先分析最大额定值，因为这些是对 JFET 的电流、电压和其他参量的限制条件。

11.10.1　额定击穿值

如图 11-41 所示，MPF102 的数据手册给出了这些最大额定值：

$$V_{DS} = 25 \text{ V} \quad V_{GS} = -25 \text{ V} \quad P_D = 350 \text{ mW}$$

MPF102

首选器件

JFET VHF放大器
N沟道耗尽型

特性
· 可采用无铅封装

ON Semiconductor®
http://onsemi.com

最大额定值

额定值	符号	数值	单位
漏源电压	V_{DS}	25	DC V
漏栅电压	V_{DG}	25	DC V
栅源电压	V_{GS}	−25	DC V
栅极电流	I_G	10	DC mA
器件总功耗，T_A=25 ℃ 25 ℃以上的减额量	P_D	350 2.8	mW mW/℃
结温范围	T_J	125	℃
保存温度范围	T_{stg}	−65~+150	℃

1 漏极
3 栅极
2 源极

TO–92（TO–2264AA）
29–11
封装5

最大额定值是指当参数大于该值时，器件将会损坏。最大额定值是相互独立的限制值（不是正常的工作条件），而且在该瞬间是无意义的。如果超过额定值，器件功能会失效，并可能损坏，可靠性也会受到影响。

电学特性　(T_A=25 ℃，除非标明其他条件)

参量	符号	最小值	最大值	单位
截止特性				
栅源击穿电压（IG=DC 10 μA，V_{DS}=0）	$V_{(BR)GSS}$	−25	—	DC V
栅极反向电流 （V_{GS}=DC −15 V，V_{DS}=0） （V_{GS}=DC −15 V，V_{DS}=0，T_A=100 ℃）	I_{GSS}	— —	−2.0 −2.0	DC nA DC μA
栅源截止电压 （V_{DS}=DC 15 V，I_D=DC 2.0 nA）	$V_{GS(off)}$	—	−8.0	DC V
栅源电压 （V_{DS}=DC 15 V，I_D=DC 2.0 nA）	V_{GS}	−0.5	−7.5	DC V
导通特性				
零栅压漏极电流[1] （V_{DS}=DC 15 V，V_{GS}=DC 0 V）	I_{DSS}	2.0	20	DC mA
小信号特性				
正向传输导纳[1] （V_{DS}=DC 15 V，V_{GS}=0，f=1.0 kHz） （V_{DS}=DC 15 V，V_{GS}=0，f=100 MHz）	$|y_{fs}|$	2 000 1 600	7 500 —	μmhos
输入导纳 （V_{DS}=DC 15 V，V_{GS}=0，f=100 MHz）	Re（y_{is}）	—	800	μmhos
输出电导 （V_{DS}=DC 15 V，V_{GS}=0，f=1.0 MHz）	Re（y_{os}）	—	200	μmhos
输入电容 （V_{DS}=DC 15 V，V_{GS}=0，f=1.0 MHz）	C_{iss}	—	7.0	pF
反向传输电容 （V_{DS}=DC 15 V，V_{GS}=0，f=1.0 MHz）	C_{rss}	—	3.0	pF

1. 脉冲检测：脉宽≤630 ms，占空比≤10%
*有关我们的无铅焊接策略和焊接细节的更多信息，请下载"安森美焊接和安装技术参考手册SOLDERRM/D"。

标示图

MPF
102
AYWW

MPF102=器件代码
A　=封装位置
Y　=年
WW　=工作周
■　=无铅封装
（注意：小点可能在两个位置）

订货信息

器件	封装	运送
MPF102	TO–92	1000只/包
MPF102G	TO–92 （无铅）	1000只/包

该器件是未来应用及获得最佳总体价值的首选。

Semiconductor Components Industries,LLC,2006

January,2006-Rev.3

Publication Order Number:

MPF 102/D

图 11-41　MPF102 数据手册（经安森美半导体授权使用）

保守的设计通常会对所有最大额定值设置一定的安全性系数。

如前文所述，减额系数表示器件额定功率值降低的程度。MPF102 的减额系数为 2.8 mW/℃，意思是温度高于 25 ℃时，温度每增加 1 ℃，额定功率值须减小 2.8 mW。

11.10.2 I_{DSS} 和 $V_{GS(off)}$

耗尽型器件的数据手册中最重要的两项参数是：最大漏极电流和栅源截止电压。这些值在 MPF102 的数据表中列为：

符　号	最小值	最大值
$V_{GS(off)}$	—	−8 V
I_{DSS}	2 mA	20 mA

请注意：I_{DSS} 的变化范围为 10:1。在对 JFET 电路进行初步分析时采用理想化近似，原因之一是电流变化范围大，另外一个原因是数据手册中经常有省略值，所以这些参量的值不得不采用理想值。例如，对于 MPF102，$V_{GS(off)}$ 的最小值没有列在数据手册中。

JFET 的另外一个重要的静态特性是 I_{GSS}，即当栅源二极管反偏时的栅电流。可以通过这个电流值确定 JFET 的直流输入阻抗。MPF102 的数据手册中显示，当 $V_{GS} = -15$ V 时 I_{GSS} 值为 2 nAdc。此时，栅源电阻为 $R = 15$ V/2 nA $= 7500$ MΩ。

11.10.3 JFET 参数列表

表 11-4 中列举了几个不同的 JFET，数据按 g_{m0} 的升序排列。数据手册中显示，它们之中有一些适合在音频使用，另外一些适合在射频使用，而最后的三个 JFET 适合于开关应用。

表 11-4 JFET 举例

器　　件	$V_{GS(off)}$ /V	I_{DSS} / mA	g_{m0}/μS	R_{DS}/Ω	应用
J202	−4	4.5	2250	888	音频
2N5668	−4	5	2500	800	RF
MPF3822	−6	10	3333	600	音频
2N5459	−8	16	4000	500	音频
MPF102	−8	20	5000	400	RF
J309	−4	30	15 000	133	RF
BF246B	−14	140	20 000	100	开关
MPF4857	−6	100	33 000	60	开关
MPF4858	−4	80	40 000	50	开关

JFET 是小信号器件，因为其功率通常在 1 W 左右或更小。在音频应用中，JFET 通常用作源极跟随器。在 RF 应用中，它们用作 VHF/UHF 放大器、混频器和振荡器。在开关应用中，JFET 常用作模拟开关。

11.11　JFET 的测试

MPF102 的数据手册中给出最大栅极电流 I_G 是 10 mA，即 JFET 所能承受的最大正向栅源或栅漏电流。这种情况出现在栅极与沟道 pn 结正向偏置。如果使用欧姆表或数字万用表进行 JFET 的 pn 结测试，须确认不会导致过量的栅电流。许多模拟伏欧表通常在 R×1 挡内提供约 100 mA 的电流，R×100 挡提供 1～2 mA 的电流。大部分数字万用表在二极管测试挡时输出电流恒为 1～2 mA。这对于 JFET 栅源或栅漏间 pn 结的测试应当是安全的。在检测 JFET 的漏源沟道电阻时，需将栅极引脚和源极引脚连接在一起，否则，会由于沟道产生的电场效应，导致不确定的测量结果。

如果有半导体特性扫描仪，则可测试 JFET 并显示它的漏极特性曲线。图 11-42a 所示是一个简单的 Multisim 测试电路，一次可以显示一条漏极特性曲线。多数示波器有 x-y 显示功能，可以观察到与图 11-42b 类似的漏极特性曲线。通过改变反向偏置电压 V_1，可确定近似的 I_{DSS} 和 $V_{GS(\text{off})}$ 的值。

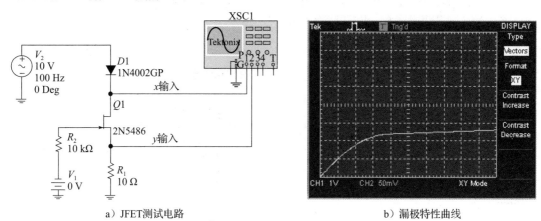

　　a）JFET测试电路　　　　　　　　　　　　b）漏极特性曲线

图 11-42　JFET 测试电路和漏极特性曲线

例如，图 11-42a 所示电路中示波器的 y 输入与 10 Ω 的源极电阻相连接。示波器的垂直输入设定为 50 mV/格，得到垂直方向的漏极电流为：

$$I_D = \frac{50\ \text{mV/div}}{10\ \Omega} = 5\ \text{mA/div}$$

当 V_1 调到 0 V 时，I_D 的值（I_{DSS}）近似为 12 mA。可增加 V_1 直至 I_D 为零，得到 $V_{GS(\text{off})}$。

总结

11.1 节　结型场效应晶体管简写为 JFET。JFET 有源极、栅极和漏极；有两个二极管：栅源二极管和栅漏二极管。正常工作时，栅源二极管反向偏置，栅极电压控制漏极电流。

11.2 节　当栅源电压为零时，漏极电流具有最大值。对于 $V_{GS}=0$，夹断电压是电阻区和有源区的分界点。栅源截止电压与夹断电压的大小相等。$V_{GS(\text{off})}$ 使 JFET 截止。

11.3 节　跨导特性曲线是指漏极电流关于栅源电压的特性曲线。V_{GS} 越接近于零，漏极电流增加得越迅速。由于漏极电流的公式中包含平方项，所以 JFET 又称为平方律器件。归一化的跨导特性曲线显示，当 V_{GS} 等于截止电压的一半时，I_D 等于最大值的四分之一。

11.4 节　可以通过栅极偏置将 JFET 设置在电阻区。工作在电阻区时，JFET 等效为一个小电阻 R_{DS}。为确保处于电阻区，可在 $V_{GS}=0$ 和 $I_{D(\text{sat})}\ll I_{DSS}$ 条件下，使 JFET 进入深度饱和状态。

11.5 节　当栅极电压比 V_{GS} 大很多时，用分压器偏置可以在有源区建立稳定的 Q 点。当有正电源电压时，双电源偏置可用来消除 V_{GS} 变化带来的影响，从而建立稳定的 Q 点。当电源电压不大时，电流源偏置可用来稳定 Q 点。自偏置只适用于小信号放大器，其 Q 点稳定性不如其他偏置。

11.6 节　跨导 g_m 表示栅极电压对漏极电流控制的有效程度。g_m 的值是跨导特性曲线的斜率，V_{GS} 越接近零点 g_m 值越大。数据手册中列出的 g_{fs} 和西门子（simens），与 g_m 和姆欧（mhos）是等价的。

11.7 节　CS 放大器的电压增益为 $g_m r_d$，产生反向的输出信号。JFET 放大器最主要的应用之一是源极跟随器，它的输入电阻很高，经常应用于系统前端。

11.8 节　JFET 可作为模拟开关，用于导通和阻止交流小信号。为能实现该功能，根据 V_{GS} 的高或低，JFET 被偏置在深度饱和区或截止区。JFET 开关可采用并联或串联形式，串联开关具有较高的开关比。

11.9 节　JFET 可用于多路复用器（电阻区）、斩波放大器（电阻区）、缓冲放大器（有源区）、压控电阻（电阻区）、AGC 电路（电阻区）、共源共栅放大器（有源区）、电流源（有源区），以及限流器（电阻区和有源区）。

散性较大，所以在做初步分析和故障诊断时可以采用理想化近似。

11. 10 节　JFET 属于小信号器件，多数 JFET 的额定功率小于 1 W。阅读数据手册时，首先应找到最大额定值。有些数据手册中省略了最小 $V_{GS(\text{off})}$ 和其他参数。JFET 参数的离

11. 11 节　可使用欧姆表或数字万用表的二极管挡来测试 JFET。要注意不能超过 JFET 的电流极限。使用特性扫描仪和相应电路可以显示 JFET 的动态特性。

重要公式

1. 夹断点的欧姆电阻

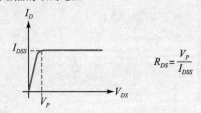

$$R_{DS}=\frac{V_P}{I_{DSS}}$$

2. 栅源截止电压

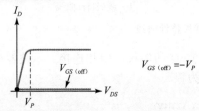

$$V_{GS\,(\text{off})}=-V_P$$

3. 漏极电流

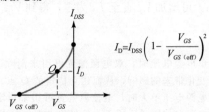

$$I_D=I_{DSS}\left(1-\frac{V_{GS}}{V_{GS\,(\text{off})}}\right)^2$$

4. 深度饱和

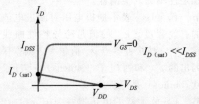

$$I_{D\,(\text{sat})}\ll I_{DSS}$$

5. 自偏置

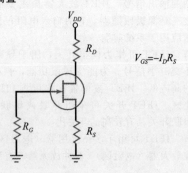

$$V_{GS}=-I_D R_S$$

6. 分压器偏置

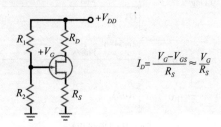

$$I_D=\frac{V_G-V_{GS}}{R_S}\approx\frac{V_G}{R_S}$$

7. 源极偏置

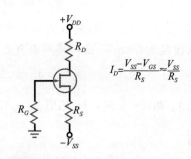

$$I_D=\frac{V_{SS}-V_{GS}}{R_S}\approx\frac{V_{SS}}{R_S}$$

8. 电流源偏置

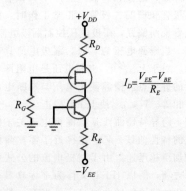

$$I_D=\frac{V_{EE}-V_{BE}}{R_E}$$

9. 跨导

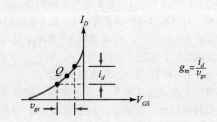

$$g_m=\frac{i_d}{v_{gs}}$$

10. 栅源截止电压

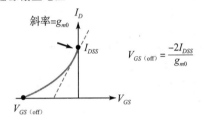

$$V_{GS\,(\text{off})} = \frac{-2I_{DSS}}{g_{m0}}$$

11. 跨导

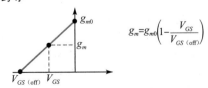

$$g_m = g_{m0}\left(1 - \frac{V_{GS}}{V_{GS\,(\text{off})}}\right)$$

12. CS 电压增益

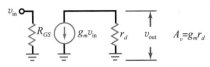

$$A_v = g_m r_d$$

13. 源极跟随器

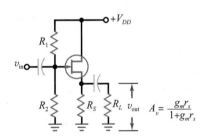

$$A_v = \frac{g_m r_s}{1 + g_m r_s}$$

14. 原点附近的欧姆电阻

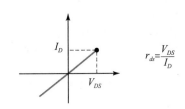

$$r_{ds} = \frac{V_{DS}}{I_D}$$

相关实验

实验 32
JFET 偏置
实验 33
JFET 放大器

实验 34
JFET 应用

选择题

1. JFET
   a. 是电压控制器件
   b. 是电流控制器件
   c. 输入电阻低
   d. 电压增益很高
2. 单极型晶体管工作时
   a. 用到自由电子和空穴
   b. 只用到自由电子
   c. 只用到空穴
   d. 用到自由电子或空穴，但不是同时用到
3. JFET 的输入阻抗
   a. 近似为零
   b. 近似为 1
   c. 近似为无穷
   d. 不可预测
4. 栅极控制
   a. 沟道的宽度
   b. 漏极电流
   c. 栅极电压
   d. 以上都对
5. JFET 的栅源二极管应该
   a. 正向偏置
   b. 反向偏置
   c. 正向或反向偏置
   d. 以上都不对
6. 和双极型晶体管相比，JFET 有更高的
   a. 电压增益
   b. 输入电阻
   c. 电源电压
   d. 电流
7. 夹断电压与下列哪个电压的大小相等？
   a. 栅电压
   b. 漏源电压

   c. 栅源电压
   d. 栅源截止电压
8. 当漏极饱和电流小于 I_{DSS} 时，JFET 的特性如同
   a. 双极型晶体管
   b. 电流源
   c. 电阻
   d. 电池
9. R_{DS} 等于夹断电压除以
   a. 漏极电流
   b. 栅极电流
   c. 理想漏极电流
   d. 零栅压下的漏极电流
10. 跨导特性曲线是
    a. 线性的
    b. 和电阻的伏安特性曲线类似
    c. 非线性的
    d. 和单条漏极特性曲线一样
11. 当漏极电流接近下列哪个值时，跨导增加？
    a. 0
    b. $I_{D(\text{sat})}$
    c. I_{DSS}
    d. I_S
12. CS 放大器的电压增益为
    a. $g_m r_d$
    b. $g_m r_s$
    c. $g_m r_s/(1 + g_m r_s)$
    d. $g_m r_d/(1 + g_m r_d)$
13. 源极跟随器的电压增益为
    a. $g_m r_d$
    b. $g_m r_s$

c. $g_m r_s / (1 + g_m r_s)$　　d. $g_m r_d / (1 + g_m r_d)$

14. 当输入信号很大时，源极跟随器
 a. 电压增益小于 1　　b. 有一些失真
 c. 输入电阻大　　d. 以上都对

15. JFET 模拟开关的输入信号应该是
 a. 较小　　b. 较大
 c. 方波　　d. 斩波

16. 共源共栅放大器的优点是
 a. 电压增益大　　b. 输入电容小
 c. 输入阻抗低　　d. g_m 较高

17. VHF 的频率范围是
 a. 300 kHz～3 MHz　　b. 3～30 MHz
 c. 30～300 MHz　　d. 300 MHz～3 GHz

18. 当 JFET 截止时，两个耗尽层
 a. 远离　　b. 十分接近
 c. 相互接触　　d. 导通

19. 在 n 沟道 JFET 中，当栅电压的负值变大时，耗尽层之间的沟道
 a. 缩小　　b. 扩展
 c. 导通　　d. 不再导通

20. 如果 JFET 的 $I_{DSS} = 8$ mA，$V_P = 4$ V，则 R_{DS}

等于
 a. 200 Ω　　b. 320 Ω
 c. 500 Ω　　d. 5 kΩ

21. 将 JFET 偏置于电阻区的最简单的方式是
 a. 分压器偏置　　b. 自偏置
 c. 栅极偏置　　d. 源极偏置

22. 自偏置产生
 a. 正反馈　　b. 负反馈
 c. 前向反馈　　d. 反向反馈

23. 在自偏置 JFET 电路中，要得到负的栅源电压，必须采用
 a. 分压器　　b. 源极电阻
 c. 接地　　d. 栅极负电压源

24. 跨导的量纲是
 a. 欧姆　　b. 安培
 c. 伏特　　d. 姆欧或西门子

25. 跨导表示的是输入电压对下列哪个量的控制程度？
 a. 电压增益　　b. 输入电阻
 c. 电源电压　　d. 输出电流

习题

11.1 节

11-1　当负电压是 -15 V 时，2N5458 的栅极电流为 1 nA。求栅极的输入电阻。

11-2　当负电压是 -20 V，且环境温度是 100 ℃ 时，2N5460 的栅极电流为 1 μA。求栅极的输入电阻。

11.2 节

11-3　JFET 的 $I_{DSS} = 20$ mA，$V_P = 4$ V。求最大漏极电流、栅源截止电压和 R_{DS} 的值。

11-4　2N5555 的 $I_{DSS} = 16$ mA，$V_{GS(off)} = -2$ V。求该 JFET 的夹断电压和漏源电阻 R_{DS}。

11-5　2N5457 的 $I_{DSS} = 1 \sim 5$ mA，$V_{GS(off)} = -0.5 \sim -6$ V。求 R_{DS} 的最小值和最大值。

11.3 节

11-6　2N5462 的 $I_{DSS} = 16$ mA，$V_{GS(off)} = -6$ V。求半截止点处的栅极电压和漏极电流。

11-7　2N5670 的 $I_{DSS} = 10$ mA，$V_{GS(off)} = -4$ V。求半截止点处的栅极电压和漏极电流。

11-8　如果 2N5486 的 $I_{DSS} = 14$ mA，$V_{GS(off)} = -4$ V，当 $V_{GS} = -1$ V 时，漏极电流是多少？当 $V_{GS} = -3$ V 时，漏极电流是多少？

11.4 节

11-9　求图 11-43a 电路中的漏极饱和电流和漏极电压。

11-10　将图 11-43a 电路中的 10 kΩ 电阻提高到

20 kΩ，求漏极电压。

11-11　求图 11-43b 电路中的漏极电压。

11-12　将图 11-43b 电路中的 20 kΩ 电阻减小到 10 kΩ，求漏极饱和电流和漏极电压。

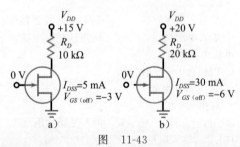

图　11-43

11.5 节

问题 11-13～11-20 中的计算均属于对电路的初步分析。

11-13　求图 11-44a 电路的理想漏极电压。

11-14　画出图 11-44a 电路的直流负载线和 Q 点。

11-15　求图 11-44b 电路的理想漏极电压。

11-16　将图 11-44b 电路中的 18 kΩ 改为 30 kΩ，求漏极电压。

11-17　求图 11-45a 电路的漏极电流和漏极电压。

11-18　将图 11-45a 电路中的 7.5 kΩ 改为 4.7 kΩ，求漏极电流和漏极电压。

11-19　如果图 11-45b 电路中的漏极电流为 1.5 mA，求 V_{GS} 和 V_{DS}。

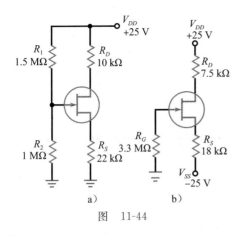

图 11-44

11-20 如果图 11-45b 电路中 1 kΩ 两端的电压是 1.5 V，求漏极和地之间的电压。

利用图 11-45c 和图解法，求解 11-21~11-24 的问题。

11-21 利用图 11-45c 所示的跨导特性曲线，求解图 11-44a 电路的 V_{GS} 和 I_D。

11-22 利用图 11-45c 所示的跨导特性曲线，求解图 11-45a 电路的 V_{GS} 和 V_D。

11-23 利用图 11-45c 所示的跨导特性曲线，求解图 11-45b 电路的 V_{GS} 和 I_D。

11-24 将图 11-45b 电路中的 R_S 从 1 kΩ 改为 2 kΩ，利用图 11-45c 所示的特性曲线，求解该电路的 V_{GS}、I_D 和 V_{DS}。

11.6 节

11-25 2N4416 的 $I_{DSS}=10$ mA，$g_{m0}=4000$ μS。它的栅源截止电压是多少？当 $V_{GS}=-1$ V 时，g_m 是多少？

11-26 2N3370 的 $I_{DSS}=2.5$ mA，$g_{m0}=1500$ μS。当 $V_{GS}=-1$ V 时，g_m 是多少？

11-27 图 11-46a 电路中 JFET 的 $g_{m0}=6000$ μS。如果 $I_{DSS}=12$ mA，当 $V_{GS}=-2$ V 时，I_D 的近似值为多少？求出该 I_D 下的 g_m。

11.7 节

11-28 如果图 11-46a 电路中的 $g_m=3000$ μS，求交流输出电压。

11-29 图 11-46a 所示 JFET 放大器的跨导特性曲线如图 11-46b，求该电路的交流输出电压的近似值。

11-30 如果图 11-47a 所示源极跟随器的 $g_m=2000$ μS。求交流输出电压。

11-31 图 11-47a 所示源极跟随器的跨导特性曲线如图 11-47b。求该电路的交流输出电压。

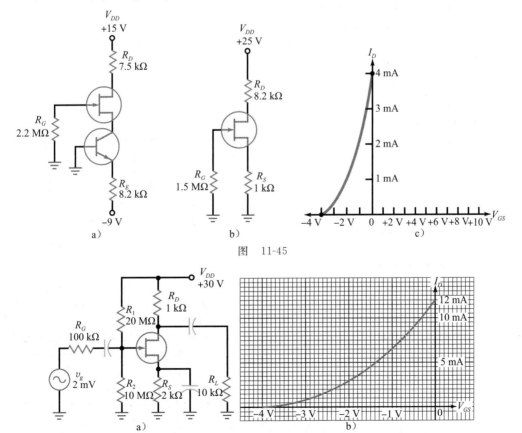

图 11-45

图 11-46

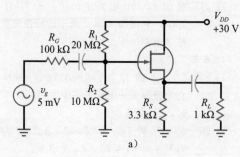

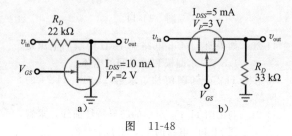

图 11-47

11.8 节

11-32 图 11-48a 的输入电压是 50 mV（峰峰值）。分别求出当 $V_{GS}=0$ V 和 $V_{GS}=-10$ V 时的输出电压。求该电路的开关比。

11-33 图 11-48b 电路的输入电压是 25 mV（峰峰值）。分别求出当 $V_{GS}=0$ V 和 $V_{GS}=-10$ V 时的输出电压。求该电路的开关比。

图 11-48

思考题

11-34 如果一个 JFET 的漏极特性曲线如图 11-49a 所示，I_{DSS} 等于多少？电阻区 V_{DS} 的最大值是多少？当 JFET 作为电流源工作时，V_{DS} 的电压范围是什么？

11-35 写出特性曲线如图 11-49b 所示的 JFET 的跨导公式。分别求出当 $V_{GS}=-4$ V 和 $V_{GS}=-2$ V 时的漏极电流。

11-36 如果 JFET 具有如图 11-49c 所示的平方律特性曲线，当 $V_{GS}=-1$ V 时，漏极电流为多少？

11-37 求图 11-50 电路的直流漏极电压。如果 $g_m=2000$ μS，求交流输出电压。

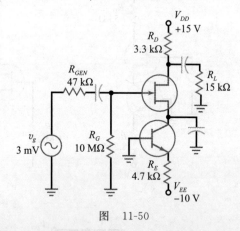

图 11-50

11-38 图 11-51 所示是一个 JFET 直流电压表电路。在测量之前应先进行调零，并定期进行校准，保证当输入为 2.5 V 时，显示满量程。对于不同 FET 参数的变化以及 FET 的老化效应，均需要进行校准。

a. 经过 510 Ω 电阻的电流等于 4 mA。求源极对地的直流电压。

b. 如果没有电流经过毫安表，则滑动片偏离零点的电压为多少？

c. 如果 2.5 V 的输入电压使电流表显示

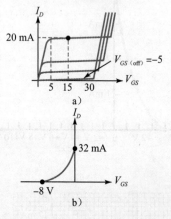

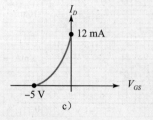

图 11-49

1 mA 的满量程。求输入电压为 1.25 V 时产生的电流。

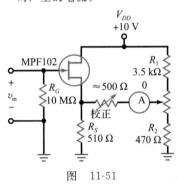

图 11-51

11-39 图 11-52a 电路中 JFET 的 I_{DSS} 为 16 mA，R_{DS} 为 200 Ω。如果负载电阻为 10 kΩ，负载电流和 JFET 上的电压是多少？如果负载短路，负载电流和 JFET 上的电压是多少？

11-40 图 11-52b 所示是 AGC 放大器电路的一部分，直流电压从输出级反馈到前级。图 11-46b 是跨导特性曲线。分别求解下列各情况下的电压增益。

a. $V_{AGC} = 0$ b. $V_{AGC} = -1$ V
c. $V_{AGC} = -2$ V d. $V_{AGC} = -3$ V
e. $V_{AGC} = -3.5$ V

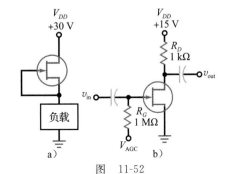

图 11-52

故障诊断

||| Multisim 使用图 11-53 和故障诊断表求解下列问题。

11-41 确定故障 1。
11-42 确定故障 2。
11-43 确定故障 3。

11-44 确定故障 4。
11-45 确定故障 5。
11-46 确定故障 6。
11-47 确定故障 7。
11-48 确定故障 8。

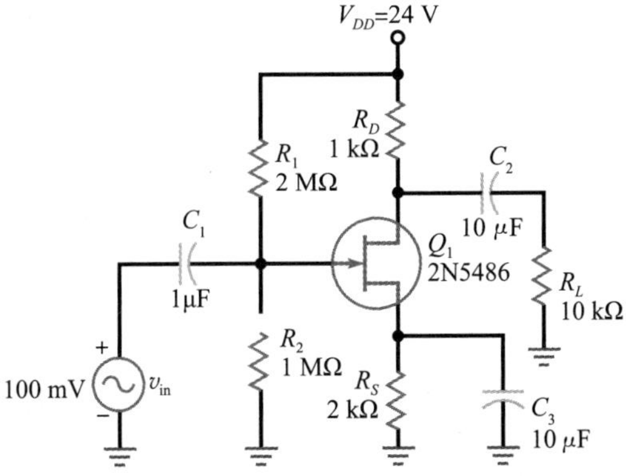

故障	V_{GS}	I_D	V_{DS}	V_g	V_S	V_d	V_{out}
正常	−1.6 V	4.8 mA	9.6 V	100 mV	0	357 mV	357 mV
T1	−2.75 V	1.38 mA	19.9 V	100 mV	0	200 mV	200 mV
T2	0.6 V	7.58 mA	1.25 V	100 mV	0	29 mV	29 mV
T3	0.56 V	0	0	100 mV	0	0	0
T4	−8 V	0	8 V	100 mV	0	0	0
T5	8 V	0	24 V	100 mV	0	0	0
T6	−1.6 V	4.8 mA	9.6 V	100 mV	87 mV	40 mV	40 mV
T7	−1.6 V	4.8 mA	9.6 V	100 mV	0	397 mV	0
T8	0	7.5 mA	1.5 V	1 mV	0	0	0

图 11-53 故障诊断

求职面试问题

1. 解释 JFET 的工作原理，包括夹断电压和栅源截止电压。
2. 画出 JFET 的漏极特性曲线和跨导特性曲线。
3. 比较 JFET 和双极型晶体管，分别评价它们各自的优缺点。
4. 如何判断 FET 工作在电阻区还是饱和区？
5. 画出源极跟随器并解释它的工作原理。
6. 画出 JFET 并联开关和串联开关并解释其工作原理。

7. 描述 JFET 作为静态开关的工作原理。
8. BJT 和 JFET 的输出电流分别由哪种输入量控制？如果控制量不同，请解释原因。
9. JFET 是通过设置栅极电压控制电流的器件，请解释工作原理。
10. 共源共栅放大器的优点是什么？
11. 说明为什么将 JFET 作为无线电接收机前端的第一个放大器件？

选择题答案

1.a　2.d　3.c　4.d　5.b　6.b　7.d　8.c　9.d　10.c　11.c　12.a　13.c　14.d　15.a
16.b　17.c　18.c　19.a　20.c　21.c　22.b　23.b　24.d　25.d

自测题答案

11-1　$R_{in} = 10\ 000\ M\Omega$

11-2　$R_{DS} = 600\ \Omega$
　　　$V_P = 3.0\ V$

11-4　$I_D = 3\ mA$
　　　$V_{GS} = -3\ V$

11-5　$R_{DS} = 300\ \Omega$
　　　$V_D = 0.291\ V$

11-6　$R_S = 500\ \Omega$
　　　$V_D = 26\ V$

11-7　$V_{GS(min)} = -0.85$
　　　$I_{D(min)} = 2.2\ mA$
　　　$V_{GS(max)} = -2.5\ V$
　　　$I_{D(max)} = 6.4\ mA$

11-8　$I_D = 4\ mA$
　　　$V_{DS} = 12\ V$

11-9　$I_{D(max)} = 5.6\ mA$

11-11　$I_D = 4.3\ mA$
　　　$V_D = 5.7\ V$

11-12　$V_{GS(off)} = -3.2\ V$
　　　$g_m = 1875\ \mu S$

11-13　$v_{out} = 5.3\ mV$（峰峰值）

11-14　$v_{out} = 0.714\ mV$

11-15　$A_v = 0.634$

11-16　$A_v = 0.885$

11-17　$R_{DS} = 400\ \Omega$
　　　开关比 = 26

11-18　$v_{out(on)} = 9.6\ mV$
　　　$v_{out(off)} = 10\ \mu V$
　　　开关比 = 960

11-19　$V_p = 99.0\ mV$

第 12 章
MOS 场效应晶体管

金属-氧化物-半导体场效应晶体管（**MOSFET**）由源极、栅极和漏极构成。MOS 场效应晶体管与结型场效应晶体管的不同在于，它的栅极与沟道之间是绝缘的。因此，MOS 管的栅极电流更小。MOS 管也称绝缘栅场效应晶体管（Insulated-Gate FET，IGFET）。

MOS 场效应晶体管有两类：耗尽型和增强型。增强型 MOS 管广泛用于分立电路和集成电路。在分立电路中，MOS 管主要用作电源开关，控制大电流的导通和关断。在集成电路中，MOS 管主要用作数字开关，这是现代计算机内部的基本操作。目前出现了基于宽禁带半导体的新型场效应晶体管，与标准硅场效应晶体管相比，具有更好的性能。

目标

在学习完本章后，你应该能够：
- 解释增强型和耗尽型 MOS 管的特性和工作原理；
- 画出增强型和耗尽型 MOS 管的特性曲线图；
- 描述增强型 MOS 管用作数字开关的工作原理；
- 画出典型 CMOS 数字开关电路图，并解释其工作原理；
- 比较功率场效应晶体管和功率双极型晶体管的特性；
- 描述几种功率场效应晶体管的名称及其应用；
- 描述高侧负载开关的工作原理；
- 解释分立和单片 H 桥电路的工作原理；
- 分析增强型和耗尽型 MOS 管放大器电路的直流和交流特性；
- 比较 GaN 和 SiC 功率场效应晶体管与硅功率场效应晶体管的特性。

关键术语

有源负载电阻（active-load resistor）

模拟（analog）

互补 MOS 管（complementary MOS，CMOS）

直流-交流转换器（dc-to-ac converter）

直流-直流转换器（dc-to-dc converter）

耗尽型 MOS 场效应晶体管（depletion-mode MOSFET）

数字（digital）

漏极反馈偏置（drain-feedback bias）

增强型 MOS 场效应晶体管（enhancement-mode MOSFET）

高电子迁移率晶体管（high electron mobility transistor）

高侧负载开关（high-side load switch）

浪涌电流（inrush current）

接口（interface）

金属-氧化物-半导体场效应晶体管（metal-oxide semiconductor FET，MOS-FET）

寄生体二极管（parasitic body-diode）

功率场效应晶体管（power FET）

衬底（substrate）

阈值电压（threshold voltage）

不间断电源（uninterruptible power supply，UPS）

垂直 MOS 管（vertical MOS，VMOS）

宽禁带半导体（wide bandgap semiconductor）

12.1 耗尽型 MOS 场效应晶体管

图 12-1 所示是一个**耗尽型 MOS 场效应晶体管**（**DMOS**）。左边是 n 型区，与绝缘栅相

连。右边是 p 型区，该区域称为**衬底**。电子从源极流向漏极时，必须经过栅极与衬底之间的狭窄沟道。在沟道左侧表面淀积了一层很薄的二氧化硅（SiO$_2$），二氧化硅和玻璃一样是绝缘体。MOS 管的栅极是金属的[⊖]。由于金属栅与沟道之间是绝缘的，即使栅电压是正的，栅极电流也可以忽略不计。

电子领域的先驱

1959 年，姜大元（Dawon kahnh）和马丁·阿塔拉（Martin Atalla）在贝尔实验室工作时研制了第一个可工作的 MOS 场效应晶体管。朱利叶斯·利林菲尔德（Julius Lilenfeld）于 1925 年获得了场效应晶体管基本原理的专利。

知识拓展　耗尽型 MOS 管和 JFET 一样，都是常通器件。即当 $V_{GS}=0$ 时，有漏极电流。对于 JFET 而言，I_{DSS} 是漏极电流的最大值。而对于耗尽型 MOS 管，只要栅压偏置的极性正确，使得沟道中的载流子数量增加，则产生的漏极电流可以大于 I_{DSS}。如 n 沟道耗尽型 MOS 管，当 V_{GS} 为正时，漏极电流 $I_D > I_{DSS}$。

图 12-2a 所示是一个栅电压为负的耗尽型 MOS 管。电源电压 V_{DD} 使自由电子从源极流向漏极，经过 p 型衬底左侧的狭窄沟道。与 JFET 一样，栅极电压控制沟道的宽度。栅极电压负值越大，漏极电流越小。当栅极负电压足够大时，漏极电流截止。因此，当 V_{GS} 取负值时，耗尽型 MOS 管的工作原理与 JFET 是相似的。

因为栅极是绝缘的，所以栅极可以加正电压，如图 12-2b 所示。正栅压使通过沟道的自由电子数量增加。栅极正电压越大，源极到漏极的电流越大，其导电性能越强。

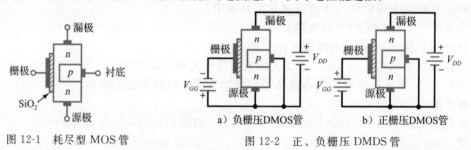

图 12-1　耗尽型 MOS 管　　　　图 12-2　正、负栅压 DMDS 管

12.2　耗尽型 MOS 场效应晶体管特性曲线

图 12-3a 所示是典型 n 沟道耗尽型 MOS 管的一组漏极特性曲线。在 $V_{GS}=0$ 以上的曲线是正偏压，在 $V_{GS}=0$ 以下的曲线是负偏压。和 JFET 一样，底部的曲线对应 $V_{GS}=V_{GS(off)}$，此处漏极电流近似为零。当 $V_{GS}=0$ V 时，漏极电流等于 I_{DSS}。这说明耗尽型 MOS 管（DMOS 管）是常通器件。当 V_{GS} 取负值时，漏极电流将减小。与 n 沟道 JFET 相比，n 沟道 DMOS 管在 V_{GS} 取正值时仍可以正常工作，因为不会导致 pn 结的正偏。当 V_{GS} 为正时，I_D 将以平方律关系增加，公式如下：

$$I_D = I_{DSS}\left(1 - \frac{V_{GS}}{V_{GS(off)}}\right)^2 \tag{12-1}$$

当 V_{GS} 为负值时，DMOS 管工作在耗尽模式。当 V_{GS} 为正值时，DMOS 管则工作在增强模式。和 JFET 一样，DMOS 管特性曲线包括了电阻区、恒流区和截止区。

图 12-3b 所示是 DMOS 管的跨导特性曲线。I_{DSS} 是栅源短路时的漏极电流，它不再

[⊖]　目前标准 CMOS 工艺中 MOS 管的栅极材料采用的是多晶硅。——译者注

是最大的漏极电流。这个撬杠形状的跨导特性曲线与 JFET 的相同，符合平方律关系。因此，耗尽型 MOS 管与 JFET 的分析方法也几乎相同，主要区别是耗尽型 MOS 管的 V_{GS} 既可以取正值也可以取负值。

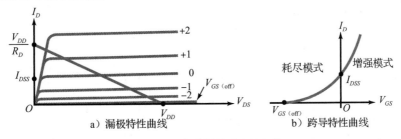

图 12-3 n 沟道耗尽型 MOS 管

DMOS 管也可以是 p 沟道的。它由源漏间的 p 沟道和 n 型衬底构成，其栅极与沟道是绝缘的。p 沟道 MOS 管与 n 沟道 MOS 管的特性是互补的。两种 DMOS 管的电路符号如图 12-4 所示。

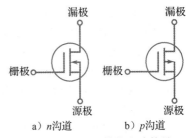

图 12-4 DMOS 管的电路符号

例 12-1 DMOS 管的 $V_{GS(off)} = -3\,\text{V}$，$I_{DSS} = 6\,\text{mA}$。求当 V_{GS} 取值为 $-1\,\text{V}$、$-2\,\text{V}$、$0\,\text{V}$、$+1\,\text{V}$、$+2\,\text{V}$ 时的漏极电流。

解：由式（12-1）的平方律关系，得：

$$V_{GS} = -1\,\text{V}, \qquad I_D = 2.67\,\text{mA}$$
$$V_{GS} = -2\,\text{V}, \qquad I_D = 0.667\,\text{mA}$$
$$V_{GS} = 0\,\text{V}, \qquad I_D = 6\,\text{mA}$$
$$V_{GS} = +1\,\text{V}, \qquad I_D = 10.7\,\text{mA}$$
$$V_{GS} = +2\,\text{V}, \qquad I_D = 16.7\,\text{mA}$$

自测题 12-1 当 $V_{GS(off)} = -4\,\text{V}$，$I_{DSS} = 4\,\text{mA}$ 时，重新计算例 12-1。

12.3 耗尽型 MOS 场效应晶体管放大器

耗尽型 MOS 管的特性很明显，它可以在正栅压和负栅压下工作。因此，可以将 Q 点设为 $V_{GS} = 0\,\text{V}$，如图 12-5a 所示。当输入信号为正时，漏极电流 I_D 大于 I_{DSS}。当输入信号为负时，漏极电流 I_D 小于 I_{DSS}。因为没有 pn 结被正偏，所以 MOS 管的输入电阻始终非常高。由于可以设置零偏压，因此可采用非常简单的偏置电路，如图 12-5b 所示。因为栅极电流 I_G 为零，$V_{GS} = 0\,\text{V}$ 且 $I_D = I_{DSS}$，所以漏极电压为：

$$V_{DS} = V_{DD} - I_{DSS}R_D \qquad (12\text{-}2)$$

由于 DMOS 管是常通器件，可以在源极加一个电阻实现自偏置，其工作特性与自偏置 JFET 电路相同。

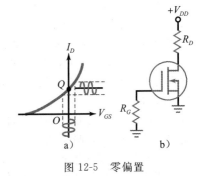

图 12-5 零偏置

例 12-2 DMOS 管放大器如图 12-6 所示，$V_{GS(off)} = -2\,\text{V}$，$I_{DSS} = 4\,\text{mA}$，$g_{m0} = 2000\,\mu\text{S}$。求电路的输出电压。

解：由于 DMOS 管的源极接地，$V_{GS} = 0\,\text{V}$ 且 $I_D = 4\,\text{mA}$，所以：

$$V_{DS} = 15\,\text{V} - 4\,\text{mA} \times 2\,\text{k}\Omega = 7\,\text{V}$$

因为 $V_{GS} = 0$ V，$g_m = g_{m0} = 2000\ \mu$S，放大器的电压增益为：

$$A_v = g_m r_d$$

漏极交流电阻等效为：

$$r_d = R_D \| R_L = 2\ \text{k}\Omega \| 10\ \text{k}\Omega = 1.76\ \text{k}\Omega$$

于是 A_v 为：

$$A_v = 2000\ \mu\text{S} \times 1.76\ \text{k}\Omega = 3.34$$

所以：

$$v_{out} = v_{in} \times A_v = 20\ \text{mV} \times 3.34 = 66.8\ \text{mV}$$

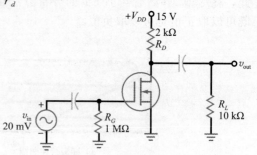

图 12-6　DMOS 管放大器

✎ **自测题 12-2**　如果图 12-6 电路中 MOS
管的 g_{m0} 值是 3000 μS，那么 v_{out} 的值
是多少？

由例 12-2 可知，DMOS 管的电压增益相对较低。
该器件的主要优点之一是输入电阻很高，因而可以
用来解决电路的负载问题。同时，MOS 管具有优异
的低噪声性能，当信号很弱时，在系统前端各级使
用 MOS 管具有明显优势。这种应用在通信电子电路
中非常普遍。

有些 DMOS 管是双栅极器件，如图 12-7 所
示。一个栅极接入输入信号，另一个栅极则可连
接用于自动控制增益的直流电压。这使得 MOS
管的电压增益可控，且随输入信号的强度变化而
变化。

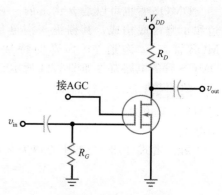

图 12-7　双栅极 MOS 管

12.4　增强型 MOS 场效应晶体管

耗尽型 MOS 管是**增强型 MOS 场效应晶体管**（简写为 EMOS 管）的一个衍生类型。
如果没有 EMOS 管，就不会有现在如此普及的个人计算机。

12.4.1　基本概念

图 12-8a 所示是 EMOS 管，p 型衬底延展到表面的二氧化硅层。可见，源极和漏极之
间是没有 n 沟道的。下面介绍 EMOS 管的
工作原理。图 12-8b 显示的是通常的偏置极
性，当栅极电压为零时，源极和漏极之间的
电流为零。因此，EMOS 管在栅电压为零时
是常断的。

EMOS 管需要加正栅压才能获得电流。
当栅压为正时，它吸引自由电子到 p 区与
二氧化硅层的界面附近，与那里的空穴复
合。当正栅压足够大时，二氧化硅层附近
的空穴都被填满，则那里余下的自由电子便开始在源极和漏极之间流动。相当于在二氧化

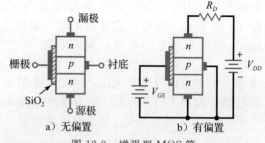

a）无偏置　　　　b）有偏置
图 12-8　增强型 MOS 管

硅层附近产生一个很薄的 n 型层，这个可以导电的薄层叫作 n 反型层。当该反型层出现
时，自由电子便可以很容易地从源极流到漏极。

能够产生 n 反型层的最小 V_{GS} 称作**阈值电压**，符号为 $V_{GS(th)}$。当 $V_{GS} < V_{GS(th)}$ 时，漏极
电流为零。当 $V_{GS} > V_{GS(th)}$ 时，n 反型层使源区和漏区相连接，漏极电流可以从中流过。小

信号器件的典型 $V_{GS(th)}$ 值为 $1\sim3$ V $^{\ominus}$。

JFET 被认为是耗尽型器件，因为它的导电性能取决于耗尽层的情况。EMOS 管则被认为是增强型器件，因为栅源电压大于阈值电压时可使导电性能增强。当栅电压为零时，JFET 导通，而 EMOS 管截止。所以，EMOS 管被认为是常断器件。

知识拓展　EMOS 管的 V_{GS} 必须大于 $V_{GS(th)}$ 才能获得漏极电流。因此，对 EMOS 管不能采用自偏置、电流源偏置和零偏置方法，这些偏置方法只适用于耗尽型工作模式。对于 EMOS 管的偏置方法只有栅极偏置、分压器偏置和源极偏置。

12.4.2　漏极特性曲线

小信号 EMOS 管的额定功率为 1 W 或更小。图 12-9a 所示是一组典型小信号 EMOS 管的输出特性曲线。最下面的曲线对应于 $V_{GS(th)}$。当 $V_{GS}<V_{GS(th)}$ 时，漏极电流近似为零。当 $V_{GS}>V_{GS(th)}$ 时，晶体管导通，且其漏极电流受栅电压控制。

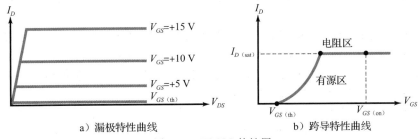

a）漏极特性曲线　　　　　b）跨导特性曲线

图 12-9　EMOS 特性图

图 12-9b 中曲线几乎垂直的部分是电阻区，几乎水平的部分是有源区。当偏置在电阻区时，EMOS 管等效为电阻。当偏置在有源区时，则等效为电流源。虽然 EMOS 管可以工作在有源区，但其主要的应用是在电阻区。

图 12-9b 所示是一个典型的跨导特性曲线。当 $V_{GS}<V_{GS(th)}$ 时，漏极电流为零。$V_{GS}>V_{GS(th)}$ 后，漏极电流随着 V_{GS} 的增加迅速增加，达到饱和电流 $I_{D(sat)}$。当 V_{GS} 超过该点后，则工作在电阻区。所以，当 V_{GS} 继续增加时，电流不再增加。为确保晶体管处于深度饱和状态，栅源电压 $V_{GS(on)}$ 应远大于 $V_{GS(th)}$，如图 12-9b 所示。

12.4.3　电路符号

当 $V_{GS}=0$ 时，源漏之间没有导电沟道，因而 EMOS 管截止。图 12-10a 所示的电路符号以间断的沟道表示该器件的常断状态。当 $V_{GS}>V_{GS(th)}$ 时，产生 n 反型层将源极和漏极连接起来。图 12-10a 中的箭头指向反型层，表示当器件导通时，形成的是 n 沟道。

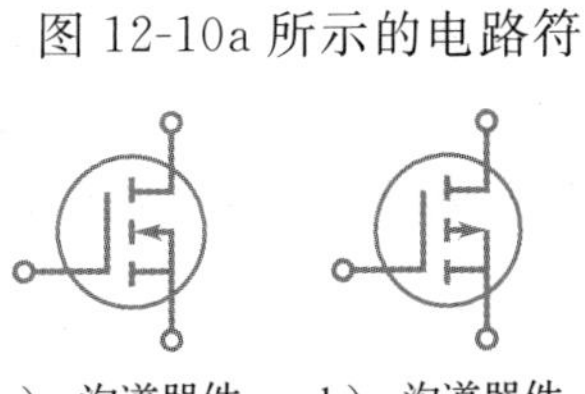

图 12-10b 所示是 p 沟道 EMOS 管的电路符号，与 n 沟道不同的是它的箭头方向指向外侧。

a）n沟道器件　　b）p沟道器件

图 12-10　EMOS 管的电路符号

p 沟道 EMOS 管也是一种通常处于截止状态的增强模式器件。若使 EMOS 管的 p 沟道导通，需要施加负的栅源电压。$-V_{GS}$ 的值必须达到或超过 $-V_{GS(th)}$。当达到该条件时，则以空穴为多数载流子的 p 型反型层形成。n 沟道 EMOS 管的多数载流子是电子，比 p 沟道中空穴的迁移率要高。因此 n 沟道 EMOS 管的导通电阻 $R_{DS(on)}$ 更低，开关速度更快。

知识拓展　EMOS 管常用于 AB 类放大器，其偏置电压 V_{GS} 微高于 $V_{GS(th)}$。这种

$\ominus$　在采用深亚微米 CMOS 工艺实现的集成电路中，阈值电压值更低些。——译者注

"极低偏置"是为了避免交越失真。DMOS 管则不适于 B 类或 AB 类放大器，因为它在 $V_{GS}=0$ 时的漏极电流较大。

12.4.4 最大栅源电压

MOS 管有一层很薄的二氧化硅绝缘层，能够阻止栅电流。该绝缘层应尽可能薄，使栅极电压对漏极电流的控制作用更强。由于绝缘层很薄，所以当栅源电压过大时，很容易被击穿。

例如，2N7000 的额定电压 $V_{GS(\max)}$ 为 ±20 V，当栅源电压大于 +20 V 或小于 −20 V 时，这层很薄的绝缘层将被击穿。

除了将过大的电压直接加到栅源之间以外，一些其他敏感行为也可能造成绝缘薄层的损坏。当从电路中插入或拔出 MOS 管时，如果电源未切断，那么瞬间的感应电压有可能超过额定 $V_{GS(\max)}$。甚至拿起 MOS 管时也可能由于积累的静电荷过多而使电压超过 $V_{GS(\max)}$。因此，在装运 MOS 管时，通常将其引脚用环线连接或用锡箔包覆，再或插在导电泡沫中。

有些 MOS 管内部加入了保护电路，即在栅极和源极之间并联一个齐纳二极管，且齐纳电压小于 $V_{GS(\max)}$。当绝缘层被击穿之前，齐纳二极管首先被击穿。并联齐纳二极管的缺点是减小了 MOS 管的输入电阻。但是，这种折中在某些应用中是值得的。因为如果没有齐纳管的保护，昂贵的 MOS 管很容易损坏。

总之，MOS 管脆弱易损，必须小心使用。而且，在未断电情况下，一定不要从电路中拔插 MOS 器件。在取用 MOS 管之前，需要触摸一下工作台的底座使身体接地。

12.5 电阻区

尽管 EMOS 管可以被偏置在有源区工作，但由于它的主要应用是开关器件，所以在有源区工作的情况并不多。其典型的输入电压为高电平或者低电平，低电平为 0 V，高电平为数据手册中给定的 $V_{GS(on)}$。

12.5.1 漏源导通电阻

当 EMOS 管被偏置在电阻区时，相当于一个电阻 $R_{DS(on)}$。几乎所有数据手册中都会列出该电阻在特定漏极电流和栅源电压下的阻值。

如图 12-11 所示，在 $V_{GS}=V_{GS(on)}$ 曲线的电阻区取一测试点 Q_{test}，生产厂家在 Q_{test} 点测得 $I_{D(on)}$ 和 $V_{DS(on)}$，然后由这些数据，根据下式计算 $R_{DS(on)}$ 的值：

$$R_{DS(on)} = \frac{V_{DS(on)}}{I_{D(on)}} \tag{12-3}$$

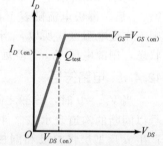

图 12-11 $R_{DS(on)}$ 的测量

例如，在测试点，VN2406L 的 $V_{DS(on)}=1$ V，$I_{D(on)}=100$ mA。由式 (12-3) 可得：

$$R_{DS(on)} = \frac{1\text{ V}}{100\text{ mA}} = 10\ \Omega$$

n 沟道 EMOS 管 2N7000 的数据手册如图 12-12 所示。该 EMOS 器件也可以采用表面贴装形式。需要注意：在漏极和源极引脚之间存在一个内部的二极管 ⊖。数据手册中列出了该器件参数的最小值、典型值和最大值。这些参数通常的取值范围较大。

⊖ 由于源极与衬底短接，这里指的是漏极与衬底间形成的二极管。——译者注

FAIRCHILD
SEMICONDUCTOR®
（仙童半导体）

2N7000/1N7002/NDS7002A
N沟道增强型场效应晶体管

基本描述

这些n沟道增强型场效应晶体管采用仙童公司所有的、高密度DMOS工艺制造。这些产品采用导通电阻最小化设计，具有良好的耐用性、可靠性和快速的开关特性。可在400 mA直流和2 A脉冲电流情况下应用。这些产品尤其适合于低电压、低电流的应用，如小的侍服电机控制、功率MOS管的栅极驱动和其他开关应用。

性能

- 采用高密度单元设计，$R_{DS\,(on)}$ 低
- 压控小信号开关
- 耐用可靠
- 饱和电流大

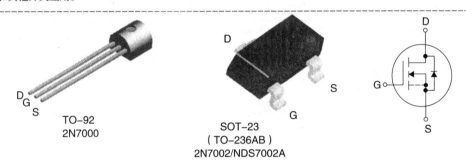

TO–92　2N7000

SOT–23（TO–236AB）　2N7002/NDS7002A

最大额定值　T_A=25 ℃（除非标明其他条件）

符号	参数	2N7000	2N7002	NDS7002A	单位
V_{DSS}	漏源电压		60		V
V_{DGR}	漏栅电压（R_{GS}≤1 MΩ）		60		V
V_{GSS}	栅源电压–连续的		± 20		V
	–非重复性的（t_p<50 μs）		± 40		
I_D	最大漏极电流–连续的	200	115	280	mA
	–脉冲的	500	800	1500	
P_D	最大功耗	400	200	300	mW
	25℃以上减额	3.2	1.6	2.4	mW/℃
T_J, T_{STG}	工作和保存温度范围	−55 ~ +150		−65 ~ +150	℃
T_L	焊接时引脚最高温度，距管壳1/16″，10 s		300		℃

温度特性

$R_{\theta JA}$	结对环境的热电阻	312.5	625	417	℃/W

电学特性　T_A=25 ℃（除非标明其他条件）

符号	参量	条件		类型	最小值	典型值	最大值	单位
截止特性								
BV_{DSS}	栅源击穿电压	V_{GS}=0 V, I_D=10 μA		全部	60	—	—	V
I_{DSS}	零栅压漏极电流	V_{DS}=48 V,V_{GS}=0 V		2N7000	—	—	1	μA
			T_J=125 ℃		—	—	1	mA
		V_{DS}=60 V,V_{GS}=0 V		2N7002 NDS7002A	—	—	1	μA
			T_J=125 ℃		—	—	0.5	mA

图 12-12　2N7000 的数据手册

电学特性 $T_A=25℃$（除非标明其他条件）

符号	参量	条件	类型	最小值	典型值	最大值	单位
截止特性							
I_{GSSF}	栅–衬底漏电流，正向	$V_{GS}=15\,V, V_{DS}=0\,V$	2N7000	—	—	10	nA
		$V_{GS}=20\,V, V_{DS}=0\,V$	2N7002 NDS7002A	—	—	100	nA
I_{GSSR}	栅–衬底漏电流，反向	$V_{GS}=-15\,V, V_{DS}=0\,V$	2N7000			-10	nA
		$V_{GS}=-20\,V, V_{DS}=0\,V$	2N7002 NDS7002A			-100	nA
导通特性							
$V_{GS(th)}$	栅极阈值电压	$V_{DS}=V_{GS}, I_D=1\,mA$	2N7000	0.8	2.1	3	V
		$V_{DS}=V_{GS}, I_D=250\,\mu A$	2N7002 NDS7002A	1	2.1	2.5	
$R_{DS(on)}$	静态漏源导通电阻	$V_{GS}=10\,V, I_D=500\,mA$	2N7000	—	1.2	5	Ω
		$T_J=125\,℃$		—	1.9	9	
		$V_{GS}=4.5\,V, I_D=75\,mA$		—	1.8	5.3	
		$V_{GS}=10\,V, I_D=500\,mA$	2N7000	—	1.2	7.5	
		$T_J=100\,℃$		—	1.7	13.5	
		$V_{GS}=5.0\,V, I_D=50\,mA$		—	1.7	7.5	
		$T_J=100\,℃$		—	2.4	13.5	
		$V_{GS}=10\,V, I_D=500\,mA$	NDS7002A	—	1.2	2	
		$T_J=125\,℃$		—	2	3.5	
		$V_{GS}=5.0\,V, I_D=50\,mA$		—	1.7	3	
		$T_J=125\,℃$		—	2.8	5	
$V_{DS(on)}$	漏源导通电压	$V_{GS}=10\,V, I_D=500\,mA$	2N7000	—	0.6	2.5	V
		$V_{GS}=4.5\,V, I_D=75\,mA$		—	0.14	0.4	
		$V_{GS}=10\,V, I_D=500\,mA$	2N7002	—	0.6	3.75	
		$V_{GS}=5.0\,V, I_D=50\,mA$		—	0.09	1.5	
		$V_{GS}=10\,V, I_D=500\,mA$	NDS7002A	—	0.6	1	
		$V_{GS}=5.0\,V, I_D=50\,mA$		—	0.09	0.15	
$I_{D(on)}$	漏极导通电流	$V_{GS}=4.5\,V, V_{DS}=10\,V$	2N7000	75	600	—	mA
		$V_{GS}=10\,V, V_{DS}≥2V_{DS(on)}$	2N7002	500	2700	—	
		$V_{GS}=10\,V, V_{DS}≥2V_{DS(on)}$	NDS7002A	500	2700	—	
g_{FS}	正向跨导	$V_{DS}=10\,V, I_D=200\,mA$	2N7002	100	320	—	mS
		$V_{DS}≥2V_{DS(on)}, I_D=200\,mA$	2N7000	80	320	—	
		$V_{DS}≥2V_{DS(on)}, I_D=200\,mA$	NDS7002A	80	320	—	

图 12-12 2N7000 的数据手册（续）

12.5.2 EMOS 管参数列表

表 12-1 给出了一些小信号 EMOS 管的实例。典型的 $V_{GS(th)}$ 值为 $1.5\sim3\,V$。$R_{DS(on)}$ 值为 $0.3\sim28\,\Omega$，这意味着 EMOS 管偏置在电阻区时的电阻值很低，而偏置在截止区时电阻值很高，近似于开路状态。因此 EMOS 管的开关比极高。

表 12-1 小信号 EMOS 管样例

器件	$V_{GS(th)}$/V	$V_{GS(on)}$/V	$I_{D(on)}$/mA	$R_{DS(on)}$/Ω	$I_{D(max)}$/mA	$P_{D(max)}$/mW
VN2406L	1.5	2.5	100	10	200	350
BS107	1.75	2.6	20	28	250	350

（续）

器　　件	$V_{GS(\text{th})}$/V	$V_{GS(\text{on})}$/V	$I_{D(\text{on})}$/mA	$R_{DS(\text{on})}$/Ω	$I_{D(\text{max})}$/mA	$P_{D(\text{max})}$/mW
2N7000	2	4.5	75	6	200	350
VN10LM	2.5	5	200	7.5	300	1000
MPF930	2.5	10	1000	0.9	2000	1000
IRFD120	3	10	600	0.3	1300	1000

12.5.3　偏置在电阻区

图 12-13a 电路中的漏极饱和电流是：

$$I_{D(\text{sat})} = \frac{V_{DD}}{R_D} \qquad (12\text{-}4)$$

漏极截止电压是 V_{DD}。图 12-13b 所示为连接饱和电流 $I_{D(\text{sat})}$ 和截止电压 V_{DD} 的直流负载线。

当 $V_{GS}=0$ 时，Q 点在直流负载线的下端，当 $V_{GS}>V_{GS(\text{on})}$ 时，Q 点在直流负载线的上端。当 Q 点在 Q_{test} 点以下时，器件处于电阻区，如图 12-13b 所示。即 EMOS 管工作在电阻区须满足如下条件：

当 $V_{GS} = V_{GS(\text{on})}$ 时，　$I_{D(\text{sat})} < I_{D(\text{on})}$

$$(12\text{-}5)$$

式（12-5）很重要，它是判断 EMOS 管工作在有源区或电阻区的条件。对于给定的 EMOS 电路，可以计算出 $I_{D(\text{sat})}$。如果当 $V_{GS}=V_{GS(\text{on})}$ 时 $I_{D(\text{sat})}<I_{D(\text{on})}$，则该 EMOS 管工作在电阻区，且可等效为一个小电阻。

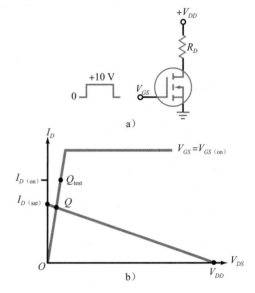

图 12-13　处于饱和的条件是：$V_{GS}=V_{GS(\text{on})}$ 时 $I_{D(\text{sat})}<I_{D(\text{on})}$

例 12-3　求图 12-14a 所示电路的输出电压。

解： 根据表 12-1 可知，2N7000 最重要的参数值为：

$$V_{GS(\text{on})} = 4.5 \text{ V}$$
$$I_{D(\text{on})} = 75 \text{ mA}$$
$$R_{DS(\text{on})} = 6 \text{ Ω}$$

因为输入电压的摆幅为 0~4.5 V，所以 2N7000 工作在开关状态。

图 12-14a 电路的漏极饱和电流为：

$$I_{D(\text{sat})} = \frac{20 \text{ V}}{1 \text{ kΩ}} = 20 \text{ mA}$$

图 12-14b 是直流负载线。因为 20 mA 小于 $I_{D(\text{on})}$ 的值 75 mA，所以当栅电压为高时，2N7000 处于电阻区。

图 12-14c 是输入为高电平时的等效电路。因为 EMOS 管的导通电阻为 6 Ω，所以输出电压为：

$$V_{\text{out}} = \frac{6 \text{ Ω}}{1 \text{ kΩ} + 6 \text{ Ω}} \times 20 \text{ V} = 0.12 \text{ V}$$

反之，当 V_{GS} 是低电平时，EMOS 管相当于开路（见图 12-14d），输出电压被上拉至电源电压：

$$V_{\text{out}} = 20 \text{ V}$$

◀

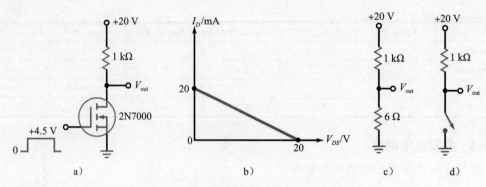

图 12-14　工作状态在截止和饱和之间转换

✎ **自测题 12-3**　将图 12-14a 电路中的 EMOS 管 2N7000 替换为 VN2406L，求 $I_{D(\text{sat})}$ 和输出电压的值。

【应用实例 12-4】　求图 12-15 电路中 LED 的电流。

█▌ Multisim

解： 当 V_{GS} 是低电平时，LED 截止。当 V_{GS} 是高电平时，和前面的例题类似，2N7000 进入深度饱和状态。如果忽略 LED 上的压降，则它的电流为：

$$I_D \approx 20 \text{ mA}$$

如果 LED 的压降为 2 V，则电流为：

$$I_D = \frac{20 \text{ V} - 2 \text{ V}}{1 \text{ k}\Omega} = 18 \text{ mA} \quad ◀$$

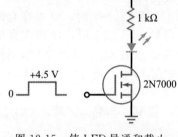

图 12-15　使 LED 导通和截止

✎ **自测题 12-4**　使用 EMOS 管 VN2406L 和 560 Ω 漏极电阻，重新计算应用实例 12-4。

【应用实例 12-5】　图 12-16a 电路中，若 30 mA 或更大的电感电流可以使继电器闭合，说明该电路的功能。

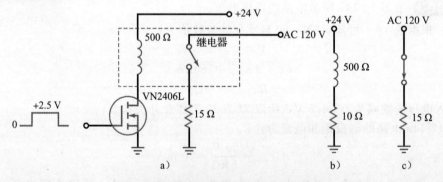

图 12-16　用小电流信号控制大电流输出

解： EMOS 管用于控制继电器的通和断。由于继电器电感的电阻是 500 Ω，所以饱和电流是：

$$I_{D(\text{sat})} = \frac{24 \text{ V}}{500 \text{ }\Omega} = 48 \text{ mA}$$

该电流值小于 VN2406L 的 $I_{D(\text{on})}$，所以器件的电阻值仅为 10 Ω（见表 12-1）。

图 12-16b 所示是当 V_{GS} 为高电平时的等效电路。通过继电器电感的电流大约为 48 mA，远大于使继电器闭合的电流。当继电器闭合时，等效电路如图 12-16c 所示。因

此，输出电流为 8 A（120 V 除以 15 Ω）。

在图 12-16a 中，输入电压仅为 2.5 V，而且输入电流近似为零，所控制的却是 120 V 交流负载电压和 8 A 的负载电流。因此这类电路可用于远程控制，输入电压可以是从远距离通过铜导线、光缆或空间传播的信号。 ◄

12.6 数字开关

EMOS 管的阈值电压特性使之成为了理想的开关元件。当栅电压大于阈值电压时，器件从截止状态变化到饱和状态。这种开和关的操作是构成计算机的关键。在研究计算机电路时会看到，一个典型的计算机使用了上百万个作为开关的 EMOS 管来处理数据（*数据包括数字、文本、图片及其他所有能用二进制数编码的信息。*）

12.6.1 模拟电路、数字电路和开关电路

这里的**模拟**是连续的意思，比如正弦波。模拟信号是指那些电压连续变化的信号，如图 12-17a 所示的电压信号。模拟信号不一定是正弦信号，只要没有明显的电压跳变的信号都可以看作是模拟信号。

数字信号指的是不连续的信号，即信号中有电压值的跳变，如图 12-17b 所示。计算机中的信号就是这种数字信号。这些信号是计算机中的编码，代表数字、字母或其他符号。

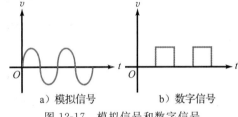

a）模拟信号　　b）数字信号

图 12-17 模拟信号和数字信号

开关比数字的含义更广，数字电路是开关电路的一部分。开关电路也包括能够开启电机、灯泡、加热器和其他大电流器件的电路。

知识拓展 自然界中大多数物理量都是模拟的，它们通常作为系统监测和控制的输入和输出。例如，作为模拟信号输入和输出的量有温度、压力、速度、位置、液体的高度和流速等。为了利用数字技术的优势来处理模拟输入，需要把这些物理量转换成数字形式。完成这种转换的电路叫作模/数（A/D）转换器。

12.6.2 无源负载开关

图 12-18 所示是采用无源负载的 EMOS 电路，这里无源指的是普通电阻，如 R_D。电路中，v_{in} 可以为高电平或者低电平。当 v_{in} 为低电平时，MOS 管截止，v_{out} 等于电源电压 V_{DD}。当 v_{in} 为高电平时，MOS 管饱和，v_{out} 降为较低的电压。若使电路正常工作，当输入电压大于等于 $V_{GS(on)}$ 时，漏极饱和电流 $I_{D(sat)}$ 必须小于 $I_{D(on)}$。这就是说，MOS 管在电阻区的电阻应远小于无源负载电阻，即 $R_{DS(on)} \ll R_D$。

图 12-18 所示是计算机中用到的最简单的电路，其输出电压和输入电压是反相的，所以叫作反相器。当输入电压为低时，输出电压为高；当输入电压为高时，输出电压为低。对开关电路的分析不需要高精度，只要能简单地分辨出输入和输出电压的高低就可以了。

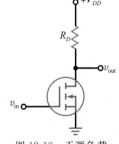

图 12-18 无源负载

12.6.3 有源负载开关

集成电路（IC）由成千上万的晶体管构成，可以是双极管或 MOS 管。最早的集成电路中使用如图 12-18 所示的无源负载，但是无源负载的物理尺寸比 MOS 管大很多。因此，由无源负载电阻构成的集成电路都很庞大，直到**有源负载电阻**的出现。有源负载电阻极大地减小了集成电路的尺寸，并由此诞生了今天的个人计算机。

有源负载的核心方法就是去掉无源负载电阻。有源负载开关的电路如图 12-19a 所示，下方 MOS 管的作用是开关，上方 MOS 管的作用是大电阻。

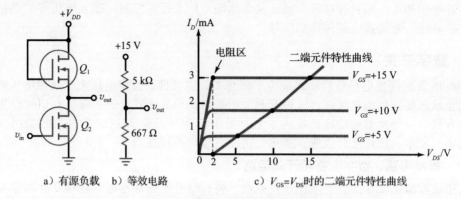

a) 有源负载　b) 等效电路　　　　c) $V_{GS}=V_{DS}$ 时的二端元件特性曲线

图 12-19　有源负载开关的特性分析

图 12-19a 中的上方 MOS 管的栅极和漏极相连，因此变成了二端元件，其有源电阻值为：

$$R_D = \frac{V_{DS(\text{active})}}{I_{D(\text{active})}} \qquad (12\text{-}6)$$

这里的 $V_{DS(\text{active})}$ 和 $I_{D(\text{active})}$ 是有源区的电压和电流。

若使电路正常工作，图 12-19a 中的上方 MOS 管的 R_D 需要大于下方 MOS 管的 $R_{DS(\text{on})}$。例如，若图 12-19b 的上方 MOS 管的 R_D 是 5 kΩ，下方 MOS 管的 $R_{DS(\text{on})}$ 是 667 Ω，那么输出电压为低电平。

图 12-19c 显示了 $V_{GS}=V_{DS}$ 时的二端元件特性曲线。MOS 管的每个工作点都在图 12-19c 所示的二端元件特性曲线上，如果检验该线段上的每个点，则会发现 $V_{GS}=V_{DS}$。

图 12-19c 所示的二端元件特性曲线说明 MOS 管的特性就像一个电阻 R_D。R_D 的值在不同的工作点有微小变化。例如，在图 12-19c 中最上方线段对应的 $I_D=3$ mA，$V_{DS}=15$ V。根据式（12-6）可以计算出：

$$R_D = \frac{15 \text{ V}}{3 \text{ mA}} = 5 \text{ k}\Omega$$

图 12-19c 中的中间一条线段对应的 $I_D=1.6$ mA，$V_{DS}=10$ V，因此：

$$R_D = \frac{10 \text{ V}}{1.6 \text{ mA}} = 6.25 \text{ k}\Omega$$

用同样的方法计算可知，图 12-19c 中的最下方线段对应的 $I_D=0.7$ mA，$V_{DS}=5$ V，从而得 $R_D=7.2$ kΩ。

如果图 12-19b 下方的 MOS 管和上方的 MOS 管有相同的漏极特性曲线，则其 $R_{DS(\text{on})}$ 为：

$$R_{DS(\text{on})} = \frac{2 \text{ V}}{3 \text{ mA}} = 667 \text{ } \Omega$$

如前文所述，在数字开关电路中数值的精确度并不重要，只要能区分电压的高低电平即可。因此，不需要 R_D 的精确值，R_D 可以采用 5 kΩ、6.25 kΩ、7.2 kΩ 中的任何值，这些值都足以使输出产生低电平，如图 12-19b 所示。

12.6.4　结论

由于物理尺寸对数字集成电路来说非常重要，所以数字集成电路需要采用有源电阻负载。在设计时必须保证上方 MOS 管的电阻 R_D 大于下方 MOS 管的电阻 $R_{DS(\text{on})}$。对于

图 12-19a 所示的电路，必须记住的基本分析方法是：**该电路相当于电阻 R_D 与开关串联，使得输出电压为高电平或者低电平。**

例 12-6　分别求出当图 12-20a 电路的输入为低电平和高电平时的输出电压。

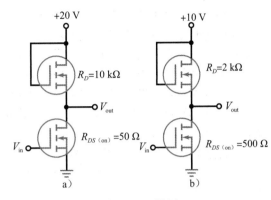

解： 当输入电压是低电平时，下方的 MOS 管处于开路状态，输出电压被上拉至电源电压，即 $V_{out} = 20\ \text{V}$。

当输入电压是高电平时，下方的 MOS 管电阻为 50 Ω。此时，输出电压被下拉至地电位，即 $V_{out} = \dfrac{50\ \Omega}{10\ \text{k}\Omega + 50\ \Omega} \times 20\ \text{V} = 100\ \text{mV}$　◀

自测题 12-6　如果 $R_{DS(on)}$ 为 100 Ω，重新计算例 12-6。

例 12-7　求图 12-20b 电路的输出电压。

解： 当输入电压是低电平时，输出电压：

$$V_{out} = 10\ \text{V}$$

当输入电压是高电平时，输出电压：

$$V_{out} = \frac{500\ \Omega}{2.5\ \text{k}\Omega} \times 10\ \text{V} = 2\ \text{V}$$

图 12-20　举例

若与前面的例题相比较，会发现该电路的开关比欠佳。但对于数字电路来说，开关比的大小并不重要。在本例中，输出电压为 2 V 或者 10 V，很容易将其区分为低或高。　◀

自测题 12-7　对于图 12-20b 电路，当 V_{in} 为高时，若使 $V_{out} < 1\ \text{V}$，$R_{DS(on)}$ 的最大值为多少？

12.7　互补 MOS 管

当有源负载开关的输出为低电平时，其漏极电流近似为 $I_{D(sat)}$。这给电池供电设备带来了问题。降低数字电路漏极电流的方法之一是采用**互补 MOS 管**（CMOS）。这种电路的设计需要将 n 沟道 MOS 管和 p 沟道 MOS 管结合起来，如图 12-21a 所示。其中，Q_1 是 p 沟道 MOS 管，Q_2 是 n 沟道 MOS 管。这两个晶体管是互补的，即它们的 $V_{GS(th)}$、$V_{GS(on)}$、$I_{D(on)}$ 的大小相等、符号相反。这个电路和 B 类放大器类似，当一个 MOS 管导通时另一个 MOS 管截止。

12.7.1　基本功能

当图 12-21a 所示的 CMOS 电路用作开关时，输入电压为高（$+V_{DD}$）或低（0 V）。当输入为高时，Q_1 截止，Q_2 导通。此时，短路的 Q_2 将输出电压下拉到地电位。反之，当输入为低时，Q_1 导通，Q_2 截止。此时，短路的 Q_1 将输出电压上拉到 $+V_{DD}$。因为输出电压是反相的，所以该电路称为 CMOS 反相器。

输出电压随输入电压的变化关系如图 12-21b 所示。当输入电压为零时，输出电压是高电平。当输入电压为高电平时，输出电压是低电平。中间过渡带的交越点处的输入电压为 $V_{DD}/2$。在该点，两个 MOS 管的电阻相等，输出电压为 $V_{DD}/2$。

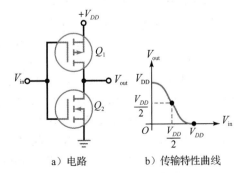

a）电路　　　b）传输特性曲线

图 12-21　CMOS 反相器

12.7.2　功耗

CMOS 电路的主要优点是功耗极低。因为两个 MOS 管是串联的，如图 12-21a 所示，其静态漏极电流由处于截止的晶体管决定。晶体管截止时的电阻为兆欧量级，所以静态（空闲）功耗几乎为零。

当输入信号从低变到高时，功耗会增加。反之亦然。原因是在输入由高到低或由低到高的翻转过程中，两个 MOS 管会同时导通，导致漏极电流瞬时增加。因为翻转过程很短，所以只产生一个很窄的电流脉冲。漏极电源电压和电流脉冲的乘积是平均动态功耗，该功耗大于静态功耗。也就是说，CMOS 在翻转时的平均动态功耗大于静态功耗。

尽管如此，由于脉冲电流很短，CMOS 器件处于开关状态时的平均功耗仍然是很低的。实际应用中的 CMOS 电路平均功耗很低，常用于需要电池供电的产品，如计算器、电子手表和助听器等。

例 12-8　图 12-22a 电路中 MOS 管的 $R_{DS(on)} = 100\,\Omega$，$R_{DS(off)} = 1\,M\Omega$，它的输出波形是怎样的？

解：输入信号是矩形波脉冲，在 A 点从 0 V 变到 +15 V，在 B 点从 +15 V 变到 0 V。在 A 点到来之前，Q_1 导通而 Q_2 截止。Q_1 的导通电阻为 100 Ω，Q_2 的电阻为 1 MΩ，所以输出电压被上拉至 +15 V。

在 A 点和 B 点之间，输入电压是 +15 V，Q_1 截止而 Q_2 导通。此时，Q_2 的低电阻将输出电压下拉到近似零电位。输出波形如图 12-22b 所示。　◀

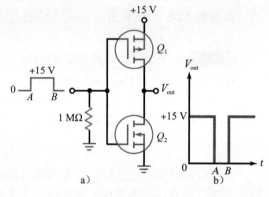

图 12-22　举例

自测题 12-8　当 AB 间的脉冲幅值 $V_{in} = +10\,V$ 时，重新计算例 12-8。

12.8　功率场效应晶体管

前文中主要讨论的是小信号低功率 EMOS 管。虽然一些分立的低功率 EMOS 管也可以买到（见表 12-1），但是低功率 EMOS 管主要用于数字集成电路。

大功率 EMOS 则不同，大功率 EMOS 管作为分立元件广泛应用于电动机、灯泡、磁盘驱动器、打印机、电源等的控制电路。这些应用中的 EMOS 管称为**功率场效应晶体管**。

12.8.1　分立器件

功率器件有很多种，如 VMOS、TMOS、hexFET、trench MOSFET 和 waveFET。这些功率场效应晶体管采用不同的沟道几何结构来增加最大额定值。这些器件的额定电流值为 1～200 A 及以上，额定功率为 1～500 W 及以上。

图 12-23a 所示是一个集成电路中增强型 MOS 管的结构图。源极在左边，栅极在中间，漏极在右边。当 $V_{GS} > V_{GS(th)}$ 时，自由电子沿水平方向从源极流到漏极。由于自由电子必须经过狭窄的反型层（在图中用虚线标出），所以这种结构限制了最大电流值。因为传统的 MOS 器件的沟道非常窄，所以漏极电流和额定功率都比较小。

图 12-23b 所示是**垂直 MOS 管**（VMOS）的结构图。它的顶端有两个源极，这两个源极通常是连在一起的，衬底作为漏极。当 $V_{GS} > V_{GS(th)}$ 时，自由电子从两个源极垂直向下流向漏极。因为沿着 V 形槽两边的导电沟道较宽，所以电流可以很大。因此 VMOS 可以用作功率场效应晶体管。

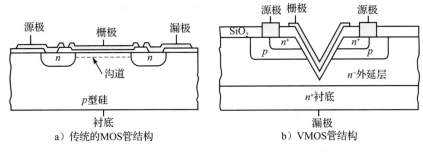

a）传统的MOS管结构　　　　　　　　b）VMOS管结构

图 12-23　对可控硅整流器的电压和电流保护

12.8.2　寄生元件

图 12-24a 显示了另一种垂直方向功率 MOS 管的结构（UMOS）。该器件在栅区底部实现一个 U 型槽。这种结构的沟道浓度较高，从而降低导通电阻。

在大多数功率 MOS 管中，包括由 n^+ 源区、p 型衬底区、n^- 外延层区和 n^+ 衬底区构成的四层结构。这种由不同类型半导体构成的层状结构中存在寄生元件。一种寄生元件是源和漏之间形成一个 npn 型 BJT 管。如图 12-24b 所示，p 型衬底区成为基极，n^+ 源区成为发射极，n^- 外延层区成为集电极。

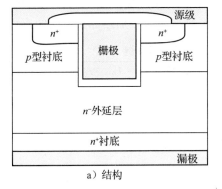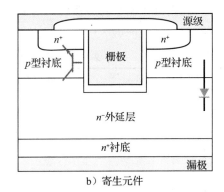

a）结构　　　　　　　　　　　b）寄生元件

图 12-24　UMOS 管

研究这种效应非常重要。早期的功率 MOS 管，在漏源电压增加较快（dV/dt），以及电压瞬时变化较快时，很容易发生电压击穿。当这种情况发生时，寄生基极-集电极间的结电容迅速充电。这相当于是基极电流，使寄生晶体管导通。当寄生晶体管突然导通时，器件将进入雪崩击穿状态。如果漏级电流不受外部限制，则 MOS 管将被烧毁。为防止寄生 BJT 管导通，用源极的金属将 n^+ 源区与 p 型衬底区短路。需要注意图 12-24b 中的源区是如何将 n^+ 源区和 p 衬底区连接在一起的。这种连接有效地将寄生的基极-发射极间 pn 结短路，防止其导通。将这两层短路的结果是产生了一个**寄生体二极管**，如图 12-24b 所示。

图 12-25a 显示了在大部分功率 MOS 管中存在的反向并联的寄生体二极管。有时，该寄生体二极管会被画成齐纳二极管。由于该二极管的结面积大，反向恢复时间长，因此只能应用于低频，如电动机控制电路、半桥和全桥转换器。在高频应用时，该寄生体二极管通常由一个超高速整流器在外部并联，以防止其导通。如果该二极管导通，其反向恢复的消耗将使功率 MOS 管的功耗增加。

由于功率 MOS 管由多层半导体层组成，每个 pn 结都存在电容。图 12-25b 所示为功率 MOS 管寄生电容的简化模型。数据手册通常会列出 MOS 管的以下寄生电容：输入电容 $C_{iss} = C_{gd} + C_{gs}$，输出电容 $C_{oss} = C_{gd} + C_{ds}$，以及反向转移电容 $C_{rss} = C_{gd}$。这些数值都是由制造厂家在短路交流条件下测量的。

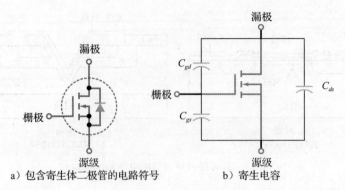

a) 包含寄生体二极管的电路符号　　　b) 寄生电容

图 12-25　功率 MOS 管

　　这些寄生电容的充放电直接影响晶体管的开关延迟时间，以及器件的整体频率响应。导通延时 $t_{d(\text{on})}$ 是指 MOS 管漏极电流产生之前其输入电容的充电时间。同样，截止延时 $t_{d(\text{off})}$ 是指当器件偏压关断后，电容的放电时间。在高速开关电路中，必须使用专门的驱动电路对这些电容进行快速的充放电。

　　表 12-2 是一些商用功率场效应晶体管的数据样例。可以看到所有器件的 $V_{GS(\text{on})}$ 都是 10 V，因为它们是体积较大的器件，需要较大的 $V_{GS(\text{on})}$ 才能确保其工作在电阻区。而且，这些器件的额定功率都很大，能够承受诸如自动控制、照明、加热等重负载的应用。

表 12-2　商用功率场效应晶体管数据样例

器　件	$V_{GS(\text{on})}/\text{V}$	$I_{D(\text{on})}/\text{A}$	$R_{DS(\text{on})}/\Omega$	$I_{D(\text{max})}/\text{A}$	$P_{D(\text{max})}/\text{W}$
MTP4N80E	10	2	1.95	4	125
MTV10N100E	10	5	1.07	10	250
MTW24N40E	10	12	0.13	24	250
MTW45N10E	10	22.5	0.035	45	180
MTE125N20E	10	62.5	0.012	125	460

　　功率场效应晶体管电路的分析方法与小信号器件一样。当用 10 V 的 $V_{GS(\text{on})}$ 作为驱动时，功率场效管在电阻区的电阻 $R_{DS(\text{on})}$ 较小。如前文所述，当 $V_{GS}=V_{GS(\text{on})}$ 时，电流 $I_{D(\text{sat})}$ 应小于 $I_{D(\text{on})}$，以保证器件被偏置在电阻区，并等效为一个小电阻。

12.8.3　不会热击穿

　　第 12 章中讨论到双极型晶体管有可能因为热击穿而损坏，其原因在于双极管的 V_{BE} 是负温度系数。当管子内部温度升高时，V_{BE} 降低，导致集电极电流增加，进而使温度升高。而温度的升高使 V_{BE} 更低，如果不采取适当的散热措施，双极管将因为热击穿而损坏。

　　与双极型晶体管相比，功率场效应晶体管的一个主要优点是不会出现热击穿。MOS 管的 $R_{DS(\text{on})}$ 是正温度系数，当管子内部温度升高时，$R_{DS(\text{on})}$ 升高，使漏极电流降低，从而使温度降低。因此，功率场效应晶体管自身具有温度稳定性，不会发生热击穿。

12.8.4　功率场效应晶体管的并联

　　由于双极型晶体管的 V_{BE} 不能很好地相互匹配，所以是不能并联的。如果将它们并联，将导致电流混乱，即 V_{BE} 较低的晶体管的集电极电流会比较大。

　　功率场效应晶体管并联则不会出现电流混乱的问题。如果其中一个晶体管的电流有增加的趋势，它的温度将会升高，导致 $R_{DS(on)}$ 升高，使漏极电流降低。因此，最终的结果是所有并联晶体管的漏极电流都相等。

12.8.5　关断速度更快

如前文所述，双极型晶体管正偏时，少子在结区有存储。要使晶体管关断时，这些存储电荷的消散需要时间，因此不能快速关断。功率场效应晶体管在传输中没有少子，因此在大电流时的关断速度比双极管更快。一般情况下，功率场效应晶体管关断几安培的电流所需的时间在数十纳秒以内，比双极管快 10～100 倍。

12.8.6　功率场效应晶体管作为接口电路

数字 IC 是低功率器件，它提供的输出电流很小。如果需要数字 IC 的输出驱动大电流负载，可以使用功率场效应晶体管作为**接口**（一种中间器件 B，它可以通过器件 A 实现对器件 C 的通信或控制）。

图 12-26 所示是数字 IC 控制大功率负载的电路。其中数字 IC 的输出驱动功率管的栅极。当数字输出为高时，功率管开关闭合。当数字输出为低时，功率管开关断开。功率场效应晶体管的重要应用之一就是作为数字 IC（小信号 EMOS 和 CMOS）和大功率负载之间的接口。

图 12-27 是一个数字 IC 控制大功率负载的例子。当 CMOS 输出为高时，功率管开关闭合。电动机电感上获得大约 12 V 的电压，电动机轴开始旋转。当 CMOS 输出为低时，功率管断开，电动机停止旋转。

知识拓展　在很多情况下，双极器件和 MOS 器件出现在同一个电路中。接口电路连接前级电路的输出和后级电路的输入。接口电路的功能是将前级的输出信号进行处理，使之满足后级负载的要求。

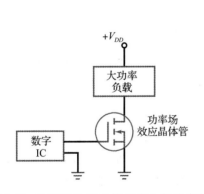

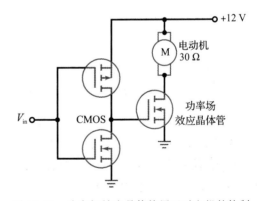

图 12-26　功率场效应晶体管作为低功率数字　　图 12-27　功率场效应晶体管用于对电机的控制
IC 和大功率负载的接口

12.8.7　直流-交流转换器

突然断电时，计算机将停止工作，有用的数据可能会丢失。一个解决方法就是使用**不间断电源**（UPS），UPS 包含一个电池和一个直流-交流转换器。它的基本原理是：当电源断电时，电池电压被转换成交流电压驱动计算机。

图 12-28 所示是一个**直流-交流转换器**的原理图。当电源断电时，其他电路（运算放大器，稍后讨论）开始工作并产生方波驱动功率管的栅极。输入的方波电压控制功率管的通和断。方波将加载到变压器绕组上，使二次绕组产生交流电压以维持计算机的工作。商用的 UPS 电源要复杂很多，但其中直流-交流转换的基本原理是一样的。

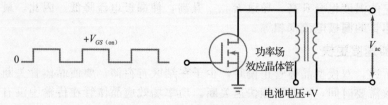

图 12-28　直流-交流转换器原理图

12.8.8　直流-直流转换器

图 12-29 所示是一个**直流-直流转换器**原理图，它能够将输入直流电压转换为较低或较高的直流输出电压。功率场效应晶体管通过开关作用产生方波信号并加载到二次绕组，然后通过半波整流和电容滤波器产生直流输出电压 V_{out}。绕组采用不同的匝数比，可以获得比输入电压 V_{in} 高或低的直流输出电压。为使纹波较小，可以采用全波整流或桥式整流。直流-直流转换器是开关电源的重要组成部分，第 22 章将介绍它的应用。

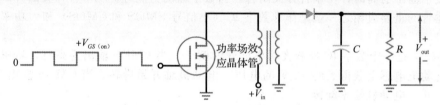

图 12-29　直流-直流转换器原理图

应用实例 12-9　求图 12-30 电路中通过电动机电感的电流。

解：由表 12-2 可知 MTP4N80E 的 $V_{GS(\text{on})} = 10$ V，$I_{D(\text{on})} = 2$ A，$R_{DS(\text{on})} = 1.95\ \Omega$。图 12-30 电路的饱和电流是：

$$I_{D(\text{sat})} = \frac{30\ \text{V}}{30\ \Omega} = 1\text{A}$$

饱和电流小于 2 A，所以功率管可等效为 $1.95\ \Omega$ 的电阻。理想情况下，电动机电感中的电流为 1 A。如果计算中考虑 $1.95\ \Omega$ 的电阻，那么电流值为：

$$I_D = \frac{30\ \text{V}}{30\ \Omega + 1.95\ \Omega} = 0.939\ \text{A}$$ ◀

自测题 12-9　使用表 12-2 中的 MTW24N40E，重新计算例 12-9。

例 12-10　图 12-31 电路中的光电二极管在白天时导通，栅极电压为低电平。在晚上，该光电二极管断开，栅极电压为 +10 V。因此，该电路在晚上自动将灯泡点亮。求通过灯泡的电流。

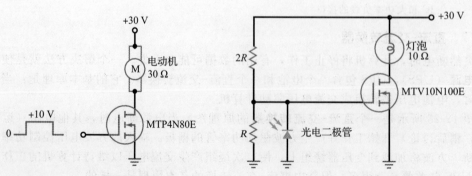

图 12-30　控制电动机的例子　　　　　图 12-31　自动照明控制电路

解： 由表 12-2 可知 MTV10N100E 的 $V_{GS(on)} = 10$ V，$I_{D(on)} = 5$ A，$R_{DS(on)} = 1.07$ Ω。图 12-31 电路的饱和电流是：

$$I_{D(sat)} = \frac{30 \text{ V}}{10 \text{ Ω}} = 3 \text{ A}$$

饱和电流小于 5 A，所以功率管等效为 1.07 Ω 的电阻。则灯泡电流值为：

$$I_D = \frac{30 \text{ V}}{10 \text{ Ω} + 1.07 \text{ Ω}} = 2.71 \text{ A}$$ ◀

自测题 12-10 使用表 12-2 中的 MTP4N80E，重新计算图 12-29 中灯泡的电流。

应用实例 12-11 图 12-32 所示是一个游泳池的自动注水控制电路。当水面低于两个金属探针时，栅极电压被上拉到 +10 V，功率管导通，将水阀打开，向游泳池注水。

因为水是良导体，所以当水面高于金属探针时，探针间的电阻很小。此时，栅极电压变低，功率管断开，使弹簧作用于水阀将其关闭。

如果功率管工作在电阻区，其导通电阻为 0.5 Ω，那么图 12-32 中通过水阀的电流是多少？

解： 通过水阀的电流是：

$$I_D = \frac{10 \text{ V}}{10 \text{ Ω} + 0.5 \text{ Ω}} = 0.952 \text{ A}$$ ◀

应用实例 12-12 图 12-33a 所示电路的功能是什么？RC 时间常数是多少？灯泡在最亮时的功率是多少？

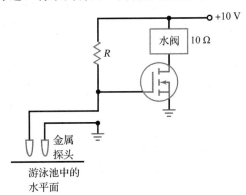

图 12-32 游泳池自动注水控制电路

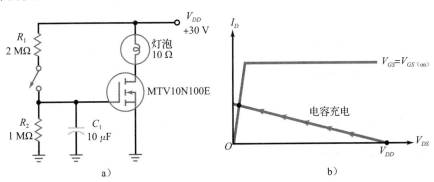

图 12-33 灯泡的渐变导通

解： 当手动开关闭合时，大电容慢慢充电至 10 V。当栅极电压增加到 $V_{GS(th)}$ 时，功率管开始导通。因为栅极电压在缓慢变化，所以功率管的工作点也会慢慢通过有源区，如图 12-33b 所示。因此，灯泡是逐渐变亮的。当功率管的工作点最终到达电阻区时，灯泡的亮度达到最大。整个过程使灯泡渐变导通。

电容端口的戴维南电阻为：

$$R_{TH} = 2 \text{ MΩ} \parallel 1 \text{ MΩ} = 667 \text{ kΩ}$$

RC 时间常数为：

$$RC = 667 \text{ kΩ} \times 10 \text{ μF} = 6.67 \text{ s}$$

由表 12-2 可知，MTV10N100E 的 $R_{DS(on)} = 1.07$ Ω，则灯泡电流为：

$$I_D = \frac{30\text{ V}}{10\ \Omega + 1.07\ \Omega} = 2.71\text{ A}$$

灯泡功率为：

$$P = (2.71\text{A})^2 \times 10\ \Omega = 73.4\text{ W}$$

12.9　高侧 MOS 晶体管负载开关

高侧负载开关用于连接或断开电源到其各自的负载。高侧功率开关用于控制输出功率，这是通过限制其输出电流实现的，与此不同的是，高侧负载开关是将输入电压和电流传输给负载，而不进行限流。高侧负载开关可实现对电池供电系统（如笔记本电脑、手机和手持娱乐系统）的电源管理，根据需要决定打开和关闭系统中的某些子电路，从而延长电池寿命。

图 12-34 所示是负载开关的主电路模块。它由传输元件、栅极控制模块和输入逻辑模块组成。传输元件通常是 p 沟道或 n 沟道的功率 EMOS 管。nMOS 管的沟道（电子）迁移率较高，更适合在大电流情况下应用。对于面积相同的场效应晶体管，其导通电阻 $R_{DS(on)}$ 更低，且栅极输入电容更小。pMOS 管的优点是栅极控制模块简单。栅极控制模块产生适当的栅极电压，使传输元件导通或截止。输入逻辑模块由电源管理电路（通常是微控制芯片）控制，产生使能（EN）信号用于触发栅控制模块。

12.9.1　p 沟道负载开关

图 12-35 所示是一个简单的 p 沟道负载开关电路的例子。pMOS 功率管的源极与输入电压 V_{in} 直接相连，其漏极与负载相连。若使 p 沟道负载开关导通，栅极电压必须低于 V_{in}，使晶体管被偏置在欧姆区，具有较低的 $R_{DS(on)}$。满足以下条件：

$$V_G \leqslant V_{\text{in}} - |V_{GS(on)}| \tag{12-7}$$

由于 pMOS 管的阈值电压 $V_{GS(on)}$ 为负值，式（12-7）中 $V_{GS(on)}$ 取绝对值。

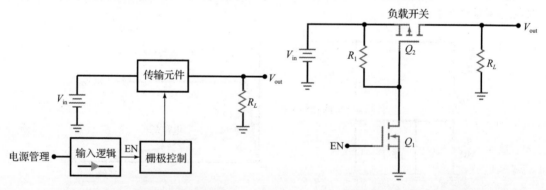

图 12-34　负载开关主电路模块　　　　图 12-35　p 沟道负载开关

在图 12-35 中，使能信号 EN 由系统的电源管理控制电路产生。该信号以一个小信号驱动 nMOS 管的栅极。当 EN 信号的电压大于等于 $V_{GS(on)}$ 时，高输入信号使 Q_1 导通，将传输晶体管的栅极拉至地电位，使负载开关 Q_2 导通。

如果 Q_2 的 $R_{DS(on)}$ 非常低，则几乎将 V_{in} 全部传输给负载。因为负载电流全部流经传输晶体管，所以输出电压为：

$$V_{\text{out}} = V_{\text{in}} - I_{\text{Load}} R_{DS(on)} \tag{12-8}$$

当 EN 信号的电压较低且小于 $V_{GS(th)}$ 时，Q_1 截止。此时 Q_2 的栅极通过 R_1 被上拉到 V_{in}，负载开关断开。

12.9.2　n 沟道负载开关

n 沟道负载开关如图 12-36 所示。该结构中，负载开关 Q_2 的漏极与输入电压 V_{in} 相连，源极与负载相连。与 p 沟道负载开关一样，Q_1 用于使传输元件 Q_2 完全导通或关断。同样，来自系统电源管理电路的逻辑信号用于触发栅控制模块。

V_{Gate} 采用单独的电压源，其原因在于：当负载开关导通时，几乎全部 V_{in} 都传输给负载。由于源极连接负载，所以 V_S 与 V_{in} 相等。为了使负载开关 Q_2 完全导通且具有较低的导通电阻 $R_{DS(\text{on})}$，V_G 必须至少比 V_{out} 高一个 $V_{GS(\text{on})}$ 的电压值。因此：

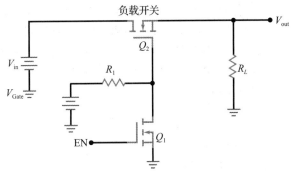

图 12-36　n 沟道负载开关

$$V_G \geqslant V_{\text{out}} + V_{GS(\text{on})} \qquad (12\text{-}9)$$

需要使用外加电压 V_{Gate} 将 V_G 的电平移动到 V_{out} 电平之上。在一些系统中，附加的电压是由 V_{in} 或 EN 信号通过**电荷泵**电路形成的。采用额外电压的开销所得到的收益是：电路可以传输接近 0 V 的低输入电压且具有更低的 V_{DS} 损失。

在图 12-36 中，当 EN 输入信号较低时，Q_1 截止，Q_2 的栅极被上拉到 V_{Gate} 电位。Q_2 导通并几乎将所有 V_{in} 传输到负载。由于 Q_2 的栅极满足 $V_G \geqslant V_{\text{out}} + V_{GS(\text{on})}$，所以 Q_2 完全导通。

当 EN 输入信号变高时，Q_1 导通，使得漏极电位约为 0 V。从而使 Q_2 截止，且负载上的输出电压为 0 V。

12.9.3　其他考虑

为了延长便携式系统的电池寿命，负载开关的效率变得至关重要。由于所有的负载电流流过 MOS 管传输元件，它成为功率损耗的主要来源。表示为：

$$P_{\text{Loss}} = I_{\text{Load}}^2 R_{DS(\text{on})} \qquad (12\text{-}10)$$

当芯片面积一定时，nMOS 管的 $R_{DS(\text{on})}$ 值可以比 pMOS 管低 2 到 3 倍。因此，由式（12-10），其可知其功耗较小。这在高负载电流情况下更加明显。pMOS 器件的优点是，当传输晶体管导通时，不需要额外的电源电压。当传输高输入电压时，这一点变得非常重要。

负载开关导通和关断速度成为另一个考虑因素，特别是当它连接到电容负载 C_L 时，如图 12-37 所示。在负载开关导通之前，负载上的电压为 0。当负载开关将输入电压传输给电容负载时，电流的浪涌会使 C_L 充电。这种大电流称为**涌流**，会带来某些潜在的隐患。首先，大的浪涌电流要通过传输晶体管，可能会损坏负载开关或缩短其寿命。其次，这种涌流会导致输入电源电压出现负尖峰或瞬时下降。这有可能导致连接在同一 V_{in} 电压源的其他子系统电路出现问题。

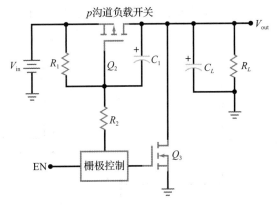

图 12-37　负载为电容的负载开关

在图 12-37 中，采用 R_2 和 C_1 实现"软启动"功能来减少上述影响。这些附加元件可以控制传输晶体管栅极电压的上升速率，从而将涌流降低。另外，当负载开关突然关断时，电容负载上的电荷不会立即放电，导致负载不会被完全断开。为了克服这一问题，栅极控制模块提供一个信号使晶体管 Q_3 导通作为放电有源负载，如图 12-37 所示。当传输晶体管断开时，它可将电容负载中的电荷释放掉。控制模块中包含晶体管 Q_1。

大部分高侧负载开关元件可在小型表面封装中集成。这大大减少了在电路板中所占用的面积。

例 12-13 图 12-38 所示电路中,当 EN 信号的电压为 3.5 V 和 0 V 时,输出负载电压、输出负载功率和传输 MOS 晶体管的功率损耗分别是多少?Q_2 管的 $R_{DS(on)}$ 取值 50 mΩ。

解: 当 EN 信号为 3.5 V 时,Q_1 导通,并将 Q_2 的栅极拉到地电位。Q_2 的 V_{GS} 大约是 -5 V。传输晶体管导通,其导通电阻 $R_{DS(on)}$ 为 50 mΩ。

负载电流为:

$$I_{Load} = \frac{V_{in}}{R_{DS(on)} + R_L} = \frac{5\ V}{50\ m\Omega + 10\ \Omega}$$
$$= 498\ mA$$

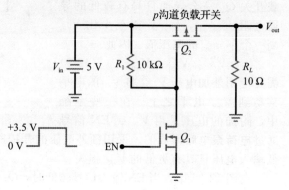

由式(12-8)解得 V_{out} 为:

$$V_{out} = 5\ V - 498\ mA \times 50\ m\Omega = 4.98\ V$$

传输到负载的功率为:

$$P_L = I_L V_L = 498\ mA \times 4.98\ V = 2.48\ W$$

由式(12-10)得:

$$P_{Loss} = 498\ mA^2 \times 50\ mV = 12.4\ mW$$

当 EN 信号为 0 V 时,Q_1 截止,Q_2 的

图 12-38 负载开关举例

栅极电压为 5 V,使传输晶体管截止。输出负载电压、输出负载功率以及传输晶体管的功率损耗均为零。◀

自测题 12-13 将图 12-38 所示电路中的负载电阻改为 1 Ω。当 EN 为 3.5 V 时,输出负载电压、输出负载功率和传输晶体管的功率损耗是多少?

12.10 MOS 晶体管 H 桥电路

简化 H 桥电路由四个电子(或机械)开关组成。负载在中间,两侧各连接两个开关。如图 12-39a 所示,这种结构形成了字母"H"的形状,因此得名。有时该结构也称为全桥,有些应用只使用桥的一侧,则称为半桥。S_1 和 S_3 称为高侧开关,而 S_2 和 S_4 是低侧开关。通过对各个"开关"进行控制,可以改变流过负载的电流方向和强度。

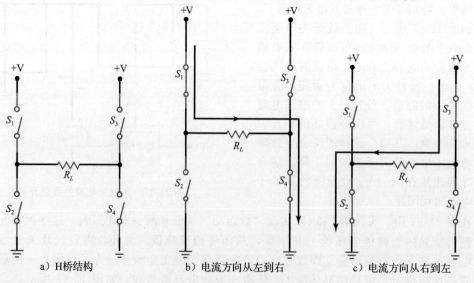

a)H桥结构   b)电流方向从左到右   c)电流方向从右到左

图 12-39 H 桥电路结构与原理

在图 12-39b 所示电路中，开关 S_1 和 S_4 闭合，此时电流从左到右流过负载电阻。将 S_1 和 S_4 断开，同时闭合 S_2 和 S_3，则电流以相反的方向流过负载电阻，如图 12-39c 所示。改变负载电流的强度，可以通过调整外加电压 +V 的电平，也可以通过控制不同开关的通/断时间，后者更好。如果一对开关在一半的时间断开，在另一半的时间闭合，占空比为 50%，则可使负载得到正常全部电流的一半。控制开关的通/断时间从而有效地控制开关的占空比，被称为脉宽调制（PWM）控制。必须注意的是，不能使桥同侧的两个开关同时闭合。例如，当 S_1 和 S_2 同时闭合时，则会有极大的电流经过开关从 +V 流到地。该直通电流可能会损坏开关或电源。

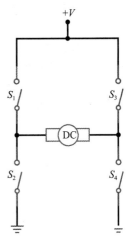

图 12-40　连接直流电机的 H 桥

在图 12-40 所示电路中，负载电阻被直流电动机所取代，每侧均与通用 +V 电压源连接。电机的方向和速度由开关控制。表 12-3 显示了一些控制电动机模式的有用开关组合。当所有的开关都断开时，电动机将处于关闭状态。如果这种状态出现在电动机已经在运行的时刻，则电动机将滑行到停止或自由旋转。适当地闭合高侧和低侧开关对中的一个，可以改变电动机的方向。闭合 S_1 和 S_4，断开 S_2 和 S_3，则电动机正向旋转。闭合 S_2 和 S_3，断开 S_1 和 S_4，则电动机反向旋转。电动机运行时，高侧或低侧的开关对均可同时闭合。由于电动机仍在旋转，电动机的自生电压有效地充当动态制动器，使电动机快速停止。

表 12-3　基本工作模式

S_1	S_2	S_3	S_4	电动机模式
断开	断开	断开	断开	电机关闭（自由旋转）
闭合	断开	断开	闭合	正向转动
断开	闭合	闭合	断开	反向转动
闭合	断开	闭合	断开	动态制动
断开	闭合	断开	闭合	动态制动

12.10.1　分立 H 桥

图 12-41 所示 H 桥中的简单开关被替换为分立 n 沟道和 p 沟道功率 EMOS 管。虽然可以使用 BJT 管，但功率 EMOS 管的输入控制更简单，开关速度更快，更接近理想开关

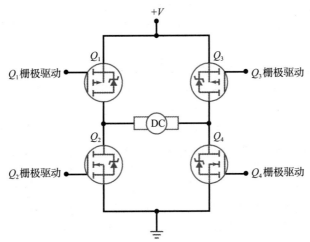

图 12-41　分立 p 沟道高侧开关

的特性。两个高侧开关 Q_1 和 Q_3 为 pMOS 管，低侧开关 Q_2 和 Q_4 为 nMOS 管。由于高侧开关的源极与正电源电压相连，当 pMOS 管的栅极驱动电压 V_G 比 V_S 低 $-V_{GS(on)}$ 时，则该 pMOS 传输器件处于导通模式。当高侧 MOS 管的栅极电压与源极电压相等时，则截止。两个低侧开关 Q_2 和 Q_4 是 nMOS 管，漏极连接到负载，源极连接到地。当满足 $+V_{GS(on)}$ 要求时，则处于导通状态。

在大功率应用中，高侧 pMOS 管常换为 nMOS 管，如图 12-42 所示。nMOS 管的导通电阻 $R_{DS(on)}$ 可以降低功耗。nMOS 管也具有更快的开关速度，这在高速 PWM 控制中尤为重要。当 nMOS 管用作高侧开关时，需要额外的电路来提供栅极驱动电压，该驱动电压应高于连接到漏极的正电源电压。因此需要一个电荷泵或自举电压以使晶体管完全导通。

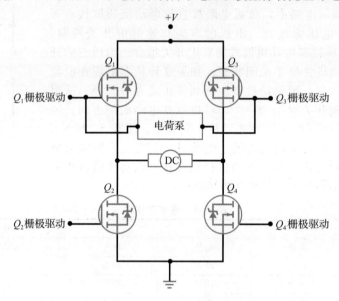

图 12-42　分立 n 沟道高侧开关

虽然由分立 MOS 管构成 H 桥看似简单，但实现起来并不容易。确实存在许多必须加以注意的问题。由于 MOS 管具有栅极输入电容 C_{iss}，因此晶体管的导通和截止需要一定的延迟时间。栅极驱动电路必须能够根据输入逻辑控制信号，产生足够的栅极驱动电流，对 MOS 管的输入电容进行快速的充放电。当需要改变电机的方向或执行动态制动时，使 MOS 管在其他管导通之前有足够的时间完全截止是很重要的。否则，直通电流将会损坏 MOS 管。还有其他因素需要考虑，如输出短路保护、电源电压的变化以及功率 MOS 管过热问题。

12.10.2　单片 H 桥

单片 H 桥是一种特殊的集成电路，将内部控制逻辑、栅极驱动、电荷泵和功率 MOS 管均集成在同一个硅衬底上。因为所有需要的内部元件都是在同一制造过程中实现的，所以提供所需的栅极驱动电路、正确匹配输出驱动器以及构建必要的保护电路要容易得多。

MC33886 的简化框图如图 12-43 所示。单片 H 桥只需要少量的外部元件就可以正常工作，并且只需要少量的输入控制线。H 桥接收来自微处理单元（MCU）的四个输入逻辑控制信号。IN1 和 IN2 控制 OUT1 和 OUT2 的输出状态。D1 和 $\overline{\text{D2}}$ 是输出禁用控制线。在本例中，

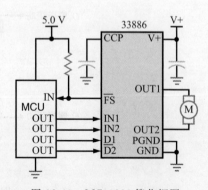

图 12-43　MC33886 简化框图

输出直接连接到直流电机。MC33886 有一个输出状态控制线 $\overline{FS}$，存在故障时，该信号为有源状态的低电平。无故障时，图 12-43b 中所示的外部电阻将 $\overline{FS}$ 控制输出信号上拉到逻辑高电平。

图 12-44 所示是 H 桥内部的整体框图。电源电压 $V+$ 的范围为 5.0～40 V。当应用电压超过 28 V 时，需要遵循降额说明。控制逻辑电路所需的电压由内部稳压器产生。两个独立的地用于防止大电流功率地 PGND 对小电流模拟信号地 AGND 的干扰。H 桥输出驱动电路采用 4 个 n 沟道功率 EMOS 管。Q_1 和 Q_2 形成一个半桥，Q_3 和 Q_4 形成另一个半桥。每个半桥可以相互独立，也可以在需要全桥时联合使用。由于高侧开关是 nMOS 管，需要内置的电荷泵为栅极提供适当的高电压，以保持晶体管的完全导通。

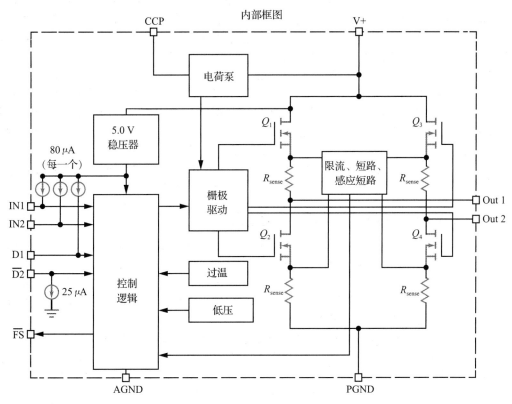

图 12-44　MC33886 内部框图

那么输入控制逻辑是如何控制 H 桥输出的呢？输入控制线路 IN1、IN2、D1、$\overline{D2}$ 用于控制所连接的直流电机的方向和速度。这些输入对 TTL（晶体管-晶体管逻辑，数字电路的一类）和 CMOS 兼容，它允许来自数字逻辑电路或微控制器的输入控制信号。IN1 和 IN2 通过对两个图腾柱半桥输出的控制，可分别独立控制 OUT1 和 OUT2。当 D1 为逻辑高或 $\overline{D2}$ 为逻辑低时，无论输入 IN1 和 IN2 为何值，H 桥的输出都被禁用并被设置为高阻状态。

当 IN1 为逻辑高，IN2 为逻辑低时，栅极驱动电路使 Q_1 和 Q_4 导通，同时使 Q_2 和 Q_3 截止。因此，OUT1 将为高，设为 $V+$，OUT2 将为低，约为 0 V。此时直流电机将单方向旋转。当 IN1 为低，IN2 为高时，输出状态正好相反，Q_2 和 Q_3 导通，Q_1 和 Q_4 截止，因而 OUT2 为高，OUT1 为低，此时直流电机向相反的方向旋转。当控制信号 IN1 和 IN2 同时为逻辑高时，输出 OUT1 和 OUT2 均为高。同样，当两个输入都为低时，两个输出也均为低。上述两种输入条件都将导致高侧开关或低侧开关同时导通，使直流电机动态制动。

连接到 OUT1 和 OUT2 的直流电机的速度可以通过脉宽调制来控制。将外加电源或微处理器的输出信号连接到 IN1 或 IN2,并采用一个 PWM 脉冲序列以改变其占空比。另一个输入保持在逻辑高电位。通过改变输入脉冲序列的占空比,可以改变电机的转速。占空比越高,电机转速越高。通过改变接收脉冲序列的输入端,可以控制电机的反方向转速。由于输出 MOS 管的开关速度和电路中电荷泵的限制,MC33886 的 PWM 信号的最大频率为 10 kHz。

如果输入 D_1 和 $\overline{D2}$ 既不是高电平也不是低电平,则两个输出均进入高阻抗状态。这将有效地禁用输出。下面几种情况也会出现输出禁用状态:当 MC33886 感知到温度过高、电压不足、电流限制或短路时。当上述任一事件发生时,将会产生一个低电平故障状态信号,并将其发送到微处理器。

图 12-44 中显示了四个检测电阻 R_{sense}。这些电阻的目的是判断负载电流是否过大,或者 H 桥的任何一个支路是否存在短路情况。通过电流限制和短路检测电路监测每个检测电阻的压降。如果达到电流限制水平,或发生短路情况,则向控制逻辑模块发送信号。控制逻辑模块会禁用栅极驱动模块,从而关闭每个功率 MOS 管。

在图 12-44 中的 R_{sense} 电阻是一种特殊类型的 MOS 管的简化,称为电流检测功率 MOS 管。这些 MOS 管将负载电流分为输出功率和检测两部分。当内部功率 MOS 管开启时,则与其并联的单元开始工作,其源极产生镜像电流。这种功率 MOS 管本质上就像两个并联的晶体管,共用栅极且漏极相连,源极分开。通过控制每个源极单元的大小,构成适当的镜像电流比,它决定了负载电流与检测电流的比率。

与分立 H 桥电路相比,单片 H 桥(如 MC33886)相对更容易实现。小功率直流电机和螺线管在很多系统中被使用,包括汽车、工业和机器人工业。

12.11 增强型 MOS 场效应晶体管放大器

如前文所述,EMOS 管主要用于开关电路。然而,该器件还可应用于放大器,包括通信设备中的射频前端放大器和 AB 类功率放大器。

EMOS 管的 V_{GS} 必须大于 $V_{GS(th)}$ 才能产生漏极电流。不能使用自偏置、电流源偏置和零偏置,因为这些偏置方法只适用于耗尽模式。只有采用栅极偏置和分压器偏置两种方法才能使 EMOS 管在增强模式下工作。

图 12-45 所示为 n 沟道 EMOS 管的漏极特性曲线和跨导特性曲线。抛物线状的传输特性曲线与 DMOS 管的类似,但存在重要区别。EMOS 管只能在增强模式下工作,直到 $V_{GS} = V_{GS(th)}$ 后才会产生漏极电流。这再次说明了 EMOS 管是压控常断器件。由于 $V_{GS} = 0$ 时漏极电流为零,标准的跨导公式不适于 EMOS 管。其漏极电流公式为:

$$I_D = k(V_{GS} - V_{GS(th)})^2 \tag{12-11}$$

式中,k 是常数,对于 EMOS 管,有:

$$k = \frac{I_{D(on)}}{(V_{GS(on)} - V_{GS(th)})^2} \tag{12-12}$$

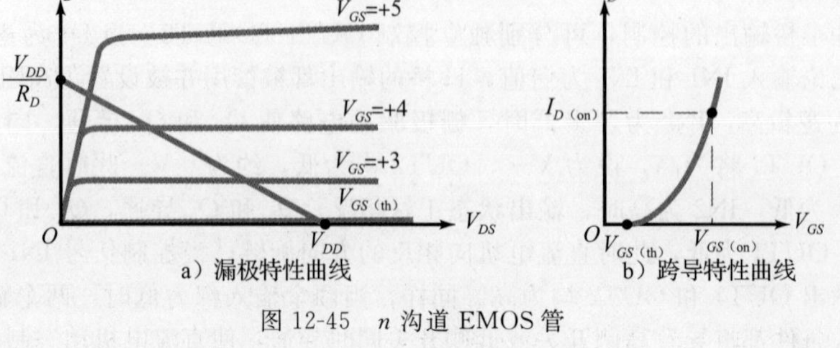

图 12-45 n 沟道 EMOS 管

n 沟道增强型 MOS 管 2N7000 的数据手册如图 12-12 所示。最重要的参数仍然是 $I_{D(on)}$、$V_{GS(on)}$ 和 $V_{GS(th)}$。2N7000 的参数值变化范围很大,在后面的计算中采用典型值。当 $V_{GS}=4.5$ V 时对应的 $I_{D(on)}$ 为 600 mA。因此,取 $V_{GS(on)}$ 值为 4.5 V。同样可得,当 $V_{DS}=V_{GS}$ 且 $I_D=1$ mA 时,$V_{GS(th)}$ 的典型值为 2.1 V。

例 12-14 根据 2N7000 的数据手册及其典型值,求常数 k,并分别求出 $V_{GS}=3$ V 和 $V_{GS}=4.5$ V 时的 I_D。

解: 由式(12-12)和器件参数,可求得 k 值为:

$$k = \frac{600 \text{ mA}}{(4.5 \text{ V} - 2.1 \text{ V})^2} = 104 \times 10^{-3} \text{A/V}^2$$

由常数 k,可以计算不同 V_{GS} 下的 I_D 值。当 $V_{GS}=3$ V 时,I_D 为:

$$I_D = (104 \times 10^{-3} \text{A/V}^2)(3 \text{ V} - 2.1 \text{ V})^2 = 84.4 \text{ mA}$$

当 $V_{GS}=4.5$ V 时,I_D 为:

$$I_D = (104 \times 10^{-3} \text{A/V}^2)(4.5 \text{ V} - 2.1 \text{ V})^2 = 600 \text{ mA} \quad \blacktriangleleft$$

自测题 12-14 根据 2N7000 的数据手册和所给的 $V_{GS(th)}$、$I_{D(on)}$ 的最小值,求常数 k 以及当 $V_{GS}=3$ V 时的 I_D 值。

图 12-46a 所示是 EMOS 管的另一种偏置方式,称为**漏极反馈偏置**。这种偏置方法与双极型晶体管的集电极反馈类似。当 MOS 管导通时,产生漏极电流 $I_{D(on)}$ 和漏极电压 $V_{DS(on)}$。因为栅极电流为零,所以 $V_{GS}=V_{DS(on)}$。与集电极反馈一样,漏极反馈偏置可以对晶体管参数的改变进行补偿。例如,当某些原因引起 $I_{D(on)}$ 增加时,则 $V_{DS(on)}$ 下降,导致 V_{GS} 下降,从而对 $I_{D(on)}$ 的增加起到了部分补偿作用。

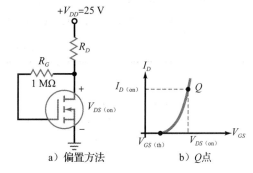

a)偏置方法   b)Q点

图 12-46 漏极反馈偏置

图 12-46b 显示了跨导特性曲线上的 Q 点。Q 点的坐标为 $V_{DS(on)}$ 和 $I_{D(on)}$。EMOS 管的数据手册中通常给出 $V_{GS}=V_{DS(on)}$ 时的 $I_{D(on)}$ 值。在设计这种电路时,需要选择 R_D 的值以便产生特定的 V_{DS}。R_D 的值可由下式求得:

$$R_D = \frac{V_{DD} - V_{DS(on)}}{I_{D(on)}} \quad (12-13)$$

例 12-15 由数据手册知,图 12-46a 电路中 EMOS 管的 $I_{D(on)}=3$ mA,$V_{DS(on)}=10$ V。如果 $V_{DD}=25$ V,试确定 R_D 值使 MOS 管工作在该 Q 点。

解: 根据式(12-13)可计算 R_D 的值为:

$$R_D = \frac{25 \text{ V} - 10 \text{ V}}{3 \text{ mA}} = 5 \text{ k}\Omega \quad \blacktriangleleft$$

自测题 12-15 将图 12-46a 电路中的 V_{DD} 变为 22 V,求 R_D。

大多数 MOS 管的数据手册中都会列出正向跨导值 g_{FS}。2N7000 数据手册中给出了在 $I_D=200$ mA 时的跨导最小值和典型值。其最小值是 100 mS,典型值是 320 mS。跨导值是随着电路的 Q 点改变的。根据关系式 $I_D=k(V_{GS}-V_{GS(th)})^2$ 和 $g_m = \frac{\Delta I_D}{\Delta V_{GS}}$,可以得到:

$$g_m = 2k(V_{GS} - V_{GS(th)}) \quad (12-14)$$

例 12-16 图 12-47 电路中的 MOS 管参数为:$k=104 \times 10^{-3} \text{A/V}^2$,$I_{D(on)}=600$ mA,$V_{GS(th)}=2.1$ V。求 V_{GS}、I_D、g_m 和 v_{out}。

解：首先求 V_{GS}：

$$V_{GS} = V_G$$

$$V_{GS} = \frac{350\ \text{k}\Omega}{350\ \text{k}\Omega + 1\ \text{M}\Omega} \times 12\ \text{V} = 3.11\ \text{V}$$

然后求 I_D：

$$I_D = (104 \times 10^{-3}\ \text{A/V}^2)(3.11\ \text{V} - 2.1\ \text{V})^2 = 106\ \text{mA}$$

求得跨导 g_m 为：

$$g_m = 2k(3.11\ \text{V} - 2.1\ \text{V}) = 210\ \text{mS}$$

该共源放大器的电压增益与其他场效应晶体管相同，为：

$$A_v = g_m r_d$$

这里 $r_d = R_D \| R_L = 68\ \Omega \| 1\ \text{k}\Omega = 63.7\ \Omega$，因此：

$$A_v = 210\ \text{mS} \times 63.7\ \Omega = 13.4$$

同时，有：

$$v_{\text{out}} = A_v \times v_{\text{in}} = 13.4 \times 100\ \text{mV} = 1.34\ \text{V}$$

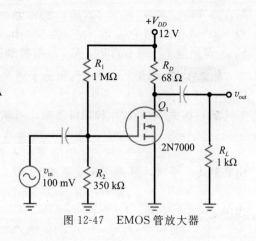

图 12-47　EMOS 管放大器

✎ **自测题 12-16**　若 $R_2 = 330\ \text{k}\Omega$，重新计算例 12-16。

表 12-4 列出了 DMOS 管和 EMOS 管放大器及其基本特性和方程。

表 12-4　MOS 管放大器

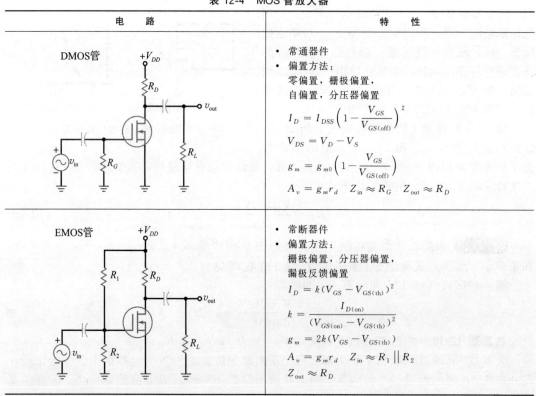

电　路	特　性
DMOS管 （电路图）	• 常通器件 • 偏置方法： 　零偏置，栅极偏置， 　自偏置，分压器偏置 $I_D = I_{DSS}\left(1 - \dfrac{V_{GS}}{V_{GS(\text{off})}}\right)^2$ $V_{DS} = V_D - V_S$ $g_m = g_{m0}\left(1 - \dfrac{V_{GS}}{V_{GS(\text{off})}}\right)$ $A_v = g_m r_d \quad Z_{\text{in}} \approx R_G \quad Z_{\text{out}} \approx R_D$
EMOS管 （电路图）	• 常断器件 • 偏置方法： 　栅极偏置，分压器偏置， 　漏极反馈偏置 $I_D = k(V_{GS} - V_{GS(\text{th})})^2$ $k = \dfrac{I_{D(\text{on})}}{(V_{GS(\text{on})} - V_{GS(\text{th})})^2}$ $g_m = 2k(V_{GS} - V_{GS(\text{th})})$ $A_v = g_m r_d \quad Z_{\text{in}} \approx R_1 \| R_2$ $Z_{\text{out}} \approx R_D$

12.12　宽禁带 MOS 场效应晶体管

在 20 世纪 50 年代末，锗半导体被硅半导体所取代。硅材料的特性是它具有较小的反向偏置电流，使半导体特性随温度的变化相对较小。目前出现了一种新半导体器件，其性能优于硅器件，称为宽禁带（WBG）半导体器件。

12.12.1 材料特性

如第 2 章所述，在半导体材料中，原子核周围的轨道中的电子形成能带。不同类型的半导体材料的价带和导带之间的带隙宽度不同。**宽禁带半导体**材料中的电子从价带跃迁到导带需要更大的能量。带隙能量大于 1 eV 或 2 eV 的材料称为宽禁带材料。

碳化硅（SiC）和氮化镓（GaN）是具有宽禁带特性的化合物半导体。表 12-5 显示了 SiC、GaN 与 Si 在一些重要的材料特性近似值方面的对比情况。这些特性极大地影响了器件的性能特点。表 12-5 中的电子迁移率会因所用制造工艺的不同而有所不同。

如表 12-5 所示，与 Si 相比，SiC 和 GaN 都具有更宽的带隙能量。对于 SiC 和 GaN，电子从价带跃迁到导带需要大约三倍的能量。这使得该半导体器件具有更高的击穿电压，表 12-5 中列出了三种材料的临界击穿场强。SiC 和 GaN 的击穿电压额定值大约是 Si 的 10 倍。SiC 和 GaN 材料也具有更高的结温最大值。由于这些原因，SiC 和 GaN 器件可以在给定的额定电压下使用更小的封装尺寸，并且具有更低的漏电流。可以减小器件厚度并降低导通电阻 $R_{DS(on)}$。这些特性使其在功率开关应用中可以提供更大的电流。

表 12-5　SiC、GaN 与 Si 在材料特性方面的对比

重要的材料特性近似值	Si	SiC	GaN
带隙/eV	1.1	3.3	3.5
临界击穿场强/(MV/cm)	0.3	3.0	3.5
电子迁移率/[cm^2/(V·s)]	1400	900	2000
导热系数/[W/(cm·℃)]	1.5	5.0	1.3
结温最大值/℃	150	600	400

GaN 和 SiC 的电子迁移率与 Si 的电子迁移率的数量级相近。该特性使其适用于高频开关的应用。SiC 的突出之处在于其导热性和结温最大值。SiC 的导热系数是 Si 或 GaN 的三倍以上。因此 SiC 便成为高速、高压和大电流开关应用的良好选择。

12.12.2 GaN 半导体结构

增强型 GaN 晶体管的结构如图 12-48a 所示。要制造这种功率 MOS 场效应晶体管，首先要生产硅圆片。在硅的表面生长一薄层起隔离作用的氮化铝（AlN），然后再生长一层厚的 GaN。具有高阻特性的 GaN 层是形成晶体管结构的基础。需要在 GaN 的顶部生长一层非常薄的氮化铝镓（AlGaN）。当 AlGaN 和 GaN 相接触时，它们的物理性质将电子吸引到接触界面上。该高浓度的电子聚集区域称为二维电子气（2DEG），也就是图 12-48a 中的电子生成层。

栅极、漏极和源极三个区域由介电材料隔离开来。为形成常关的器件，需要使栅极下的区域成为耗尽区。工艺制作中将这种横向结构重复多次，以形成完整的功率器件。通过增加栅极和漏极之间的距离，可以提高 GaN 晶体管的额定电压。图 12-48b 显示了栅格阵列（land grid array，LGA）封装形式。这种封装形式优化了电路板上的连接，可以减少引线电阻和高频电感。

增强型 GaN 功率场效应晶体管的电路符号如图 12-49 所示。这个符号与硅增强型 MOS 功率场效应晶体管类似。尽管该类型的晶体管没有寄生体效应二极管，但栅漏之间的结可以通过图中所示的方式进行偏置，以使其在需要的应用中发挥与体二极管类似的作用。

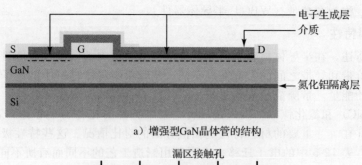

a）增强型GaN晶体管的结构

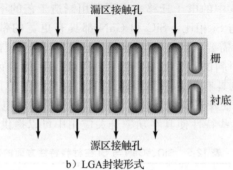

b）LGA封装形式

图 12-48　EPC AN003 增强型硅上 GaN 功率场效应晶体管。高效功率转换公司，2007 年

图 12-49　增强型 GaN 功率场效应晶体管电路符号（EPC AN003 增强型硅上 GaN 功率场效应晶体管。高效功率转换公司，2007 年）

12.12.3　GaN 晶体管的工作原理

尽管增强型 GaN 晶体管与硅 n 沟道增强型 MOS 功率场效应晶体管有所不同，但它们的工作原理是相似的。在这两种晶体管中，需要施加正的栅源电压 $V_{GS(th)}$ 以得到漏极电流。正的栅极电压产生场效应，从氮化镓层吸引电子，并在栅极区域下形成电子池。此时晶体管在漏极和源极之间可以导电，且沟道电阻很小。当栅源电压消失时，电子便消散回到 GaN 层中，不再导电。由于电子聚集区域形成二维电子气，不存在少数载流子，所以这种类型的晶体管的开关频率比标准硅 MOS 功率管高得多。这种类型的晶体管称为高电子迁移率晶体管，或 HEMT。该类功率管的开关频率超过 10 MHz，速度超过 90 V/ns。

EPC2001 增强型 GaN 场效应晶体管的传输特性曲线如图 12-50a 所示。该器件的额定电压为 100 V，导通电阻为 5.6 mΩ。GaN 功率场效应晶体管的栅源阈值电压 $V_{GS(th)}$ 通常低于硅 MOS 功率场效应晶体管。$V_{GS(th)}$ 的典型值为 1.4 V。由图 12-50a 所见，可用相对较低的 V_{GS} 值来控制较大的漏极电流 I_D。这使得该类晶体管的跨导值较高。在图 12-50a 中还可以发现电流[⊖]和温度之间具有负相关特性。当 V_{GS} 电压为 3 V 时，漏极电流在 25 ℃时为 90 A，在 125 ℃时降至 60 A。该特性有利于防止高温引起的电流增加。

图 12-50b 显示了不同漏极电流下的导通电阻 $R_{DS(on)}$ 关于 V_{GS} 的特性曲线。可以看到，

⊖　原文为电压，有误。——译者注

对于各种漏极电流，当 V_{GS} 约为 4 V 时，$R_{DS(on)}$ 就开始变得平坦。该功率场效应晶体管在 V_{GS} 为 5 V 时工作状态最优。因为 V_{GS} 的最大值只有 6 V，所以在使用时必须多加小心。

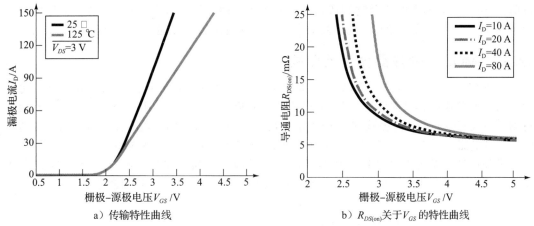

a）传输特性曲线　　　　　　　　　　b）$R_{DS(on)}$ 关于 V_{GS} 的特性曲线

图 12-50　EPC2001 增强型 GaN 场效应晶体管（EPC AN003 增强型硅上 GaN 功率场效应晶体管。高效功率转换公司，2007 年）

正如前面所讨论的，硅 MOS 功率场效应晶体管通常采用垂直结构制造。这导致漏极和源极与衬底之间均有寄生体二极管[⊖]。由于 p 型层和 n 型层的堆叠，该类晶体管在每个 pn 结处也具有寄生电容。增强型 GaN 功率场效应晶体管通常使用横向结构，因而不存在体二极管。该结构的优点是输入电容 C_{iss} 极低，同时输出电容 C_{oss} 中由于没有少数载流子，因此没有反向恢复损耗。

12.12.4　耗尽型 GaN 晶体管

半导体制造商也生产耗尽型 GaN 功率场效应晶体管。由于耗尽型场效应晶体管是常通器件，因此 n 沟道场效应晶体管需要施加负栅压将其关断。这在系统启动时可能会发生问题，需要使用适当的驱动电路来防止该功率器件产生短路电流。

选择常通功率晶体管的另一种情况是在级联结构中。级联器件结构如图 12-51a 所示。它由一个常关的低压硅 MOS 场效应晶体管和一个常通的高压 GaN HEMT 组成。当把它们封装在一起时，其特性如同一个晶体管。该器件的电路符号如图 12-51b 所示。正的栅压 V_{GS} 可以使常关的硅 MOS 场效应晶体管开启，从而使 GaN HEMT 导通。该结构的典型输入 V_{GS} 值为 4.5 V，满驱动电压约为 10 V。

当输入栅极电压为零时，硅 MOS 场效应晶体管截止，GaN 晶体管不导通。由于在导通情况下，硅 MOS 场效应晶体管上的压降很低，GaN 晶体管上的压降要高得多，所以其反向恢复时间很短。使用这种级联结构，可以使某些典型或标准 MOS 场效应晶体管的驱动电路工作在高压和高频下。级联 GaN HEMT 的封装形式类似于硅 MOS 功率场效应晶体管。它们通常使用 TO-220 和 TO-247 封装。

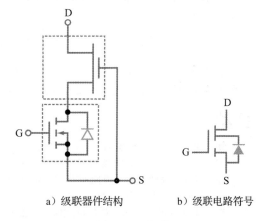

a）级联器件结构　　b）级联电路符号

图 12-51　级联

⊖　原文为"从漏极到源极之间有寄生体二极管"，有误。——译者注

12.12.5 结论

硅 MOS 功率场效应晶体管正在被新的半导体技术所超越。宽禁带功率场效应晶体管目前由 SiC 和 GaN 类的化合物制造，其尺寸小且特性优越。这类 HEMT 功率半导体的应用包括激光雷达、无线充电系统、高效电动机速度控制和高性能音频放大器。

12.13 MOS 场效应晶体管的测试

对 MOS 管的测试需要特别小心。如前文所述，当 V_{GS} 大于 $V_{GS(max)}$ 时，栅极和沟道间的二氧化硅薄层很容易损坏。由于 MOS 管的沟道和绝缘栅结构，用欧姆表或数字万用表进行测量不太有效。更好的测试方法是使用半导体特性图示仪。如果没有图示仪，可以构造特殊的测试电路。图 12-52a 所示的仿真电路可以测试耗尽型和增强型 MOS 管。通过改变 V_1 的电平和极性，既可以测试耗尽型器件，也可以测试增强型器件。图 12-52b 所示的漏极特性曲线显示了当 $V_{GS}=4.52$ V 时，漏极电流大约为 275 mA。Y 轴设置为 50 mA/格。

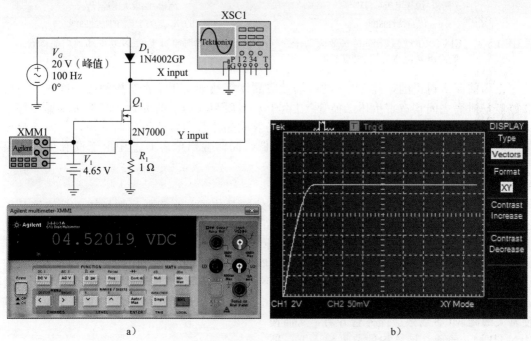

图 12-52 MOS 场效应晶体管测试电路

上述测试方法的简单替代方案是：更换元件。通过对电压值的在线测试，通常可能发现有故障的 MOS 管。用一个正常的元件进行替换，就可以得到最终结果。

总结

12.1 节 耗尽型 MOS 场效应晶体管简写为 DMOS 管，由源极、栅极和漏极构成。栅极与沟道是绝缘的，输入电阻很高。DMOS 管的应用有限，主要用于射频电路。

12.2 节 当 DMOS 管工作在耗尽模式时，其漏极特性曲线与 JFET 是相似的。不同的是，DMOS 管也可以工作在增强模式。增强模式时的漏极电流大于 I_{DSS}。

12.3 节 DMOS 管主要应用于射频放大器。

DMOS 管的高频响应特性好，噪声低，输入阻抗高。双栅 DMOS 管可以用于自动增益控制（AGC）电路。

12.4 节 EMOS 管是常断器件。当栅极电压等于阈值电压时，n 反型层将漏极和源极连接起来。当栅极电压大于阈值电压时，器件具有良好的导电特性。由于 MOS 管的绝缘层很薄，所以很容易损坏，需要预先采取保护措施。

12.5 节 EMOS 管主要用作开关，它通常在截止和饱和状态之间转换。当工作在电阻区时，EMOS 管可等效为一个小电阻。当 $V_{GS} = V_{GS(on)}$ 时，若 $I_{D(sat)} < I_{D(on)}$，则 EMOS 管工作在电阻区。

12.6 节 模拟信号指的是连续变化的信号，即没有突变。数字信号指的是在两个明显不同的电平间跳变的信号。开关电路包括大功率电路和低功率数字电路。有源负载开关电路中一个 MOS 管等效为大电阻，另一个 MOS 管等效为开关。

12.7 节 CMOS 使用两个互补 MOS 管，其中一个导通时另一个截止。CMOS 反相器是基本的数字电路。CMOS 电路的主要优点之一是低功耗。

12.8 节 EMOS 管分立器件可用于大电流的开关。功率场效应晶体管有多种用途，如自动控制、磁盘驱动、转换器、打印机、加热器、照明、电机和其他重负载的应用。

12.9 节 高侧 MOS 管负载开关用于将电源与负载连接或断开。

12.10 节 分立和单片 MOS 管 H 桥可用于控制给定负载的电流方向和电流大小。对直流电动机的控制是一种常见的应用。

12.11 节 EMOS 管除了用作功率开关之外，还可用作放大器。由于 EMOS 管是常断器件，所以作为放大器使用时，V_{GS} 应该大于 $V_{GS(th)}$。漏极反馈偏置类似于集电极反馈偏置。

12.12 节 与标准硅 MOS 场效应晶体管相比，宽禁带 MOS 场效应晶体管在高功率、高频开关应用中具有优越的特性。

12.13 节 使用欧姆表测试 MOS 管是不安全的。如果没有半导体特性图示仪，可以设计测试电路来测试，或简单地采用器件替换方法。

重要公式

1. DMOS 管漏极电流

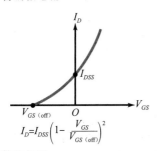

$$I_D = I_{DSS}\left(1 - \frac{V_{GS}}{V_{GS(off)}}\right)^2$$

2. DMOS 管零偏置

$$V_{DS} = V_{DD} - I_{DSS}R_D$$

3. 导通电阻

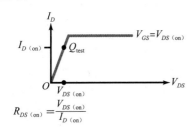

$$R_{DS(on)} = \frac{V_{DS(on)}}{I_{D(on)}}$$

4. 饱和电流

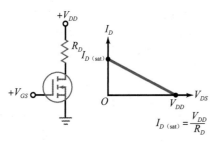

$$I_{D(sat)} = \frac{V_{DD}}{R_D}$$

5. 电阻区

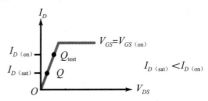

6. 二端元件电阻

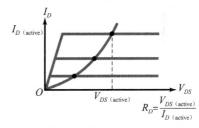

$$R_D = \frac{V_{DS(active)}}{I_{D(active)}}$$

7. p 沟道负载开关栅极电压：

$$V_G \leqslant V_{in} - |V_{GS(on)}|$$

8. EMOS 管常数 k

$$k = \frac{I_{D(on)}}{(V_{GS(on)} - V_{GS(th)})^2}$$

9. n 沟道负载开关栅极电压：

$$V_G \geqslant V_{out} + V_{GS(on)}$$

10. EMOS 管：

$$g_m = 2k(V_{GS} - V_{GS(th)})$$

11. EMOS 管漏极电流

$$I_D = k(V_{GS} - V_{GS(th)})^2$$

12. 用于漏极反馈偏置的 R_D

$$R_D = \frac{V_{DD} - V_{DS(on)}}{I_{D(on)}}$$

相关实验

实验 35
功率场效应晶体管

选择题

1. DMOS 管可工作的模式
   a. 只有耗尽模式
   b. 只有增强模式
   c. 耗尽模式或增强模式
   d. 低阻模式

2. 当 n 沟道 DMOS 管满足 $I_D > I_{DSS}$ 时，它
   a. 将被损坏
   b. 工作在耗尽模式
   c. 正向偏置
   d. 工作在增强模式

3. DMOS 管放大器的电压增益取决于：
   a. R_D
   b. R_L
   c. g_m
   d. 以上全部

4. 下列哪种器件带来了计算机工业的革命？
   a. JFET
   b. DMOS
   c. EMOS
   d. 功率场效应晶体管

5. 使 EMOS 器件导通的电压是
   a. 栅源截止电压
   b. 夹断电压
   c. 阈值电压
   d. 拐点电压

6. 下列哪个量可能出现在增强型 MOS 管的数据手册中？
   a. $V_{GS(th)}$
   b. $I_{D(on)}$
   c. $V_{GS(on)}$
   d. 以上全部

7. n 沟道 EMOS 管的 $V_{GS(on)}$
   a. 小于阈值电压
   b. 等于栅源截止电压
   c. 大于 $V_{DS(on)}$
   d. 大于 $V_{GS(th)}$

8. 普通电阻属于
   a. 三端器件
   b. 有源负载
   c. 无源负载
   d. 开关器件

9. 栅极和漏极相连的 EMOS 管属于
   a. 三端器件
   b. 有源负载
   c. 无源负载
   d. 开关器件

10. 工作于截止区或电阻区的 EMOS 管属于
    a. 电流源
    b. 有源负载
    c. 无源负载
    d. 开关器件

11. VMOS 器件一般
    a. 比双极型晶体管开关速度快
    b. 承载较低的电流
    c. 有负温度系数
    d. 用于 CMOS 反相器

12. DMOS 管是
    a. 常断器件
    b. 常通器件
    c. 电流控制器件
    d. 大功率开关

13. CMOS 代表
    a. 普通 MOS 管
    b. 有源负载开关
    c. p 沟道和 n 沟道器件
    d. 互补 MOS 管

14. $V_{GS(on)}$ 总是
    a. 小于 $V_{GS(th)}$
    b. 等于 $V_{DS(on)}$
    c. 大于 $V_{GS(th)}$
    d. 负值

15. 在有源负载开关中，上方的 EMOS 管是
    a. 二端器件
    b. 三端器件
    c. 开关
    d. 小电阻

16. CMOS 器件是
    a. 双极型晶体管
    b. 互补 EMOS 管
    c. A 类工作方式
    d. DMOS 器件

17. CMOS 的主要优点是它的
    a. 额定功率大
    b. 小信号工作
    c. 开关稳定性
    d. 低功耗

18. 功率场效应晶体管是
    a. 集成电路
    b. 小信号器件
    c. 多用于模拟信号
    d. 用于大电流的开关

19. 当功率场效应晶体管内部温度升高时，其
    a. 阈值电压增加
    b. 栅极电流减小
    c. 漏极电流减小
    d. 饱和电流增加

20. 多数小信号 EMOS 管用于
    a. 大电流应用
    b. 分立电路
    c. 磁盘驱动器
    d. 集成电路

21. 多数功率场效应晶体管用于
    a. 大电流应用
    b. 数字计算机
    c. 射频模块
    d. 集成电路

22. n 沟道 EMOS 管在下列哪种情况下导通
    a. $V_{GS} > V_P$
    b. 有 n 反型层
    c. $V_{DS} > 0$
    d. 有耗尽层

23. CMOS 电路中，上方的 MOS 管是
    a. 无源负载
    b. 有源负载
    c. 不导通
    d. 互补管

24. CMOS 反相器输出的高电平是
    a. $V_{DD}/2$
    b. V_{GS}
    c. V_{DS}
    d. V_{DD}

25. 功率场效应晶体管的 $R_{DS(on)}$
    a. 总是很大
    b. 有负温度系数
    c. 有正温度系数
    d. 是有源负载

26. 分立 nMOS 高侧功率晶体管
    a. 导通时的栅极电压为负
    b. 比 pMOS 管的栅极驱动电路少
    c. 导通时漏极电压高于栅极电压
    d. 需要电荷泵

27. 与 Si 功率场效应晶体管相比，GaN 功率场效应晶体管
    a. 开关速度更慢

    b. 每个额定电压的封装尺寸更小
    c. 漏电流更大
    d. 临界击穿电压额定值更低

28. GaN 级联场效应晶体管的结构采用
    a. 并联的两个晶体管
    b. 一个 BJT 管和一个功率 MOS 场效应晶体管
    c. 一个硅 MOS 场效应晶体管和一个 HEMT 管
    d. 串联的两个 GaN 场效应晶体管

习题

12.2 节

12-1 一个 n 沟道 DMOS 管的参数为 $V_{GS(off)} = -2$ V，$I_{DSS} = 4$ mA。当 $V_{GS} = -0.5$ V、-1.0 V、-1.5 V、$+0.5$ V、$+1.0$ V 和 $+1.5$ V 时，求耗尽模式下的 I_D。

12-2 已知管参数与上题相同，求增强模式下的 I_D。

12-3 一个 p 沟道 DMOS 管的参数为 $V_{GS(off)} = +3$ V，$I_{DSS} = 12$ mA。当 $V_{GS} = -1.0$ V、-2.0 V、0、$+1.5$ V 和 $+2.5$ V 时，求耗尽模式下的 I_D。

12.3 节

12-4 图 12-53 电路中 DMOS 管的 $V_{GS(off)} = -3$ V，$I_{DSS} = 12$ mA。求电路的漏极电流和 V_{DS}。

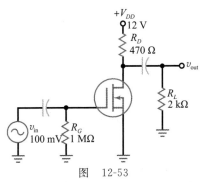

图 12-53

12-5 如果图 12-53 电路中的 g_{m0} 为 4000 μS，求 r_d、A_v 和 V_{out}。

12-6 如果图 12-53 电路中 $R_D = 680$ Ω，$R_1 = 10$ kΩ，求 r_d、A_v 和 V_{out}。

12-7 求图 12-53 电路的输入阻抗近似值。

12.5 节

12-8 根据下列各组 EMOS 管的参数值，求 $R_{DS(on)}$：
    a. $V_{DS(on)} = 0.1$ V，$I_{D(on)} = 10$ mA
    b. $V_{DS(on)} = 0.25$ V，$I_{D(on)} = 45$ mA
    c. $V_{DS(on)} = 0.75$ V，$I_{D(on)} = 100$ mA
    d. $V_{DS(on)} = 0.15$ V，$I_{D(on)} = 200$ mA

12-9 一个 EMOS 管，当 $V_{GS(on)} = 3$ V 且 $I_{D(on)} = 500$ mA 时，$R_{DS(on)} = 2$ Ω。如果它偏置在电阻区，分别求出在下列每个漏极电流下的管电压：
    a. $I_{D(sat)} = 25$ mA   b. $I_{D(sat)} = 100$ mA
    c. $I_{D(sat)} = 50$ mA   d. $I_{D(sat)} = 200$ mA

12-10 ▐▐▐ Multisim 如果图 12-50a 电路中的 $V_{GS} = 2.5$ V，求 EMOS 管上的电压（参照表 12-1）。

12-11 ▐▐▐ Multisim 如果图 12-50b 电路的栅极电压是 $+3$ V，求漏极电压。假设 $R_{DS(on)}$ 近似等于表 12-1 中给出的值。

12-12 如果图 12-54c 电路中 V_{GS} 是高电平，求负载电阻上的电压。

12-13 如果图 12-54d 电路的输入为高电平，计算 EMOS 管上的电压。

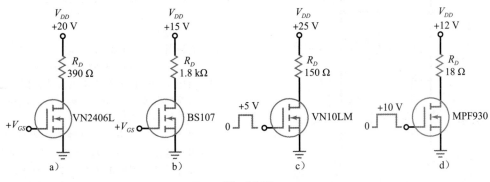

图 12-54

12-14 如果图 12-55a 电路中 $V_{GS} = 5$ V，求流过 LED 的电流。

12-15 图 12-55b 电路中的继电器在 $V_{GS} = 2.6$ V 时闭合。当栅压为高电平时，MOS 管的电流是多少？流过负载电阻的电流是多少？

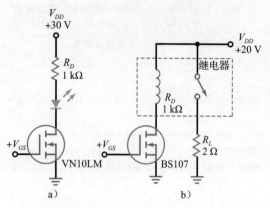

图 12-55

12.6 节

12-16 EMOS 管的参数值为：$I_{D(active)} = 1$ mA，$V_{DS(active)} = 10$ V。求它工作在有源区时的漏极电阻。

12-17 当图 12-56a 电路的输入为低电平时，输出电压是多少？当输入为高电平时的输出电压是多少？

12-18 当图 12-56b 电路的输入为低电平时，输出电压是多少？当输入为高电平时的输出电压是多少？

12-19 图 12-56a 电路中，栅极由方波电压驱动。如果方波的峰峰值足以驱动下方的 MOS 管进入电阻区，求输出波形。

12.7 节

12-20 图 12-57 电路中 MOS 管的 $R_{DS(on)} = 250\ \Omega$，$R_{DS(off)} = 5$ MΩ。求输出波形。

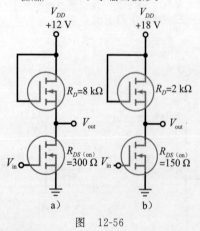

图 12-56

12-21 图 12-57 电路上方 EMOS 管的 $I_{D(on)} = 1$ mA，$V_{DS(on)} = 1$ V，$I_{D(off)} = 1\ \mu$A，$V_{DS(off)} = 10$ V。分别求出当输入电压为低和高时的输出电压。

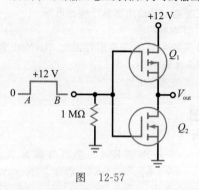

图 12-57

12-22 图 12-57 电路的输入是峰值为 12 V，频率为 1 kHz 的方波。试描述输出波形。

12-23 图 12-57 电路中，输入电压从低向高翻转过程的某一时刻为 6 V。此时两个 MOS 管的有源电阻均为 $R_D = 5$ kΩ，求此时的漏极电流。

12.8 节

12-24 当图 12-58 电路中的栅电压为低时，通过电机线圈的电流是多少？当栅电压为高时的线圈电流是多少？

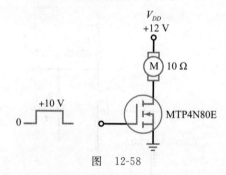

图 12-58

12-25 更换图 12-58 电路中的电动机线圈，新线圈的电阻为 6 Ω。当栅电压为高时，通过线圈的电流是多少？

12-26 当图 12-59 电路中的栅电压为低时，通过灯泡的电流是多少？当栅电压为 +10 V 时的灯泡电流是多少？

12-27 更换图 12-59 电路中的灯泡，新灯泡的电阻为 5 Ω。当灯泡不亮时，它的功率是多少？

12-28 当图 12-60 电路中的栅电压为高时，通过水阀的电流是多少？当栅电压为低时，通过水阀的电流是多少？

12-29 将图 12-60 电路中的电源电压改为 12 V，水阀电阻改为 18 Ω。当探针在水面以下时，通过水阀的电流是多少？当探针在水面以上时，流过水阀的电流是多少？

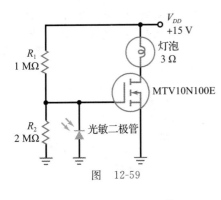

图　12-59

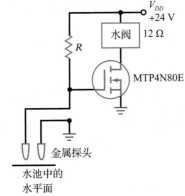

图　12-60

12-30　求图 12-61 电路的 RC 时间常数。当灯泡达到最亮时，它的功率是多少?

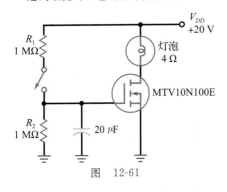

图　12-61

12-31　将图 12-61 电路中栅极的两个电阻值加倍，求 RC 时间常数。如果换为阻值为 $6\ \Omega$ 的灯泡，当灯泡达到最亮时，流过它的电流是多少?

12.9 节

12-32　在图 12-62 中，当使能信号电压为 $0\ V$ 时，Q_1 的电流是多少? 当使能信号为 $+5.0\ V$

思考题

12-39　图 12-54c 电路中的栅极输入电压是幅值为 $+5\ V$、频率为 $1\ kHz$ 的方波，求负载电

时呢?

12-33　图 12-62 中 Q_2 的 $R_{DS(on)}$ 值为 $100\ mV$，当使能信号为 $+5.0\ V$ 时，求负载上的输出电压。

12-34　$R_{DS(on)}$ 值为 $100\ mV$，当使能信号电压为 $+5.0\ V$ 时，求 Q_2 的功率损耗和输出负载功率。

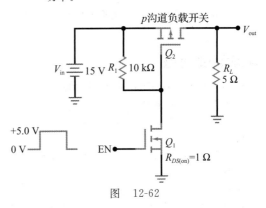

图　12-62

12.11 节

12-35　求图 12-63 电路中 MOS 管的常数 k 和 I_D。使用 2N7000 的 $I_{D(on)}$、$V_{GS(on)}$、$V_{GS(th)}$ 的最小值。

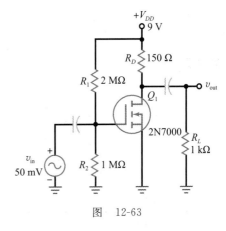

图　12-63

12-36　求图 12-63 电路的 g_m、A_v 和 v_{out}。使用额定参数的最小值。

12-37　将图 12-63 电路的 R_D 改为 $50\ \Omega$，求常数 k 值和 I_D。使用 2N7000 的 $I_{D(on)}$、$V_{GS(on)}$、$V_{GS(th)}$ 的典型值。

12-38　求图 12-63 电路的 g_m、A_v 和 v_{out}。使用额定参数的典型值，且 $V_{DD} = +12\ V$，$R_D = 15\ \Omega$。

阻上的平均功率。

12-40　图 12-54d 电路中的栅极输入电压是矩形脉

冲, 占空比为 25%。即栅压在一个周期 25% 的时间内为高电平, 其余时间为低电平。求负载电阻上的平均功率。

12-41 图 12-57 电路中 CMOS 反相器的 MOS 管 $R_{DS(on)} = 100 \, \Omega$, $R_{DS(off)} = 10 \, M\Omega$。求电路的静态功率。当输入为方波时, 通过 Q_1 的平均电流为 $50 \, \mu A$, 求功率。

12-42 如果图 12-59 电路中的栅电压是 3 V, 求光电二极管的电流。

12-43 MTP16N25E 的数据手册给出了 $R_{DS(on)}$ 随温度变化的归一化特性曲线。当结温从 25 ℃ 上升到 125 ℃ 时, 归一化值从 1 线性增加到 2.25。如果在 25 ℃ 时 $R_{DS(on)} = 0.17 \, \Omega$, 求 100 ℃ 时的 $R_{DS(on)}$ 值。

12-44 图 12-29 电路中的 $V_{in} = 12 \, V$。如果变压器的匝数比是 4:1, 且输出纹波很小, 求直流输出电压 V_{out}。

求职面试问题

1. 画出 EMOS 管结构图, 指出 n 区和 p 区并解释其导通与截止的原理。
2. 描述有源负载开关的工作原理, 并画出电路图。
3. 画一个 CMOS 反相器, 并解释电路的工作原理。
4. 画出任意一个功率场效应晶体管控制大电流负载的电路。解释开关原理, 包括对 $R_{DS(on)}$ 的描述。
5. 为什么 MOS 技术带来了电子世界的革命?
6. 列出双极型晶体管和场效应晶体管放大器的优缺点, 并进行比较。
7. 当功率场效应晶体管的漏极电流增加时, 将会发生什么情况?
8. 为什么对 EMOS 管要小心轻放?
9. 为什么在装运 MOS 管时, 要用细金属线将 MOS 管的所有引脚连接起来?
10. 使用 MOS 器件时, 需要采取哪些预防措施?
11. 在设计开关电源电路时, 为什么一般选择 MOS 管而不是双极型晶体管来作电源的开关?

选择题答案

1. c 2. d 3. d 4. c 5. c 6. d 7. d 8. c 9. b 10. d 11. a 12. b 13. d 14. c 15. a
16. b 17. d 18. d 19. c 20. d 21. a 22. b 23. d 24. d 25. c 26. d 27. b 28. c

自测题答案

12-1

V_{GS}	I_D
$-1 \, V$	2.25 mA
$-2 \, V$	1 mA
0 V	4 mA
$+1 \, V$	6.25 mA
$+2 \, V$	9 mA

12-2 $v_{out} = 105.6 \, mV$

12-3 $I_{D(sat)} = 10 \, mA$; $V_{out(off)} = 20 \, V$
$V_{out(on)} = 0.06 \, V$

12-4 $I_D = 32 \, mA$

12-6 $V_{out} = 20 \, V$, 198 mV

12-7 $R_{DS(on)} \approx 222 \, \Omega$

12-8 如果 $V_{in} > V_{GS(th)}$; $V_{out} = +15 \, V$ (脉冲电压)

12-9 $I_D = 0.996 \, A$

12-10 $I_D = 2.5 \, A$

12-13 $V_{Load} = 4.76 \, V$; $P_{Load} = 4.76 \, W$
$P_{Loss} = 238 \, mW$

12-14 $k = 5.48 \times 10^{-3} \, A/V^2$; $I_D = 26 \, mA$

12-15 $R_D = 4 \, k\Omega$

12-16 $V_{GS} = 2.98 \, V$; $I_D = 80 \, mA$; $g_m = 183 \, mS$
$A_v = 11.7$; $v_{out} = 1.17 \, V$

第 13 章

晶 闸 管

晶闸管一词来源于希腊语，意思是"门"，如同在电路中打开一扇门让某物通过。晶闸管是一种利用内部反馈来实现开关作用的半导体器件。最重要的晶闸管是可控硅整流器和三端双向可控硅开关元件。类似于功率场效应晶体管，可控硅整流器和三端双向可控硅开关可以实现对大电流的开关控制。因此，它们可用于过电压保护、电动机控制、加热器、照明系统和其他大电流负载。绝缘栅双极型晶体管（IGBT）不属于晶闸管系列，本章将其作为一种重要的功率开关器件加以介绍。

目标

学习完本章之后，你应该能够：

■ 描述四层二极管的开关工作原理；

■ 解释可控硅整流器的特性；

■ 说明可控硅整流器的测试方法；

■ 计算 RC 相位控制电路的触发角和导通角；

■ 解释三端双向可控硅开关和二端双向可控硅开关的特性；

■ 比较绝缘栅双极型晶体管和功率场效应晶体管的开关控制特性；

■ 描述光可控硅整流器和可控硅开关的主要特性；

■ 解释单结晶体管和可编程单结晶体管电路的工作原理。

关键术语

击穿导通（breakover）

导通角（conduction angle）

二端双向可控硅开关（diac）

触发角（firing angle）

四层二极管（four-layer diode）

栅极触发电流 I_{GT}（gate trigger current I_{GT}）

栅极触发电压 V_{GT}（gate trigger voltage V_{GT}）

保持电流（holding current）

绝缘栅双极型晶体管（insulated-gate bipolar transistor，IGBT）

低电流截止（low-current drop-out）

可编程单结晶体管（programmable unijunction transistor，PUT）

锯齿波发生器（sawtooth generator）

肖克利二极管（Shockley diode）

可控硅整流器（SCR）

硅单边开关（silicon unilateral switch，SUS）

晶闸管（thyristor）

三端双向可控硅开关（triac）

单结晶体管（unijunction transistor，UJT）

13.1 四层二极管

晶闸管的工作原理可以用图 13-1a 所示的等效电路来解释。图 13-1a 中上方的晶体管 Q_1 是 pnp 器件，下方的晶体管 Q_2 是 npn 器件。Q_1 的集电极作为 Q_2 基极的驱动，同时，Q_2 的集电极作为 Q_1 基极的驱动。

13.1.1 正反馈

图 13-1a 电路的特殊连接方式构成了正反馈。Q_2 基极电流的任何变化都将被放大并且通过 Q_1 的反馈得到增强。

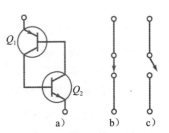

图 13-1 晶体管闩锁电路

这种正反馈将持续改变 Q_2 的基极电流直至两个晶体管都进入饱和或者截止状态。

例如，如果 Q_2 的基极电流增加，则其集电极电流也增加，从而使 Q_1 的基极和集电极电流增加。Q_1 集电极电流的增加将会进一步增大 Q_2 的基极电流。这种放大反馈作用会一直持续到两个晶体管均达到饱和。此时，电路的功能类似于闭合的开关（见图 13-1b）。

另一方面，当 Q_2 的基极电流由于某种原因减小，则其集电极电流也减小，从而使 Q_1 的基极和集电极电流减小。Q_1 集电极电流的减小将会使 Q_2 的基极电流进一步减小。这种作用会一直持续到两个晶体管均进入截止区。此时，电路的功能类似于断开的开关（见图 13-1c）。

图 13-1a 所示电路在断开或闭合状态下都是稳定的。该电路可以一直保持在任意一个状态，直至有外力作用于它。如果电路是开路状态，它将一直处于开路状态直至某种原因导致 Q_2 的基极电流增加。如果电路是闭合状态，它将一直处于闭合状态直至某种原因导致 Q_2 的基极电流减小。由于该电路能够一直保持在任意一个状态，因此称为闩锁电路。

13.1.2 闩锁电路的闭合

图 13-2a 所示是一个与负载电阻相连的闩锁电路，电源电压为 V_{CC}。假设闩锁电路是断开的，如图 13-2b 所示。由于没有电流经过负载电阻，闩锁电路两端电压等于电源电压，因此，工作点位于直流负载线的下端（见图 13-2d）。

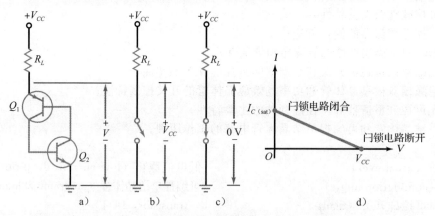

图 13-2 闩锁电路

将图 13-2b 所示闩锁电路闭合的唯一方法是**击穿导通**，即用足够高的电源电压 V_{CC} 使 Q_1 的集电结击穿。由于 Q_1 的集电极电流增大了 Q_2 的基极电流，正反馈机制开始发挥作用，两个晶体管进入饱和区。理想情况下，两管饱和时具有短路特性，闩锁电路闭合（见图 13-2c），此时，它两端的电压为零，工作点位于直流负载线上端（见图 13-2d）。

如果图 13-2a 电路中的 Q_2 先被击穿，击穿导通也会发生。尽管击穿导通可以由任一管集电结的反向击穿开始，但结果都是使两个晶体管进入饱和状态。因此这里使用击穿导通而不是击穿一词来描述闩锁电路的闭合情况。

> **知识拓展** 四层二极管在现代电路设计中已几乎不再使用。事实上，大多数厂家已经不再生产这种器件。尽管这种器件已几乎被废弃，但是这里仍然对它进行了详细的讨论，因为其工作原理适用于很多目前常用的晶闸管。实际上，大多数晶闸管都是在四层二极管的基础上经过少量变化后形成的。

13.1.3 闩锁电路的断开

使图 13-2a 所示的闩锁电路断开的方法是：将电源电压 V_{CC} 降低至零，迫使晶体管从饱和状态变为截止状态。该方法通过将闩锁电流减小到足够低的值，使晶体管脱离饱和状态，故而称为**低电流截止**。

13.1.4　肖克利二极管

图 13-3a 所示的器件最初以发明者的名字命名为**肖克利二极管**。该器件还有其他几个名称：**四层二极管**，$pnpn$ **二极管**，**硅单边开关**。该器件中的电流只能单向流动。

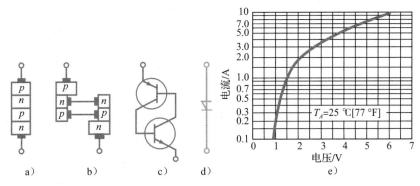

图 13-3　四层二极管

为了理解这种器件的工作原理，可以将它拆分为两部分，如图 13-3b 所示。左边是一个 pnp 晶体管，右边是一个 npn 晶体管。因此，四层二极管可以等效为图 13-3c 所示的闩锁电路。

图 13-3d 所示是四层二极管的电路符号。将四层二极管闭合的唯一方法是击穿导通，断开它的唯一方法是低电流截止，即减小电流，使其低于**保持电流**（由数据手册得到）。保持电流的值很小，晶体管电流小于该值时将从饱和状态转为截止状态。

四层二极管被击穿导通后，它上面的理想电压为零。实际上，闩锁二极管两端仍会有一点压降。图 13-3e 所示是 IN5158 在闭合时的电流-电压关系曲线。可见，器件两端的电压随着电流的增加而增加，例如，0.2 A 时为 1 V，0.95 A 时为 1.5 V，1.8 A 时为 2 V 等。

13.1.5　击穿导通特性

图 13-4 所示是四层二极管的电流-电压曲线。器件有两个工作区域：截止区和饱和区。图中的虚线是截止区与饱和区的转换轨迹，用虚线表示的意思是器件在截止和导通之间的转换速度很快。

器件在截止区的电流为零。如果二极管上的电压超过 V_B，器件将被击穿导通，并迅速沿虚线进入饱和区。当器件工作在饱和区时，对应的是上方的曲线。只要流过它的电流大于保持电流 I_H，二极管将锁定在导通状态；如果电流小于 I_H，则器件转换到截止状态。

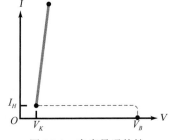

图 13-4　击穿导通特性

四层二极管的理想化近似模型为：截止时等效为断开的开关，饱和时等效为闭合的开关。二阶近似模型则包含拐点电压 V_K，图 13-4 中约为 0.7 V。高阶近似模型需要使用计算机仿真软件或者参考四层二极管的数据手册。

例 13-1　图 13-5 中的二极管的击穿导通电压为 10 V。若输入电压增加到 15 V，求流过二极管的电流。

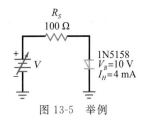

图 13-5　举例

解： 由于输入电压为 15 V，大于击穿导通电压 10 V，二极管被击穿导通。理想情况下，二极管相当于闭合开关。其电流为：

$$I = \frac{15\ \text{V}}{100\ \Omega} = 150\ \text{mA}$$

对于二阶近似，有：

$$I = \frac{15\ \text{V} - 0.7\ \text{V}}{100\ \Omega} = 143\ \text{mA}$$

若需要更准确的答案，参见图 13-3e，可以看到当电流在 150 mA 附近时，电压为 0.9 V。因此，更准确的答案是：

$$I = \frac{15\ \text{V} - 0.9\ \text{V}}{100\ \Omega} = 141\ \text{mA} \qquad \blacktriangleleft$$

✍ **自测题 13-1**　当图 13-5 电路的输入电压为 12 V 时，求二极管电流。采用二阶近似模型。

例 13-2　图 13-5 电路中的二极管保持电流为 4 mA。输入电压增加到 15 V 使二极管闩锁在闭合状态，然后再减小电压使二极管断开。求使二极管断开所需的输入电压。

　　解：当电流略小于保持电流 4 mA 时，二极管断开。在这个小电流下，二极管的电压近似等于拐点电压 0.7 V。由于 4 mA 的电流经过 100 Ω 的电阻，所以输入电压为：

$$V_{\text{in}} = 0.7\ \text{V} + 4\ \text{mA} \times 100\ \Omega = 1.1\ \text{V}$$

所以，输入电压需要从 15 V 减小到略小于 1.1 V，才能使二极管断开。　　　　　　　◀

✍ **自测题 13-2**　当二极管的保持电流为 10 mA 时，重新计算例 13-2。

应用实例 13-3　图 13-6a 所示是一个**锯齿波发生器**。电容充电的终值是电源电压，波形如图 13-6b 所示。当电容电压升至 +10 V 时，二极管击穿导通，导致电容放电，在输出波形中形成回扫线（电压突降）。理想情况下当电压降为零时，二极管断开，电容重新开始充电。这样，可以得到如图 13-6b 所示的理想锯齿波。

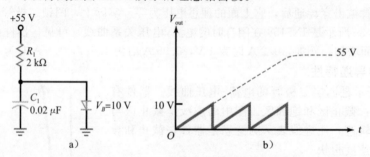

图 13-6　锯齿波发生器

　　电容充电的 RC 时间常数是多少？如果锯齿波的周期是该时间常数的 20%，则它的频率是多少？

　　解：RC 时间常数为：

$$RC = 2\ \text{k}\Omega \times 0.02\ \mu\text{F} = 40\ \mu\text{s}$$

锯齿波的周期是该时间常数的 20%，所以：

$$T = 0.2 \times 40\ \mu\text{s} = 8\ \mu\text{s}$$

频率为：

$$f = \frac{1}{8\ \mu\text{s}} = 125\ \text{kHz} \qquad \blacktriangleleft$$

✍ **自测题 13-3**　将图 13-6 电路中的电阻值改为 1 kΩ，求锯齿波的频率。

13.2　可控硅整流器

　　可控硅整流器是应用最广的晶闸管。它可作为大电流的开关，因此常用于控制电机、烤箱、空调和磁感应加热器。

知识拓展　与其他类型的晶闸管相比，可控硅整流器用于对更大电流和电压的处理。目前，它所能控制的电流高达 $1.5\,\mathrm{kA}$，电压超过 $2\,\mathrm{kV}$。

13.2.1　闩锁电路的触发

在 Q_2 的基极增加一个输入端口，如图 13-7a 所示，这是实现闭合闩锁电路的另一种方法。下面是其工作原理：当闩锁电路断开时，如图 13-7b 所示，工作点位于直流负载线的下端（见图 13-7d）。为了闭合闩锁电路，加入一个触发信号（尖脉冲）到 Q_2 的基极，如图 13-7a 所示。触发信号使 Q_2 的基极电流瞬间增加，启动正反馈机制，驱使两个晶体管进入饱和状态。

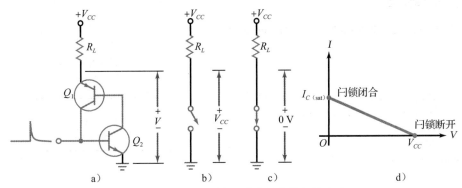

图 13-7　带有触发输入端的晶体管闩锁电路

当两管饱和时，电路近似于短路，闩锁电路闭合（见图 13-7c）。理想情况下，当闩锁电路闭合时，它两端的电压为零，工作点位于负载线的上端（见图 13-7d）。

13.2.2　栅极触发

可控硅整流器的结构如图 13-8a 所示。输入端称为栅极，顶端为阳极，底端为阴极。由于栅极触发比击穿导通触发更易实现，所以可控硅整流器比四层二极管的应用更广泛。

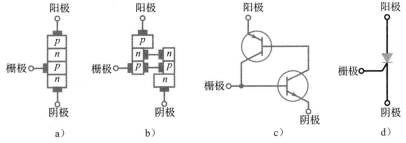

图 13-8　可控硅整流器

将四个掺杂的区域拆分为两个晶体管，如图 13-8b 所示。可见，可控硅整流器等效为一个带有触发输入端的闩锁电路（见图 13-8c），电路符号如图 13-8d 所示。这个符号的含义是带有触发输入端的闩锁电路。典型的可控硅整流器如图 13-9 所示。

由于可控硅整流器的栅极与内部晶体管的基极相连，因此触发电压至少为 $0.7\,\mathrm{V}$。数据手册中该电压为**栅极触发电压** V_{GT}。厂家会给出

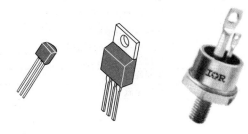

图 13-9　典型的可控硅整流器

开启可控硅整流器的最小输入电流，但不会给出栅极输入电阻。数据手册中该电流为**栅极触发电流 I_{GT}**。

图 13-10 所示是 2N6504 系列可控硅整流器的数据手册，其中列出了该系列触发电压

2N6504系列

优选器件

可控硅整流器
反向阻断晶闸管

主要用于半波交流控制，如电机控制、加热控制和电源保护电路。

特性

- 采用玻璃钝化结和中心栅触发，参数均匀性和稳定性更好
- 体积小，坚固，采用低热阻的Thermowatt结构，高散热性和耐久性
- 阻断电压800 V
- 浪涌电流承受能力300 A
- 无铅封装上市*

安森美半导体
http://onsemi.com

SCR
25A RMS
50~800 V

2N6504系列

可控硅整流器的电压—电流特性

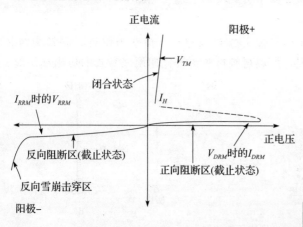

TO–220AB
封装 221A
型号3

标记图

AY WW
650x

x=4, 5, 7, 8, 9
A=组装地点
Y=年代
WW=工作周数

引脚排列	
1	阴极
2	阳极
3	栅极
4	阳极

排列信息
关于引脚排列和运输的信息参见数据手册第3页的封装尺寸部分。

符号	参数
V_{DRM}	截止可重复正向峰值电压
I_{DRM}	正向阻断峰值电流
V_{RRM}	截止可重复反向峰值电压
I_{RRM}	反向阻断峰值电流
V_{TM}	导通峰值电压
I_H	保持电流

*了解无铅焊接的详细内容，请下载安森美焊接与封装参考手册。

图 13-10　可控硅整流器数据手册

2N6504系列

最大额定值 （T_J=25 ℃，除非标明其他条件）

额定参数	符号	数值	单位
截止可重复峰值电压（注1）	V_{DRM},		V
（栅极开路，50~60 Hz正弦波，	V_{RRM}		
T_J=25~125 ℃）　　　　　2N6504		50	
2N6505		100	
2N6507		400	
2N6508		600	
2N6509		800	
导通电流有效值（导通角180°；T_C=85 ℃）	$I_{T(RMS)}$	25	A
平均导通电流（导通角180°；T_C=85 ℃）	$I_{T(AV)}$	16	A
不可重复浪涌峰值电流（1/2周期，60 Hz正弦波，T_J=100 ℃）	I_{TSM}	250	A
栅极正向最大功耗（脉宽≤1.0 μs，T_C=85 ℃）	P_{GM}	20	W
栅极正向平均功耗（t=8.3 ms，T_C=85 ℃）	$P_{G(AV)}$	0.5	W
栅极正向最大电流（脉宽≤1.0 μs，T_C=85 ℃）	I_{GM}	2.0	A
工作结温范围	T_J	−40 ~ +125	℃
存储温度范围	T_{stg}	−40 ~ +150	℃

最大额定值是指当参数大于该值时，器件将会损坏。最大额定值是限制值（不是正常的工作条件），而且在该瞬间是无意义的。
注1：V_{DRM}和V_{RRM}在连续的基础上可以加载。额定栅极电压是零或负值；当阳极电压为负时，正栅压不能产生电流。使用恒定电流源时，不能测量阻断电压，否则将会使器件电压超过额定值。

温度特性

特性	符号	最大值	单位
* 结−管壳热电阻	$R_{\theta JC}$	1.5	℃/W
*焊接时引脚最高温度，距管壳1/8″，10 s	T_L	260	℃

电学特性 （T_C=25 ℃，除非标明其他条件）

特性	符号	最小值	典型值	最大值	单位

截止特性

特性	符号	最小值	典型值	最大值	单位
*正向或反向可重复峰值阻断电流 （V_{AK}=额定V_{DRM}或V_{RRM}，栅极开路）　T_J=25 ℃	I_{DRM}	—	—	10	μA
T_J=125 ℃	I_{RRM}	—	—	2.0	mA

导通特性

特性	符号	最小值	典型值	最大值	单位
*正向导通电压（注2）（I_{TM}=50 A）	V_{TM}	—	—	1.8	V
*栅极触发电流（连续直流）　　　　　T_J=25 ℃	I_{GT}	—	9.0	30	mA
（V_{AK}=DC 12 V，R_L=100 Ω）　　T_J=−40 ℃		—		75	
*栅极触发电压（连续直流）（V_{AK}=DC 12 V，R_L=100 Ω，T_J=−40 ℃）	V_{GT}	—	1.0	1.5	V
栅极非触发电压（V_{AK}=DC 12 V，R_L=100 Ω，　T_J=125 ℃）	V_{GD}	0.2	—	—	V
*维持电流　　　　　　　　　　　　　T_J=25 ℃	I_H	—	18	40	mA
（V_{AK}=DC 12 V，初始电流=200 mA，栅极开路）T_J=−40 ℃		—		80	
*导通时间（I_{TM}=25 A，I_{GT}=DC 50 mA）	t_{gt}	—	1.5	2.0	μS
关断时间（V_{DRM}=额定电压）	t_q				μS
（I_{TM}=25 A，I_R=25 A）		—	15	—	
（I_{TM}=25 A，I_R=25 A，T_J=125 ℃）		—	35	—	

动态特性

特性	符号	最小值	典型值	最大值	单位
截止态电压上升率临界值（栅极开路，额定V_{DRM}，指数波形）	dv/dt	50	—		V/μS

*表示JEDEC注册数据；
注2：脉冲测试　脉宽≤300 μs，占空比≤2%。

图 13-10　可控硅整流器数据手册（续）

和触发电流的典型值：

$$V_{GT} = 1.0 \text{ V}$$
$$I_{GT} = 9.0 \text{ mA}$$

这意味着要将典型的 2N6504 系列可控硅整流器闭合，需要提供 1.0 V 电压和 9.0 mA 电流的驱动。

数据手册中同时列出了击穿导通电压和阻断电压，分别为截止态可重复正向峰值电压 V_{DRM} 和截止态可重复反向峰值电压 V_{RRM}。对于该系列中不同的可控硅整流器，其击穿导通电压范围为 50～800 V。

13.2.3　所需的输入电压

当图 13-11 所示的可控硅整流器中的栅极电压 $V_G > V_{GT}$ 时，它将闭合，输出电压从 $+V_{CC}$ 下降到一个很小的值。有时会使用如图 13-11 所示的栅极电阻，该电阻将栅极电流限制在安全范围内。触发可控硅整流器所需的输入电压应该大于：

$$V_{in} = V_{GT} + I_{GT}R_G \qquad (13\text{-}1)$$

式中，V_{GT} 和 I_{GT} 是器件的栅极触发电压和栅极触发电流。例如，2N4441 的数据手册给出 $V_{GT} = 0.75$ V，

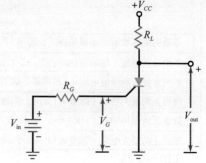

图 13-11　基本可控硅整流器电路

$I_{GT} = 10$ mA。当 R_G 的值已知时，可直接计算 V_{in}。如果没有使用栅极电阻，则 R_G 为栅极驱动电路的戴维南电阻。如果不满足式（13-1），则可控硅整流器不能闭合。

13.2.4　可控硅整流器的复位

当可控硅整流器闭合后，即使将栅极输入电压减小到零，它仍然保持原状态。此时，输出保持在一个不确定的低值。为了使整流器复位，必须将阳极到阴极的电流减小，使其小于保持电流 I_H。可以通过减小 V_{CC} 来实现电流的减小。2N6504 的数据手册中列出的保持电流典型值为 18 mA。通常可控硅整流器的额定功率越高，其保持电流越大；额定功率越低，其保持电流越小。由于在图 13-11 中的保持电流经过负载电阻，所以使可控硅整流器截止所需的电源电压必须小于：

$$V_{CC} = 0.7 \text{ V} + I_H R_L \qquad (13\text{-}2)$$

使可控硅整流器复位，除了减小 V_{CC}，还有其他的方法。常用的两种方法是电流中断和强制换向。通过断开图 13-12a 中的串联开关或闭合图 13-12b 中的并联开关，使阳极到阴极的电流下降到保持电流值以下，从而将可控硅整流器转换到截止状态。

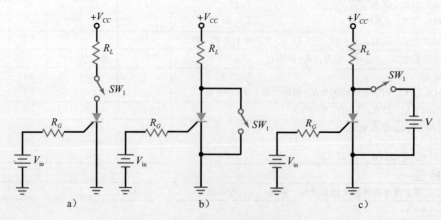

图 13-12　可控硅整流器的复位

另一种使可控硅整流器复位的方法是强制换向,如图 13-12c 所示。当开关闭合时,负电压 V_{AK} 将瞬时加载。这将使阳极到阴极的电流下降到 I_H 以下,导致可控硅整流器截止。实际电路中的开关可用双极型管或场效应晶体管来代替。

13.2.5 功率场效应晶体管和可控硅整流器

虽然功率场效应晶体管和可控硅整流器都可以作大电流的开关,但两种器件却有本质的不同。关键区别在于它们的断开方式。功率场效应晶体管的栅极电压能够使器件导通和截止;而可控硅整流器的栅极电压只能使器件导通。

两种器件的不同点如图 13-13 所示。当功率场效应晶体管的输入电压变高时,输出电压变低。当输入电压变低时,输出电压变高。即输入一个矩形脉冲则输出一个反相的矩形脉冲。

在图 13-13b 中,当可控硅整流器的输入电压变高时,输出电压变低。但是当输入电压变低时,输出仍保持低电压。矩形输入脉冲使其产生一个负向的输出阶跃,而没有将其复位。

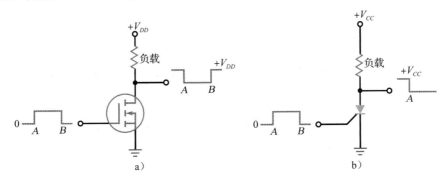

图 13-13 功率场效应晶体管与可控硅整流器

由于两种器件复位的方法不同,它们的应用也不同。功率场效应晶体管如同按钮开关,而可控硅整流器则像是单刀单掷开关。由于功率场效应晶体管更易于控制,所以更多地用于数字电路与重负载之间的接口。可控硅整流器则常用于对状态锁定功能要求较高的应用中。

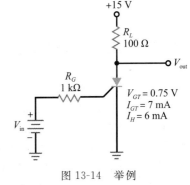

图 13-14 举例

例 13-4 图 13-14 电路中可控硅整流器的触发电压为 0.75 V,触发电流为 7 mA。使其闭合的输入电压是多少? 如果保持电流为 6 mA,使其断开的电源电压是多少?

解: 由式 (13-1),触发所需的最小输入电压为:

$$V_{in} = 0.75\,V + 7\,mA \times 1\,k\Omega = 7.75\,V$$

由式 (13-2),断开可控硅整流器所需的电源电压为:

$$V_{CC} = 0.7\,V + 6\,mA \times 100\,\Omega = 1.3\,V \qquad \blacktriangleleft$$

自测题 13-4 求图 13-14 电路中触发可控硅整流器导通所需的输入电压和断开所需的电源电压。使用 2N6504 系列可控硅整流器的典型参数值。

应用实例 13-5 图 13-15a 所示电路的用途是什么?其峰值输出电压是多少?如果锯齿波的周期约为时间常数的 20%,其频率是多少?

解: 随着电容电压的升高,可控硅整流器最终会导通,并使电容快速放电。当它断开时,电容开始重新充电。因此,输出电压波形是锯齿波,与例 13-3 的波形类似,如图 13-6b 所示。

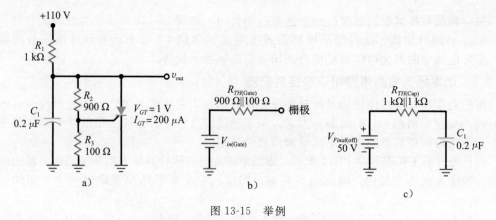

图 13-15 举例

图 13-15b 所示是栅极端口的戴维南电路，戴维南电阻为：

$$R_{TH} = 900\ \Omega \parallel 100\ \Omega = 90\ \Omega$$

由式（13-1），触发所需的输入电压为：

$$V_{in} = 1\ V + 200\ \mu A \times 90\ \Omega \approx 1\ V$$

由于有 10∶1 的电阻分压，栅极电压是输出电压的十分之一。因此，可控硅整流器在触发点时的输出电压为：

$$V_{peak} = 10 \times 1\ V = 10\ V$$

图 13-15c 所示是可控硅整流器开路时，电容端口的戴维南电路。由图可知，电容充电的终值电压为 50 V，时间常数为：

$$RC = 500\ \Omega \times 0.2\ \mu F = 100\ \mu s$$

由于锯齿波的周期是该时间常数的 20%，即：

$$T = 0.2 \times 100 \mu s = 20\ \mu s$$

则频率为：

$$f = \frac{1}{20\ \mu s} = 50\ kHz$$

◀

13.2.6 可控硅整流器的测试

晶闸管所处理的是大电流，并且要耐受高电压，如可控硅整流器。在这些条件下，器件有可能会失效。常见的失效有 A-K 开路 ⊖、A-K 短路以及栅极失控。图 13-16a 所示是可控硅整流器工作状况的检测电路。在 SW_1 闭合前，I_{AK} 应该为 0，V_{AK} 应该近似等于 V_A。在 SW_1 闭合后瞬间，I_{AK} 应该上升到接近 V_A/R_L 的水平，V_{AK} 应该下降到 1 V 左右。在选择 V_A 和 R_L 值时，要求必须能提供所需的电流和功率。当 SW_1 断开时，可控硅整流器应该保持导通状态。随后，阳极电源电压减小直至它脱离导通状态。通过观察可控硅整流器在断开

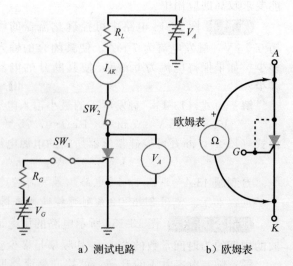

a) 测试电路　　b) 欧姆表

图 13-16　可控硅整流器的测试

⊖　这里的 A 代表阳极，K 代表阴极。——译者注

前的阳极电流，可以确定它的保持电流。

另一种测试可控硅整流器的方法是使用欧姆表。欧姆表必须能够提供使整流器导通所需的栅极电压和电流，同时能够提供维持其处于导通状态所需的保持电流。许多模拟伏欧表（VOM）在 R×1 挡上能够输出约 1.5 V 电压和 100 mA 电流。图 13-16b 中，欧姆表跨接在阳极-阴极引脚上。无论连接的极性如何，输出结果都应该是很大的电阻。将正的检测电极连接到阳极，负的检测电极连接到阴极，并且在阳极和栅极之间连接一根导线。这时可控硅整流器应该闭合导通，欧姆表显示一个很低的电阻值。当栅极的引线断开后，它应该维持闭合状态不变。将阳极的检测线暂时断开，则可以使其截止。

13.3　可控硅短路器

如果电源内部发生故障使输出电压过高，则可能导致破坏性的结果，因为有些负载（如昂贵的数字芯片）在承受高压时会损坏。可控硅整流器的重要应用之一就是保护那些脆弱而昂贵的负载不受到电源过压的损坏。

13.3.1　电路原型

图 13-17 所示电路中电源电压 V_{CC} 加在受保护的负载上。正常条件下，V_{CC} 低于齐纳二极管的击穿电压。此时，R 上没有压降，可控硅整流器保持开路，负载上的电压为 V_{CC}，电路工作正常。

假设由于某种原因使电源电压增加。当 V_{CC} 过大时，齐纳二极管被击穿，使 R 上产生压降。当该电压大于可控硅整流器的栅极触发电压时，整流器将被触发并闭合闩锁。这相当于在负载的两端接入一个短路器。由于可控硅整流器闭合很快（2N4441 系列器件为 1 μs），负载很快得到保护而不会被过高的电压损坏。可控硅整流器闭合所需的过电压是：

$$V_{CC} = V_Z + V_{GT} \tag{13-3}$$

虽然短路是一种极端的保护形式，但对于许多数字芯片来说却是必要的，因为它们不能承受太大的过压。为了避免昂贵芯片的损坏，在刚一出现过压征兆时，就需要用可控硅短路器将负载短路掉。在有可控硅短路器的电路中需要熔断器或限流器（稍后讨论）来保护电源不被损坏。

13.3.2　增加电压增益级

图 13-17 中的短路器电路是原型电路，即可以进一步改进和提高的电路。原型电路对于许多应用来说是足够的。但由于齐纳管击穿时的阈值处弯曲而不够陡，所以该电路存在软启动的缺点。当考虑到齐纳电压的误差时，软启动可能导致在可控硅整流器闭合前，电源电压就已经升高到危险值。

克服软启动的一种方法是加一个电压增益级，如图 13-18 所示。正常情况下，晶体管是截止的。而当输出电压增加时，晶体管最终将导通并在 R_4 上产生较大压降。由于晶体管提供约为 R_4/R_3 的电压增益，因此很小的过压就可以触发可控硅整流器。

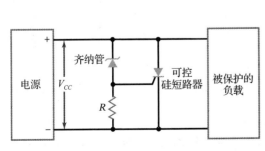

图 13-17　可控硅短路器

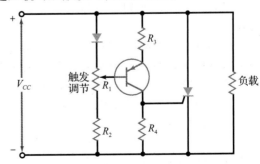

图 13-18　前置晶体管增益级的短路器

这里使用的不是齐纳管，而是普通二极管。该二极管可对晶体管的发射结进行温度补偿，通过触发调节设定电路的触发点，其典型值约超过正常电压的 10%～15%。

13.3.3 用集成芯片提供电压增益

图 13-19 所示是一种更好的方案。图中的三角形符号是集成放大器，称为比较器（后续章节将介绍）。这个放大器有一个正向（＋）输入端和一个反向（－）输入端。当正端输入大于负端输入时，输出电压是正的；当负端输入大于正端输入时，输出电压是负的。

放大器的电压增益很高，典型值是 100 000 或者更高，所以电路能检测到微小的过电压。齐纳管产生 10 V 的电压，并连接到放大器的反向输入端。当电源电压是 20 V 时（正常输出），触发调节电路产生略小于 10 V 的电压到正向输入端。由于反向输入电压大于正向输入电压，所以放大器的输出电压为负，且可控硅整流器断开。

如果电源电压升高并超过 20 V，则放大器的正向输入电压将大于 10 V，放大器的输出变为正电压，且使可控硅整流器触发闭合。此时，负载两端短路，电源电压迅速关断。

13.3.4 集成短路器

使用集成短路器是最简单的方法，如图 13-20 所示。集成短路器是一个内部含有齐纳管、晶体管和可控硅整流器的集成电路，如商用产品 RCA SK9345 系列。SK9345 可保护 ＋5 V 的电源，SK9346 可保护＋12 V 电源，SK9347 可保护＋15 V 的电源。

如果在图 13-20 电路中使用 SK9345，将在＋5 V 电源下实现电压保护。SK9345 数据手册中的参数表明它在触发点＋6.6 V 时闭合，误差为±0.2 V。这也就意味着它会在电压达到 6.4～6.8 V 之间时闭合。由于许多数字集成电路的最大额定电压是 7 V，所以 SK9345 将保护负载工作在正常条件下。

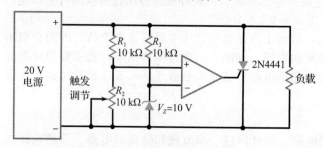

图 13-19 短路器前增加集成放大器

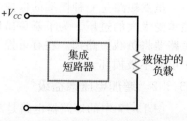

图 13-20 集成短路器

应用实例 13-6 计算使图 13-21 中短路器启动的电源电压值。 ‖‖‖ Multisim

解： 1N752 的击穿电压是 5.6 V，2N4441 的栅极触发电压是 0.75 V。由式（13-3）可得：

$$V_{CC} = V_Z + V_{GT} = 5.6\,V + 0.75\,V = 6.35\,V$$

当电源电压增加到这个值时，可控硅整流器被触发。

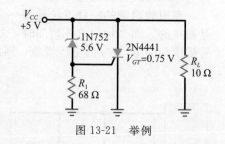

图 13-21 举例

如果对使可控硅整流器导通时的电源电压要求不是很精确的话，则可使用原型电路中的短路器。例如，1N752 的容差是±10%，即击穿电压在 5.04～6.16 V 之间。而且，在最坏情况下，2N4441 的触发电压最大为 1.5 V。所以，过电压有可能达到：

$$V_{CC} = 6.16\,V + 1.5\,V = 7.66\,V$$

由于许多数字芯片的最大电压额定值是 7 V，所以不能使用图 13-21 所示的简单短路器作为保护。 ◀

自测题 13-6 重新计算例 13-6。使用 1N4733A 系列的齐纳管，齐纳击穿电压为 5.1 V，容差是 ±5%。

13.4 可控硅整流器相位控制

表 13-1 中列出了一些商用可控硅整流器样例。栅极触发电压的变化范围是 $0.8\sim2\,V$，栅极触发电流的变化范围是 $200\,\mu A\sim50\,mA$。同时，阳极电流变化范围是 $1.5\sim70\,A$。这类器件可以通过相位控制技术来控制较重的工业负荷。

表 13-1 可控硅整流器样例

器 件	V_{GT}/V	$I_{GT}/\mu A$	I_{max}/A	V_{max}/V
TCR22-2	0.8	200	1.5	50
T106B1	0.8	200	4	200
S4020L	1.5	15 000	10	400
S6025L	1.5	39 000	25	600
S1070W	2	50 000	70	100

13.4.1 RC 电路控制相位角

图 13-22a 所示的电路中，交流线电压加在可控硅整流器电路上，可控硅整流器控制重负载上的电流。电路中可变的 R、C 使得栅极信号相位角发生偏移。当 R_1 是零时，栅极电压与线电压同相，可控硅整流器的作用是半波整流器。R_2 是栅极的限流电阻，使之工作在安全范围内。

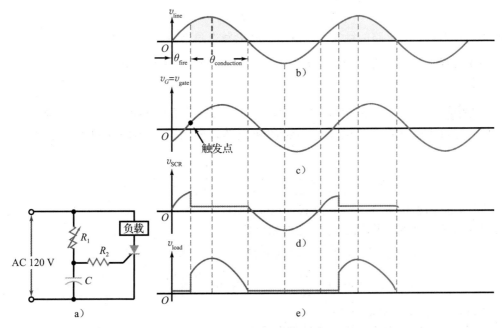

图 13-22 可控硅整流器的相位控制

然而，当 R_1 增加时，栅极交流电压将滞后线电压，相位角在 $0\sim90°$ 之间，如图 13-22b 和图 13-22c 所示。在触发点到来前，可控硅整流器截止，负载电流为零，如图 13-22c 所示。达到触发点时，电容电压足以触发可控硅整流器。此时，线电压几乎全部加在负载上，且负载电流变大。理想情况下，可控硅整流器保持闭合状态直至电力线电压极性翻转，如图 13-22c 和 d 所示。

可控硅整流器被触发闭合时的相位角称为**触发角** θ_{fire}，从导通开始到截止之间的角度叫**导通角** $\theta_{\text{conduction}}$，如图 13-22b 所示。图 13-22a 中的 RC 相位控制器可以使触发角在 $0\sim90°$ 之间变化，即导通角可在 $180°\sim90°$ 之间变化。

图 13-22b 中的阴影部分表示可控硅整流器处于导通状态。由于 R_1 是可变的，栅极电压的相位角可以改变，这样便可以控制线电压处于阴影区位置，即控制流过负载的平均电流。该功能可用于改变电机的转速、灯光的亮度和磁感应炉的温度。

利用在基本电学课程中所学的电路分析技术，可以确定电容上相位偏移后的电压值，从而可以计算出电路的触发角和导通角。电容电压的确定需要以下几个步骤：

首先，得出电容 C 的电抗值：

$$X_C = \frac{1}{2\pi f c}$$

RC 相移电路的阻抗值和相位角为：

$$Z_T = \sqrt{R^2 + X_C^2} \tag{13-4}$$

$$\theta_Z = \angle - \arctan \frac{X_C}{R} \tag{13-5}$$

以输入电压作为参考点，流过 C 的电流是：

$$I_C \angle \theta = \frac{V_{\text{in}} \angle 0°}{Z_T \angle - \arctan \dfrac{X_C}{R}}$$

因而电容 C 上的电压及其相位为：

$$V_C = (I_C \angle \theta)(X_C \angle - 90°)$$

总的相位延迟近似为电路的触发角，由 $180°$ 减去触发角即可得到导通角。

知识拓展　可以在图 13-22a 电路中加入另一个 RC 相移网络来控制产生 $0\sim180°$ 的相位。

例 13-7　图 13-22a 电路中 $R = 26\ \text{k}\Omega$，求电路的触发角和导通角。　**||||Multisim**

解：通过求解电容上的电压值和它的相位角，便可以得到触发角的近似值。步骤如下：

$$X_C = \frac{1}{2\pi f C} = \frac{1}{2\pi \times 60\ \text{Hz} \times 0.1\ \mu\text{F}} = 26.5\ \text{k}\Omega$$

因为容性阻抗的相位角是 $-90°$，故 $X_C = 26.5\ \text{k}\Omega \angle -90°$。

进而求解整个 RC 阻抗值 Z_T 和它的相位角：

$$Z_T = \sqrt{R^2 + X_C^2} = \sqrt{(26\ \text{k}\Omega)^2 + (26.5\ \text{k}\Omega)^2} = 37.1\ \text{k}\Omega$$

$$\theta_Z = \angle - \arctan \frac{X_C}{R} = \angle - \arctan \frac{26.5\ \text{k}\Omega}{26\ \text{k}\Omega} = -45.5°$$

所以，$Z_T = 37.1\ \text{k}\Omega \angle -45.5°$

以交流输入作为参考，则流过 C 的电流为：

$$I_C = \frac{V_{\text{in}} \angle 0°}{Z_T \angle \theta} = \frac{120\ \text{V}_{\text{ac}} \angle 0°}{37.1\ \text{k}\Omega \angle -45.5°} = 3.23\ \text{mA} \angle 45.5°$$

可求得电容 C 上的电压，为：

$$V_C = (I_C \angle \theta)(X_C \angle - 90°) = (3.23\ \text{mA} \angle 45.5°)(26.5\ \text{k}\Omega \angle - 90°)$$
$$= 85.7\ \text{V}_{\text{ac}} \angle - 44.5°$$

电容上的电压有一44.5°的相移，则电路的触发角大约为一45.5°。可控硅整流器被触发后，它保持闭合状态直至电流下降到 I_H 以下。这种情况发生在交流输入大约为 0 V 的时候。

所以，导通角为：

$$\theta = 180° - 44.5° = 135.5°$$

◀

自测题 13-7　图 13-22a 电路中的 $R = 50\ \text{k}\Omega$，求触发角和导通角的近似值。

图 13-22a 中所示的 RC 相位控制器是控制负载平均电流的一种基本方法。由于相位角只能在 0～90°变化，所以电流的可控范围是有限的。如果使用运算放大器和更复杂的 RC 电路，便可使相位角在 0～180°变化。这样就可以使负载平均电流的变化范围达到零～最大值。

13.4.2　上升率临界值

当交流电压加在可控硅整流器的阳极上时，将有可能导致误触发。由于可控硅整流器内部的电容作用，快速变化的电源电压可能会将其触发。为避免误触发，电压变化的速率不能超过数据手册给出的电压上升率临界值。例如，2N6504 的电压上升率临界值是 $50\ \text{V}/\mu\text{s}$，即为避免误触发，阳极电压上升速率不能大于 $50\ \text{V}/\mu\text{s}$。

开关的瞬时变化是导致信号超过电压上升率临界值的主要原因。减小开关瞬时变化影响的一种方法是采用 RC 缓冲器，如图 13-23a 所示。如果电源电压中出现了高速的开关瞬时变化，那么由于 RC 时间常数的作用，阳极电压的上升速率会减小。

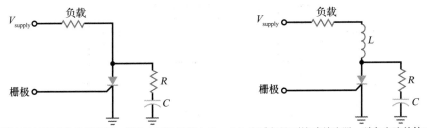

a）RC缓冲器保护可控硅整流器，避免电压的快速上升　　b）电感保护可控硅整流器，避免电流的快速上升

图 13-23　RC 缓冲器

大型可控硅整流器也有电流上升率临界值。例如，C701 的电流上升率临界值是 150 $\text{A}/\mu\text{s}$。如果阳极电流的上升率超过该值，则器件会损坏。在负载上串联一个电感（如图 13-23b）可以使电流上升率减小到安全值。

13.5　双向晶闸管

前文讨论的四层二极管和可控硅整流器两种器件中的电流是单向的。而**二端双向可控硅开关**和**三端双向可控硅开关**是双向晶闸管，即可以沿任一方向导通。二端双向可控硅开关有时也称作硅双向开关。

13.5.1　二端双向可控硅开关

二端双向可控硅开关可以将电流锁定在任一方向。它的等效电路是两个并联的四层二极管，如图 13-24a 所示，理想情况下又可等效为图 13-24b 所示的闩锁电路。当任一方向的电压超过击穿导通电压时，开关便导通，否则将保持开路状态。

例如，v 的极性如图 13-24a 所示，当 v 超过击穿导通电压时，左边的二极管导通。此时，左边的闩锁电路闭合，如图 13-24c 所示。当电压 v 的极性反向时，则右边的闩锁电路闭合。二端双向可控硅开关的电路符号如图 13-24d 所示。

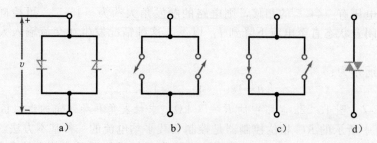

图 13-24 二端双向可控硅开关

13.5.2 三端双向可控硅开关

三端双向可控硅开关的功能如同两个反向的可控硅整流器并联（见图 13-25a），等效于图 13-25b 所示的两个闩锁电路。因此，三端双向可控硅开关可以对两个方向的电流进行控制。如果 v 的极性如图 13-25a 所示，正向触发将使左边的闩锁电路闭合。当 v 的极性相反时，负向触发将会使右边的闩锁电路闭合。三端双向可控硅开关的电路符号如图 13-25c 所示。

知识拓展 三端双向可控硅开关常用于灯光的亮度调节。

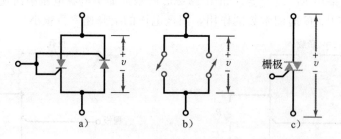

图 13-25 三端双向可控硅开关

图 13-26 所示是三端双向可控硅开关 FKPF8N80 的数据手册。这是一个双向（交流）的三极晶闸管。在数据手册的最后给出了象限定义，即三端双向可控硅开关的工作模式。在典型的交流应用中，正常情况下三端双向可控硅开关工作在一、三象限。由于该器件在第一象限最敏感，因此常常用一个二端双向可控硅开关与之共同实现对称的交流导通特性。

表 13-2 给出了一些商用三端双向可控硅开关样例。由于内部结构的不同，三端双向可控硅开关比可控硅整流器具有更高的栅极触发电压和栅极触发电流。由表 13-2 可知，其栅极触发电压范围在 $2\sim2.5$ V 之间，栅极触发电流则在 $10\sim50$ mA。最大阳极电流为 $1\sim15$ A。

表 13-2 三端双向可控硅开关样例

器　　件	V_{GT}/V	I_{GT}/mA	I_{max}/A	V_{max}/V
Q201E3	2	10	1	200
Q4004L4	2.5	25	4	400
Q5010R5	2.5	50	10	500
Q6015R5	2.5	50	15	600

FKPF8N80

应用说明

- 开关模式电源、调光器、电子闪光装置、吹风机
- 电视机、立体声音响、冰箱、洗衣机
- 电热毯、螺线管驱动器、小电机控制
- 复印机、电动工具

TO-220F

1 : T₁
2 : T₂
3 : 栅极

三端双向可控硅

最大额定绝对值　T_A=25 ℃（除非标明其他条件）

符号	参数	额定值	单位
V_{DRM}	截止态可重复峰值电压 [注1]	800	V

符号	参数	条件		额定值	单位
$I_{T(RMS)}$	导通电流均方根	商用频率，正弦全波360°导通；T_C=91 ℃		8	A
I_{TSM}	浪涌峰值导通电流	正弦波全周期，不可重复，峰值	50 Hz	80	A
			60 Hz	88	A
I^2t	熔断时的I^2t	对应半波信号的一个周期，导通浪涌，t_p=10 ms		32	A²s
di/dt	导通电流上升率临界值	I_G=2xI_{GT}, t_r≤100 ns		50	A/μs
P_{GM}	栅极最大功耗	—		5	W
$P_{G(AV)}$	栅极平均功耗	—		0.5	W
V_{GM}	栅极最大电压	—		10	V
I_{GM}	栅极最大电流	—		2	A
T_J	结温	—		-40 ~ 125	℃
T_{STG}	存储温度	—		-40 ~ 125	℃
V_{iso}	隔离电压	T_A=25 ℃，交流1 min，T₁、T₂和栅极接管壳		1500	V

温度特性

符号	参数	测试条件	最小值	典型值	最大值	单位
$R_{th(J-C)}$	热电阻	结-管壳 [注4]	—	—	3.6	℃/W

图 13-26　三端双向可控硅开关数据手册

电学特性　T_A=25 ℃（除非标明其他条件）

符号	参数		测试条件		最小值	典型值	最大值	单位
I_{DRM}	可重复峰值阻断电流		外加电压V_{DRM}		—	—	20	μA
V_{TM}	导通电压		V_D = 25 ℃，I_{TM}=12 A 瞬时测量		—	—	1.5	V
V_{GT}	栅极触发电压[注2]	I	V_D = 12 V，R_L=20 Ω	T2(+)，栅极(+)	—	—	1.5	V
		II		T2(+)，栅极(−)	—	—	1.5	V
		III		T2(−)，栅极(−)	—	—	1.5	V
I_{GT}	栅极触发电流[注2]	I	V_D = 12 V，R_L=20 Ω	T2(+)，栅极(+)	—	—	30	mA
		II		T2(+)，栅极(−)	—	—	30	mA
		III		T2(−)，栅极(−)	—	—	30	mA
V_{GD}	栅极非触发电压		T_J = 125 ℃，V_D = 1/2V_{DRM}		0.2	—	—	V
I_J	保持电流		V_D = 12 V，I_{TM}=1 A		—	—	50	mA
I_L	闪锁电流	I，III	V_D = 12 V，I_G=1.2I_{GT}		—	—	50	mA
		II			—	—	70	mA
dv/dt	截止电压上升率临界值		V_{DRM} = 额定值，T_J=125 ℃，指数上升		—	300	—	V/μs
(dv/dt)$_C$	截止转换电压上升率临界值[注3]				10	—	—	V/μs

注:
1. 栅极开路。
2. 采用栅极触发特性测量电路进行测试。
3. 截止转换电压上升率临界值如表所示。
4. 当导电膏为0.5 ℃/W时的接触热电阻$R_{TH (C-f)}$。

V_{DRM} (V)	测试条件	转换电压和电流波形（感性负载）
FKPF8N80	1.结温T_J=125 ℃ 2.导通转换电流衰减率 $(di/dt)_C$ = −4.5 A/ms 3.截止电压峰值V_D=400 V	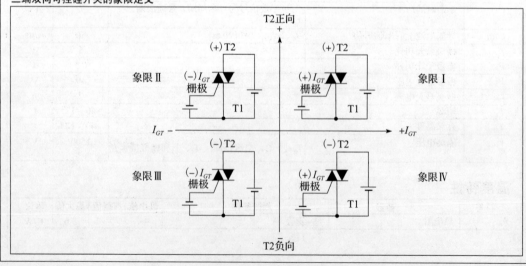

三端双向可控硅开关的象限定义

图 13-26　三端双向可控硅开关数据手册（续）

13.5.3 相位控制

图 13-27a 中的 *RC* 电路改变三端双向可控硅开关栅极电压的相位角，该电路能够控制较重负载上的电流。图 13-27b 和 c 显示了线电压和滞后的栅极电压。当电容电压大到足以提供触发电流时，三端双向可控硅开关闭合导通。一旦导通，它将保持该状态直至线电压回到 0 V。图 13-27d 和 e 显示的分别是三端双向可控硅开关和负载上的电压。

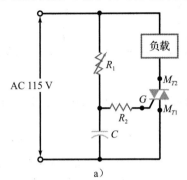

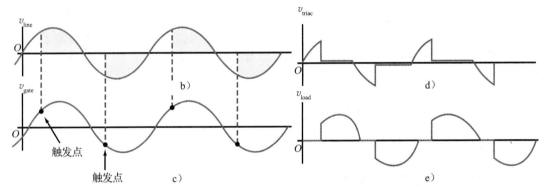

图 13-27　三端双向可控硅开关的相位控制

虽然三端双向可控硅开关能够处理大电流，但这个电流和可控硅整流器能处理的电流不在一个数量级，后者要大得多。然而，当电路需要在两个半周都能闭合导通时，可在此类工业应用中使用三端双向可控硅开关。

13.5.4 三端双向可控硅开关短路器

图 13-28 所示是三端双向可控硅开关短路器保护电路，可用来保护设备不受过大的线电压的破坏。如果线电压过高，二端双向可控硅开关就会击穿导通，并触发三端双向可控硅开关。当开关被触发后，会将熔丝熔断。分压器中的 R_2 可用来设定触发点。

知识拓展　图 13-28 电路中二端双向可控硅开关的作用是保证触发点在交流电压的正负方向上相同。

例 13-8　图 13-29 电路中的开关闭合。如果三端双向可控硅开关被触发，流过 22 Ω 电阻的电流约为多少？

解：理想情况下，三端双向可控硅开关导通时的电压是 0 V。所以，流过 22 Ω 电阻的电流是：

$$I = \frac{75 \text{ V}}{22 \text{ Ω}} = 3.41 \text{ A}$$

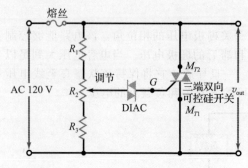

图 13-28　三端双向可控硅开关短路器

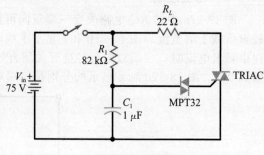

图 13-29　举例

如果三端双向可控硅开关的压降为 1 V 或 2 V，由于电源电压很大，掩蔽了开关压降的影响，故电流仍可近似为 3.41 A。　　　　　　　　　　　　　　　　　　　　　▲

自测题 13-8　将图 13-29 电路中的 V_{in} 改为 120 V，估算流过 22 Ω 电阻的电流。

例 13-9　图 13-29 电路中的开关处于闭合状态。MPT32 是一个二端双向可控硅开关，其击穿导通电压为 32 V。如果三端双向可控硅开关的触发电压为 1 V，触发电流为 10 mA，则电容电压为多少时能够将其触发？

解：当电容充电时，二端双向可控硅开关上的电压增大。当开关上的电压略小于 32 V 时，它处于击穿导通的边缘。由于三端双向可控硅开关的触发电压是 1 V，所需的电容电压为：

$$V_{in} = 32\text{ V} + 1\text{ V} = 33\text{ V}$$

当二端双向可控硅开关的输入电压为该值时，它被击穿导通并触发三端双向可控硅开关。　　　　　　　　　　　　　　　　　　　　　　　　　　　　▲

自测题 13-9　若二端双向可控硅开关的击穿导通电压为 24 V，重新计算例 13-9。

13.6　绝缘栅双极型晶体管

13.6.1　基本结构

功率 MOS 管和双极型晶体管都可以用于大功率的开关应用。MOS 管的优势是开关速度快，双极管的优势是导通损耗低。将低导通损耗的双极管和高速度的功率 MOS 管相结合，便可以得到近似理想的开关。

这种混合器件被称为**绝缘栅双极型晶体管**（IGBT）。从本质上讲，IGBT 是由功率 MOS 管工艺改进而来，它的结构和工作原理都与功率 MOS 管很类似。图 13-30 所示是 n 沟道 IGBT 的基本结构。它的结构就像加在 p 型衬底上的 n 沟道功率 MOS 管，其引脚为栅极、发射极和集电极。

图 13-30　基本 IGBT 的结构

该器件有两种类型：穿通型和非穿通型，图 13-30 所示的是穿通型 IGBT 的结构。穿通型器件的 p^+ 区和 n^- 区之间有一个 n^+ 缓冲层，而非穿通型器件没有 n^+ 缓冲层。

　　知识拓展　对于高压高频开关功率应用，SiC MOS 场效应晶体管比传统的硅 MOS 场效应晶体管和 IGBT 更具优势。

非穿通型的导通 $V_{CE(on)}$ 比穿通型高，并且具有正温度系数，使其更适合并联。而带有 n^+ 缓冲层的穿通型开关速度更快，且具有负温度系数。

13.6.2　IGBT 的控制

图 13-31a 和 b 所示是 n 沟道 IGBT 的两种常见电路符号，图 13-31c 是该器件的简化等效电路。可见，从本质上看，IGBT 的输入端是一个功率 MOS 管，输出端是一个双极型晶体管。栅极和发射极之间的电压作为输入控制信号，集电极与发射极间的电流作为输出。

IGBT 是常断的高输入阻抗器件。当输入电压 V_{GE} 足够大时，集电极开始产生电流。该输入电压的最小值即是栅极阈值电压 $V_{GE(th)}$。图 13-32 所示是使用非穿通型沟槽工艺实现的 IGBT FGL60N100BNTD 的数据手册。当该器件的电流 $I_C = 60$ mA 时，$V_{GE(th)}$ 的典型值是 5.0 V。最大的集电极连续电流是 60 A。该器件的另一个重要特性参数是集电极到发射极的饱和电压 $V_{CE(sat)}$。数据手册中给出，当

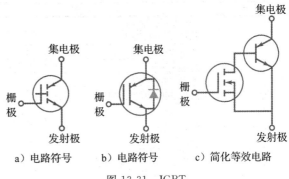

a) 电路符号　　　b) 电路符号　　　c) 简化等效电路

图 13-31　IGBT

集电极电流为 10 A 时，$V_{CE(sat)}$ 的典型值是 1.5 V；当集电极电流为 60 A 时，$V_{CE(sat)}$ 的典型值是 2.5 V。

13.6.3　IGBT 的优点

IGBT 的导通损耗与器件的正向压降有关，而 MOS 管的导通损耗与它的 $R_{D(on)}$ 值有关。在低压应用中，功率 MOS 管的 $R_{D(on)}$ 值可以很低。然而，在高压应用中，功率 MOS 管的 $R_{D(on)}$ 增大，导致较大的导通损耗。IGBT 的特性则不同。与 MOS 管的 V_{DSS} 最大值相比，IGBT 的集电极-发射极击穿电压要高得多。如图 13-32 的数据手册所示，V_{CES} 的值是 1000 V。这一点对使用高压电感负载的应用来说很重要，如感应加热（IH）的应用。这一特性使得 IGBT 非常适用于高压全 H 桥和半桥电路。

与双极型晶体管相比，IGBT 的输入阻抗高得多，且对栅极驱动的要求也简单得多。虽然 IGBT 的开关速度不能与 MOS 管相比，但是用于高频应用的新型 IGBT 系列正在开发中。因此，对于高电压、大电流的中频应用，采用 IGBT 是较为有效的方法。

FAIRCHILD
SEMICONDUCTOR®
（仙童半导体）

FGL60N100BNTD
非穿通型沟槽工艺IGBT

绝缘栅双极型晶体管（IGBT）

概述

沟槽IGBT采用非穿通型工艺，在导通、开关及雪崩击穿特性方面的性能突出。这些器件适用于感应加热等应用。

特性

· 开关速度快
· 饱和电压低：$V_{CE(sat)}$ =2.5 V@I_C=60 A
· 输入阻抗高
· 内置快速恢复二极管

FGL60N100BNTD

图 13-32　IGBT 数据手册

FGL60N100BNTD

应用

微波炉、烤箱、电磁炉、感应加热罐、感应加热器、家用电器

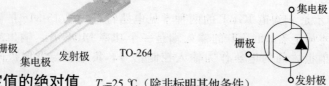

栅极　集电极　发射极　　TO-264

集电极

栅极

发射极

最大额定值的绝对值　T_C=25 ℃（除非标明其他条件）

符号	说明		FGL60N100BNTD	单位
V_{CES}	集电极–发射极电压		1 000	V
V_{GES}	栅极–发射极电压		± 25	V
I_C	集电极电流	@T_C=25 ℃	60	A
	集电极电流	@T_C=100 ℃	42	A
$I_{CM(1)}$	集电极脉冲电流		120	A
I_F	二极管正向连续电流	@T_C=100 ℃	15	A
P_D	最大功耗	@T_C=25 ℃	180	W
	最大功耗	@T_C=100 ℃	72	W
T_J	工作结温		−55~+150	℃
T_{stg}	存储温度范围		−55~+150	℃
T_L	引脚最高温度，焊接时距离管壳1/8″，5 s		300	℃

注：可重复额定值：脉冲宽度受限于结温的最大值。

温度特性

符号	参数	典型值	最大值	单位
$R_{\theta JC}$（IGBT）	热电阻，结–管壳	—	0.69	℃/W
$R_{\theta JC}$（二极管）	热电阻，结–管壳	—	2.08	℃/W
$R_{\theta JA}$	热电阻，结–环境	—	25	℃/W

IGBT的电学特性　T_C=25 ℃（除非标明其他条件）

符号	参数	测试条件	最小值	典型值	最大值	单位
截止特性						
BV_{CES}	集电极–发射极击穿电压	V_{GE}=0 V,I_C=1 mA	1 000	—	—	V
I_{CES}	集电极截止电流	V_{GE}=1 000 V,V_{GE}=0 V			1.0	mA
I_{GES}	栅极–发射极漏电流	V_{GE}=± 25,V_{GE}=0 V			± 500	nA
导通特性						
$V_{GE(th)}$	栅极–发射极阈值电压	V_C=60 mA,V_{CE}=V_{GE}	4.0	5.0	7.0	V
$V_{GE(sat)}$	饱和电压	I_C=10 A,V_{GE}=15 V	—	1.5	1.8	V
		I_C=60 A,V_{GE}=15 V	—	2.5	2.9	V
动态特性						
C_{ies}	输入电容	V_{CE}=10 V,V_{GE}=0 V	—	6 000	—	pF
C_{oes}	输出电容		—	260	—	pF
C_{res}	反向传输电容	f=1 MHz	—	200	—	pF
开关特性						
$t_{d(on)}$	导通延迟时间	V_{CC}=600 V,I_C=60 A	—	140	—	ns
t_r	上升时间	R_G=51 Ω,V_{GE}=15 V		320	—	ns
$t_{d(off)}$	关断延迟时间	阻性负载,T_C=25 ℃		630	—	ns
t_f	下降时间			130	250	ns
Q_g	栅极总电荷			275	350	nC
Q_{ge}	栅极–发射极电荷	V_{CE}=600 V,I_C=60 A		45		nC
Q_{gc}	栅极–集电极电荷	V_{GE}=15 V,T_C=25 ℃		95		nC

图 13-32　IGBT 数据手册（续）

二极管的电学特性　T_C=25 ℃（除非标明其他条件）

符号	参数	测试条件	最小值	典型值	最大值	单位
V_{FM}	二极管正向电压	I_F=15 A	—	1.2	1.7	V
		I_F=60 A	—	1.8	2.1	V
t_{rr}	二极管反向恢复时间	I_F=60 A di/dt=20 A/μs		1.2	1.5	μs
I_R	瞬时反向电流	V_{RRM}=1000 V	—	0.05	2	μA

图 13-32　IGBT 数据手册（续）

应用实例 13-10　图 13-33 所示电路的用途是什么？

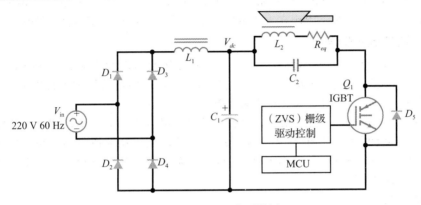

图 13-33　IGBT 应用举例

解：图 13-33 所示为单端（SE）谐振转换器的简化示意图。它可用于感应加热应用，实现高效的能源利用。这种类型的转换器可以应用于家用电器，如电热锅、电饭煲和微波炉。下面介绍该电路的工作原理。

220 V 交流输入信号经由二极管 $D_1 \sim D_4$ 构成的桥式整流电路整流。再经过 L_1 和 C_1 构成的低通扼流圈，输出的是转换器所需的直流电压。主线圈 L_2 的等效直流电阻要求 R_{eq} 和 C_2 构成并联谐振腔电路。L_2 也是变压器的一次加热线圈绕组。该变压器的二次绕组及其负载是一种高导磁率的低阻含铁金属。该负载实际上相当于一个负载短路的单圈二次绕组，并作为烹饪容器或加热表面。

Q_1 是一种开关速度快、$V_{CE(sat)}$ 电压低、阻断电压高的 IGBT。D_5 既可以是封装在一起的反向并联二极管，也可以是本征体二极管。IGBT 的栅极与栅极驱动控制电路相连。栅极驱动电路通常由微控制器控制。

当输入信号到来时，Q_1 导通，电流通过 L_2 和 IGBT 的集电极到达发射极。电流流过 L_2 的一次线圈时产生了一个不断扩大的磁场，磁场穿过加热元件负载二次绕组。当 Q_1 截止时，存储在 L_2 磁场中的能量释放并给 C_2 充电，使得 Q_1 集电极上产生一个正向高电压，由于阻断电压高，所以 Q_1 可以继续保持在截止状态。C_2 将通过 L_2 反向放电重获能量，并产生并联谐振电流。L_2 的磁场扩大并穿过负载元件。通常情况下，涡流造成的热损失可以通过使用铁芯来减少。因为负载元件不使用铁芯，则这种热量损失可以转化为生产热能。这就是感应加热的原理。可通过选择 L_2 和 C_2 的值产生从 20～100 kHz 的谐振频率，来增加这种感应加热过程的效率。线圈电流的频率越高，负载表面的感应电流越强，称为表面效应。

这种谐振转换器的效率至关重要。该电路的主要功耗之一是 IGBT 的开关损耗。通过控制开关时刻的 IGBT 电压或电流，可获得较高的能量转换效率。这就是所谓的软交换。通过采用 LC 谐振电路产生谐振，并在 IGBT 的集电极和发射器之间并联反向二极管，使加在开关电路上的电压或电流近似为零。微控制器输出的栅极控制信号在电路导通之前将开关电路 V_{CE} 的电压置为零（ZVS），并在电路关断之前使 IGBT 电流接近于零（ZCS）。

当栅极驱动信号处于 LC 谐振电路的谐振频率时，电路向负载元件输出的功率最大。通过调节栅极驱动的频率和占空比，可以控制负载的温度。

13.7 其他晶闸管

可控硅整流器、三端双向可控硅开关和 IGBT 都是重要的晶闸管，这里还要简单介绍一些其他类型的晶闸管。例如光可控硅整流器，目前仍然出现在一些特殊应用中。再如单结晶体管，曾经流行一时，但现在大部分已被运算放大器和集成定时器所取代。

13.7.1 光可控硅整流器

图 13-34a 所示是一个光可控硅整流器，也称光激发可控硅整流器。图中的箭头表示透过窗口入射到耗尽层上的光束。当光强足够时，价电子脱离轨道成为自由电子，自由电子的流动引起正反馈，并使光可控硅整流器闭合。

当入射光使光可控硅整流器触发闭合后，即使光束消失，器件仍保持闭合状态。为使光敏度最高，将栅极开路，如图 13-34a 所示。为了得到可调的触发点，可以加入触发调节装置，如图 13-34b 所示，在栅极和地之间的电阻将光产生的部分电子转移，从而减小电路对入射光的敏感度。

13.7.2 栅控开关

如前文所述，低电流截止是断开可控硅整流器的常规方法，而栅控开关是通过一个反向偏置的触发器使之更易断开。栅控开关通过正向触发实现闭合，负向触发实现断开。

图 13-35 所示是一个栅控开关电路。每个正触发都使开关闭合，每个负触发都使之断开，因此可得到矩形波输出。栅控开关已用于计数器、数字电路和其他采用负触发的应用中。

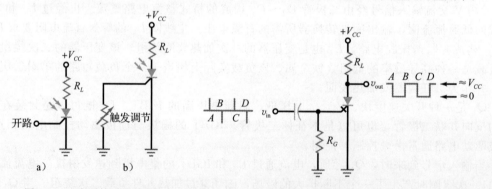

图 13-34　光可控硅整流器　　　　　图 13-35　栅控开关电路

13.7.3 可控硅开关

图 13-36a 所示是可控硅开关的掺杂区域，每个掺杂区都引出一个引脚。可将器件分为两部分（见图 13-36b），它等效于一个闩锁电路，且两个基极均可接入（见图 13-36c）。用正向偏置触发任一个基极，均可以使可控硅开关闭合。类似地，用负向偏置触发任一个基极，可以使之断开。

图 13-36d 给出了可控硅开关的电路符号。较低的栅称为阴栅，较高的栅称为阳栅。与可控硅整流器相比，可控硅开关是低功率器件，它处理的电流是毫安量级而不是安培量级的。

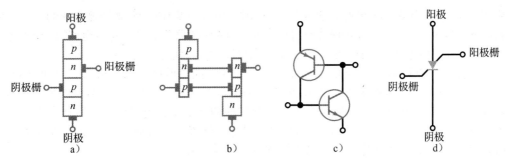

图 13-36 可控硅开关

13.7.4 单结晶体管和可编程单结晶体管

单结晶体管有两个掺杂区域，如图 13-37a 所示。当输入电压为零时，器件是不导通的。当输入电压增加且超过平衡电压（数据手册中给出）时，p 区与底端 n 区之间的电阻变得很小，如图 13-37b 所示。单结晶体管的电路符号如图 13-37c 所示。

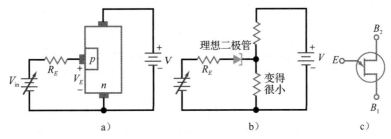

图 13-37 单结晶体管

单结晶体管可以用于脉冲波形产生电路，称为单结晶体管弛张振荡器，如图 13-38 所示。在该电路中，电容充电，终值电压为 V_{BB}。当电容电压达到平衡电压值时，单结晶体管闭合。器件内部底端基极（底端 n 掺杂区）的电阻迅速下降，使电容放电。电容放电直至低电流截止点。截止后，单结晶体管关断，电容将再一次以 V_{BB} 为终值进行充电。RC 充电时间常数通常远大于放电时间常数。

B_1 外接电阻上的尖脉冲波形可以作为控制可控硅整流器和三端双向可控硅开关电路导通角的触发信号。电容上产生的波形可用于需要锯齿波发生器的应用中。

可编程单结晶体管是一种 $pnpn$ 四层结构的器件，它可用于产生触发脉冲，其波形类似于单结晶体管电路。该器件的电路符号如图 13-39a 所示。

图 13-39b 所示的可编程单结晶体管的基本结构。与单结晶体管完全不同，它更像一个可控硅整流器。栅极连接到靠近阳极的 n 型层，这个 pn 结通常用于控制器件的导通和截止。阴

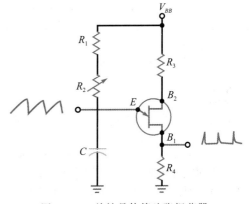

图 13-38 单结晶体管弛张振荡器

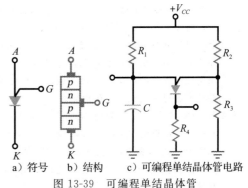

a) 符号　b) 结构　c) 可编程单结晶体管电路

图 13-39 可编程单结晶体管

极端口连接到一个比栅电压更低的电压点上，通常是地点。当阳极电压高于栅电压约 0.7 V 时，可编程单结晶体管导通。器件将保持导通状态直至阳极电流降低到额定保持电流以下，手册中通常会给出额定保持电流的最小值 I_V。此时，器件回到截止状态。

由于栅电压可以通过外接的分压器来确定，所以将这种单结晶体管看作是可编程的，如图 13-39c 所示。外接电阻 R_2 和 R_3 确定了栅电压 V_G，通过改变这些电阻的值，栅电压可以被修改或者说被编程，从而改变了阳极所需的触发电压。电路中，电容通过 R_1 充电，当电容电压高于 V_G 约 0.7 V 时，可编程单结晶体管导通，电容放电。和单结晶体管一样，该电路可以产生控制晶闸管所需的锯齿波和触发脉冲波形。

单结晶体管和可编程单结晶体管曾一度广泛应用于振荡器、计时器和其他电路。但是，如前文所述，运算放大器、计时集成电路（如 555）和微控制器已经在很多应用中取代了这些器件。

13.8　故障诊断

通过检测确定电路中有故障的电阻、二极管、晶体管等，属于元件级的故障诊断。前面章节已给出了元件级故障诊断的练习，通过这些练习，可以学到如何以欧姆定律为依据进行逻辑分析，这是高层次故障诊断的良好基础。

本节将要训练的是系统级的故障诊断。这意味着要从功能模块的角度来分析，功能模块是指总体电路中处于不同部分的小电路。要掌握更高层次的故障诊断方法，可以参看本章最后的故障诊断部分（见图 13-49）。

图 13-49 所示是一个含有可控硅短路器的电源框图，图中画出了电源中的功能模块。首先测量不同点的电压，将故障分离到具体的模块。然后可以进行必要的元件级的故障诊断。

用户手册中通常包括设备的模块框图，并标出各个模块的具体功能。例如，电视接收机可以用功能框图来表示，当已知各个模块的输入和输出的正常值时，便可以通过测试将电视接收机中有故障的模块分离出来；确定故障模块后，既可以替换整个模块，也可以继续进行元件级的故障诊断。

总结

13.1 节　晶闸管是一种利用内部正反馈机制来产生闩锁作用的半导体器件。四层二极管又称肖克利二极管，是最简单的晶闸管。通过击穿导通使其闭合，通过低电流使其截止。

13.2 节　可控硅整流器是应用最广泛的晶闸管，它能够对很大的电流进行开关操作。若使其闭合，需要加入栅极最小触发电压和电流。若使其断开，则需要将阳极电压减小到几乎为零。

13.3 节　可控硅整流器的重要应用之一就是保护脆弱而昂贵的负载不受电源过压的破坏。使用可控硅短路器，需要加熔丝或限流电路来避免电流过大造成的电源损坏。

13.4 节　RC 电路可以使栅电压的滞后相位角在 $0\sim90°$ 之间变化，这样便可以控制负载的平均电流。通过使用更先进的相位控制电路，可以使相位角在 $0\sim180°$ 之间变化，从而更好地控制负载的平均电流。

13.5 节　二端双向可控硅开关可以在任一方向实现对电流的闩锁，直到其两端电压超过击穿导通电压时才会断开。三端双向可控硅开关是一种类似于可控硅整流器的栅控器件。通过相位控制器，三端双向可控硅开关可实现对负载平均电流的全波控制。

13.6 节　IGBT 是输入端为功率 MOS 管、输出端是双极型晶体管的混合器件。这种结合的特点是：在输入端栅极所需的驱动很简单，在输出端的导通损耗很低。该器件在高电压、大电流的开关应用中比功率 MOS 管更有优势。

13.7 节　在入射光线足够强时，光可控硅整流器将会闭合。栅控开关在正触发时闭合，负触发时断开。可控硅开关有两个输入触发栅极，任何一个都可以将器件闭合或断开。单结晶体管曾经用于振荡器和计时电路。

13.8 节　元件级的故障诊断是通过检测确定有故障的电阻、二极管、晶体管等。当通过检测确定电路中有故障的功能模块时，则为系统级故障诊断。

重要公式

1. 可控硅整流器导通

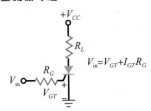

$$V_{in}=V_{GT}+I_{GT}R_G$$

2. 可控硅整流器复位

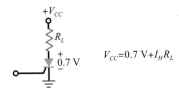

$$V_{CC}=0.7\ \text{V}+I_H R_L$$

3. 过电压

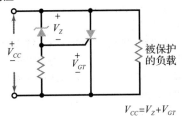

$$V_{CC}=V_Z+V_{GT}$$

4. RC 相位控制阻抗

$$Z_T = \sqrt{R^2 + X_C^2}$$

5. RC 相位控制角

$$\theta_Z = \angle - \arctan \frac{X_C}{R}$$

相关实验

实验 36
可控硅整流器

选择题

1. 晶闸管可以用作
   a. 电阻　　　　　　　b. 放大器
   c. 开关　　　　　　　d. 电源

2. 正反馈的意思是其返回的信号
   a. 与原变化相反　　　b. 使原变化增强
   c. 与负反馈等价　　　d. 被放大了

3. 闩锁电路常使用
   a. 晶体管　　　　　　b. 负反馈
   c. 电流　　　　　　　d. 正反馈

4. 若使四层二极管闭合，需要
   a. 正触发　　　　　　b. 低电流截止
   c. 击穿导通　　　　　d. 反偏触发

5. 能使晶闸管闭合的最小输入电流叫作
   a. 保持电流　　　　　b. 触发电流
   c. 击穿导通电流　　　d. 低电流截止

6. 将导通的四层二极管断开的唯一方法是
   a. 正向触发　　　　　b. 低电流截止
   c. 击穿导通　　　　　d. 反向偏置触发

7. 维持晶闸管处于导通的最小阳极电流叫作
   a. 保持电流　　　　　b. 触发电流
   c. 击穿导通电流　　　d. 低电流截止

8. 可控硅整流器有
   a. 两个外引脚　　　　b. 三个外引脚
   c. 四个外引脚　　　　d. 三个掺杂区域

9. 使可控硅整流器闭合的常用方法是
   a. 击穿导通　　　　　b. 栅极触发
   c. 击穿　　　　　　　d. 保持电流

10. 可控硅整流器是
    a. 小功率器件　　　　b. 四层二极管
    c. 大电流器件　　　　d. 双向的

11. 对负载进行过压保护的常用方法是采用
    a. 短路器　　　　　　b. 齐纳二极管
    c. 四层二极管　　　　d. 晶闸管

12. RC 缓冲器可保护可控硅整流器避免
    a. 电源过压　　　　　b. 误触发
    c. 击穿导通　　　　　d. 短路

13. 当电源电压与短路器相连时，需要熔丝或
    a. 适当的触发电流　　b. 保持电流
    c. 滤波　　　　　　　d. 限流

14. 能使光可控硅整流器产生响应的是
    a. 电流　　　　　　　b. 电压
    c. 湿度　　　　　　　d. 光

15. 二端双向可控硅开关是
    a. 晶体管　　　　　　b. 单向器件
    c. 三层器件　　　　　d. 双向器件

16. 三端双向可控硅开关等价于
    a. 四层二极管
    b. 两个并联的二端双向可控硅开关

c. 带栅极引脚的晶闸管

d. 两个并联的可控硅整流器

17. 单结晶体管的作用相当于一个

　　a. 四层二极管

　　b. 二端双向可控硅开关

　　c. 三端双向可控硅开关

　　d. 闩锁电路

18. 使任何晶闸管导通，都可以采用的方法是

　　a. 击穿导通　　　　b. 正向偏置触发

　　c. 低电流截止　　　d. 反向偏置触发

19. 肖克利二极管是

　　a. 四层二极管

　　b. 可控硅整流器

　　c. 二端双向可控硅开关

　　d. 三端双向可控硅开关

20. 可控硅整流器的触发电压最接近

　　a. 0　　　　　　　b. 0.7 V

　　c. 4 V　　　　　　d. 击穿导通电压

21. 使任何晶闸管截止，都可以采用的方法是

　　a. 击穿导通　　　　b. 正向偏置触发

　　c. 低电流截止　　　d. 反向偏置触发

22. 超过上升率临界值将导致

　　a. 功耗过大　　　　b. 误触发

　　c. 低电流截止　　　d. 反向偏置触发

23. 四层二极管有时称为

　　a. 单结晶体管

　　b. 二端双向可控硅开关

　　c. $pnpn$ 二极管

　　d. 开关

24. 闩锁电路的原理是基于

　　a. 负反馈　　　　　b. 正反馈

　　c. 四层二极管　　　d. 可控硅整流器作用

25. 可控硅整流器在下列哪种情况下可以闭合？

　　a. 超过它的正向击穿导通电压

　　b. 加载 I_{GT}

　　c. 超过电压上升率的临界值

　　d. 以上情况都可以

26. 为了正确测试可控硅整流器，欧姆表

　　a. 必须提供可控硅整流器的击穿导通电压

　　b. 提供的电压不能超过 0.7 V

　　c. 必须提供可控硅整流器的反向击穿导通电压

　　d. 必须提供可控硅整流器的保持电流

27. 单级 RC 相位控制电路的最大触发角是

　　a. 45°　　　　　　b. 90°

　　c. 180°　　　　　 d. 360°

28. 三端双向可控硅开关通常最敏感的象限是

　　a. 第一象限　　　　b. 第二象限

　　c. 第三象限　　　　d. 第四象限

29. IGBT 的本质是

　　a. 双极型晶体管作输入端，MOS 管作输出端

　　b. MOS 管作输入端和输出端

　　c. MOS 管作输入端，双极型晶体管作输出端

　　d. 双极型晶体管作输入端和输出端

30. IGBT 在导通状态的最大输出电压是

　　a. $V_{GS(on)}$　　　　b. $V_{CE(sat)}$

　　c. $R_{DS(on)}$　　　　d. V_{CES}

31. 可编程单结晶体管是通过下列哪种方法实现可编程的？

　　a. 外接的栅极电阻

　　b. 使用预置的阴极阶梯电压

　　c. 外接电容

　　d. 掺杂 pn 结

习题

13.1 节

13-1　图 13-40a 电路中的 1N5160 是导通的，二极管的截止点电压是 0.7 V，求当二极管断开时，电压 V 的值。

13-2　图 13-40b 电路中的电容电压从 0.7 V 充电到 12 V，使得四层二极管击穿导通。在二极管将要击穿导通时，流过 5 kΩ 电阻的电流是多少？当二极管导通时，流过该电阻的电流是多少？

13-3　图 13-40b 电路的充电时间常数是多少？若锯齿波的周期等于该时间常数，求锯齿波的频率。

13-4　如果将图 13-40a 电路的击穿导通电压改为 20 V，保持电流改为 3 mA，二极管导通时

的电压 V 是多少？二极管断开时的电压 V 是多少？

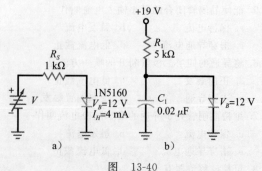

图　13-40

13-5　如果将图 13-40b 电路中的电源电压改为 50 V，

电容上的最大电压为多少？如果电阻值是原来的两倍，电容值是原来的三倍，则时间常数是多少？

13.2 节

13-6 图 13-41 中可控硅整流器的 $V_{GT}=1.0$ V，$I_{GT}=2$ mA，$I_H=12$ mA。当它断开时，输出电压是多少？触发可控硅整流器所需的输入电压是多少？如果 V_{CC} 持续降低直至可控硅整流器断开，这时 V_{CC} 的值是多少？

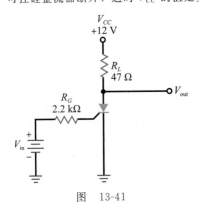

图 13-41

13-7 若图 13-41 电路中所有的电阻值都加倍，且可控硅整流器的栅极触发电流是 1.5 mA，求触发它所需的输入电压。

13-8 如果图 13-42 电路中的 R 调整为 500 Ω，求输出电压的峰值。

13-9 如果图 13-41 电路中可控硅整流器的栅极触发电压是 1.5 V，栅极触发电流是 15 mA，保持电流是 10 mA，则触发可控硅整流器的输入电压是多少？使其复位的电源电压是多少？

13-10 如果图 13-41 电路中的电阻变为原来的三倍，且可控硅整流器的 $V_{GT}=2$ V，$I_{GT}=8$ mA，求触发它的输入电压。

13-11 将图 13-42 电路中的 R 调至 750 Ω，求电容的充电时间常数。栅极端口的戴维南等效电阻是多少？

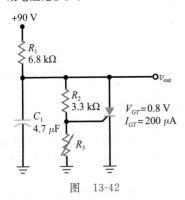

图 13-42

13-12 将图 13-43 中的电阻 R_2 设为 4.6 kΩ，求该电路的触发角和导通角的近似值。电容 C 上的交流电压是多少？

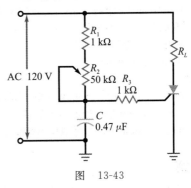

图 13-43

13-13 调节图 13-43 电路中的 R_2，求触发角的最小和最大值。

13-14 求图 13-43 电路中可控硅整流器的最小和最大导通角。

13.3 节

13-15 计算图 13-44 中能使短路器触发的电源电压。

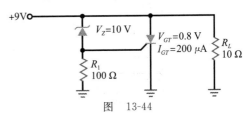

图 13-44

13-16 如果图 13-44 电路中的齐纳二极管的容差为 ±10%，触发电压为 1.5 V。求使电路发生短路时的电源电压最大值。

13-17 如果图 13-44 电路中的齐纳电压从 10 V 变为 12 V，求可控硅整流器的触发电压。

13-18 将图 13-44 电路中的齐纳二极管替换为 1N759。求触发可控硅短路器的电源电压。

13.5 节

13-19 图 13-45 电路中的二端双向可控硅开关的击穿导通电压是 20 V，三端双向可控硅开关的 V_{GT} 是 2.5 V。求使它导通的电容电压。

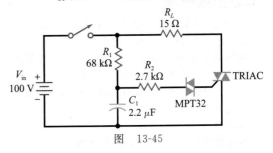

图 13-45

13-20 当图 13-45 电路中三端双向可控硅开关导通时，其负载电流是多少？

13-21 若将图 13-45 电路中所有电阻值加倍，并将电容变为原来的三倍，二端双向可控硅开关的击穿导通压是 28 V，三端双向可控硅开关的栅极触发电压是 2.5 V，求触发该开关的电容电压。

13.7 节

13-22 图 13-46 电路中，当可编程单结晶体管触发时，阳极和栅极的电压值是多少？

13-23 图 13-46 电路中，当可编程单结晶体管触发时，R_4 上的理想峰值电压是多少？

13-24 图 13-46 电路中，电容上的电压波形是怎样的？求该波形的最小和最大电压值。

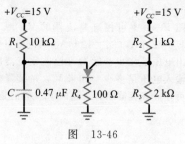

图 13-46

思考题

13-25 图 13-47a 所示是一个过压指示器。将灯点亮所需的电压是多少？

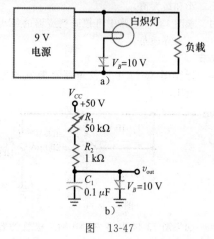

图 13-47

13-26 求图 13-47b 电路输出电压的峰值。

13-27 如果图 13-47b 电路中，锯齿波的周期是时间常数的 20%，求最小频率和最大频率。

13-28 将图 13-48 电路放在一个黑暗的房间里，其输出电压是多少？当灯被点亮时，晶闸管触发。估算输出电压和流过 100 Ω 电阻的电流。

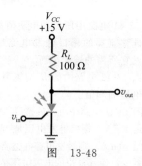

图 13-48

故障诊断

以下问题参见图 13-49。这个电源经过桥式整流器和电容输入式滤波器，因此，经过滤波后的直流电压近似等于二次绕组的峰值电压。所列电压值如没有特别说明，均以伏特为单位。在 A、B、C 三点给出的是电压均方根值，在 D、E、F 三点给出的是直流电压。在这个练习中所进行的是系统级故障诊断，即需要确定最可疑的模块位置，以便做进一步的检测。例如，若 B 点的电压没问题，但 C 点的电压不对，则答案应该是变压器。

13-29 确定故障 1～4。

13-30 确定故障 4～8。

求职面试问题

1. 画出双晶体管的闩锁电路，解释正反馈驱动晶体管进入饱和区及截止区的原理。

2. 画出基本的可控硅短路器。该电路的工作原理是什么？细致描述电路的工作过程。

3. 画出一个相位控制可控硅整流器电路，包括交流电力线电压和栅极电压的波形，并解释其工作原理。

4. 在晶闸管电路中，缓冲网络的作用是什么？

5. 在报警电路中怎样使用可控硅整流器？为什么使用该器件比晶体管触发的器件更合适？画出简单的电路图。

6. 晶闸管在电子领域中有哪些应用？

7. 比较功率双极型晶体管、功率场效应晶体管和可控硅整流器在大功率放大电路中的应用情况。

8. 解释肖克利二极管和可控硅整流器工作原理的区别。

9. 比较 MOS 管和 IGBT 在大功率开关中的应用情况。

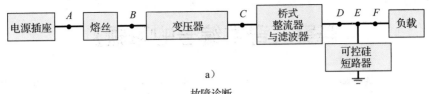

a)

故障诊断

故障	V_A	V_B	V_C	V_D	V_E	V_F	R_L	可控硅整流器
正常	115	115	12.7	18	18	18	100 Ω	断开
T1	115	115	12.7	18	0	0	100 Ω	断开
T2	0	0	0	0	0	0	100 Ω	断开
T3	115	115	0	0	0	0	100 Ω	断开
T4	115	0	0	0	0	0	0	断开
T5	130	130	14.4	20.5	20.5	20.5	100 Ω	断开
T6	115	115	12.7	0	0	0	100 Ω	断开
T7	115	115	12.7	18	18	0	100 Ω	断开
T8	115	0	0	0	0	0	100 Ω	断开

b)

图 13-49

选择题答案

1. c 2. b 3. d 4. c 5. b 6. b 7. a 8. b 9. b 10. c 11. a 12. b 13. d 14. d 15. d
16. d 17. d 18. a 19. a 20. b 21. c 22. b 23. c 24. b 25. d 26. d 27. b 28. a 29. c 30. b
31. a

自测题答案

13-1 $I_D = 113\ \text{mA}$

13-2 $V_{in} = 1.7\ \text{V}$

13-3 $f = 250\ \text{kHz}$

13-4 $V_{in} = 10\ \text{V}$；$V_{CC} = 2.5\ \text{V}$

13-6 $V_{CC} = 6.86\ \text{V}$（最坏情况）

13-7 $\theta_{fire} = 62°$；$\theta_{conduction} = 118°$

13-8 $I_R = 5.45\ \text{A}$

13-9 $V_{in} = 25\ \text{V}$

答案（奇数编号的习题）

第 1 章

1-1　$R_L \geqslant 10$

1-3　$R_L \geqslant 5\ \text{k}\Omega$

1-5　$0.1\ \text{V}\Omega$

1-7　$R_L \geqslant 100\ \text{k}\Omega$

1-9　$1\ \text{k}\Omega$

1-11　4.80 mA，非准理想

1-13　6 mA，4 mA，3 mA，2.4 mA，2 mA，
1.7 mA，1.5 mA

1-15　V_{TH} 不变，R_{TH} 加倍

1-17　$R_{TH} = 10\ \text{k}\Omega$，$V_{TH} = 100\ \text{V}$

1-19　短路

1-21　电池或互联线

1-23　0.08 Ω

1-25　断开电阻并测量电压

1-27　因为电阻可能有很多值，所以运用戴维南
定理来求解会比较容易。

1-29　$R_S > 100\ \text{k}\Omega$，用 100 V 的电池与 100 kΩ 电
阻串联。

1-31　$R_1 = 30\ \text{k}\Omega$，$R_2 = 15\ \text{k}\Omega$

1-33　首先，测量端口电压——戴维南电压；然
后将电阻跨接在端口，并测量电阻上的电
压；计算负载电阻上的电流；再从戴维南
电压中减掉负载电压；用电压差除以电流；
最后得到戴维南电阻。

1-35　故障 1：R_1 短路；故障 2：R_1 开路或 R_2
短路；故障 3：R_3 开路；故障 4：R_3 短路；
故障 5：R_2 开路或 C 节点开路；故障 6：
R_4 开路或 D 节点开路；故障 7：E 节点开
路；故障 8：R_4 短路。

第 2 章

2-1　−2

2-3　a. 半导体；b. 导体；c. 半导体；d. 导体

2-5　a. 5 mA；b. 5 mA；c. 5 mA

2-7　最小值 = 0.60 V；最大值 = 0.75 V

2-9　100 nA

2-11　减小饱和电流，使 RC 时间常数最小。

第 3 章

3-1　27.3 mA

3-3　400 mA

3-5　10 mA

3-7　12.8 mA

3-9　19.3 mA，19.3 V，372 mW，13.5 mW，
386 mW

3-11　24 mA，11.3 V，272 mW，16.8 mW，289 mW

3-13　0 mA，12 V

3-15　9.65 mA

3-17　12 mA

3-19　开路

3-21　二极管短路或电阻开路

3-23　二极管反向电压的读数小于 2 V，说明有
漏电。

3-25　阴极（负极），正向

3-27　1N914：正向电阻 $R = 100\ \Omega$，反向电阻 $R = $
800 MΩ；1N4001：正向电阻 $R = 1.1\ \Omega$，反
向电阻 $R = 5\ \text{M}\Omega$；1N1185：正向电阻 $R = $
0.095 Ω，反向电阻 $R = 21.7\ \text{k}\Omega$

3-29　23 kΩ

3-31　4.47 μA

3-33　正常工作时，加在负载上的是 15 V 电源电
压。左边的二极管正向偏置，使 15 V 电源
为负载提供电流；由于右边二极管的负极
接 15 V，正极接 12 V，所以是反向偏置，
阻止了 12 V 电池的作用。当 15 V 电源失
去作用时，右边二极管将不再处于反偏，
12 V 电池可以为负载提供电流。左边二
极管将变为反偏，防止有电流流入 15 V
电源。

第 4 章

4-1　70.7 V，22.5 V，22.5 V

4-3　70.0 V，22.3 V，22.3 V

4-5　20 Vac，28.3 V（峰值）

4-7　21.21 V，6.74 V

4-9　15 Vac，21.2 V（峰值），AC 15 V

4-11　11.42 V，7.26 V

4-13　19.81 V，12.60 V

4-15　0.5 V

4-17　21.2 V，752 mV

4-19　纹波值加倍

4-21　18.85 V，334 mV

4-23　18.85 V

4-25　17.8 V；17.8 V；没有；更高

4-27　a. 2.12 mA；b. 2.76 mA

4-29　11.99 V

4-31　电容将损坏

4-33　0.7 V，50 V

4-35　1.4 V，1.4 V

4-37　2.62 V

4-39　0.7 V，89.7 V

4-41　3393.6 V

4-43　4746.4 V

4-45　10.6 V，−10.6 V

4-47　以 1° 为步长求得各电压值的总和，再除以 180。

4-49　约为 0 V。每个电容均被充电至同一值，但极性相反。

第 5 章

5-1　19.2 mA

5-3　53.2 mA

5-5　$I_S = 19.2$ mA，$I_L = 10$ mA，$I_Z = 9.2$ mA

5-7　43.2 mA

5-9　$V_L = 12$ V，$I_Z = 12.2$ mA

5-11　15.05 ~ 15.16 V

5-13　是，167 Ω

5-15　784 Ω

5-17　0.1 W

5-19　14.25 V，15.75 V

5-21　a. 0 V；b. 18.3 V；c. 0 V；d. 0 V

5-23　R_S 短路

5-25　5.91 mA

5-27　13 mA

5-29　15.13 V

5-31　齐纳电压为 6.8 V，R_S 小于 440 Ω

5-33　24.8 mA

5-35　7.98 V

5-37　故障 5：A 节点开路；故障 6：R_L 开路；故障 7：E 节点开路；故障 8：齐纳管短路。

第 6 章

6-1　0.05 mA

6-3　4.5 mA

6-5　19.8 μA

6-7　20.8 μA

6-9　350 mW

6-11　理想情况：12.3 V，27.9 mW；二阶近似：12.7 V，24.7 mW

6-13　−55 ~ +150 ℃

6-15　可能损坏

6-17　30

6-19　6.06 mA，20 V

6-21　负载线的左侧端点应下降，右侧端点不变。

6-23　10 mA，5 V

6-25　负载线的左侧端点将降低一半，右侧端点不变。

6-27　最小值：10.79 V；最大值：19.23 V

6-29　4.55 V

6-31　最小值：3.95 V；最大值：5.38 V

6-33　a. 不饱和；b. 不饱和；c. 饱和；d. 不饱和

6-35　a. 增加；b. 增加；c. 增加；d. 减小；e. 增加；f. 减小

6-37　165.67

6-39　463 kΩ

6-41　3.96 mA

第 7 章

7-1　10 V，1.8 V

7-3　5 V

7-5　4.36 V

7-7　13 mA

7-9　R_C 可能短路；晶体管的集电极-发射极间可能开路；R_B 可能开路，使晶体管截止；R_E 可能开路；基极电路开路；发射极电路开路。

7-11　晶体管短路；R_B 值很低；V_{BB} 过高。

7-13　发射极电阻开路。

7-15　3.81 V，11.28 V

7-17　1.63 V，5.21 V

7-19　4.12 V，6.14 V

7-21　3.81 mA，7.47 V

7-23　31.96 μA，3.58 V

7-25　27.08 μA，37.36 μA

7-27　1.13 mA，6.69 V

7-29　6.13 V，7.18 V

7-31　a. 减小；b. 增加；c. 减小；d. 增加；e. 增加；f. 不变

7-33　a. 0 V；b. 7.26 V；c. 0 V；d. 9.4 V；e. 0 V

7-35　−4.94 V

7-37　−6.04 V，−1.1 V

7-39　晶体管将损坏

7-41　R_1 短路，增加电源值。

7-43　9.0 V，8.97 V，8.43 V

7-45　8.8 V

7-47　27.5 mA

7-49　R_1 短路

7-51　故障 3：R_C 短路；故障 4：晶体管的端口短路在一起

7-53　故障 7：R_E 开路；故障 8：R_2 短路

7-55　故障 11：电源不工作；故障 12：晶体管的发射结开路

第 8 章

8-1　3.39 Hz

8-3　1.59 Hz

8-5　4.0 Hz

8-7　18.8 Hz

8-9　0.426 mA

8-11　150

8-13　40 μA

8-15　11.7 Ω

8-17　2.34 kΩ

8-19　基极：207 Ω，集电极：1.02 kΩ

8-21　最小 $h_{fe}=50$；最大 $h_{fe}=200$；电流为
　　　1 mA；温度为 25 ℃。

8-23　234 mV

8-25　212 mV

8-27　39.6 mV

8-29　269 mV

8-31　10

8-33　不变（直流）；减小（交流）

8-35　电容上有一定的漏电流，经过电阻并在电
　　　阻上产生压降。

8-37　2700 μA

8-39　72.6 mA

8-41　故障 7：C_3 开路；故障 8：集电极电阻开
　　　路；故障 9：无 V_{CC}；故障 10：基极-发射
　　　极间二极管开路；故障 11：晶体管短路；
　　　故障 12：R_G 或 C_1 开路。

第 9 章

9-1　0.625 mV，21.6 mV，2.53 V

9-3　3.71 V

9-5　12.5 kΩ

9-7　0.956 V

9-9　0.955 to 0.956 V

9-11　$z_{in(base)}=1.51$ kΩ；
　　　$z_{in(stange)}=63.8$ Ω；

9-13　$A_v=0.992$；$v_{out}=0.555$ V

9-15　0.342 Ω

9-17　3.27 V

9-19　A_v drops to 31.9

9-21　9.34 mV

9-23　0.508 V

9-25　$V_{out}=6.8$ V；$I_z=16.1$ mA

9-27　$u_p=12.3$ V；down$=24.6$ V

9-29　64.4

9-31　56 mV

9-33　1.69 W

9-35　均为 5 mV；极性相反的信号（相位相差 180°）

9-37　$V_{out}=12.4$ V

9-39　1.41 W

9-41　337 mV（峰峰值）

9-43　故障 1：C_4 开路；故障 2：节点 F 和 G 间
　　　开路；故障 3：C_1 开路。

第 10 章

10-1　680 Ω，1.76 mA

10-3　10.62 V

10-5　10.62 V

10-7　50 Ω，277 mA

10-9　100 Ω

10-11　500

10-13　15.84 mA

10-15　2.2%

10-17　237 mA

10-19　3.3%

10-21　1.1 A

10-23　34 V（峰峰值）

10-25　7.03 W

10-27　31.5%

10-29　1.13 W

10-31　9.36

10-33　1679

10-35　10.73 MHz

10-37　15.92 MHz

10-39　31.25 mW

10-41　15 mW

10-43　85.84 kHz

10-45　250 mW

10-47　72.3 W

10-49　从电学方面来说，触摸是安全的，但可能
　　　会因温度过高而导致烫伤。

10-51　不会。集电极是感性负载才行。

第 11 章

11-1　15G Ω

11-3　20 mA，-4 V，500 Ω

11-5　500 Ω，1.1 kΩ

11-7　-2 V，2.5 mA

11-9　1.5 mA，0.849 V

11-11　0.198 V

11-13　20.45 V

11-15　14.58 V

11-17　7.43 V，1.01 mA

11-19　-1.18 V，11 V

11-21　-2.5 V，0.55 mA

11-23　-1.5 V，1.5 mA

11-25　-5 V，3200 μS

11-27　3 mA，3000 μS

11-29　7.09 mV

11-31　3.06 mV

11-33　0 mV（峰峰值），24.55 mV（峰峰值），∞

11-35　8 mA，18 mA

11-37　8.4 V，16.2 mV

11-39　2.94 mA，0.59 V，16 mA，30 V

11-41　R_1 开路

11-43　R_D 开路

11-45　栅极-源极开路

11-47　C_2 开路

第 12 章

12-1　2.25 mA，1 mA，250 μA

12-3　3 mA，333 μA

12-5　381 Ω，1.52，152 mV

12-7　1 MΩ

12-9　a. 0.05 V；b. 0.1 V；c. 0.2 V；d. 0.4 V

12-11　0.23 V

12-13　0.57 V

12-15　19.5 mA，10 A

12-17　12 V，0.43 V

12-19　+12 V～0.43 V 的方波

12-21　12 V，0.012 V

12-23　1.2 mA

12-25　1.51 A

12-27　30.5 W

12-29　0 A，0.6 A

12-31　20 s，2.83 A

12-33　14.7 V

12-35　5.48×10^{-3} A/V^2，26 mA

12-37　104×10^{-3} A/V^2，84.4 mA

12-39　1.89 W

12-41　14.4 μW，600 μW

12-43　0.29 Ω

第 13 章

13-1　4.7 V

13-3　0.1 ms，10 kHz

13-5　12 V，0.6 ms

13-7　7.3 V

13-9　34.5 V，1.17 V

13-11　11.9 ms，611 Ω

13-13　10°，83.7°

13-15　10.8 V

13-17　12.8 V

13-19　22.5 V

13-21　30.5 V

13-23　10 V

13-25　10 V

13-27　980 Hz，50 kHz

13-29　T1：DE 开路；T2：无电源电压；T3：变压器；T4：熔丝开路